건축계획의 접근방법

엄 학 진 저

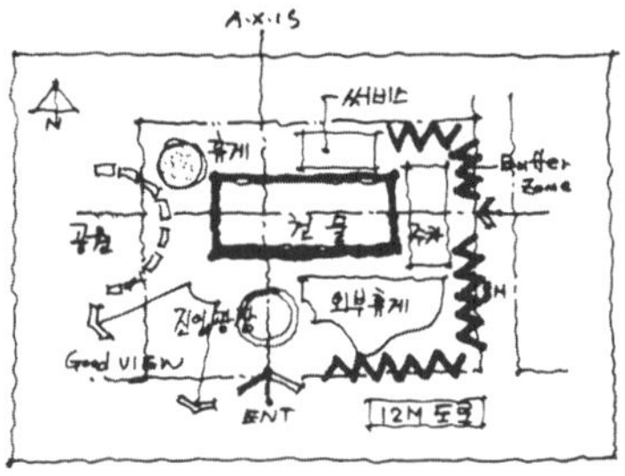

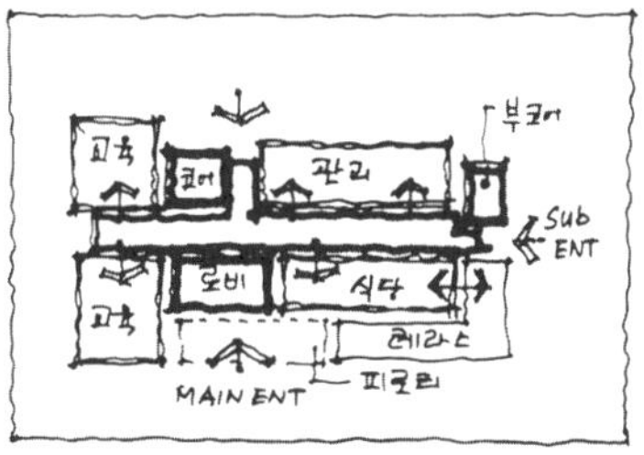

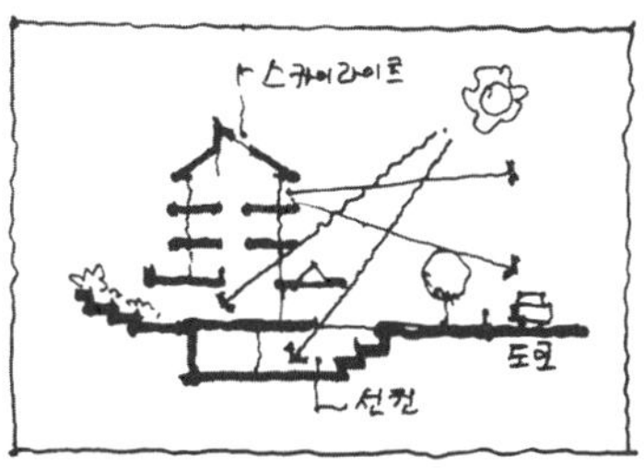

기문당

머리말

1981년 9월 종로구 동숭동에 위치한 대우건축연구소에서 시작된 건축설계실무 생활도 어느덧 30년이 흘렀다. 건축사사무소에서의 실무, 다년간의 대학교 설계강의, 건축사 준비 학원강의를 통해 어떻게 하면 건축계획에 좀 더 쉽게 접근할 수 있을까 하는 고민 끝에 한 권의 책을 내놓게 되었다.

이 책은 1999년 출간된 건축사자격시험대비 건축계획 · 설계(저자 엄학진) 책의 내용을 기본으로 건축계획에 필요한 기본적인 내용과 핵심적인 내용을 정리하고 중 · 소규모의 계획을 실례로 제시하여 건축계획 및 설계를 전공하는 학생들과 건축계획 능력이 필요한 건축실무자 입장에서 이해하기 쉽도록 정리 보완하였다.

본 서의 구성내용을 보면 크게 4part로 나누어져 있다.

partⅠ에서는 건축계획 · 설계의 기초적 내용인 건축설계제도의 기본과 건축의 기본적인 내용을 다루었다.

partⅡ에서는 건축의 접근방법에 요구되는 계획 · 설계 프로세스, 조건분석, 접근방법, 배치도, 평면도, 입면도, 단면도 등 기본 계획적 내용과 연습과제풀이 내용을 제시하였다.

partⅢ에서는 주택에서 병원까지 각 부문별 개요와 핵심시항, 사례 등을 정리하였다.

partⅣ에서는 투시도와 스케치의 작도방법과 실례를 들어 계획대상의 이미지와 분위기를 표현할 수 있도록 하였다.

이 책을 정리하면서 많은 아쉬움이 남으나 미비한 점, 잘못된 점은 지속적으로 보완해 나갈 것이며 더 나은 지침서가 되도록 끊임없는 노력을 할 것임을 약속드린다.

끝으로 필자의 지나온 자취를 되돌아보고 정리하는 기회를 갖도록 하는데 자극이 되어준 기문당 강해작 사장님, 이정건축의 박완규 건축사, 한양건축의 이민호 건축사, 환경포럼의 김대명 건축사, 이원식, 이동진, 박근수, 최미란, 정희경, 박요성님께 깊은 감사드린다.

2010년 7월

저 자

차례

part Ⅰ 건축계획·설계 이해의 기본

제1장 건축설계제도의 기본 12

1. 건축설계제도 12
2. 도면 표기기호 16
3. 인체치수와 가구 18

제2장 건축계획의 기본 22

1. 건축과 공간 22
2. 건축조형의 기본 27
3. 건축과 모듈 32
4. 건축과 조경 35
5. 도로구조 40
6. 주차장 42
7. 건축 관련 법규 46

part Ⅱ 건축계획의 접근방법

제1장 건축계획 · 설계 프로세스 54

1. 건축계획 · 설계 프로세스 54

제2장 조건분석 57

1. 대지분석의 기본 57
2. 기본조건 59

제3장 건축계획의 접근방법 64

1. 건축계획의 핵심요소 64
2. 건축계획의 접근방법 67

제 4 장 기본계획 72

1. 설계개요 72
2. 개념도 73
3. 배치계획 77
4. 평면계획 82
5. 입면계획 91
6. 단면계획 102

제 5 장 건축계획연습 및 풀이 108

1. 도서관 108
2. 기업연수원 114
3. 시티호텔 119

part Ⅲ 테마별 핵심정리 및 예시

제 1 장 주택 124

1. 개요 124
2. 주택의 분류 124
3. 기능구성도 124
4. 주택계획의 일반사항 125
5. 주택계획 130
6. 주택계획의 핵심정리 131
7. 사례 132

제 2 장 공동주택 136

1. 개요 136
2. 공동주택의 분류 136
3. 공동주택계획의 일반사항 139
4. 공동주택계획의 핵심정리 142
5. 사례 144

제 3 장 기숙사 150

1. 개요 150
2. 기숙사의 분류 150

3. 기능구성도 150
4. 기숙사계획의 일반사항 151
5. 기숙사계획의 핵심정리 153
6. 사례 156

제 4 장 주상복합 158
1. 개요 158
2. 주상복합의 분류 158
3. 기능구성도 159
4. 주상복합계획의 일반사항 159
5. 주상복합계획의 핵심정리 160
6. 사례 161

제 5 장 사무소 166
1. 개요 166
2. 사무소의 분류 166
3. 기능구성도 166
4. 사무소계획의 일반사항 167
5. 사무소계획의 핵심정리 170
6. 사례 172

제 6 장 은행 178
1. 개요 178
2. 은행의 종류 178
3. 기능구성도 179
4. 은행계획의 일반사항 179
5. 은행계획의 핵심정리 182
6. 사례 183

제 7 장 백화점 184
1. 개요 184
2. 백화점의 분류 184
3. 기능구성도 184
4. 백화점계획의 일반사항 185
5. 백화점계획의 핵심정리 187
6. 사례 189

제 8 장 유치원 192
1. 개요 192
2. 기능구성도 192
3. 유치원계획의 일반사항 193
4. 유치원계획의 핵심정리 198
5. 사례 200

제 9 장 노인복지시설 204
1. 개요 204
2. 노인복지시설의 종류 204
3. 기능구성도 205
4. 노인복지시설의 일반사항 205
5. 노인복지시설계획의 핵심정리 209
6. 사례 211

제10장 도서관 214
1. 개요 214
2. 도서관의 분류 214
3. 기능구성도 214
4. 도서관계획의 일반사항 215
5. 도서관계획의 핵심정리 218
6. 사례 221

제11장 학교 224
1. 개요 224
2. 학교의 분류 224
3. 기능구성도 224
4. 학교계획의 일반사항 225
5. 학교계획의 핵심정리 234
6. 사례 236

제12장 연수원 241
1. 개요 241
2. 연수원의 분류 241
3. 기능구성도 242

4. 연수원계획의 일반사항 242
5. 연수원계획의 핵심정리 244
6. 사례 247

제13장 박물관 254
1. 개요 254
2. 박물관의 종류 254
3. 기능구성도 255
4. 박물관계획의 일반사항 255
5. 박물관계획의 핵심정리 261
6. 사례 262

제14장 공연장(문화회관) 266
1. 개요 266
2. 공연장의 종류 266
3. 기능구성도 268
4. 공연장계획의 일반사항 269
5. 공연장계획의 핵심정리 275
6. 사례 277

제15장 호텔 282
1. 개요 282
2. 호텔의 종류 282
3. 기능구성도 283
4. 호텔계획의 일반사항 283
5. 호텔계획의 핵심정리 288
6. 사례 290

제16장 병원 294
1. 개요 294
2. 병원의 분류 294
3. 기능구성도 294
4. 병원계획의 일반사항 295
5. 병원계획의 핵심정리 303
6. 사례 305

part Ⅳ 투시도

제 1 장 투시도 312

1. 투시도 312

제 2 장 스케치 328

1. 스케치 328

제 3 장 투시도 · 스케치 332

1. 투시도의 예 332
2. 스케치 336

Part I

건축계획·설계 이해의 기본

01 Chapter 건축설계제도의 기본

1. 건축설계제도

1.1 제도의 의의

제도기법을 훈련하는 목적은 설계자가 의도하는 설계내용을 정확하고, 명료하며, 신속하게 표현하는 데 있고, 그 기본이 되는 것은 선과 문자들의 조합이라고 할 수 있다. 따라서 제도는 도형으로 표현하는 산업계의 도시언어이며 세계적인 공통어인 것이다.

건축제도는 제2자와의 약속이며 언어이다.

설계제도란 정해진 공간 속에 어떠한 건물을 축조하고자 할 때 설계도면이 필요한 데 설계자의 의도대로 공간 속에 형태, 구조, 재료 등을 형체화시키기 위한 제반 도면작성 행위를 말하는 것이다.

(1) 설계제도의 기본조건

- 명확하고 구도적인 미를 느끼게 할 것.
- 도시방법, 선, 문자, 기호 등이 통일되고 질서가 있으며 정돈되어 있을 것.
- 불필요한 것 없이 간결하며 도시가 충분히 되어 있을 것.

(2) 설계자의 자세

제도에서 가장 기본적인 도구는 인간의 손이라 할 수 있다.
손은 단순한 육체의 한 부분이라는 차원을 넘어 자신의 생각을 표현하고 묘사할 수 있는 가장 필요한 도구인 것이다.

- 설계제도에 수반된 여러 사항, 즉 목적, 본질 등에 대하여 올바른 이해를 가질 것.
- 기본제도 기법을 익힐 것.
- 건축기술 전반에 걸친 폭넓은 전문지식을 습득함으로써 박력 있고 자신감 있는 설계도를 작성할 것.
- 일상생활에서 타 예술 분야에 관심을 갖고 자주 접함으로써 예술감각 육성은 물론 창의성을 유발시킬 수 있도록 노력할 것.

1.2 건축설계제도의 규정

건축설계제도는 건축제도통칙에 의하여 신속, 정확, 명료하게 작도가 진행되어야 하며, 설계자가 계획한 대안을 선, 기호, 문자 등을 이용하여 작성하는 것으로 규정된 도법을 사용하여 객관적인 방법으로 표현하여야 한다.

(1) 선(line)

건축제도에 사용되는 선으로서 건축제도통칙이 정하고 있는 것은 실선, 점선, 파선, 쇄선 등 4종류가 있다. 선의 굵기에 대해서는 굵은선(0.4~0.6mm), 중간선(0.2~0.3mm), 가는선(0.1m~0.18)으로 분류되어 도면의 크기나 도형의 복잡성, 내용 등에 따라 3가지로 나누어 도형의 표현을 정확히 이해시킨다.

건축제도 통칙
Drawing Office Practice for Architects and Builders(General Rules)

선의 종류와 용도

선의 종류		용법	선의 용도
실선	굵은선	단면선 외형선	부재를 절단한 부분의 형상을 나타낸다. 건물이나 사물 외부에서 보이는 형상을 나타내는 데 이용한다.
	중간선	외형선	외부에서 보이는 모든 것의 형상을 나타내는 데 이용한다.
	가는선	치수선 인출선 해칭	치수를 기입하는 데 이용된다. 치수나 부재의 명칭 등 도형에서 그었을 때 단면표시에 이용되는 경사진 평행선
종류에 의한 명칭	점선	상상선 궤적선	물체의 가공 전후의 형상, 움직이는 것의 위치, 인접한 기타 부분 등을 나타낸다.
	파선 - - - - - - -	숨은선	실제로는 보이지 않는 건물이나 부재의 형상을 나타낼 때 이용한다.
	1점쇄선 —·—·—··	중심선 기준선 절단선	기둥이나 벽 등 도형의 중심을 나타낸다. 위치결정의 근거가 되는 점을 나타낸다. 단면도를 그릴 때 절단 위치를 나타낸다.
	파단선	파단선	사물의 일부를 절단한 경계 또는 일부를 제거한 경계를 나타내는 데 이용한다.

한국공업규격
Korean Industrial Standard
KS F 15014
제정 : 1962-05-29
개정 : 1980-12-29

(2) 기호(figure)

설계도 중의 표시기호는 평면 표시기호, 재료구조 표시기호, 기타 각종 표시기호가 있다. 평면 표시기호는 축척 1/100~1/200의 도면에 쓰이고 재료구조 표시기호는 척도에 따라 다른 것이 있다. 또 표시기호에 없는 것에 대해서는 척도에 따라 그 실형이 쓰이고 설명이 달려 있다.

설계도에 쓰는 표기기호
(KS에 제정된 것)

- KS F 1501~1968 평면 표시기호, 재료구조 표시기호
- KS F 1502~1971 창호기호
- KS B 0052~1970 용접기호
- KS B 0051~1971 배관도시기호
- KS C 0301~1968 옥내 배선용 표시기호

(3) 글씨

- 일반적인 설계내용의 글자는 0.5mm 샤프펜슬로 한다.
- 일반 홀더는 큰 글자를 쓰는데 적합하다.(정기적으로 날카롭게 갈아준다.)
- 연필심은 H(또는 H.B)가 적당하다.
- 지나친 수직보다는 부러지지 않는 범위의 낮은 각도로 잡는다.
- 힘 있게 잡고 또박또박 쓰면서 끝을 흐리지 말아야 한다.
- 손가락을 움직이지 말고 팔뚝을 주축으로 하여 손가락이 미끄러지듯 하고 팔은 움직이지 않도록 한다.
- 약간의 손목의 움직임으로 수평선을 그리되 굵게 그린다.
- 수직선은 끝을 강하게 맺고 가늘게 그린다.
- 선의 굵기를 방향변화의 결과로 변하게 한다.

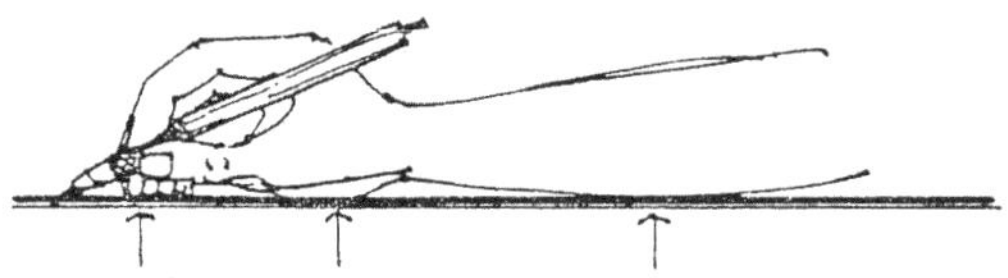

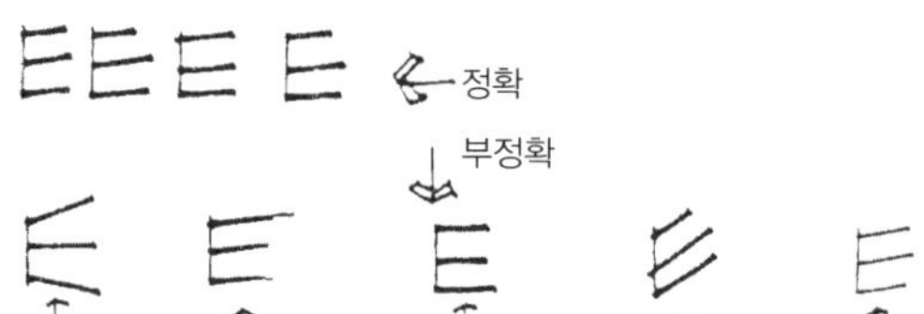

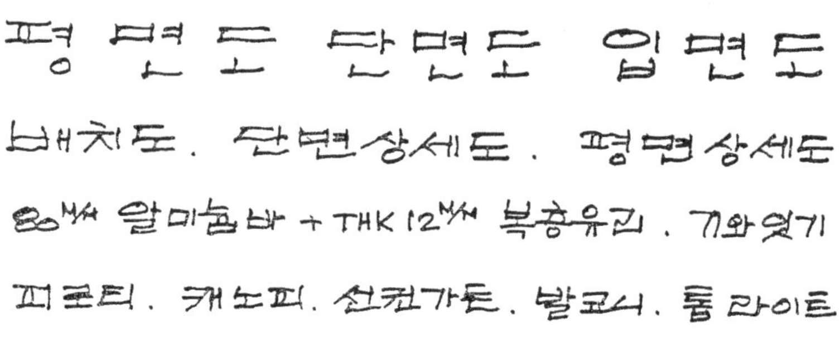

1 2 3 4 5 6 7 8 9 0

1 2 3 4 5 6 7 8 9 10

1 2 3 4 5 6 7 8 9 10 11 12 13 14

3.000 4.500 6.000 10.500

240 360 270 450 660 990

100 200 300 400 500 600

| 글씨와 선연습 요령 |

- 수평선을 약 1cm 간격으로 스케일 없이 감으로 강하게 그린 후 간격 사이에 2개의 선을 약하게 그린다.(최소길이 30cm 이상)
- 수직선을 약 1cm 간격으로 스케일 없이 감으로 강하게 그린 후 간격 사이에 1개의 선을 약하게 그린다.
- 큰 글씨와 작은 글씨를 간격에 맞추어 연습한다.
- 글씨연습에 싫증이 나면 교점을 기준으로 약 45° 경사선을 연습한다.
- 처음에는 천천히 시작해서 2~3장 반복시 점차 빠르게 진행하도록 한다.

(4) 선연습

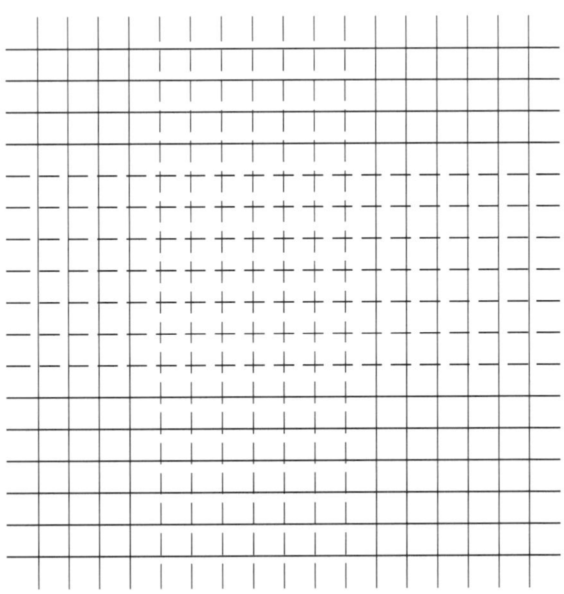

2. 도면 표기기호

2.1 각종 창, 문 표시기호

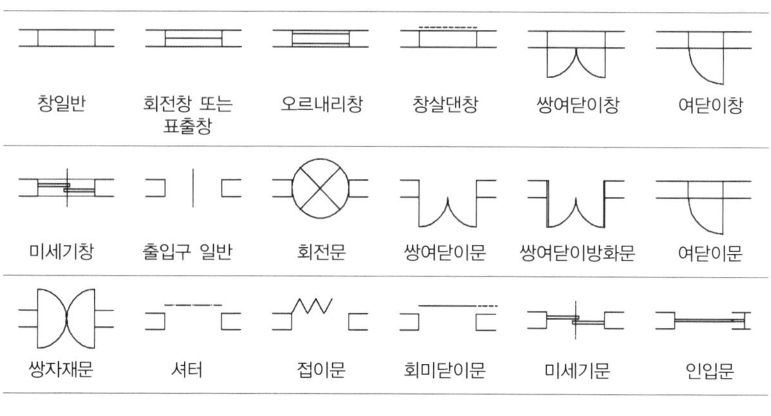

2.2 일반재료의 표시기호

- 재료구조 표시기호 역시 사용되는 축척에 따라 그 정도가 다르다.
- 1/200 이하 축척 사용에서의 구조표시는 그 두께를 메워서 표시하고 각종 사용재료 표시는 불가능하다.
- 1/200 이상 1/50 이하까지의 축척 사용에서는 일반적 재료구조 표시가 가능하며 특히 재료명이 마감재료를 표시할 수 있다.
- 1/20 이상의 축척 사용에서는 상세한 표현이므로 구체적 재료나 구조표시의 실형을 그릴 수 있다.

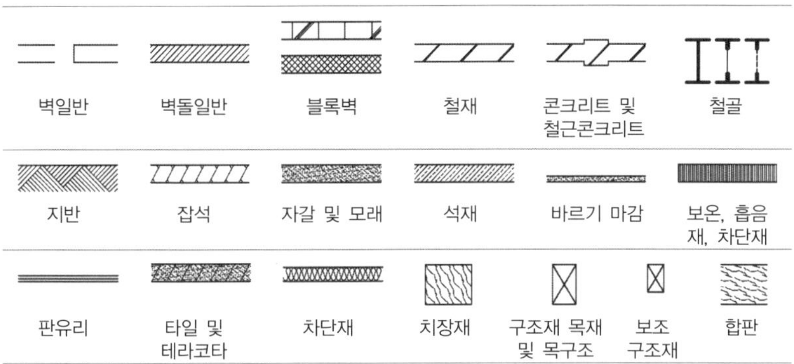

2.3 도면표시 예

- 축열 및 치수선 표시

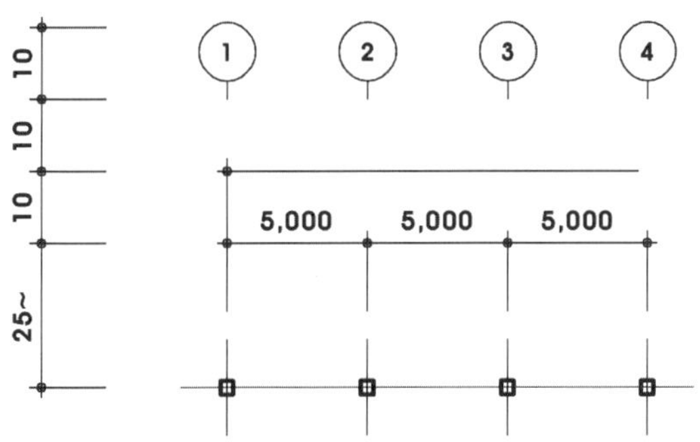

- 도면명 표시

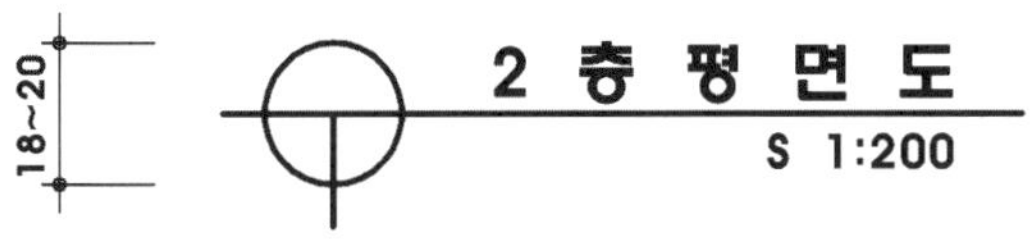

- 평면상 단면표시

• 레벨표시

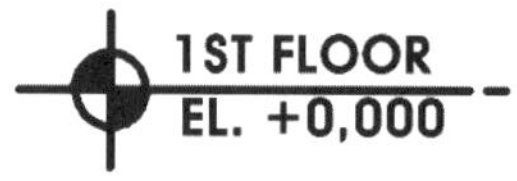

• 입면 및 단면 레벨(층) 표시

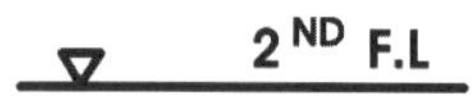

• 방위표시

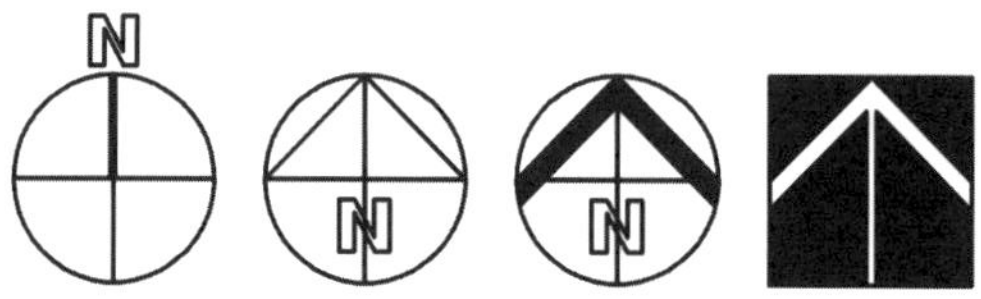

도면 스케일이나 전체적인 도면비례에 따라 조정

3. 인체치수와 가구

3.1 인체치수

프랑스의 건축가 르 코르뷔지에가 자신의 건축설계척도에 인체치수에서 나눈 황금비를 사용하고, 모듈러라 이름 붙인 일은 유명한 사건이었다.
건축물은 인간이 사용하는 것이기 때문에 인체치수가 생각의 기본이 되어야 함은 당연하다.

인체치수란 건축, 실내건축, 가구를 설계함에 있어서 치수를 정하는 가장 기본적인 자료이다. 그러나 인체치수가 곧 설계치수는 아니다. 설계치수는 인체치수에 여유치수를 가산 또는 감산한 치수이어야 한다. 또한 평균의 인체치수는 전체의 공동치수가 아니므로 다수인은 물론 소수인에 해당되는 치수도 참고하여 적용하는 것이 바람직하다. 신체를 H라고 할 때 인체의 각 부위 치수는 다음과 같다.

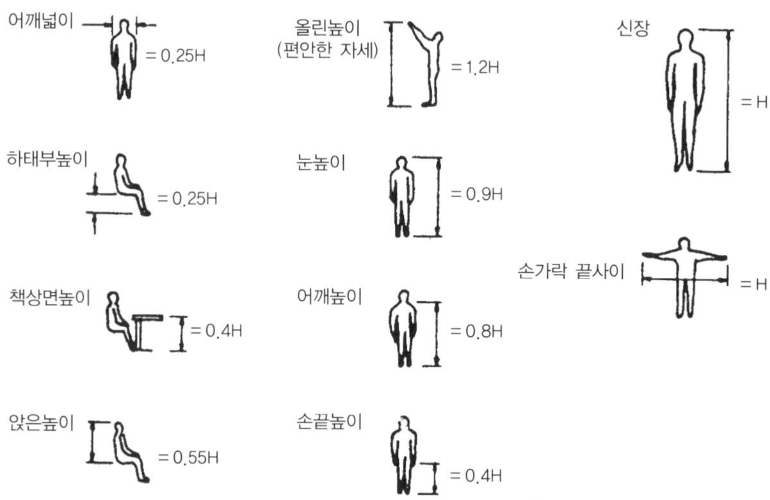

인체치수의 약산치

3.2 인체치수와 가구

(1) 통로 (단위 : cm)

법규와 관계없는 통로의 폭은 전체적인 관계, 사용빈도나 실상, 심리 등을 종합하여 무리 없이 정하여야 한다. 인간이 지나다니는 것뿐만 아니라, 가구나 피아노를 반입하는 등 여러 가지 일도 있으므로 주의가 필요하다. 허리까지의 높이는 90~120cm가 필요하다.

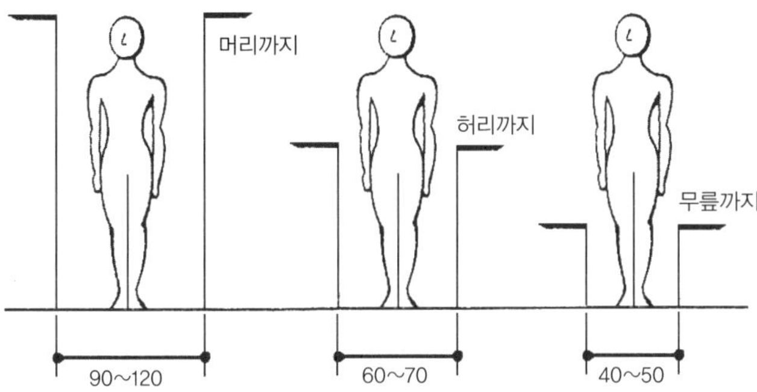

(2) 식사와 인체치수 (단위 : cm)

식탁과 식사용 의자의 관계에서 가장 중요한 것은 테이블의 높이와 의자 시트의 높이차이다. 이것은 28~30cm 정도가 적당하다. 1명이 식사를 하는 공간은 평면적으로는 60×37cm가 필요하고, 이것은 요리의 접시 개수보다도 옆 사람과의 팔꿈치 관계에서 정해진다. 의자를 당길 때의 치수 15cm도 염두에 두어야 한다.

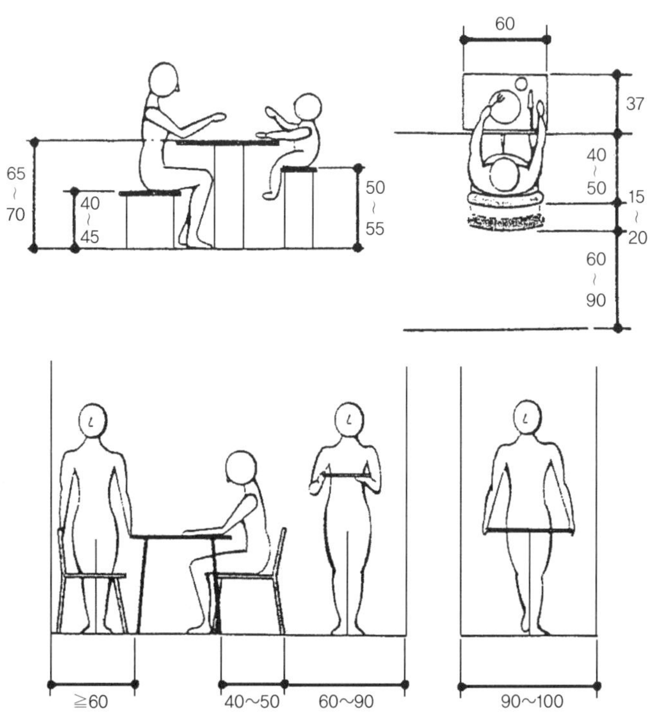

식탁

- 좌석과 필요공간(통로를 제외한 치수)

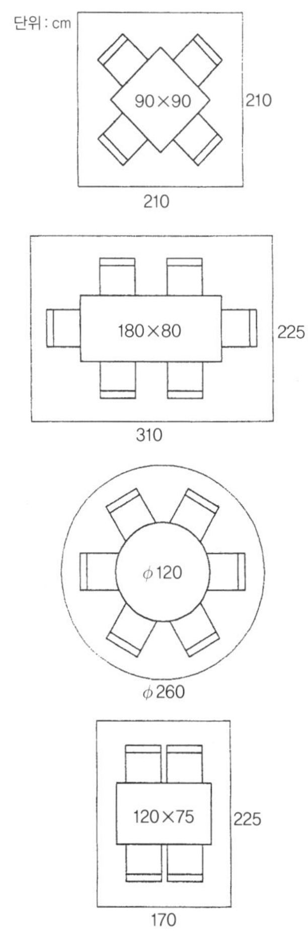

인체와 요의 크기

사람은 하룻밤에 약 20회 정도 몸부림을 친다.

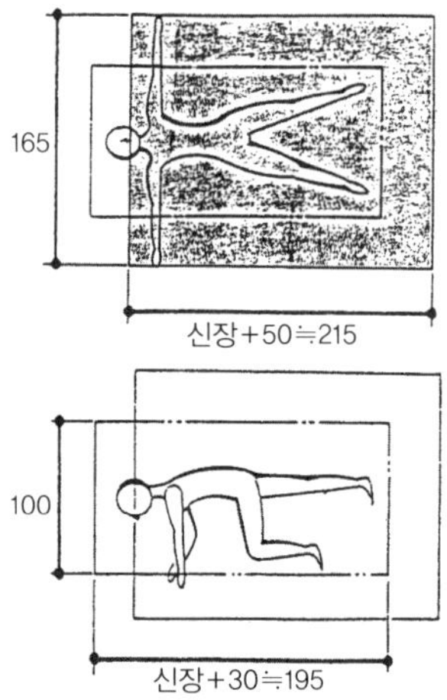

거울과 입상의 관계

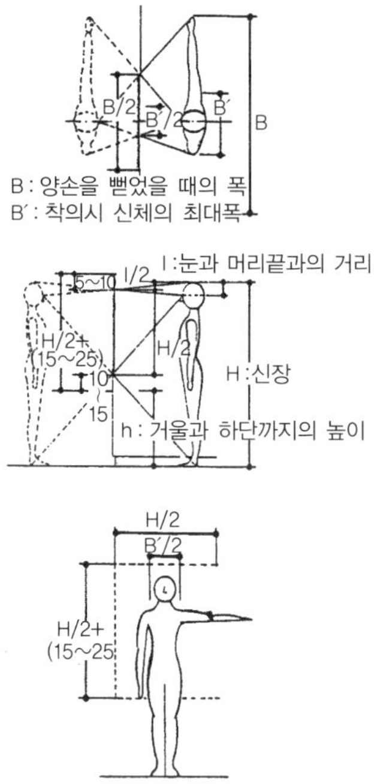

침대의 점유공간

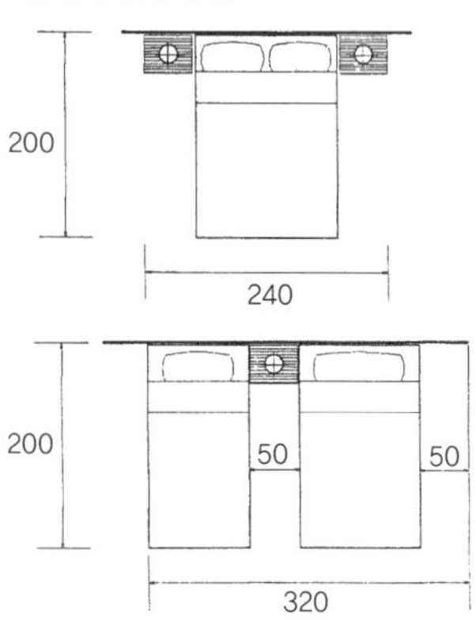

(3) 베드와 인체치수

베드는 여유가 있으면 1인이어도 세미 더블 사이즈가 요구되는 것이다. 최근에 방을 넓어 보이게 하기 위해서도 H를 낮게 하는 경우가 많아지고 있다. 걸터앉는 데도 45cm 정도가 적당하다. 그러나 병원의 베드는 진찰에 편리하도록 알맞게 놓고, H는 60cm 정도로 되어 있다.

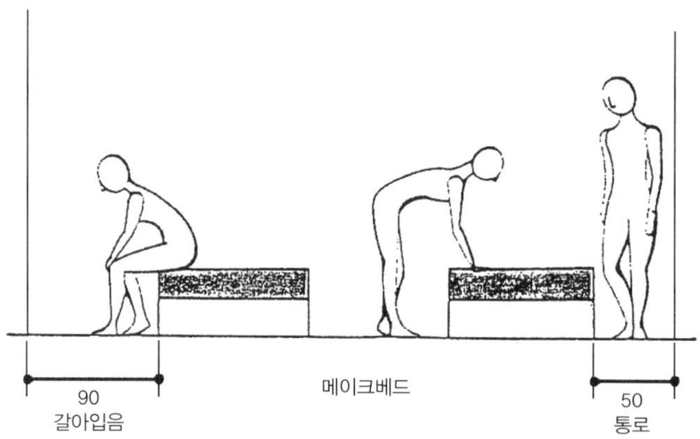

(4) 세면 화장대의 치수

- 세면대의 높이는 키친 세트의 높이와 비교하여 너무 낮다고 생각되는 경우가 많겠지만, 얼굴을 씻을 때 세면대가 너무 높으면 물이 팔을 타고 흘러 떨어지는 단점이 있다.
- 거울의 높이에서 주의할 점은 걸상식 화장대의 경우, 걸터앉을 때 얼굴이 비치도록 주의할 것, 전신을 비추는 체경(體鏡)일 경우 이론적으로는 신장의 1/2로 하면 적당하다.

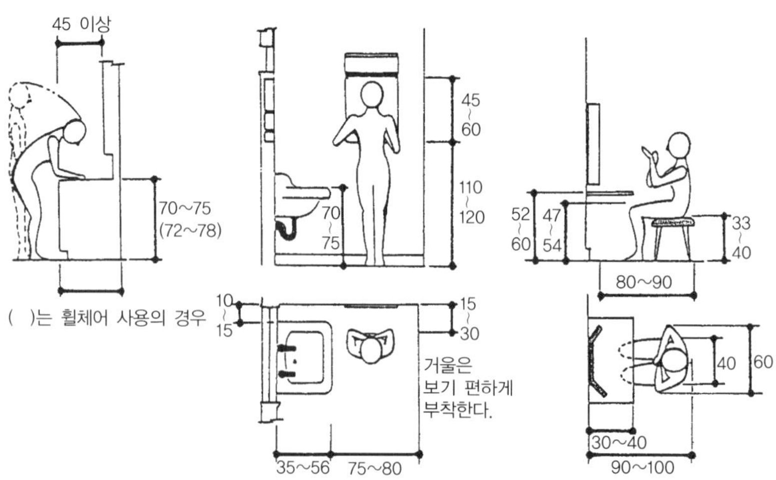

(5) 거실

기본적으로 작업의자는 SH를 40~42cm로 놓고, 등도 직립에 가까운데, 안락 · 침의자의 휴식 정도가 많아짐에 따라 SH는 낮고, 등의 경사도는 커진다. 그림에서 보듯이 티 테이블이 낮은 경우는 당연히 의자에 앉은 사람의 무릎은 테이블 밑으로 들어갈 수 없다. 따라서 전체의 길이는 상당히 넓어짐을 알 수 있다. 그러나 대화하기 적당한 거리는 180~200cm 정도이다.

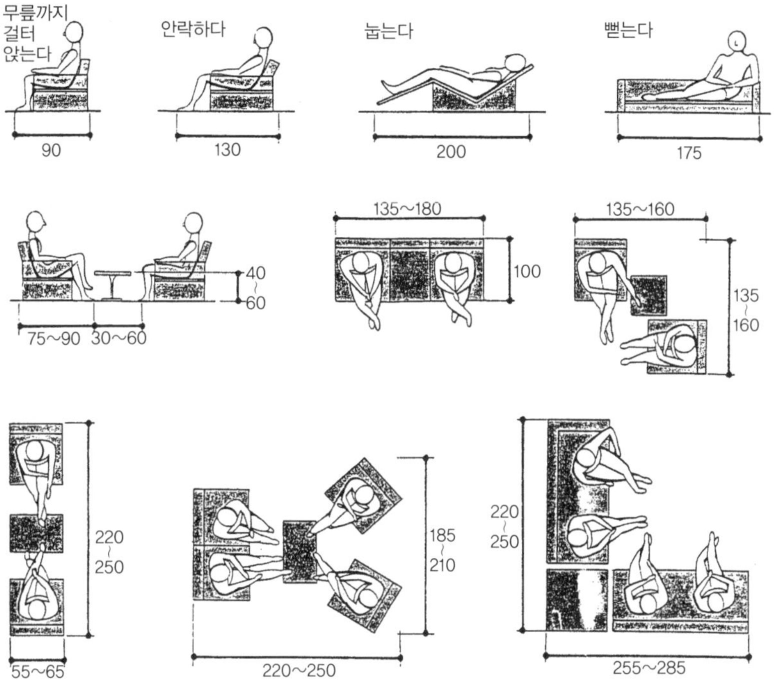

소파

• 좌석의 배치

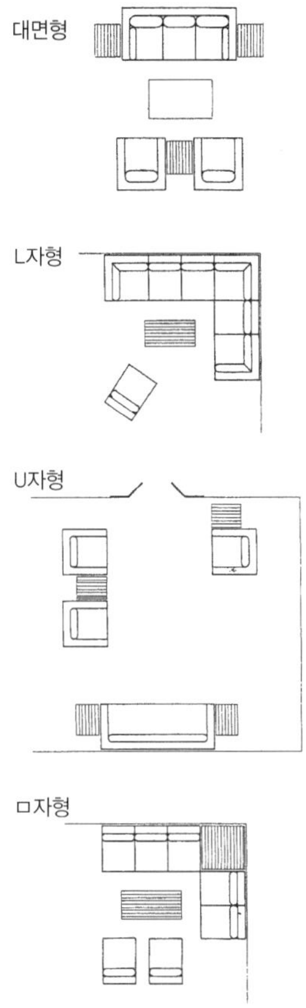

02 건축계획의 기본

Chapter

1. 건축과 공간

공간개념 없이는 건축계획이 불가능할 것이다. 경쟁력 있는 계획안이 창출되기 위해서는 공간개념을 이해하고 공간구조의 상호관계를 건축계획에 응용할 수 있어야 한다.

건축이란
- 인간을 위해 공간을 만들어 내는 것, 공간을 질서 있게 하는 것, 공간을 통해 나와 세계의 관계를 만들어 내는 것이다.
- 그것을 둘러싸는 외부와는 대조적으로 내부로 체험되는 존재이며, 공간을 한정하는 경계선을 어떻게 만드는가 하는 기술이기도 하다.

1.1 공간의 정의

공간은 인간의 생활과 건축 사이에 있는 것으로 인간생활을 위한 영역으로 구분할 수 있다.

기본적으로는 무한하게 퍼져 있는 빈 곳(예 : 우주)을 뜻하며, 점 · 선 · 면 등에 둘러싸여 성립하는 실제적 또는 환영적(측정 가능한) 공간이다.

건축공간을 한정하는 3요소
바닥, 벽, 천장

실존적 공간의 구성요소
장소, 중심, 방향, 통로, 축, 영역, 구역 등

1.2 건축적 공간

자연히 생긴 공간과는 달리 재료의 질, 치수의 비례 구축의 구성 등이 미묘하게 융합하여 조화를 이룬 분위기를 만들어 훌륭한 인간생활에 공감하도록 의욕적으로 꾸민 공간이다. 이 건축적 공간을 만들어 내는 것이 건축가의 임무이고, 그 조작이 설계(plan)이다.

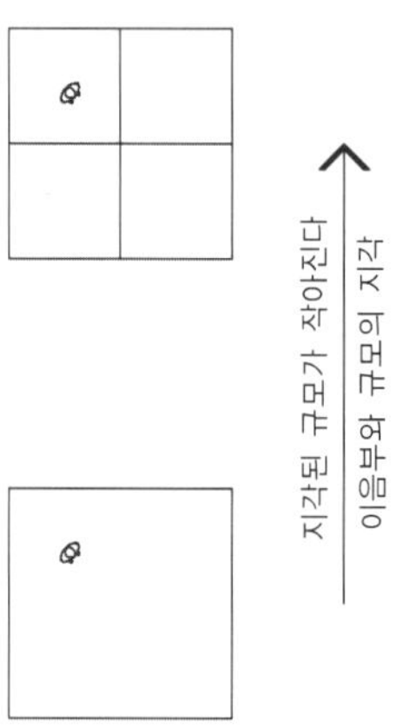

1.3 공간구성의 기본개념

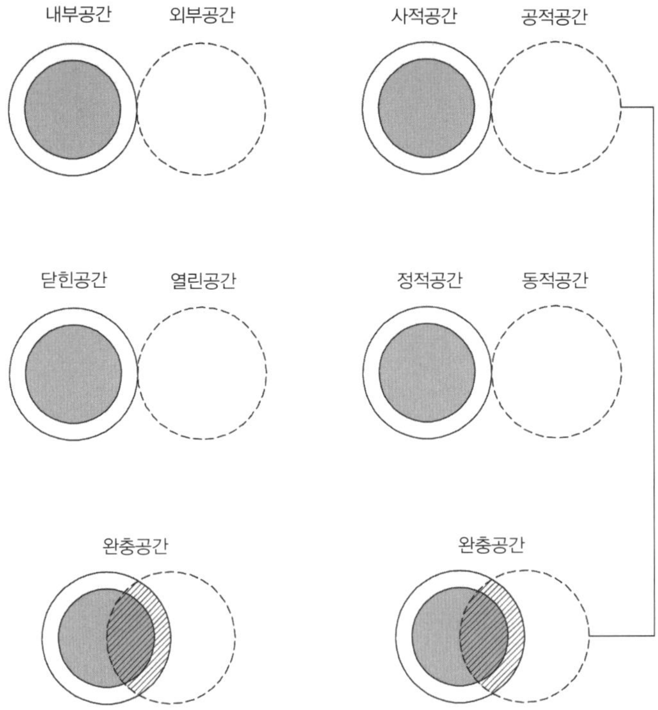

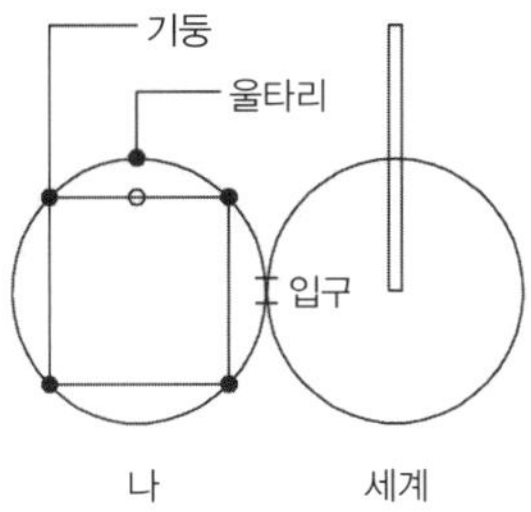

Positive Space
– 내부를 향해 수렴성을 지닌 공간

Negative Space
– 외부를 향해 발산성을 지닌 공간

1.4 공간구성의 요소

(1) 내부공간과 외부공간

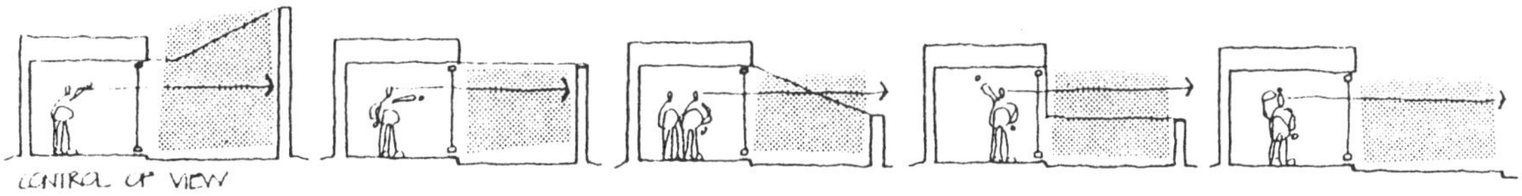

(2) 순환공간

(3) 공간구성

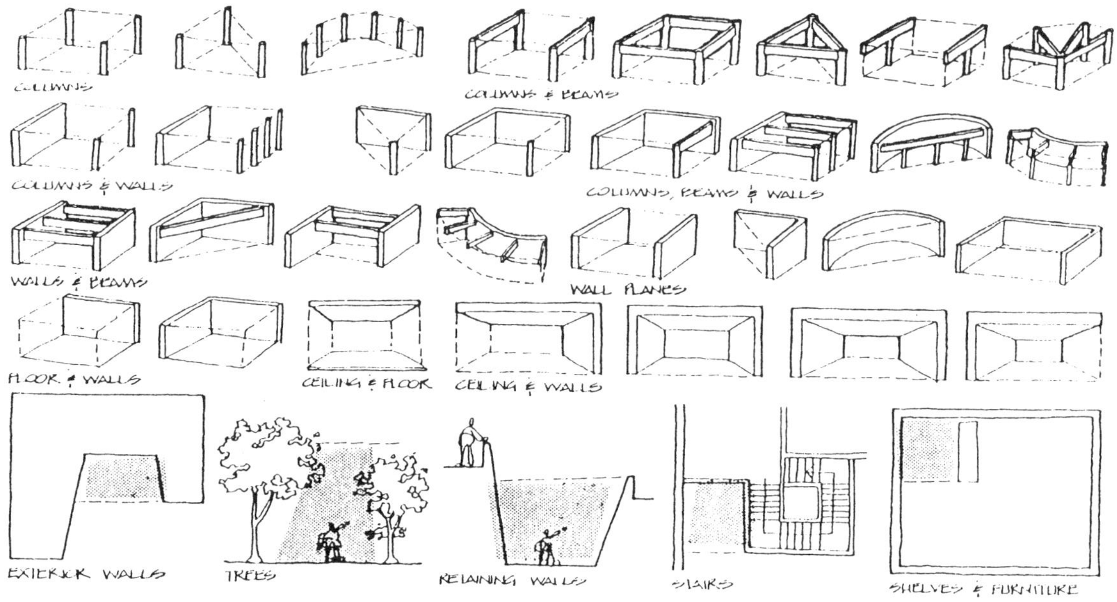
COLUMNS
COLUMNS & BEAMS
COLUMNS & WALLS
COLUMNS, BEAMS & WALLS
WALLS & BEAMS
WALL PLANES
FLOOR & WALLS
CEILING & FLOOR
CEILING & WALLS
EXTERIOR WALLS
TREES
RETAINING WALLS
STAIRS
SHELVES & FURNITURE

(4) 공간활용

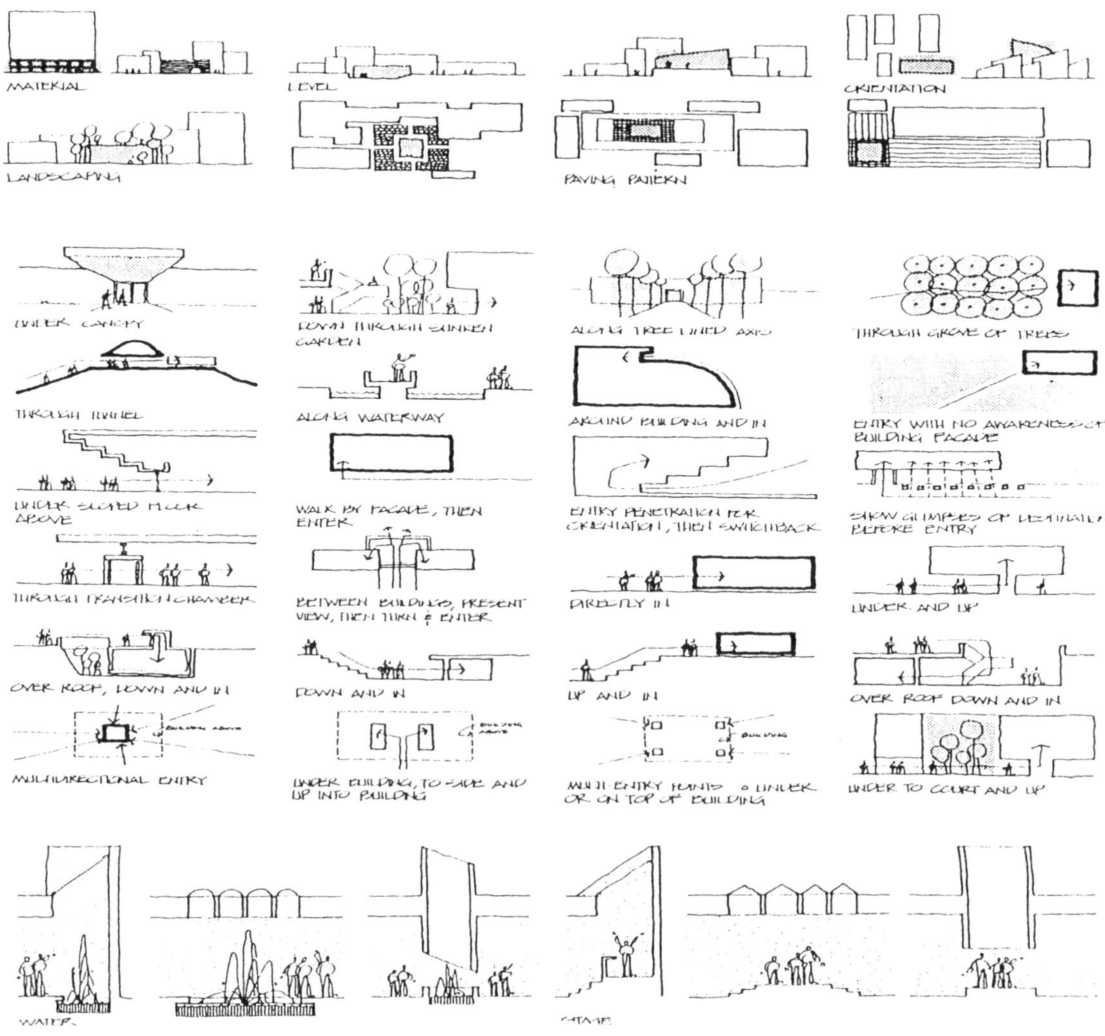
MATERIAL
LEVEL
ORIENTATION
LANDSCAPING
PAVING PATTERN
UNDER CANOPY
DOWN THROUGH SUNKEN GARDEN
ALONG TREE LINED AXIS
THROUGH GROVE OF TREES
THROUGH TUNNEL
ALONG WATERWAY
AROUND BUILDING AND IN
ENTRY WITH NO AWARENESS OF BUILDING FACADE
UNDER SLOPED FLOOR ABOVE
WALK BY FACADE, THEN ENTER
ENTRY PENETRATION FOR ORIENTATION, THEN SWITCHBACK
SHOW GLIMPSES OF DESTINATION BEFORE ENTRY
THROUGH TRANSITION CHAMBER
BETWEEN BUILDINGS, PRESENT VIEW, THEN TURN & ENTER
DIRECTLY IN
UNDER AND UP
OVER ROOF, DOWN AND IN
DOWN AND IN
UP AND IN
OVER ROOF DOWN AND IN
MULTIDIRECTIONAL ENTRY
UNDER BUILDING, TO SIDE AND UP INTO BUILDING
MULTI ENTRY POINTS ○ UNDER OR ON TOP OF BUILDING
UNDER TO COURT AND UP
WATER
STAIR

(5) 매개공간

- 일정한 거리를 두고 분리되어 있는 두 공간은 제3의 매개공간으로서 상호 연결되거나 혹은 연관성을 갖는다. 두 공간의 관계는 그들의 공동관계를 형성하고 있는 제3공간의 본질에 따라 좌우된다.
- 매개공간은 상호의 기능적 연결을 나타내기 위하여 두 개의 공간과는 형태와 방향을 다르게 할 수도 있다.
- 매개공간뿐만 아니라 두 개의 공간도 공간의 모양, 크기, 형태 등에 있어 선형으로 연속된 공간과 같이 될 수 있다.
- 매개공간은 서로 떨어져 있는 두 개의 공간을 연결하기 위하여 또는 각기 직접적인 관계를 갖지 않는 모든 일련의 공간들을 결속시키기 위해서 그 형태를 긴 선형으로 할 수도 있다.
- 매개공간은 크기가 충분하다면 두 공간의 상호관계 속에서 유력한 공간이 될 수도 있겠고, 자체에 관련된 많은 공간들을 구성할 수도 있다.
- 매개공간의 형태는 상호 연결되고 관련된 두 공간의 형태와 방향에 의해서만 결정된다.

매개공간

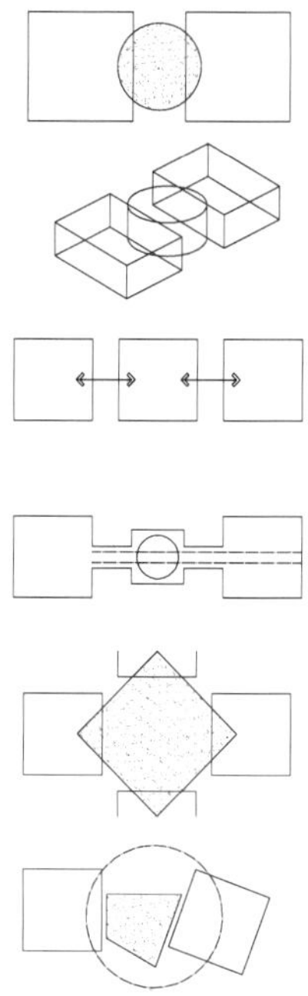

(6) 맞물린 공간

- 상호 맞물린 공간관계는 부분적으로 공유공간이 형성되도록 맞물려 겹쳐져 있는 두 개의 공간으로 구성된다. 이와 같은 방법으로 두 개의 공간이 맞물려 있을 때, 각 공간의 결과적 형태는 여러 가지로 해석될 수 있다.
- 두 가지 크기의 공간으로 맞물려 있는 부분은 3개가 모두 동일하다.
- 맞물린 부분은 두 개의 공간 중 어느 한 공간으로 합체될 수 있으며, 합체된 공간의 일부가 된다.
- 맞물린 부분은 본래의 두 공간을 연결짓는 공간으로서, 자체의 독립된 공간으로 발전할 수 있다.

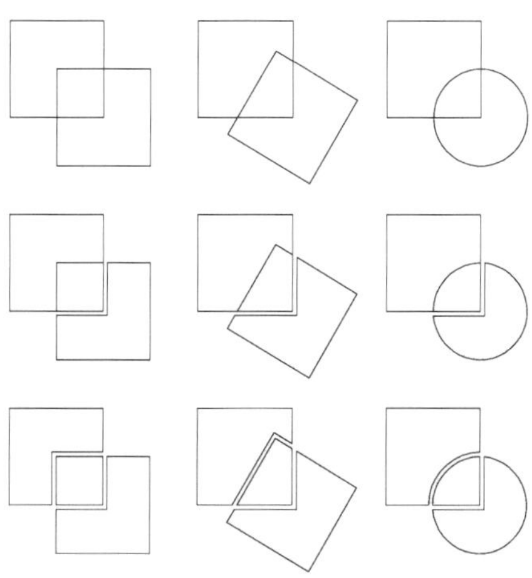

1.5 건축계획 시 공간활용의 방법

건축계획을 위해서는 기본적인 공간구조와 특성을 이해하여야 한다. 똑같은 조건에서도 내 · 외부 공간 구성능력에 따라 계획안이 전혀 다르게 표현될 수 있다.

① 주변 여건, 대지의 형상, 향과 조망, 소요 요구면적을 분석 · 검토한 후 내부공간(buildable area)과 외부공간(open space)을 설정한다.

② 보행과 차량의 진 · 출입 위치를 가정한 후 주공간(진입공간, 중심광장 등)과 부공간(휴게, 주차장, 중정 등)을 설정한다.

③ 부지의 진 · 출입 위치를 결정한 후 완충공간(주출입, 부출입구, 필로티 선큰, 발코니 등)을 설정한다.

④ 건물의 주 · 부출입구 위치가 결정되면 내 · 외부 공간에서 동적공간과 정적공간, 사적공간과 공적공간을 설정한다.

⑤ 기본적인 공간의 기능이 충족되면 완충공간(출입구, 캐노피, 필로티, 발코니 등)을 활용하여 계획을 구체적으로 정리한다.

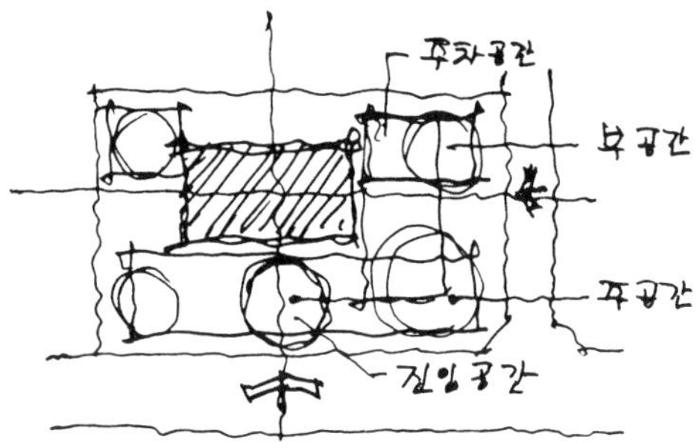

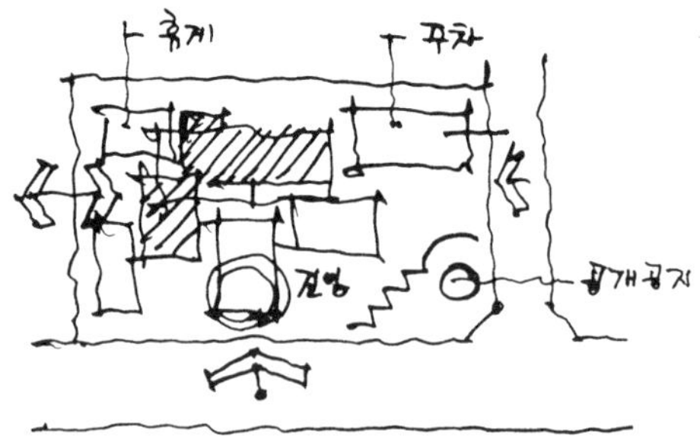

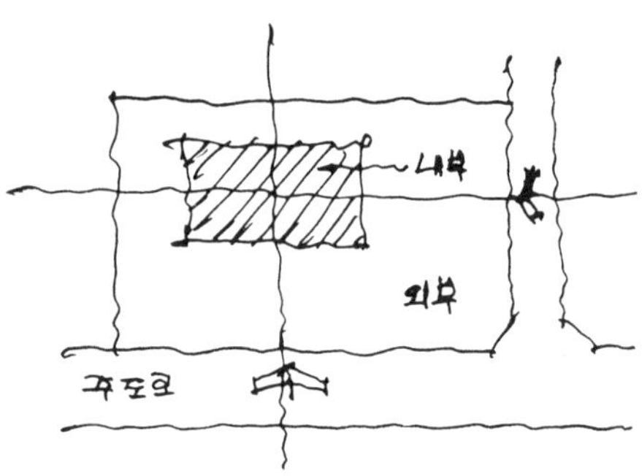

2. 건축조형의 기본

조형이란 여러 가지를 사용하여 어느 관념에서 형체를 만들어 내는 것을 뜻하며, 어떤 물질을 빌려 이것에 필요한 형태를 부여하는 행위를 말한다.

점은 0차원 공간
현실은 3차원 공간
우주는 4차원 공간
– 플라톤(Platon)

2.1 조형의 기초적 요소

① 개념요소 : 점, 선, 면, 양(volume)
② 시각요소 : 위치, 방위, 공간, 중량감 등
③ 구조요소 : 정점, 모서리, 면의 요소
이들 상호요소의 변화에 따라 입체조형의 기능과 역할을 전개

2.2 형태의 개념 요소

(1) 점

- 기하학에서는 크기가 없고 위치만 가리키는 것이 점의 정의
- 점이 밀집하면 이들 점은 서로 긴밀해지는데, 그 무리는 선으로서의 시각적 특징을 더하기도 하고 형으로서의 시각적 특징을 더하기도 하며 형으로서의 자극을 주기도 한다. 또한 하나의 흐름을 느끼게 하면 방향의 개념이 가해진다.

(2) 선

- 직선 : 강직하고 완고, 명확, 단순 – 남성적
  – 굵은 직선 – 신중함과 무게감
  – 가는 직선 – 예민함과 연약함
- 곡선 : 우아하고, 유순하고, 즐겁고, 자연스러운 느낌

– 온화, 조용함

– 게으름, 꽉 막힌 듯함

- 수평선 : 안정감, 차분함, 편안한 느낌
- 수직선 : 심리적인 엄숙함과 상승감의 효과
- 사선 : 활동적인 느낌을 주고, 시각적인 긴장감을 풀어주어 시선을 끈다.
- 곡선 : 매력적이고 우아하며 흥미로운 느낌

(3) 면

- 선 다음으로 가는 단순한 도형의 요소로 정해진 위치에 있어서 길이 및 폭의 방향으로 퍼진 2차원의 연속체

원 · 정사각형 · 정삼각형
정확하고 분명한 형태, 은밀하고 무한한 형태로 많은 건축 및 회화 작품들이 이 세 가지 기본 형태를 그 토대로 삼고 있음.

삼각형은 위치에 따라 또는 기준면에 따라 그 형의 느낌이 달라진다. 또한 모이는 방향과 숫자에 따라 또 다른 형태를 창조할 수 있다.

정사각형은 우세방향을 가지고 있지 않은 정적이고 중립적인 현상이나, 한 면이 정치되면 동적이고, 모서리가 정치되면 정적으로 된다.

원의 변형은 크기와 방향을 갖는다.

- 면은 점의 확대, 집합이나 선의 이동, 선 폭의 증대 및 선의 집합으로 이루어진다.
- 평면은 형태와 공간의 볼륨(volume)을 한정하고 각 평면의 성질이나 공간 상호관계에 있어서 평면이 한정하는 형태의 지각적 · 시각적 성질을 결정하며, 공간의 질을 결정한다.

(4) 형태(form)

형태는 색(color)과 함께 대상이 시각적 경험을 형성하는 감성적 요소이다.

- 삼각형

  인간을 의미하는 형으로, 어느 한 변이 안정되게 고정되어 있으면 삼각형 구도는 지극히 안전한 형이 된다.

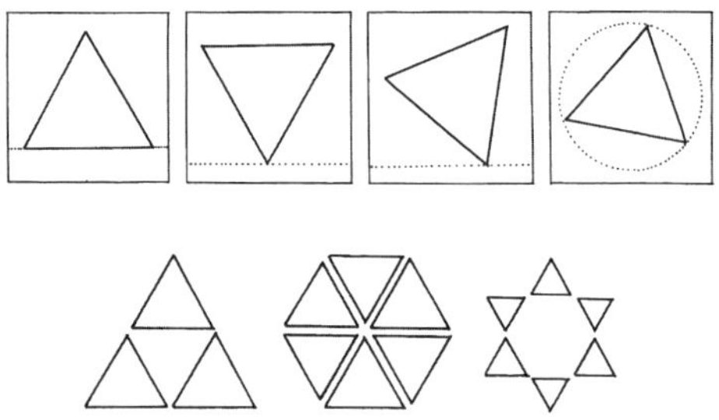

- 사각형

  정사각형은 오랜 옛날부터 팔, 다리를 벌리고 서 있는 인체의 폭과 높이의 균형적인 기준형이었다. 따라서 고대부터 근대에 이르기까지 실내공간을 구성하는 데 가장 기준이 되는 형이다.

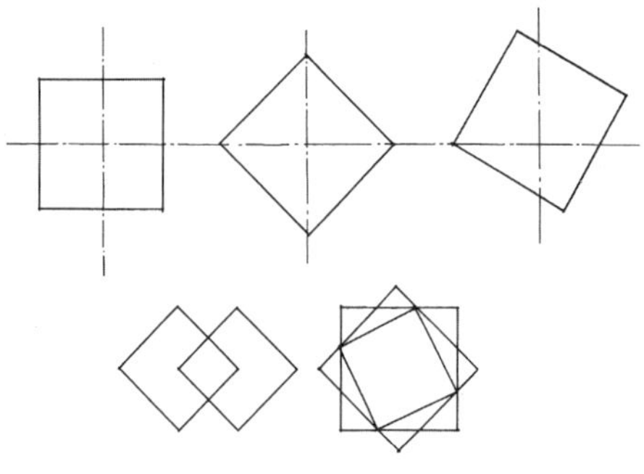

- 원

  선을 의미하지만 조형언어로는 처음도 끝도 없이 언제나 영원한 것으로 통용되고 있다. 원은 중심에 대하여 동일한 거리를 유지하면서 회전하고 있는 점의 연속이다.

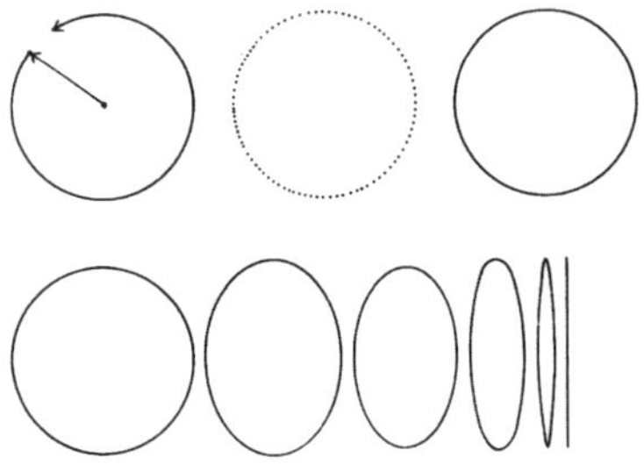

- 혼합형

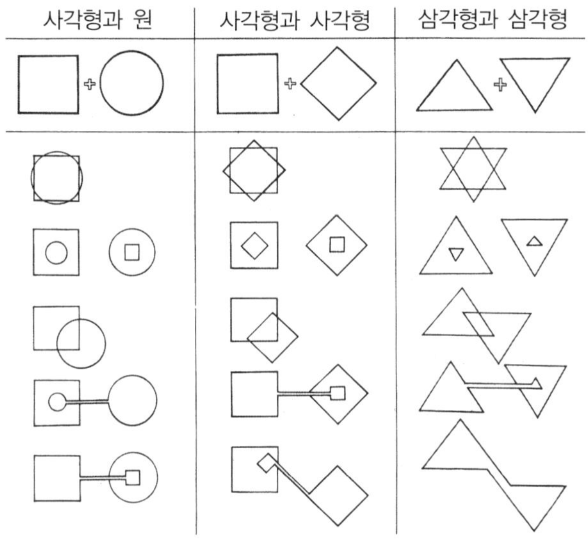

2개의 형태는 서로 충돌하며 서로 상대방의 영역을 침투하고 포위하며 형태를 만들어간다. 형태가 서로 복합되어 새로운 형태를 만들어 낸다.

큰 형태가 작은 형태를 포위한다.

2개의 형태가 서로 포위공간을 갖는다.

분리된 2개의 형태를 제3의 형태로 연결한다.

2.3 창조요소

조형이 평면이든 입체이든 어떠한 원리에 의해 어떻게 하는 것이 질서 있고 아름다우냐 하는 문제는 매우 중요한 것으로 이를 위해서는 창조요소의 특성을 이해하여야 한다.

(1) 스케일(scale)

- 공간관계 형성의 측정기준
- 모든 스케일의 개념은 인간중심(human scale). 단, 기념비적 공간은 휴먼스케일의 적용이 어렵다.

(2) 비례(proportiion)

- 구체적인 구성형식
- 비례는 균제(symmetry)보다 분명한 수직질서로 조화의 근본이 되는 균형을 가리킴
- 황금분할은 안정성과 역동적인 긴장과 활기를 불어넣는 기본적인 비례

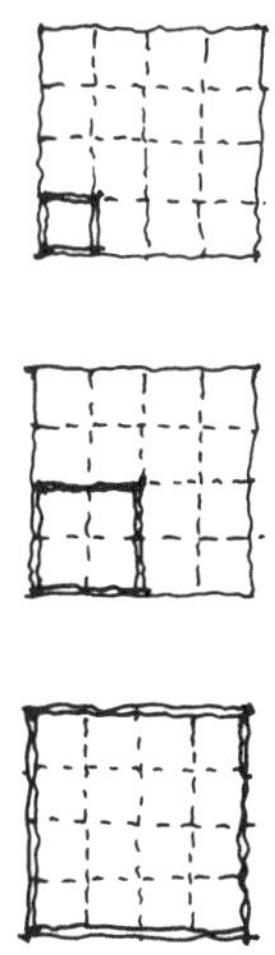

우수한 비례는 상쾌한 느낌을 주는 형이다. 특히, 자연 중에서 뛰어난 기능을 지니고 있는 것은 모두 우수한 비례를 지니고 있다.

황금비율
1 : 1.618

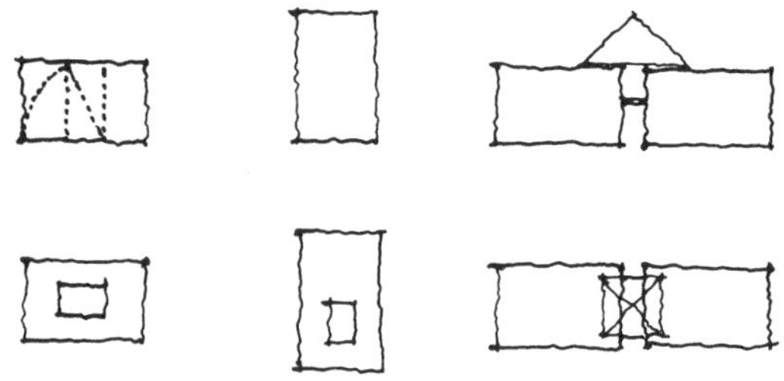

(3) 통일(unity)

- 변화와 함께 모든 조형에 대한 미의 근원
- 여러 요소, 소재 또는 조건을 선택하고 정리하여 하나의 완성체를 종합하는 것

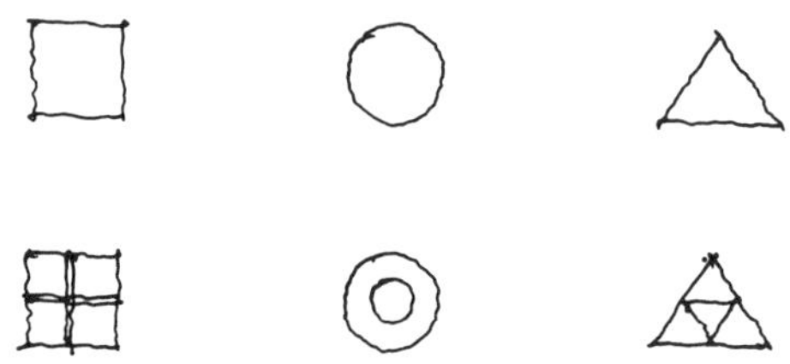

(4) 균형(balance)

- 자유로운 형과 변화를 지니고 있으면서 전체로의 조화를 유지하고 있는 상태
- 균형의 가장 완전한 형 – 균제, 균정

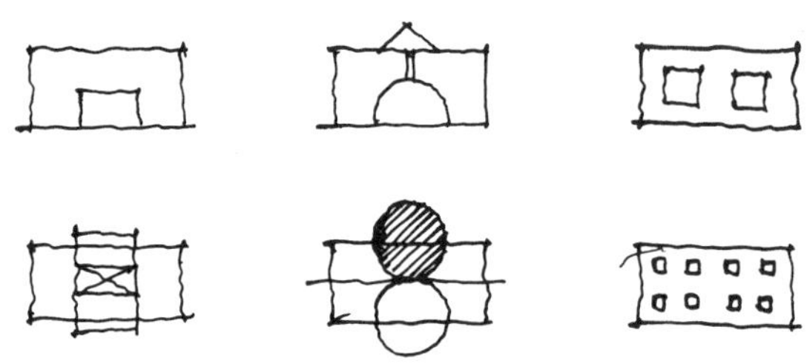

(5) 강조(emphasis)

- 흥미와 관심의 초점이자 중심
- 조건에 따라 특정 부분을 강하게 하여 변화를 주는 요소
- 개성과 특성을 나타내며 많이 사용하면 혼돈이 옴.

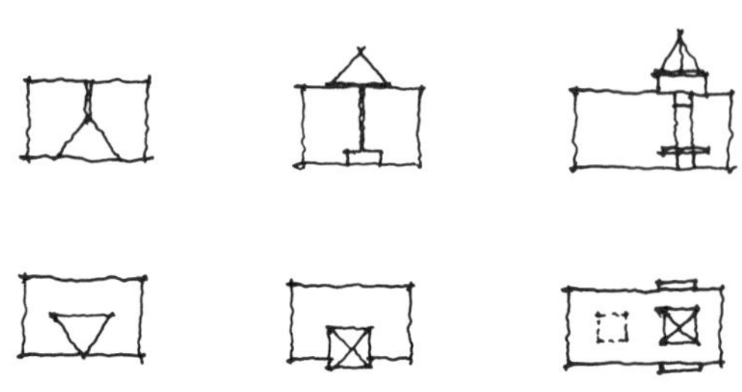

(6) 조화(harmony)

적합하다는 뜻으로 쾌감을 느낄 수 있는 시각적 형태

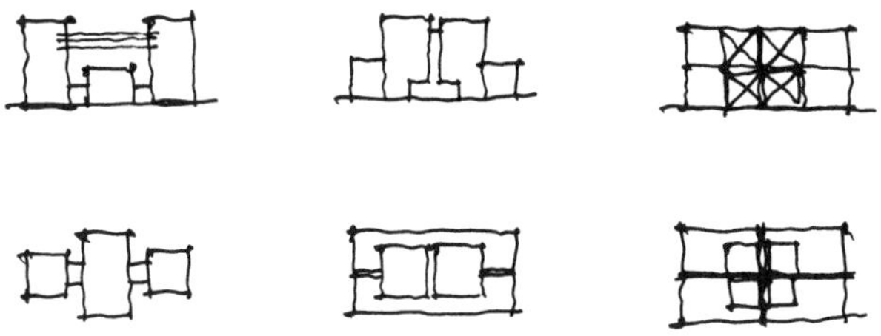

(7) 대비(contrast)

두 개의 명백히 반대되는 사이에서 형성되는 감각상의 차이로 비교되는 대조현상

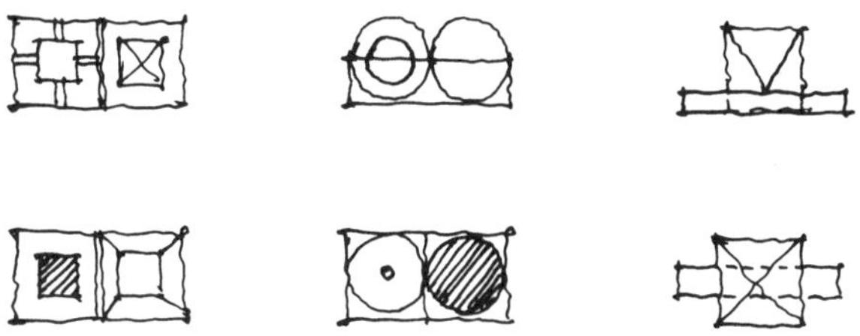

(8) 율동(rythem)

- 규칙적인 요소들의 반복
- 똑같거나 많이 변화된 요소들의 반복에서 나타나는 현상
- 생명감이나 존재감을 가장 강하게 나타냄

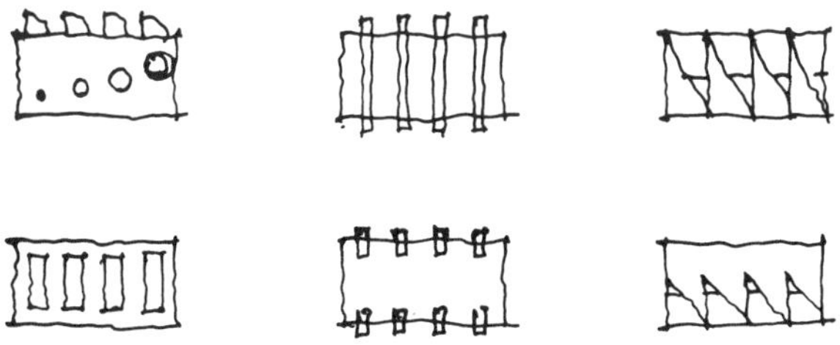

(9) 계조(gradation)

- 형태의 크기, 방향 및 색의 점차적인 변화로 생기는 리듬
- 점이 또는 점진이라 하며 일종의 다른 형태의 리듬이나 진행적인 리듬

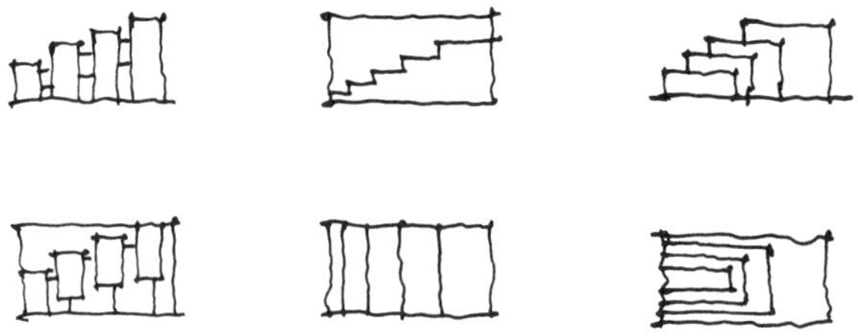

(10) 반복(repetition)

- 색채, 문양, 질감, 선이나 형태가 되풀이됨으로써 이루어지는 리듬.
- 디자인에 있어서 가장 쉽고 단순한 방법.
- 지나치게 반복이 강조된 것은 전체적인 통일감을 저해함.

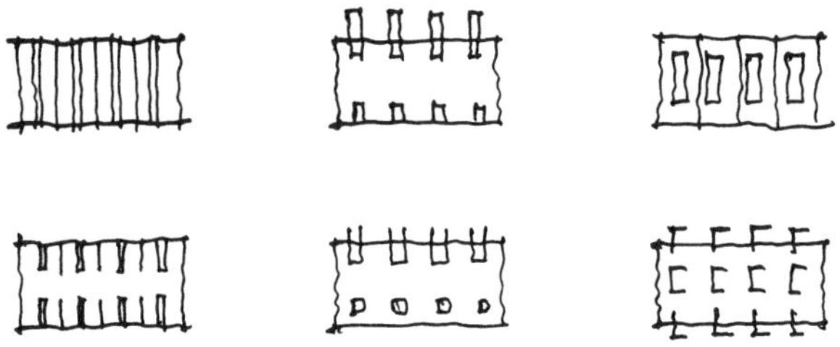

3. 건축과 모듈

M.C : 척도조정
(Modular Coordination)
건축의 재료, 부품에서 설계 · 시공에 이르기까지의 건축생산 전반에 걸쳐 치수상 유기적인 연계성을 만들어 내는 것이다.

6^M, 7.5^M, 9^M 스팬을 기본모듈로 가정하더라도 계획을 하다보면 변형을 해야 하는 경우가 있다. 이때는 가급적 5.5^M, 7.0^M, 8.0^M, 8.5^M로 전개하는 것이 스케일 작도 및 면적 산정시 유리하다.

모듈화 개념은 계획 · 설계에서 공간이나 구조를 구성하는 각 부분의 치수가 목적에 합당하고 이용에 적당하도록 하기 위한 것이다.

3.1 모듈의 정의

모듈은 일종의 치수 측정 단위로서 자나 피트(feet)처럼, 인체의 치수를 근거로 하여 만든 표준치수이다.

3.2 모듈계획과 효과

- 계획 및 설계상 시간절약
- 효율적인 조닝 및 공간구성
- 규모 결정 및 소요실 면적의 정확성 확보

3.3 기본의 응용

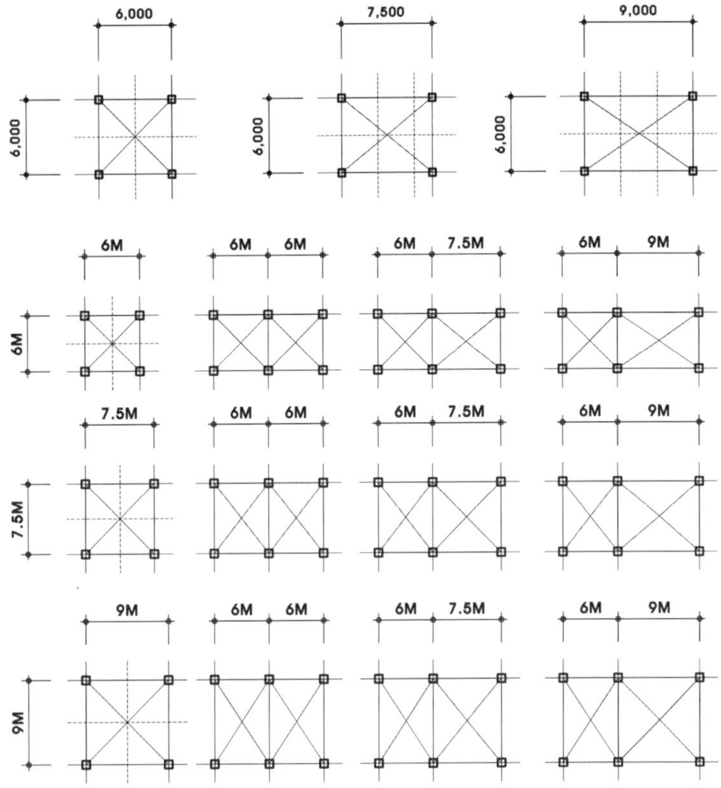

3.4 모듈과 소요면적 대비

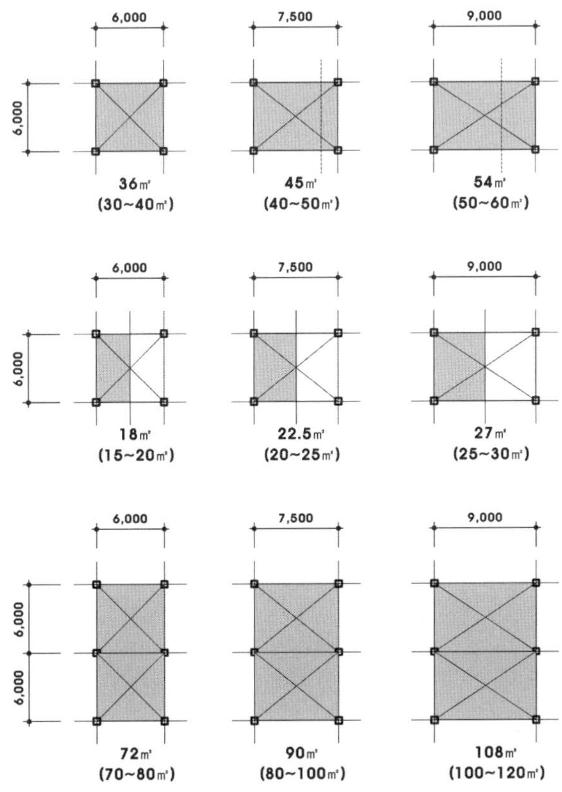

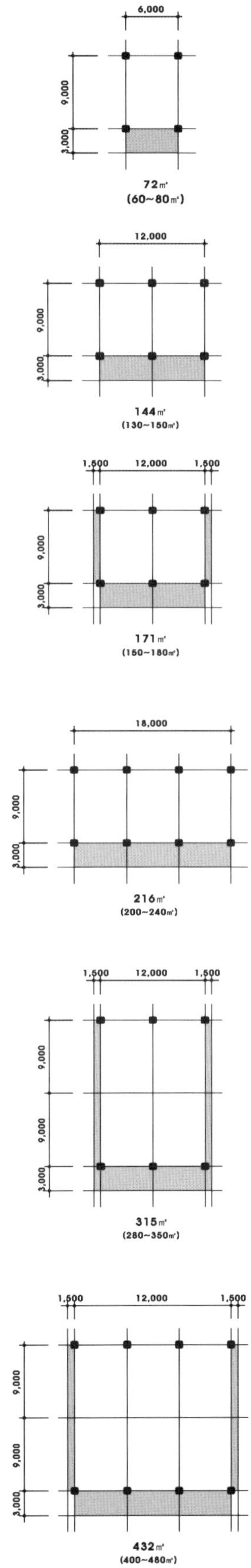

3.5 모듈의 과제

기본 모듈

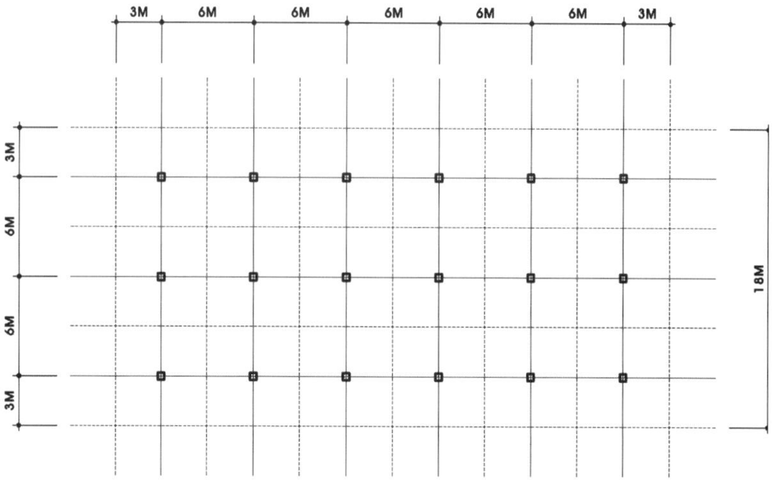

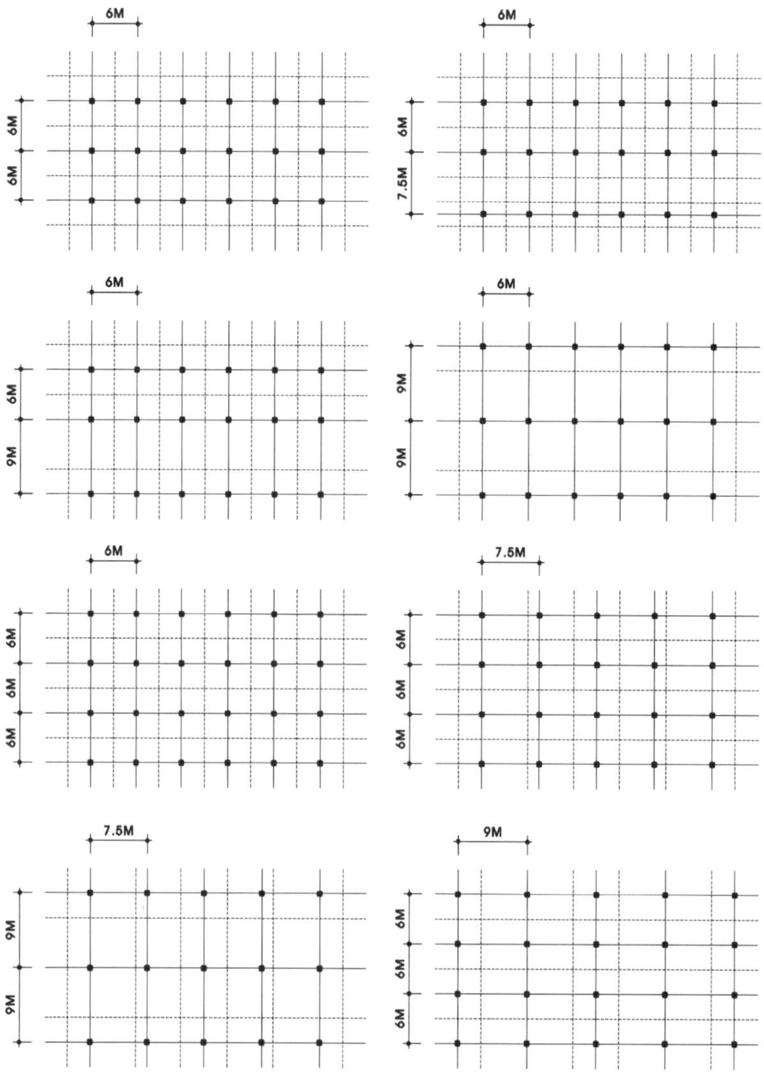

4. 건축과 조경

조경에 대하여 기본적인 지식만 알고 있으면 배치계획이나 단면계획, 입면도, 투시도 등에서 큰 효과를 볼 수 있다. 특히 배치계획 시 조경계획의 활용에 따라 전혀 다른 분위기를 조성할 수 있다.

4.1 조경의 정의

조경은 지형과 식생을 소재로 건축배치나 형태계획에 영향을 미치고 인간에게 쾌적한 환경을 조성하는 학문이다.

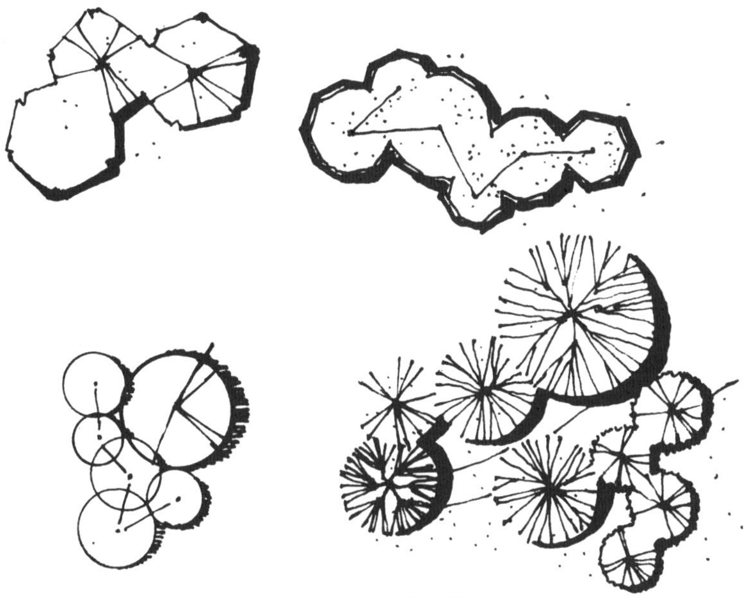

수목 표현의 예(평면)

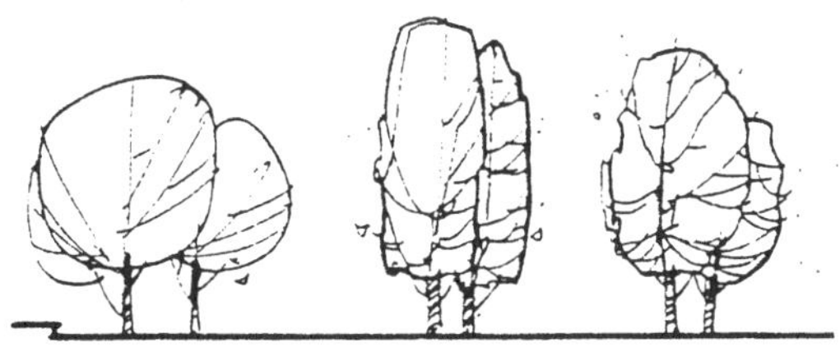

둥근형 기둥형 타원형

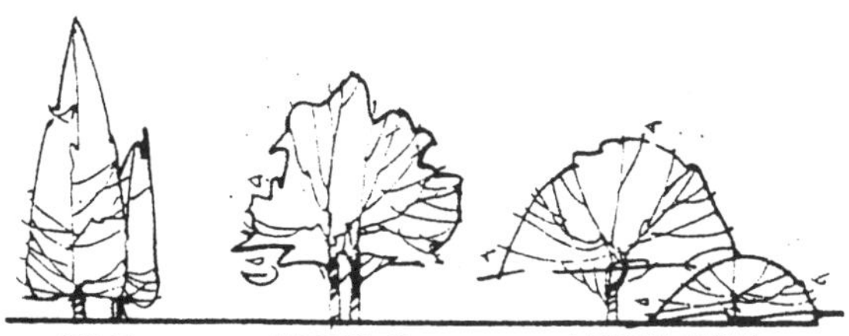

원추형 불규칙한 형 부채꼴형 반원형

수목 표현의 예(입면)

교목

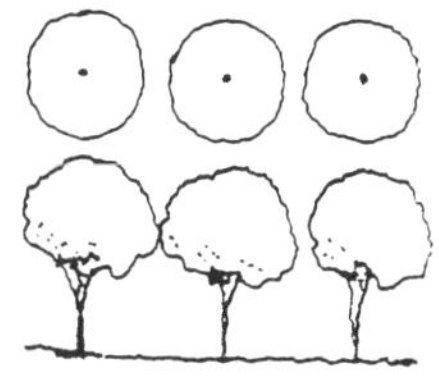

관목

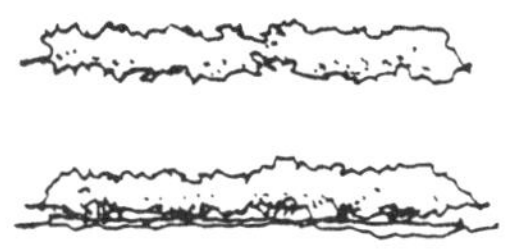

열식

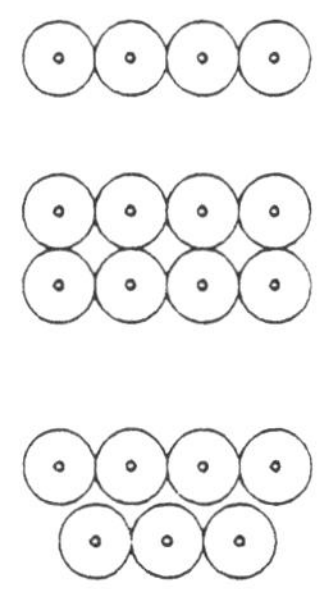

군식

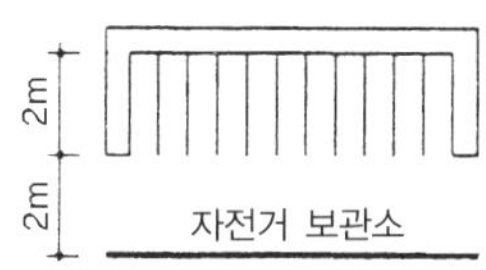

4.2 조경공간

(1) 옥외공간

(2) 위요의 정도와 본질

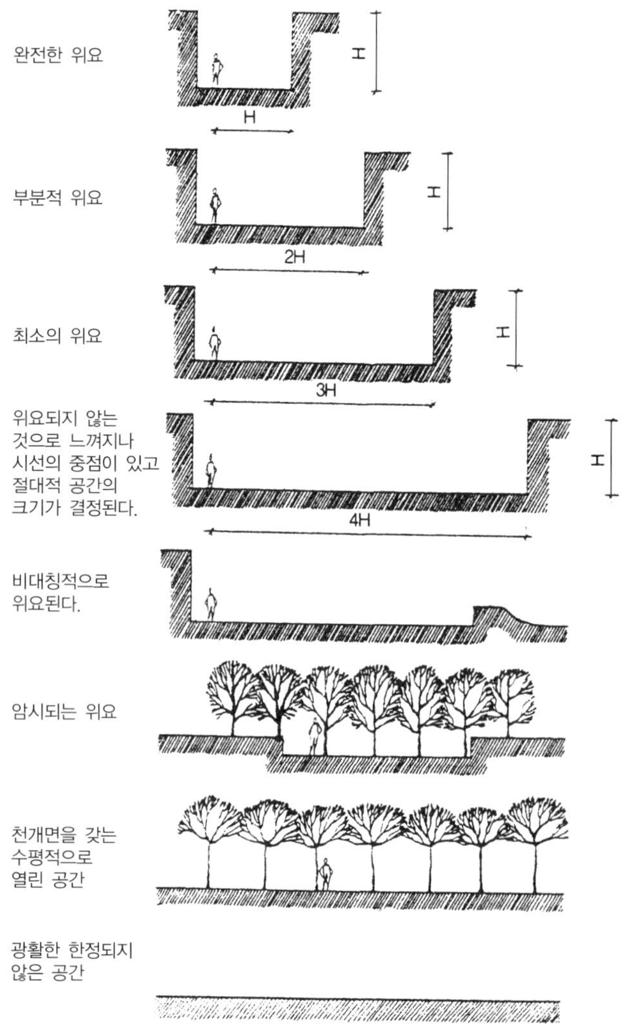

식재에 의한 공간 설정

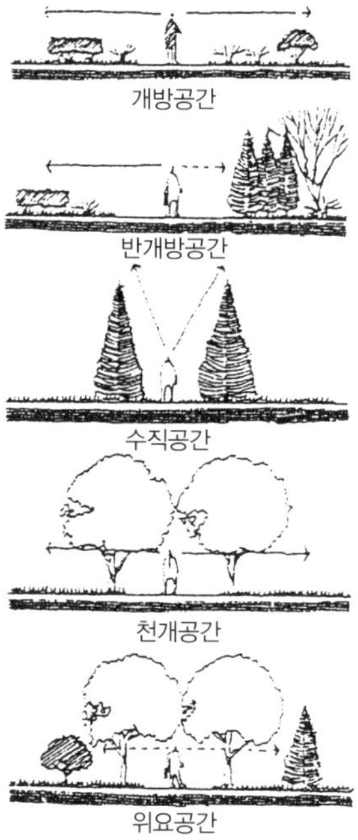

재료의 변화와 규모의 변화를 위한 이음부

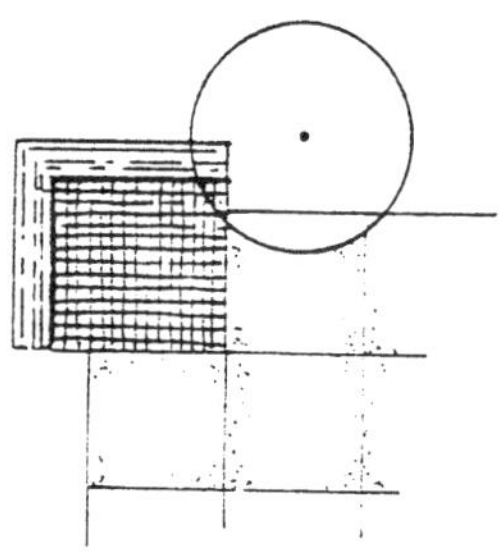

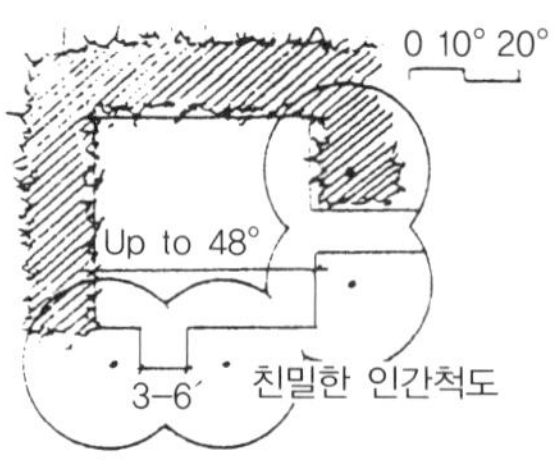

4.3 표현의 예

(1) 표현의 예 A

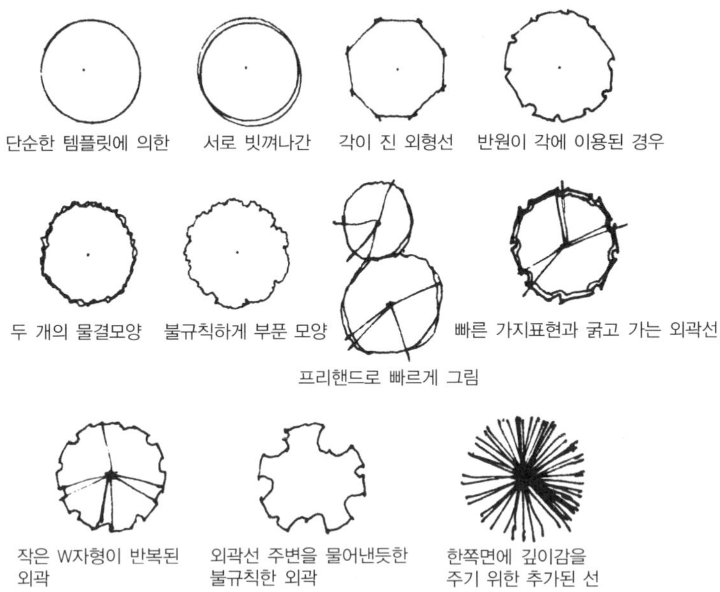

빠른 외곽선의 낙엽수 표현방법

잎의 질감에 의한 낙엽수 표현방법

가지의 형태에 의한 낙엽수 표현방법

관목의 표현방법

평면도로 여러 가지 입 · 단면의 사례

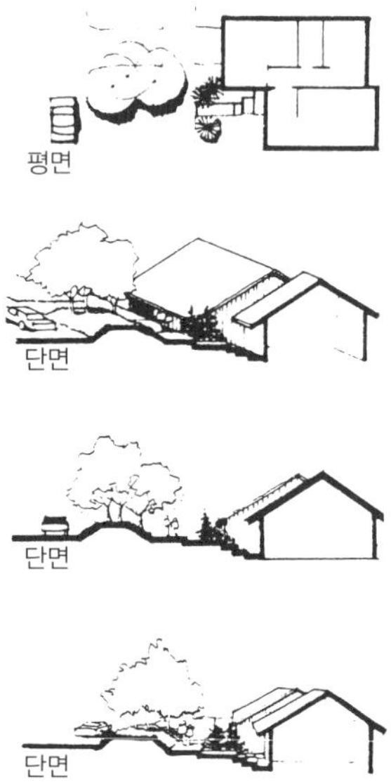

자연풍경식 배식 예

잔디 가운데의 자연식 배식 예(폭 50m)

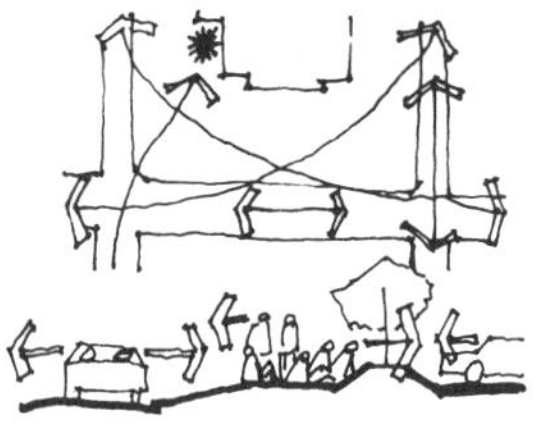

(2) 표현의 예 B

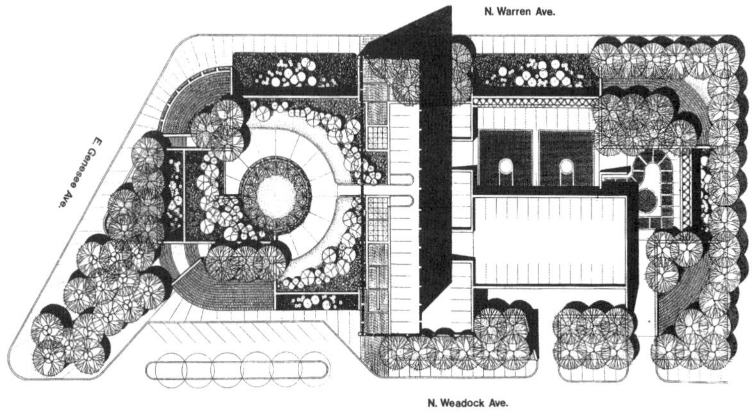

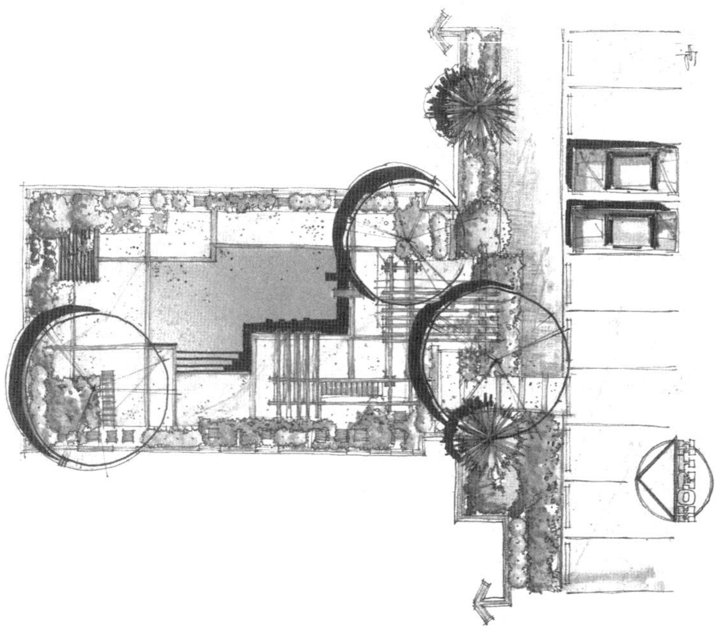

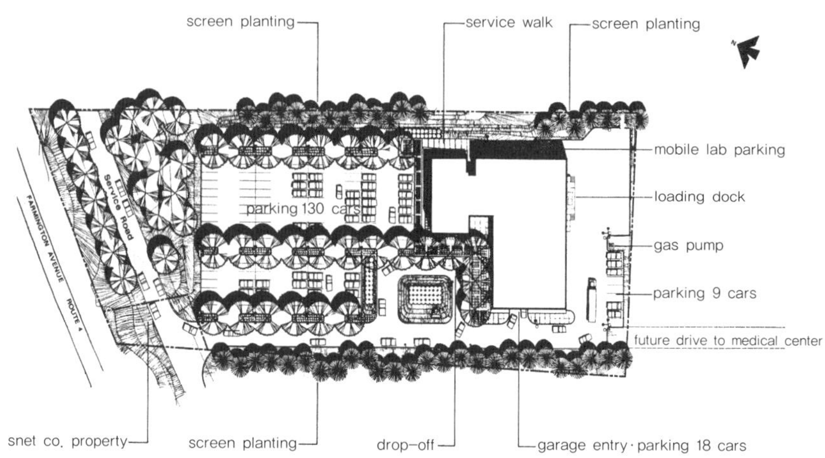

(3) 표현의 예 C

VIEWS to PARK
DROP OFF
LOUNGE/MEETING RM
LAKESIDE

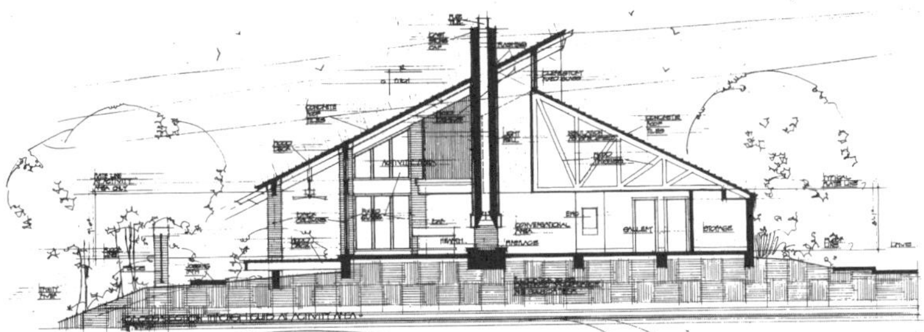

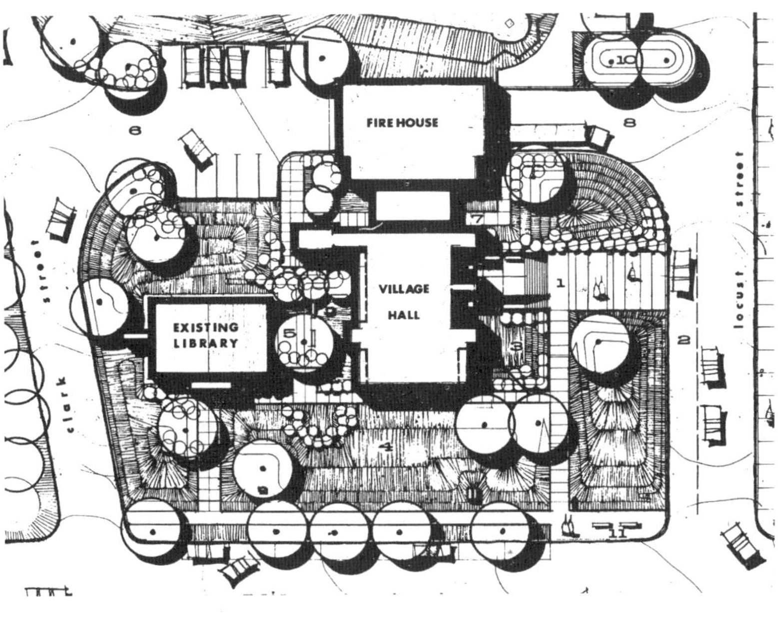
FIRE HOUSE
VILLAGE HALL
EXISTING LIBRARY
clark street
locust street

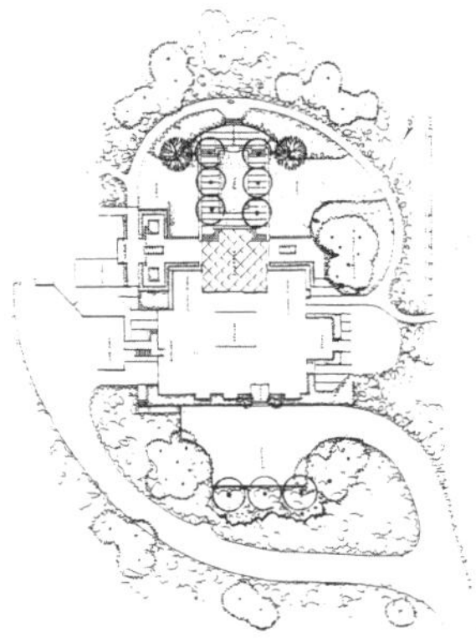

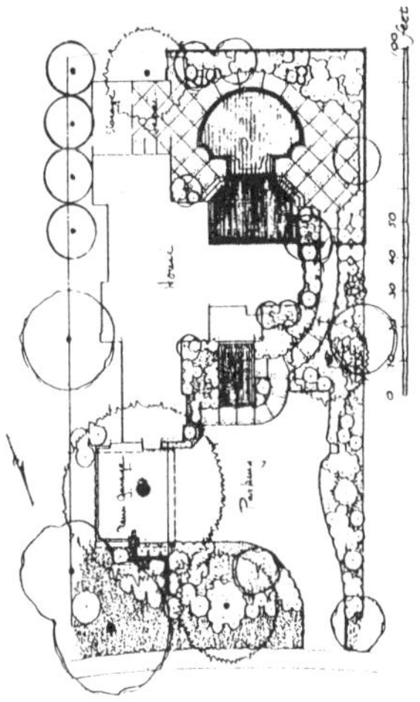

5. 도로구조

보행자와 차량의 접근이 도로에서부터 시작되므로 건축계획에 있어 도로의 의미는 매우 중요하다. 빠른 시간 내에 계획의 방향을 설정하기 위해서는 도로구조의 개념을 이해하여야 한다.

5.1 도로의 정의

폭 4m 이상으로 일반의 교통에 공용되는 도로. 다만, 보행자 전용도로와 자전거 전용도로의 폭은 1.5m 이상(도시계획시설기준에 관한 규칙)

5.2 도로의 종류

- 일반도로
- 자동차 전용도로
- 보행자 전용도로
- 자전거 전용도로
- 고가도로
- 지하도로

5.3 도로의 구분

(1) 주간선도로

도시 내 주요지역간, 도시간 또는 주요지방간을 연결하는 도로로서 대량통과교통의 처리를 목적으로 하는 도시 내의 골격을 형성하는 도로

(2) 보조간선도로

주간선도로와 집산도로 또는 주요교통발생원을 연결하는 도로로서 근린주거생활권의 외곽을 형성하고 도시교통의 집산기능을 하는 도로

(3) 집산도로

근린주거생활권의 교통을 보조간선도로에 연결하는 도로로서 근린주

거생활권의 골격을 형성하고 근린 주거생활권내 교통의 집산 기능을 하는 도로

가로는 구역(area)을 분할하고 한정된 구역을 영역(domaion)이라 부르기도 한다.

(4) 국지도로

가구를 확정하고 택지와의 접근을 목적으로 하는 도로

국지도로

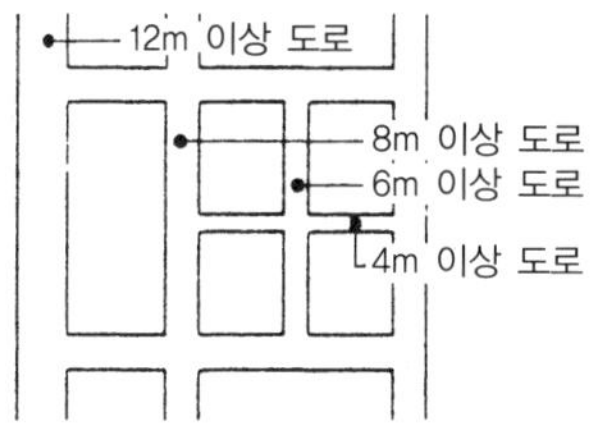

(5) 도시고속도로

도시 내 주요지역 또는 도시간을 연결하는 도로로서 차량이 주요교차로를 통해서만 출입할 수 있도록 하여 대량교통의 처리를 목적으로 하는 도로

(6) 특수도로

보행자 전용도로, 자전거 전용도로 등 자동차 외의 교통에 전용되는 도로

도로 단면

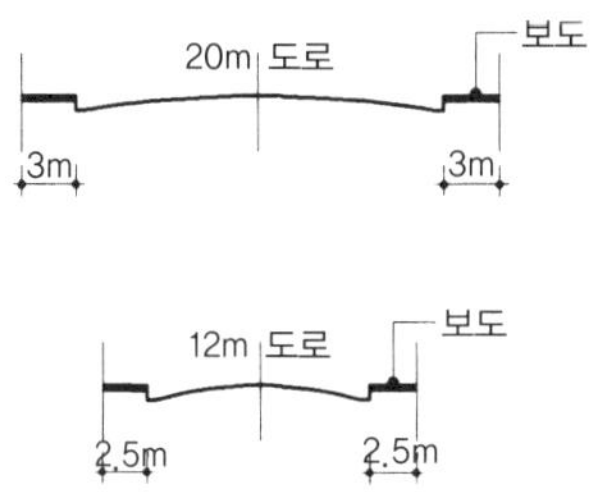

5.4 도로의 위계

- 일반적으로 20m 이상의 도로는 차량을 위한 도로이고 20m 미만 도로는 보행자를 위한 도로로 보면 된다.
- 20m 이상의 도로에서는 차량의 흐름을 방해하는 설계를 하지 않는 것이 좋다.(예 : 차량 진 · 출입구)
- 20m 미만 도로는 보행 위주의 국지도로로 차량은 서행을 하게 되므로 대지 내 차량 진 · 출입을 유도한다.(예 : 6m, 8m 도로)
- 도로가 클수록(예외도 있음) 보행량이 많으므로 큰 도로 쪽에서 보행자의 진 · 출입을 유도한다.

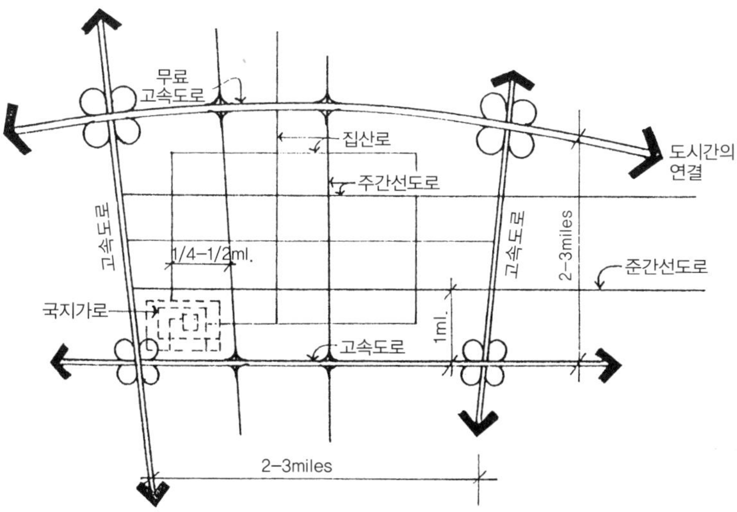

가로 · 도로망의 계층

6. 주차장

계획을 진행하는 데 있어 주차장계획은 매우 중요하다. 주차장계획은 일반적으로 지상주차가 좋은 방법이지만 도심 내의 상업용 시설이나 대규모 아파트단지 등 규모가 큰 시설인 경우 지하주차계획이 유리하고 규모가 작은 시설, 공공적 성격을 지닌 시설, 대지면적이 넓은 교외의 리조트시설 등은 지상주차계획이 바람직하다.

지상주차 유리
- 도심 내 대지면적이 300㎡ 이하의 규모가 작은 시설
- 건폐율 30% 이하인 시설
- 용적률 100% 이하인 시설
- 대지 규모가 큰 교외의 리조트 시설

지하주차 유리
- 도심 내 대규모 시설
- 건폐율 50% 이하인 시설
- 용적률 400% 이하인 시설
- 대지면적 600㎡ 이상인 시설

6.1 주차계획

- 배치계획 시 주차 진·출입 위치 확보, 주차방식 결정, 옥외주차 공간 확보, 옥내주차 공간가정 순서로 계획이 진행되어야 한다.
- 차량 진·출입구는 차량 통행량이 적은 부도로에서 진입하도록 하고 교차로에서 가급적 떨어지는 것이 좋다.
- 옥외 주차계획은 대지 내 차량도선을 가급적 짧게 처리하도록 하고 옥내 주차계획 시 진·출입 램프는 옥외 주차공간과 연계하여 계획하도록 한다.
- 옥내 주차계획 시 모듈은 6m×7.5m, 8m×8m, 6m×9m로 하는 것이 유리하고 데드스페이스는 창고 등으로 활용하도록 한다.

1차선 (50대 미만)

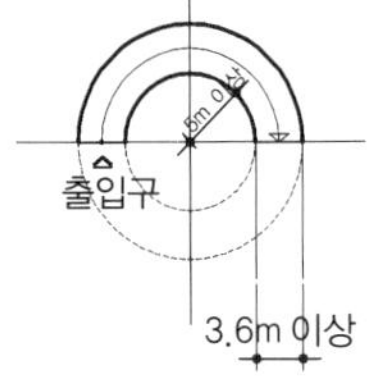

2차선 (50대 이상)

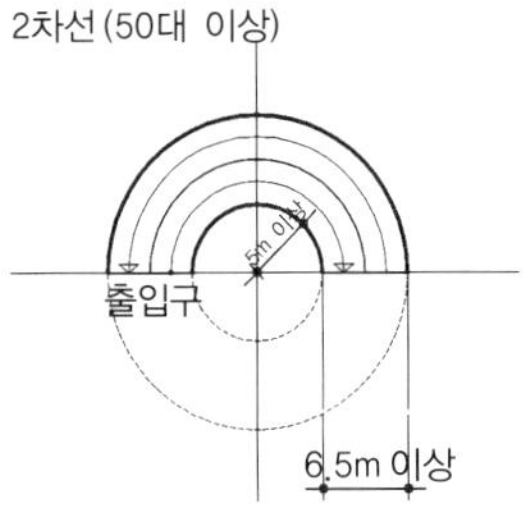

경사로

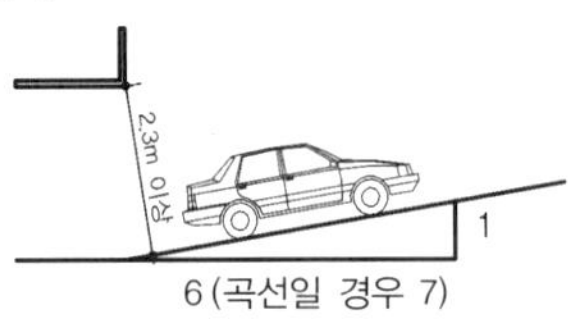

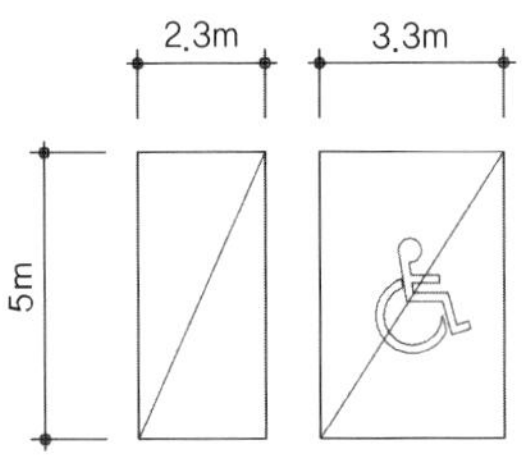

일반주차 장애인주차

6.2 주차장 설계기준

- 노외 주차장 출입구 3.5m 이상
- 굴곡부 내면 반경 5m 이상(50대 초과시 6m 이상)
- 차로높이 2.3m 이상
- 경사로 : 직선 – 1차선 3.3m 이상
  2차선 6m 이상
  곡선 – 1차선 3.6m 이상
  2차선 6.5m 이상
- 경사로 구배 : 직선 – 17% 이내 1/6
  곡선 – 14% 이내 1/7
- 자동차용 승강기 30대당 1대
- 50대 이상 주차 시 진·출입 별도 혹은 1개소 시 6.5~7m 이상
- 주차대수 20대 이상 장애인 전용 1면 이상 설치
- 일반 주차구획 : 2.3m×5m
- 장애인용 주차구획 : 3.3m×5m

6.3 주차방식

(1) 평행주차

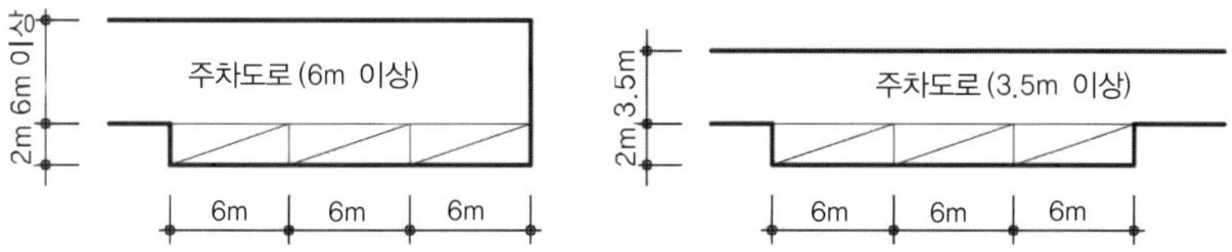

출입구 1개소 출입구 2개소

(2) 직각주차

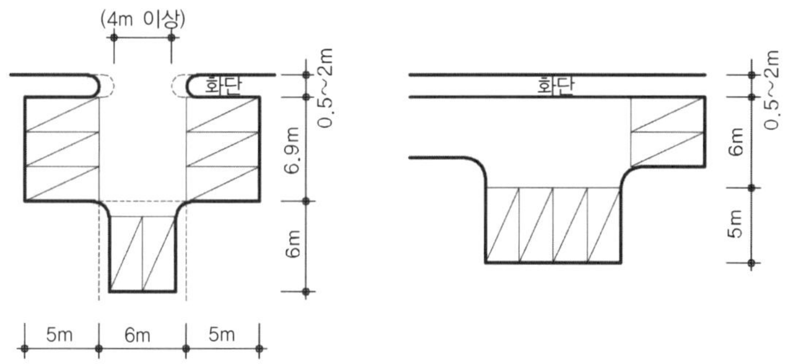

(3) 사행주차

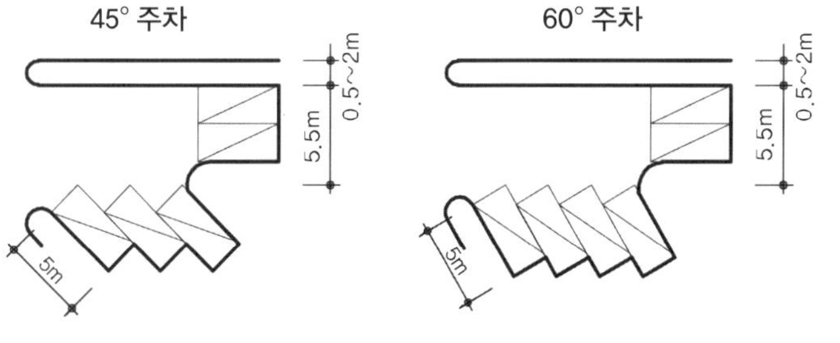

도로를 이용한 옥외 주차계획의 예

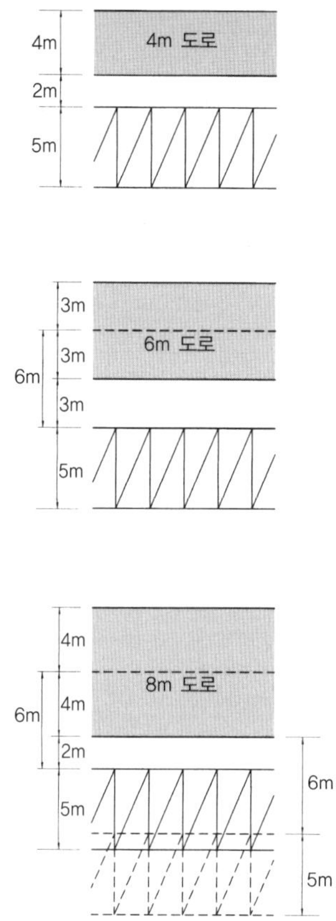

- 도로에 면하여 가급적 직각 주차를 하지 않는 것이 좋다.(단, 주차대수가 8대 이하일 경우 조건에 따라 허용된다.)

- 8m 도로에서 중앙선이 있는 경우 도로 중앙선에서 6m 후퇴

6.4 옥외 주차장의 예

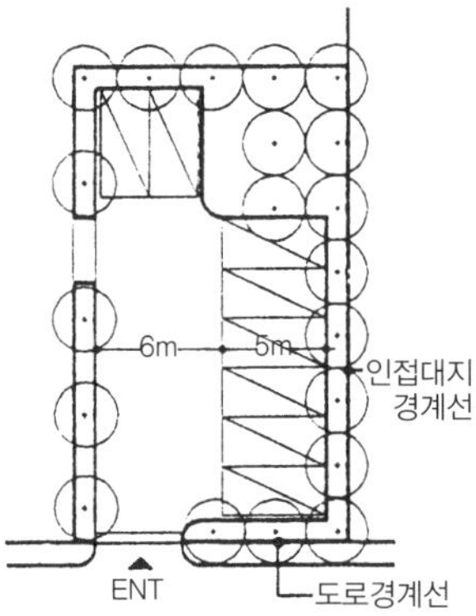

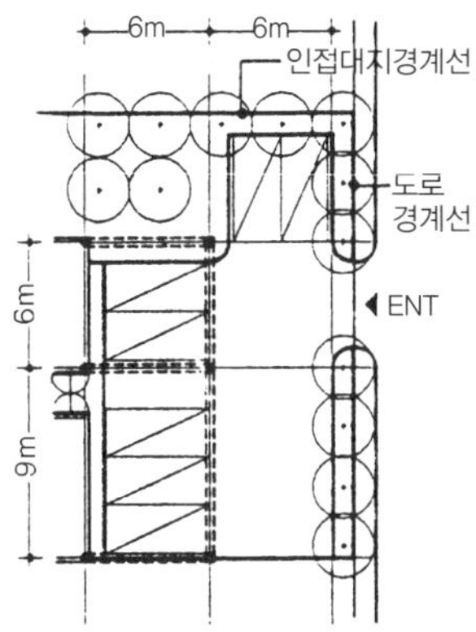

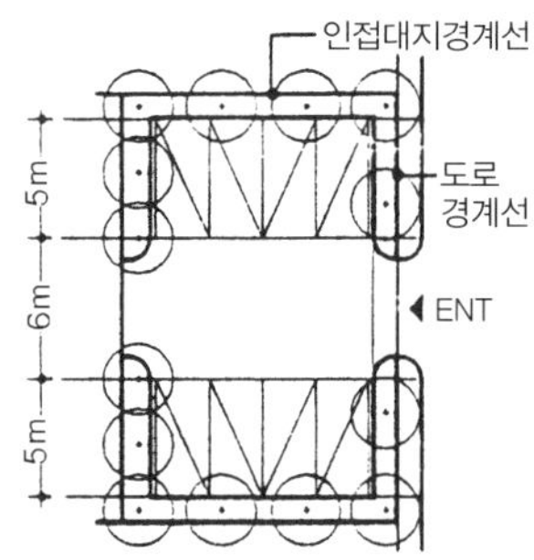

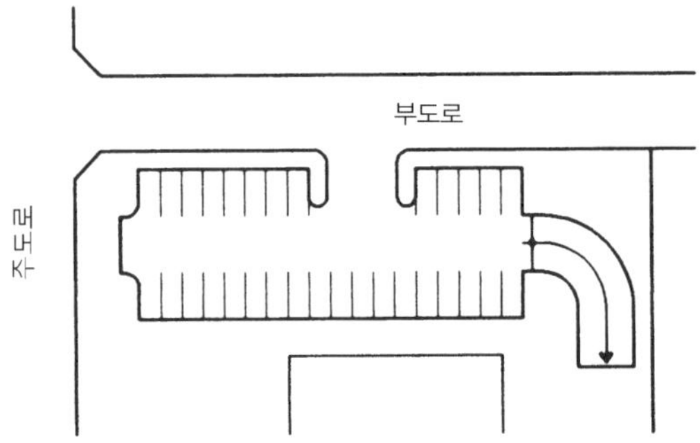

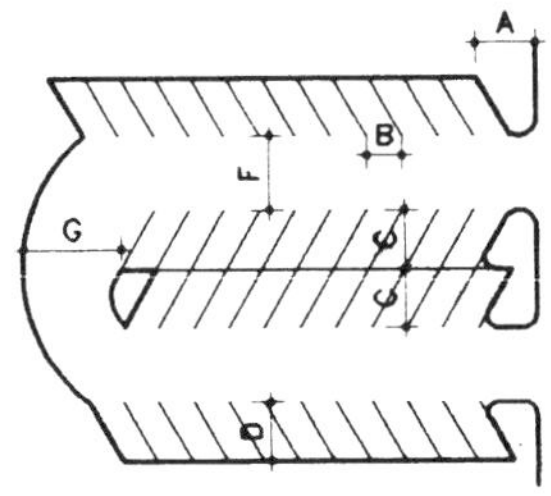

주차통로와 주차공간의 크기

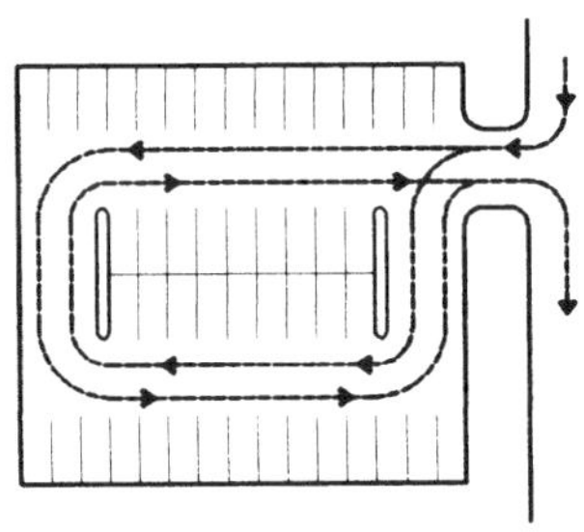

관통하는 주차장

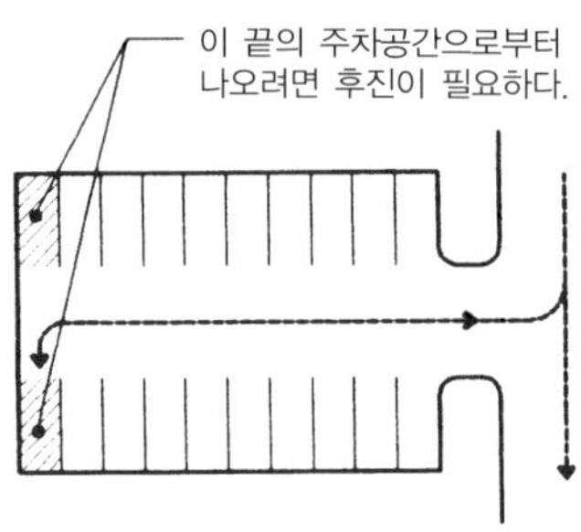

끝쪽이 막힌 주차장

6.5 기계식 주차장의 분류

<table>
<tr><td rowspan="20">기계식 주차장</td><td rowspan="9">차량을 수직방향으로 운반수용 (지상형)</td><td rowspan="3">수직 순환형</td><td>하부 진입형</td><td colspan="3" rowspan="3">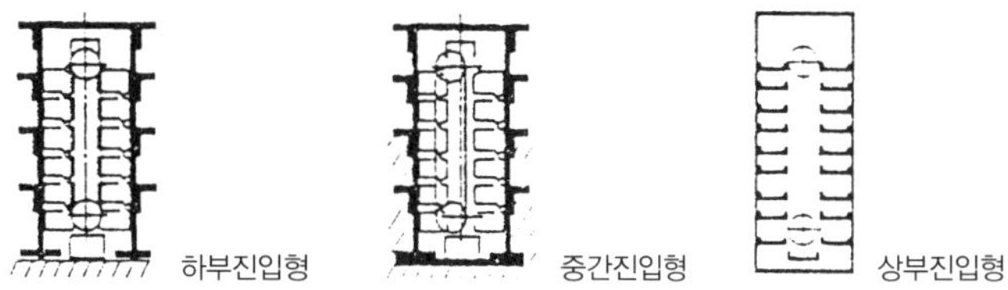
</td></tr>
<tr><td>중간 진입형</td></tr>
<tr><td>상부 진입형</td></tr>
<tr><td rowspan="6">승강기형</td><td rowspan="3">팔레트형</td><td>하부진입형</td><td rowspan="6">종식 · 횡식</td><td rowspan="6">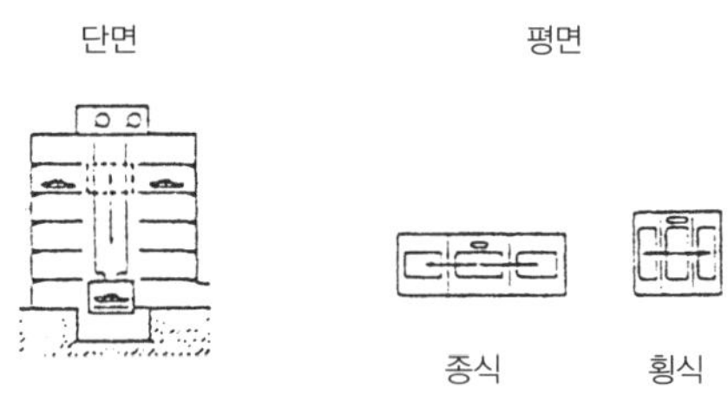
</td></tr>
<tr><td>중간진입형</td></tr>
<tr><td>상부진입형</td></tr>
<tr><td rowspan="3">절단형</td><td>하부진입형</td></tr>
<tr><td>중간진입형</td></tr>
<tr><td>상부진입형</td></tr>
<tr><td rowspan="3">간이형 (옥외 · 평면형)</td><td rowspan="3">2단식 다단식</td><td>단순2단형</td><td colspan="3" rowspan="3">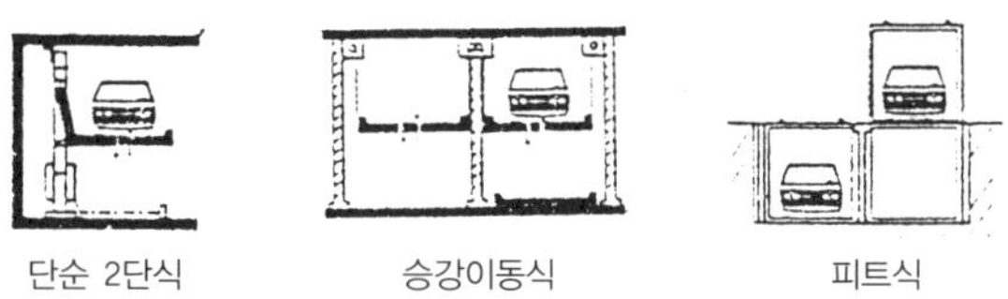
</td></tr>
<tr><td>승강이동식</td></tr>
<tr><td>피트식</td></tr>
<tr><td rowspan="7">차량을 수평방향으로 운반수용 (지하형)</td><td>수평 순환식</td><td>단부 원형 순환식</td><td colspan="3">
</td></tr>
<tr><td>다중 순환식</td><td>단부 상자형 순환식</td><td colspan="3">
</td></tr>
<tr><td rowspan="2">승강기식</td><td>종식</td><td colspan="3" rowspan="2">
</td></tr>
<tr><td>횡식</td></tr>
<tr><td rowspan="2">평면 왕복식</td><td>운반식</td><td colspan="3" rowspan="2">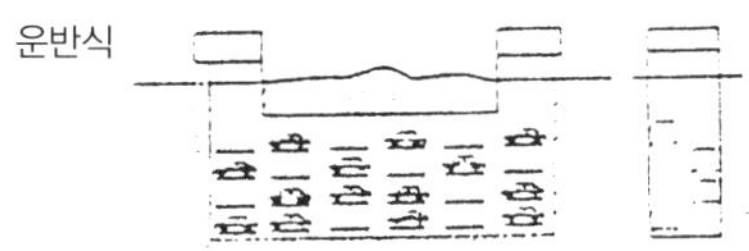
</td></tr>
<tr><td>운반 격납식</td></tr>
<tr><td rowspan="2">차로의 기계화</td><td>차량용 승강기</td><td></td><td colspan="3" rowspan="2">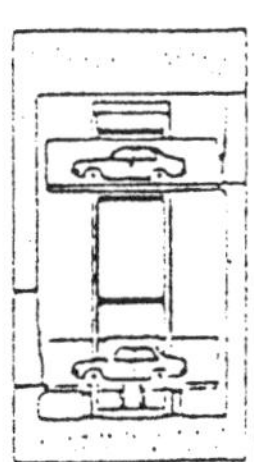</td></tr>
<tr><td>턴테이블</td><td></td></tr>
</table>

7. 건축 관련 법규

건축계획 시 가장 기본적으로 검토되어야 할 사항이 법규 체크이다. 기본적인 법규 사항을 이해하지 못하면 건축계획을 할 수 없으므로 법규내용 중 건축계획 시 필요한 항목은 숙지하고 있어야 한다.

7.1 건축 기본법규

(1) 건축면적

- 건축물의 지표면으로부터 그 일부로서 벽, 기둥, 기타 이와 유사한 것으로서 당해 외벽의 중심선으로부터 수평거리 1m 이상 돌출된 부분의 수평투영면적으로 한다.
- 태양열을 주된 에너지원으로 이용하는 주택의 건축면적은 건축물의 외벽 중 내측 내력벽의 중심선을 기준으로 한다.

(2) 바닥면적

건축물의 각층 또는 일부로서 벽, 기타 이와 유사한 계획의 중심선으로 둘러싸인 부분의 투영면적으로 한다.

(3) 연면적

하나의 건축물의 각층 바닥면적의 합계로 한다. 다만, 용적률 산정에 있어서는 지하층의 면적과 지상층의 주차용 면적을 제외한다.

(4) 건폐율

대지면적에 대한 건축면적 비율의 최대한도는 「국토의 계획 및 이용에 관한 법률」 제77조에 따른 건폐율의 기준에 따른다.

건축면적 / 대지면적 × 100

(5) 용적률

대지면적에 대한 연면적 비율의 최대한도는 「국토의 계획 및 이용에 관한 법률」 제78조에 따른 용적률의 기준에 따른다.

연면적 / 대지면적 × 100

국토의 계획 및 이용에 관한 법률 시행령 2009

국토의 용도 구분	
경관지구	자연경관지구
	수변경관지구
	시가지경관지구
미관지구	중심지미관지구
	역사문화미관지구
	일반미관지구
고도지구	최고고도지구
	최저고도지구
보존지구	문화자원보존지구
	중요시설물보존지구
	생태계보존지구
시설보호지구	학교시설보호지구
	공용시설보호지구
	항만시설보호지구
	공항시설보호지구
취락지구	자연취락지구
	집단취락지구
개발진흥지구	주거개발진흥지구
	산업개발진흥지구
	유통개발진흥지구
	관광 · 휴양개발진흥지구
	복합개발진흥지구
	특정개발진흥지구

(6) 대지 안의 공지

건축물을 건축하거나 용도 변경하는 경우에는 「국토의 계획 및 이용에 관한 법률」에 따른 용도지역 · 용도지구, 건축물의 용도 및 규모 등에 따라 건축선 및 인접 대지경계선으로부터 6m 이내의 범위에서 대통령령으로 정하는 바에 따라 해당 '지방 자치단체의 조례'로 정하는 거리 이상을 띄워야 한다.

• 건축선으로부터 건축물까지 띄어야 하는 거리

대상 건축물	건축조례에서 정하는 건축기준
가. 해당 용도로 쓰는 바닥면적의 합계가 500m² 이상인 공장(전용공업지역, 일반공업지역 또는 「산업입지 및 개발에 관한 법률」에 따른 산업단지에 건축하는 공장은 제외한다)으로서 건축조례로 정하는 건축물	• 준공업지역 : 1.5m 이상 6m 이하 • 준공업지역 외의 지역 : 3m 이상 6m 이하
나. 해당 용도로 쓰는 바닥면적의 합계가 500m² 이상인 창고(전용공업지역, 일반공업지역 또는 「산업입지 및 개발에 관한 법률」에 따른 산업단지에 건축하는 창고는 제외한다)로서 건축조례로 정하는 건축물	• 준공업지역 : 1.5m 이상 6m 이하 • 준공업지역 외의 지역 : 3m 이상 6m 이하
다. 해당 용도로 쓰는 바닥면적의 합계가 1,000m² 이상인 판매시설, 숙박시설(여관 및 여인숙은 제외한다), 문화 및 집회시설(전시장 및 동 · 식물원은 제외한다) 및 종교시설	• 3m 이상 6m 이하
라. 다중이 이용하는 건축물로서 건축조례로 정하는 건축물	• 3m 이상 6m 이하
마. 공동주택	• 아파트 : 2m 이상 6m 이하 • 연립주택 : 2m 이상 5m 이하 • 다세대주택 : 1m 이상 4m 이하
바. 그 밖에 건축조례로 정하는 건축물	• 1m 이상 6m 이하

• 인접 대지경계선으로부터 건축물까지 띄어야 하는 거리

대상 건축물	건축조례에서 정하는 건축기준
가. 전용주거지역에 건축하는 건축물(공동주택은 제외한다)	• 1m 이상 6m 이하
나. 해당 용도로 쓰는 바닥면적의 합계가 500m² 이상인 공장(전용공업지역, 일반공업지역 또는 「산업입지 및 개발에 관한 법률」에 따른 산업단지에 건축하는 공장은 제외한다)으로서 건축조례로 정하는 건축물	• 준공업지역 : 1m 이상 6m 이하 • 준공업지역 외의 지역 : 1.5m 이상 6m 이하
다. 상업지역이 아닌 지역에 건축하는 건축물로서 해당 용도로 쓰는 바닥면적의 합계가 1,000m² 이상인 판매시설, 숙박시설(여관 및 여인숙은 제외한다), 문화 및 집회시설(전시장 및 동 · 식물원은 제외한다) 및 종교시설	• 1.5m 이상 6m 이하
라. 다중이 이용하는 건축물(상업지역에 건축하는 건축물은 제외한다)로서 건축조례로 정하는 건축물	• 1.5m 이상 6m 이하
마. 공동주택(상업지역에 건축하는 공동주택은 제외한다)	• 아파트 : 2m 이상 6m 이하 • 연립주택 : 1.5m 이상 5m 이하 • 다세대주택 : 0.5m 이상 4m 이하
바. 그 밖에 건축조례로 정하는 건축물	• 0.5m 이상 6m 이하

(7) 건축물의 높이 제한

• 도로사선 제한 (건축법)

최고 높이가 정해지지 아니한 가로구역의 경우 건축물 각 부분의 높이는 그 부분으로부터 전면도로의 반대쪽 경계선까지 수평거리의 1.5배를 넘을 수 없다. 다만, 대지가 둘 이상의 도로, 공원, 광장, 하천 등에 접하는 경우에는 건축물의 높이를 해당 지방자치단체의 조례로 따로 정할 수 있다.

• 일조 등의 확보 (건축법 시행령)

전용주거지역이나 일반주거지역에서 건축물을 건축하는 경우 건축물의 각 부분을 정북방향으로의 인접 대지경계선으로부터 다음의 범위에서 건축조례로 정하는 거리 이상을 띄어 건축하여야 한다.

① 높이 4m 이하 부분 : 인접대지경계선으로부터 1m 이상
② 높이 8m 이하 부분 : 인접대지경계선으로부터 2m 이상
③ 높이 8m 초과 부분 : 인접대지경계선으로부터 해당 건축물 각 부분 높이의 1/2 이상
④ 공동주택 : 각 부분의 높이는 그 부분으로부터 채광을 위한 창문 등이 있는 벽면에서 직각방향으로 인접대지경계선까지 수평거리의 2배(근린상업지역 또는 준주거지역의 건축물은 4배) 이하로 할 것.

(8) 복도의 너비 및 설치기준 (건축물의 피난 · 방화구조 등의 기준에 관한 규칙)

• 연면적 200㎡를 초과하는 건축물에 설치하는 복도

구 분	양 옆에 거실이 있는 복도	기타의 복도
유치원 · 초등학교 · 중학교 · 고등학교	2.4m 이상	1.8m 이상
공동주택 · 오피스텔	1.8m 이상	1.2m 이상
당해 층 거실의 바닥면적 합계가 200㎡ 이상인 경우	1.5m 이상 (의료시설의 복도는 1.8m 이상)	1.2m 이상

• 문화 및 집회시설(종교집회장 · 공연장 · 집회장 · 관람장 · 전시장), 교육연구 및 복지시설(아동관련시설 · 노인복지시설 · 생활권수련시설), 위락시설(주점영업), 의료시설(장례식장의 관람석 또는 집회실)에 접하는 복도의 유효너비

500㎡ 미만	1.5m
500㎡ 이상 1,000㎡ 미만	1.8m
1,000㎡ 이상	2.4m

• 공연장의 개별 관람석

① 바닥 면적이 300㎡ 이상인 경우, 바깥쪽에는 그 양쪽 및 뒤쪽에 각각 복도를 설치할 것.

② 하나의 층에 개별 관람석 바닥면적이 300㎡ 미만인 경우 2개소 이상 연속하여 설치하는 경우에는 그 관람석 바깥쪽의 앞쪽과 뒤쪽에 각각 복도를 설치할 것.

(9) 직통계단의 설치(건축법 시행령)

① 건축물의 피난층(직접 지상으로 통하는 출입구가 있는 층) 외의 층에서는 피난층 또는 지상으로 통하는 직통계단(경사로를 포함)을 거실의 각 부분으로부터 계단(거실로부터 가장 가까운 거리에 있는 계단)에 이르는 보행거리가 30m 이하가 되도록 설치하여야 한다. 다만, 건축물(지하층에 설치하는 것으로서 바닥면적의 합계가 300㎡ 이상인 공연장 · 집회장 · 관람장 및 전시장은 제외)의 주요구조부가 내화구조 또는 불연재료로 된 건축물은 그 보행거리가 50m(층수가 16층 이상인 공동주택은 40m) 이하가 되도록 한다.

② 피난층 또는 지상으로 통하는 직통계단을 2개소 이상 설치해야 하는 건축물

용도별	바닥면적	비 고
• 문화 및 집회시설(전시장, 동 · 식물원 제외) • 종교시설, 위락시설(주점영업), 장례식장	200㎡ 이상	
• 단독주택(다중주택, 다가구주택) • 제2종 근린생활시설(학원, 독서실, 판매시설, 운수시설-여객용) • 의료시설(입원실 없는 치과병원은 제외) • 교육연구시설(학원) • 노유자시설(아동 관련 시설, 노인복지시설) • 수련시설(유스호스텔, 숙박시설) • 장례식장	200㎡ 이상	3층 이상 당해 용도
• 공동주택(층당 4세대 이하인 것 제외) • 업무시설(오피스텔)	300㎡ 이상	
기타	400㎡ 이상	3층 이상 거실
• 지하층	200㎡ 이상	

③ 초고층 건축물에는 피난층 또는 지상으로 통하는 직통계단과 직접 연결되는 피난안전구역(초고층 건축물의 피난 · 안전을 위하여 지상층으로부터 최대 30개 층마다 설치하는 대피공간을 말한다. 이하 같다)을 설치하여야 한다.

(10) 대지 안의 조경 (건축법 시행령)

면적이 200㎡ 이상인 대지에 건축을 하는 건축주는 용도지역 및 건축물의 규모에 따라 해당 지방자치단체의 조례로 정하는 기준에 따라 대지에 조경이나 그 밖에 필요한 조치를 하여야 한다.

(11) 옥상광장, 피난계단의 설치기준 (건축법 시행령)

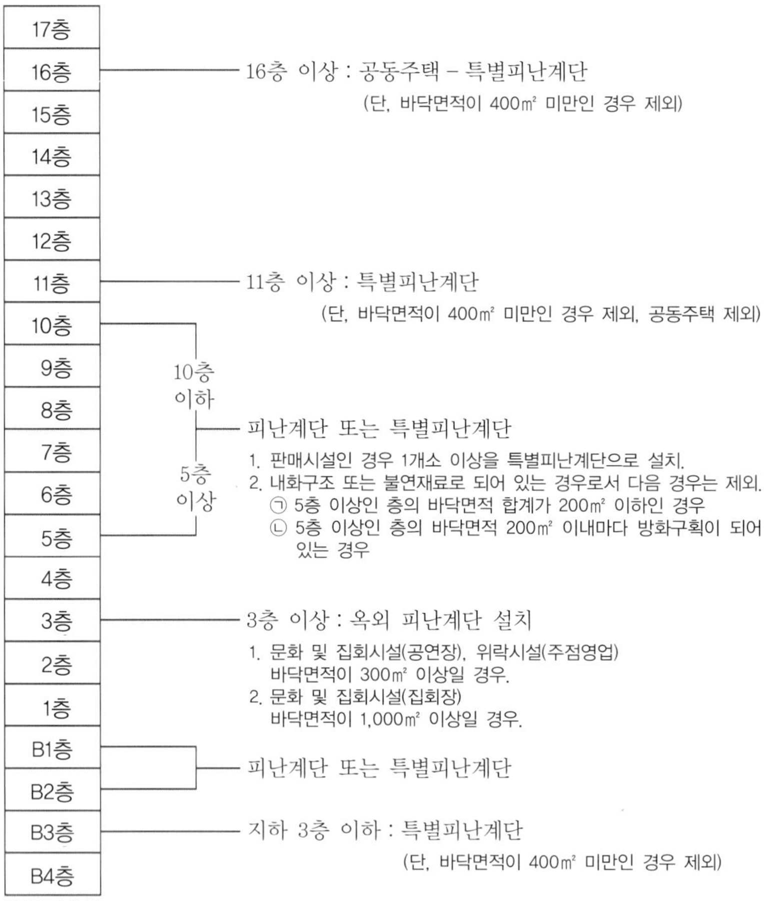

7.2 국토의 용도

<table>
<tr><th colspan="4">국토의 계획 및 이용에 관한 법률 2009</th><th colspan="4">국토의 계획 및 이용에 관한 법률 시행령 2009</th></tr>
<tr><th colspan="2">국토의 용도 구분</th><th>건폐율</th><th>용적률</th><th colspan="2"></th><th>건폐율</th><th>용적률</th></tr>
<tr><td rowspan="16">도시지역</td><td rowspan="6">주거지역</td><td rowspan="6">70% 이하</td><td rowspan="6">500% 이하</td><td rowspan="2">전용주거
지역</td><td>제1종전용
주거지역</td><td>50% 이하</td><td>50% 이상
100% 이하</td></tr>
<tr><td>제2종전용
주거지역</td><td>50% 이하</td><td>100% 이상
150% 이하</td></tr>
<tr><td rowspan="3">일반주거
지역</td><td>제1종일반
주거지역</td><td>60% 이하</td><td>100% 이상
200% 이하</td></tr>
<tr><td>제2종일반
주거지역</td><td>60% 이하</td><td>150% 이상
250% 이하</td></tr>
<tr><td>제3종일반
주거지역</td><td>50% 이하</td><td>200% 이상
300% 이하</td></tr>
<tr><td colspan="2">준주거지역</td><td>70% 이하</td><td>200% 이상
500% 이하</td></tr>
<tr><td rowspan="4">상업지역</td><td rowspan="4">90% 이하</td><td rowspan="4">1,500% 이하</td><td colspan="2">중심상업지역</td><td>90% 이하</td><td>400% 이상
1,500% 이하</td></tr>
<tr><td colspan="2">일반상업지역</td><td>80% 이하</td><td>300% 이상
1,300% 이하</td></tr>
<tr><td colspan="2">근린상업지역</td><td>70% 이하</td><td>200% 이상
900% 이하</td></tr>
<tr><td colspan="2">유통상업지역</td><td>80% 이하</td><td>200% 이상
1,100% 이하</td></tr>
<tr><td rowspan="3">공업지역</td><td rowspan="3">70% 이하</td><td rowspan="3">400% 이하</td><td colspan="2">전용공업지역</td><td>70% 이하</td><td>150% 이상
300% 이하</td></tr>
<tr><td colspan="2">일반공업지역</td><td>70% 이하</td><td>200% 이상
350% 이하</td></tr>
<tr><td colspan="2">준공업지역</td><td>70% 이하</td><td>200% 이상
400% 이하</td></tr>
<tr><td rowspan="3">녹지지역</td><td rowspan="3">20% 이하</td><td rowspan="3">100% 이하</td><td colspan="2">보전녹지지역</td><td>20% 이하</td><td>50% 이상
80% 이하</td></tr>
<tr><td colspan="2">생산녹지지역</td><td>20% 이하</td><td>50% 이상
100% 이하</td></tr>
<tr><td colspan="2">자연녹지지역</td><td>20% 이하</td><td>50% 이상
100% 이하</td></tr>
<tr><td rowspan="3">관리
지역</td><td>보전관리
지역</td><td>20% 이하</td><td>80% 이하</td><td colspan="2">-</td><td>20% 이하</td><td>50% 이상
80% 이하</td></tr>
<tr><td>생산관리
지역</td><td>20% 이하</td><td>80% 이하</td><td colspan="2">-</td><td>20% 이하</td><td>50% 이상
80% 이하</td></tr>
<tr><td>계획관리
지역</td><td>40% 이하</td><td>100% 이하</td><td colspan="2">-</td><td>40% 이하</td><td>50% 이상
100% 이하</td></tr>
<tr><td colspan="2">농림지역</td><td>20% 이하</td><td>80% 이하</td><td colspan="2">-</td><td>20% 이하</td><td>50% 이상
80% 이하</td></tr>
<tr><td colspan="2">자연환경보전지역</td><td>20% 이하</td><td>80% 이하</td><td colspan="2">-</td><td>20% 이하</td><td>50% 이상
80% 이하</td></tr>
</table>

- 도시지역 : 인구와 산업이 밀집되어 있거나 밀집이 예상되어 그 지역에 대하여 체계적인 개발 · 정비 · 관리 · 보전 등이 필요한 지역
- 관리지역 : 도시지역의 인구와 산업을 수용하기 위하여 도시지역에 준하여 체계적으로 관리하거나 농림업의 진흥, 자연환경 또는 산림의 보전을 위하여 농림지역 또는 자연환경보전지역에 준하여 관리할 필요가 있는 지역
- 농림지역 : 도시지역에 속하지 아니하는 「농지법」에 따른 농업진흥지역 또는 「산지관리법」에 따른 보전산지 등으로서 농림업을 진흥시키고 산림을 보전하기 위하여 필요한 지역
- 자연환경보전지역 : 자연환경 · 수자원 · 해안 · 생태계 · 상수원 및 문화재의 보전과 수산자원의 보호 · 육성 등을 위하여 필요한 지역

※ 건폐율, 용적률 최대한도는 대통령령으로 정하는 기준에 따라 특별시 · 광역시 · 시 또는 군의 조례로 정한다.(자치법규)

7.3 시설군 분류

건축법 시행령 2009

용도변경 시	시설군	용도군	건축물의 종류
신고 ↓	1. 자동차 관련 시설군	자동차 관련 시설	• 주차장 • 세차장 • 폐차장 외 '**건축법 시행령 별표1**' 참고
	2. 산업 등 시설군	가. 운수시설	• 여객자동차터미널 • 철도시설 • 공항시설 • 항만시설
		나. 창고시설	• 창고 • 하역장 • 물류터미널 • 집배송 시설
		다. 공장	• 물품의 제조 · 가공
		라. 위험물저장 및 처리시설	• 주유소 • 위험물 제조소 · 저장소 · 취급소 외 '**건축법 시행령 별표1**' 참고
		마. 분뇨 및 쓰레기처리시설	• 분뇨처리시설 • 고물상 • 폐기물처리시설 및 폐기물감량화시설
		바. 묘지관련시설	• 화장시설 • 봉안당 – 종교시설 아닌 것.
	3. 전기통신 시설군	가. 방송통신시설	• 방송국 외 '**건축법 시행령 별표1**' 참고
		나. 발전시설	• 발전소 / 제1종 근 · 생 아닌 것.
	4. 문화집회 시설군	가. 문화 및 집회시설	• 공연장 / 제2종 근 · 생 아닌 것. • 집회장 / 제2종 근 · 생 아닌 것. • 관람장 1,000m^2 이상 • 전시장 • 동 · 식물원
		나. 종교시설	• 종교집회장 / 제2종 근 · 생 아닌 것. • 종교집회장에 설치한 봉안당
		다. 위락시설	• 단란주점 / 제2종 근 · 생 아닌 것. • 유흥주점 • 유원시설업의 시설 • 투전기업소나 및 사행행위업소 • 무도장, 무도학원 • 카지노영업소
		라. 관광휴게시설	• 야외음악당 • 야외극장 • 어린이회관 • 관망탑 • 휴게소 • 공원 · 유원지 또는 관광지에 부수되는 시설
	5. 영업시설군	가. 판매시설	• 도매시장 • 소매시장 • 상점
		나. 운동시설	• 탁구장, 체육도장, 테니스장, 체력단련장, 에어로빅장, 볼링장, 당구장, 실내낚시터, 골프연습장, 물놀이형 시설 / 제1,2종 근 · 생 아닌 것. 외 '**건축법 시행령 별표1**' 참고
		다. 숙박시설	• 일반숙박시설 – 호텔, 여관, 여인숙 • 관광숙박시설 – 관광호텔, 수상관광호텔, 한국전통호텔, 가족호텔 및 휴양 콘도미니엄 • 고시원 / 제2종 근 · 생 아닌 것.
	6. 교육 및 복지시설군	가. 의료시설	• 병원 • 격리병원
		나. 교육연구시설	• 학교 • 교육원 • 직업훈련소 • 학원 • 연구소 • 도서관
		다. 노유자시설	• 아동관련 시설 / 제1종 근 · 생 아닌 것. • 노인복지시설 • 사회복지시설 및 근로복지시설
		라. 수련시설	• 생활권 수련시설 – 청소년수련관, 청소년문화의집, 청소년특화시설 • 자연권 수련시설 – 청소년수련원, 청소년야영장 • 유스호스텔
	7. 근린생활 시설군	가. 제1종 근린생활시설	• 슈퍼마켓과 일용품 등의 소매점 • 휴게음식점 또는 제과점 300m^2 미만 • 이용원, 미용원, 목욕장 및 세탁소 • 의원 • 지역자치센터 • 마을회관 • 지역아동센터 외 '**건축법 시행령 별표1**' 참고
		나. 제2종 근린생활시설	• 일반음식점, 기원 • 휴게음식점 또는 제과점 300m^2 이상 • 서점으로서 1,000m^2 이상 • 테니스장, 체력단련장, 에어로빅장, 볼링장, 당구장, 실내낚시터, 골프연습장, 물놀이형 시설 500m^2 미만 • 공연장, 종교 집회장 300m^2 미만 • 금융업소, 사무소, 부동산중개업소 • 고시원 1,000m^2 미만 외 '**건축법 시행령 별표1**' 참고
	8. 주거업무 시설군	가. 단독주택	• 단독주택 • 다중주택 • 다가구주택 • 공관
		나. 공동주택	• 아파트 • 연립주택 • 다세대 주택 • 기숙사
		다. 업무시설	• 공공업무시설 – 청사 및 외국공관 • 일반업무시설 – 금융업소, 사무소, 신문사, 오피스텔 / 제2종 근 · 생 아닌 것.
		라. 교정 및 군사시설	• 교정시설 – 보호감호소, 구치소 및 교도소 외 '**건축법 시행령 별표1**' 참고
↑	9. 그 밖의 시설군	가. 동물 및 식물 관련 시설	• 축사 • 작물 재배사 외 '**건축법 시행령 별표1**' 참고
허가		나. 장례식장	장례식장 – 의료시설의 부수시설이 아닌 것.

• 용도별 건축물의 종류는 '**건축법 시행령 별표1**' 참고.
• '**국토의 계획 및 이용에 관한 법률 시행령**' 용도지역 · 용도지구 및 용도구역 안에서 건축물의 용도 · 종류 및 규모 등은 제한을 받는다.

Part Ⅱ

건축계획의 접근방법

01 건축계획·설계 프로세스

Chapter

1. 건축계획 · 설계 프로세스

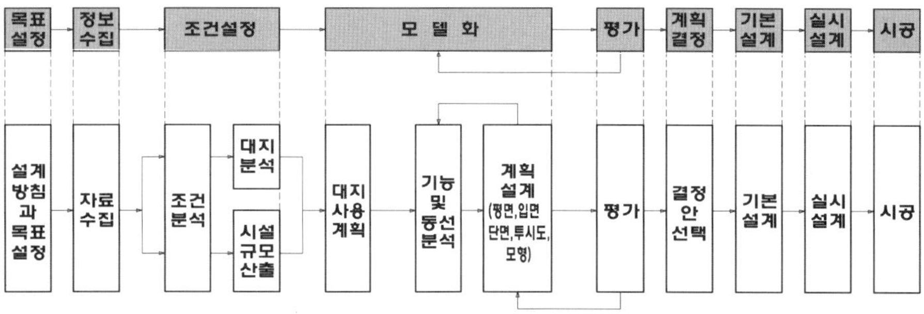

기획/기본구상	계 획 설 계	기 본 설 계	실 시 설 계	시공
* 건축주 협의	* 건축주 승인	* 해당 관련 심의	* 인·허가	* 감리
· 목표 및 설계방침 설정 · 자료수집 및 조건 분석 · 주변환경 및 대지분석 · 시설 규모 산출 · 제반관련 법규검토	· 설계 일정서 및 개략 예산서 작성 · 개념 계획안 선정 · 건물의 종합계획 수립 / 규모, 기능, 형태, 재료, 내·외부 · 관련 협력사 협의 / 구조, 전기, 소방, 설비, 토목, 조경 등	· 계획설계 리뷰 · 관련 협력사 협의 및 발주 · 세부 디자인 · 기본설계 도서작성	· 프로젝트 스케줄 검토 · 기본설계 리뷰 · 관련 협력사 협의 및 검토 · 전단계 검토사항 반영 여부 확인 / 건축주 의견, 심의 의견 등	
기본개념 구상	개념 도서화	계획설계리뷰후 도서작성	계획설계리뷰후 도서작성	
· 토지이용 / 건축물 배치 가능범위 · 동선구상 / 진출입부, 주차장 위치등 · 열린 공간(open space) / 동적공간(광장), 정적 공간(휴게공간) · 기능 및 공간구상 (zoning) –수평, 수직, 코어위치 · 시설별 배치구상 / 평면, MASS, 단면, 내·외부 공간 관계 · 스케치 / 이미지, 분위기	· 설계개요 및 면적개요 · 배치도 · 평면도 / 각층 평면도 · 입면도 / 2면이상 · 주단면도 / 2면이상 · 투시도 또는 모형	· 설계개요 및 면적개요 · 실내외 재료마감표 · 설계 설명서 · 위치도, 대지종횡단면도, 구적도 등 · 배치도 / 배치도, 주차 계획도 · 평면도 / 각층 평면도, 지붕평면도 · 입면도 / 4면 입면도 · 단면도 / 주단면도(종, 횡), 계단 등 주요 단면도 · 창호도 / 창호평면도, 창호도 · 실내전개도 / 로비, 홀, 화장실 등 주요부 실내 전개도 · 토목 / 포장, 옹벽, 담장, 우·배수 계획도 등 · 조경 / 조경계획도 · 투시도 또는 모형	· 설계개요 및 면적개요 · 설계설명서, 각종계산서, 시방서 등 · 실내외 재료마감표 · 위치도, 대지종횡단면도, 구적도 등 · 배치도 / 배치도, 주차 계획도 · 평면도 / 각층 평면도, 평면상세도 · 입면도 / 입면도 4면 이상 입면상세도 · 단면도 / 종, 횡 주단면도, 주요 단면도, 단면상세도 · 창호도 / 창호평면도, 상세도 · 구조도 / 구조평면도, 각종리스트 등 · 실내전개도 / 로비, 홀, 화장실 등 주요부 실내전개도 · 각종상세도 · 각종 설비관련 도서 / 전기, 통신, 소방, 위생, 냉난방 등 · 토목관련 도면 / 옹벽, 우.배수 계획도, 흙막이 등 · 조경관련 도면 / 조경계획도, 상세도 · 투시도 또는 모형	

1.1 기획설계

- 기획설계단계란 건축 및 관련 사항들에 대한 협조 · 자문 · 추천서비스이다. 대지관련 사항 · 개발취지 · 기후와 환경관련 사항 · 건물사용에 관한 사항 · 비용 · 대지선정 · 설계와 공사 일정 · 설계와 공사에 영향을 주는 기타 문제들에 대한 예비검토단계이다.
- 일반적으로 기획설계단계란 건축설계행위의 기초단계로서 모든 기획업무와 타당성 분석 및 개략적 공간구성, 기능분석 등의 내용을 수집 · 분석 · 정리하는 것이라 할 수 있다.

• 기획설계단계 Flow Chart

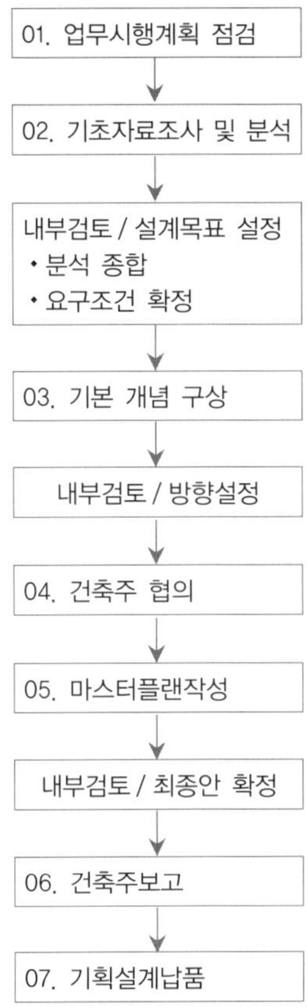

(1) 세부적인 업무내용

- 건축주의 요구사항이 무엇인가를 정확히 파악
- 업무의 범위, 보수, 책임 등을 체크
- 건축주의 제공자료를 수집, 분석
- 일정계획을 수립하여 설계공정표를 작성하여 건축주측과 협의
- 규모 검토와 토지이용계획표 작성
- Space Program과 기능 및 공간분석도, 동선계획도 작성
- 기존 자료를 비교 · 분석하여 활용

1.2 계획설계

- 계획설계는 프로젝트의 일반적인 조건 · 개념 · 설계 · 구성요소의 규모 및 관계를 설정하는 단계이다.
- 계획설계는 주어진 분석조건을 바탕으로 아이디어 검토를 하면서 이미지를 도면화시켜 나가는 단계로 건물의 기능 · 규모 · 형태 · 구조 · 재료 등 종합적인 계획방침을 수립하여 건축주의 이해와 승인을 얻어내는 것이 주된 업무 목표이다.
- 계획설계는 일반적으로 컨셉다이어그램 · 이미지 스케치 · 각부 계획의 단계를 걸쳐 계획설계도를 작성하며 너무 세밀하게 표시할 필요는 없다. 계획설계도는 보통 1/100, 1/200, 1/300, 1/400의 축척으로 표시된다.

• 계획설계단계 Flow Chart

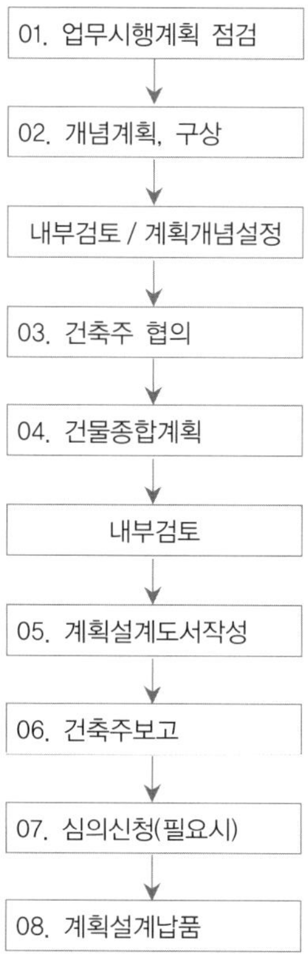

■ 계획설계 성과품

일반사항	건 축	토목 · 기계 · 전기
• 공사비 계산서 (재료 및 장비 등의 선정에 의한 추정공사비 대략 계산) • 법규 체크 리스트 (적용이 예상되는 제반 법규 준수사항에 대한 검토, 단계별 법적 절차 및 사전승인 검토) • 주변환경 및 대지분석도 (지형 · 지질 · 식생 · 수리 · 기상 · 경관 · 소음분석) • 우배수 계통도 • 안내도, 구적도 • 대지 종횡단면도 • 설계개요	• 도면목록표 • 투시도 • 평면, 입면, 단면 • 배치계획도 • 교통체계도 • 외장재료비교분석 대안 • 이미지 스케치 대안 • 매스 모형 STUDY • 3D STUDY • 구조계획 • 설계공정표 • 조경계획	• 토공사 계획도 • 현황도 (지하매설구조물 현황) • 흙막이도면(필요시) • 기계설비 계획도 • 계통도 • 전기설비 계획도 • 전력간선 계통도 • 통신 계통도 • 소방 계통도

1.3 기본설계

- 기본설계는 계획에서 설정된 기본구상이 실시설계에 반영되도록 프로젝트의 모든 중요한 사항을 정의하고 설명하여 실시설계단계를 준비하는 단계이다.
- 계획설계에서 해결 못한 문제점을 해결하고, 실시설계단계에서 보완해야 할 사항들을 최소한으로 줄여야 하며, 설계가 완성된 건축으로 실현될 수 있도록 한다. 설계도서는 건축 · 구조 · 설비 · 전기 · 재료 및 기타 관련 부분 일체를 포함하여 전 프로젝트의 크기와 성격 규정을 포함한다. 이 설계도서를 토대로 하여 실시설계에 착오 없도록 하고 결정된 사항을 건축주와 최종합의하는데 있다.

1.4 실시설계

- 실시설계단계에서는 기본설계에서 부족한 상세도면 및 기타 도면을 보완함으로써 시공할 수 있도록 도면작성을 하는 단계이다. 프로젝트의 골격은 기본설계단계에서 마무리되고 실시설계단계에서는 각 분야별로 상세도면을 그린다.

02 조건분석

Chapter

1. 대지분석의 기본

1.1 향/조망

- 향(방위) – 기본향 → 남향, 동향, 서향, 북향
- 조망(View)
  - 가까운 거리 – 공원, 녹지, 구릉지, 보호수목 등
  - 먼 거리
    - 주거지 넘어
    - 하천 넘어

예) 향을 고려한 계획을 할 것
- 주거부분 / 주택, 공동주택
- 노유자 / 유치원 교실, 노인 거실
- 교육 / 학교 교실

예) 조망을 고려한 계획을 할 것
- 숙박 / 리조트 호텔 침실, 라운지
- 의료 / 병실
- 교육 / 연수원 식당, 휴게
- 기타 / 휴게, 라운지, 식당 등

1.2 도로

- 간선도로 : 일반적으로 20m 이상 도로
  / 15m, 20m, 25m, 30m / 차량우선도로
- 국지도로 : 일반적으로 12m 이하 도로
  / 12m, 10m, 8m, 6m, 4m / 보행우선도로

• 보행 전용도로 → 차량 접근 불가

• 자동차 전용도로 → 차량 및 보행자 접근 불가

예) 전면 주도로는 20m 도로로서 차량과 보행인의 통행량이 많은 도로이다. → 주차진출입 억제, 보행 진출입 유도

예) 동측 8m 도로는 차량과 보행인의 통행량이 빈번치 않은 도로 → 주차진입 유도

1.3 대지레벨(Level)

• 평탄한 대지 • 경사진 대지 • 조성된 대지

• 일반적으로 레벨이 높은 곳에 건물 배치계획이 원칙

예) 평탄한 대지이다 → 일반적 조건(양호한 조건)
북측으로 + 1.5m 경사진 대지이다 → 계획시 고려

• 대지 레벨을 이용한 계획을 할 것
- 조닝 분리
- 주차진입
- 보행 주출입구
- 지체부자유자 접근

• 지형, 지세를 고려한 계획을 할 것
- 가급적 지형, 지세를 손상치 않는 범위 내에서 계획
- 높이 1m 미만 단위로 절토 및 성토 계획 검토

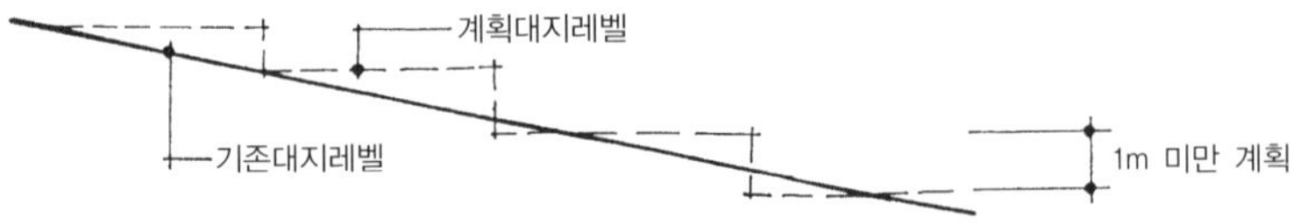

예) 레벨차를 이용한 인접 건물과의 연계를 고려할 것
/ 수직적 조닝 고려, 주 · 부출입구 위치 고려

1.4 주변 여건

- 주변 여건을 고려한 계획을 할 것 ┌ 개방 / Open Space
  └ 차단 / Buffer Zone
- 주변 여건과 연계된 계획을 할 것
  도로 → 어프로치 → 주변시설물 → 자연조건

  예) 인접된 공원부지와 내 · 외부 공간적 연계를 고려할 것
  - 첫째 : 외부적 공간연계 → 외부통로 / 폭 2~3m 이상 확보
  - 둘째 : 내부적 공간연계 → 부출구와 공원
    주 · 부출입구 위치 검토

  예) 인접된 부지의 기능과 계획기능의 일부가(요구조건) 기능적으로 연계되게 할 것 → 가까운 위치 → 부출구 위치 검토 또는 연결통로 계획

1.5 법규 검토

- 도로사선, 일조권, 미관지구선, 건축선, 대지내 공지 등

2. 기본조건

2.1 배치 및 평면의 기본조건

□ 자연채광, 조망, 환기를 고려한 계획을 할 것
- 향, 조망 → 테마의 주기능 ┌ 교실 ┐
  └ 노인거실 ┘ 남향, 동향 우선

□ 대지의 지형, 지세를 고려한 계획을 할 것
- 레벨 / 주차 진출입, 보행자 경사로
- 지형, 지세를 최대한 이용

□ 제반 법규 사항을 준수할 것
- 법 / 일조권, 도로사선, 건축한계선, 건축지정선, 주차대수, 공개공지 등

□ 외부공간과 내부공간의 상관관계를 고려할 것

예) 전시장 → 옥외휴게공간

□ 주기능과 부기능 및 관리 · 서비스 기능을 이해할 것

- 주기능 / 일반적으로 상층 : 연면적의 30% 이상
- 부기능 / 1층 ~ 상층 : 연면적의 30% 이내
- 관리 / 서비스 / 일반적으로 1층 : 연면적의 10% 이내

□ 기능간 조닝을 고려할 것

예) 열람실 + 서고, 연회장 + 준비실

예) 연회장 200㎡ (2개의 실로 분할 가능토록 할 것)

□ 지역주민의 활용도가 높은 기능을 이해할 것

- 공 연 장 → 객석수 → 주출입구 별도 요구 가능
- 강 당 → 최상층 위치 가능 여부 검토
- 체 육 관 → 별동 계획 가능 여부 검토
- 다목적홀 → 지역주민 개방 → 1층 원칙 → 상층계획시 부출입구 계획 (별도 출입구 및 계단실 요구할 수 있음)

□ 대지 내의 기존 시설물을 고려할 것

- 기존 건물 → 주요기능, 주 · 부출입구, 층수 검토
- 기존 자연물 → 보호수목, 실개천 등

□ 주요기능의 층고를 고려할 것

- 다목적 홀, 강당 등 → 4~6m
- 체육관 → 6~7m 이상
- 별동 계획인지
- ㄱ자 계획인지
- 최상층 계획인지 여부

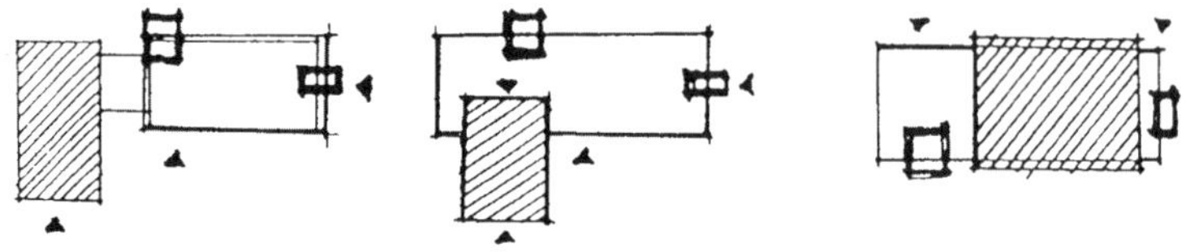

2.2 입면의 기본조건

□ 조형성

- 일반적 디자인 배제 → 파격적 디자인 가능

□ 인지성/식별성

- 일반적 디자인 배제 → 정면도 중요 + 부분적 강조 요구

□ 장소성

- 주변 여건 고려 → 조형적 요소 가미(조형성+인지성)

□ 랜드마크적 이미지 부여

- 건물 높이 검토 – 강한 조형성 요구

□ 주변환경과의 조화

- 주변 여건 고려 → 평범한 이미지 가능

□ 자연친화적 형태 요구

- 경사지붕 유도 → 평범한 형에서 부분적 변화 요구
- 입면의 변화 유도
- 자연친화적 재료 사용 / Wood, 황토벽돌 등

2.3 계획의 일반조건(예)

□ 옥상 휴게 정원을 계획할 것

- 2층~최상층에 계획

□ 사용빈도가 낮은 기능

- 최상층 또는 코어에서 떨어진 위치

□ 시야 관계를 고려

- 요구기능과 시야대상(예 : 보호수목) 가까이 위치

□ 지체부자유자를 위한 계획

- 1층 접근 경사로계획 원칙, 엘리베이터 설치
- 경사로계획을 요구할 때는 경사로 계획할 것

□ 지하층에 생활시설(거실)이 있을 경우

- 채광, 환기를 고려한 선큰과 피난계획을 고려

□ 별도의 주출입구를 요구하는 경우

- 공연장, 다목적홀, 강당
- 1층 계획원칙
- 상층 계획시 별도의 코어 및 대기공간 확보

□ 중정이나 아트리움을 요구하는 경우

- 3Bay 계획 고려
- 2Bay시 9m 스팬 이상 검토

□ 영화상영이 가능한 다목적 홀을 요구하는 경우

- 내부 중앙 기둥 삭제

□ 특수한 기능으로 조형성을 요구하는 경우

- 최상층 또는 별동 / 지붕형태 고려

□ 기능과 기능간의 연계를 요구하는 경우

- 같은 층에 위치
- 수직적 연계요구 시 → 상층 가까운 위치 / 코어 위치 검토

□ 융통성 또는 가변형을 요구하는 경우

- 점선으로 표시

□ 피난을 위한 수평 · 수직동선을 요구하는 경우

- 주계단, 부계단 계획 중요

□ 확장 가능 범위를 요구하는 경우

- 배치 요구 → 배치도 표현
- 평면 요구 → 평면도 표현

□ 별도의 동선 요구

- 별도의 출입구 및 부계단계획

□ 외부공간과 내부기능의 연계를 요구하는 경우

- 외부공간과 가까운 위치에 배치(가급적 1층부 계획)

□ 일반 기능에서 다른 기능의 활용 가능성 요구
- 같은 층에 배치
- 같은 Zone에 배치

□ 에너지절약 차원에서 계획
- 방위(향) 중요
- 채광창 위치 및 크기
- 냉 · 난방 시스템 검토

□ 시설의 성격과 유형을 분리 유도하고 내 · 외부 공간으로 상호 유기적 관계를 유도할 때
- 중정 또는 홀로 분리하고 주 · 부출입구 고려

□ 도로와 대지가 접하는 부분을 공익성을 증진시키는 방향으로 계획
- 통행인을 위한 공개공지 개념으로 최소한 2~3m 이상 6m 정도 공지확보 후 휴게기능 부여

□ 공동체 삶을 위한 공동공간의 질을 증대
- 건물 입주민을 위한 공동공간 (예 : 휴게실, 유아방, 간이체육시설 등)의 쾌적한 환경조성 및 동선 고려 (예 : 지하기능일 때 선큰계획

□ 단위세대 내부변경을 고려한 건축구조 및 모듈계획
- 철근콘크리트구조 + 가변형 칸막이벽
- 모듈단위 = 10cm, 1m기준 (예 : 6m, 6.5m, 7m 등)

03 Chapter 건축계획의 접근방법

1. 건축계획의 핵심요소

1.1 개념 / CONCEPT

건축계획이란
대지내 주어진 조건 내에서 전체적인 이미지나 분위기를 생각하면서 배치, 기능구성, 매스 및 입면, 단면계획 등을 복합적으로 해결해 나가는 것이나 이해하기 쉽게 순서대로 정리하였다.

개념을 어떻게 설정하느냐에 따라 계획이 어려울 수도 있고 쉬울 수도 있다. 테마, 주어진 시간, 조건 등을 고려하여 가장 일반적이고 상식적인 선에서 개념을 설정하고 점차 발전된 방향으로 전개하는 것이 유리하다.

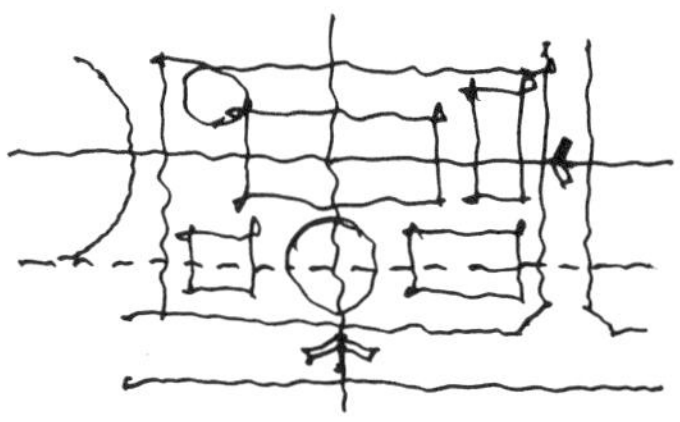

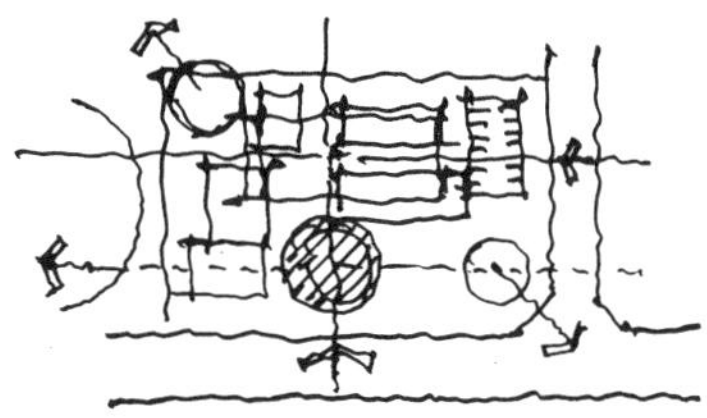

(1) 배치개념

- 향, 조망, 주변과의 연계성을 고려하고 옥외공간을 가급적 많이 확보하도록 한다.

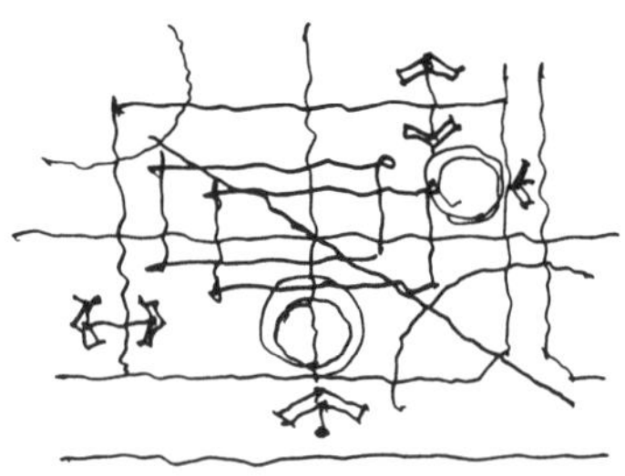

(2) 평면개념

- 내 · 외부 공간의 위계와 연계를 고려한 기능구성(zoning)을 하고, 가정 모듈에 따른 정방형 또는 장방형의 단순한 형을 기본으로 개방감 있는 공간구성을 한다.

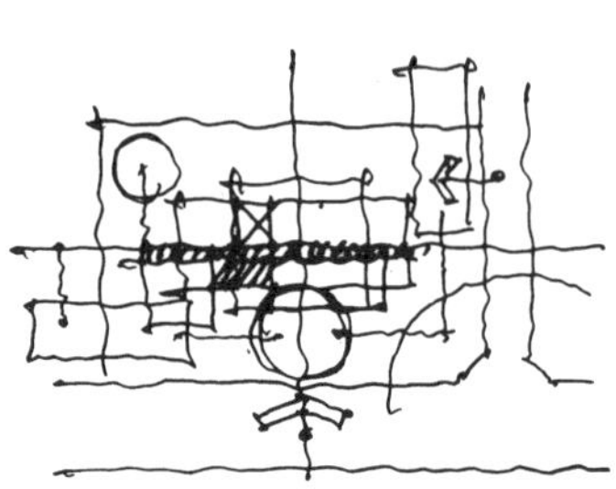

(3) 입면개념

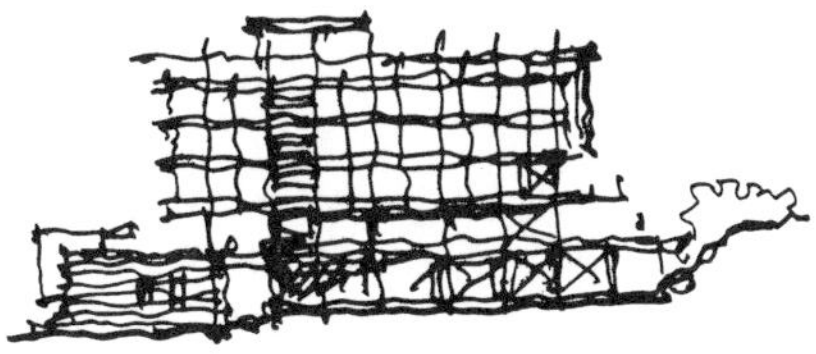

- 주변과의 조화를 우선 고려하고 전체적으로 균형감 있게 한다.

(4) 단면개념

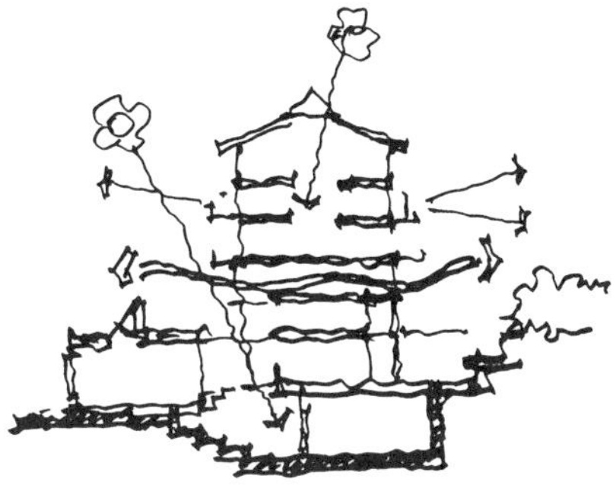

- 자연채광과 환기를 고려한 내부구조와 층고를 설정하고 내·외부 매개요소를 도입한다. (예 : 선큰, open, 필로티, 스카이라이트 등.)

1.2 접근 / APPROACH

- 대지로의 접근방향에 따라 배치계획이 달라지므로 계획에 절대적인 영향이 있다.
- 보행자 위주의 계획원칙에 따라 주도로에서는 보행자 진입을 유도하고 부도로에서는 주차 및 서비스 차량의 진입을 유도한다.(1면 도로인 경우 예외)
- 주변 여건에 따라 접근방법에 차이가 있으므로 테마와 주어진 대지 조건을 철저히 검토하여 판단해야 한다.

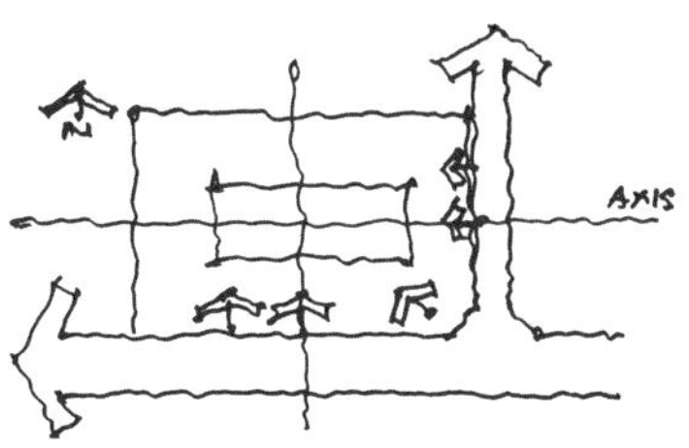

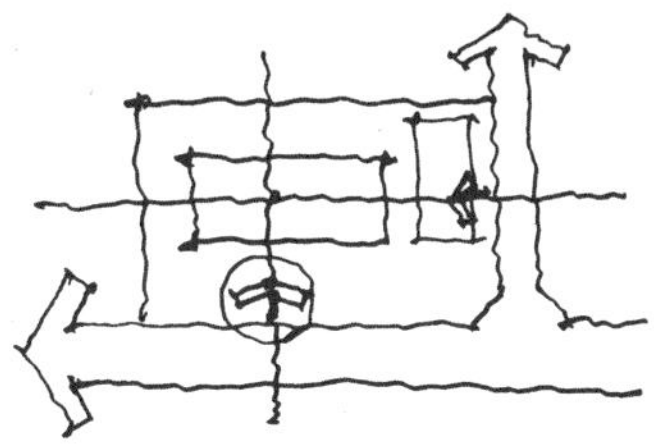

1.3 오픈 스페이스 / OPEN SPACE

- 대지의 규모가 크거나 공공적 성격을 가진 테마의 외부공간계획은 상당히 중요하다. 특히, 배치계획 시 외부공간의 구성에 따라 전체적인 내·외부공간의 연계와 흐름이 결정될 수 있다.
- 공공, 문화, 교육적 건축계획에서는 주진입부와 주출입구의 거리(공간)가 가급적 떨어져 진입공간을 확보하는 것이 바람직하다. (업무, 상업용 건물은 예외)
- 공간을 설정한 후 부공간(휴게공간, 주차공간)을 확보하면 배치계

오픈 스페이스
오픈 스페이스는 건축물에 의해 점유되지 않은 모든 토지를 포함한다. 넓은 의미로는 공원, 놀이터, 도로 등이 포함되지만 이 장에서는 대지내 건축물이나 구조물에 점유되지 않은 공간으로 필요 외부공간, 즉 사용됨으로써 즐거움을 줄 수 있는 영역을 의미한다.

주공간 / 동적공간
- 진입공간
- 상징공간
- 중심광장

부공간 / 정적공간
- 중정
- 서비스야드
- 옥외 휴게공간

획이 전체적으로 여유가 있어 보인다.

- 테마에 따라 중정을 계획하는 것도 좋은 방법이다.
- 업무나 상업용 건축물은 2변을 대지경계선 가까이에 붙이더라도 주출입구부와 부출입구부는 일정부분 공지를 확보하는 것이 바람직하다.

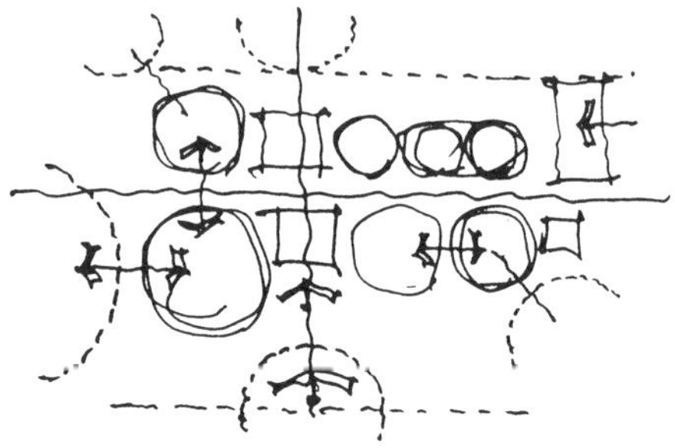

zoning
조닝이란 단위공간 사용자의 특성, 사용목적, 사용시간, 사용빈도, 행위의 연결 등을 고려하여 공간의 성격이나 기능이 유사한 것끼리 묶어 배치하여 전체공간을 몇 개의 기능적인 공간으로 구분하는 것을 말하며, 구분된 공간을 존 (zone : 구역 또는 영역)이라고 한다.

1.4 기능구성 / ZONING

- 계획시간을 단축하는 데는 기능구성 능력이 필요하다.
- 테마에 따라 기능별, 층별 기능구성을 설정하고 각 기능 및 소요면적과 층별 면적을 대비하여 수평(평면)적, 수직(입체)적 구분을 효율적으로 한다면 우수한 계획이 될 것이다.
- 1층과 기준층의 기능구성이 중요하며, 각 기능별로 명쾌한 조닝이 형성되어 있다면 좋은 계획이라 할 수 있다.

주변과의 연계를 고려할 때 주의할 점은
- 첫째, 외부공간의 연계
- 둘째, 내부공간의 연계

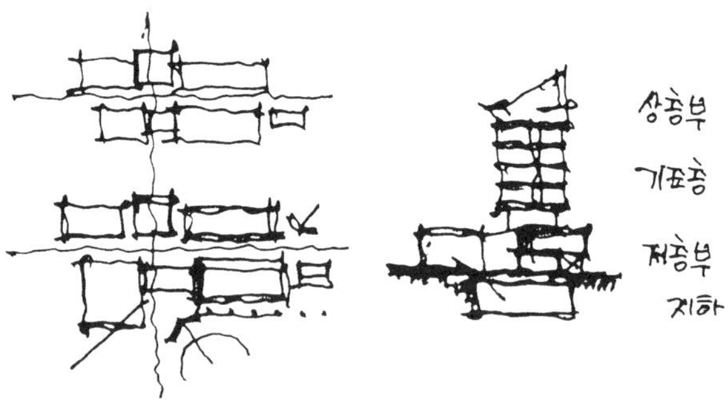

- 도서관의 주기능 : 열람실, 서고
- 연수원의 주기능 : 교육기능
- 호텔의 주기능 : 침실
- 박물관의 주기능 : 전시장, 수장고
- 기숙사, 노인휴양시설 : 침실
- 백화점 : 매장
- 업무시설 : 임대면적
- 병원 : 진료 및 치료기능

1.5 출입구 / ENTRANCE

- 출입구의 위치 선정은 외부공간과 내부기능을 연결하는 역할로 내부기능의 길잡이 역할을 한다.
- 주출입구는 테마나 규모에 따라 결정되지만 최소 2Door 이상이 좋으며 방풍실을 설치하는 것이 일반적이다.
- 주출입구 외부에는 진입공간을 형성하고 내부에는 로비나 홀 공간을 확보하여 개방감이 들도록 해야 한다.

- 부출입구는 1~2door로 방풍실이 꼭 필요하지 않으며 (이용자가 많지 않다.) 옥외 휴게공간이나 주차장에 접하는 것이 좋다. 특히 피난방향을 고려하면 더욱 좋다.

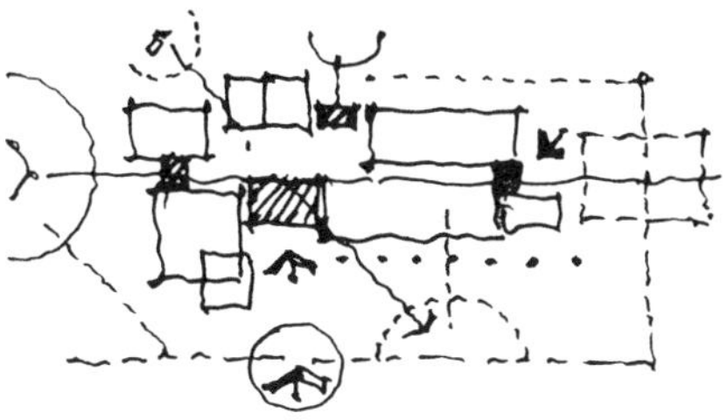

entrance

입구는 항상 특별한 곳이다. 입구는 오직 출입하기 위한 것만은 아니다. 거기는 기다리는 곳이며, 지금 걸어온 길을 확인하기 위해 뒤돌아보는 곳이기도 하다.

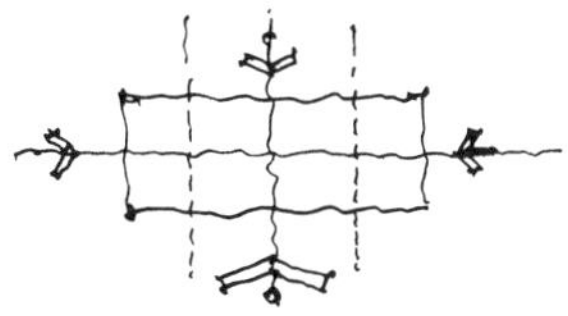

1.6 코어 / CORE

- 코어는 수직동선의 역할은 물론 각 기능의 균형을 유지하는 기능으로 평면계획의 핵심이다.
- 주코어는 1층부 주출입구와 가까운 곳에 위치하는 것이 일반적이며 계단실, 엘리베이터실, 화장실로 구성되어 있다.
- 주코어는 평면의 중심적 범위 내에 있는 것이 바람직하다.
- 일반적으로 2층 이하의 소규모나 3층 이상이라도 1개 층 바닥면적이 300m² 이하인 경우 계단실 1개소로 계획이 가능하다.
- 계단실에서 실내 각 부분이 30m 이상이 될 때 피난상 계단실 1개소를 추가로 계획하는 것이 바람직하다.
- 코어의 위치 설정과 코어구성만 보아도 계획 능력을 알 수 있으므로 특별히 연습하고 숙지하여야 한다.

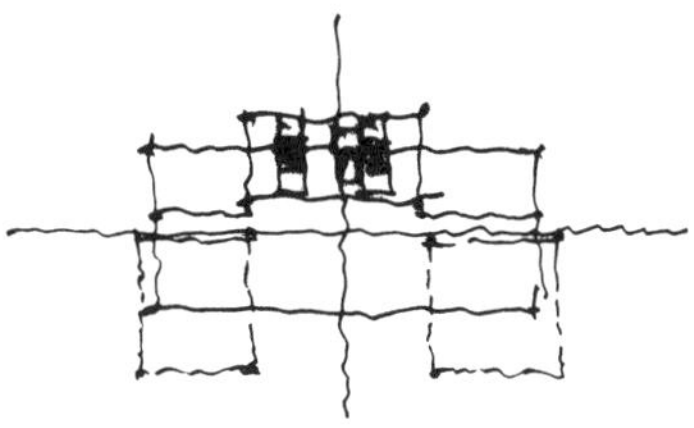

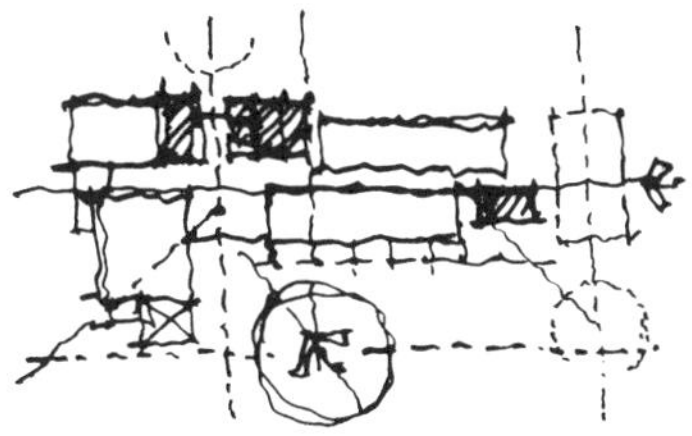

2. 건축계획의 접근방법

2.1 테마의 철저한 해석과 조건 검토

- 주제(테마) 파악 – 계획 목적, 배경, 전제조건 등
- 제약요소 및 법적 요구 수용 – 도로사선, 건폐율, 용적률, 주차대수 등
- 주변 여건 분석 – 지형 · 지세, 하천, 근린공원, 인접시설물
- 대지조건 분석 – 향, 조망, 대지레벨 등

계획의 전제조건
- 도로 – 보행자
  자동차
- 향, 조망
- 레벨
- 법규 – 지역지구
  건축선
  공개공지
  대지 안의 공지
  건축물의 높이
  피난계단
  주차장
- 1개층 바닥면적 가정
  예) 연면적 2,000㎡
  지하 1층, 지상 3층 규모
  2,000㎡÷4=500㎡
- 층별구분
  예) [1]식당
  객실[3,4]
  [1]회의실[2]
  [1]사무실[2]
  [1]도서실[2]
  [1]다목적실[2]

- 기능구성 – 바닥면적, 연면적, 지상층, 지하층 가정
- 설계개요 및 면적개요 작성 / 개략 – Space Program 작성
- 옥외 필요 공간 확보 – 진입공간, 놀이공간, 휴게공간, 주차공간 등
- 주차장 검토 – 주차대수, 주차방식, 지상 · 지하주차 검토
- 바닥면적(건축면적) 가정
  - 연면적÷층수 = 1개층 가상 바닥면적
  - 1층 바닥면적 = 가상 바닥면적 × 0.8 ~ 1.5
  - 기준층 바닥면적 = 가상 바닥면적 × 0.6 ~ 1.0
    (테마에 따라 응용) / 기준층이 있는 테마
    예) 호텔, 병원, 연수원 등
  - 지하층 바닥면적 = 가상 바닥면적 × 0.5 ~ 1.5
    (지하층 기능 및 주차장 유무에 따라 탄력적으로 적용)
  - 기계실 = 연면적의 2~5%
- 소요실의 층별 가상 구분
  - 1층에 필요한 실 구분　　예) 식당, 로비, 관리 · 사무
  - 상부층에 필요한 실 구분　예) 테마의 주용도
  - 1층이나 2~3층에 필요한 실 구분
    예) 도서실, 다목적실 등 부용도
  - 연면적 2,000㎡ 미만의 소규모인 경우 층별 면적을 균형 있게 하는 것이 좋다.

실명	1층	2층	3층	비고
식　　당	50㎡			
열 람 실			←200㎡	남, 동측
서　　고			50㎡	북측
취미교실		←100㎡→		2개소
관 리 실	20㎡			
전 시 실	100㎡			
유아열람	50㎡			놀이공간
세미나실		100㎡→		3층도 가능
관 장 실		←30㎡→		1층도 가능
계	220㎡	230㎡	←250㎡	

2.2 진 · 출입 설정 후 가상 배치 구상

- 가상 축선 설정
- 주진입부, 주도로 – 사용자
- 부진입부, 부도로 – 차량 및 관리 · 서비스
- 가상 배치 구상
  - 판단이 어려운 경우 대지 중심부에 배치하고 도로의 반대쪽으로

조정

- 특수한 조건이 없으면 대지의 형상과 향을 고려하여 건물의 장변을 결정
- 장변 결정 후 단면 가정 / 예) 바닥면적 ÷ 장변 = 단변
- 가상 모듈 적용

설정형을 기준으로 1변에 (장선 우선) 6m 그리드 가정

출입구 위치에 따른 공간구성의 패턴과 동선계획

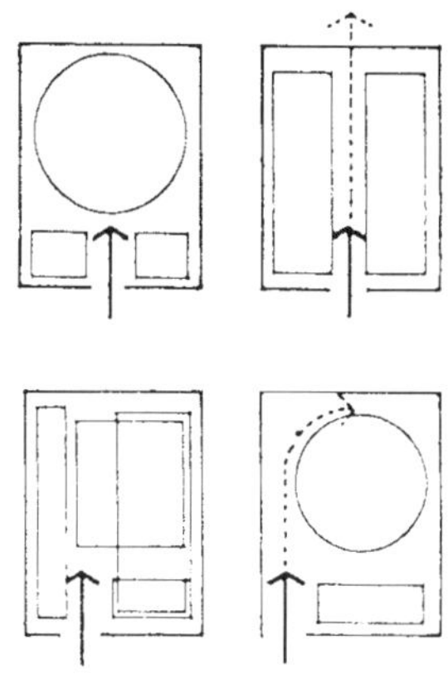

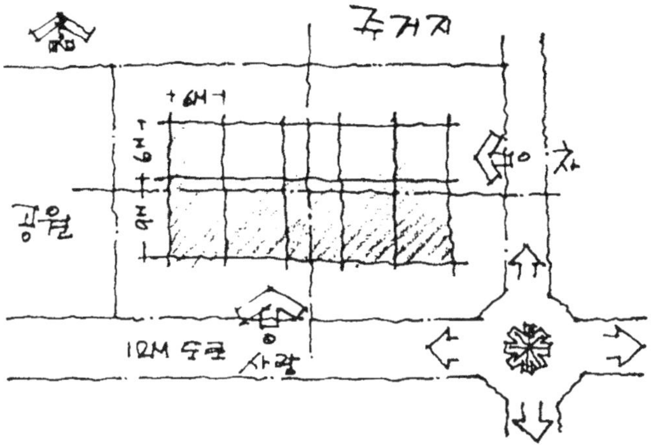

- 가상 축선을 설정
- 대지 중앙을 기준
- 6m 모듈선을 설정
- 건물폭을 15m 또는 18m를 기준

2.3 외부공간 설정 후 배치 조정

- 주진입부에 진입공간 설정
- 부진입부에 부공간 설정 (주차공간, 휴게공간 등)
- 공간 설정에 따른 매스(mass)형 조종 및 대안 검토
  일자형, ㄱ자형, ㅁ자형 순으로 검토
- Y측 모듈 가정
  가급적 2열로 하는 것이 좋다. 단, 코어형 매스(mass)인 경우이거나 폭이 21m 이상될 때 3열로 가정한다.
- 주 · 부출입구 및 코어 위치 가정
  매스(mass)형에 따른 코어 구성 방식 선정

- 일반적으로 주요 내부공간은 외부공간과의 연계가 요구되므로 배치계획시 고려해야 한다.

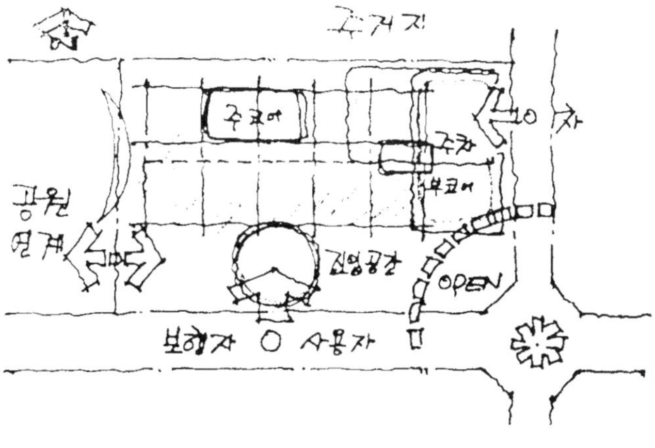

- 대지경계선에서 2~3m 거리 확보 후 도로변에서 반대쪽으로 건물 이동
- 주차출입구를 설정하고 주차장 계획
- 진입공간을 확보하고 주변과의 연계 고려

2.4 기능구성

Feed Back
어떤 원인에 의해 나타난 결과가 다시 원인으로 작용해 그 결과를 줄이거나 늘리는 '자동 조절 원리'를 말한다.

- 주기능, 부기능, 관리 및 서비스 기능으로 구분
- 1층부(저층부)와 기준층 기능으로 구분
- 소요면적이 큰 기능이나 중요기능 우선순위로 위치 조종
- 일반적으로 1층 기능구성 후 기준층 계획 조정

- 기준층 또는 최상층부터 평면계획을 하면서 1층 계획을 결정
- 면적이 큰 기능 또는 중요 기능(주기능)부터 남쪽 외곽선을 기준으로 계획
- 면적이 부족한 경우 캔틸레버형 공간(외부기둥에서 내민공간) 활용
- 공간규모는 단변과 장변의 비가 1:2 이내가 일반적임.

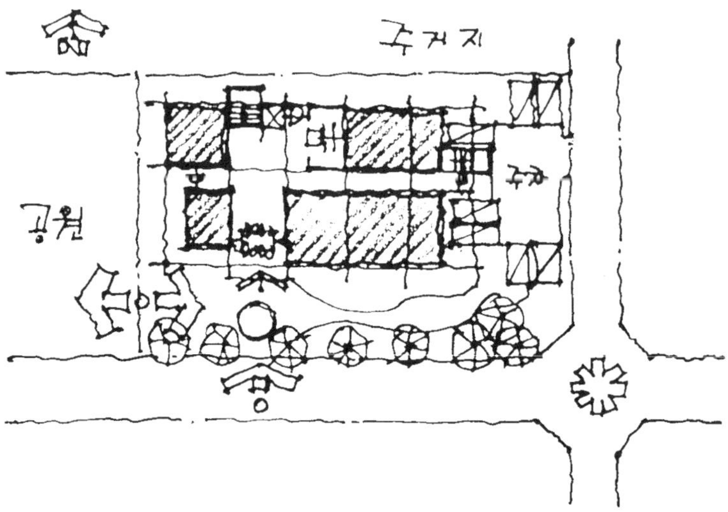

2.5 코어 및 주 · 부출입구 확정

- 선정형을 고려하여 무게 중심축상에 주코어 반대쪽에 부코어 설정
- 결정 곤란시 주차장 혹은 서비스야드쪽에 부코어 설정 후 반대쪽에 주코어 설정
- 주코어와 진입공간 사이에 주출입구 계획
- 주차장이나 서비스야드쪽 또는 부코어쪽에 부출입구 계획

- 주차계획을 고려한 후 부계단 계획
- 부계단 반대쪽에 주계단 계획
- 주계단과 부계단을 통로로 연결(2~2.5m)
- 주계단 가까이에 주출입구 계획
- 도로변에서 축선을 기준으로 교목식재
- 1층 필요기능 개략적 계획 후 기준층 계획

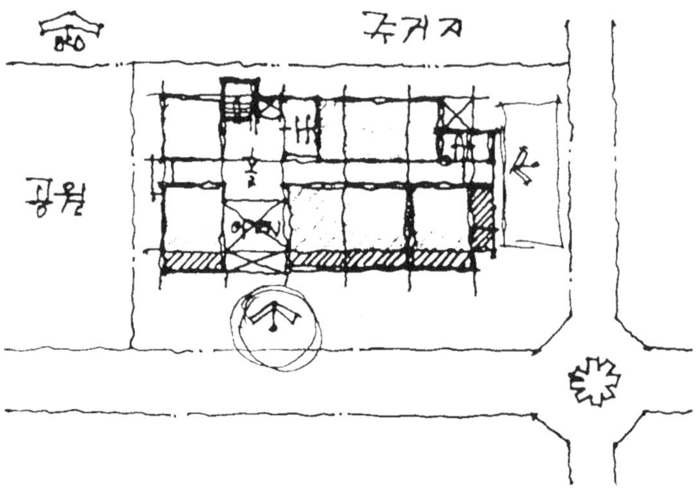

2.6 계획안 확정 및 검토

- 전제조건, 설계방향 이행 여부 검토
- 배치계획상 문제가 없는가?
- 출입구 위치 및 크기가 적정한가?
- 로비나 홀 면적 및 위치가 적정한가?
- 기능배분 구성이 전체적으로 균형감 있는가?
  예) 소요기능 충족 및 면적 확인 필요
- 코어 위치는(화장실 포함) 적정한가?
- 구조상 모듈계획은 무리가 없는가?
- 부분적으로 세련미를 부여했는가?
  예) 현관부, 코어부, 홀, 필로티, 발코니, 선큰, 스카이라이트, 내·외open 등.
- 법적인 문제는 없는가?
  예) 건폐율, 용적률, 일조권, 도로사선, 주차대수, 대지 안의 공지 등.

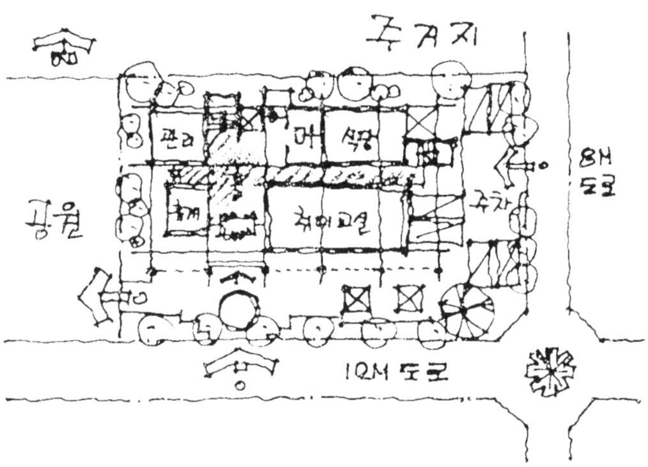

2.7 도면작성

- 설계개요 및 면적개요 작성
- 도면 레이아웃 및 가상 배치도 작성
- 평면도 : 1층 평면도 → 2, 3층 평면도
- 입면도, 단면도 작도
- 설계 · 면적개요 및 평면 보완
- 외부공간을 포함한 배치도 결정
- 개념도 및 투시도 작도 / 계획 초기단계 이미지 필요
- 도면 최종 표현 정리

일반적으로 배치, 평면도, 입면도 등의 순서로 개별적으로 완성하면서 진행하지만 시간상 완벽한 계획이 불가능하므로 약선으로 전체적인 틀을 잡은 후 부분적으로 수정 · 보완하면서 진행하는 것이 유리하다.

04 기본계획

Chapter

1. 설계개요

건축이란 하나의 공간이 독자적이려고 하는 힘과 그 집합체나 또 하나의 공간이 되려는 힘과의 충돌, 투쟁, 그리고 균형 속에서 성립되는 것이다.

설계개요는 대지면적, 건축면적(건폐율), 연면적(용적률), 층수, 구조 등을 나타내는 표이고, 면적개요란 각층 면적 및 전체면적을 나타내는 표이다.

1.1 설계개요(예)

대지면적	대전광역시 ○○구 ○○동 ○○○-○○	
지역지구	도시지역, 제2종 일반주거지역, 제1종 지구단위계획구역(○○내지구)	
대지면적	261.20M^2	
용 도	근린생활시설	
규 모	지하 1층, 지상 3층	
건축면적	145.98M^2	
연면적	520.71M^2	
건폐율	145.98 / 261.20×100 = 55.89% 법정 : 60% 이하	
용적률	520.71 / 261.20×100 = 199.35% 법정 : 200% 이하	
구 조	철근콘크리트구조	
주차장	법정	시설면적 134M^{2}당 1대
	계획	4대
조경면적	법정	대지면적의 5% : 261.20×5% = 13.06M^2
	계획	15.52M^2
주차대수	법정	(시설면적) / 134 = 주차대수 : 520.71/134 = 3.89대
	계획	4대
승강기	1대	
비 고		

1.2 면적개요(예)

층 별		면적 M²	용 도	비 고
지하층				
	소 계			
지상층	1	142.28	제1종 근린생활시설(소매점)	
	2	137.33	제2종 근린생활시설(일반음식점)	
	3	137.33	제2종 근린생활시설(사무소)	
	4	103.77	제2종 근린생활시설(사무소)	
	옥탑층	18.19	연면적에서 제외	
	소 계	520.71		
총 계		520.71		

2. 개념도

2.1 개념도

- 설계자의 설계의도를 알기 쉽게, 간략하게 표현하는 방법
- 개념도에서는 배치, 평면, 입면, 단면 등의 개념도가 있으나 보통 배치 개념도(+공간개념)가 적용된다.

2.2 개념도 작성방법

(1) 설계의도를 함축할 수 있는 key word 설정

- 대지형상과 방위를 기준으로 가상적인 축선(axis)을 설정
  예) 자연축, 인공축, 대지축, 도로축
- 자연환경과 대지와의 관계 표현
  예) 북서풍, 동남풍, 조망, 지형 · 지세 등
- 주변과의 연계성 표현
  예) 공원, 놀이터, 공공주차장 등

종이에 표현한 영상화의 아이디어가 커질수록 좀 더 쉽고 정확하게 종이에 현실화된다. 대부분 계획하는 동안에 그 구상은 변화하고 발전한다. 계획과 완성은 서로 떨어져 있는 것이 아니라 한 데 엉켜 있는 것이다.

- 사용자와 관리자의 접근성

  예) 주 · 부진출입, 주차장, 램프, 서비스야드 등
- 주요 내 · 외부 연계공간 표현

  예) 진입광장, 주차공간, 휴게시설, buffer zone 등
- 건물과 외부공간과의 관계 설정

  예) 다이어그램, 선(점선, 직선, 곡선), 화살표 등

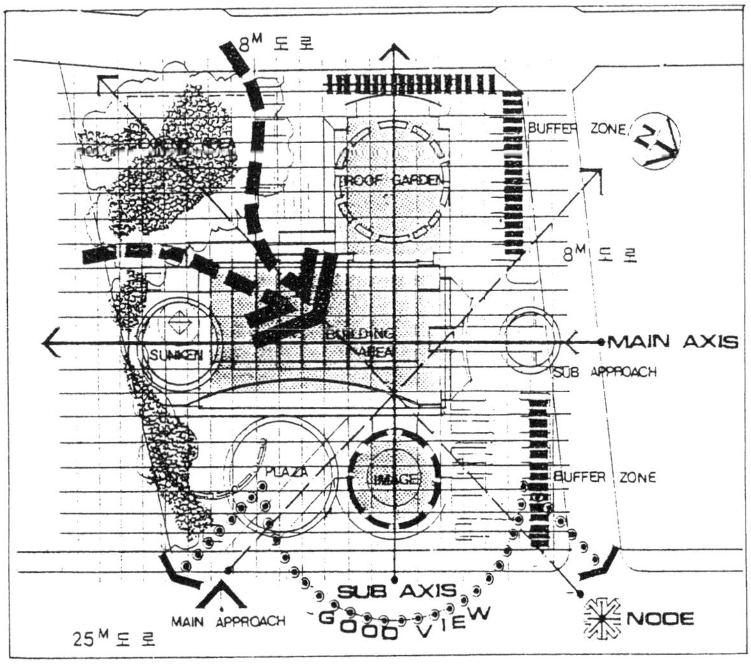

2.3 개념도의 종류

(1) 배치 개념도

- 가상축선 설정
- 건물배치 범위 표현
- 주 · 부진출입 표현 및 내 · 외부공간의 연계성 표현
- 주요 외부 공간 표현
- 주차 및 조경 개념 표현
- 주변 연계성 표현
- 주요 조망 표현

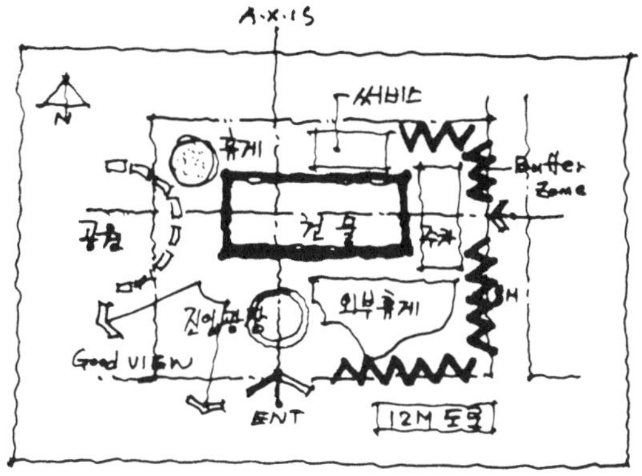

(2) 평면 개념도

- 주 · 부출입구 표현
- 코어 및 주요 동선 표현
- 각 기능별 구성 및 연관성 표현
- 주요 내 · 외부 공간 및 연계성 표현
- 기준층 있을 때 표현(예 : 점선)
- 완충공간 표현(선큰, 필로티, 테라스 등)

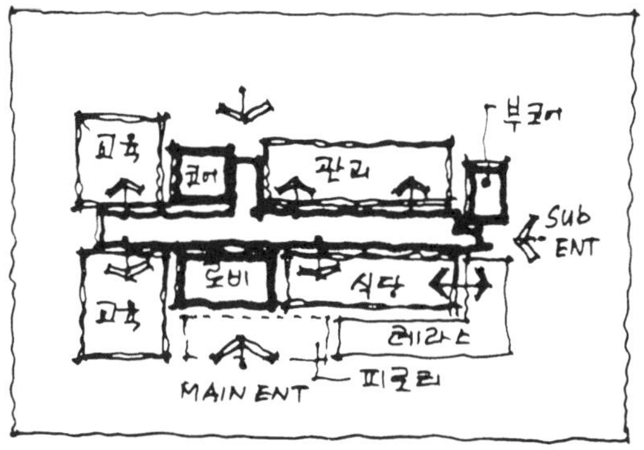

(3) 입면 개념도

- 저층부 표현(대지 포함)
- 기준층부 표현(수평, 수직, 격자 등 강조디자인)
- 상층부(지붕층부) 표현
- 주요강조부 표현
- 스카이라인 표현(필요시)

(4) 단면 개념도

- 자연채광과 환기개념 표현
- 레벨에 따른 변화 표현
- 완충공간 표현(필로티, 선큰 등)
- 주요 조망 표현

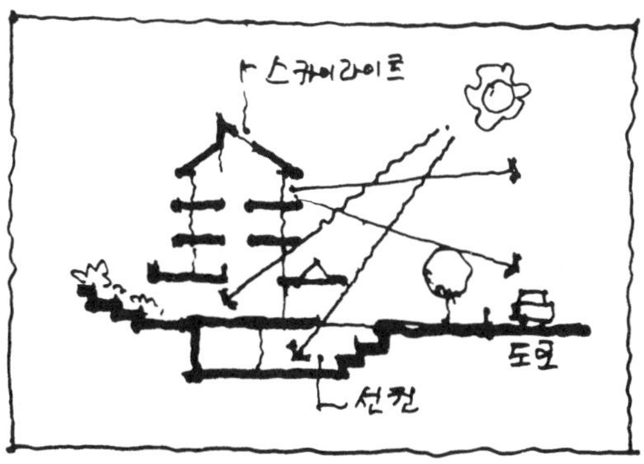

2.4 배치개념도 구성의 예

(1) 1단계

- 가상축선 설정
- 건물 바닥면적 가정
- 진입공간 가정
- 주차공간 가정

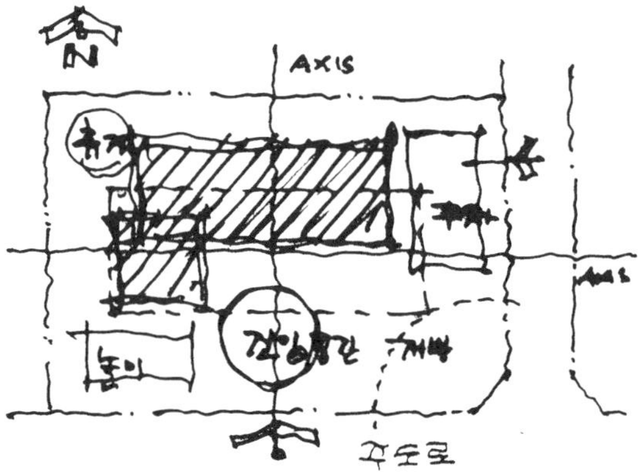

(2) 2단계

- 건물축선 및 보조축선 설정
- 주 · 부출입구 가정
- 주변과의 연계
- 조경 휴게공간 설정

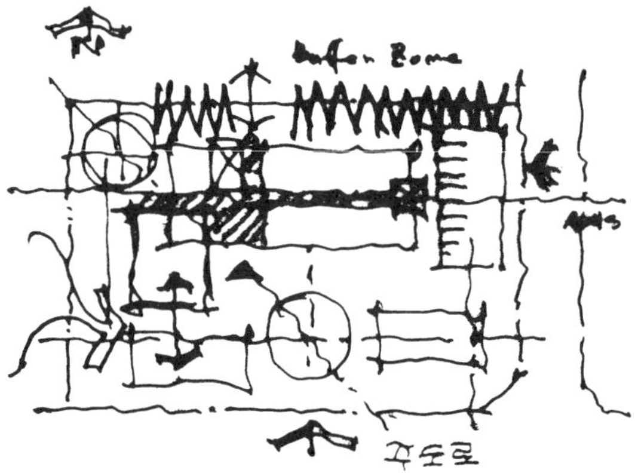

(3) 3단계

- 기능구성(zoning)
- 코어 위치 선정
- 최종표현
  - 선의 강약 조절

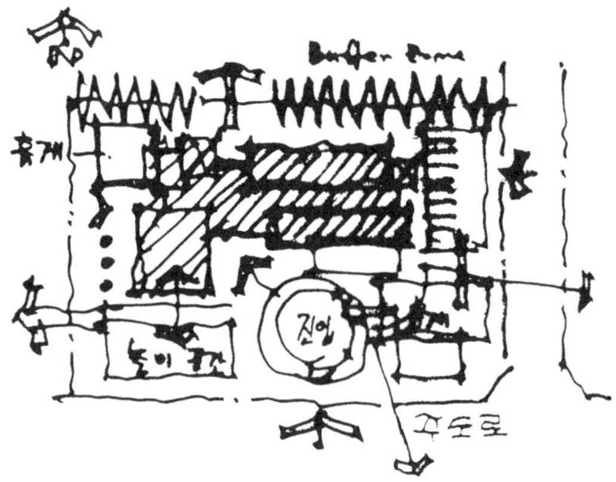

개념도는 구상단계에서 시작되지만 표현이 필요할 때 배치 및 평면계획이 끝난 후 역으로 구성하는 것이 유리하다.

3. 배치계획

3.1 기본사항

- 주변환경과의 고려 / 접근성, 정면성, 연계성
- 대지조건 검토 / 지세와 형상, 향, 조망, 레벨, 도로조건
- 토지이용상 효율성 검토 / 건물배치 위치, 주요 외부공간, 주차장
- 오픈 스페이스 확보 / 주공간(동적), 부공간(정적)
- 조경계획 / 차단식재(buffer zone), 조경휴게시설(분수, 상징조형물 등)
- 원활한 동선체계 구성 / 보행, 차량
- 기타 – 지체부자유자시설, 자전거보관소, 상징조형물 등

대지분석에서 시작되는 배치계획은 계획의 핵심이다. 배치계획에 의해 평면계획이 전개되므로 향·조망, 도로조건, 레벨 여부, 주변 여건 검토, 법규 적용 등 종합적인 분석 후 주차장 유무, 대지의 형상, 테마의 조건 등에 의해 건축배치면적을 결정한다.

대지의 기본형

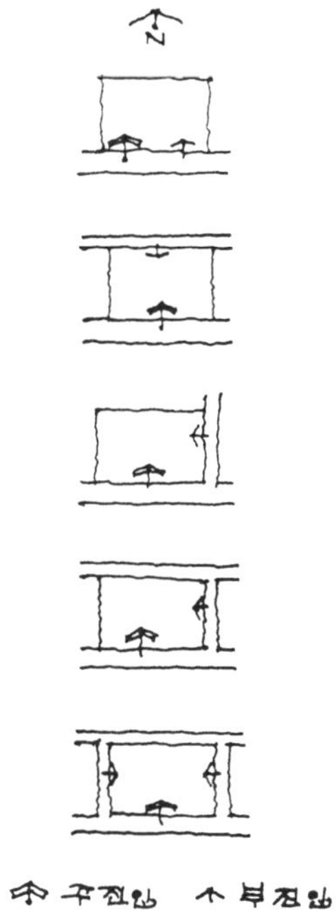

3.2 고려사항

- 방위(향)에 의한 자연축과 대지형상이나 도로망에 의한 인위적 축 선정
- 법규적 요소(일조권, 사선제한, 대지내 공지, 주차대수 등)를 검토한 후 건축배치 범위 설정
- 진출입부 위치 확보 / 보행 · 차량
- 주요 외부공간 확보 / 주공간, 부공간, 주차장
- 주차장은 지상, 옥외 주차를 원칙으로 하지만 지하주차장계획 시 주차 진출입부 고려

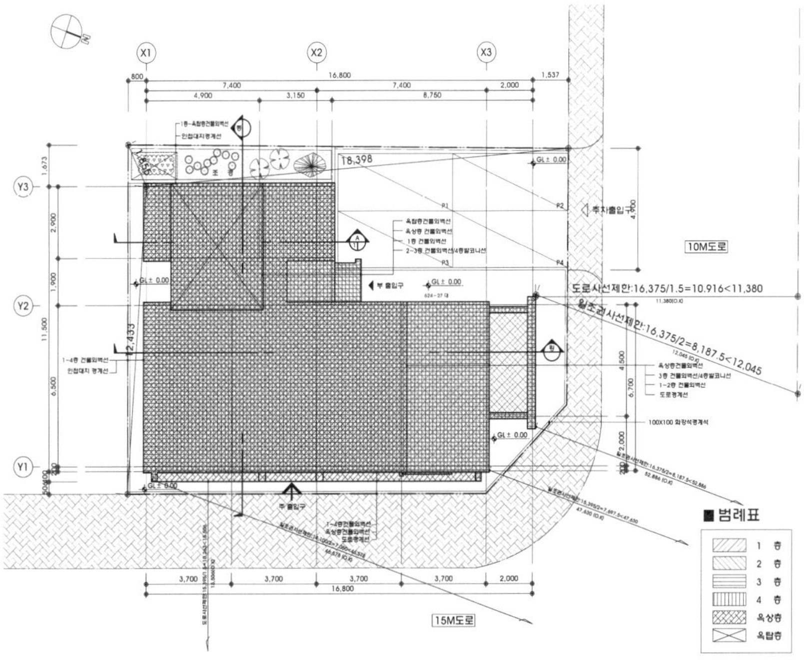

3.3 배치계획의 진행

(1) 접근(approach)

- 주변 환경 검토 / 향, 조망, 지형지세 등
- 주변과의 연계성 검토 / 공원, 어린이 놀이터 등
- 가상축선 설정 / 대지중심부
- 주출입 및 부출입 검토
- 건물의 위치, 방향 검토
- 주요 외부공간 설정
- 주차장 위치 검토
- 가상 바닥면적 산정
- 제반 법규 검토

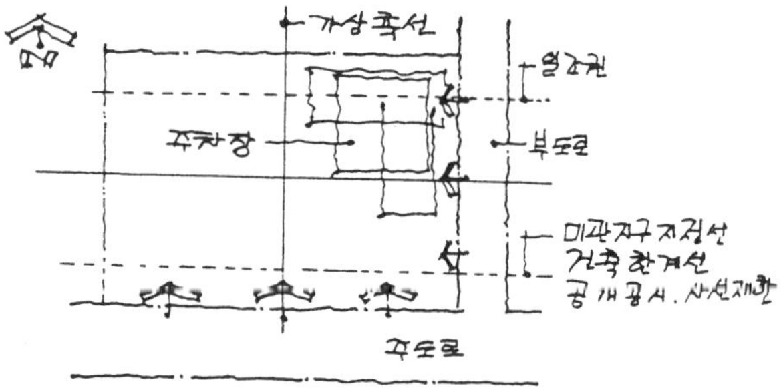

(2) 건축물 배치 범위 가정(buildable area)

- 대지의 형상과 향을 고려하여 장변 설정 후 단변 가정
- 주요 외부공간 위치 가정
- 진 · 출입 위치 조정
- 장변 가상모듈(6m) 적용 후 가정 바닥면적 조정

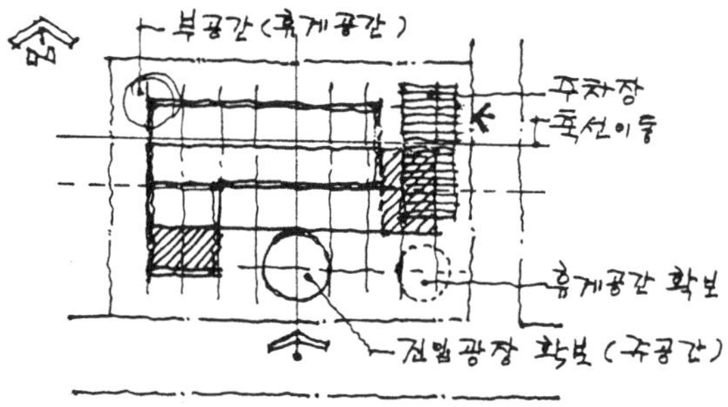

(3) 계획(plan)

- 가정면적과 조건에 따라 일자형, ㄱ자형, 중정형 등 건물의 형상 및 위치 검토
- 선정형에 기능 배분 적용
- 기준층 적용 여부 검토 후 저층부 고려
- 가정면적을 기준으로 건축면적 조정

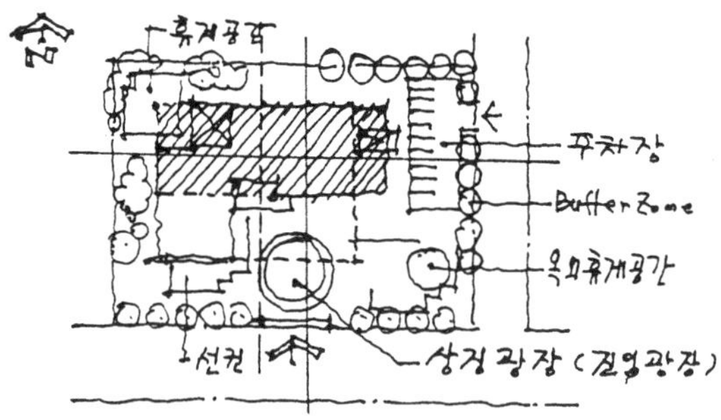

(4) 외부공간(open space)

- 진출입구 위치 선정
- 주요 외부공간 구성
- 외부공간 구성에 따른 주요기능 확정
- 건물 위치 조정

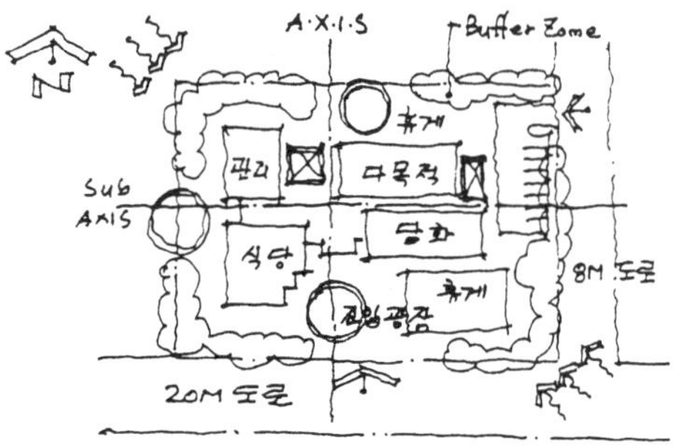

(5) 기능구성(zoning)

- 기능 배분
- 저층부와 상층부 기능 조정
- 기준층 확정
- 1층(저층부) 주요기능 검토 및 조정
- 모듈 확정

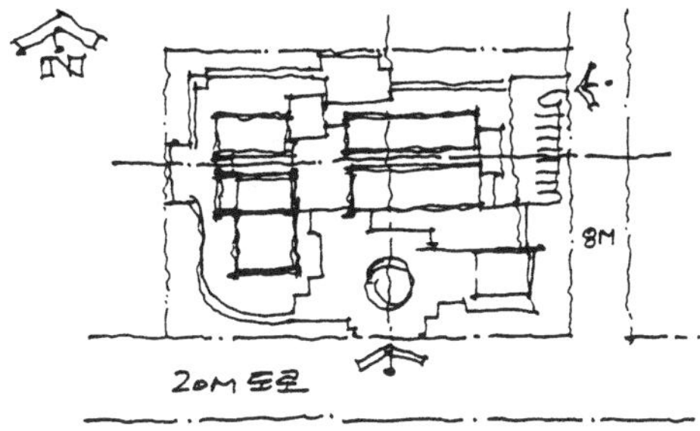

(6) 입구/코어(entrance/core)

- 주 · 부출입구 위치 확정
- 코어 위치 확정
- 소요 기능 충족
- 주요 외부공간 조정 및 확정

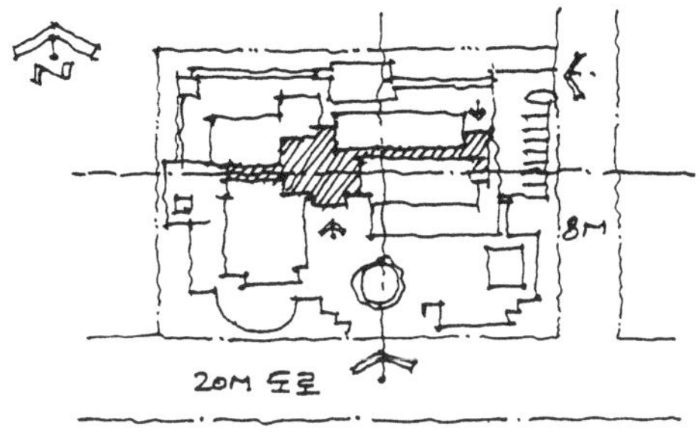

(7) 배치도 확정(site plan)

- 건물배치 / 주 · 부출입구, 건물부 경계 표현
- 외부공간 및 조경계획 / 조경 휴게시설
- 주차계획 / 주차장
- 기타 / 레벨표기, 지체부자유자시설 등

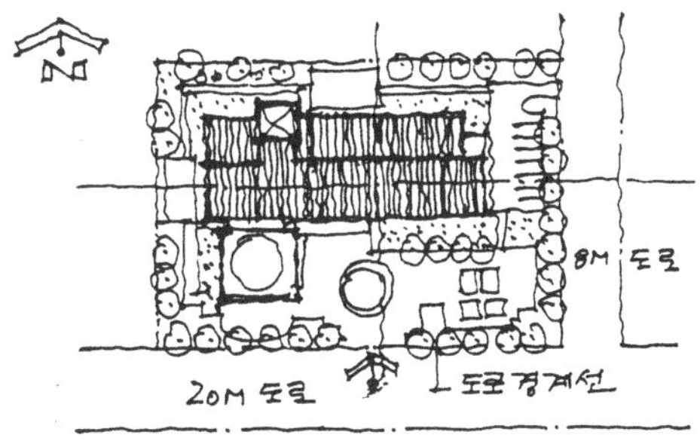

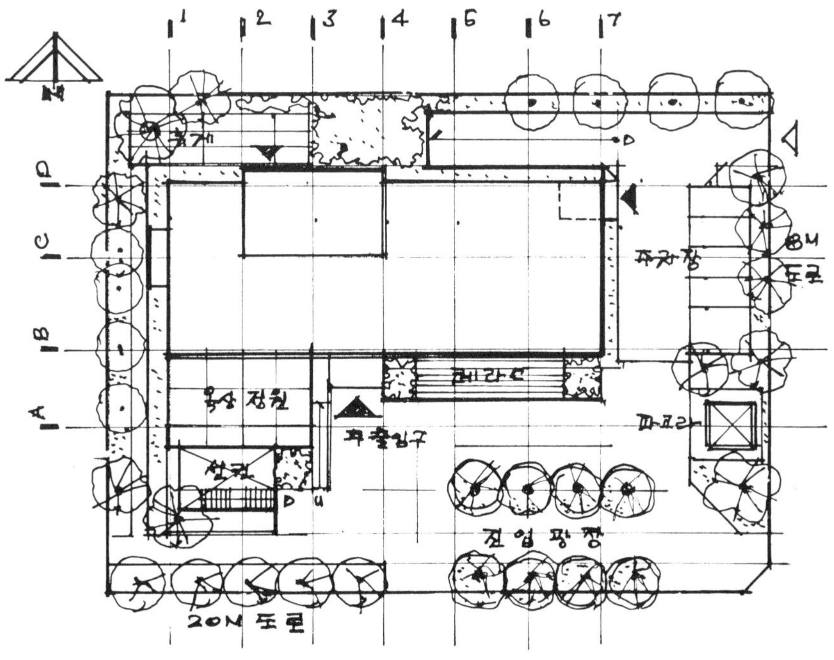

3.4 배치구성의 예

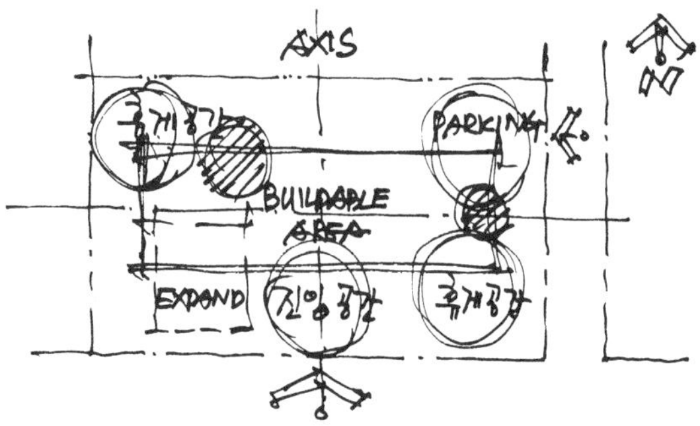
AXIS
휴게공간
PARKING
BUILDABLE AREA
EXPAND
진입공간
휴게공간

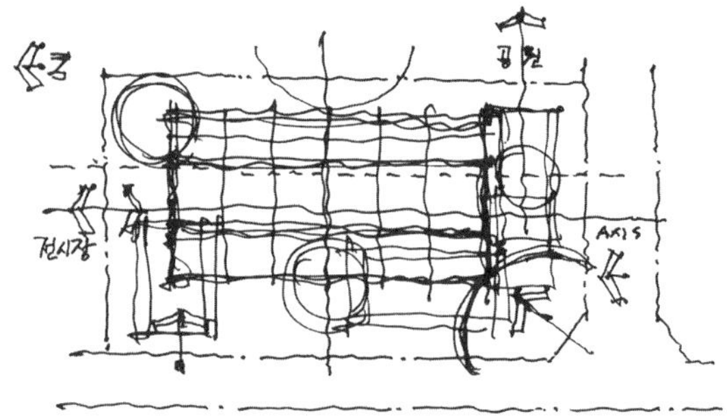
공원
전시장
AXIS

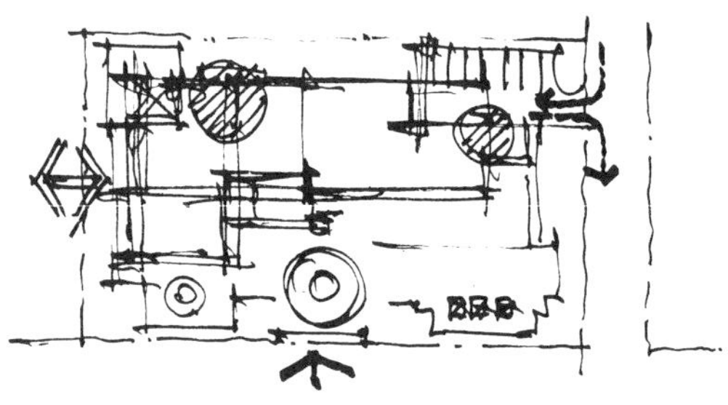

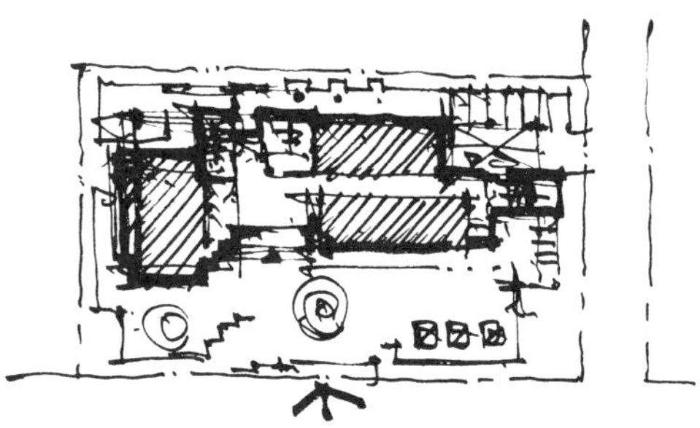

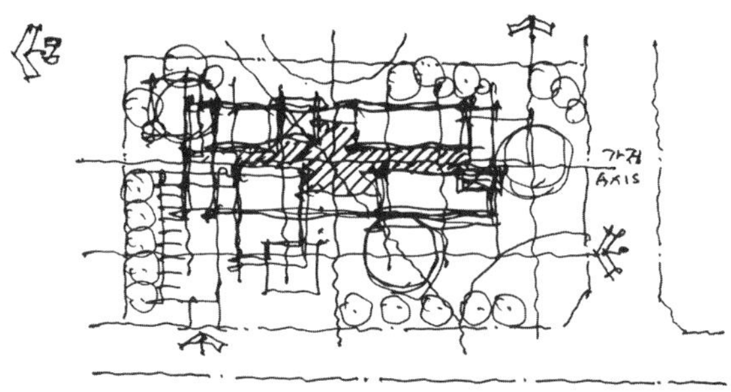
가로
AXIS

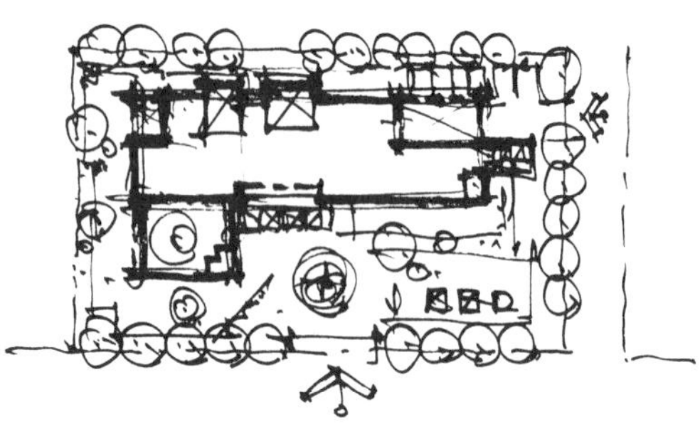

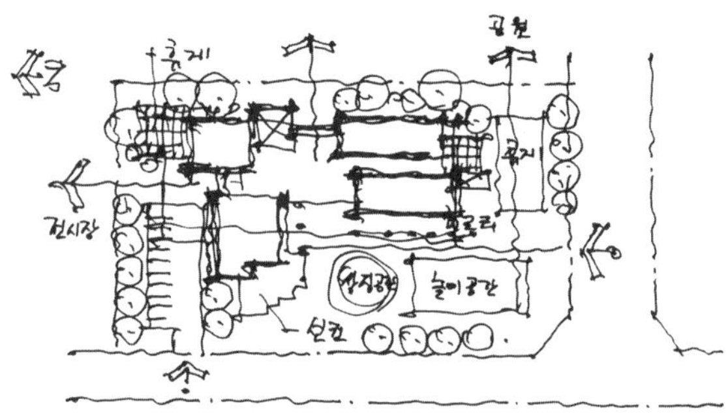
공원
휴게
전시장
놀이공간

3.5 배치계획의 예

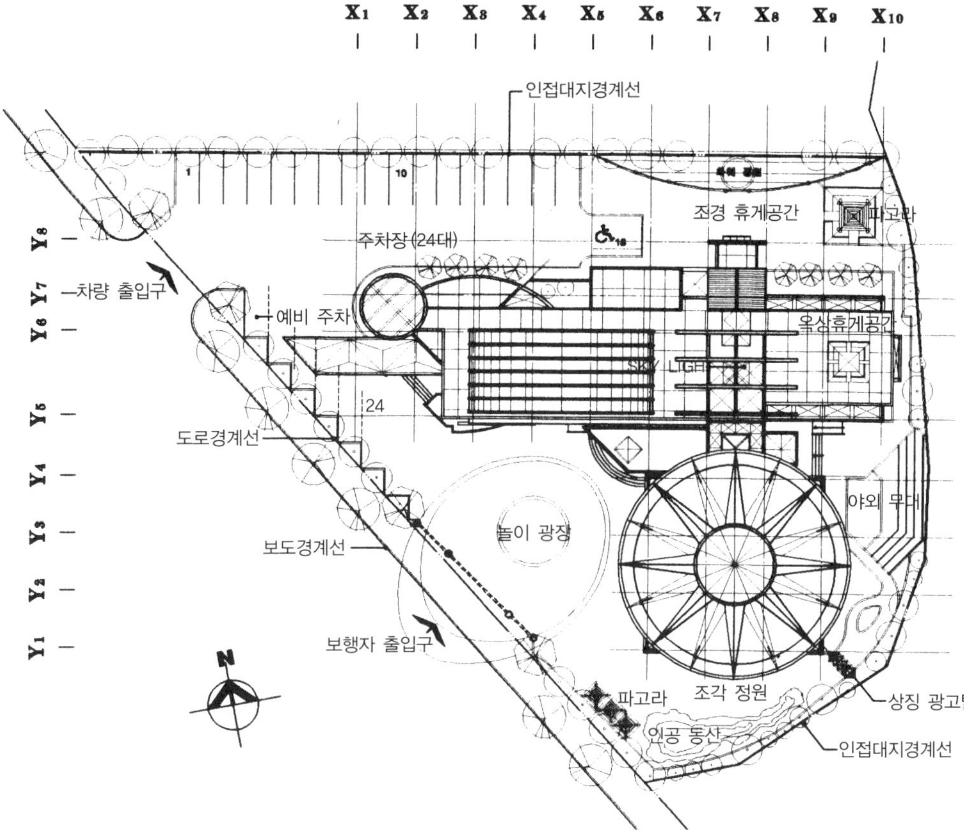
X1 X2 X3 X4 X5 X6 X7 X8 X9 X10
인접대지경계선
조경 휴게공간
파고라
주차장(24대)
Y8
Y7
Y6
Y5
Y4
Y3
Y2
Y1
차량 출입구
예비 주차
옥상휴게공간
SKY LIGHT
24
도로경계선
야외 무대
놀이 광장
보도경계선
보행자 출입구
N
파고라
조각 정원
상징 광고탑
인공 동산
인접대지경계선

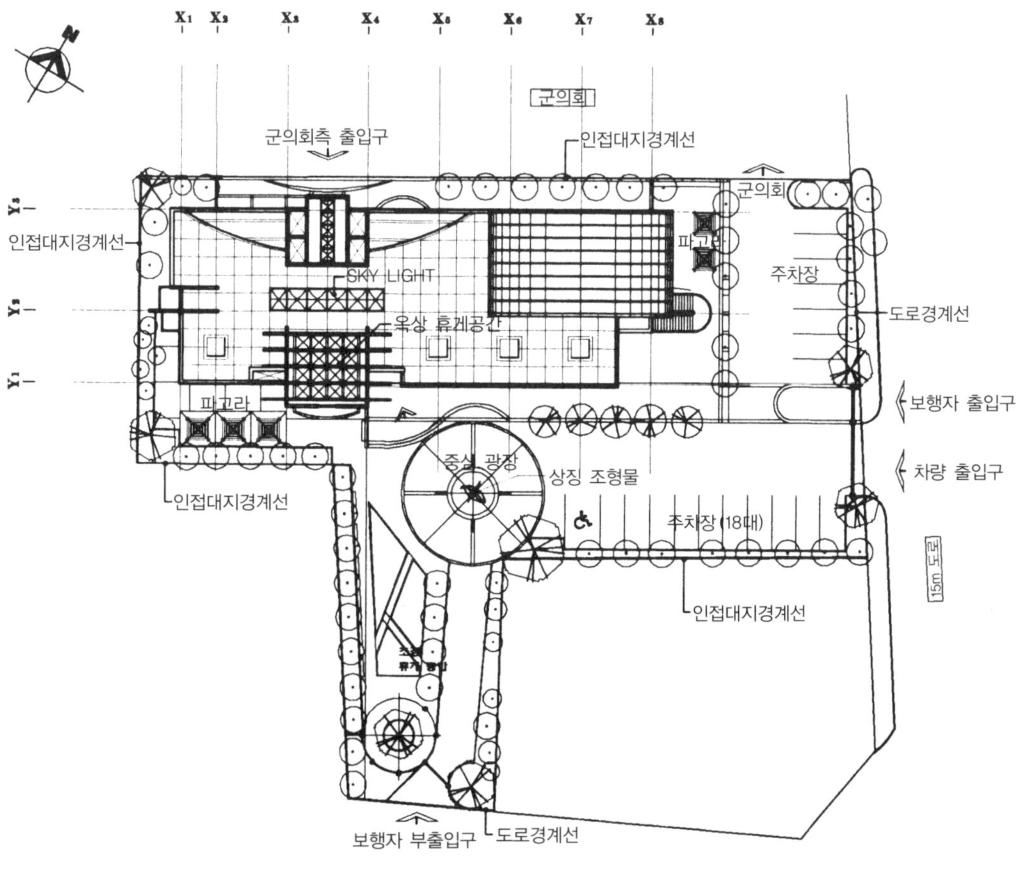
X1 X2 X3 X4 X5 X6 X7 X8
N
군의회
군의회측 출입구
인접대지경계선
Y3
Y2
Y1
인접대지경계선
군의회
파고라
주차장
SKY LIGHT
옥상 휴게공간
도로경계선
파고라
보행자 출입구
차량 출입구
중심 광장
상징 조형물
인접대지경계선
주차장(18대)
15m 도로
인접대지경계선
보행자 부출입구
도로경계선

4. 평면계획

4.1 기본사항

평면계획
계획의 내용(공간)을 표현하는 평면계획은 배치계획과 함께 전체계획의 약 60% 이상의 비중을 가지고 있다. 따라서 배치 및 평면계획이 정리되면 계획이 거의 끝난 것으로 봐도 무방하다.

- 주제(용도) 및 핵심 요소 파악
  주용도, 부용도, 관리 및 부속용도
- 기능구성(zoning)
  수평적 결합, 수직적 결합, 수평 · 수직적 결합
- 모듈계획
  - 3m 단위 기준으로 6m, 7.5m, 9m, 12m로 전개
  - S.R.C (철골철근콘크리트)구조시 12m, 15m, 18m, 21m, 24m, 30m로 전개
- 사용자(이용자) 위주의 계획
  주출입구, 부출입구, 로비, 홀, 계단실, 화장실
- 주요 내 · 외부공간 연계 검토
  주요 기능 + 주요 외부공간
- 기타
  선큰가든, 테라스, 필로티, 발코니, 가벽, sky light, 내 · 외부 open 등 매개공간 활용

4.2 고려사항

내부와 외부공간의 매개요소
- 스카이라인 : 하늘과 건물
- 발코니 : 주변과 건물(+)
- 필로티 : 주변과 건물(−)
- 테라스 : 대지와 건물
- 선큰 : 지하와 건물

평면계획의 주요 포인트
① 면적배분계획
② 주공간(주기능)과 부공간계획
③ 조닝계획
④ 모듈계획
⑤ 코어계획

- 주기능, 주요실은 가급적 향 · 조망을 고려한 배치를 원칙으로 한다.
- 내 · 외부 공간의 연계를 고려한 평면계획을 한다.
- 기능과 규모에 따라 모듈 및 구조계획을 한다.
  R.C조 : 6~9m, S.R.C조 : 9~18m
- 기능의 상호 연관성을 고려한 동선계획을 한다.
- 합리적 조닝계획에 따른 각 기능의 명확한 구분 및 연계성을 추구한다.
- 1층(저층부)은 개방감 있는 공간구성을 한다.
- 다중집회기능이 있을 때 수평 · 수직적 피난방법을 검토한다.
- 유지관리의 효율성을 고려한다.

4.3 평면계획의 진행

(1) 기능구성

- 가정면적 산정
- 모듈 가정
- 수평적 기능구성
- 수직적 기능구성
- 저층부, 기준층 기능구성
- 기준층부 가정
- 코어부 가정

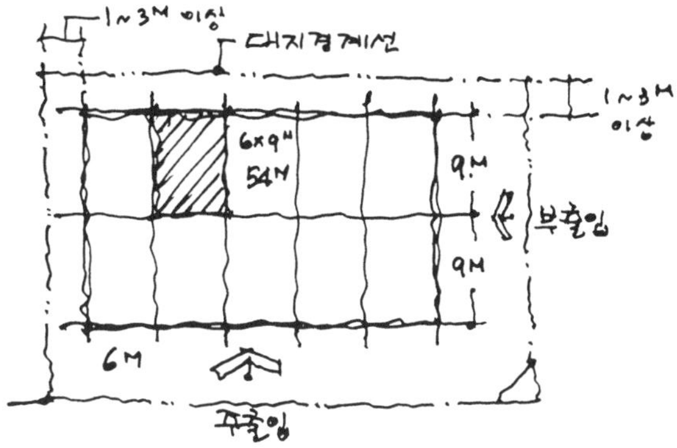

(2) 모듈 계획

- 모듈 조정 및 확정
- 기능구성에 따른 면적 확인
- 외부공간 조정 및 확정

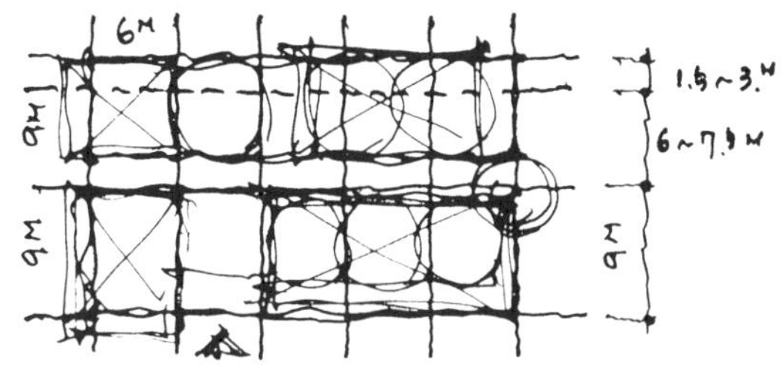

(3) 계단실 및 주부출입구 계획

- 주계단, 부계단실 계획
- 주 · 부출입구 계획
- 기능 조정
- 외부 공간 연계 검토

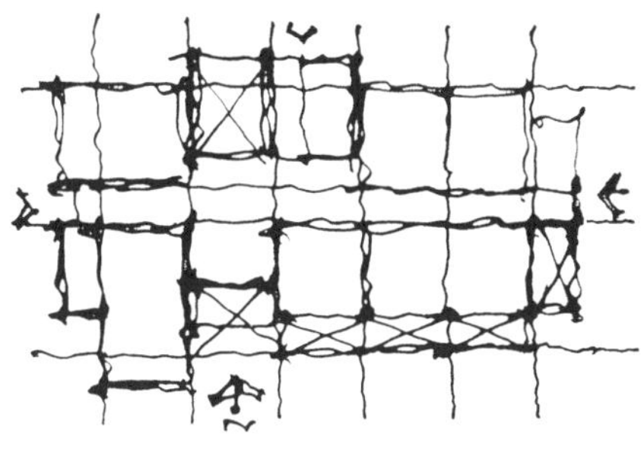

(4) 최종 표현

- 주요 공간 및 면적 확인
- 매개 공간 표현 (필요시)
- 입면구상에 따른 외부 창호 확정
- 치수선 표기

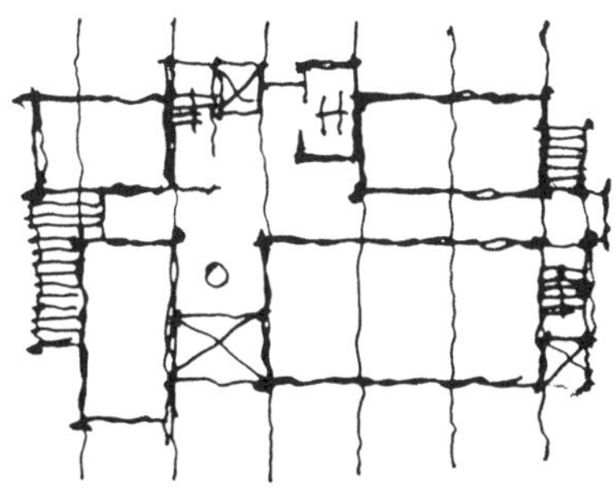

4.4 평면형의 예(건물의 기본형)

(1) 일자형

- 소규모 근생
- 기숙사, 주거
- 오피스, 청사

(2) ㄱ자형

- 연수원, 호텔
- 병원, 학교

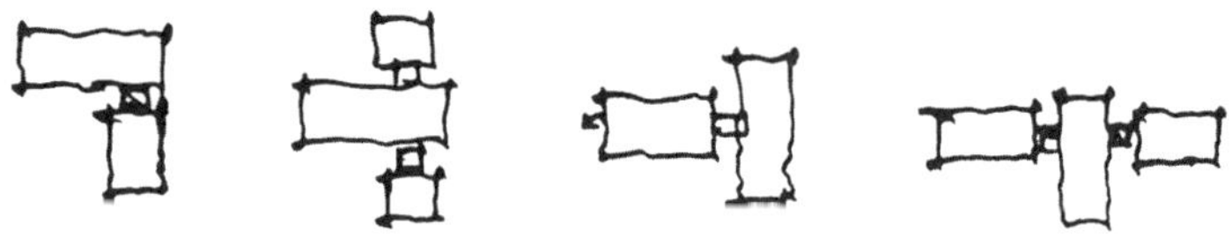

(3) ㄷ자형

- 연수원
- 학교, 호텔
- 병원

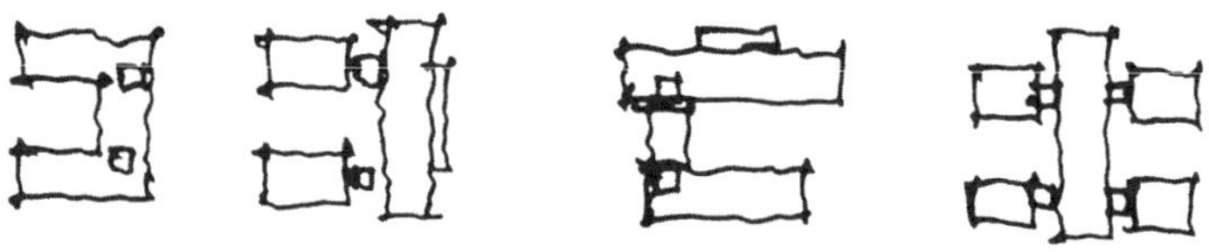

(4) ㅁ자형

- 도서관, 박물관
- 전시관
- 복합 기능

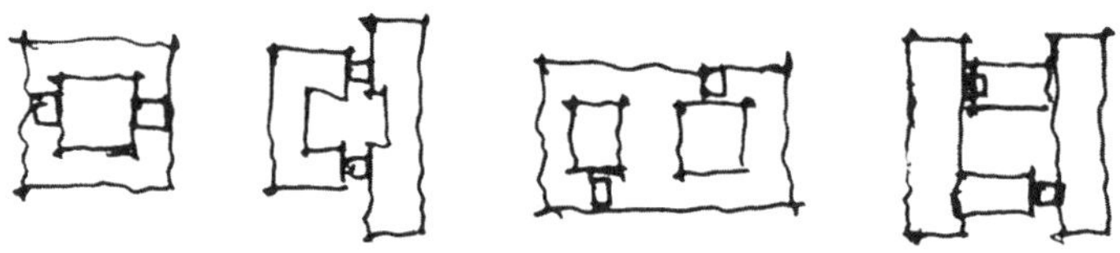

(5) 기타

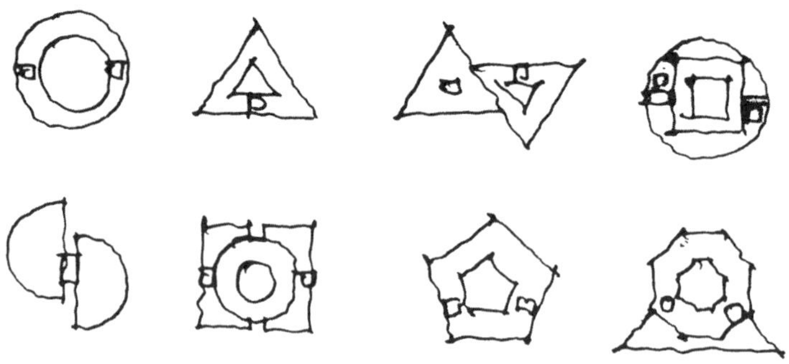

4.5 평면구성의 예

• 기 본 형

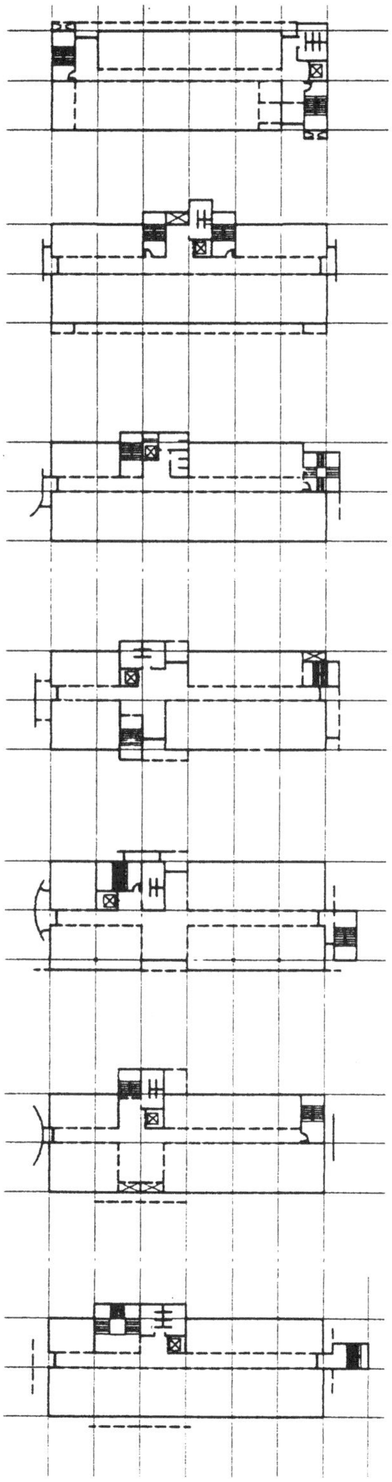

• ㄱ 자 형

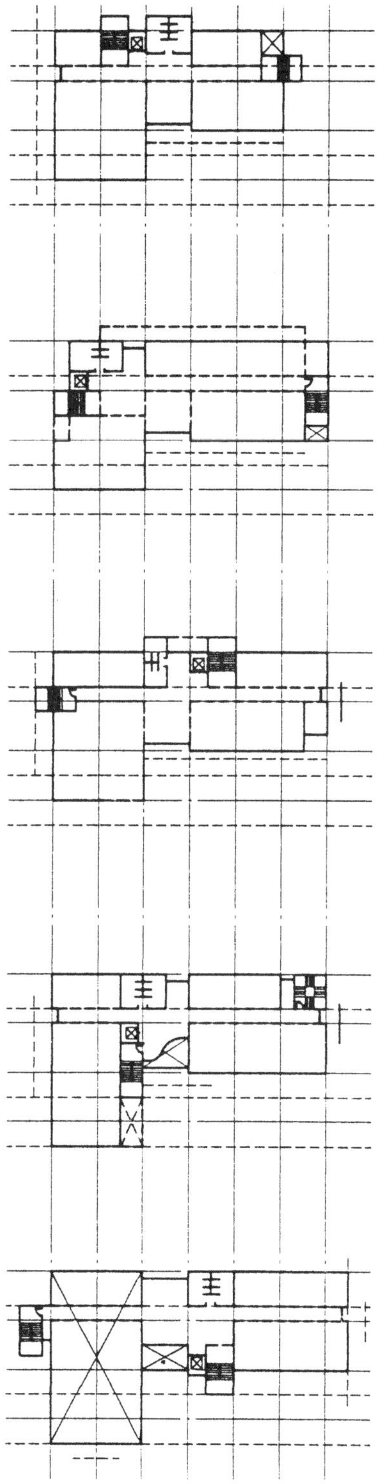

• ㅁ 자 형

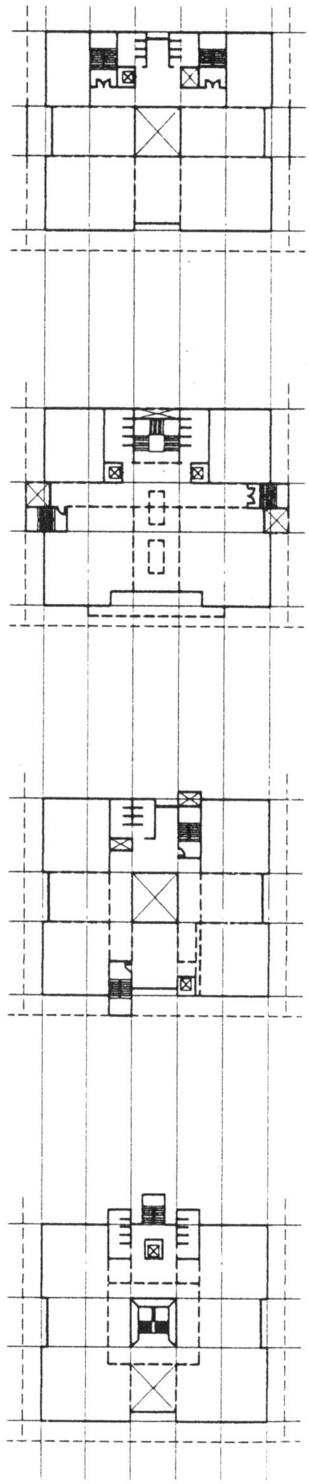

4.6 평면계획의 진행 예

(1) ZONING

- 버블다이어그램
- 주 · 부출입구 위치
- 기능 위치
- 기능 연계
- 기능 크기
- 코어 위치

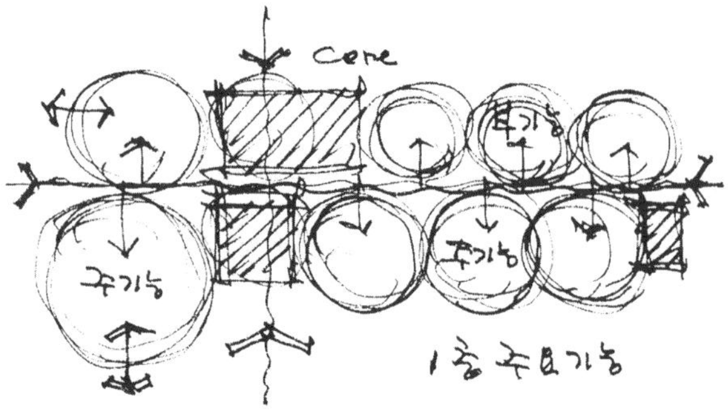

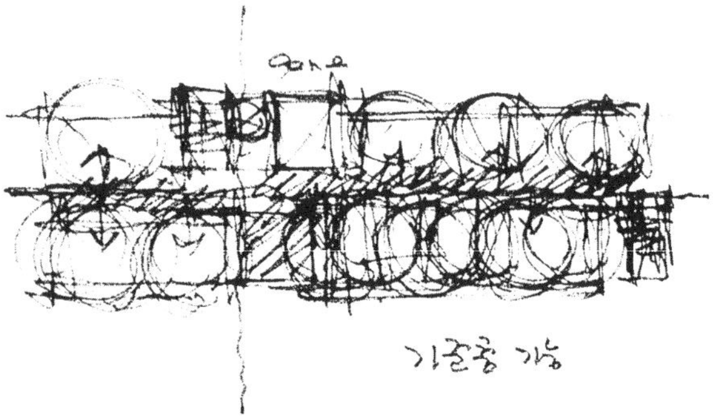

(2) PLAN

- 주 · 부출입구 확정
- 코어 위치 확정
- 1층 기능구성
- 기준층 기능구성
- 소요면적 확인
- 매개공간 확보

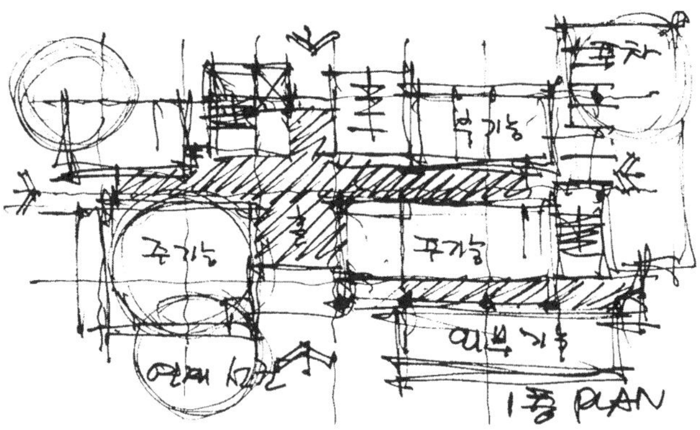

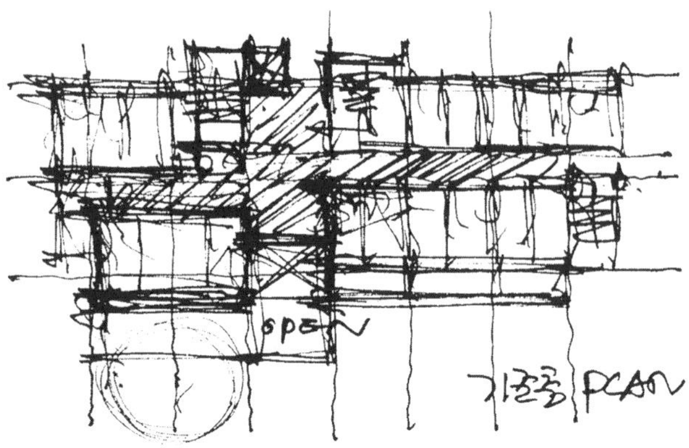

4.7 평면계획의 예

(1) 보건소계획의 예

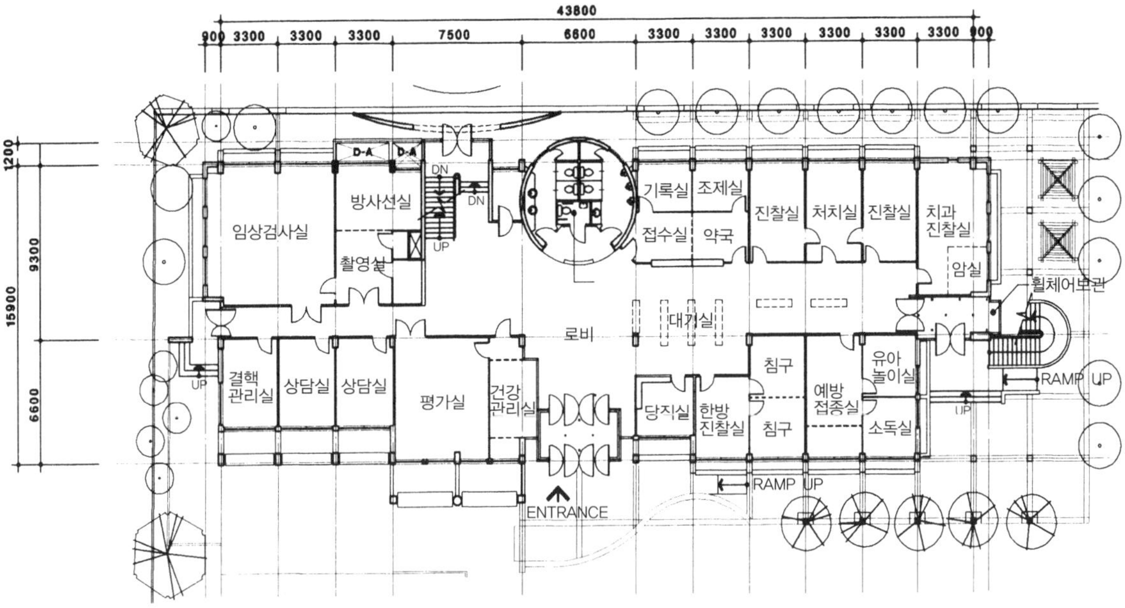

1층 평면도

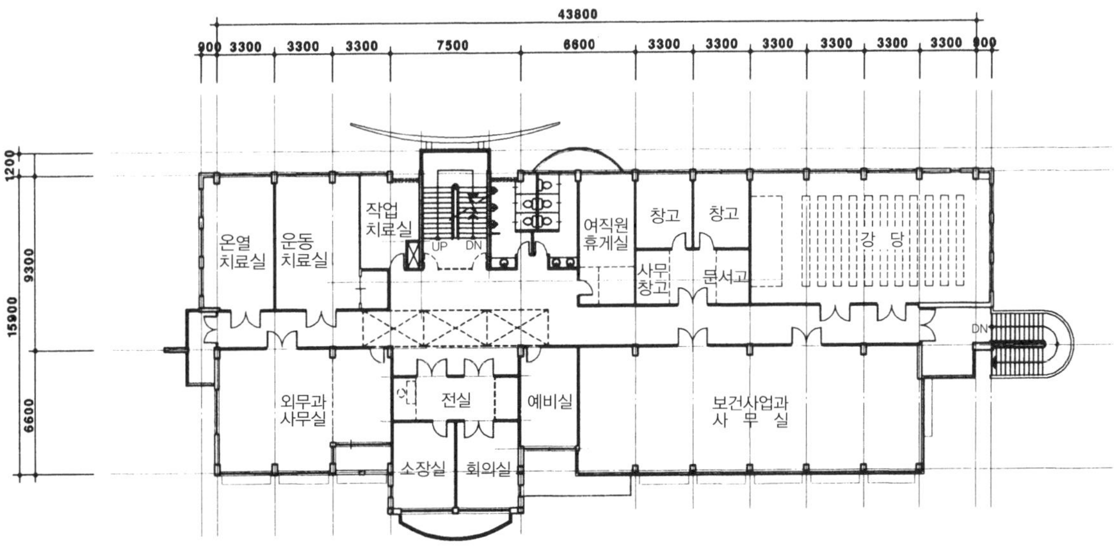

2층 평면도

(2) 근린생활시설계획의 예

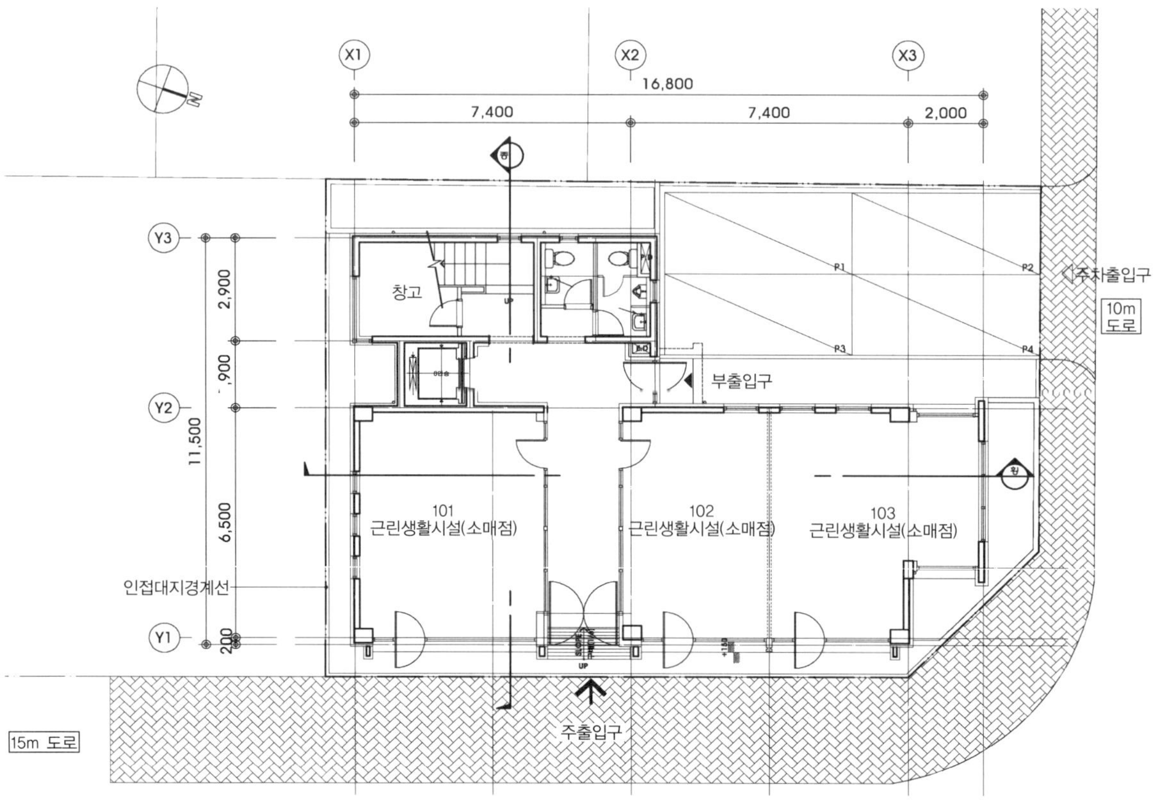

1층 평면도

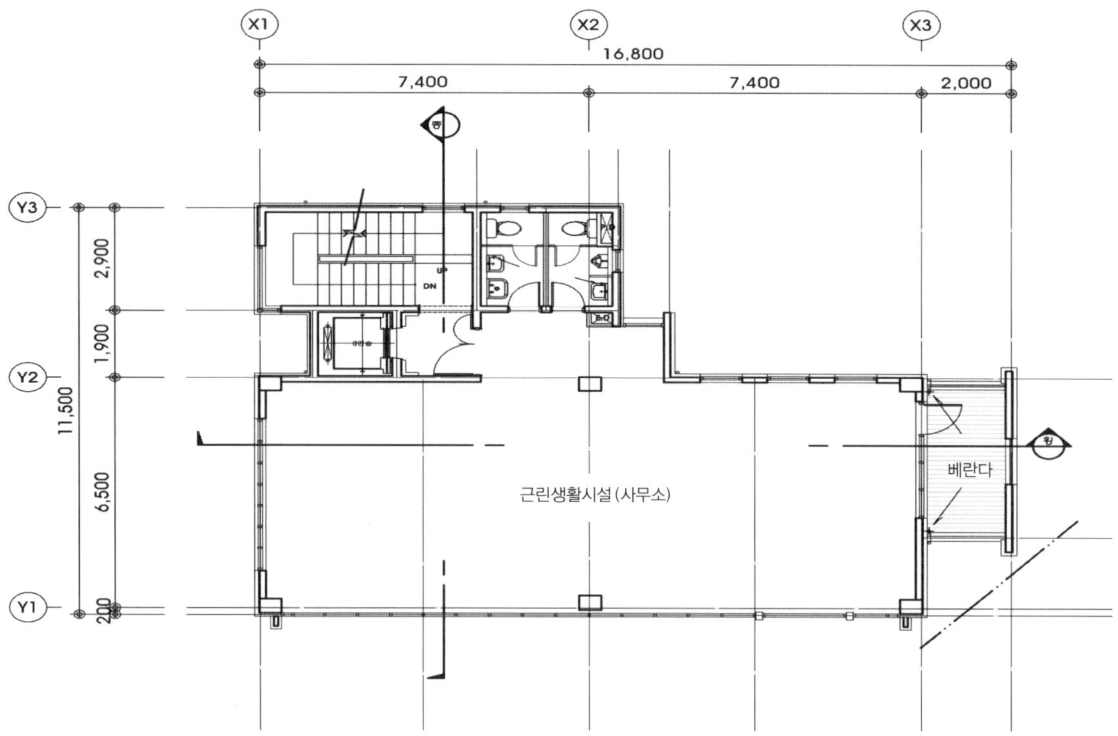

2층 평면도

(3) 교육청사계획의 예

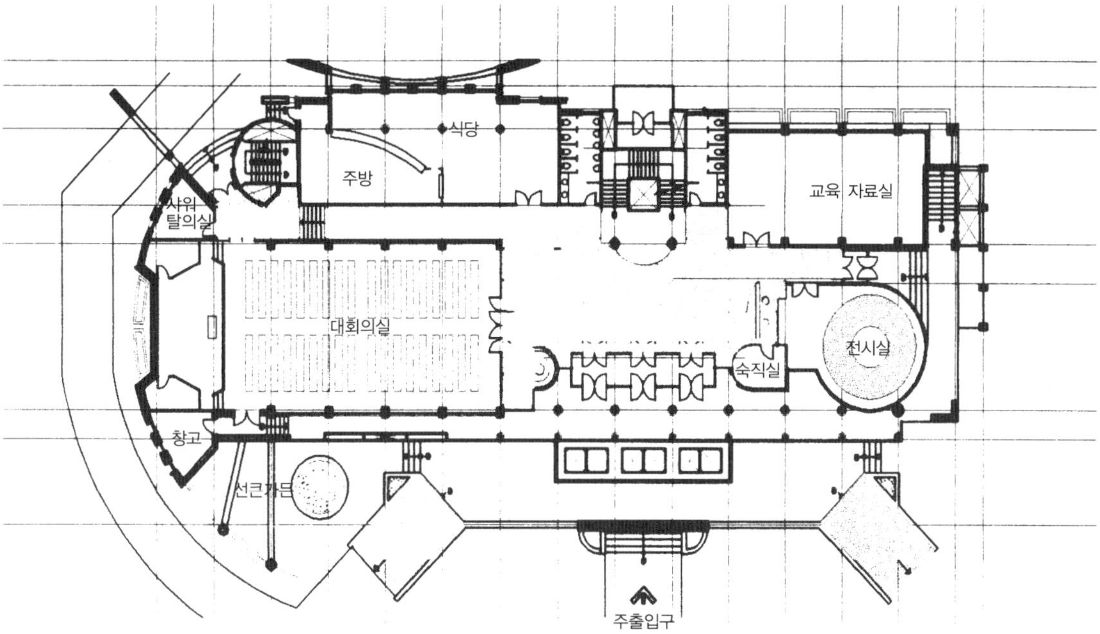

1층 평면도

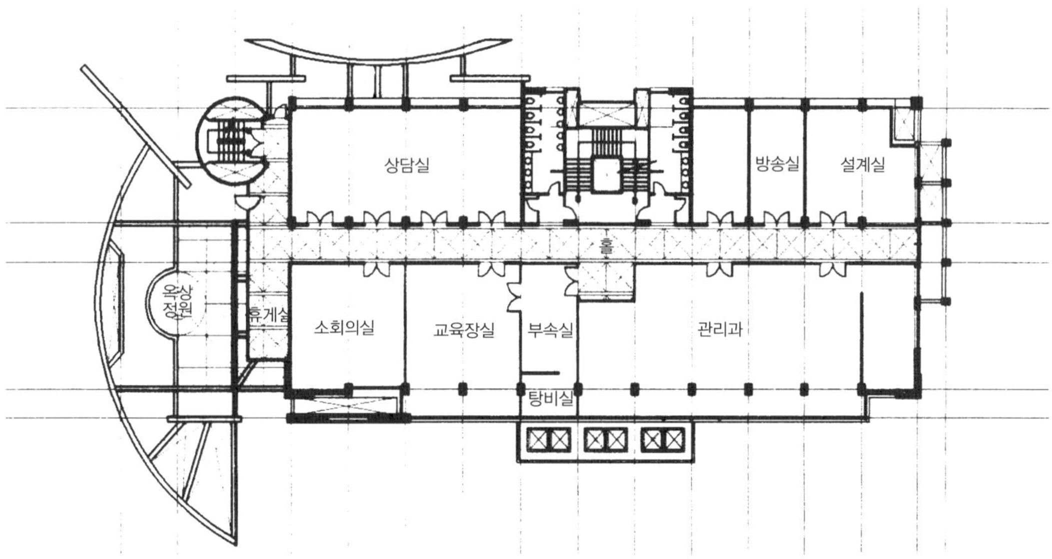

2층 평면도

(4) 동사무소계획의 예

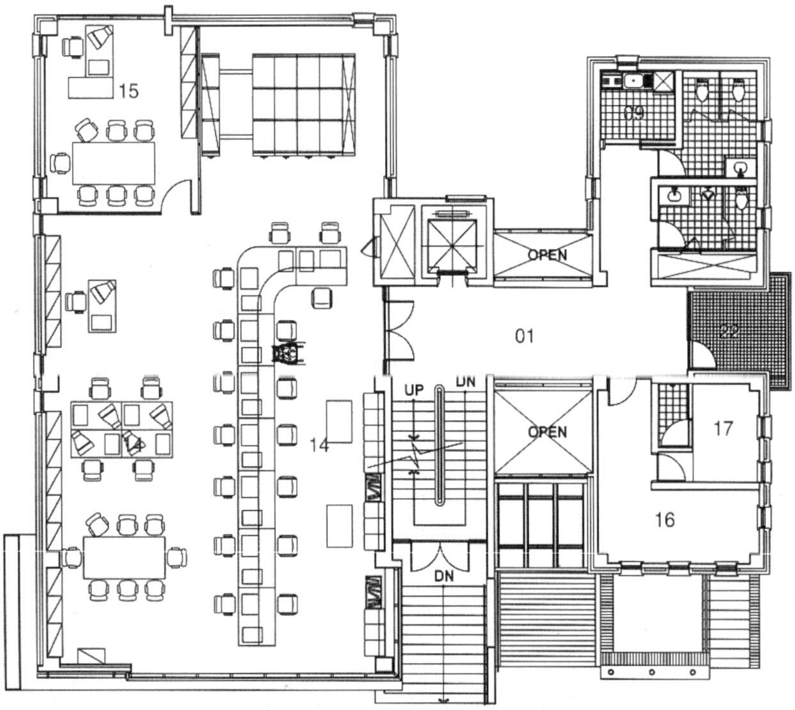

1층 평면도

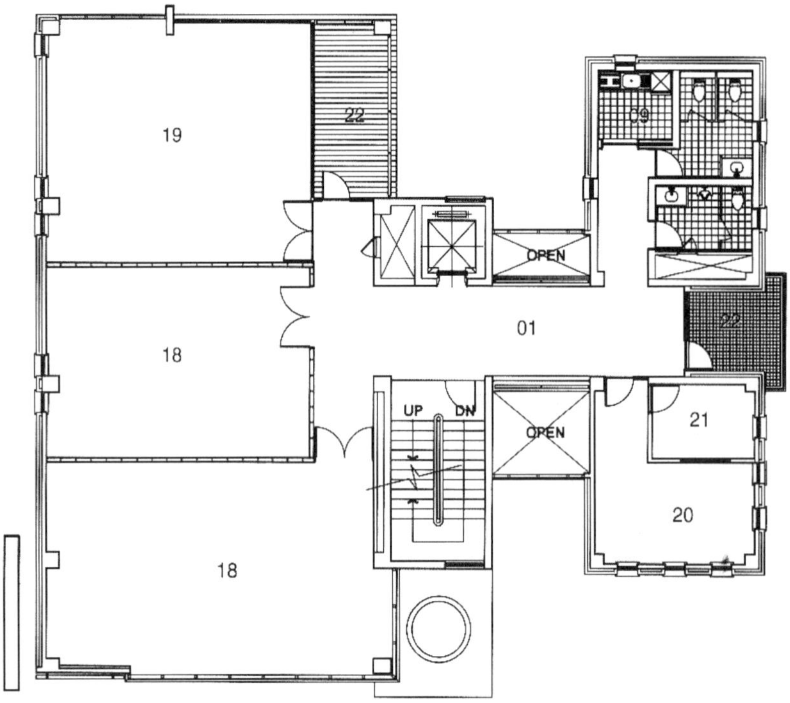

2층 평면도

5. 입면계획

5.1 기본사항

- 장소와 테마(주제)에 따른 매스(mass) 구성
  - 장소성, 인지성, 상징성, 조형성
- 주변환경이나 지형 · 지세를 고려한 친화적 입면계획
  - 조화성, 쾌적성, 안전성
- 기능과 형상, 규모에 따른 단순하면서도 친근감 있는 외관 구성
  - 단순성, 균형성
- 매스(mass)와 외장재료, 창호디자인의 조합으로 전체적인 이미지와 분위기 표출

5.2 고려사항

- 저층부(1, 2층), 기준층부, 상층부로 분리 · 구성하여 입면의 위계를 표현
- 층고를 고려한 수평그리드와 기둥축선의 수직그리드를 활용하여 매스(mass)를 구성
- 부분적으로 곡선, 사선 등을 도입하여 전체적인 세련미를 부여
- 선의 강약과 명암, 부분적 원경으로 건물의 표정 표현
- 외부 마감재료 표기, GL, 기둥열 축선, 층고선 표현

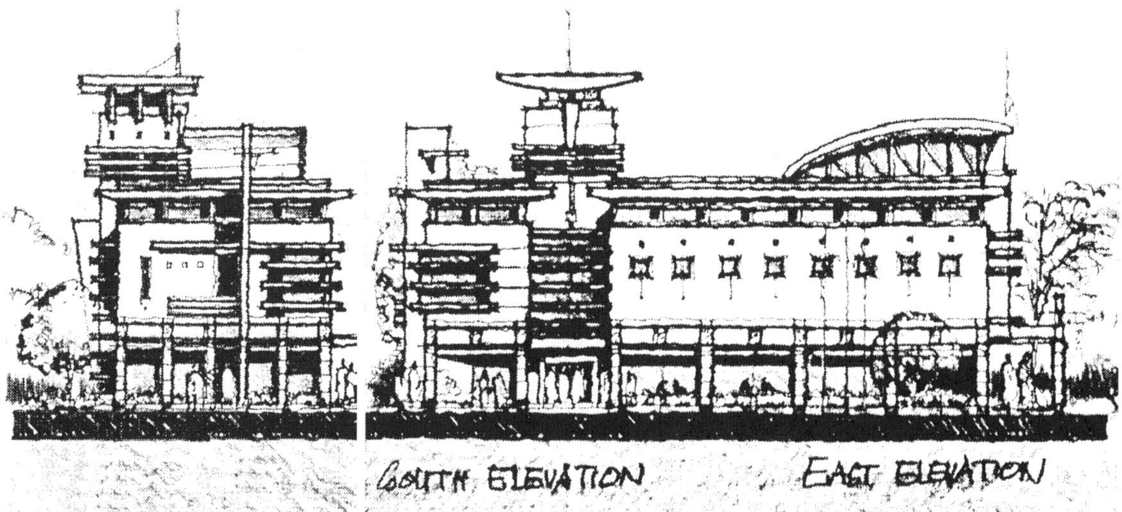

5.3 입면계획의 진행

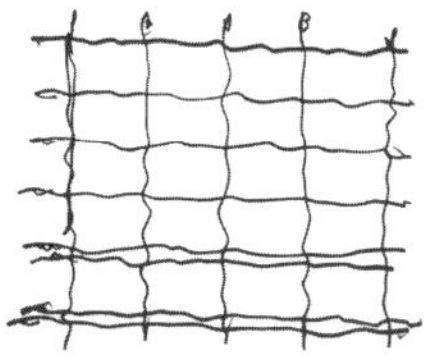

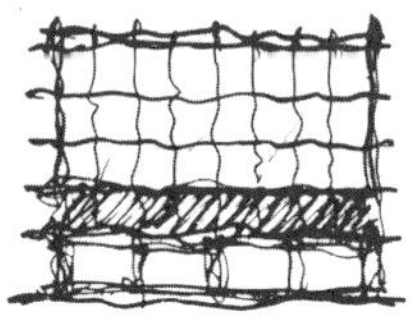

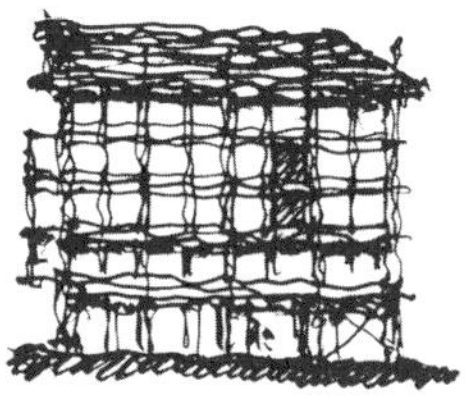

- 공간구성에 의한 기본적인 평면형에 준하여 정면과 측면의 길이와 높이의 비례를 가정한다.
- 테마에 따라 차이가 있을 수 있으나 기본적으로 저층부, 기준층부, 상층부 또는 지붕부로 수평 분할한다.
  저층부는 개방감 있게 하고 기준층부는 전체적으로 통일성을 부여하고, 상층부는 가급적 단순한 형으로 구성한다.
- 길이와 높이의 비가 4 : 1 이상될 때 단조로운 입면이 구성될 수 있으므로 중앙부 혹은 길이의 1/3 지점에서 (예 : 주출입구) 수직적인 분할을 꾀하는 것이 좋다.
  특히 기능이 다른 형과 형이 연결될 때는 약 3m(2~6m) 정도의 수직적 분절을 하면 매스(mass)에 비례감이 좋아진다.
- 내부공간을 한정하는 층고선과 수평 · 수직 모듈선을 기본 그리드로 가정하고 지붕모양 및 기준층의 창문형을 결정하여 전체적인 조화와 균형을 꾀한다.
- 단순한 형을 기본으로 옥탑, 캐노피, 발코니, 스카이라이트, 필로티, 가벽 등으로 부분적인 강조와 변화를 유도한다.

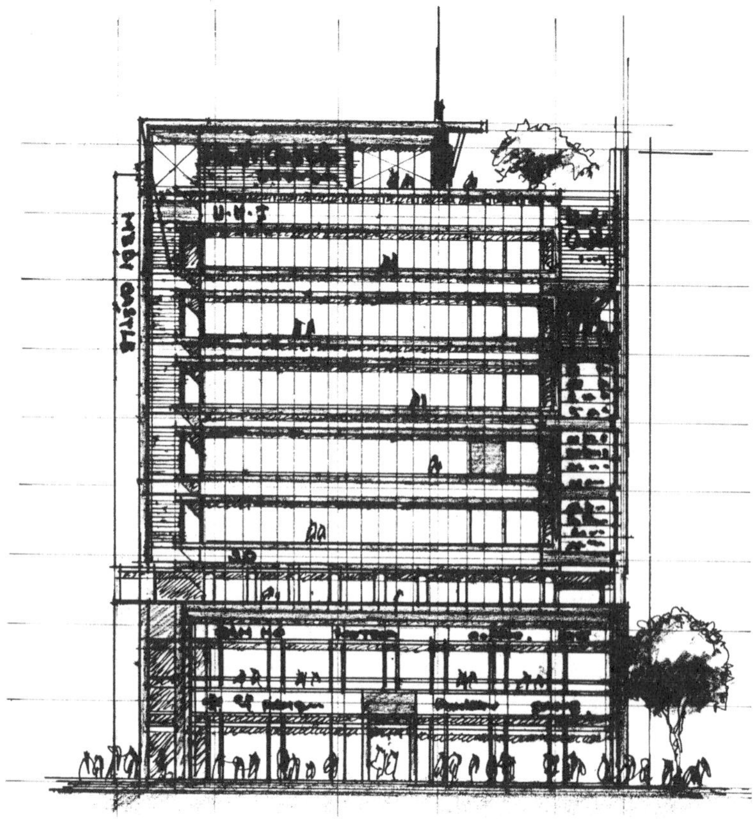

5.4 입면계획

(1) 입면계획의 기본

- 가급적 단순하게 처리
- 통일성 부여(수평 · 수직 분할)
- 개방감 부여
- 부분적인 강조와 변화 유도

• 입면 매스 가정
- 축선과 층고선 설정

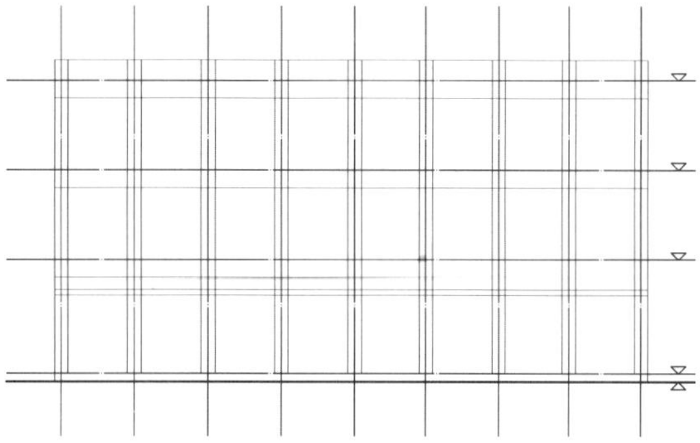

• 수평선 강조
- 층고선을 기준으로 분할

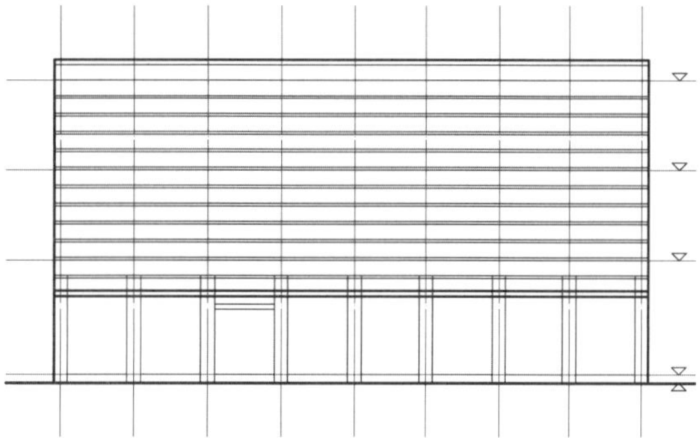

• 수직선 강조
- 축선을 기준으로 분할

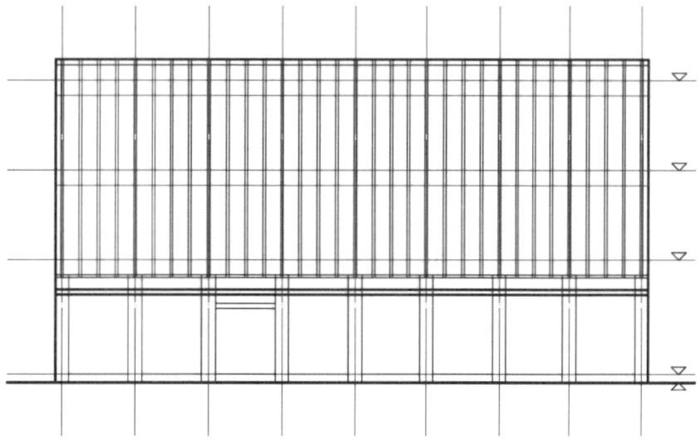

• 격자형
- 축선과 층고선을 기준으로 분할

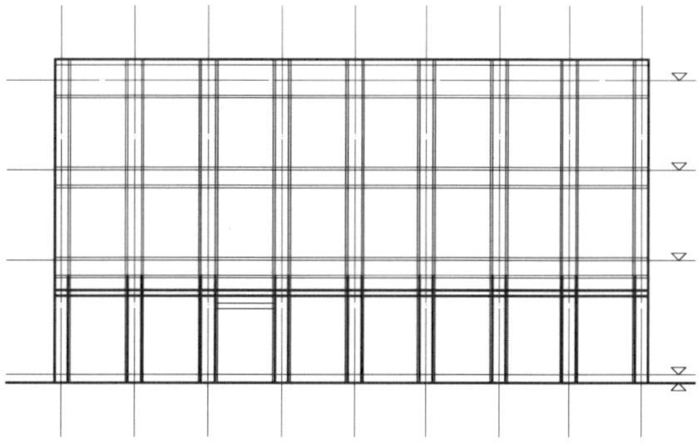

5.5 입면형의 기본

• 매스(mass)

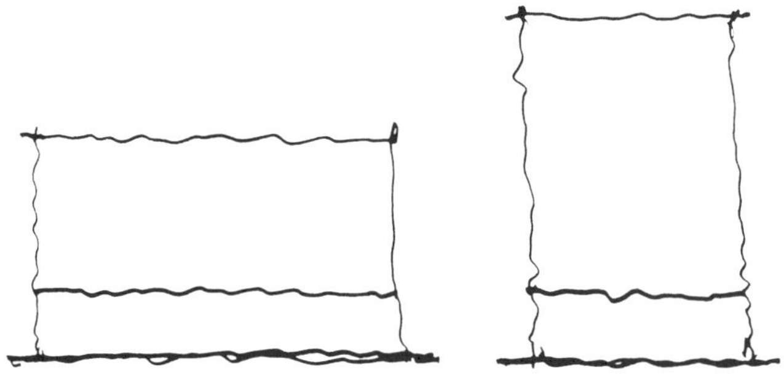

• 수평선

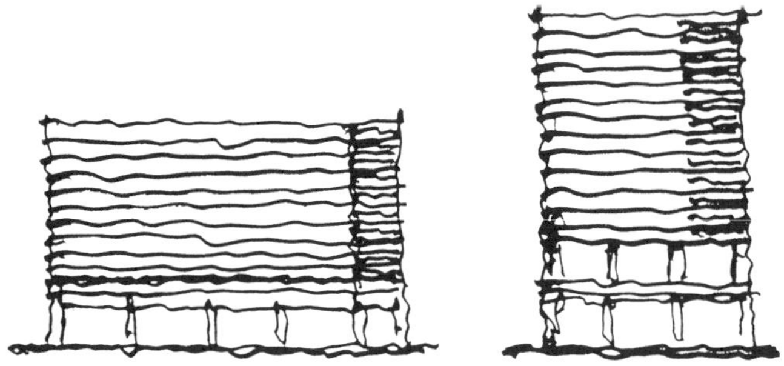

• 수직선

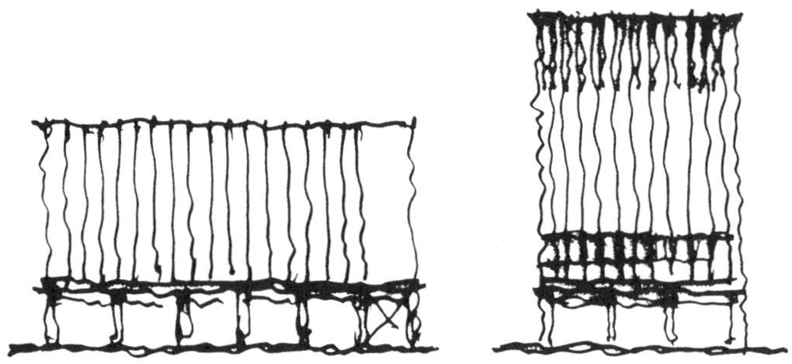

• 격자형

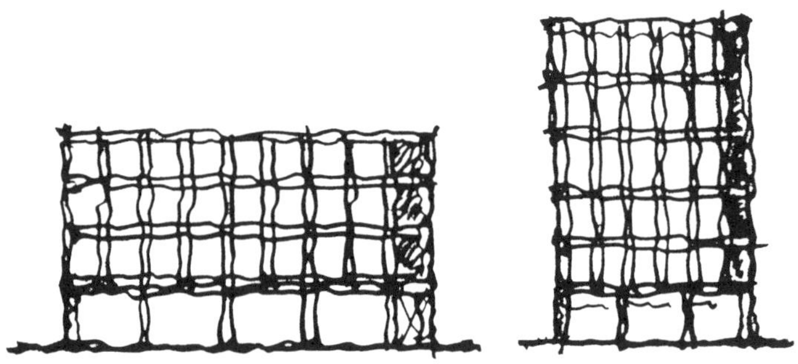

5.6 입면작도의 순서

(1) 평면에 의한 축선 작도

- 치수선 확보
- 마감재료 기입공간 확보
- 기둥 축선 및 층고선 작도

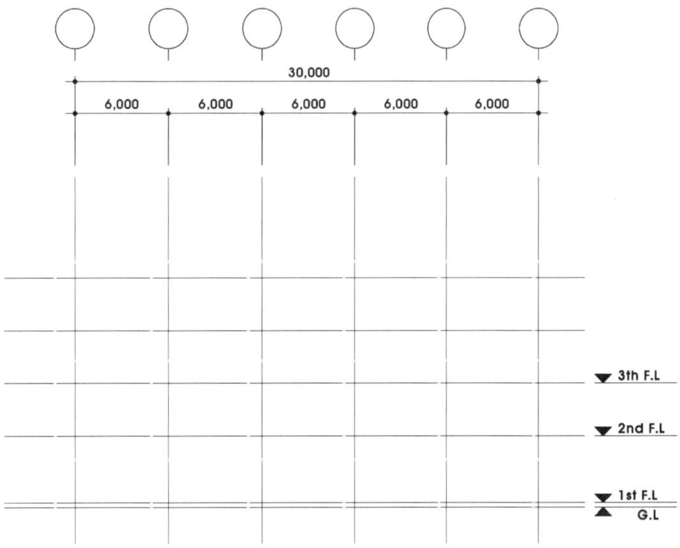

(2) 층고 설정

- 기준층 3.5~5m
- 1층 4.5~5.5m
- 지붕층 : mass에 따라
  보통 1개 층높이
- 측면 검토 후 높이 결정
- 옥탑 높이 고려

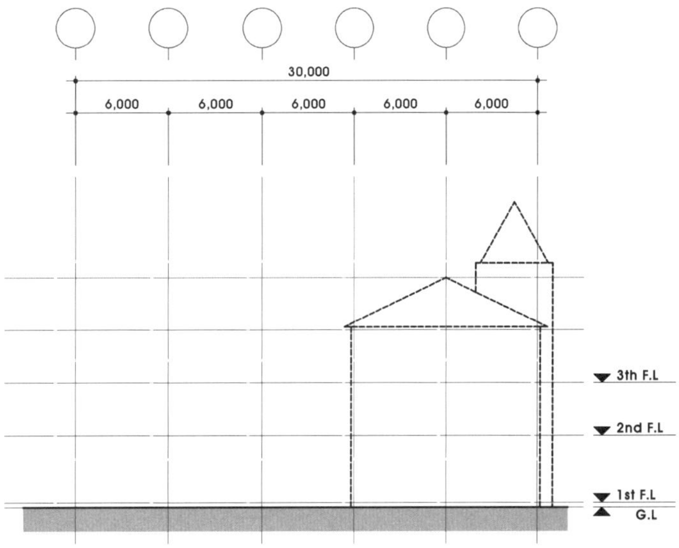

(3) 형태 결정 및 유인선 작도

- 기둥선 작도
- 창호선 작도
- 기단선 및 1층 구분선 작도
- 지붕형상 설정

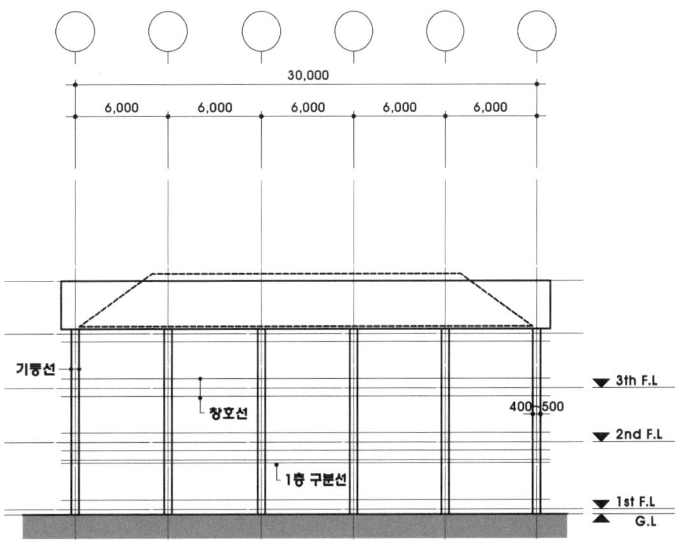

(4) 창문 디자인

- 일반적인 형(격자형) 결정
- 세분화하고자 할 때 45°선을 작도하고 중심선을 그어 창호 모양 형성

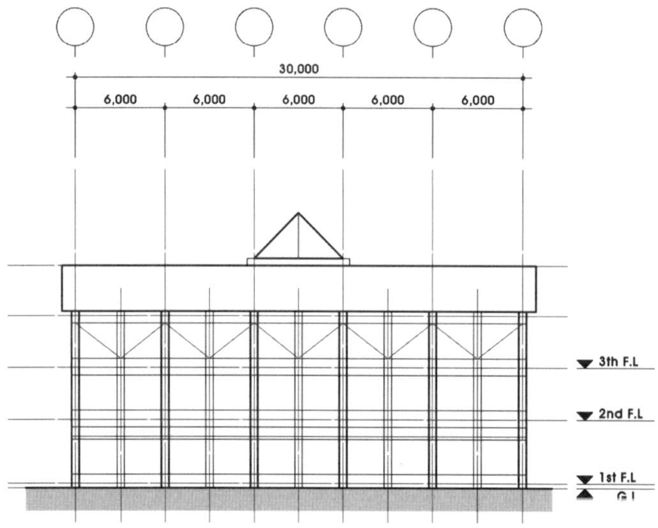

(5) 전체적인 균형 유지

- 의도하고자 하는 부분에 강조선을 작도
- 부분적 효과선을 작도
  / 캐노피, 필로티, 발코니 등
- 옥탑, 주출입구 표현

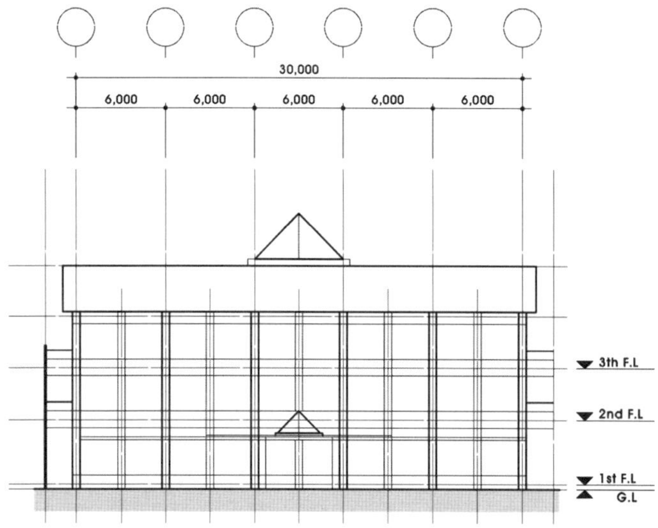

(6) 최종 표현

- 외곽선을 강하게 작도
- 결정된 창호선 강조
- 축번호, 치수, 외부재료 명기
- 기타 조경, 음영 등으로 최종 효과

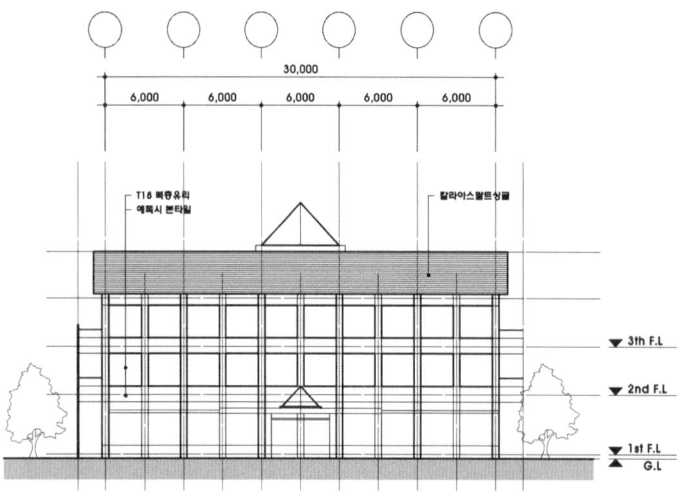

5.7 입면구성의 예

• 대칭형

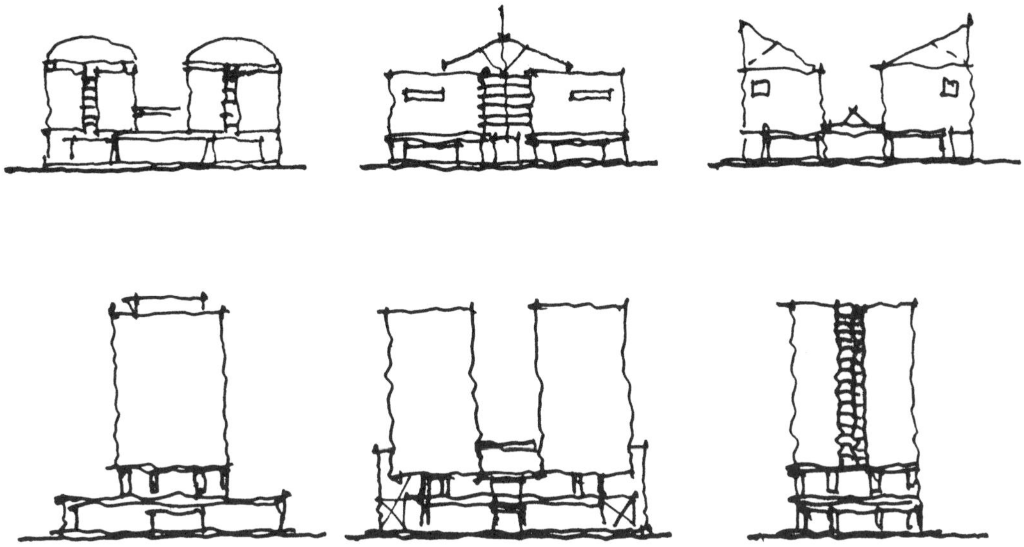

• 비대칭형

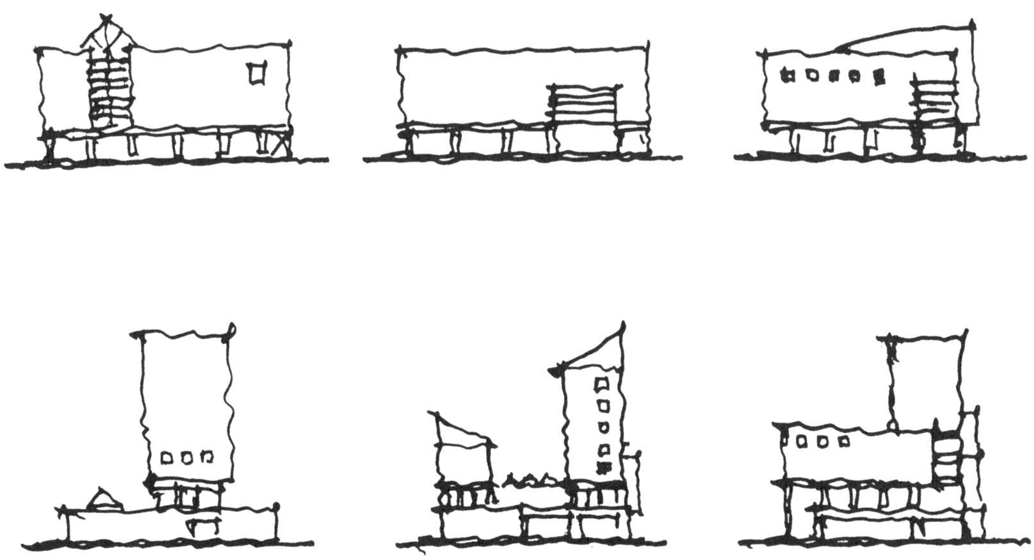

5.8 입면계획의 예

(1) 교육청사

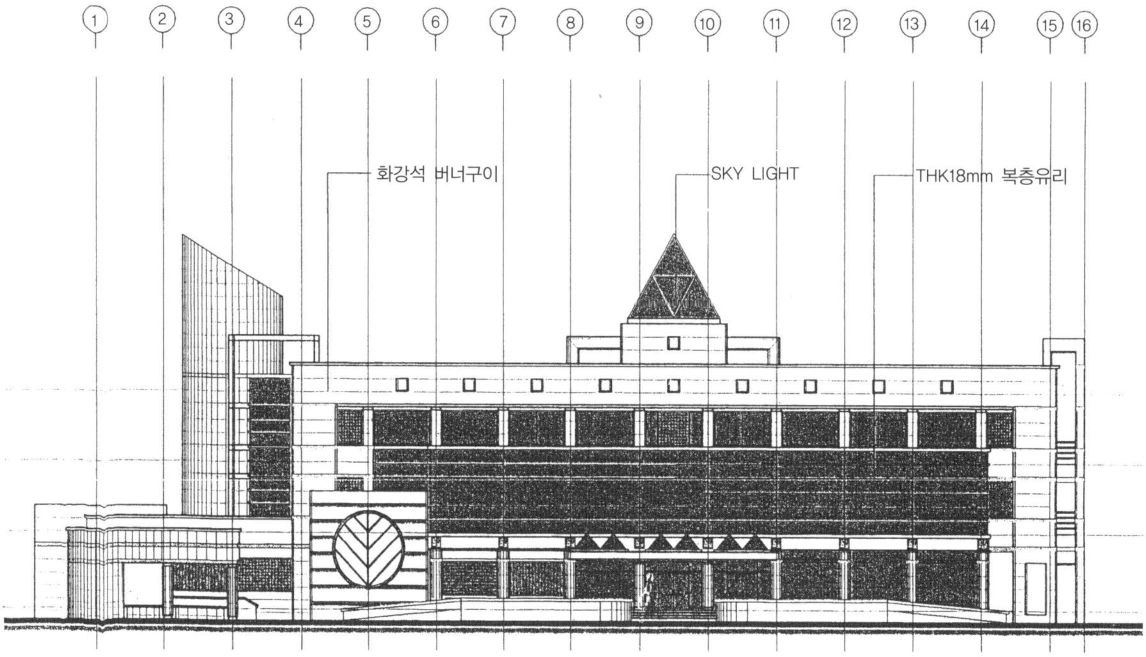

정면도

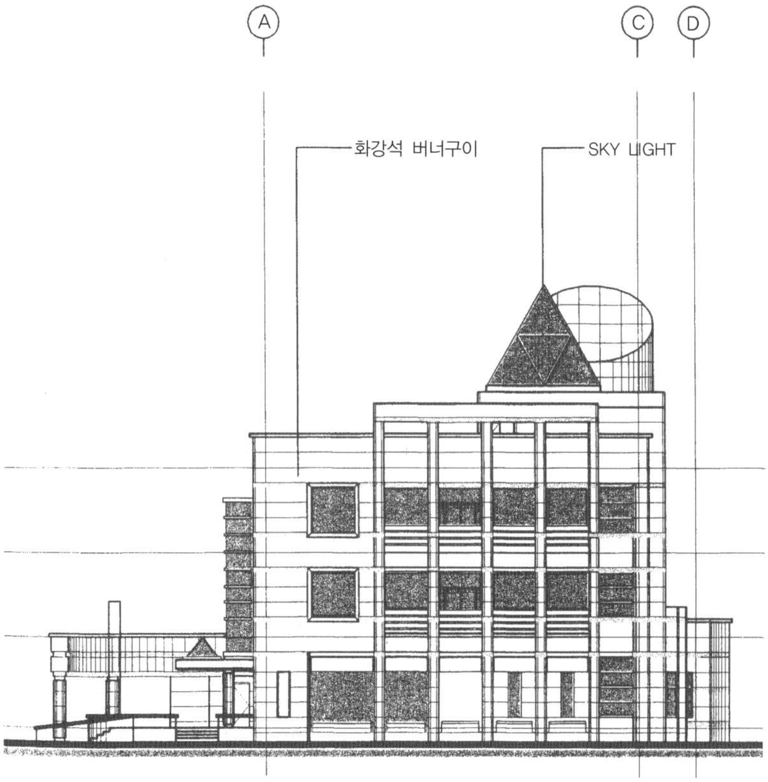

측면도

(2) 근린생활시설

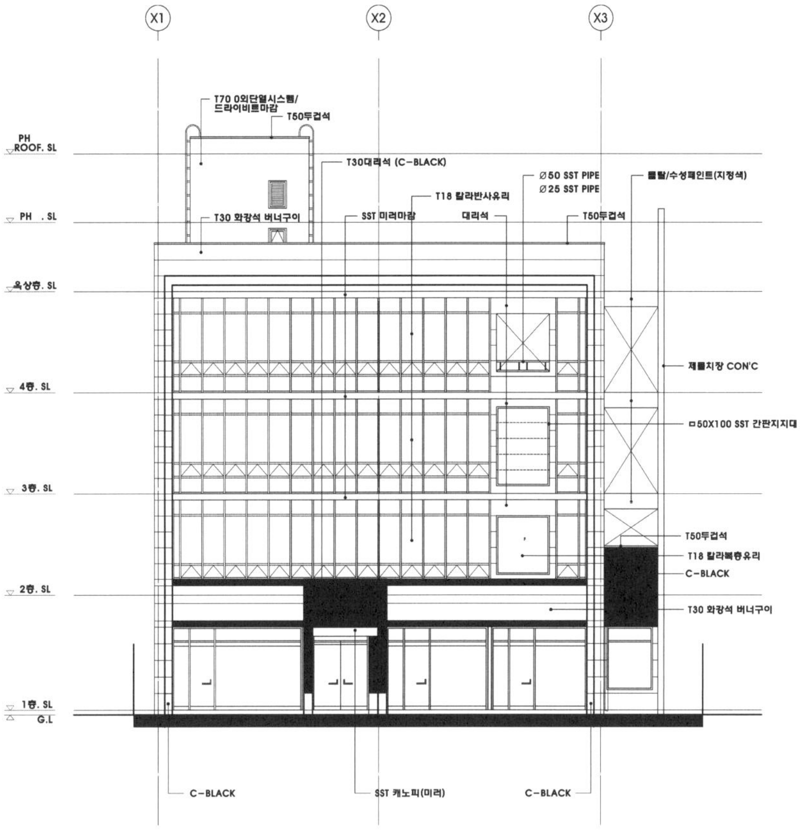

정면도

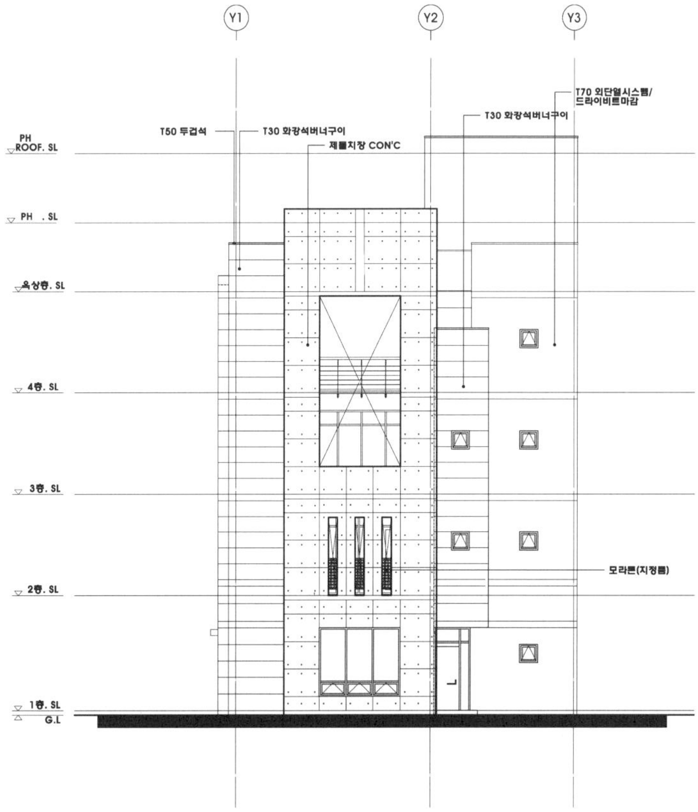

측면도

(3) 입면계획의 예

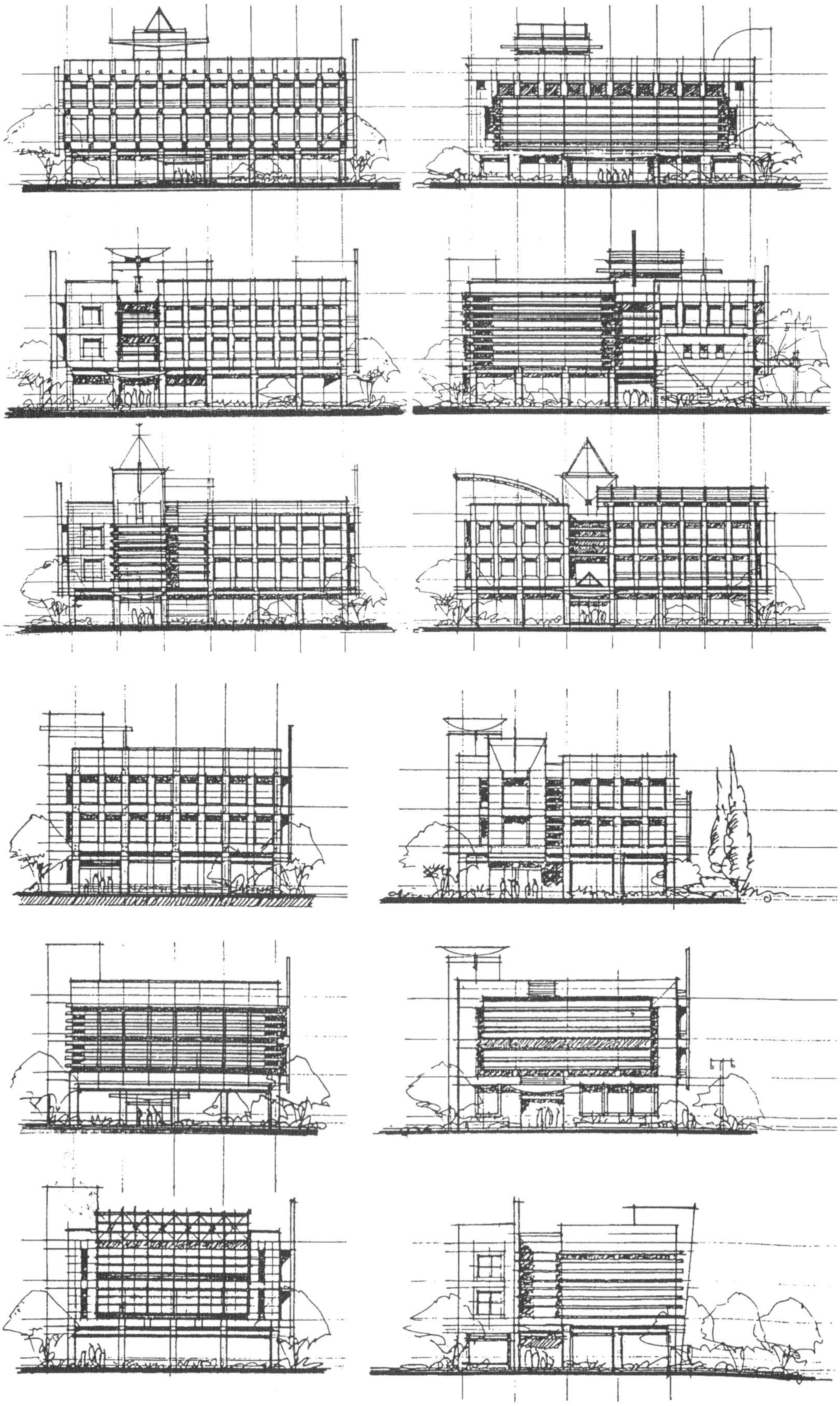

(4) 입면계획의 예

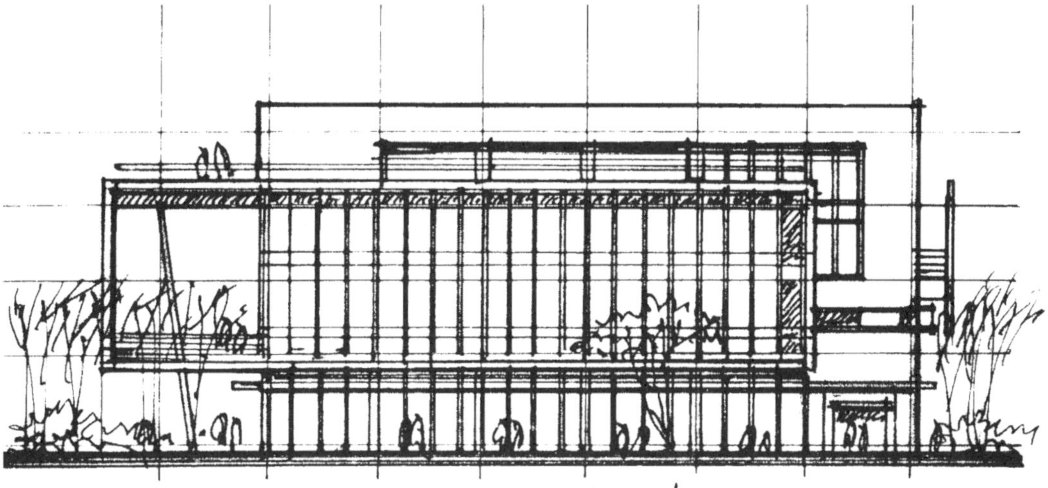

FRONT ELEVATION
S1:400

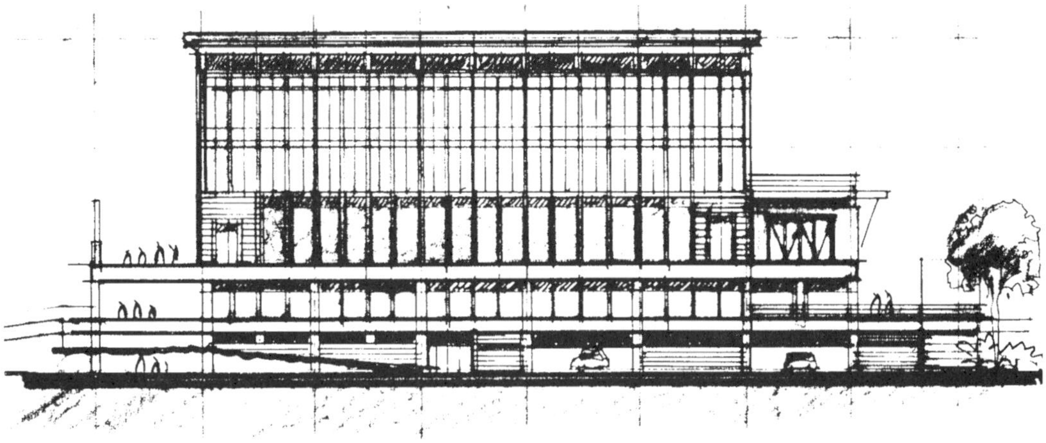

FRONT ELEVATION
S1:400

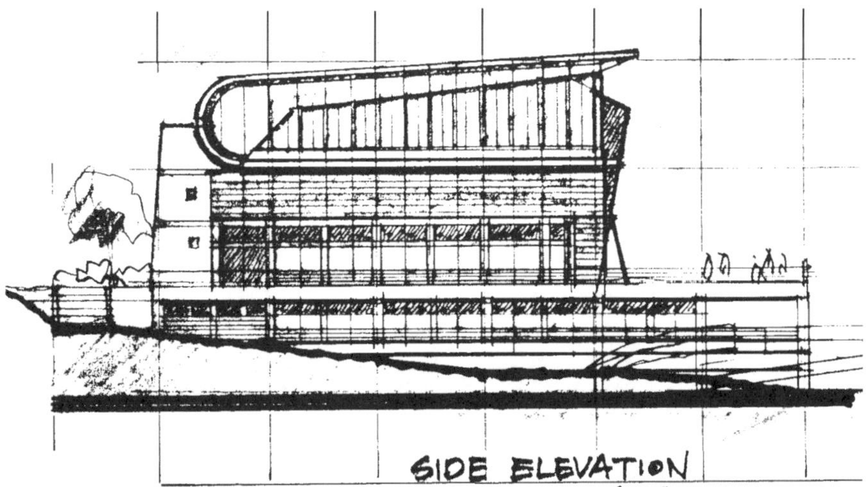

SIDE ELEVATION
S1:400

6. 단면계획

6.1 기본사항

- 건물의 내 · 외부를 쉽게 이해할 수 있는 부분을 표현
- 기능, 용도, 규모에 따라 적정 층고 설정
  예) 1층 4~5m, 기준층 3.5~4m
- 대지레벨에 따른 지상, 지하층을 구분하고 내부공간의 수직적 볼륨을 표현

6.2 고려사항

- 건축물의 높이, G.L, 층고, 천장고를 표시하고 주요기능의 공간 크기를 표현
- 주요구조부의 형상을 표현 예) 트러스구조
- 필로티, 선큰, 내 · 외부 오픈, 옥상조경 등 매개요소에 의한 내 · 외부 연관 관계 표현
- 해당 사항이 있을 경우 법규 사항 표시
  예) 도로사선, 일조권, 건축한계선 등
- 최고높이, 층고, 천장고 표시

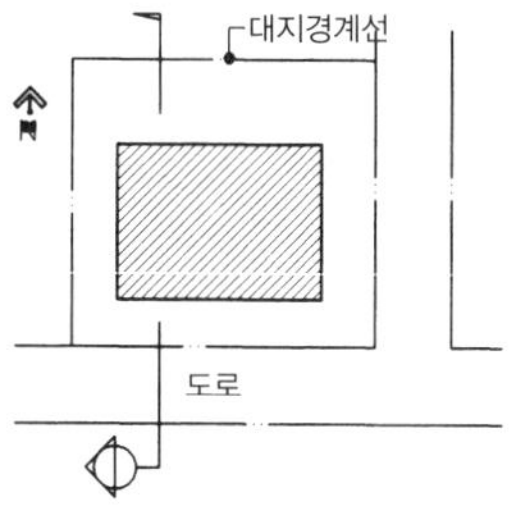

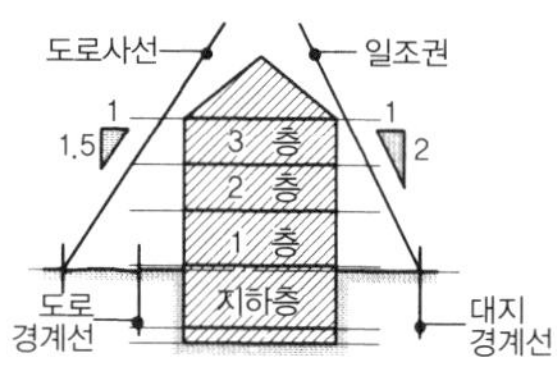

빛은 인간에 있어 본질적인 것이며, 공간에 있어서도 본질적인 것이다.

단면계획
단면계획의 기본은 자연채광과 환기를 실내에 어떻게 도입하느냐가 중요하다.
쾌적한 실내공간을 형성하기 위해 층고와 천장고의 이해가 필요하며, 구조적인 틀은 기본적인 표현만 해도 무방하다.

단면계획의 주요 포인트
① 자연채광 및 환기의 도입계획 표현
예) 톱라이트, 오픈, 필로티, 선큰 등
② 테마에 따른 적정 층고 및 천장고 설정
③ 건물 구조를 포괄적으로 알 수 있는 주요 부분 표현
④ G.L과 각층 레벨 표현
⑤ 법규 제한에 대한 검토
예) 도로사선, 일조권

6.3 단면구조

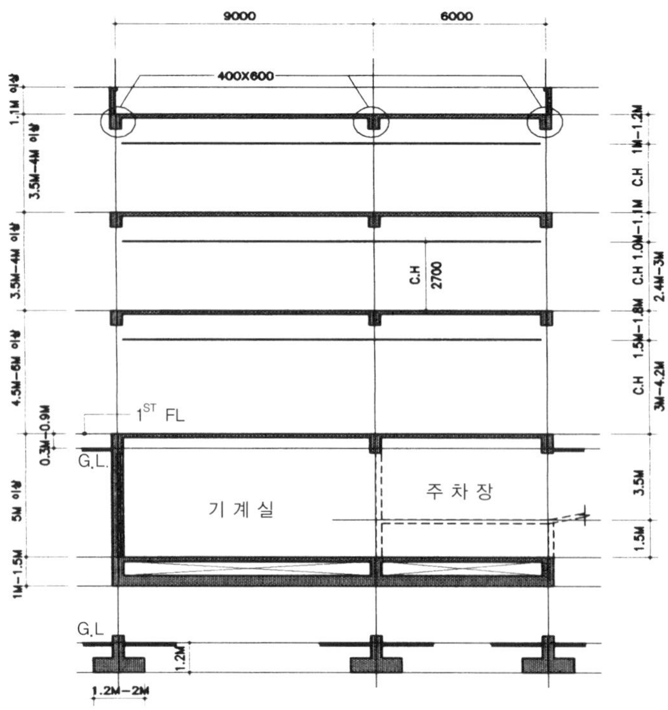

6.4 단면구조의 기준

(1) 기초

기초는 R.C조인 경우 독립기초, 매트기초 등이 있으나 일반적으로 매트기초가 작도상 유리하다.

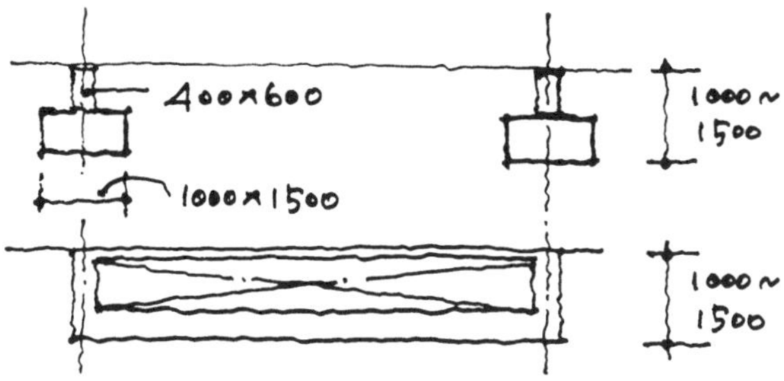

(2) 기둥

기둥은 지하 1층, 지상 5층을 기준으로 특수한 경우를 제외하고 계획상 400×400으로 하는 것이 좋다.

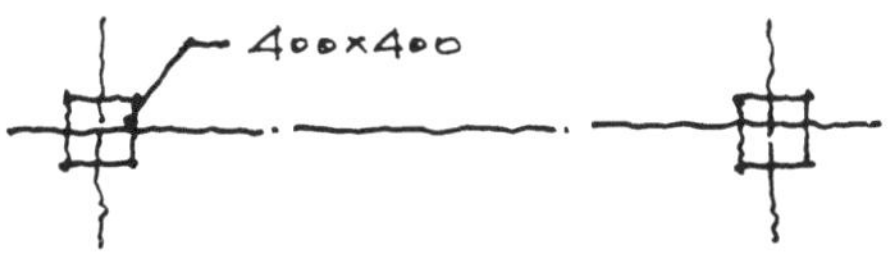

(3) 보

보는 스팬 6~9m를 기준으로 400×600으로 하고 작은 보(beam)는 작도상 생략하여도 무방하다.

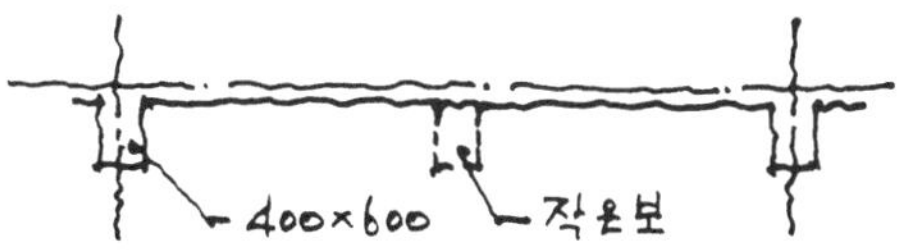

(4) 트러스

트러스는 스팬의 $l/10 \sim l/12$ 정도로 하고, H는 약 1,000~1,800 정도로 내부공간에 비례감 있게 한다.

층고
① 지하층 : 5m 기준 – 기계실
3.5m – 주차장
② 1층 : 4.5~6m
③ 기준층 : 3.5~4m
④ 특수기능 : 5~5.5m – 도서실
박물관
전시장
대강당
12~15m – 체육관

천장고
① 일반거실 : 2.4~3m
3m – 학교교실
② 특수기능 : 4~6m – 대강당
8~10m – 관람장

기본 구조 / R.C조
6×9m 스팬, 3~4층 규모
① 기둥 : 400×400
400×500
400×600
② 보 : 400×600
– 작은보(beam)는 생략 가능
③ 트러스 : L/10~L/12
– 내부공간에 비례하여 조정

6.5 단면구성의 예

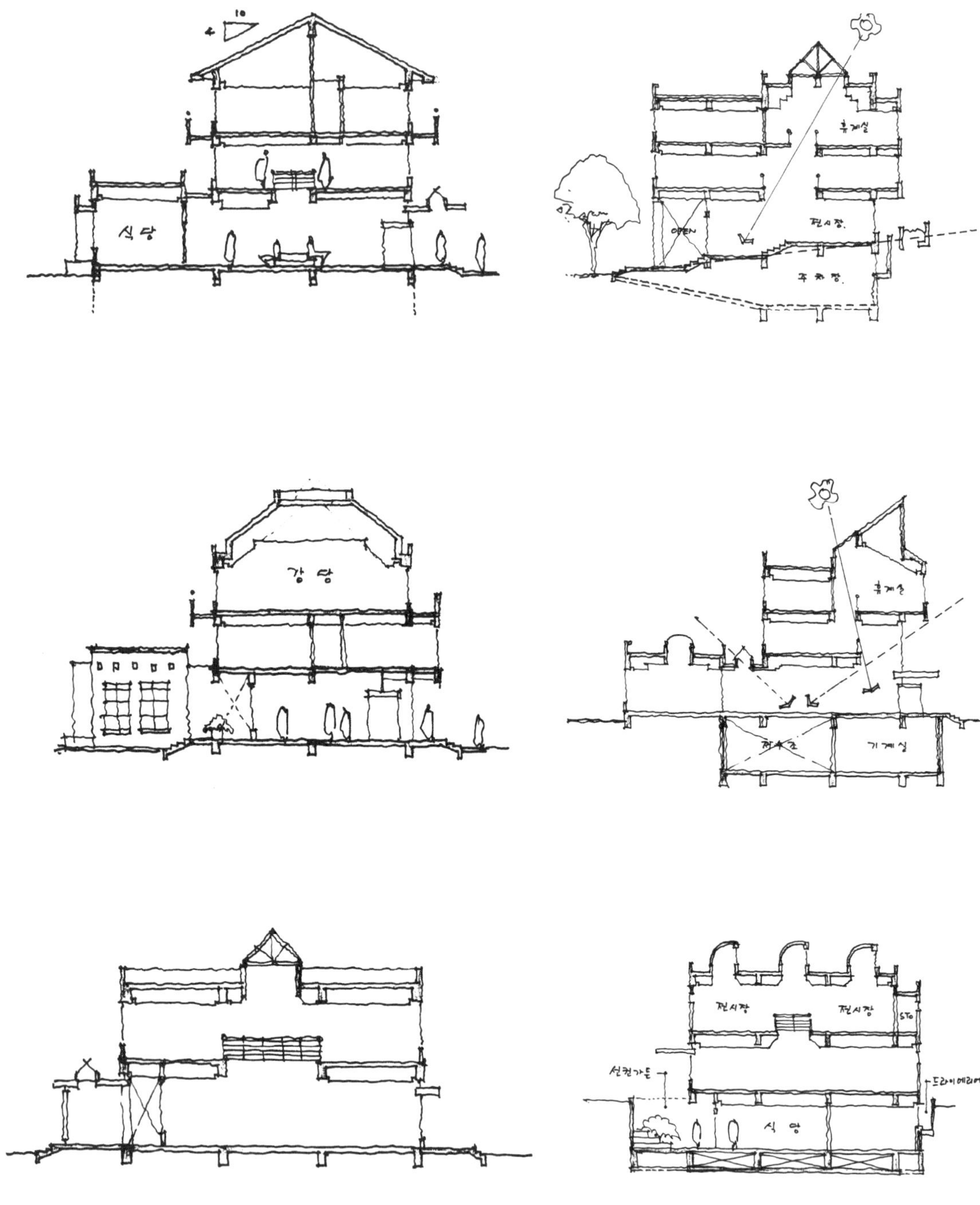

6.6 단면계획의 예

(1) 문화원

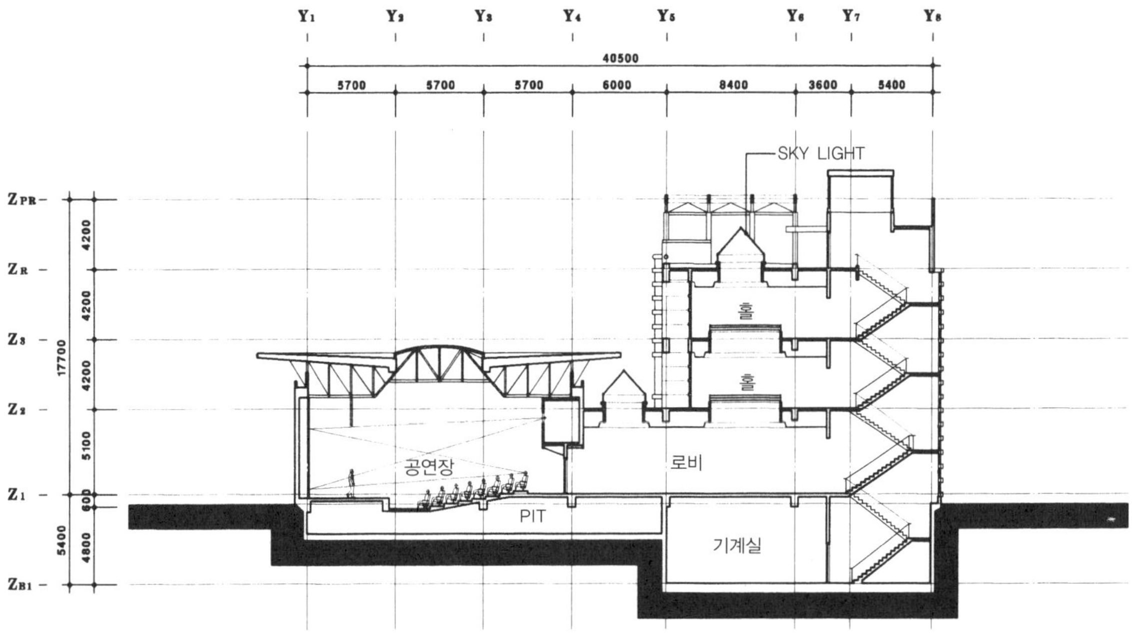

종단면도

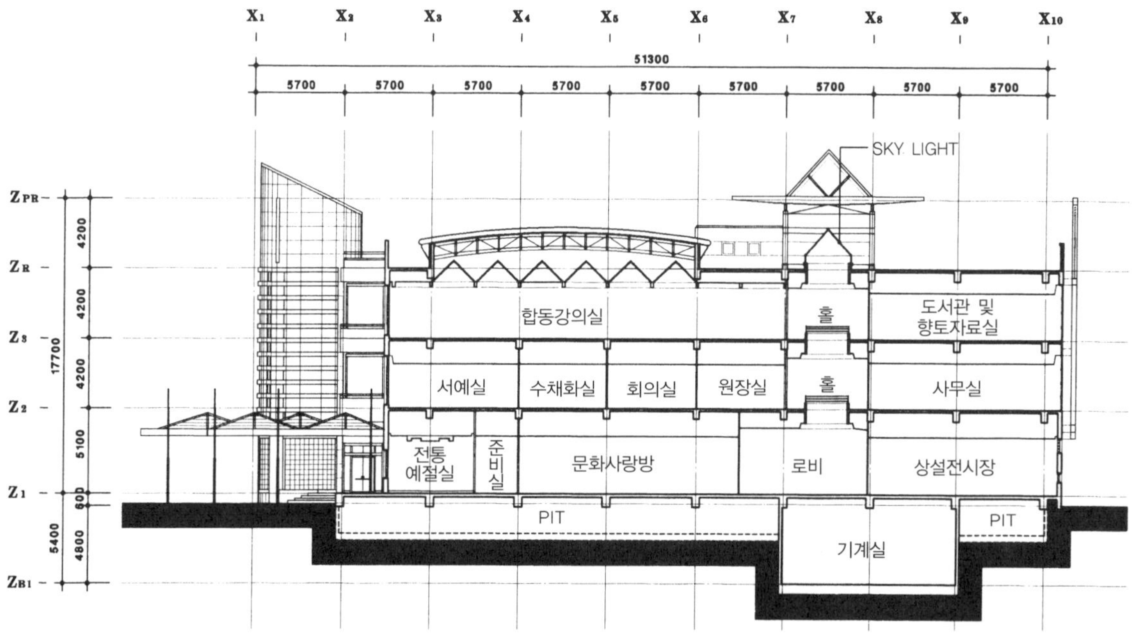

횡단면도

(2) 근린생활시설

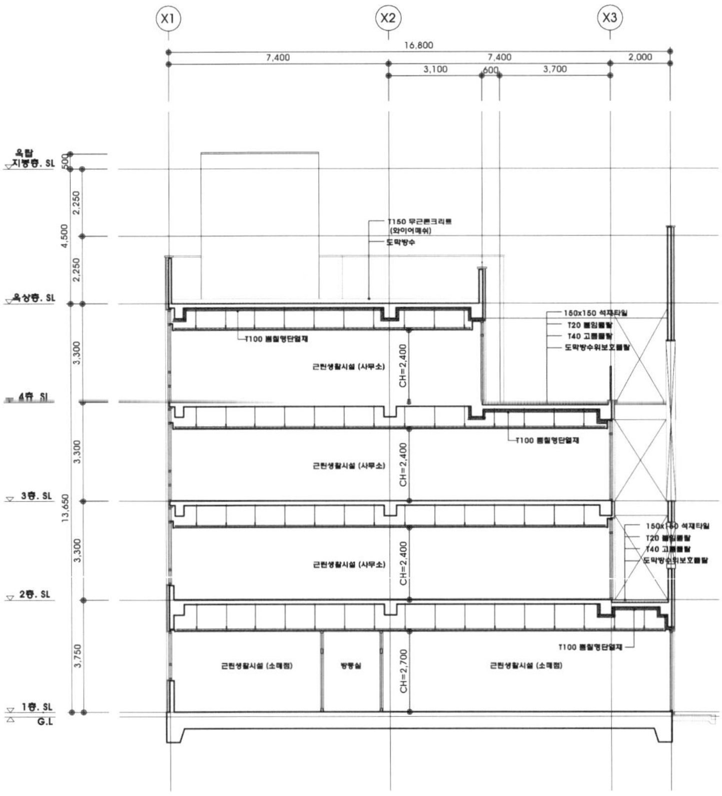
X1
X2
X3
16,800
7,400
7,400
2,000
3,100
600
3,700
옥탑
지붕층. SL
옥상층. SL
4층. SL
3층. SL
2층. SL
1층. SL
G.L
500
2,250
4,500
2,250
3,300
3,300
3,300
3,750
13,650
T150 무근콘크리트
(와이어메쉬)
도막방수
150x150 석재타일
T20 붙임몰탈
T40 고름몰탈
도막방수위보호몰탈
T100 불incl형단열재
근린생활시설 (사무소)
CH=2,400
CH=2,700
근린생활시설 (소매점)
방풍실

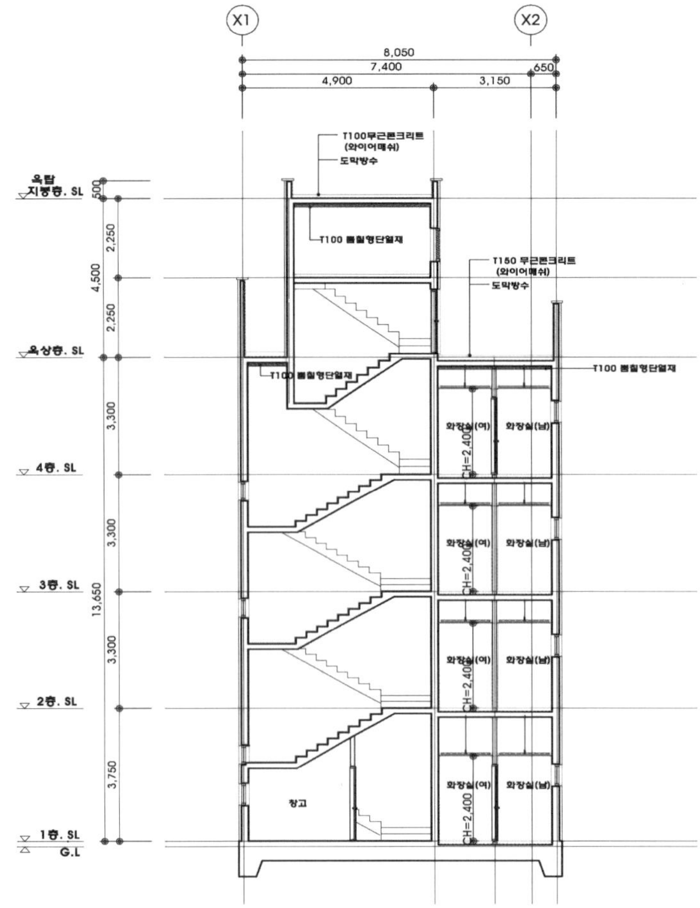
X1
X2
8,050
7,400
650
4,900
3,150
T100무근콘크리트
(와이어매쉬)
도막방수
T150 무근콘크리트
(와이어매쉬)
도막방수
옥탑
지붕층. SL
옥상층. SL
4층. SL
3층. SL
2층. SL
1층. SL
G.L
500
2,250
4,500
2,250
3,300
3,300
3,300
3,750
13,650
화장실(여)
화장실(남)
CH=2,400
창고

□ 단면계획의 예

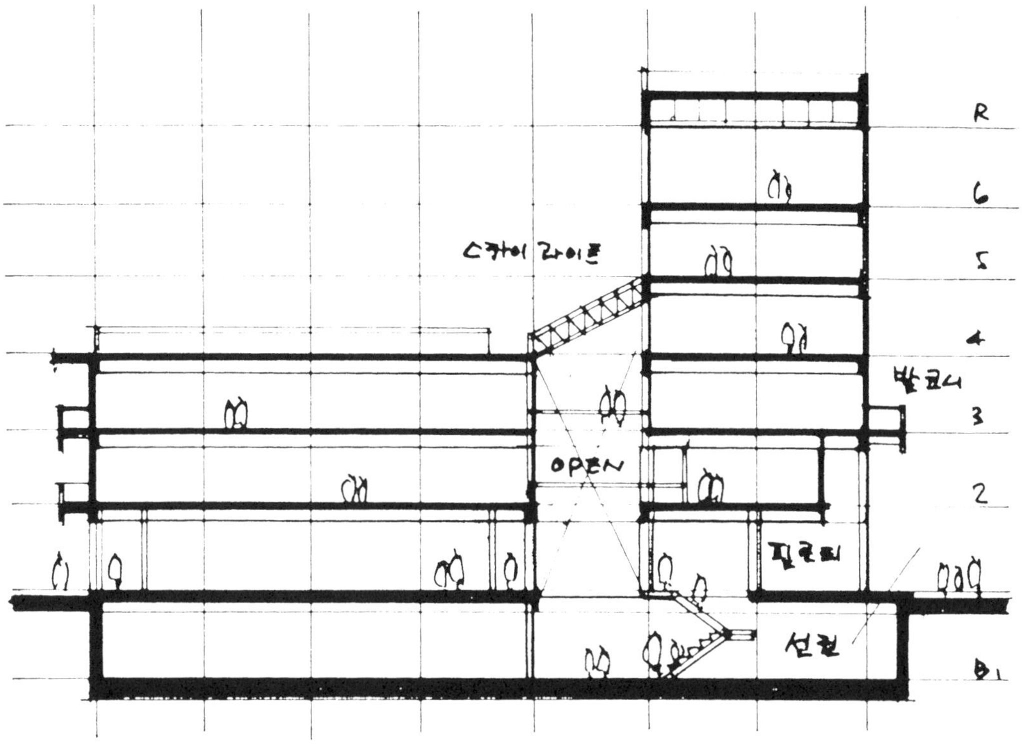

주단면도

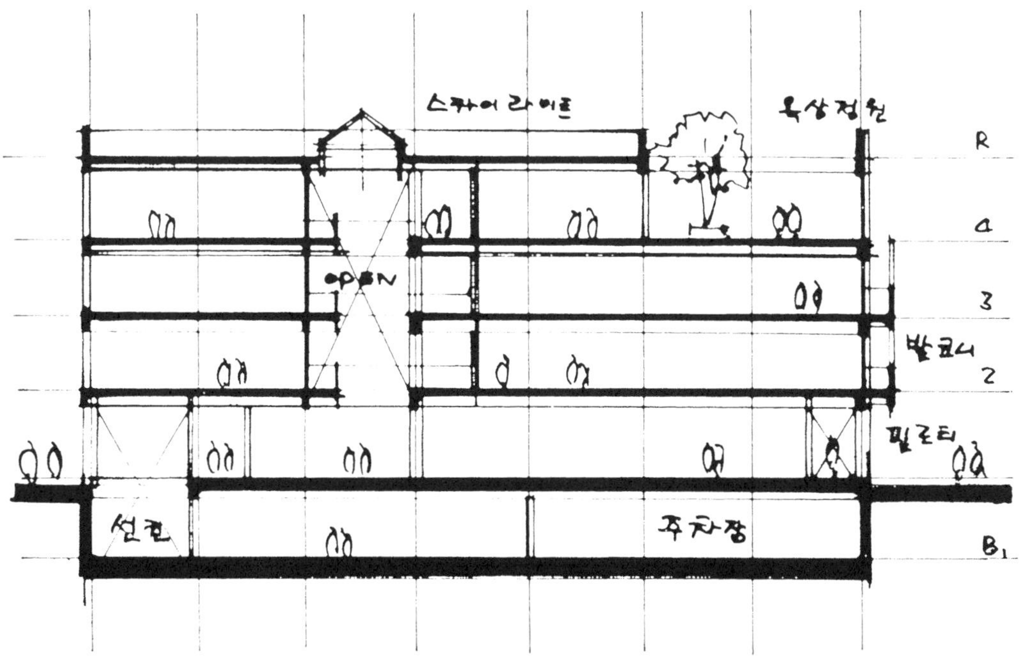

주단면도

05 건축계획연습 및 풀이

Chapter

1. 도서관

1.1 계획과제 : 도서관

지역주민을 위한 도서관 및 기존 동사무소의 부족시설인 집회시설을 확충하는 지역문화시설을 계획한다.

(1) 대지조건

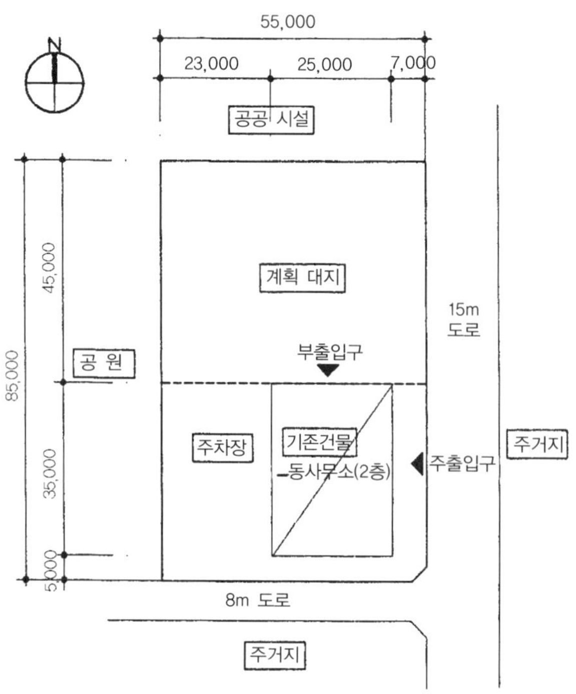

소요공간
- 도서관
  - ㉠ 일반열람실 : 300㎡
  - ㉡ 서고 : 220㎡
  - ㉢ 참고열람실 : 80㎡
  - ㉣ 아동열람실 : 100㎡
  - ㉤ 주부열람실 : 100㎡
  - ㉥ 도서작업실 : 80㎡
  - ㉦ 대출실 : 55㎡
  - ㉧ 목록실 : 55㎡
  - ㉨ 컴퓨터실 · 실습실 : 110㎡
  - ㉩ 자료보관실 : 30㎡
  - ㉪ 사무실 : 30㎡
  - ㉫ 관장실 : 30㎡
  - ㉬ 회의실 : 30㎡
- 집회시설
  - ㉠ 소강당 : 220㎡
  - ㉡ 홍보전시실 : 80㎡
  - ㉢ 식당 및 주방 : 200㎡
  - ㉣ 휴게공간 : 80㎡
- 기타 : 공용공간 적정 면적
- 옥외공간
  - ㉠ 아동 및 주부를 위한 휴게공간을 고려할 것.
  - ㉡ 주차는 기존 동사무소 주차장을 활용하되 책반입에 필요한 서비스용 3대를 고려할 것.

① 대지는 전면 15m 도로와 지역주민의 이용이 매우 높은 공원에 인접해 있고 기존 동사무소의 대지 내에 위치한다.

② 대지는 평탄하며 고저차는 없다.

③ 대지는 일반주거지역이다.

(2) 설계조건

① 구조 : 철근콘크리트

② 규모 : 지상 3층 이하(지하층 임의)

③ 연면적 : 2,700~2,900㎡ (지하층 면적 제외)

④ 계획조건 : 주변환경을 최대한 고려한다.

⑤ 공원 : 지역주민의 이용이 매우 높고 계획대지로의 진출입이 가능하다.

⑥ 기존 동사무소(2층) : 다목적 집회시설이 부족하여 도서관계획 중 다목적 집회시설을 연계하여 사용하고자 한다.

⑦ 북측 공공시설 : 인접하여 공공시설이 있으나 동선의 연계는 고려하지 않아도 무방하다.

1.2 도서관 과제풀이

(1) 문제해설

① 접근

- 주진입 : 15m 도로
- 부진입 : 8m 도로, 차량 진·출입 문제 검토 / 기존 주차장
- 서비스 주차 3대의 주차계획은

기존 주차장을 활용하는 방법과 별도로 설치계획방법이 있으나 도로폭이 15m일 때 차량통행 우선도로가 아니므로 15m 도로에서 서비스 주차계획을 해도 무방하다.

② 주변 여건 검토

- 기존 동사무소와의 관계, 출입구 위치 주의
- 공원과의 연계 → 외부공간 연계

③ 법적 검토

- 일조권 검토 → 지상 3층×4m(층고) = 12~15m 정도
- 이격거리 H/2 : 12~15m÷2 = 6~7.5m 정도

(2) 문제풀이

① 1개층 바닥면적 산정

연면적 ÷ 층수 → 약 2,800㎡ ÷ 지상 3층 = 약 950㎡

② 1개변 산정 (장변)

대지길이 – 여유공지 = 55m – 약 5m = 약 50m (장변 가정)

③ 단변 산정

바닥면적 ÷ 장변 = 950㎡ ÷ 약 50m = 약 19m

48m(장변) × 18m(단변) → 가정

④ 개념

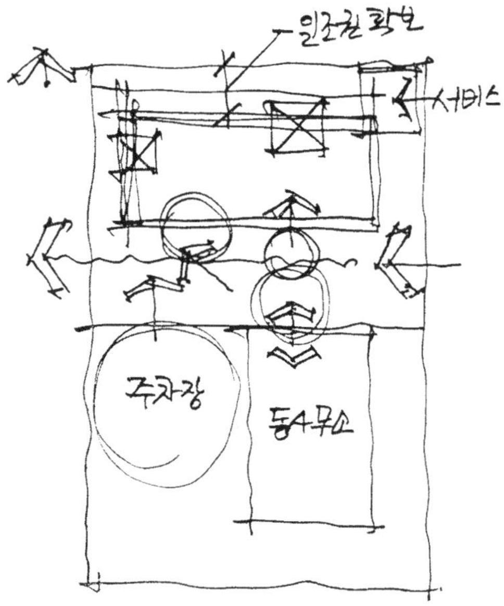

□ PLAN 1

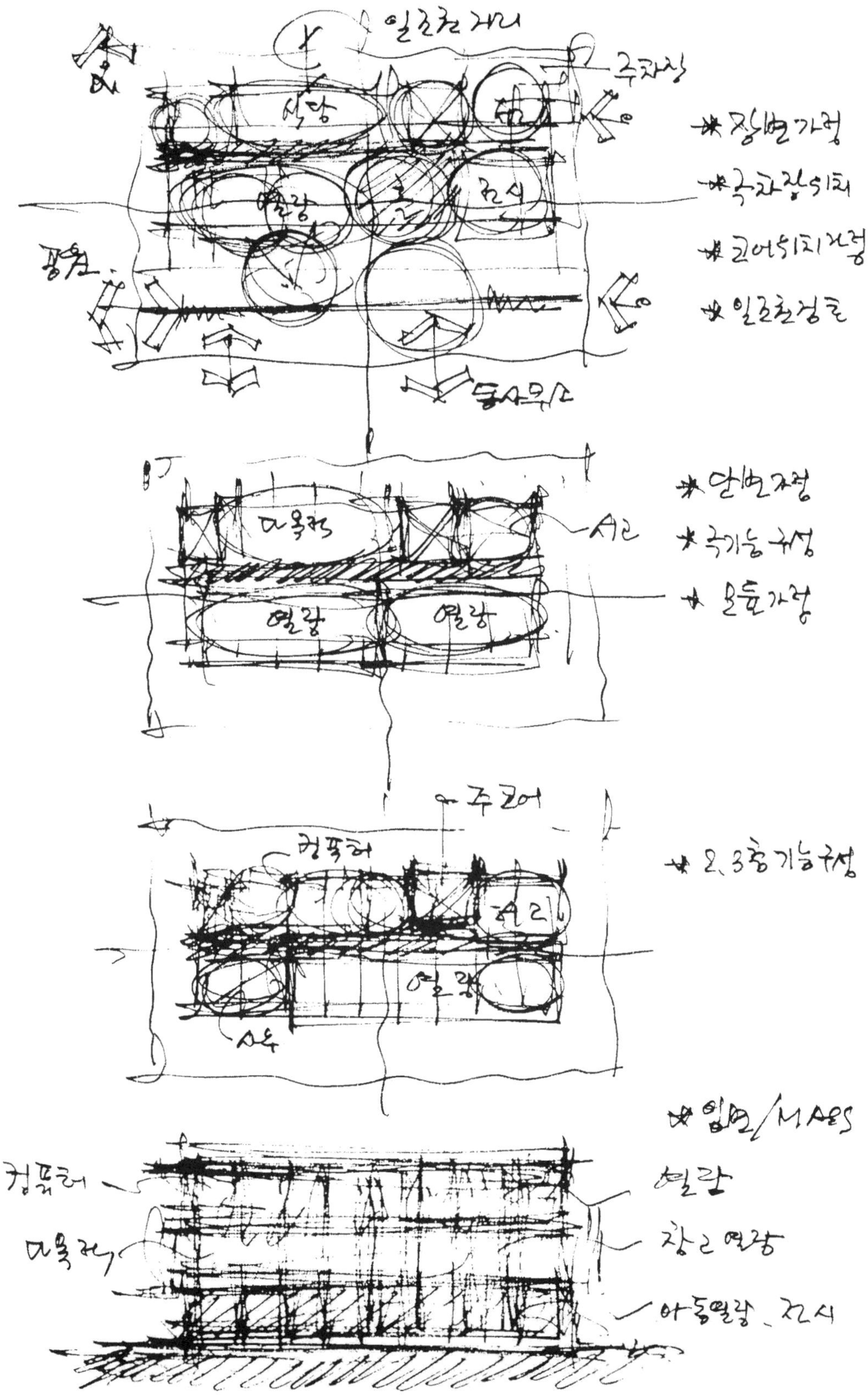

□ PLAN 2

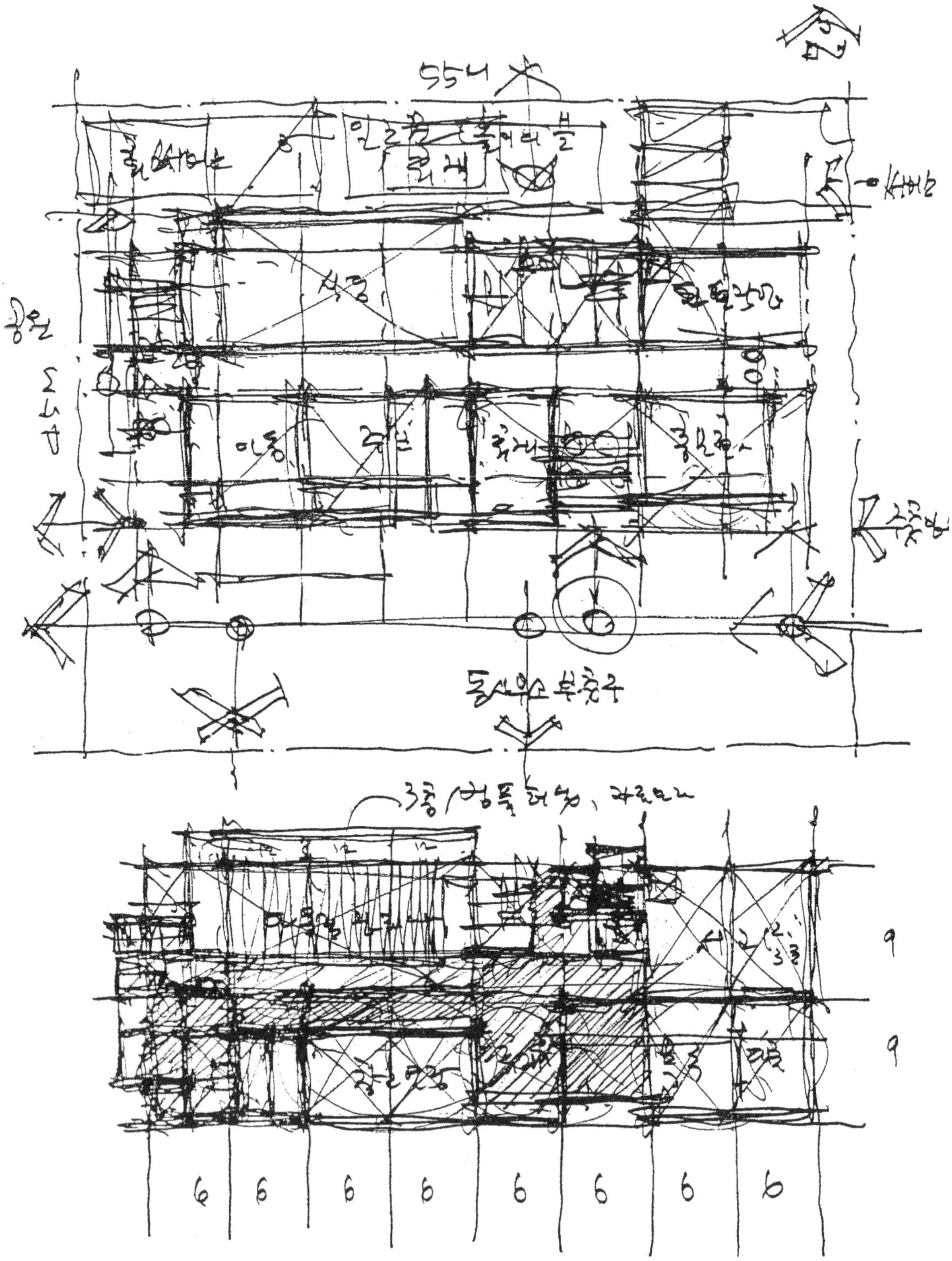

□ 배치 및 평면계획

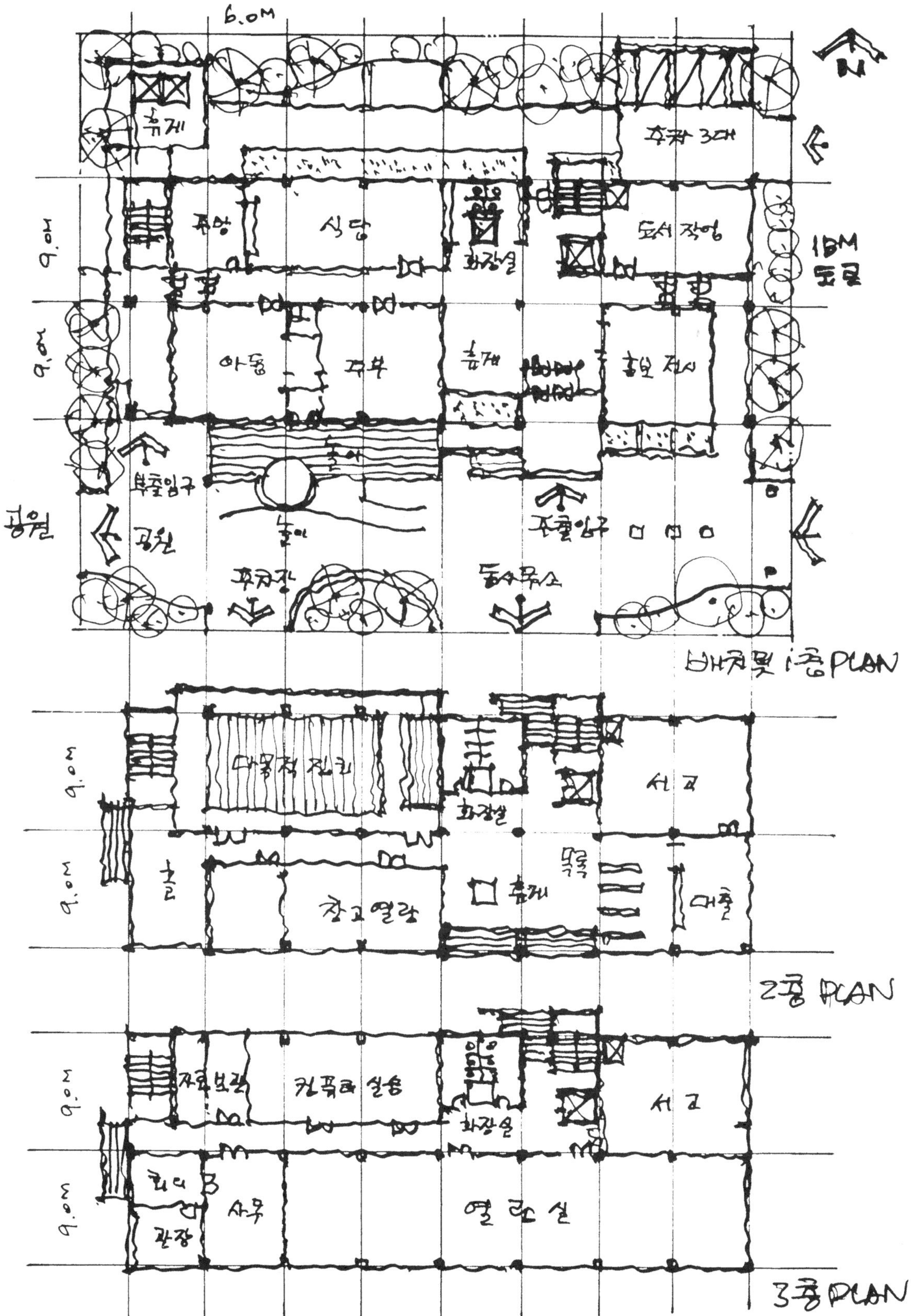

6.0M
휴게
주차 3대
식당
화장실
18M 도로
아동
주부
휴게
홍보 전시
부출입구
놀이
공원
주출입구
주차장
배치 및 1층 PLAN
화장실
서고
홀
참고 열람
휴게
대출
2층 PLAN
자료보관
화장실
서고
사무
관장
열람실
3층 PLAN

2. 기업연수원

2.1 계획과제 : 기업연수원

지방 중 · 소도시의 기존 체육시설이 있는 대지 내에 숙박시설 및 교육시설을 갖춘 연수시설로 사원연수 및 기업 체육팀의 숙소로도 사용 가능하며 시설의 일부는 지역 주민에게도 개방되는 시설이다.

(1) 대지조건

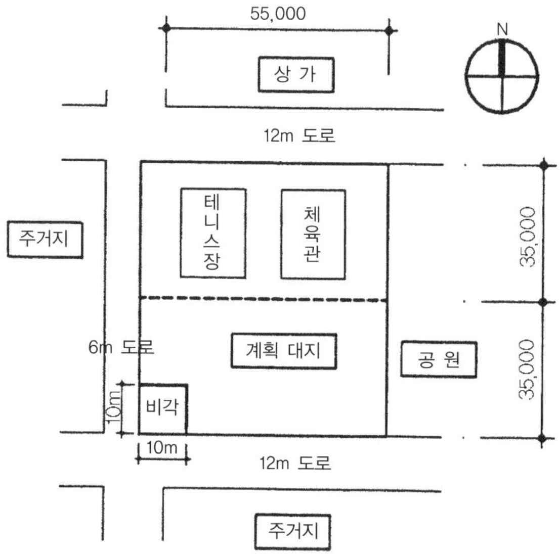

① 대지는 주거지역이다.(건폐율, 60% 이하, 용적률 250% 이하)

② 대지 안에 있는 비각은 보존을 원칙으로 한다.

③ 대지는 평탄하고, 도로와의 고저차는 없다.

(2) 설계조건

① 구조 : R.C조 (일부 철골 가능)

② 층수 : 지하 1층, 지상 5층

③ 연면적 : 지상층 연면적 3,000㎡ (±10%)

④ 엘리베이터는 숙박용 승강기 1대를 설치한다.

⑤ 주차는 8대 이상이다.

소요공간

• 연수부문
- ㉠ 대 연수실 : 150㎡ (지역주민 이용 고려, 영사시설 고려)
- ㉡ 중 연수실 : 40㎡×3실
- ㉢ 소 연수실 : 20㎡×5실
- ㉣ 강사대기실 : 30㎡
- ㉤ 도서, 자료실 : 40㎡
- ㉥ 휴게실 : 40㎡

• 숙박부문
- ㉠ 숙박실 : 2인실×60실
- ㉡ 린넨실 : 각 층 15㎡

• 서비스 관리부문
- ㉠ 식당 : 100㎡(연수자 이용)
- ㉡ 주방 : 80㎡
- ㉢ 라운지 : 120㎡ (연수자 대화공간)
- ㉣ 사무실 : 20㎡(접수 겸함)
- ㉤ 종업원실 : 15㎡×2실
- ㉥ 관리인실 : 20㎡(숙직실 겸함)

• 기타
- ㉠ 현관홀, 로비 : 100㎡ (대 연수실 로비 겸함)
- ㉡ 기계, 전기, 공조실 / 지하
- ㉢ 복도, 계단, 화장실 : 적정면적
- ㉣ 창고 : 적정면적

2.2 기업연수원 과제풀이

(1) 문제해설

① 접근

- 주진입 = 12m 도로
- 부진입 = 6m 도로

② 외부공간

- 비각보호
- 건물배치 및 주차장 → 약 3~6m 정도 이격거리 확보
- 주변과의 연계 → 체육시설 및 공원과의 연계 동선 확보

③ 기능구성

- 대연수 기능 → 지역주민 개방 → 1층
- 라운지 → 연수자 대화 / 교육존 가능 → 2층

(2) 문제풀이

① 1개층 바닥면적 산정

연면적÷층수 → 3,000㎡ ÷ 5층 = 약 600㎡

② 1변 길이 산정 (장변)

대지길이 − 여유공지 → 55m − (5~10m) = 50~45m

③ 단변길이 산정

1개층 바닥면적 ÷ 장변 → 600㎡ ÷ 48m = 약 12m

600㎡ ÷ 42m = 약 15m (o.k)

④ 개념

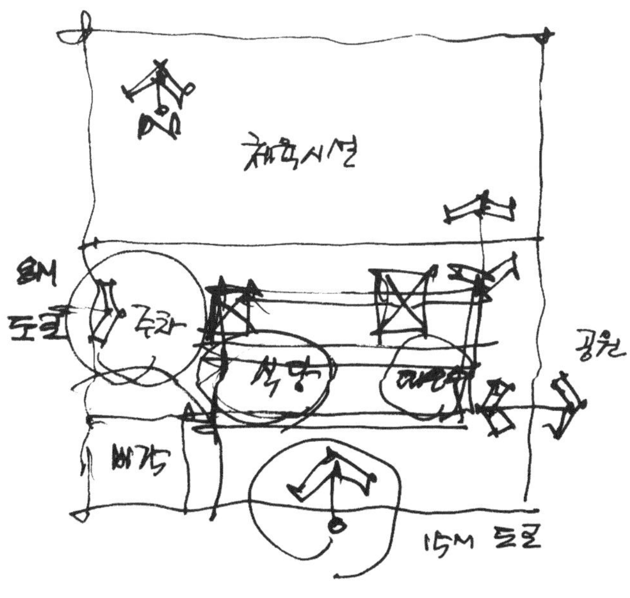

□ PLAN 1

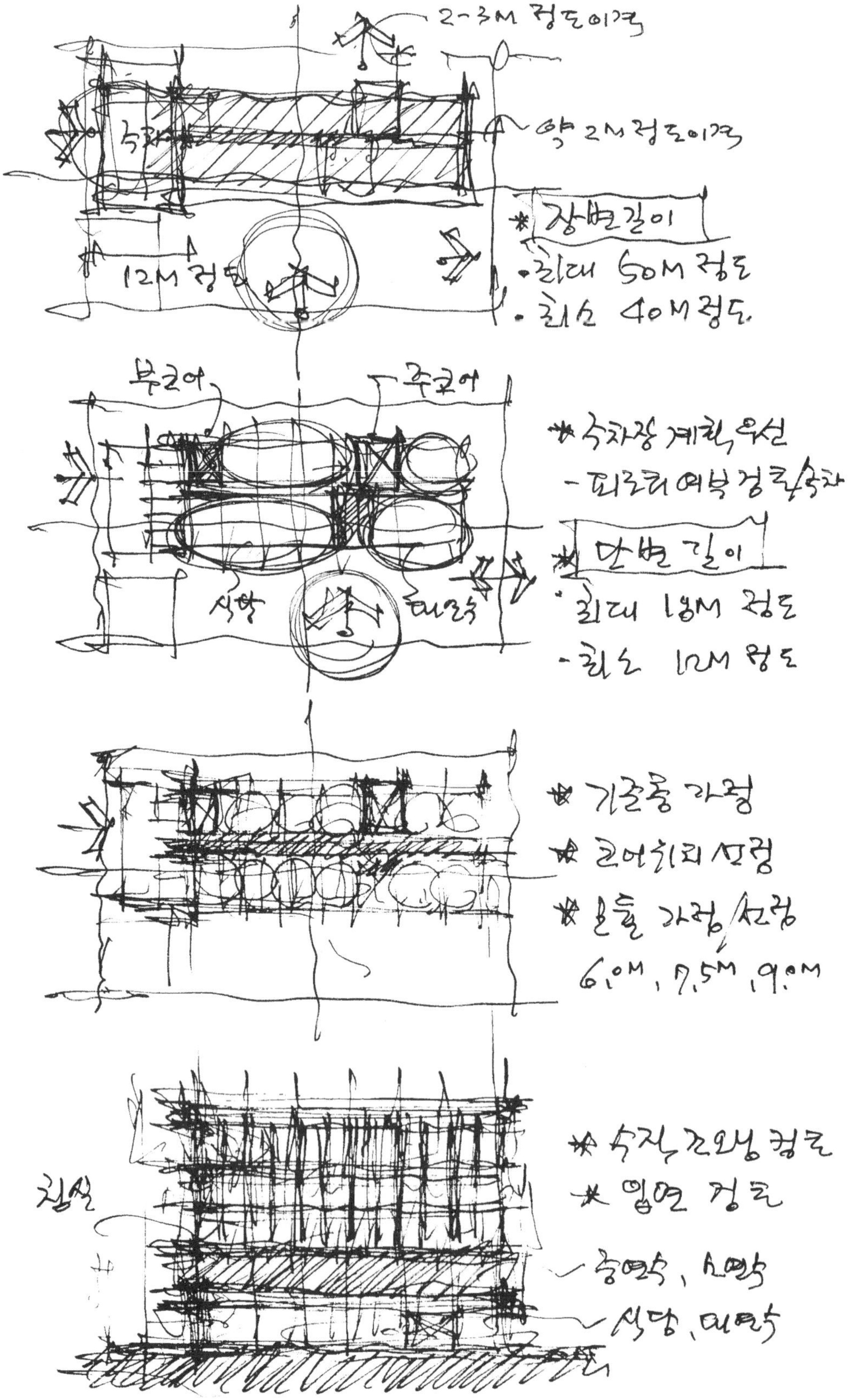
2~3M 정도이격
약 2M 정도이격
장변길이
최대 50M 정도
최소 40M 정도
12M 정도
부코어
주코어
단변길이
최대 18M 정도
최소 12M 정도
식당
기둥 간격
6.0M, 7.5M, 9.0M
입면 검토
식당, 대연회
침실

□ PLAN 2

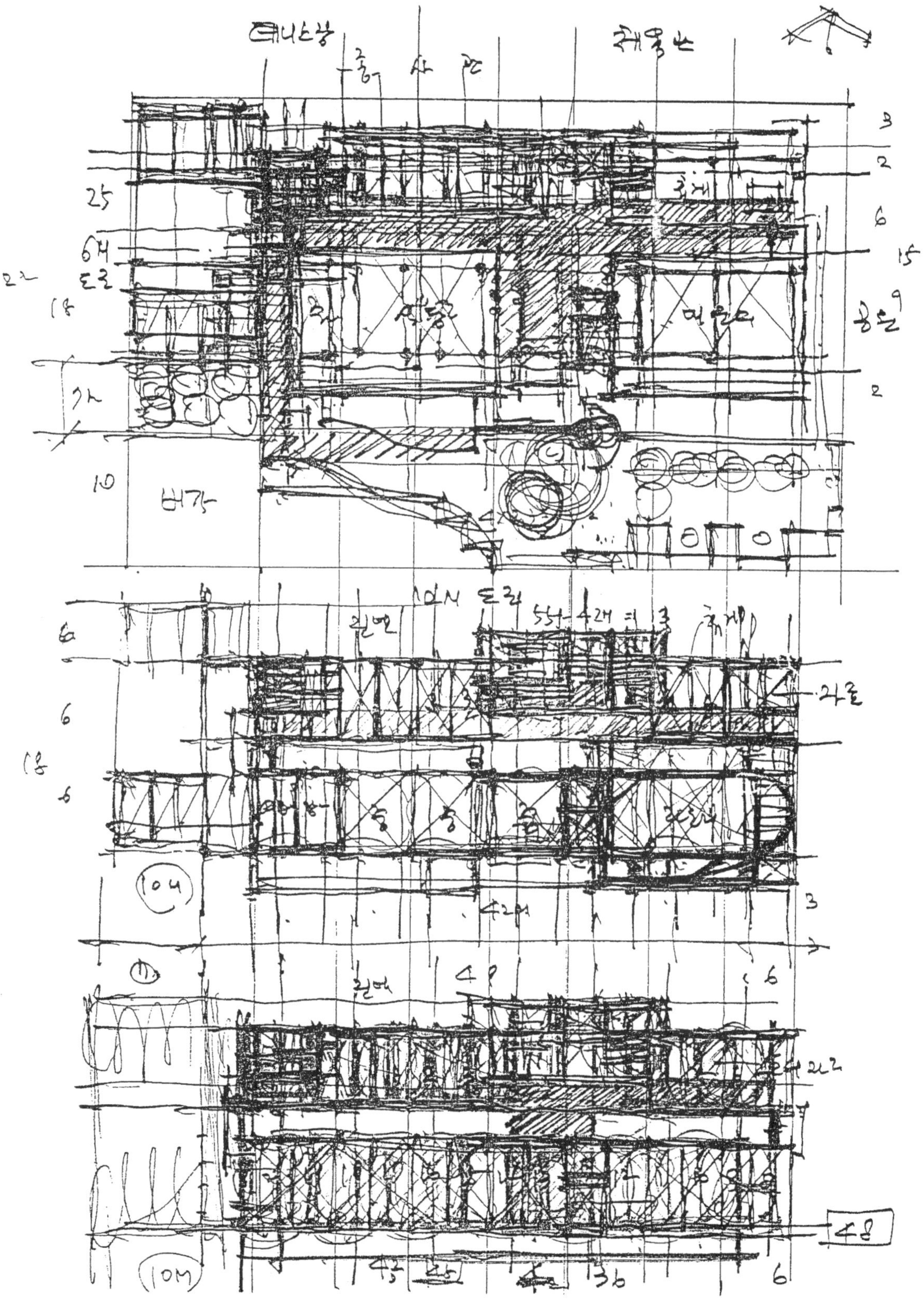

□ 배치 및 평면계획

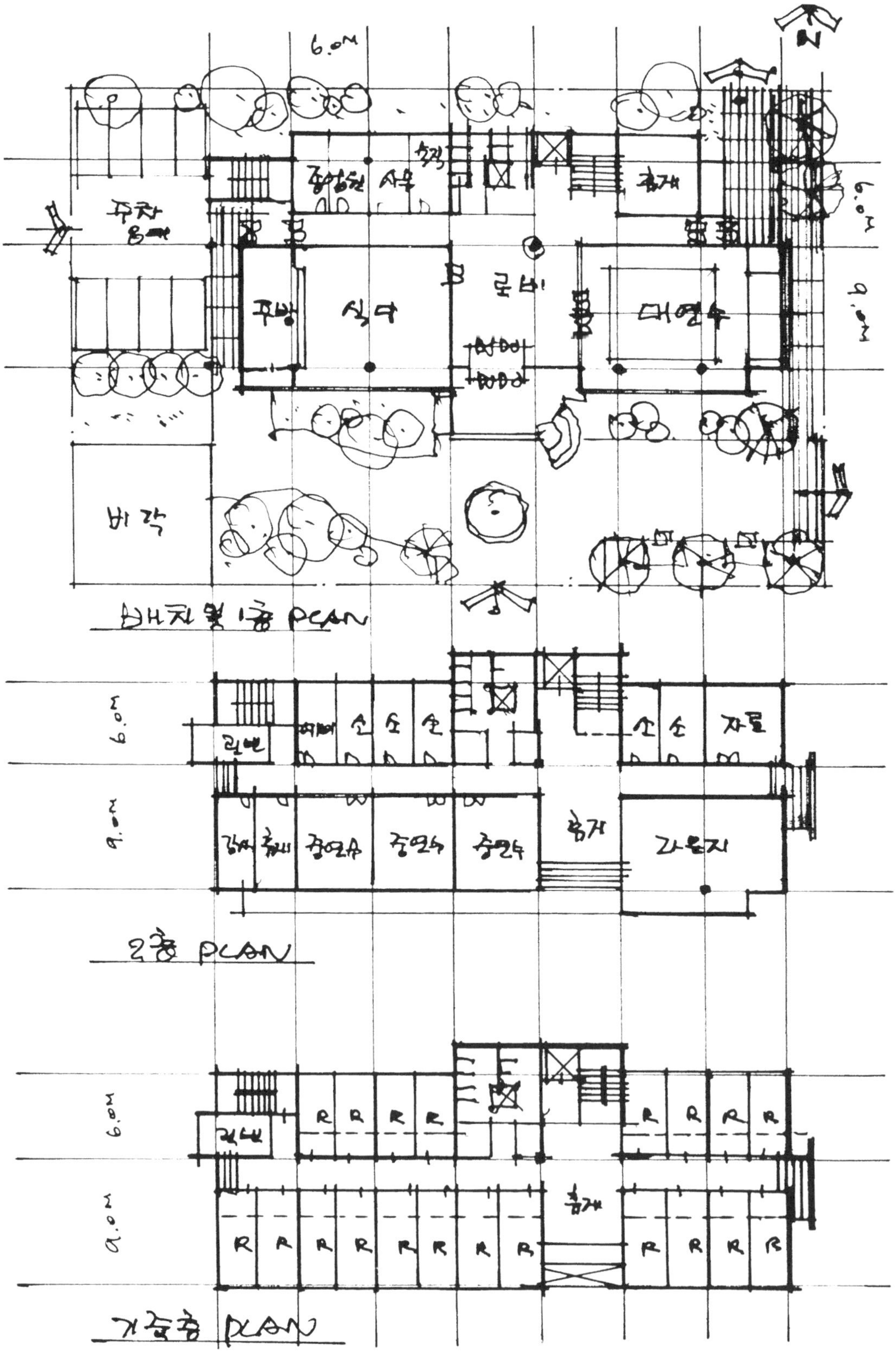

3. 시티호텔

3.1 계획과제 : 시티호텔

(1) 대지조건

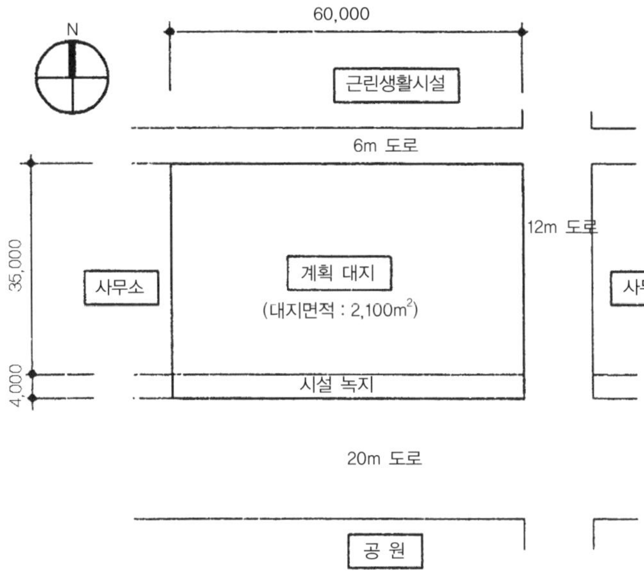

① 대지는 평탄하고 도로와의 고저차는 없다. 필요시 녹지시설은 절개(3m 이하)하여 보도로 사용할 수 있다.

② 대지는 일반 상업지역 내에 있으며 건폐율 60% 이하, 용적률 400% 이하로 한다.

(2) 건축물

① 구조는 철근콘크리트(일부 철골조)로 지하 2층, 지상 7층으로 한다.

② 지하층을 제외한 지상연면적은 5,500m² 내외(±10%)로 한다.

③ 연회장은 별도의 출입구를 확보한다.

④ 설비

- 엘리베이터는 승객용 13인승 2대, 서비스용 1대를 설치한다.
- 주차장은 지하에 계획하며, 지상에 대기주차 및 서비스용 주차를 7대 계획한다.
- 지하주차장은 50대 이상 주차면적을 확보한다.

소요공간

- 숙박 : 일반룸 70실(욕실 포함), 스위트룸 10실, 린넨실(각층)
- 연회 : 연회장(300m²), 준비실(50m²), 팬트리 (50m²)
- 음료부문 : 레스토랑(100m²), 커피숍(200m²), 한식당(90m²)
- 관리부문 : 프런트－적정, 사무실(36m²)
- 기타 : 기계실, 지하주차장, 기타 필요 제실

3.2 시티호텔 과제풀이

(1) 문제해설

① 접근

- 보행 / 사용자 – 시설녹지 절개부 또는 8m 도로
- 차량 – 12m 도로 – 지하주차램프 폭 6.5m 이상(50대 이상)

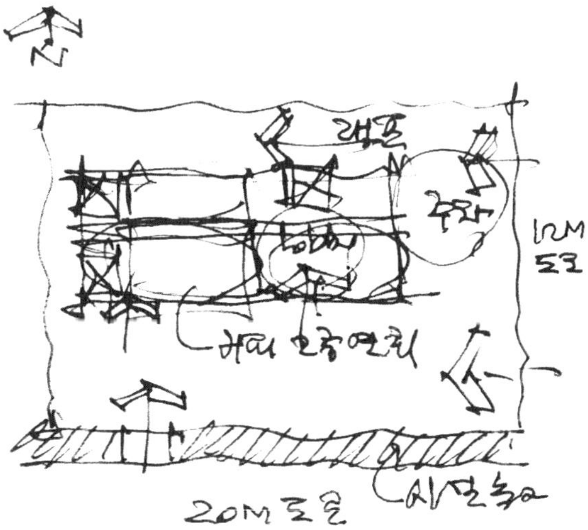

② 조닝

- 1층 – 프런트, 로비, 커피숍 등
- 2층 – 연회, 한식당
- 3~7층 – 객실

③ 기본모듈

- 7.5m 가정

(2) 문제풀이

① 1개층 바닥면적 산정

연면적÷층수→5,500㎡÷7층 = 약 700~800㎡

※ 1개층 최대 바닥면적

대지면적 2,100㎡×건폐율 60% = 약 1,200㎡

② 1변 길이 산정

- 객실 / 1개층 약 16객실(일반실 14객실 + 스위트 2객실)
- 시티호텔→중복도→4모듈(1열 8객실) + 1모듈(코어부) = 약 5모듈(1모듈 2객실)×2 – 1개층 16객실 이상 가능
- 1모듈 7.5m×5모듈 = 37.5~45m
- 단변→9m + 7.5m = 16.5m(복도 2m 정도 포함)
- 장변가정 700~800㎡÷16.5m = 42~48m 정도

③ 건물배치 가정

- 남측면과 동측면의 공간 확보 원칙
- 동측면→주차공간 확보 / 최소폭 11~13m

- 주코어와 부코어 설정
- 일반적으로 주차장 위치 근처에 부코어를 설정하고 반대쪽에 주코어를 설정하는 것이 원칙이지만 조건에 따라 변할 수 있음.
- 20m 도로에서 주접근이 원칙이지만 시설녹지로 인해 12m 도로에서 주접근이 요구됨.

④ 지하주차장 진출입 램프에 따른 배치조정

- 지하주차장 규모→약 50대 이상→램프폭 6.5m 이상
- 주차램프 위치 결정→가급적 건물 외부계획이 좋으나 조건에 따라 건물 내부를 활용한 계획도 가능함

- 메인주방이 설정되어야 하지만 본 조항에서는 판단하기 어려움.

□ PLAN 1

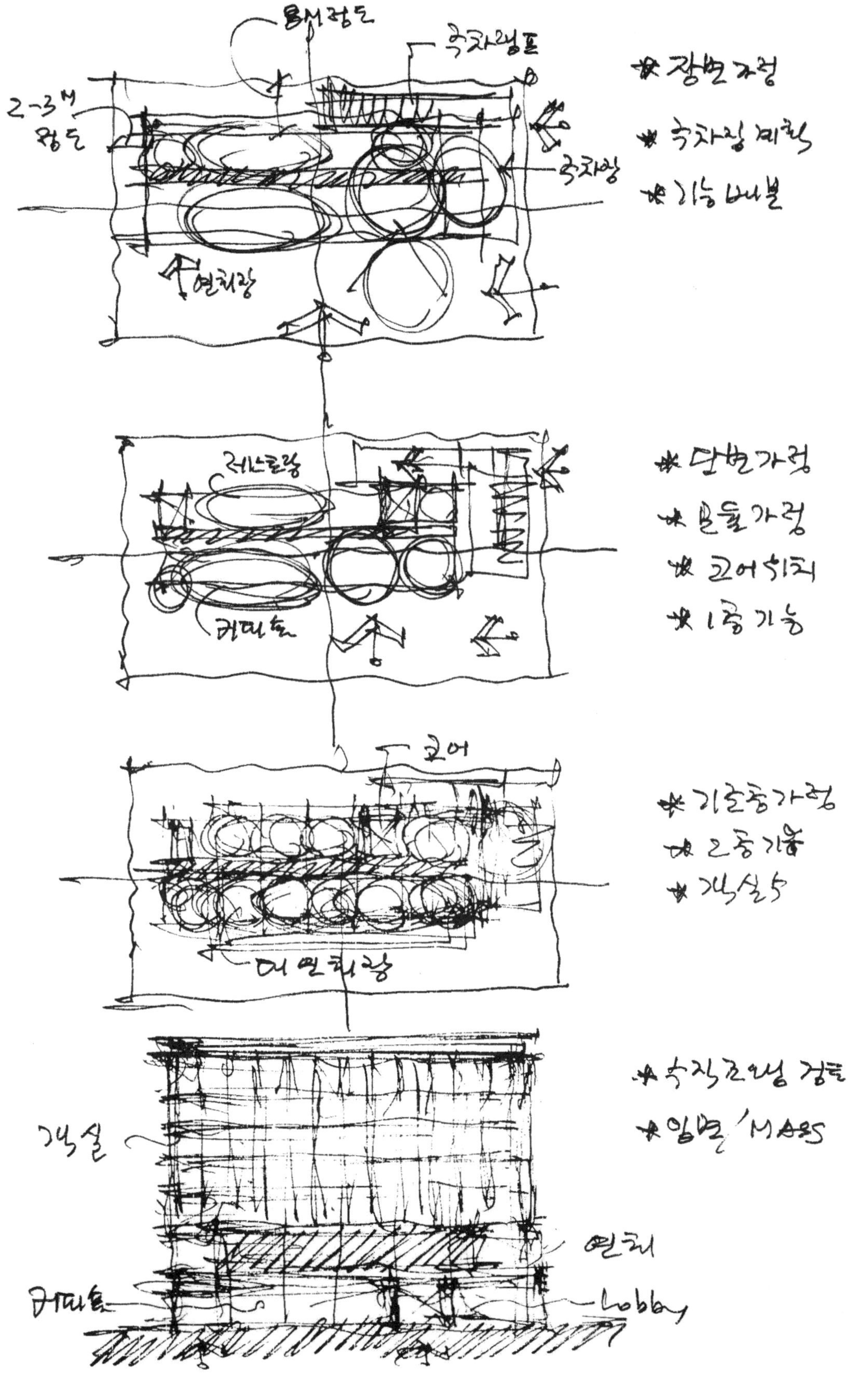

□ 배치 및 평면계획

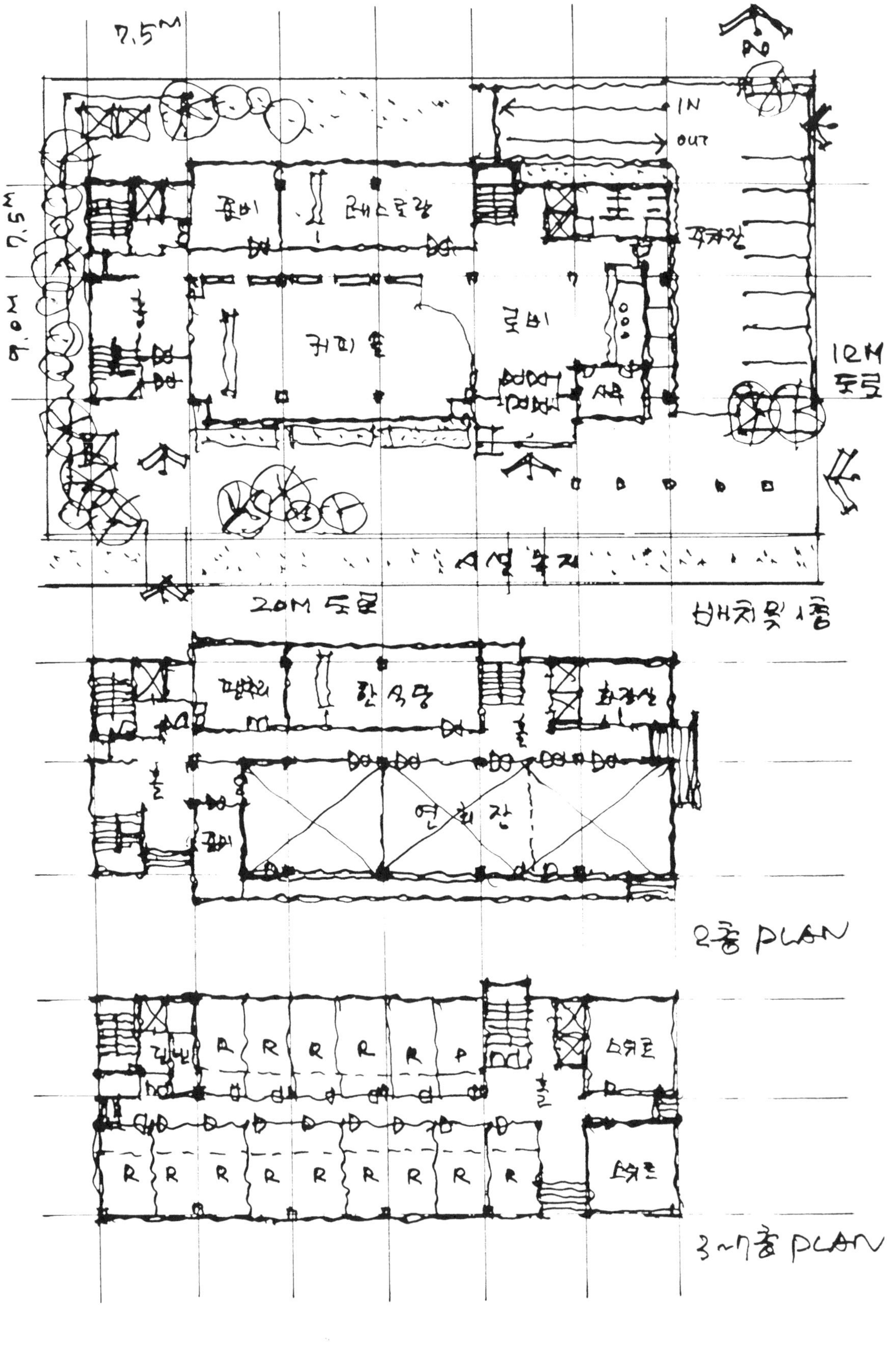

Part Ⅲ

테마별 핵심정리 및 예시

01 주택

Chapter

1. 개요

단독주택이란 공동주택에 대한 상대적 명칭으로 거주자의 개성을 살릴 수 있고 거주자의 취향에 따른 개인주택이라 할 수 있다.

□ **주요 요구사항**
- 내 · 외부공간형성 능력
- 형태구성 능력, 디자인 감각 능력
- 가구 및 디테일 이해 능력
  예) 거실, 주방

□ **체크 포인트**
- 주변 여건 검토
- 환경적 측면이 고려된 거주성
- 기능적인 공간구성
- 법규 검토

2. 주택의 분류

한식주택, 양식주택 ─ 휴양주택, 도시주택, 농어촌주택 ─ 상점 병용 주택, 다중주택, 다가구주택

3. 기능구성도

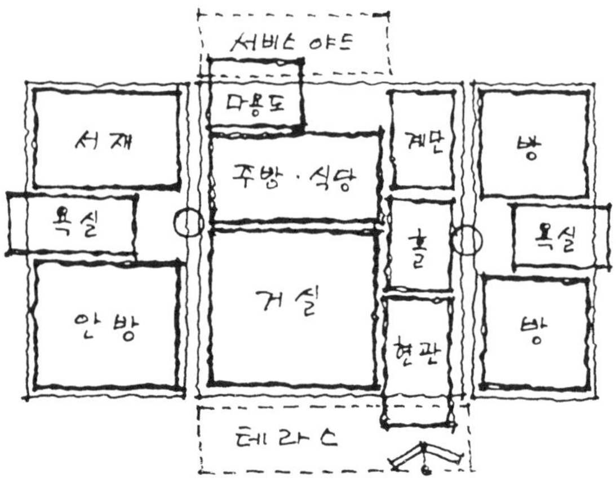

1인당 거주면적
- 최소 10㎡/1인
- 표준 16㎡/1인

이상적인 부지면적
건축면적의 3~5배 이상

실배치와 방위
남쪽 : 거실, 가족실, 노부모실, 자녀실, 식사실
동쪽 : 침실, 부엌, 식사실
북쪽 : 계단, 욕실, 창고, 부엌
서쪽 : 서재, 자녀실

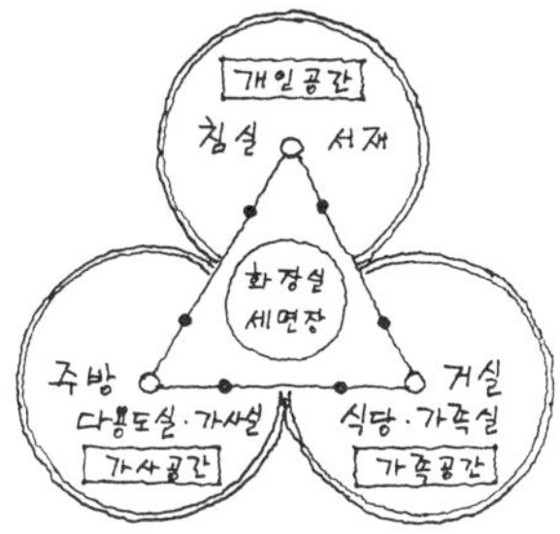

4. 주택계획의 일반사항

4.1 부지조건

- 전망이 트이고 신선한 공기와 풍부한 일광을 받을 수 있는 건강한 토지
- 지반이 견고하고 배수가 잘 되는 곳
- 장래에 양호한 환경이 유지될 수 있는 곳
- 교통관계와 일상생활에 편리한 위치

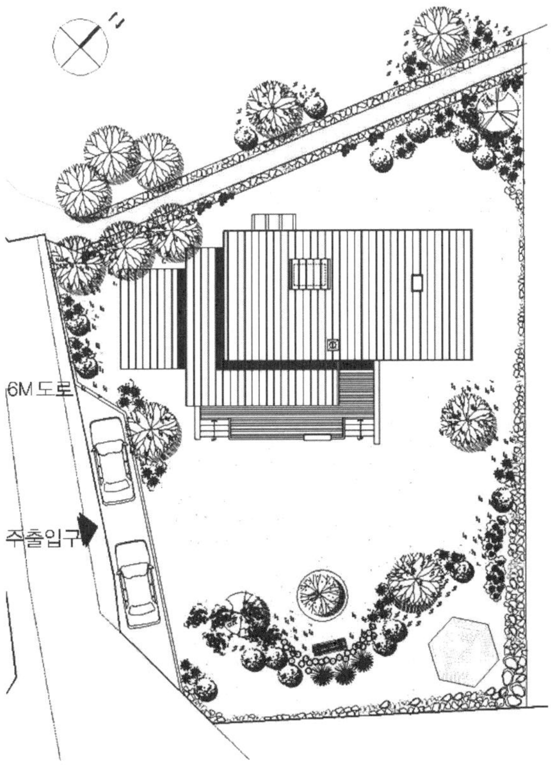

주거기능의 전개

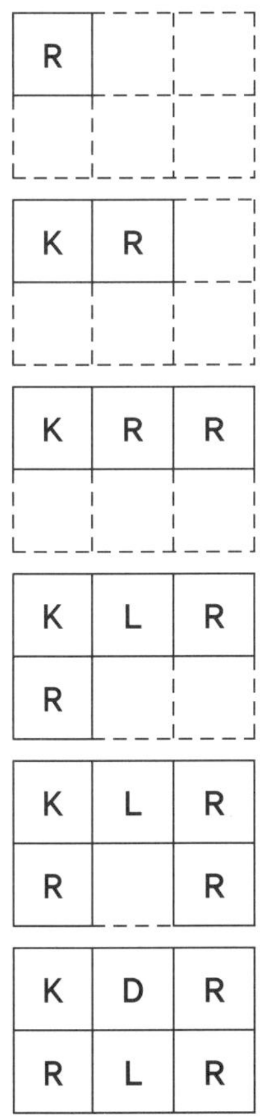

R : ROOM
L : LIVING ROOM
K : KITCHEN
D : DINING ROOM

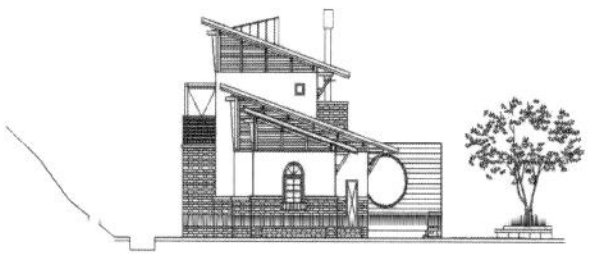

4.2 단면구성 형식

(1) 단층형

1층 건물로서 땅에 접해 있고, 직접 옥외로의 출입이 가능하여 공간의 자유성이 있다.

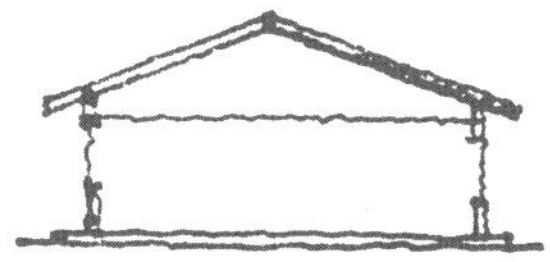

(2) 개방형

부지면적에 제약이 있을 경우 취하는 형식으로 상층에는 일조, 통풍 및 독립성이 양호하다.

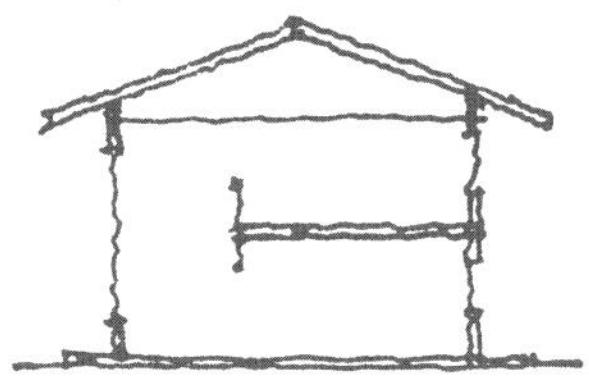

(3) 스킵형

부지형태가 경사지인 경우 자연 지형에 따라 절토하지 않고 주택을 세우면 실의 바닥높이가 계단참 정도의 차이가 생겨 전면은 중층이 되고 후면은 단층이 되는 형식이다.

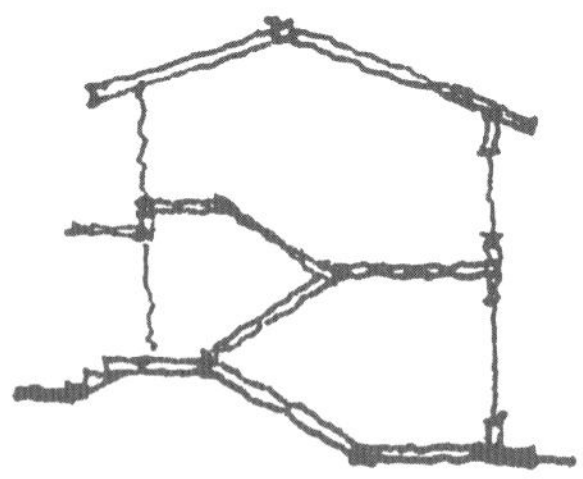

(4) 필로티형

1층은 기둥만의 개방적인 공간으로 하고, 주차공간, 서비스공간의 확보 또는 부지가 협소할 때 이용도가 높다.

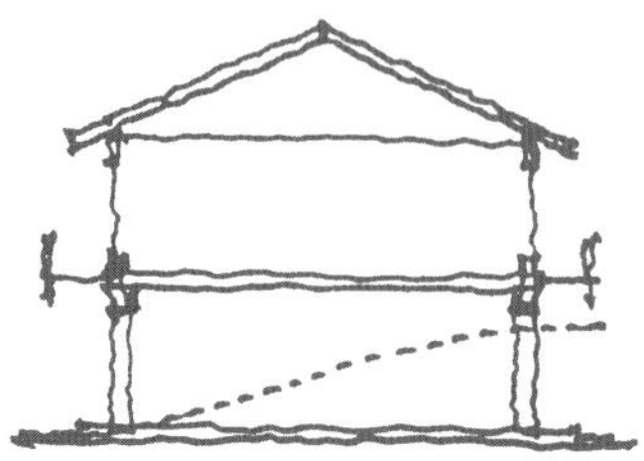

평면 구성의 형식

① 원룸형

② 홀형

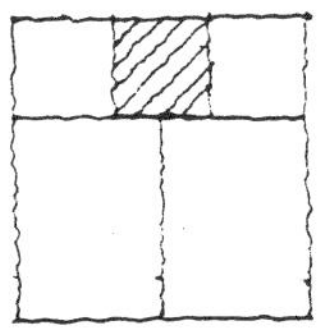

③ 중정형

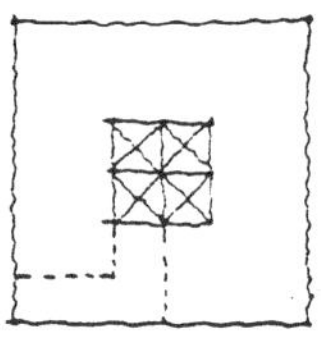

④ 코트하우스형

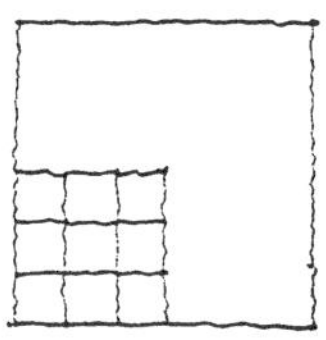

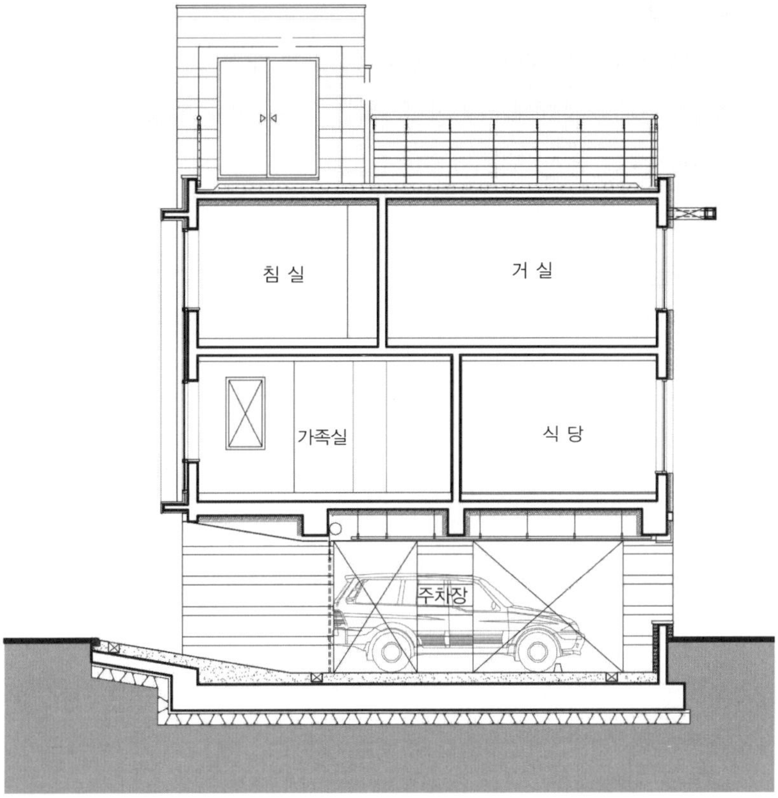

4.5 세부계획

(1) 현관

- 현관의 위치는 대지의 형태, 방위, 특히 도로와의 관계에 의하여 결정
- 대체적으로 건물의 중앙부가 되는 것이 유리
- 현관의 크기는 최소폭 및 길이는 1.2m 보통 1.5m~2.4m

(2) 복도

- 통로로서의 복도는 폭이 최소한 90cm 이상, 보통 1.2~1.8m

(3) 계단

- 폭은 75cm, 보통 90~150m
- 단높이는 18cm 내외, 단너비 270~300cm 내외
- 난간의 높이 80~90cm가 적당
- 계단의 각도는 30° 내외가 적당
- 계단참은 3m 미만에 1개소

화장실

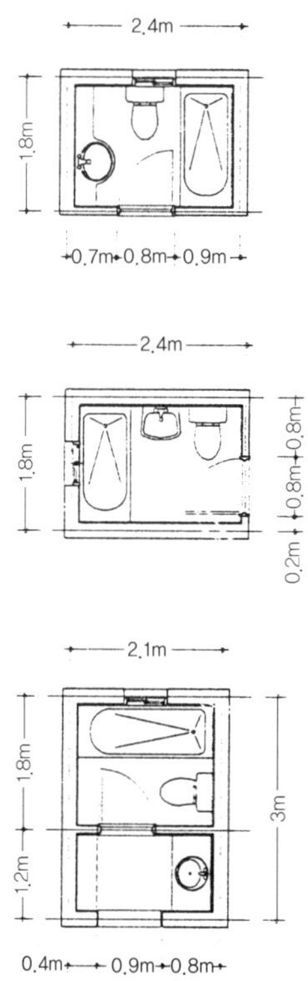

(4) 거실

- 주생활의 중심(주택의 거실에서부터 발전 분화)
- 100~130㎡ 주택에서 거실의 크기는 16~26㎡ 정도가 적당 폭과 길이는 최소 3m, 보통 3.6m~5.4m

(5) 식당

- 식사실의 크기는 가족의 수와 식탁과 의자의 크기 및 배치방식에 따라 결정
- 위치는 부엌과 가까운 위치가 이상적
- 일조와 통풍이 중요하나 소규모 주택에서는 L.D.K형식이 유리
- 일반적으로 4~5인 기준으로 최소폭과 길이는 2.7m~3.6m

(6) 부엌

- 위치는 남쪽과 남동쪽이 좋으나 동쪽이나 북동쪽 코너에 위치하는 것이 일반적이다.
- 면적은 연면적의 8~10% 정도가 보통(6~15㎡)
- 형식은 일자형, ㄱ자형, ㄷ자형 등
- 다용도실은 최소폭 1.2m~2.4m

(7) 침실

- 위치는, 소음이 있는 도로쪽을 가급적 피하고 정원에 면하게 배치하는 방법이 효과적이다.
- 향과 조망이 좋은 장소
- 프라이버시 유지에 유의
- 크기 : 1인실 8~10㎡, 2.4~3.6m×2.4~3.6m
  2인실 11~15㎡(20㎡), 3~3.6m×3m×3.6m
  부부침실(가구 고려) 3.6~4.5m
  아동침실(공부방과 유희실을 겸하는 것이 좋음)

부엌

① I 럴형

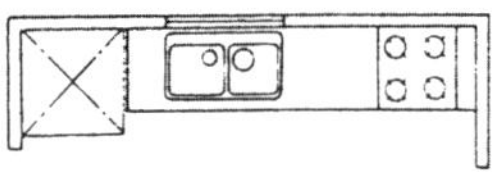

② II 럴형

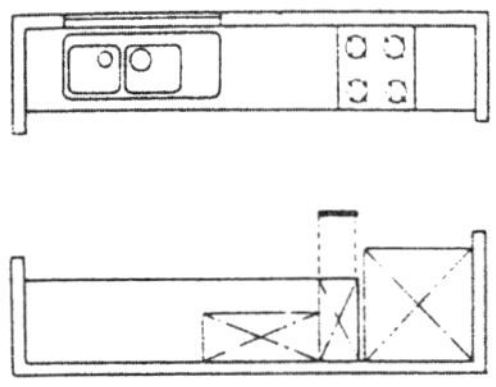

③ L사형

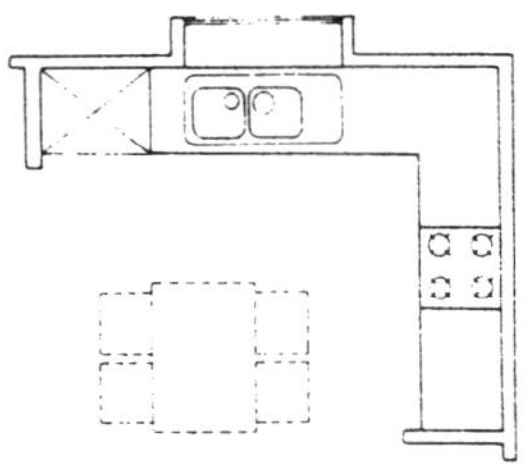

④ U자형

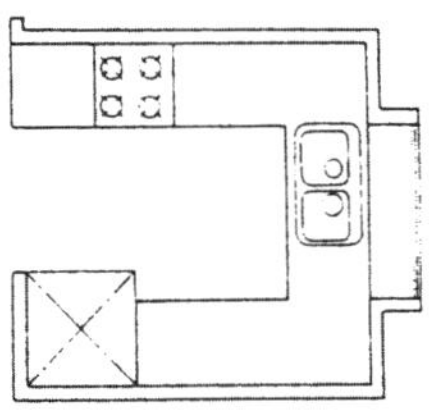

⑤ 카운터 부착

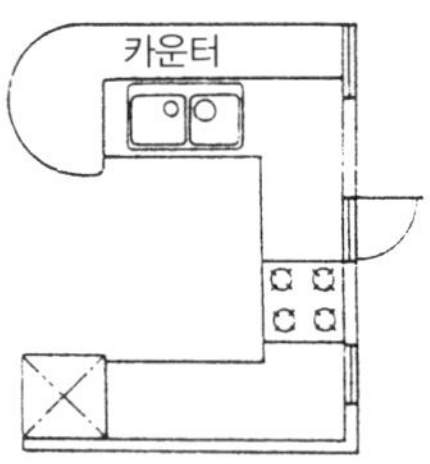

수납공간
반침깊이 : 60~90cm
최소폭 : 60cm

차고
1대 : 3m×6m
2대 : 5~6m×6m

화장실
최소폭 : 1.2m×1.5m
욕실 겸용 : 1.5~2.4m×2.1~3.0m

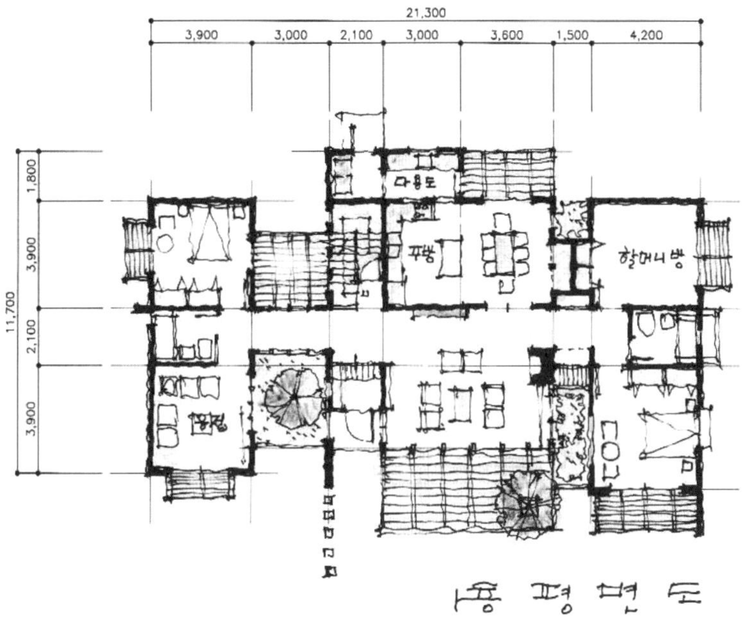

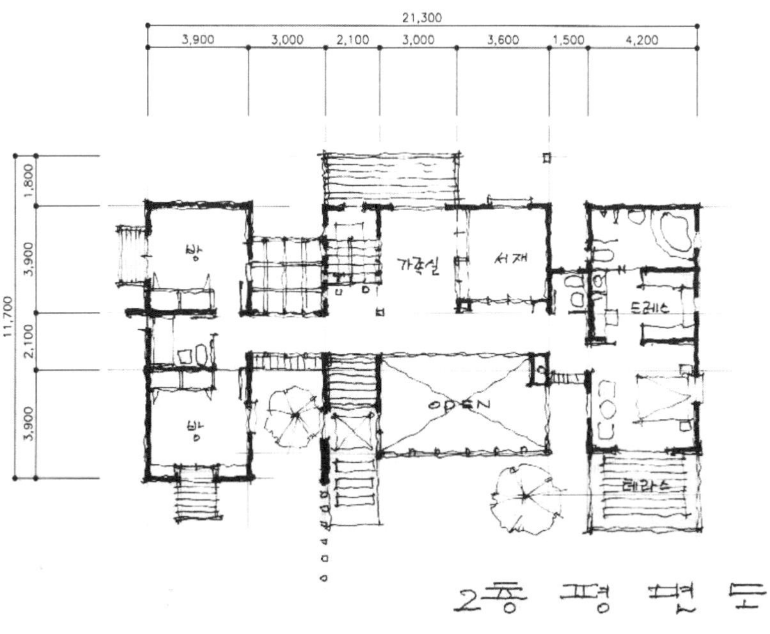

주방 · 식당 · 거실 · 서비스야드와의 관계 유형 예

- 거실의 독립성을 중시하는 경우의 예

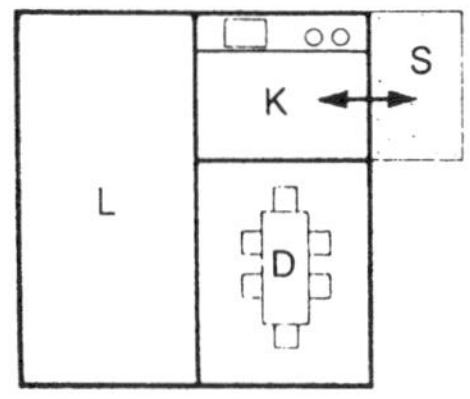

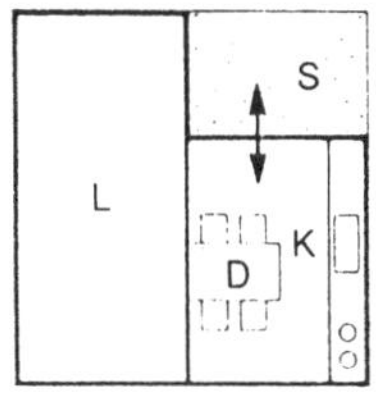

- 가족들의 모임장소와의 관계가 개방적인 경우의 예

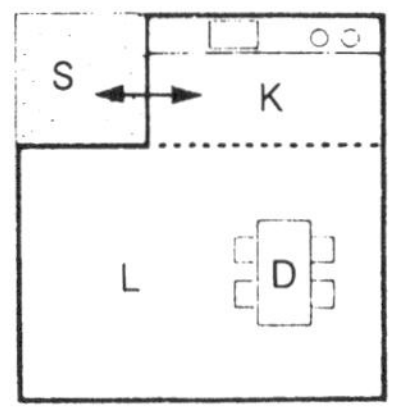

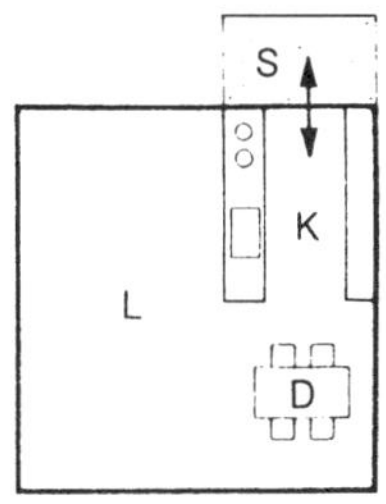

5. 주택계획

5.1 평면계획

- 주택의 평면은 대지의 형상이나 레벨, 가족구성, 요구조건 등에 따라 결정된다.
- 기본적인 틀은 정방형 또는 장방형을 가정하여 주출입구를 결정한 후 주기능(거실, 안방, 주방 등)부터 계획한다.
- 주기능이 결정되면 부기능을 조합하여 전체적인 틀을 구성하면서 계획을 전개한다.

기본틀 형성

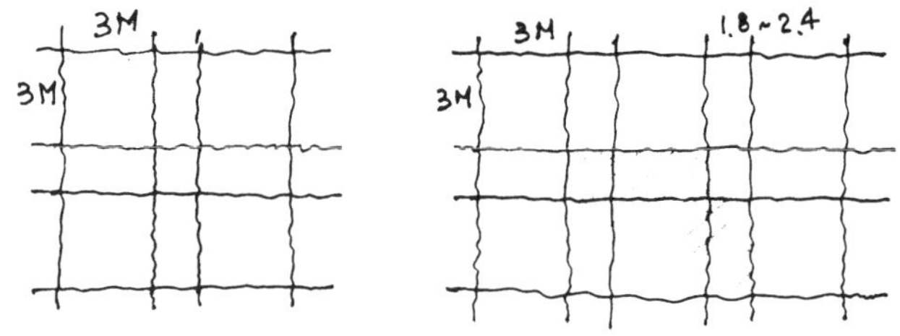

주기능 구성

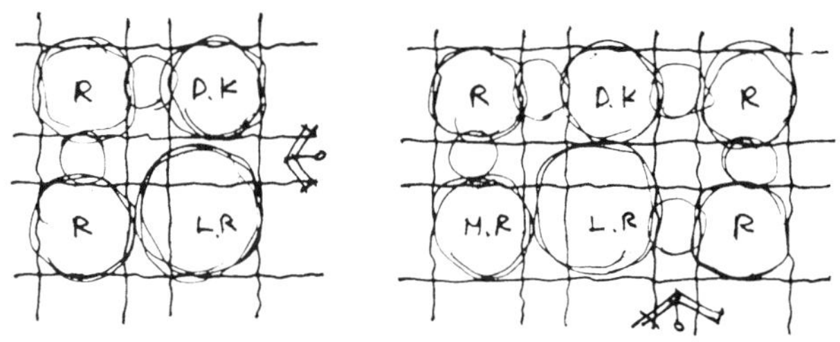

부기능 구성

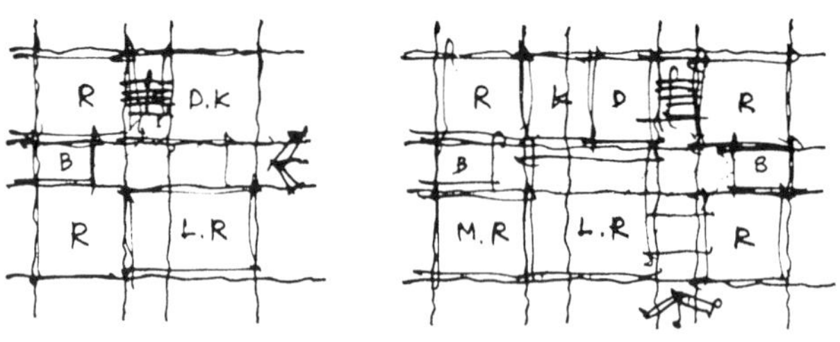

기능에 따른 각실 면적 조정 및 정리

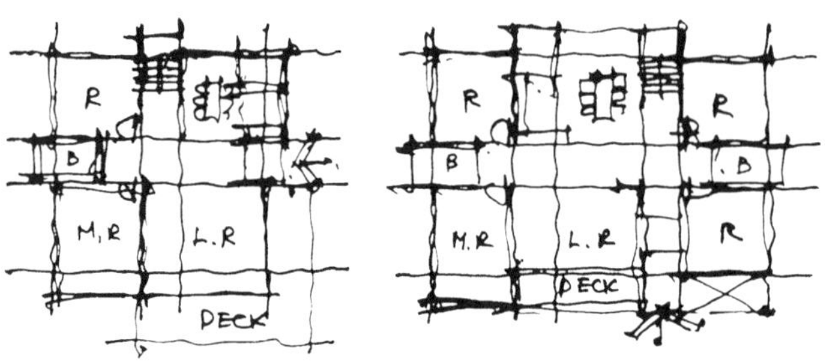

6. 주택계획의 핵심정리

6.1 기본사항

- 주택은 건축의 기본이므로 대지가 갖는 장소성과 환경적 측면이 고려된 거주성이 중요하다.
- 주택의 기능은 크게 거실, 주방+식당, 침실로 구성되므로 각 실을 유기적으로 연계시키되 실의 성격에 따라 조닝하여 합리적인 공간 구성이 되도록 해야 한다.
- 주택을 구성하고 있는 각실은 위계에 따라 가급적 남향배치가 되도록 하고, 환경적 측면을 고려한 조경계획이 필요하다.
- 주택의 평면형은 동서길이가 좋으며, 남쪽으로 옥외공간을 형성하는 것이 바람직하다.

면적이 제한되어 여유가 없는 경우에는 전체 공간을 미리 예상하고 그것을 zoning 하면서 구분해나가는 방법으로 각 요소를 단순하게 구성, 전개시켜 나간다.

6.2 계획시 고려사항

(1) 배치계획

- 도로의 위치, 대지의 형상, 향과 조망, 레벨 등을 고려한다.
- 외부공간과 주요실의 관계를 고려한 배치계획이 요구된다.
- 북측에 도로가 있는 경우 북측 현관도 무방하다.
- 건폐율, 용적률, 일조권 등 법규 검토가 필요하다.

배치계획 기준
- 주변환경과의 조화
- 대지의 형상과 레벨 고려
- 일조와 통풍, 조망 배려
- 외부공간(정원, 조경)과 건축물의 면적에 대한 밸런스 고려
- 법적 제한(건폐율, 일조권 등) 검토
- 장래 증축 고려

(2) 평면계획

- 주어진 면적 범위 내에서 각 기능을 수용한다.
- 기능 활동성을 고려하여 상호 관련성이 높은 것끼리 결합한다.
- 안방, 거실, 노인실은 가급적 남향으로 계획한다.
- 각 실의 볼륨(volume)과 공간의 구성이 디자인 표현에 활용되도록 결합한다.

- 주택의 평면형은 동서길이가 좋으며, 남쪽으로 옥외공간을 형성하는 것이 바람직하다.
- 주출입구는 도로에 의해 결정됨으로써 북측 현관도 무방하다.
- 북측의 일조권과 도로사선제한을 받는 것을 고려해야 한다.

(3) 입면 및 단면계획

- 남향부나 조망이 좋은 방향은 가급적 개방감 있게 개구부를 크게 하고 전체적으로 주변과의 조화를 꾀한다.
- 부지형상이나 개인적 취향에 따른 개성적 입면계획도 가능하지만 단, 주거단지로 계획되어 있을 때 단지의 전체적인 조화가 필요하다.
- 층고는 3.5m 정도로 하고 대지와 접하는 부지에 화단이나 테라스 등을 계획한다.
- 천장고는 2.4m 이상, 거실은 2.7m 정도가 좋다.

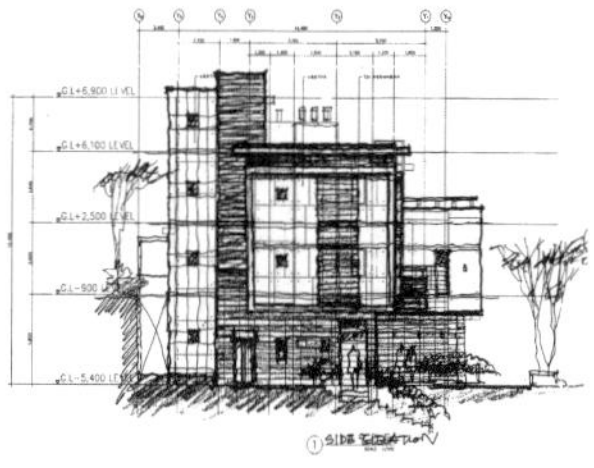

7. 사례

□ 주택계획의 예

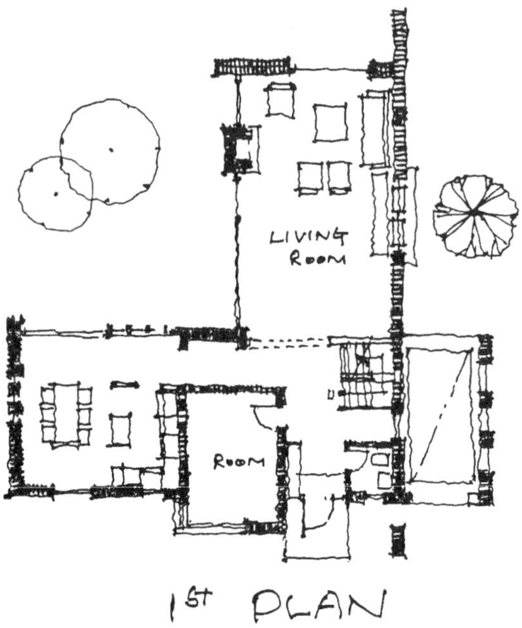

▲ 1층 평면도

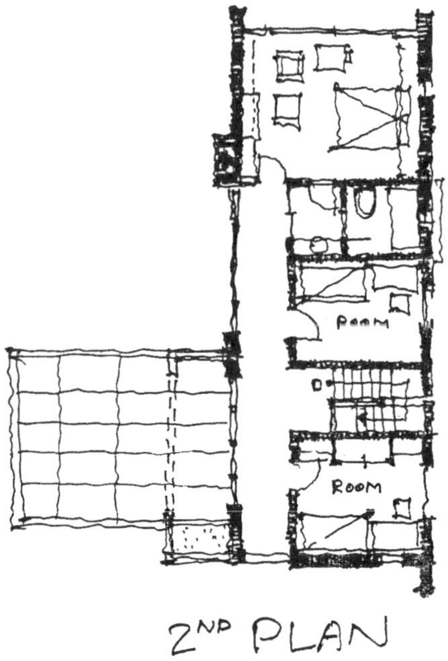

▲ 2층 평면도

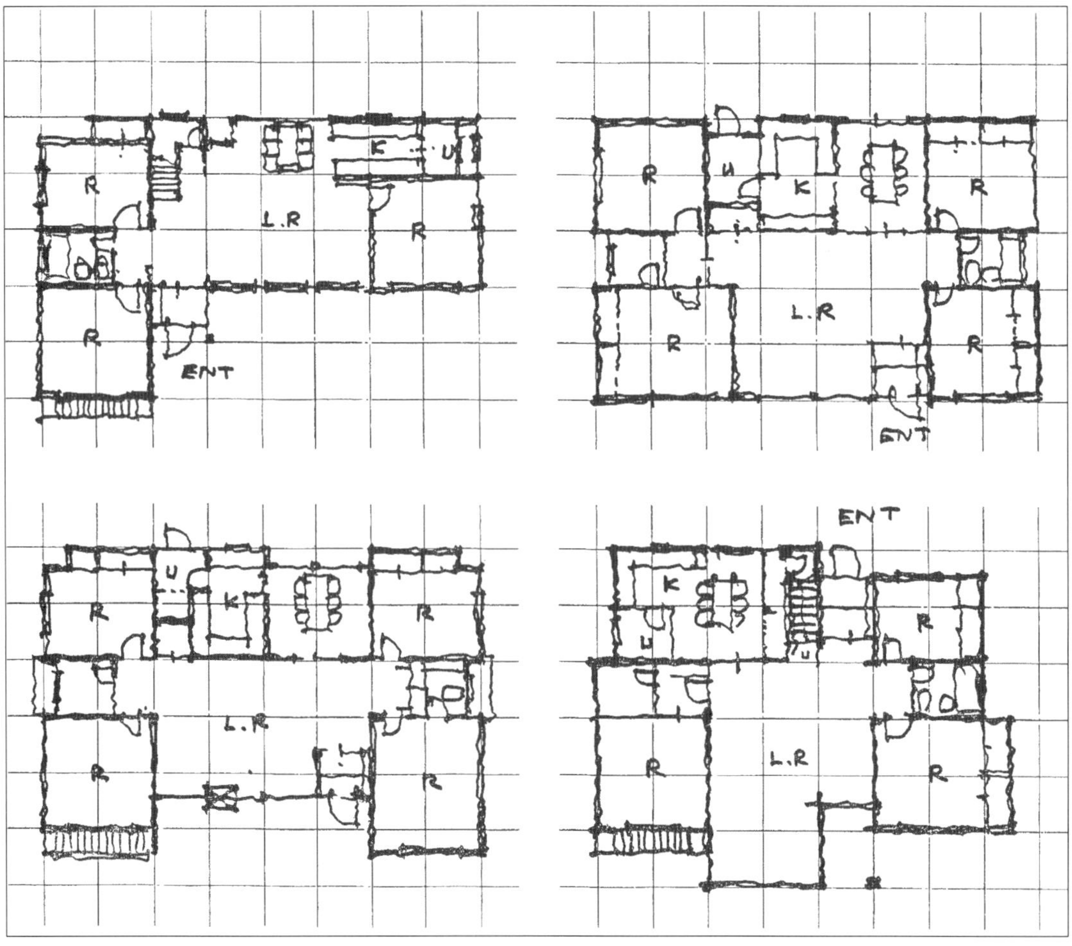

□ 주택계획의 예

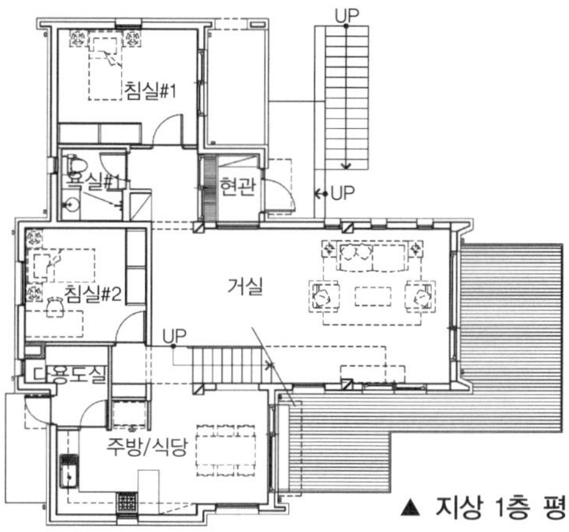

▲ 지상 1층 평면도

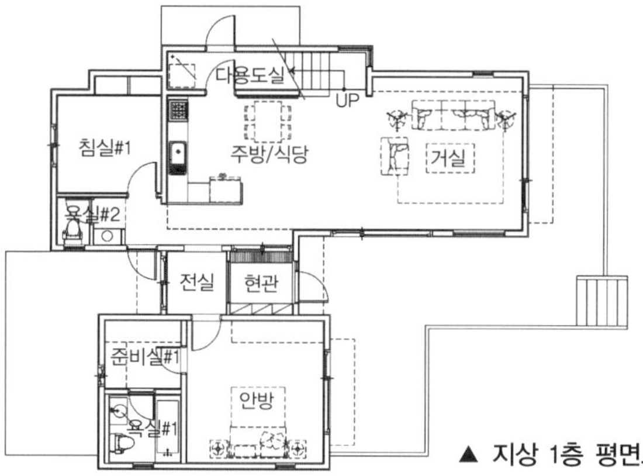

▲ 지상 1층 평면도

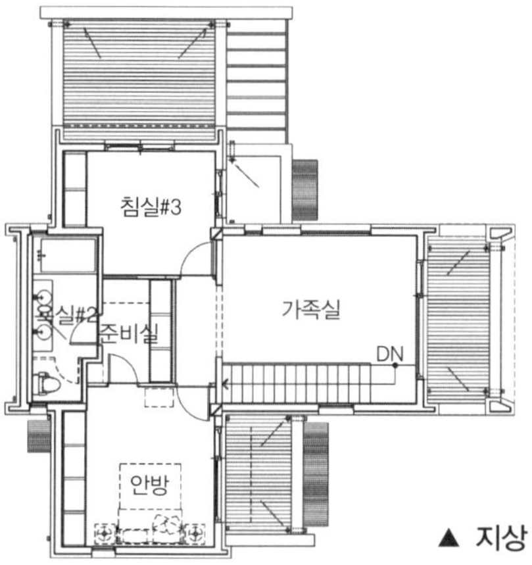

▲ 지상 2층 평면도

▲ 지상 2층 평면도

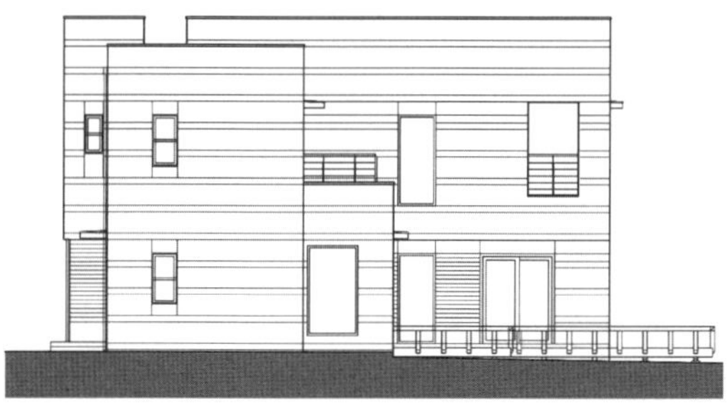

▲ 좌측면도

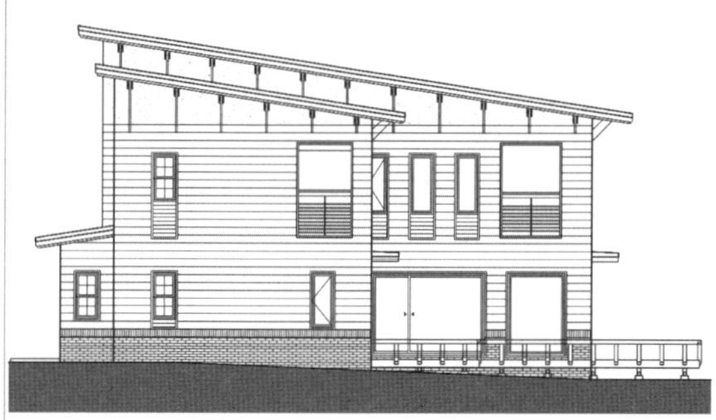

▲ 좌측면도

▲ 정면도

▲ 정면도

□ 주택계획의 예

▲ 투시도

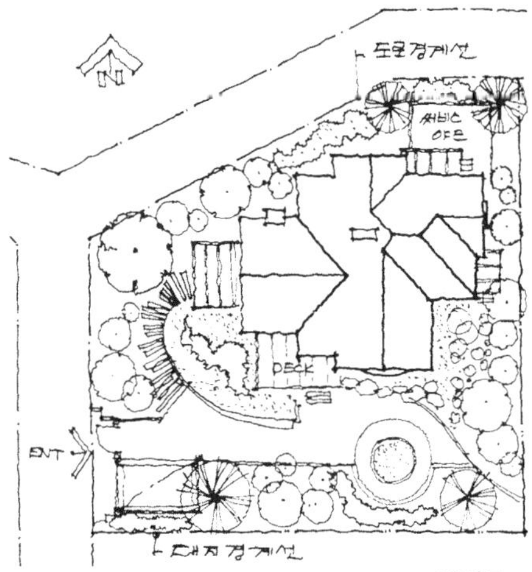

▲ 배치도

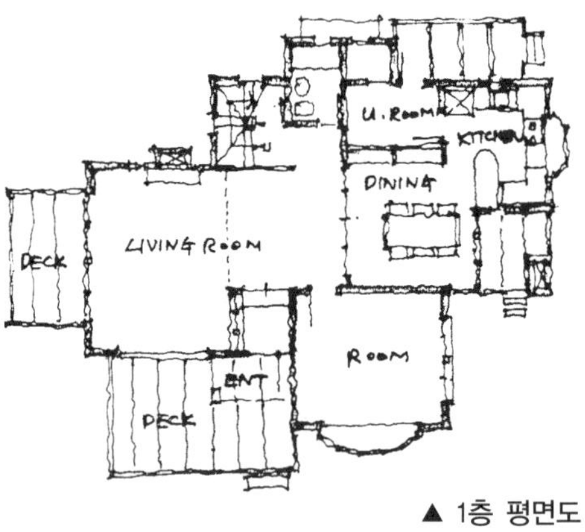

▲ 1층 평면도

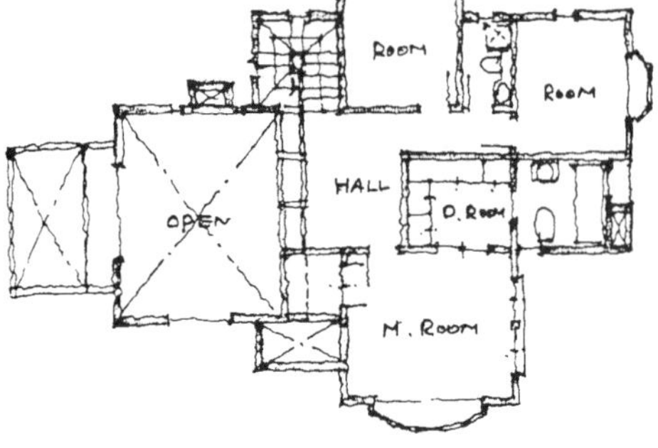

▲ 2층 평면도

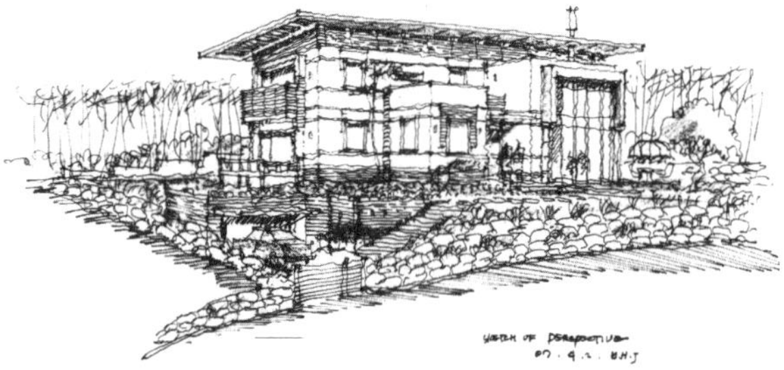

▲ 지상 1층 평면도

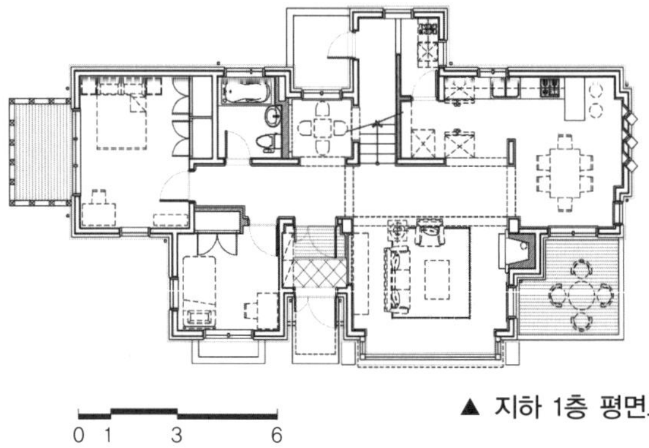

▲ 지하 1층 평면도

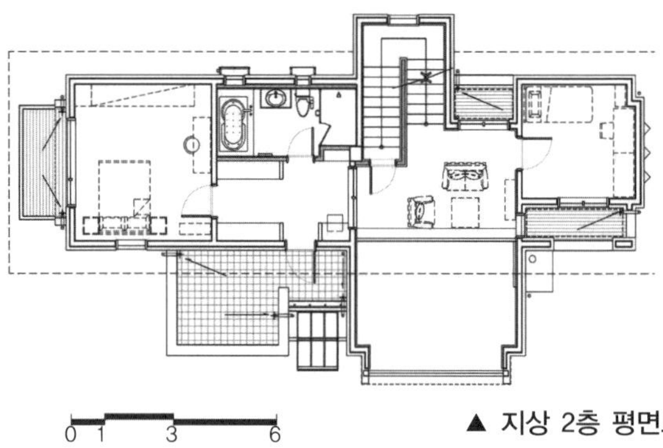

▲ 지상 2층 평면도

▲ 입면도

□ 주택계획의 예

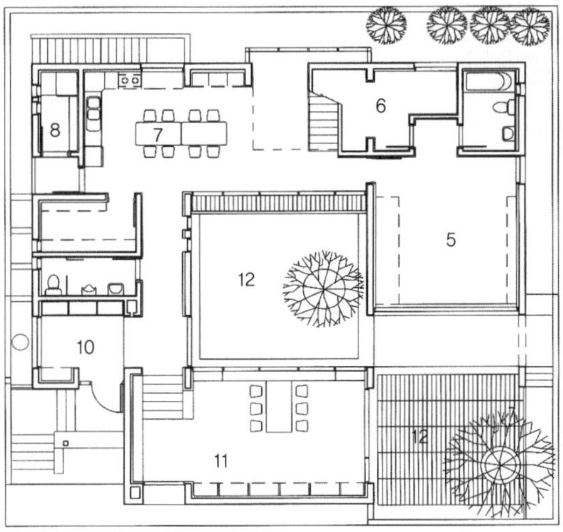

▲ 1층 평면도

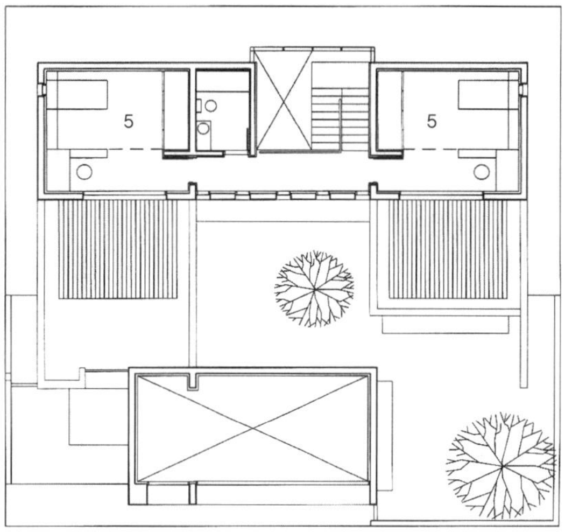

▲ 2층 평면도

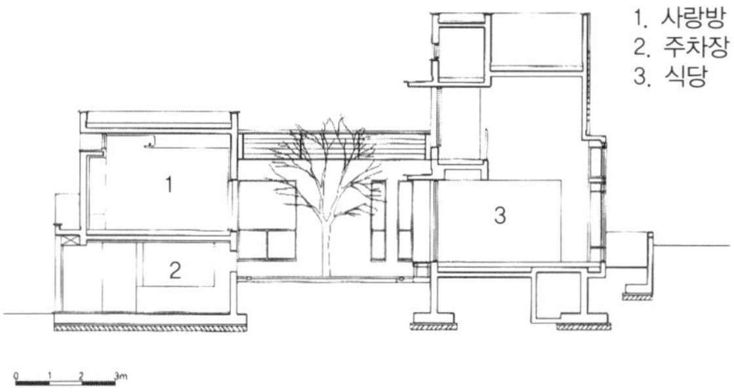

1. 사랑방
2. 주차장
3. 식당

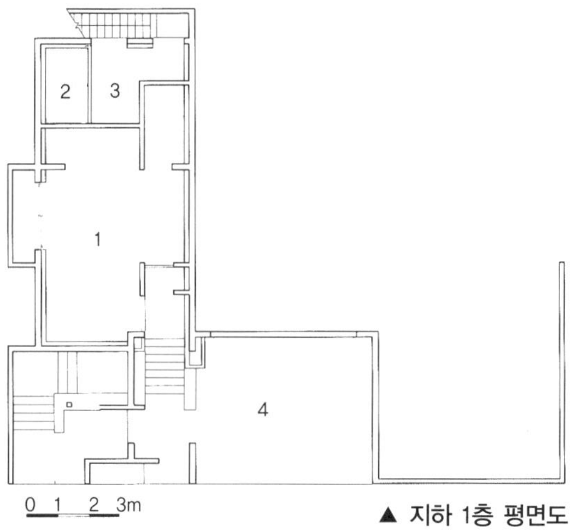

▲ 지하 1층 평면도

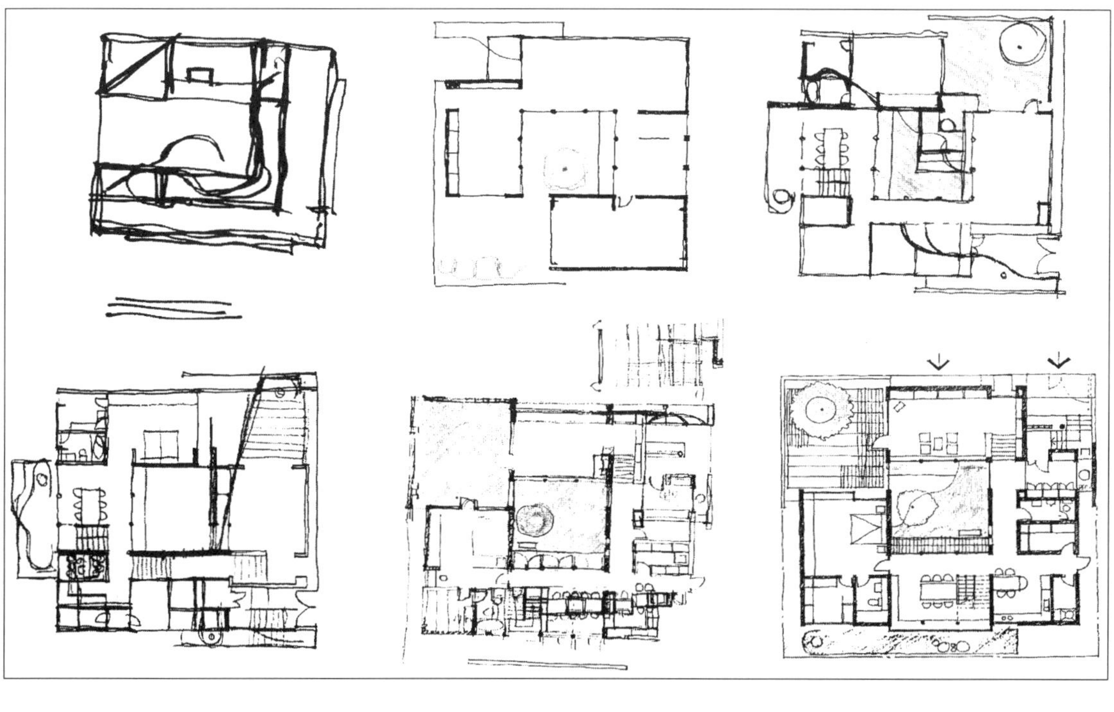

02 공동주택

Chapter

□ 주요 요구사항
- 배치 구성 능력
- 유닛 구성 능력
- 세부기능 및 디테일 이해, M.C 설계, 유닛 플랜 : 1/50~1/60
- 법규 적용

□ 체크 포인트
- 주변 여건 검토
- 보 · 차 동선계획
- 배치 및 평면계획
- 평면에 의한 분류 및 층별 유닛 수 검토

1. 개요

공동주택이란 집합화에 의하여 주택시설 · 설비를 합리적이고도 효율적으로 설치하여 좋은 주거환경을 만들어 생활향상을 지향하는 주택군을 말한다.

2. 공동주택의 분류

(1) 다세대주택

4층 이하 연면적 660m² 이하

(2) 연립주택

테라스하우스

타운하우스

(3) 아파트

저층아파트 – 5층 이하

고층아파트 – 5층 이상

2.1 평면에 의한 분류

(1) 개별 통로형

- 통풍, 채광, 프라이버시 양호
- 4층 이하 계획에 적합

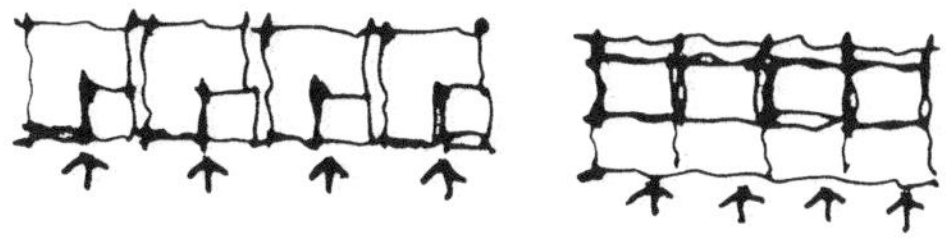

(2) 계단실형

- 통풍, 채광, 프라이버시 양호
- 전용면적비가 높음

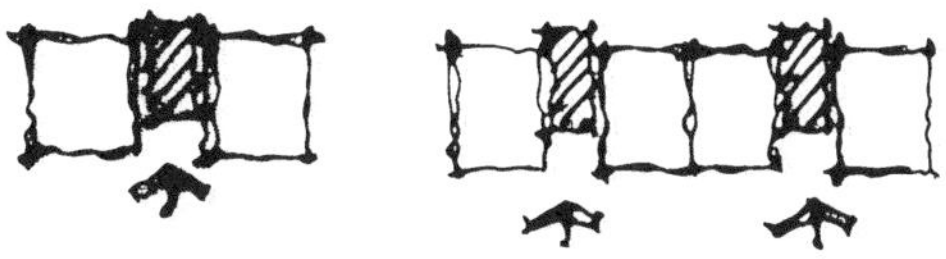

(3) 복도형

- 토지이용률이 높음
- 프라이버시 불리

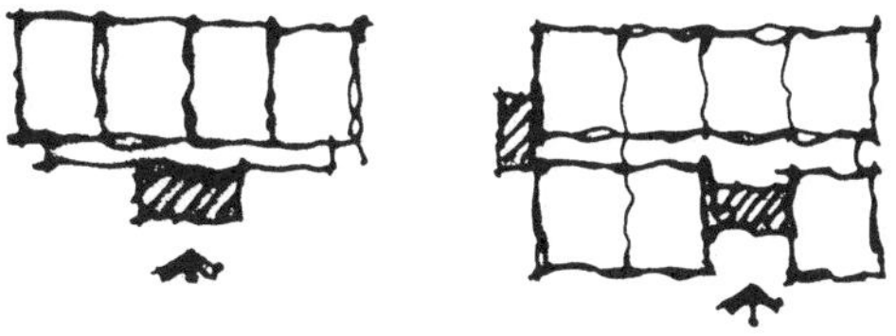

(4) 코어형

- 세대별 규모 변화가 용이
- 설비의 집중화 가능
- 채광, 통풍, 프라이버시 불리

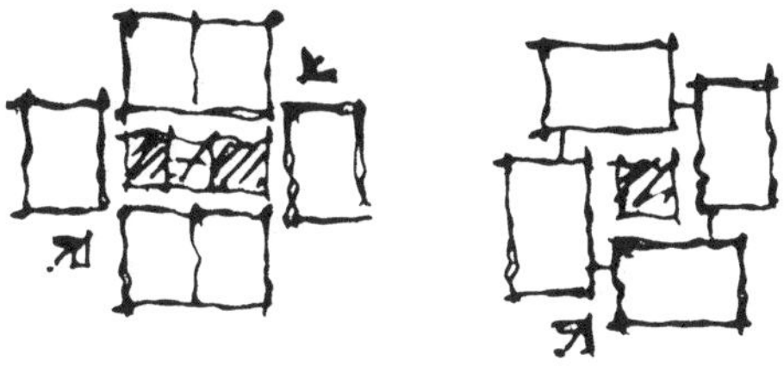

2.2 단면에 의한 분류

(1) 플랫형(flat)

- 한 세대가 동일층을 사용
- 장점 : 평면 구성에 제약이 적고, 적은 면적의 대지에서도 설계가 가능하다.
- 단점 : 각실이 인접하여 프라이버시 유지가 어렵다.
  세대 규모가 커지면 세대당 공용면적이 커진다.

(2) 스킵형(skip floor)

- 단위평면의 수직조합 방식
- 장점 : 경사진 대지에 유리하다.
  세대 안에서 각실의 독립성 확보에 유리하다.

(3) 메조네트형(maisonnete)

- 한 세대가 2개층 사용(편복도, 중복도)
- 장점 : 플랫형식에 비해 공용면적을 줄일 수 있다.
  복도가 없는 층에서는 통풍, 채광이 유리하다.
  각실의 독립성을 높일 수 있다.
- 단점 : 세대당 규모가 작으면 설계할 수 없다.
  단면이 복잡해서 구조, 설비처리가 어렵다.
  복도가 속복도일 때 소음에 주의해야 한다.

(4) 트리플렉스형(triplex)

- 장점 : 프라이버시 확보율이 높다.
  공용면적도 메조네트형보다 유리하다.
- 단점 : 주거단위면적이 커야 사용할 수 있다.
  피난계단계획에 어려움이 따른다.

근린주구의 개념

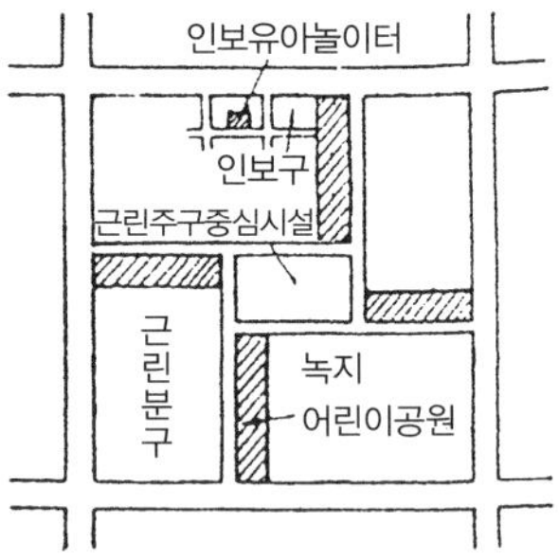

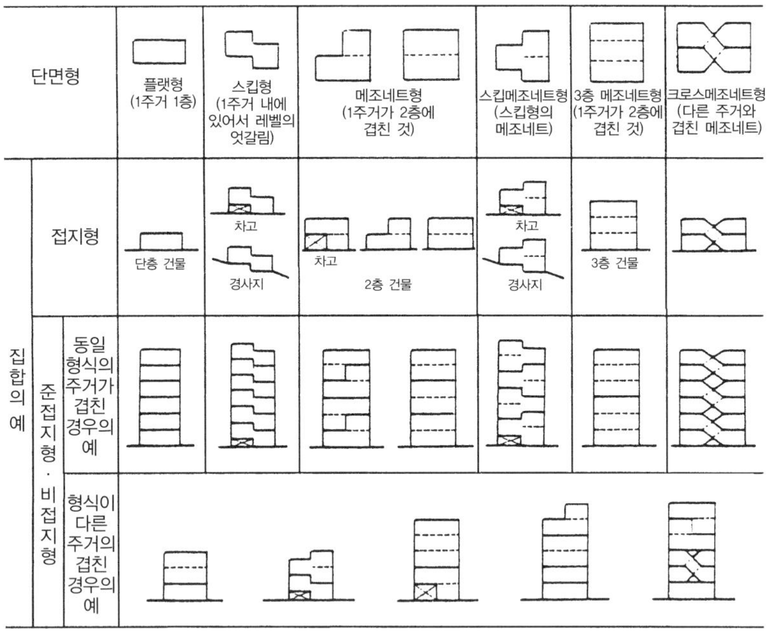

공동주택의 단면형

3. 공동주택계획의 일반사항

3.1 공동주택의 특징

- 1호당 대지의 점유면적이 절감된다.
- 어린이공원 등 공공용지 확보가 쉽다.
- 설비 등의 집중화가 유리하고 유지관리비가 절감된다.
- 문화 및 서비스시설 등이 공동으로 이용되므로 개인 가구생활 중심의 도시생활을 커뮤니티(community)로 이끈다.
- 프라이버시 문제가 있다.

공동주택의 설립이유
- 도시인구 밀도의 증가
- 도시 생활자의 이동성
- 세대 인원의 감소
- 양호한 환경조건 조성
- 부지비, 건설비 절약

3.2 주택단지의 구성

주택단지의 단위구분	인구 규모	면적	중심시설	비 고
인보구 (20~40호)	100~ 200명	0.5~ 2.5ha	• 유아놀이터(200~300㎡) : 3~8세 유아 및 이동 • 공동세탁장	철근콘크리트조 3~4층
근린분구 (400~500호)	2,000~ 2,500명	15~ 25ha	• 소비시설 : 잡화상, 술집, 쌀가게 • 후생시설 : 공중목욕탕, 약국, 이발관, 진료소, 산실, 공중화장실 • 공공시설 : 공회당, 우체통, 파출소, 공중전화 • 보육시설 : 유치원, 탁아소, 어린이놀이터	일상소비생활에 필요한 공공시설이 운영 가능한 단위
근린주구 (1,600~ 2,000호)	8,000~ 10,000명	100ha	• 초등학교(20,000㎡) • 병원(4,000㎡) • 어린이공원(16,000㎡) • 도서관 • 우체국(900㎡) • 소방서 • 동사무소	초등학교를 중심으로 한 근린분구의 수 개의 집합체

주) ha (헥타르 hectare) : 미터 토지법의 단위(100are)
1are → 100㎡, 1ha → 10,000㎡

입면계획의 예

3.3 주거환경에 대한 인간의 기본적 요소

(1) 영역성(territoriality)

인간은 자신의 영역과 자신이 속한 집단영역의 한계를 분명히 하려는 본능적인 요구가 있다.

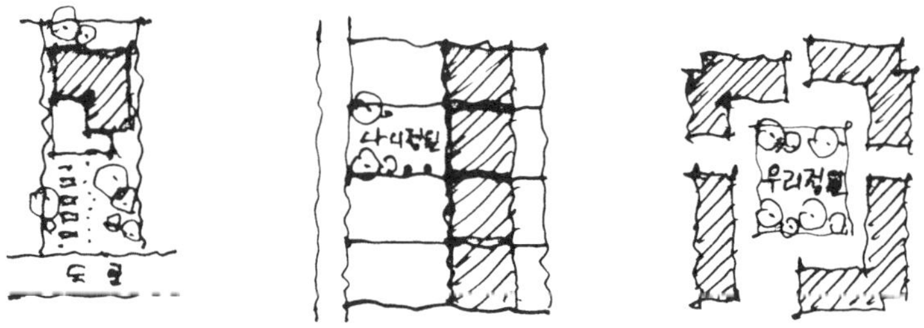

(2) 향과 조망(orientation and view)

각 방이나 외부공간을 위한 이상적인 향은 있을 수 있지만 주택 모두의 향이 완전한 단지는 거의 없으며 아름다운 경관을 감상할 수 있는 최적 위치 및 적정 높이를 결정하는 것이 조망문제의 출발점이다.

(3) 프라이버시(privacy)

주택이란 개인 및 가족이 완전히 관리할 수 있는 환경의 일부분이며, 공공의 장소로부터 격리된 사적인 영역이다. 또한 주택은 일반적으로 공공성보다 개성이 중요시되는 장소이기도 하다.

(4) 독자성(identity)

군집화된 주거패턴은 다양한 공간을 형성하며 프라이버시와 독자성을 강조할 수 있는 기회를 부여한다. 대부분의 인간은 적어도 다른 것과 구별되며, 인식할 수 있는 주택 및 근린주구를 요구한다.

(5) 편의성(convenience)

편의성은 일상의 가정을 영위하는 과정에서 경험하는 육체적 쉬움이나 어려움이 적은 정도이다. 주택의 역사에서 볼 때 편의성은 하나의 성향(attitude)이다.

(6) 접근성(accessibility)

가족 모두에게 제공되는 주호환경 각 부분에 대한 용이한 접근성은 인간의 기본적 요구로 간주된다.

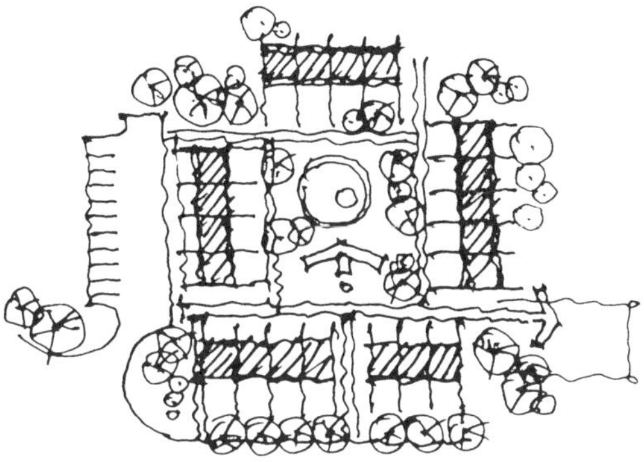

(7) 안전성(safety)

안전성은 주·야간, 계절별 또는 항상 자신의 주택과 정원에 아늑함을 느낄 수 있는 상태를 말한다. 즉 안전성은 인간의 발전을 위협하며 재산에 피해를 주는 여러 상황으로부터의 보호를 의미한다.

(8) 사회적 접촉(social contact)

주민의 사회적 접촉을 증진시키고 동질화시키기 위한 주호군(cluster) 및 다른 공간들의 배치방법은 다양하다. 주차장, 주호군 입구, 개인정원, 공용의 오픈 스페이스는 주민들이 만날 수 있는 장소이다.

(9) 이미지(image)

도시의 각 부분들은 일관된 패턴을 인식하도록 조직되어야 하며, 이때 도시는 명료하다는 평을 듣는다. 관찰자에게 강한 이미지를 형성시켜 줄 수 있는 힘을 부여하는 대상의 질을 영상성(imageability)이라고 한다.

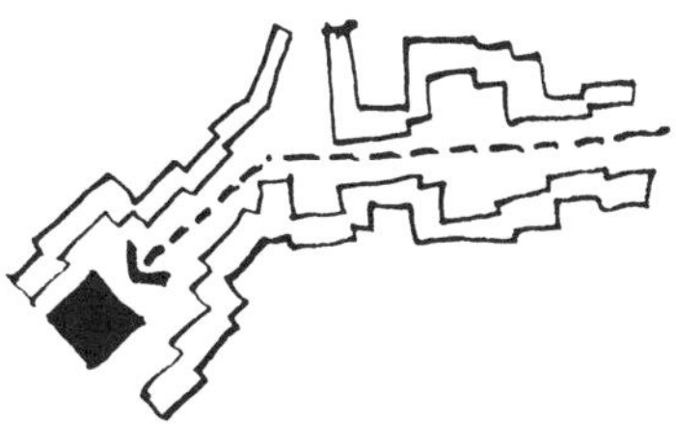

4. 공동주택계획의 핵심정리

4.1 계획의 기본사항

- 공동주택은 기본적으로 주거지역에 위치하고 주접근도로와 단지내 도로로 구분할 수 있다. 특히 주변에 고원이나 커뮤니티시설을 공유하는 경우가 많으므로 주변과의 연계성을 고려해야 한다.
- 단위주거의 프라이버시를 존중하고 단지 내 · 외의 향, 조망, 소음을 고려하여야 한다.
- 기준층 평면, 입면, 단면과 유닛 플랜의 기본적 상세와 안목치수를 이해하도록 한다.
- 인동간격, 일조권 대지 내 공지 확보 등 법규 사항을 충분히 인식하여야 한다.

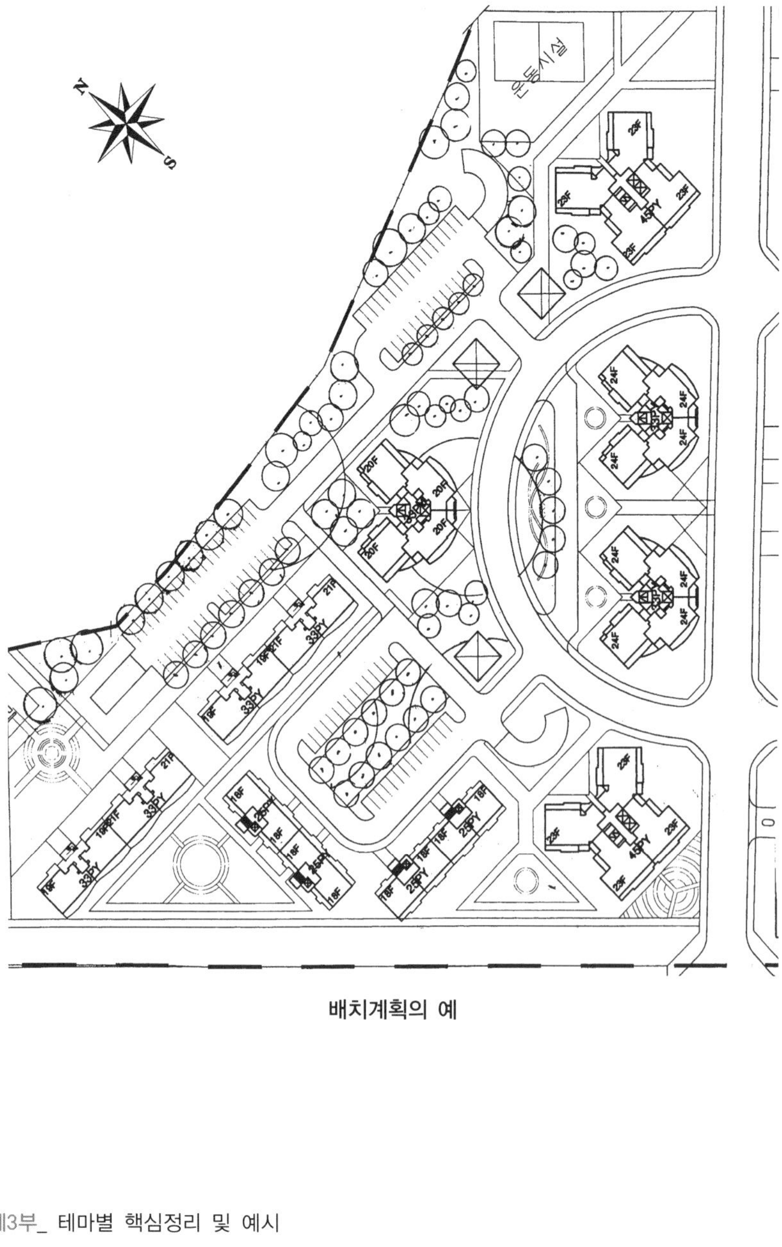

배치계획의 예

4.2 계획시 고려사항

(1) 배치계획

- 공동주택은 배치계획과 타입에 따른 코어계획이 중요하다.
- 주동 구성형식 및 배치기법의 다양성이 필요하다.
- 단지 내 동선과 주요 외부공간을 고려하여야 한다.

(2) 평면계획

- 평면은 가급적 ㅡ자형은 피하고 약간의 요철이 있는 계획을 한다.
- 기본적 평행인 60m² 및 90m²의 평면 타입을 숙지해야 한다. (계단실형 및 편복도형)
- 가변 평면형을 숙지하여야 하고 (예 : 3대 동거형) 1층이나 지하층의 활용방안에 대하여 고려하여야 한다.

(3) 입면 및 단면계획

- 마스터플랜상 스카이라인을 고려한 동별 입면계획이 요구된다.
- 전체적으로는 개방감 있게 하고 지붕은 경사형으로 하는 것이 좋다. 특히 발코니를 가급적 넓게 하여 활용하는 것이 좋다.
- R.C조와 벽식구조를 이해해야 하고, 층고는 기본적으로 3~3.5m 정도로 한다.

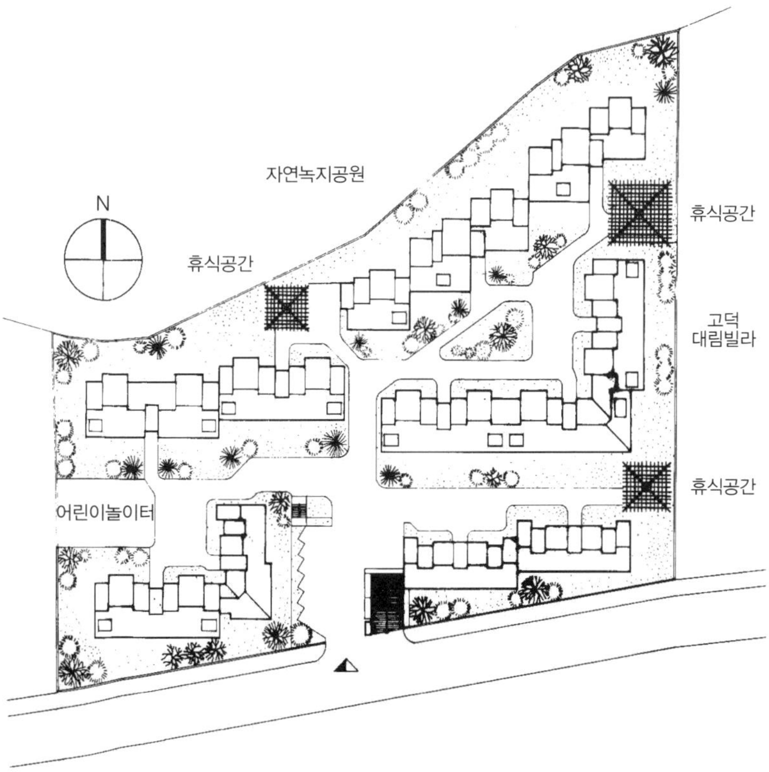

배치계획의 예

개 · 보수가 쉬운 가변형 주택개발

입주자가 집안구조를 바꾸어 사용하고 싶을 때 언제든지 개조하여 사용토록 구조, 설비 등을 배려했다. 따라서 거실이나 침실뿐만 아니라 주방, 욕실 등도 내부평면을 변경하여 사용할 수 있다. 방의 구조를 넓히고 줄이는 것이 가능하도록 주조체는 기둥과 칸막이벽으로 구성하고 물을 사용하는 욕실과 부엌의 위치 및 크기를 상호 쉽게 변경하도록 기능적으로 배려했으며, 그에 드는 비용도 저렴하다. 뿐만 아니라 구조적 이점을 살려서 주동 지하에 주차공간을 최대한 확보하여 지하층의 활용도를 높였다.

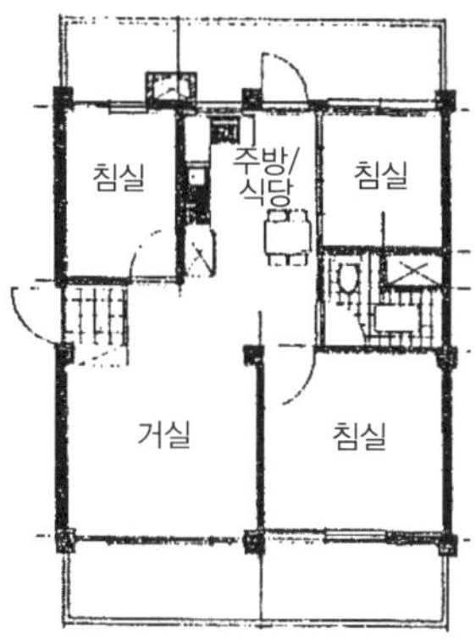

표준형/3LDK형

선택형/2LDK형

선택형/원룸형

5. 사례

□ 공동주택 평면의 예

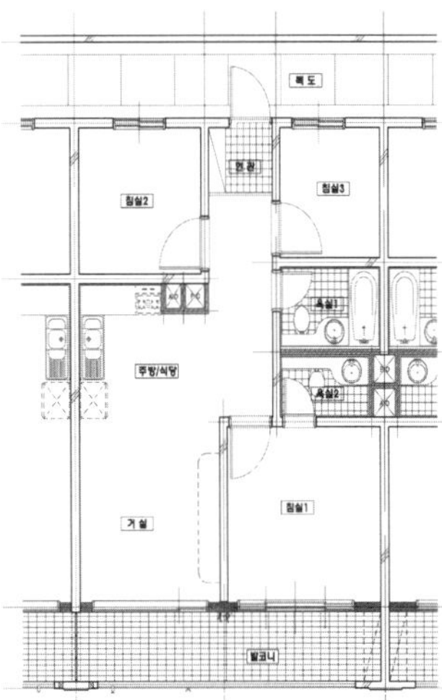

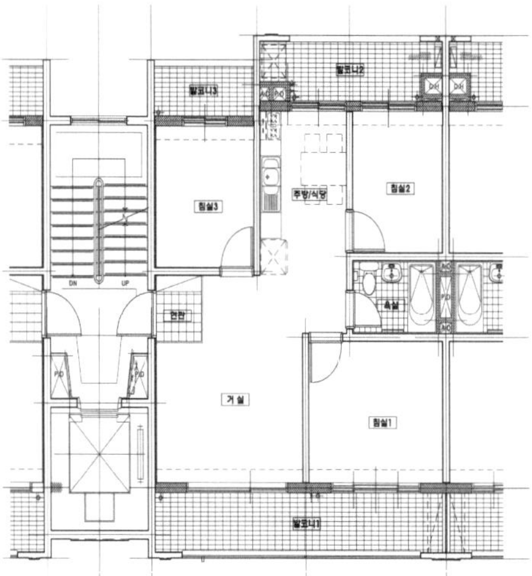

▲ 전용 60㎡ 단위세대 평면도(복도형) ▲ 전용 60㎡ 단위세대 평면도(계단실형)

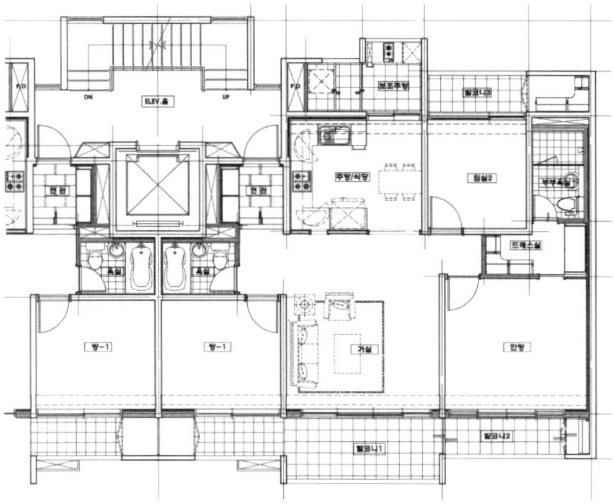

▲ 전용 85㎡ 단위세대 평면도

▲ 전용 120㎡ 단위세대 평면도

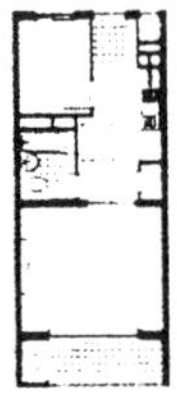

12평형

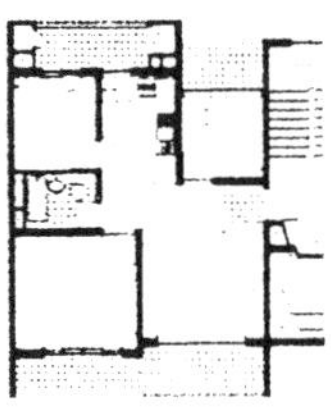

18평형

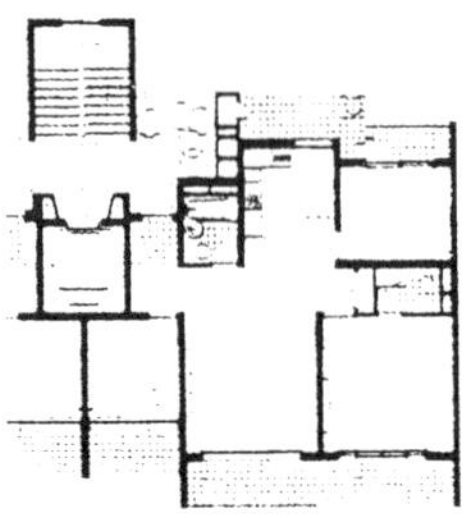

25평형

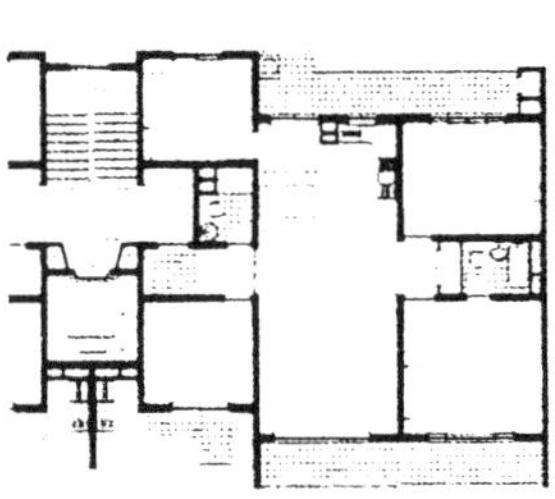

34평형

□ 공동주택계획의 예

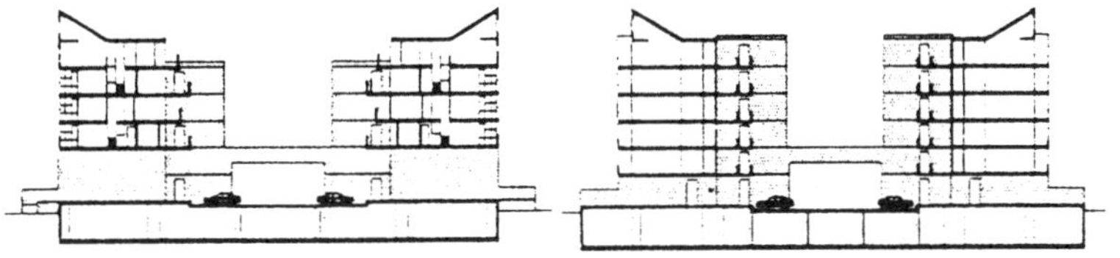

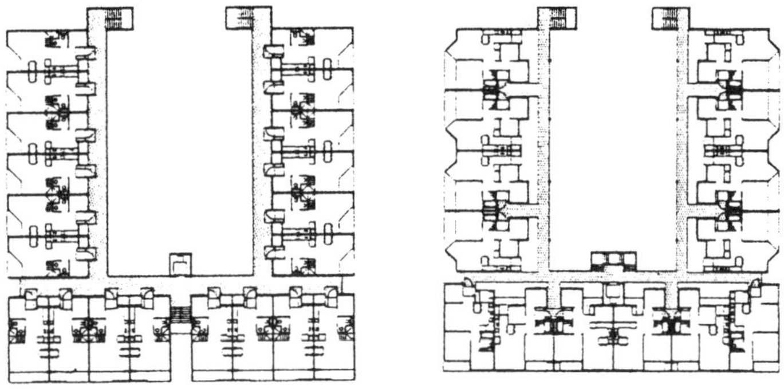

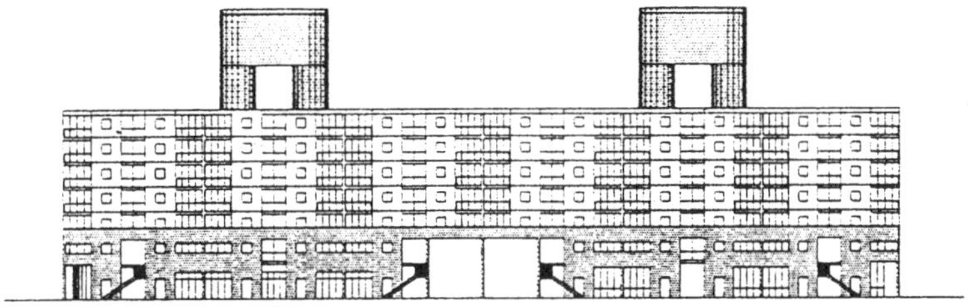

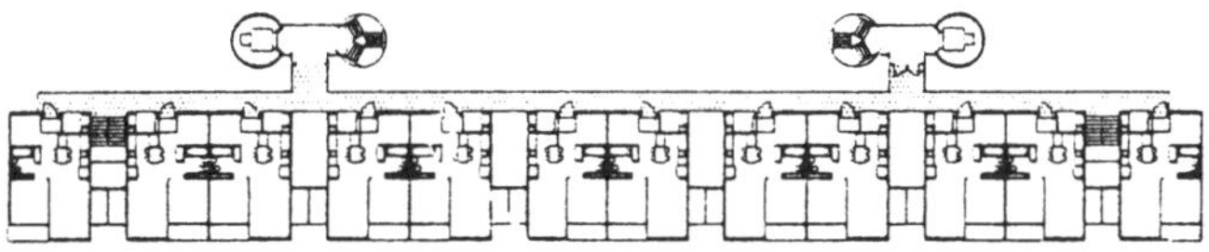

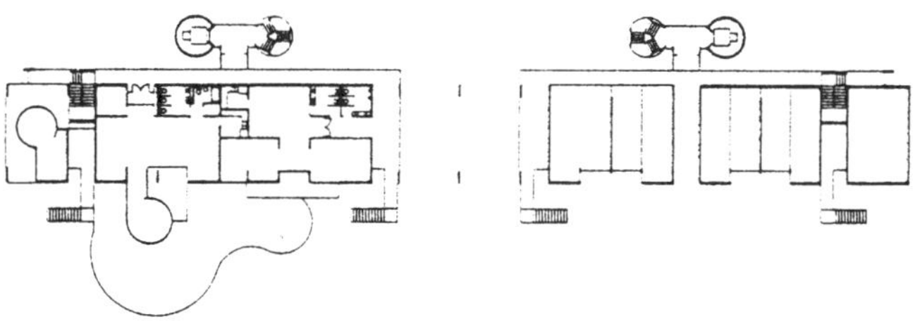

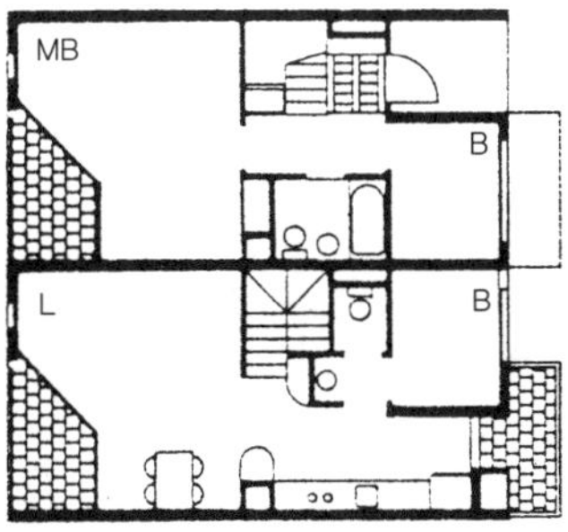

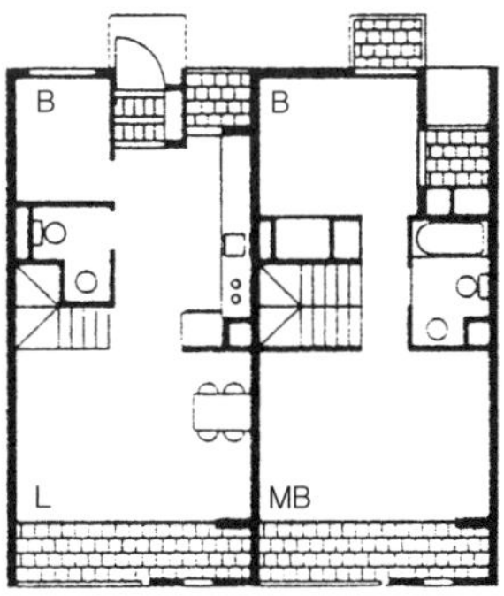

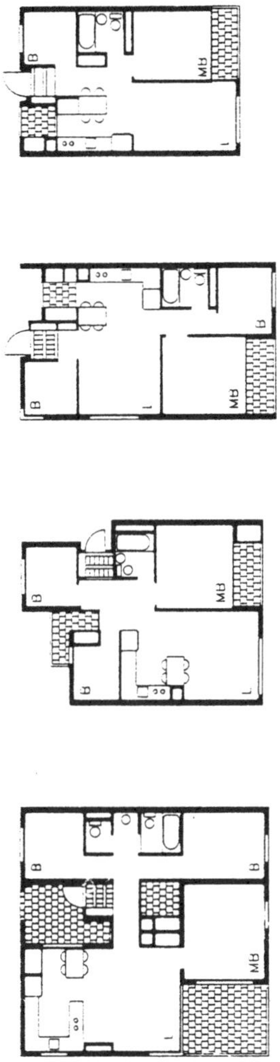

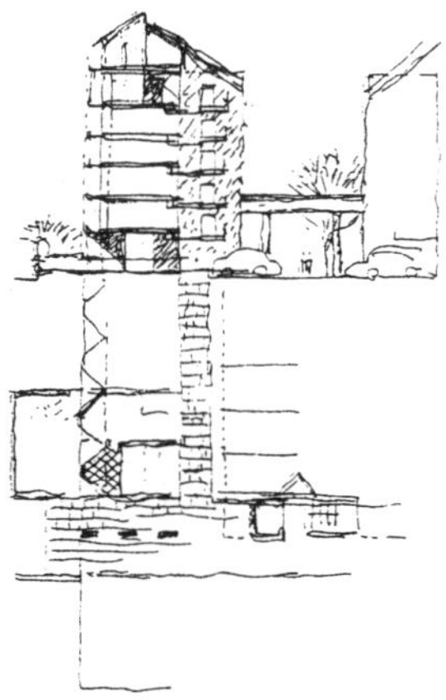

□ 다세대 계획의 예(하늘마당)

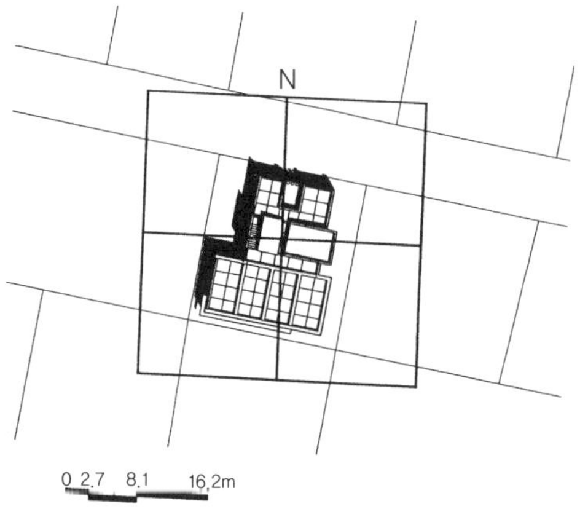

▲ 배치도

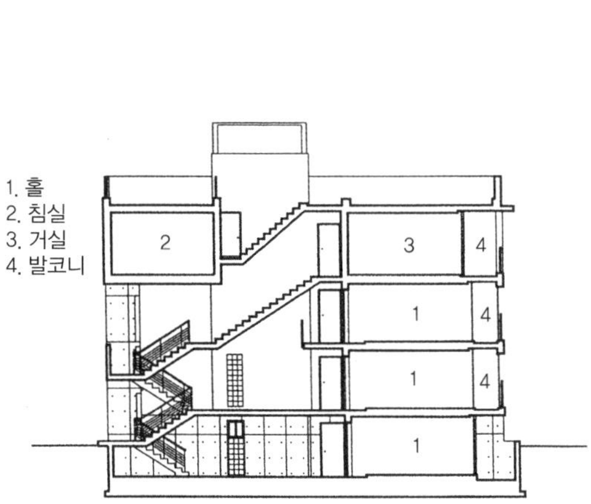

▲ 단면도

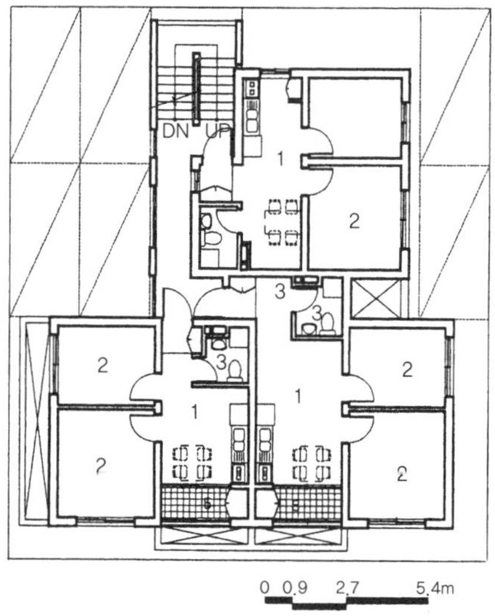

▲ 지상 1층 평면도

1. 홀
2. 침실
3. 화장실
4. 선큰테라스
5. 발코니
6. 주침실
7. 거실
8. 서재
9. 식당, 주방
10. 다용도실
11. 갱의실
12. 하늘마당

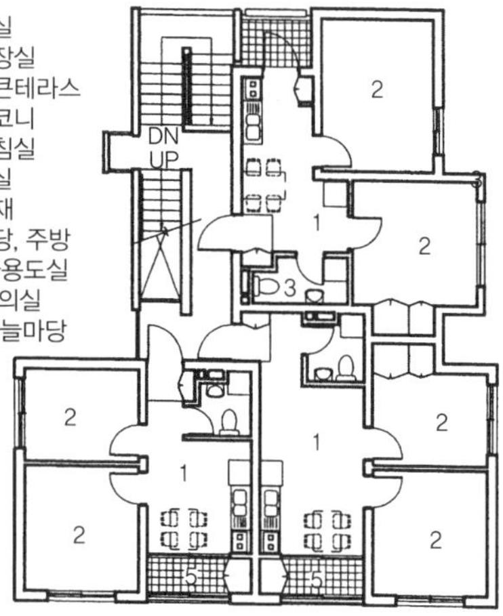

▲ 지상 2층 평면도

1. 홀
2. 침실
3. 화장실
4. 선큰테라스
5. 발코니
6. 주침실
7. 거실
8. 서재
9. 식당, 주방
10. 다용도실
11. 갱의실
12. 하늘마당

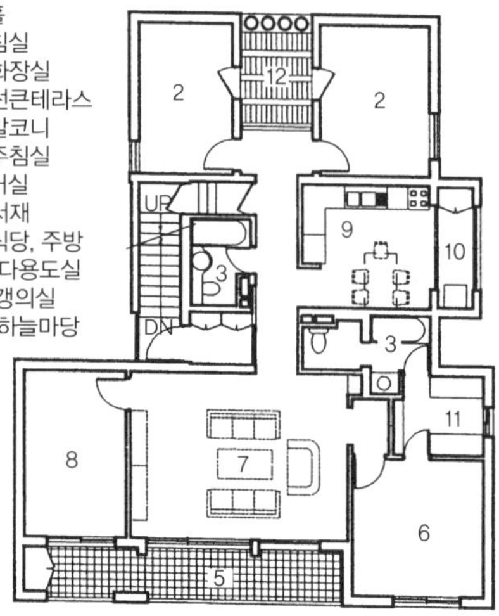

▲ 지상 3층 평면도

□ 도시형 생활주택의 예

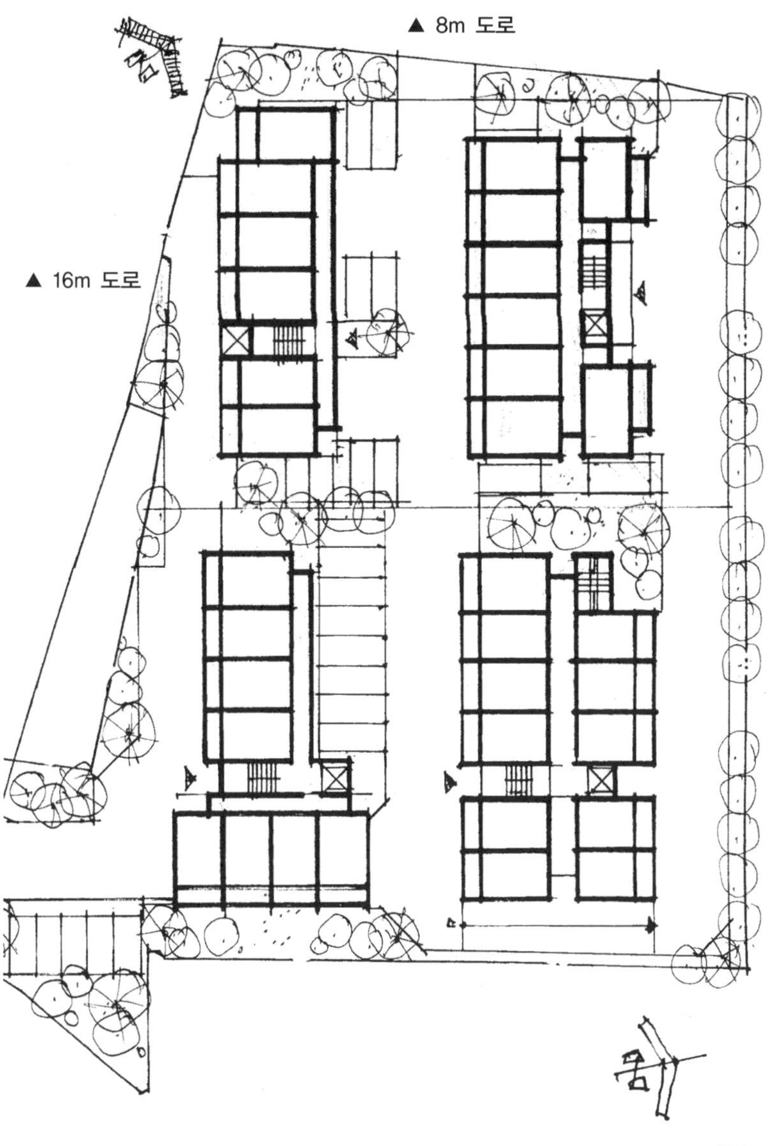

▲ 배치도

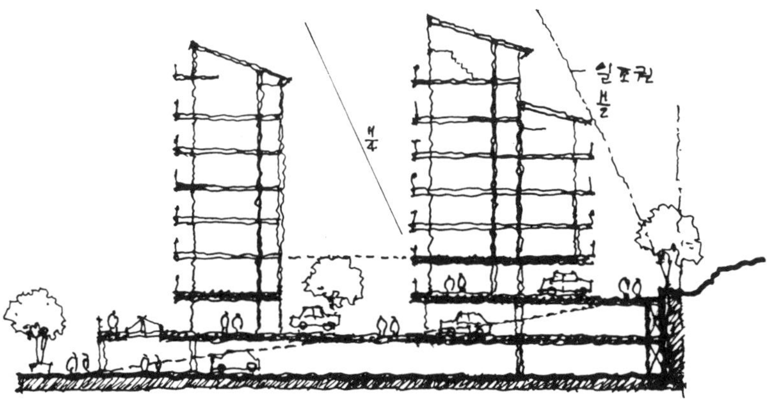

▲ 단면도

• **도시형 생활주택**
'국토의 계획 및 이용에 관한 법률' 상의 도시지역에 주택건설사업계획승인을 받아 건설하는 20세대 이상 150세대 미만 공동주택

• **단지형 다세대**
세대당 주거전용면적 85㎡ 이하의 다세대 주택(주거층 5층 이하, 연면적 660㎡ 이하)

• **원룸형**
세대당 주거전용면적이 12㎡ 이상 50㎡ 이하로서, 세대별 독립된 주거가 가능하도록 욕실과 부엌을 설치하고 하나의 공간으로서 구성, 각 세대는 지하층에 설치 불가

• **기숙사형**
세대당 주거전용면적이 7㎡ 이상 30㎡ 이하로서, 취사장 · 탈의장 · 휴게실은 공동으로 사용, 각 세대는 지하층에 설치 불가

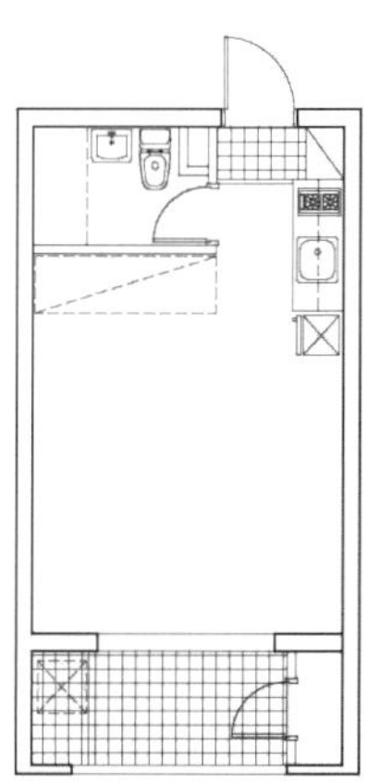

□ 공동주택계획의 예(울진 연립주택)

▲ MASTER PLAN

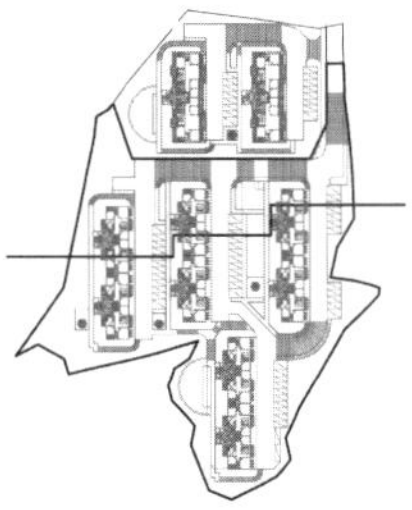

▲ KEY PLAN

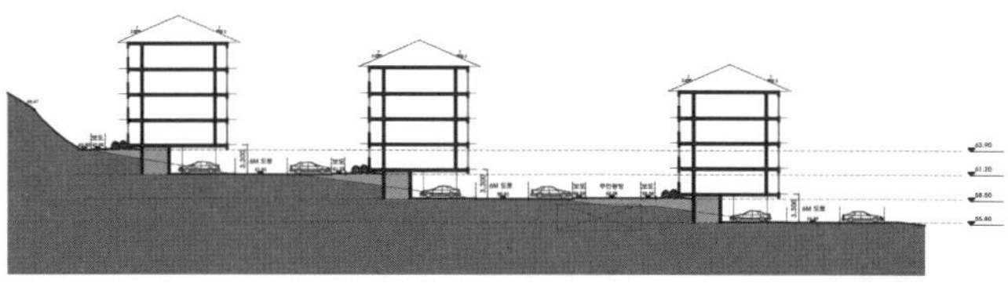

▲ 대지 종단면도

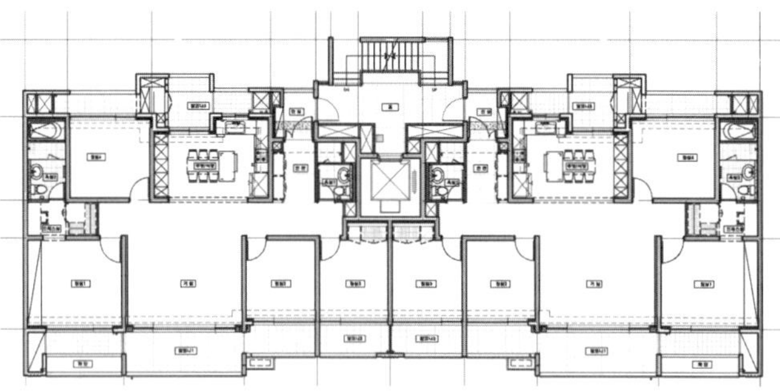

▲ UNIT-1

▲ UNIT-2

□ 공동주택계획의 예(남양주 아파트)

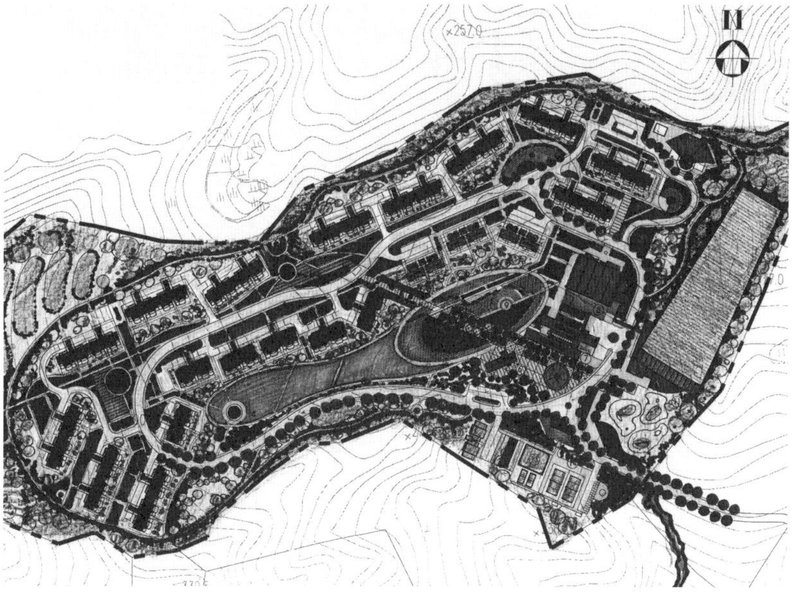

▲ MASTER PLAN

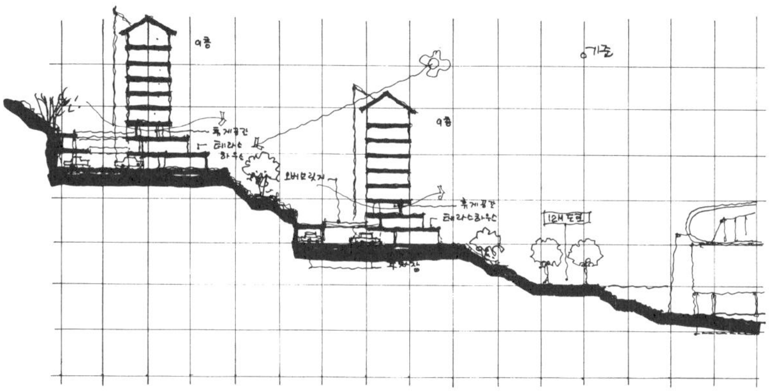

▲ 대지 종단면도

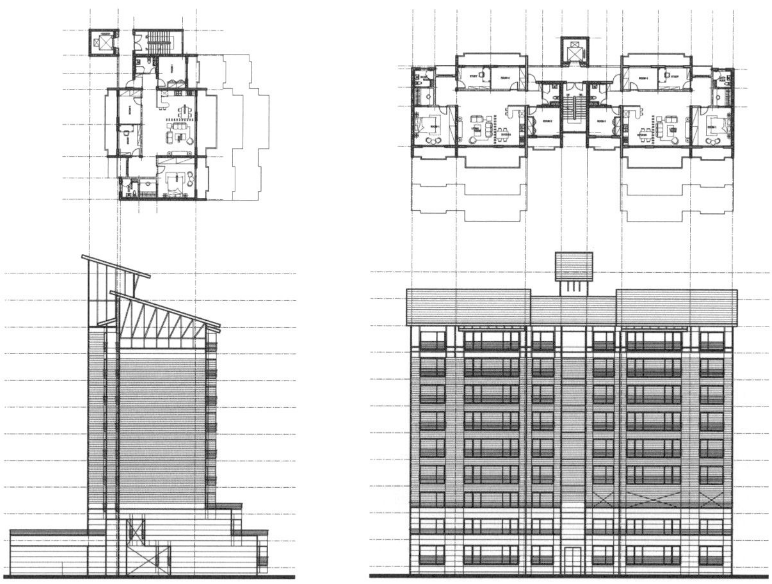

▲ 평면도 · 입면도

03 기숙사

Chapter

□ **예상 적용 모듈**
- 6m×7.5m
- 7.5m×7.5m
- 7.5m×9m

□ **주요 요구사항**
- 부지조건 이해 능력
- 배치 및 내 · 외부 동선 구성 능력
- 조닝구성 능력
- 세부기능 표현 능력

□ **체크 포인트**
- 남 · 여 구분 및 1실 인원 가정 (층별 또는 동별)
- 각 기능별 조닝 검토
- 침실 크기에 따른 모듈 설정
- 주변 여건에 따른 어프로치 설정

1. 개요

기숙사(dormitory, boarding house)는 일반적으로 공동주택에 준해서 이해되며, 생계가 다른 독신자들의 집단적 생활을 영위하기 위한 주거형식을 말한다.

2. 기숙사의 분류

- 종업원 기숙사 • 학생 기숙사 • 독신자 기숙사

3. 기능구성도

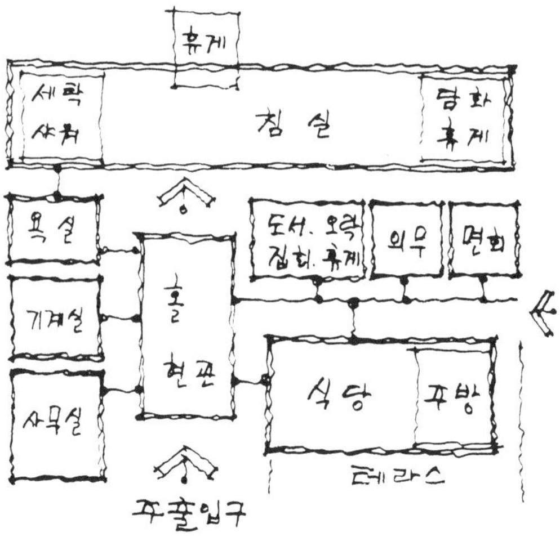

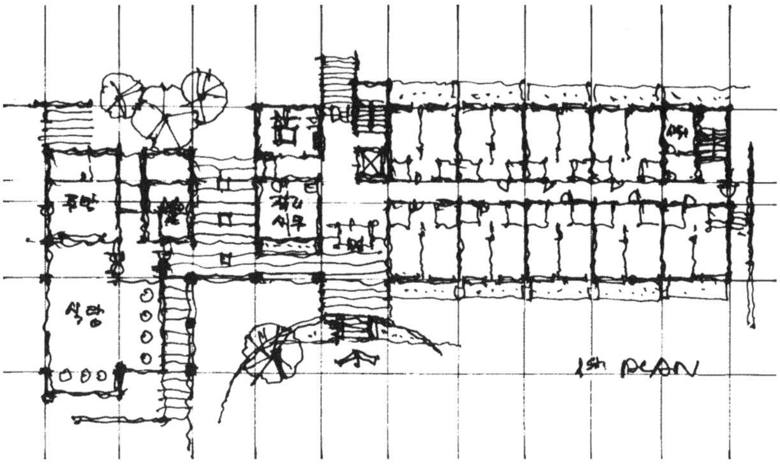

4. 기숙사계획의 일반사항

4.1 블록 플랜의 유형

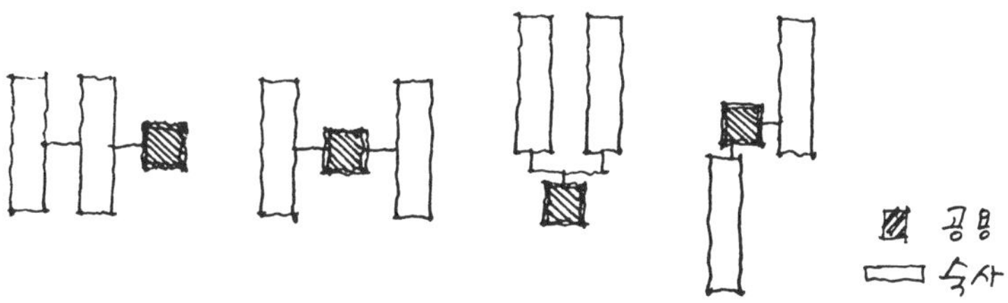

4.2 수용인원과 면적

(단위 : ㎡/인)

구 분			수용인원			
			100인	200인	500인	1,000인
거주부분 침실, 담화, 세면, 세탁, 화장실			6.2	6.0	5.8	5.6
공용부분	관리관계	사무, 면회, 휴양, 도서, 관리자실	1.0	0.9	0.8	0.65
	식사관계	식당, 주방, 창고	1.4	1.3	1.2	1.1
	욕실관계	욕실, 탈의실, 보일러실	0.4	0.3	0.2	0.15
	소계		2.8	2.5	2.2	1.9
합계			9.0	8.5	8.0	7.5
거주부분의 전면적에 대한 비율			68.8%	70.5%	72.5%	74.6%

4.3 거주동 평면형식

거주동의 거주실은 남쪽 또는 남동쪽을 향하도록 배치하고 식당, 욕실, 매점 등을 가까운 공용동에 설치한다.

기숙사 1층 평면도

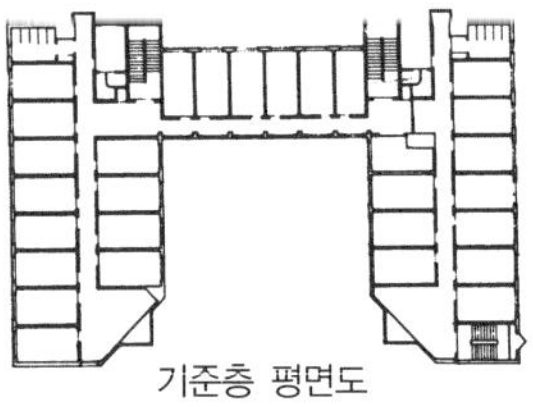

기준층 평면도

거주동 평면형식

명칭	형식	내 용
편복도형	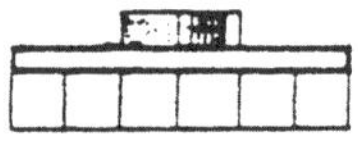	주거실의 환경을 같이 하는 경우에 채용되는 일반적인 형식
중복도형	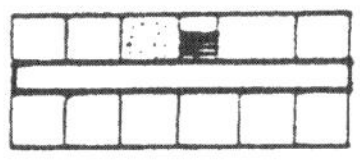	주거밀도를 높게 할 때 채용되는 것으로 방위에 따라 생기는 환경조건의 차를 설비를 이용하여 보완하도록 배려한다.
코어형	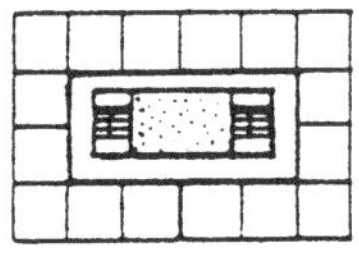	중앙복도와 같이 주거밀도를 높게 할 수 있다. 거주부분을 탑모양으로 계획하는 경우에 채용된다.
계단실형	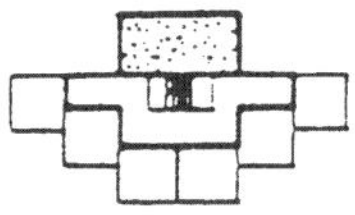	주거실은 소그룹으로 하는 전체를 구성하는 경우 등에 채용된다.

4.4 세부계획

(1) 침실

- 침실 거주인원 : 1실 2~6인, 최대 16인
- 1인당 최소면적 2.5m², 보통 5.0m²~10m²
- 실 깊이
  - 평면 채광일 때 : 개구부 너비×1.5 ≦ 실 깊이 ≦ 6m
  - 양면 채광일 때 : 개구부 너비×2.0 ≦ 실 깊이 ≦ 10m

(2) 식당

- 소요면적 : 0.9~1.2m²/인
- 통로의 너비 : 1.0m 이상
- 주방의 소요면적 : 0.4m²/인 또는 1/3~1/4×식당면적

(3) 보건시설

- 의무실 : 6~15m²
- 휴양실 : 5m², 휴양자 1인 (휴양자수 = 수용인원의 4%)
- 간호실 : 6~15m²

화장실
- 대변기수
  - ㉠ 1개/15인(100인 이하 경우)
  - ㉡ 1개/20인(100~500인 경우)
  - ㉢ 1개/25인(500인 이상 경우)
- 남자용 소변기수 : 남자용 대변기수×1~1.5

세면소
- 소요면적 : 0.35~0.4m² / 1bed
- 세면기 수 : 1개 / 2~6bed
- 세탁조 : 1개 / 10인

욕실
- 소요면적 : 1.2~2.4m² / 입욕자 1인
  입욕자 수 = 수용인원 ×0.9×1 / 교대수
- 탈의실 : 욕실면적×3/4

관리시설
- 사무실 : 16~20m² 정도
- 사감실 : 12~15m²

(4) 오락시설

- 오락실 : 0.2m^2/인, 20m^2/100인, 70~80m^2/500인
- 담화 · 휴게실 : 오락실이나 현관로비 일부 이용
- 집회실 : 식당이나 실내체육 시설과 겸용 가능

(5) 교양시설

- 독서실 : 도서실, 신문잡지실 등을 활용하거나 오락실, 담화실 등을 이용
- 가사실 : 여자 수용인원의 1/2~1/10 이동시 사용 가능 공간
- 자습실 : 학생기숙사의 경우 2~4명당 1실 정도

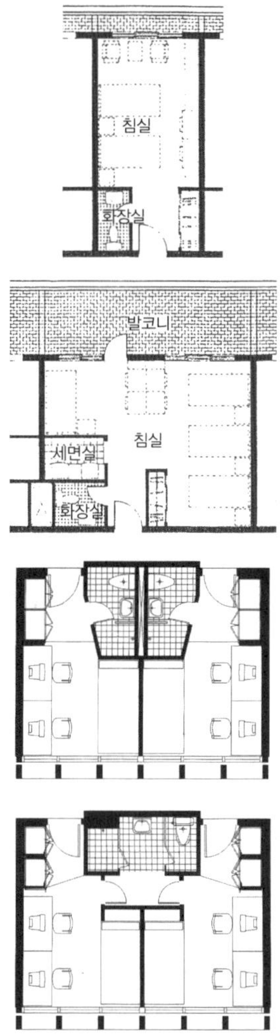

기숙사실 평면 예

5. 기숙사계획의 핵심정리

5.1 기본사항

- 기숙사는 일반적으로 주거지역이나 산업시설부지 내 또는 대학캠퍼스 내에 위치하고 있으므로 주변환경과 주어진 마스터플랜을 이해하여야 한다.
- 기숙사내 거주시설과 공용시설은 일반적으로 별동 또는 층별로 (저층부, 상층부) 분리하여 계획한다.
- 거주시설(침실)은 편복도 또는 중복도형으로 하는 것이 일반적이다. 고층부 계획이 요구될 때 코어형(탑상형)으로 하는 것이 유리하다.

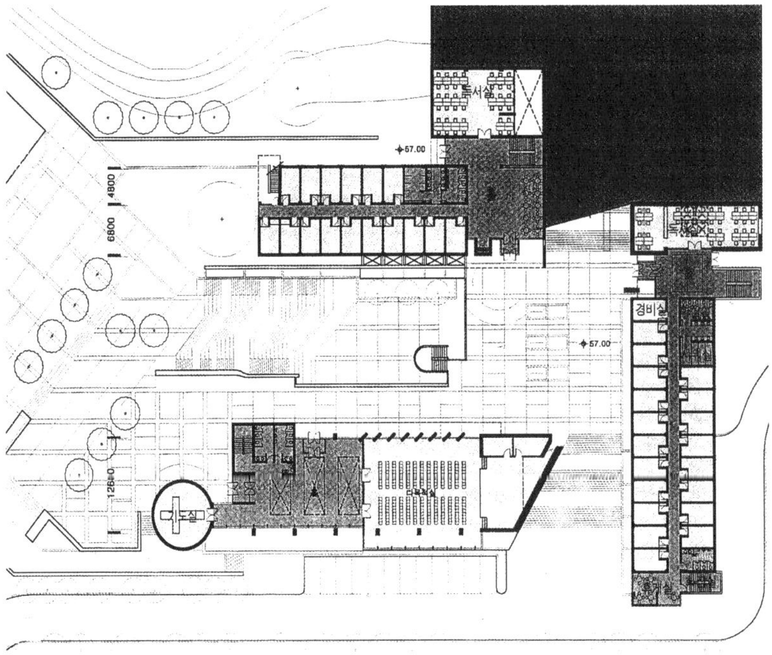

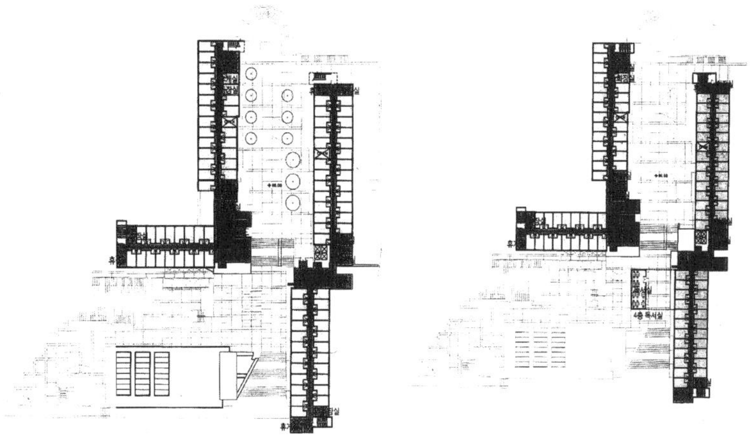

5.2 계획시 고려사항

(1) 배치계획

- 주변 여건을 고려한 동선계획이 요구된다.
- 대지 여건과 주어진 조건에 따라 거주시설과 공용시설의 상관관계를 판단한다.
- 남 · 여 구분은 동별 또는 층별로 계획하는 것이 일반적이다.

(2) 평면계획

- 기숙사는 침실계획이 중요하고 침실의 향은 남향이 최우선이지만 조건이나 상황에 따라 동향, 서향, 북향 순으로 계획한다.
- 식당, 다목적실, 휴게, 관리사무 순으로 부기능을 계획한다.
- 침실의 크기에 따른 모듈을 설정하고 침실의 크기는 단변과 장변의 비가 1 : 2를 넘지 않도록 하는 것이 좋다.
- 식당주방부에 서비스 차량의 접근이 가능하도록 한다.

(3) 입면 및 단면계획

- 거주성을 고려하여 친근감 있는 입면계획을 한다.
- 자연채광과 환기를 고려한 단면계획을 한다.
- 1층 층고는 4~5m 정도로 하고, 침실의 층고는 3m~4m 정도로 한다.
- 식당, 다목적실 등의 층고는 4.5m 이상으로 하는 것이 좋다.

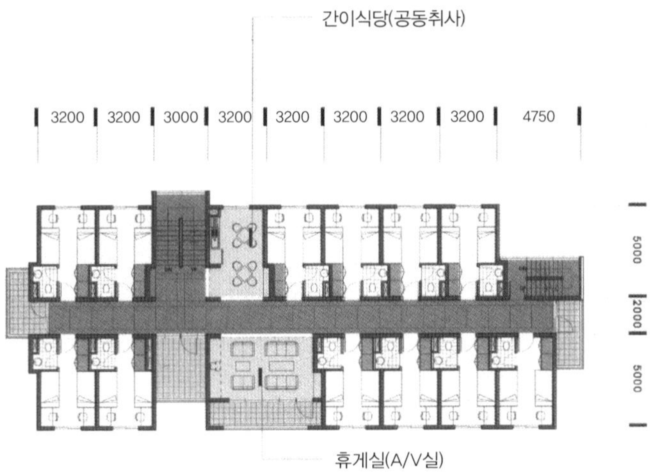

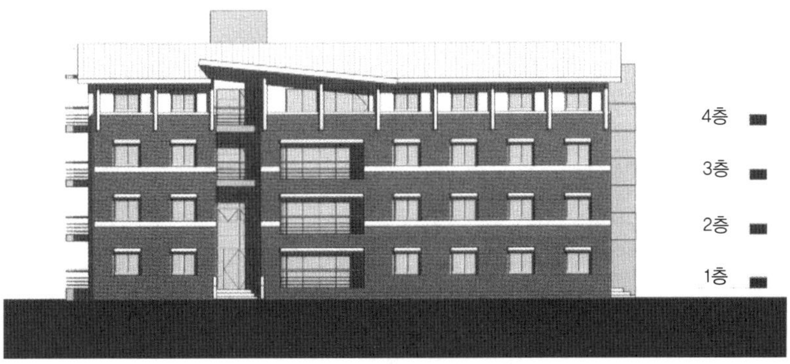

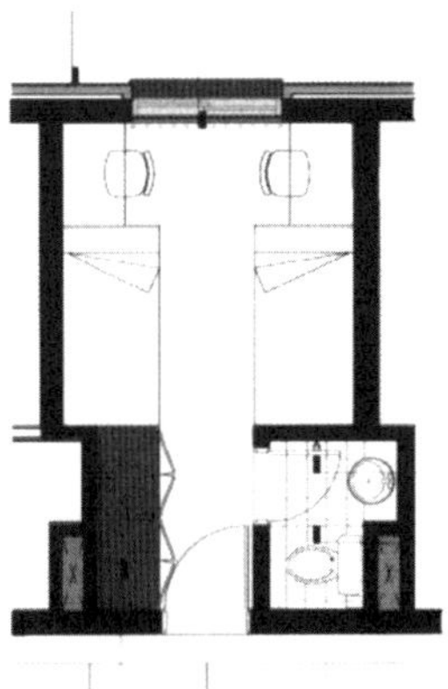

6. 사례

□ 기숙사계획의 예 1

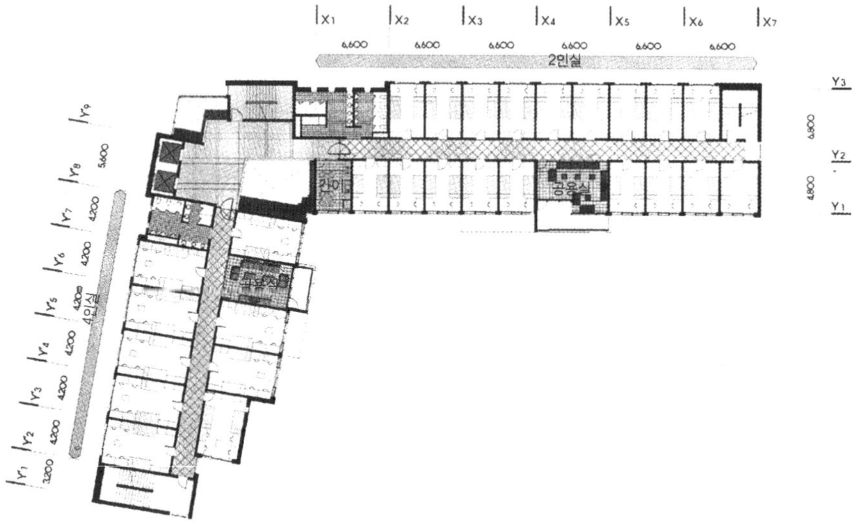

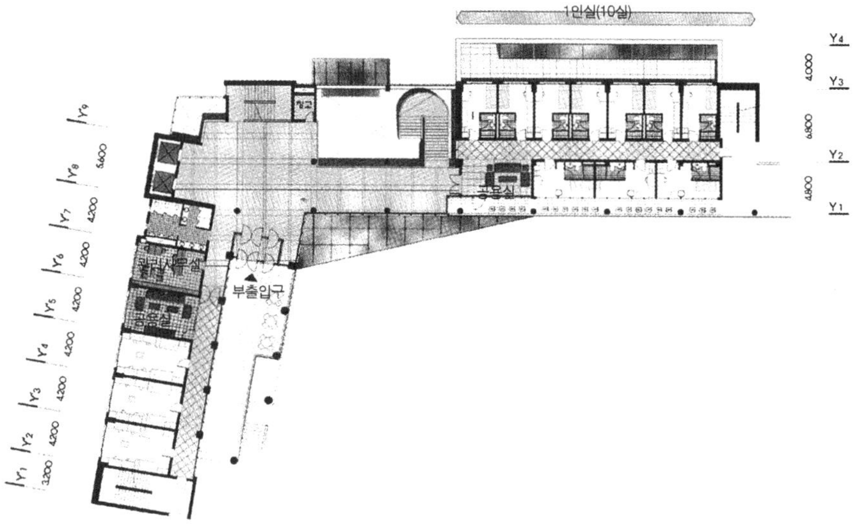

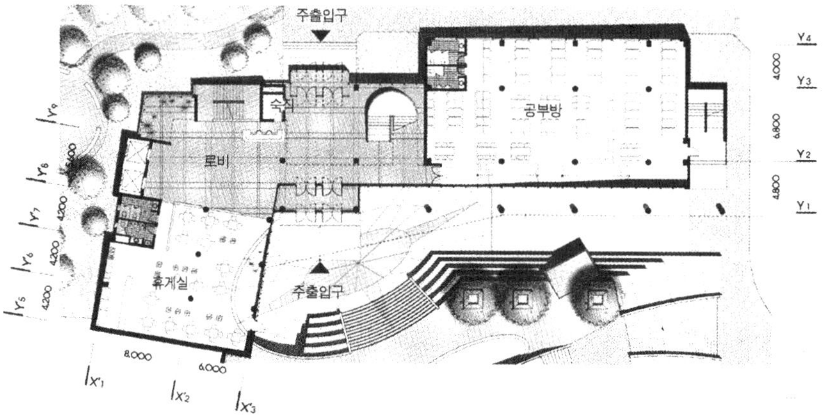

□ 기숙사계획의 예 2

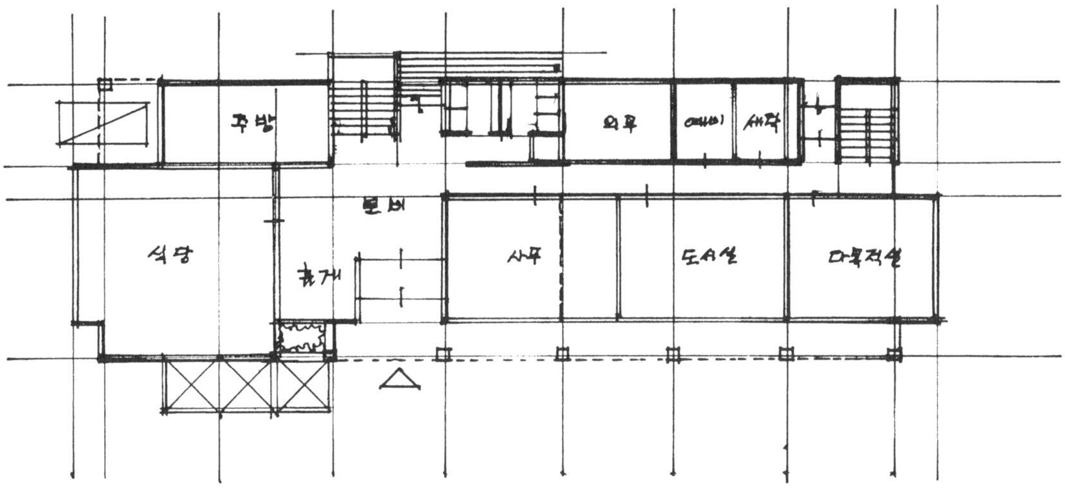

▲ 지상 1층 평면도

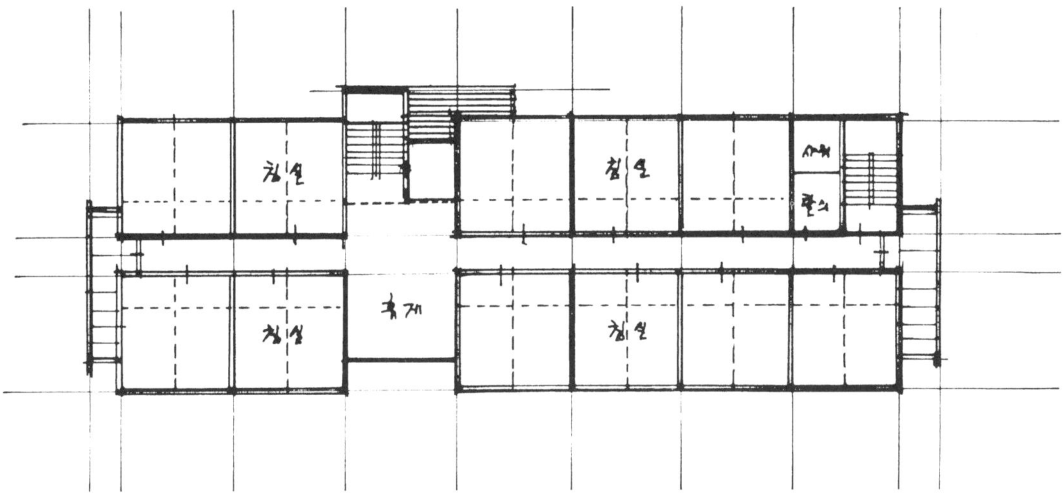

▲ 기준층 평면도

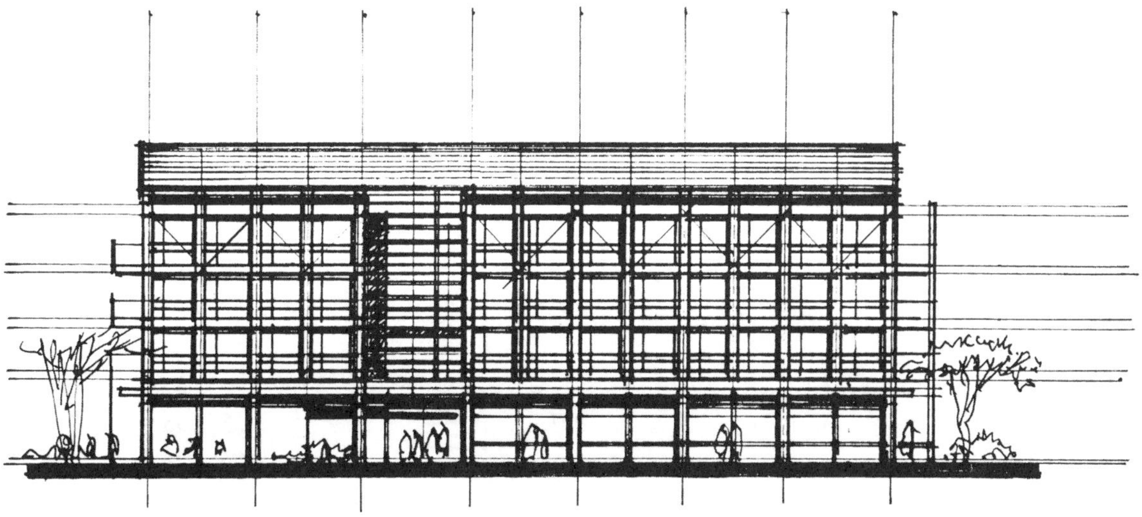

▲ 정면도

04 Chapter

주상복합

1. 개요

주상복합시설은 일반적으로 저층부에는 근린생활시설이나 판매시설이 있고, 상층부에 주거시설이 있는 것을 말한다.

2. 주상복합의 분류

- 근린생활시설 + 주거
- 업무시설, 판매 + 주거

2.1 평면 개념상 분류

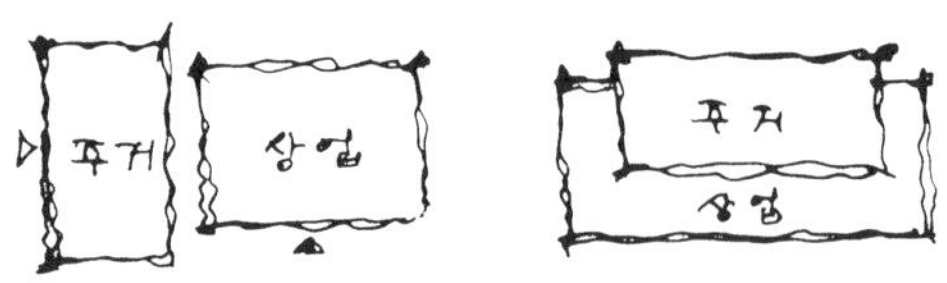

2.2 단면 개념상 분류

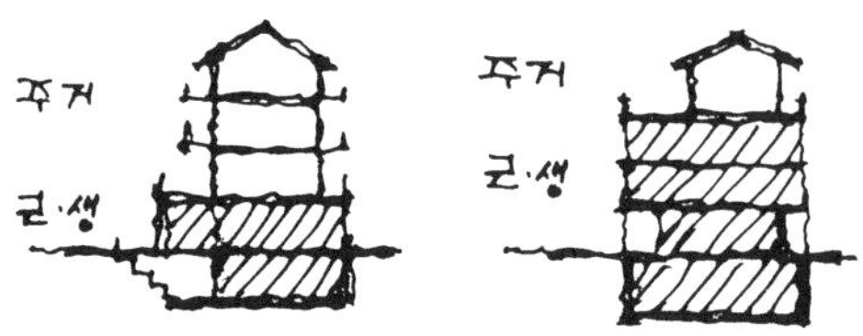

□ **예상 적용 모듈**
- 6m×6m
- 6m×7.5m
- 6m×9m

□ **주요 요구사항**
- 주거부분 계획 능력
- 주 · 부출입구 계획
- 조닝 및 코어구성 능력
- 주차계획 능력
- 법규 적용 여부

□ **체크 포인트**
- 복합기능에 따른 접근성 (출입구, 주차장)
- 기능에 따른 동선분리
- 적정 모듈 적용
- 법규 검토(일조권, 사선제한)

3. 기능구성도

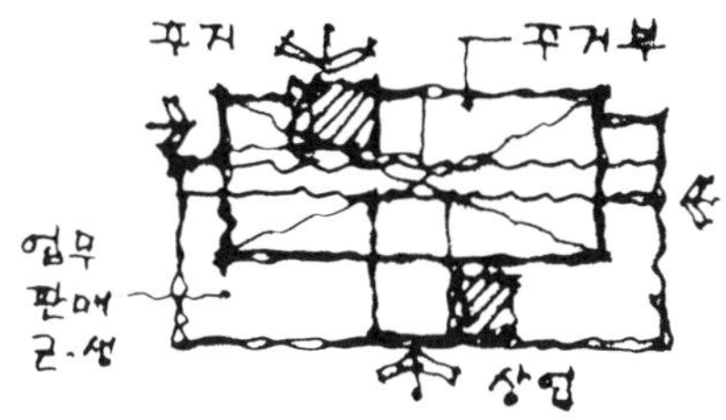

4. 주상복합계획의 일반사항

4.1 도로조건에 따른 배치유형

- 부지가 하나의 도로에만 면해 있는 경우 주거와 상업기능간의 동선 분리가 배치에 의한 것보다 동선상의 구분에 의한 계획을 한다.
- 사람들의 통행이 빈번한 도로면에 상업기능을 접면하도록 건물을 배치하고 주거기능의 진입을 다른 도로면에서 진입하도록 배치한다.
- 도로가 전 · 후면에 있는 경우에는 두 개 중에서 도로의 위계가 낮은 도로면을 주거기능으로의 진입면으로 하고 위계가 높은 도로면을 상업기능으로 활용하기 위하여 주도로로 건물이 접하도록 배치한다.

▲ 상업공간 진입
△ 주거공간 진입

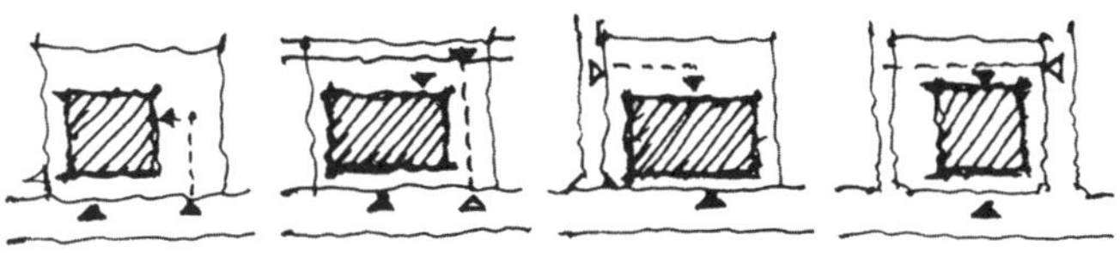

4.2 용도별 동선, 코어구성

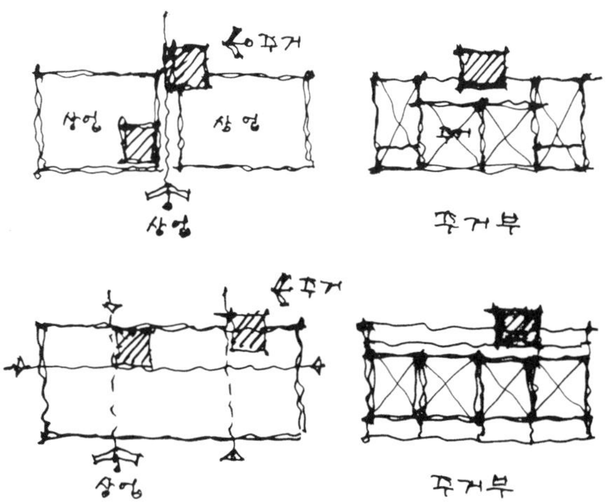

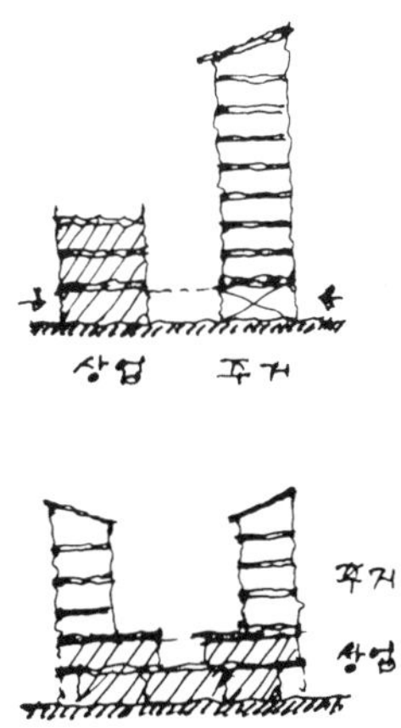

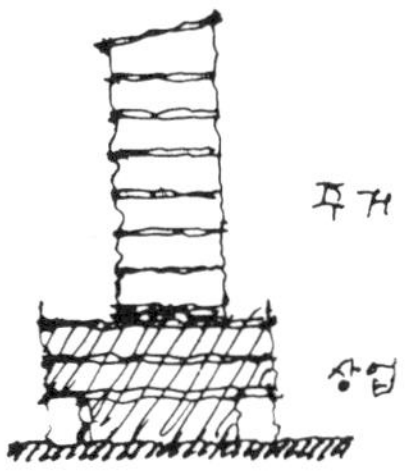

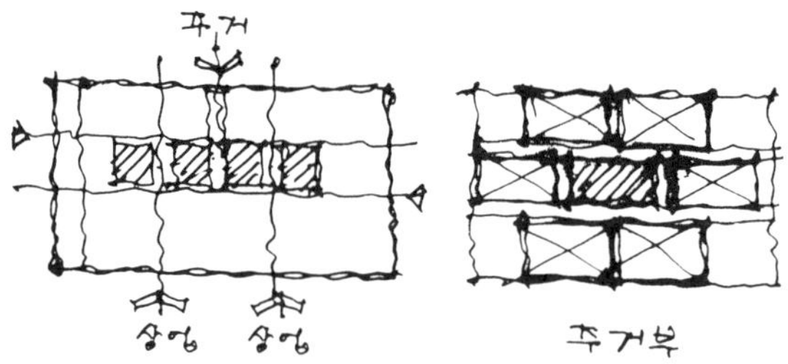

5. 주상복합계획의 핵심정리

5.1 기본사항

- 주상복합시설은 도심내 상업지역에 위치하는 경우는 대규모이고, 주거지역에 위치한 경우 일반적으로 소규모이다. / 6층 이하
- 주상복합시설은 주거와 상업시설의 주출입구와 주코어를 분리계획하는 것이 원칙이다. / 소규모인 경우 예외

- 1개층 바닥면적이 300㎡ 이하이고 5층 이하일 때 조건에 따라 1개의 코어가 가능하다.
- 대지의 형상이나 규모, 1층 기능, 바닥면적에 따라 코어의 위치가 결정된다.
- 1개층의 바닥면적이 200㎡를 넘을 경우 남·여 분리 화장실을 계획하는 것이 좋다.

5.2 배치계획시 고려사항

- 평형과 세대수를 고려한 주거동의 위치를 가정한다.
- 도로사선, 일조권, 대지 안의 공지 등 법규 검토를 한 후 주차장계획을 한다. / 진출입 위치, 주차방식, 지하주차장 등
- 주거동과 상업용 시설의 주출입구 위치와 코어를 설정한다.

5.3 평면계획

- 주거부분의 평형과 형상에 따라 기본적인 모듈을 계획한다.
- 상층부 주거부분의 향은 남향, 동향을 원칙으로 하지만 조망이나 조건에 따라 서향이나 북향도 가능하다.
- 소규모인 경우 출입구 1개소도 가능하며, 4층 이상의 규모는 엘리베이터를 계획하는 것이 좋다.

5.4 입면 및 단면계획

- 입면의 구성은 저층부(업무, 상업)와 상층부(주거)로 구분하고 전체적으로 조화를 이루도록 한다.
- 층고는 저층부 4~5m, 기준층부는 3~4m 정도가 일반적이다.
- 대규모의 주상복합시설 구조는 S.R.C 또는 R.C로 하지만 조건에 따라 기준층(주거)부는 벽식구조로도 한다.

6. 사례

□ 주상복합계획의 예

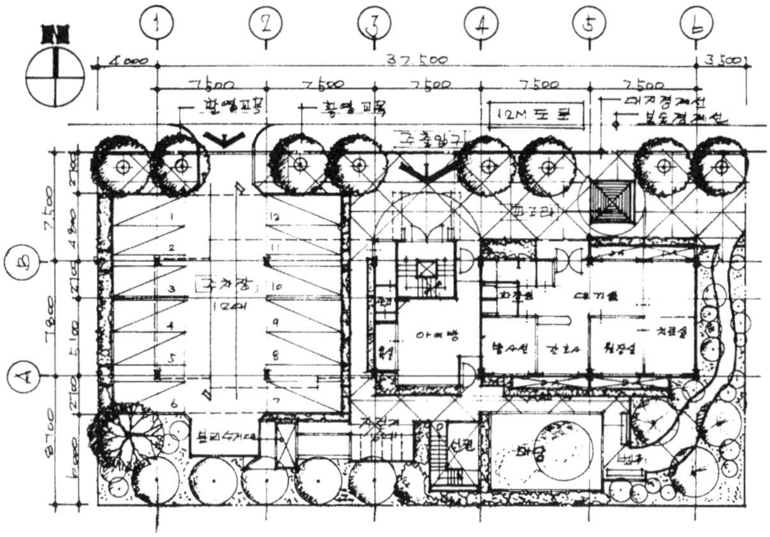

배치 및 1층 평면도

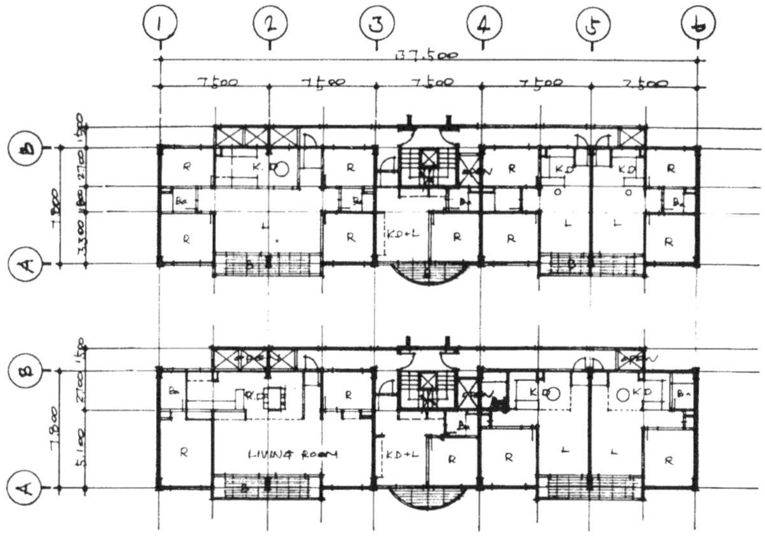

기준층+가변형 평면도

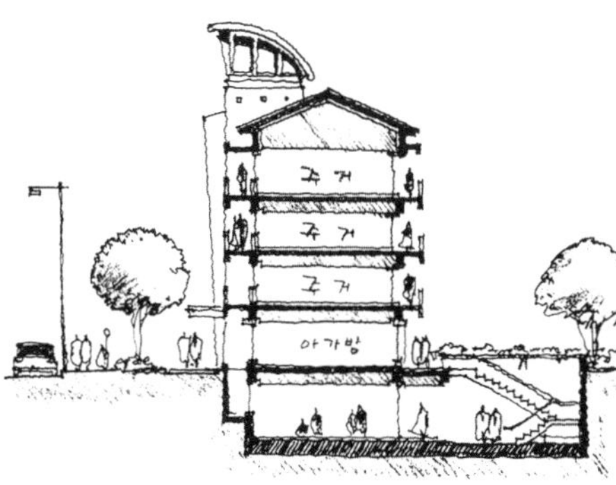

단 면 도

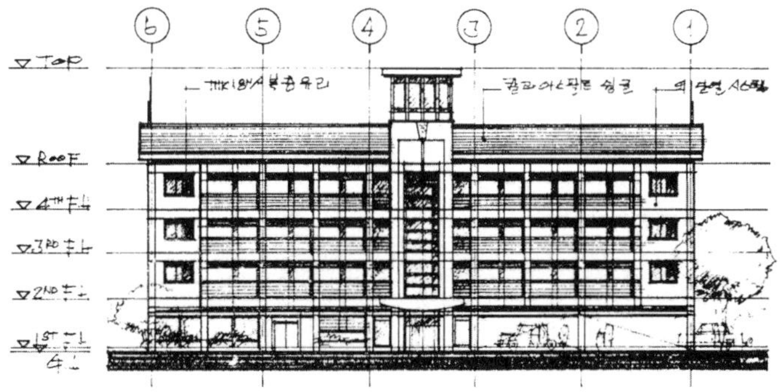

입 면 도

□ 주상복합계획의 예

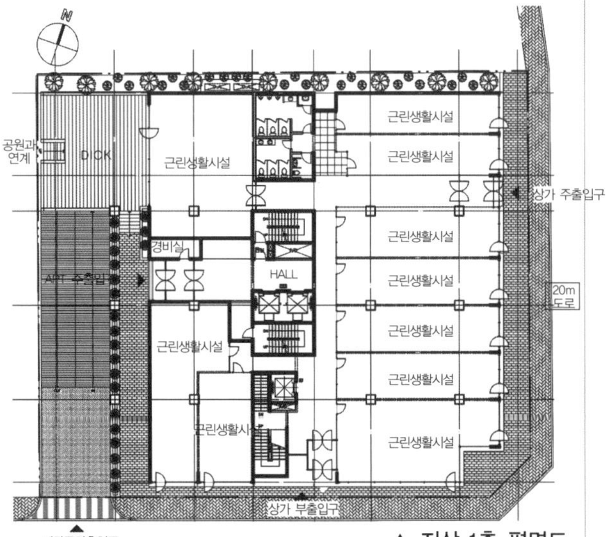

▲ 지상 1층 평면도

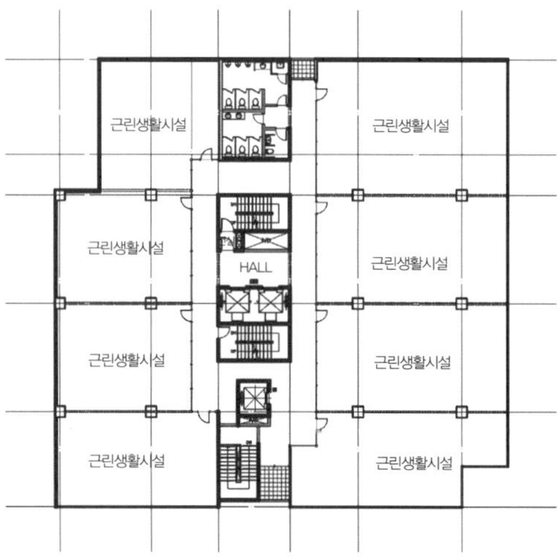

▲ 지상 2층 평면도

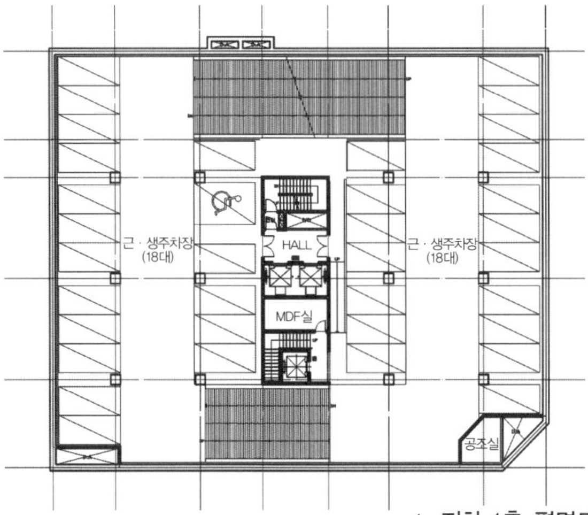

▲ 지하 1층 평면도

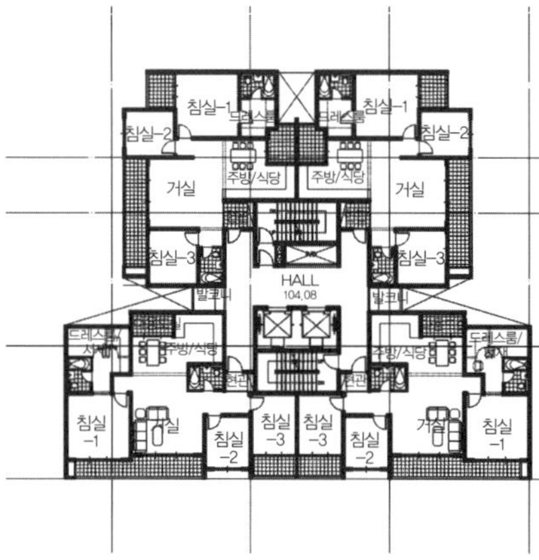

▲ 지상 3~10층 평면도

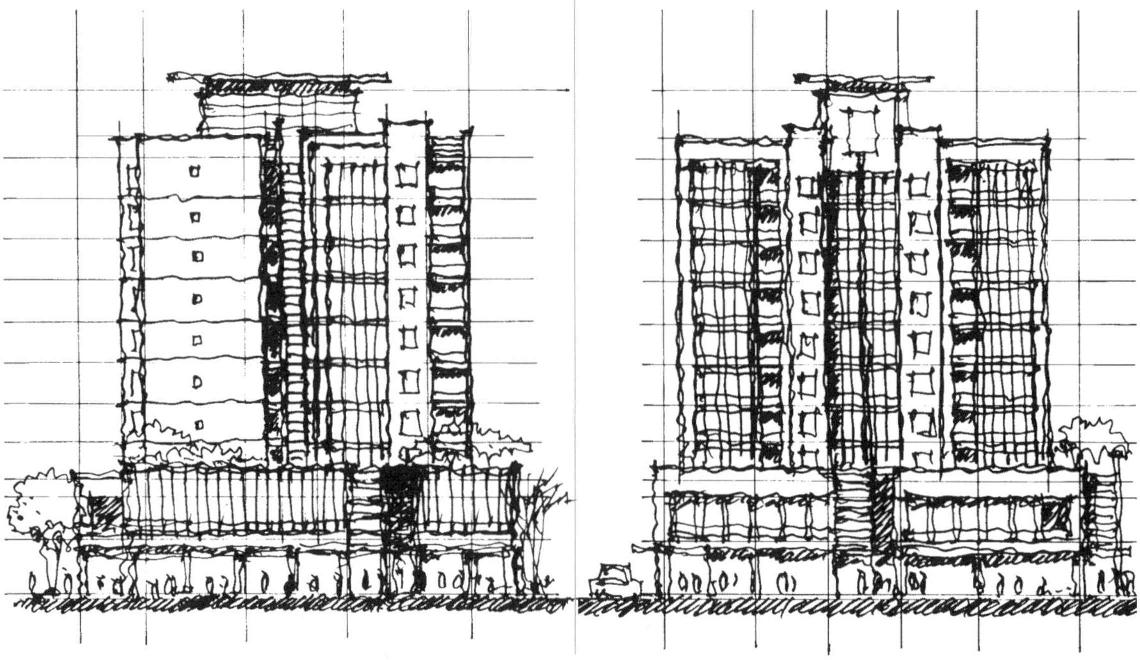

▲ 입면도

□ 주상복합계획의 예(서초 롯데캐슬)

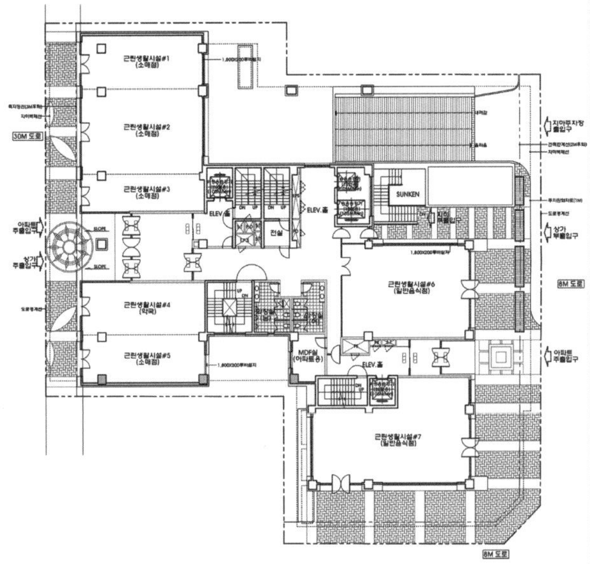

▲ 지상 1층 평면도

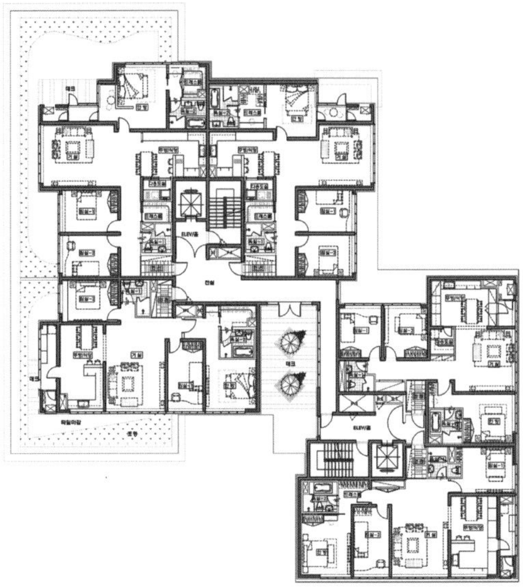

▲ 지상 6층 평면도

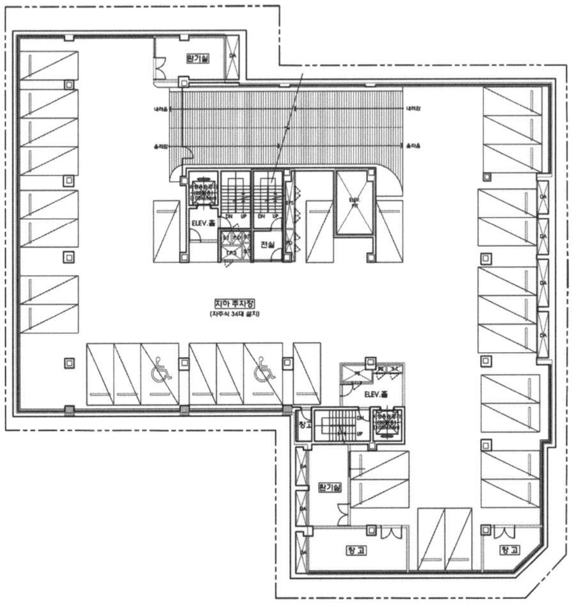

▲ 지하 3층 평면도

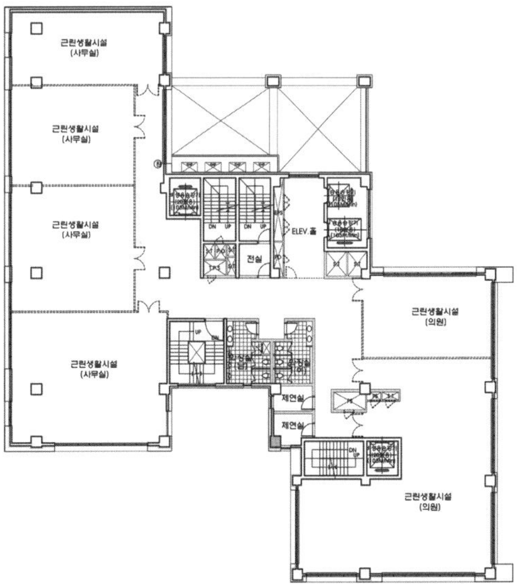

▲ 지상 3층 평면도

□ 주상복합계획의 예(울산 오피스텔)

▲ 투시도

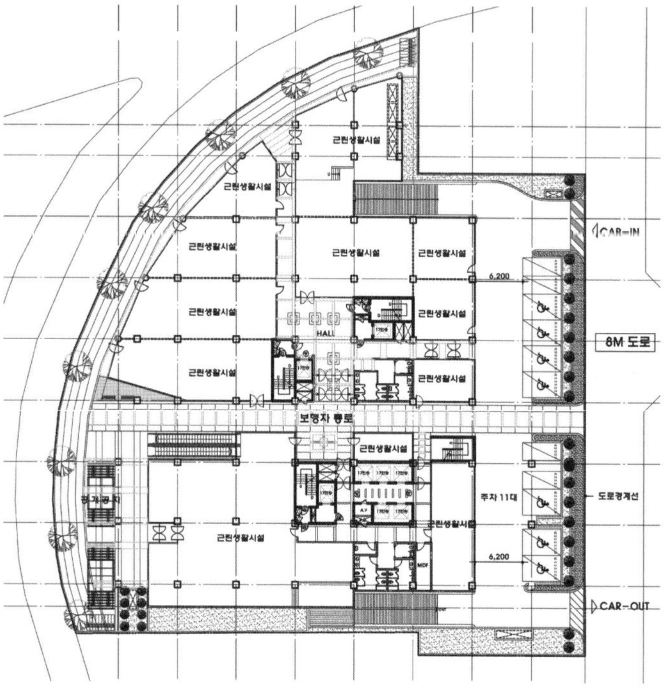

▲ 지상 1층 평면도

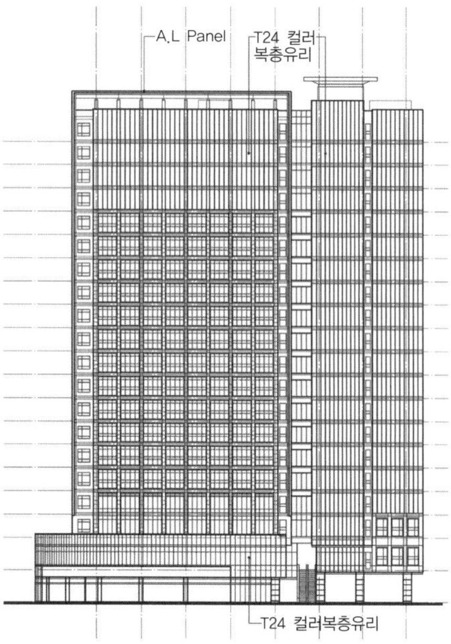

▲ 정면도

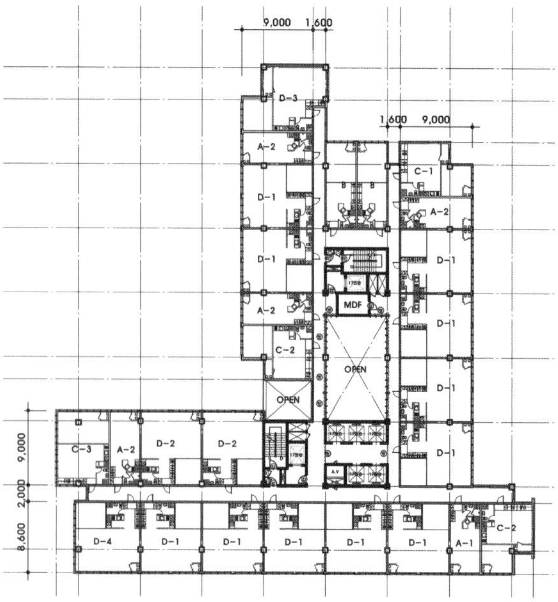

▲ 기준층 평면도

□ 주상복합계획의 예

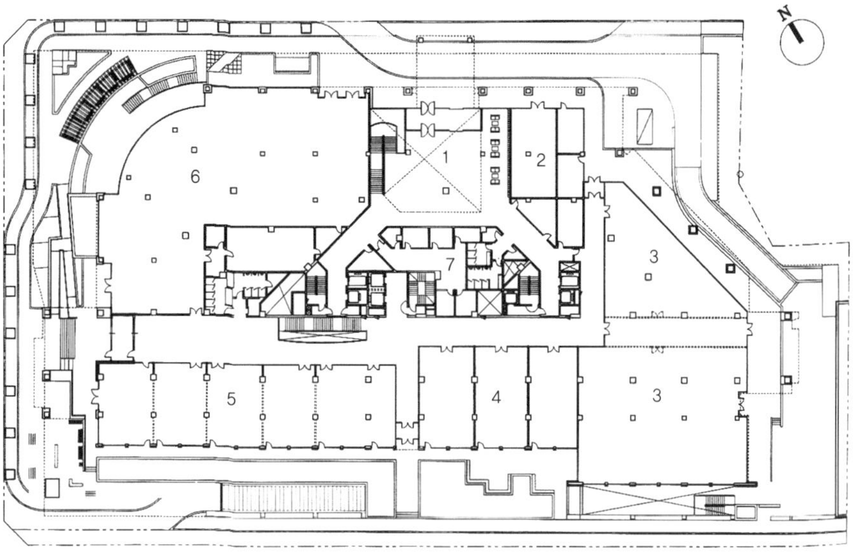

▲ 1층 평면도

1. 로비
2. 편의점
3. 의료시설
4. 클리닉
5. 부대편의시설
6. 식당
7. 사무실

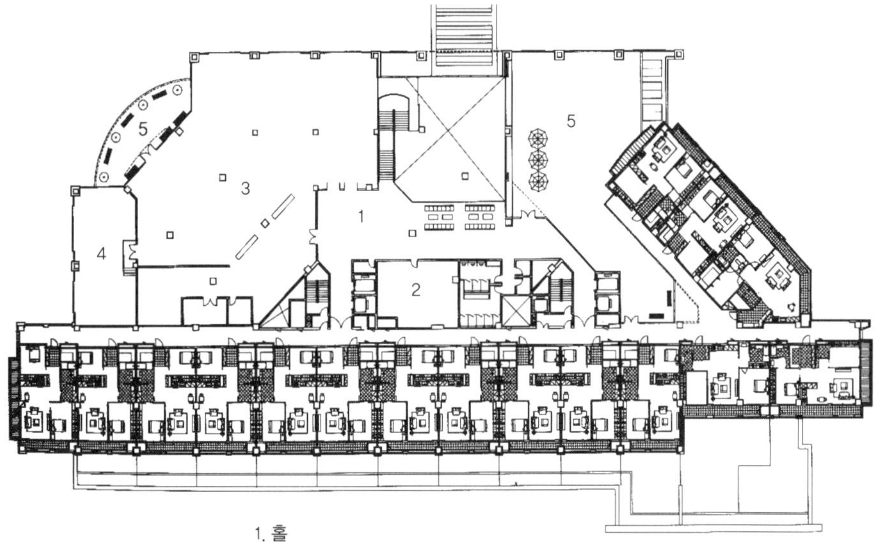

▲ 2층 평면도

1. 홀
2. 사무실
3. 식당
4. 공조
5. 옥상정원

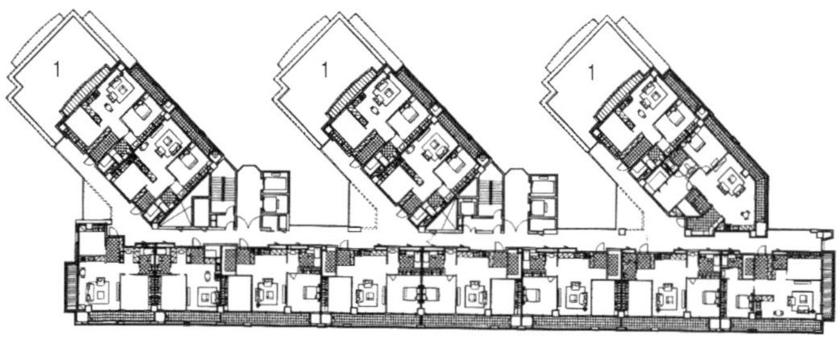

▲ 13층 평면도

1. 옥상정원

05 사무소

Chapter

1. 개요

사무소건축은 단순한 업무의 소규모 사무소와 극장, 은행, 식당 등을 포함하는 대규모 복합형에서 서비스 수준이 향상된 인텔리전트형이 있다.

2. 사무소의 분류

- 대여(임대) 사무소
- 전용(자사) 사무소

3. 기능구성도

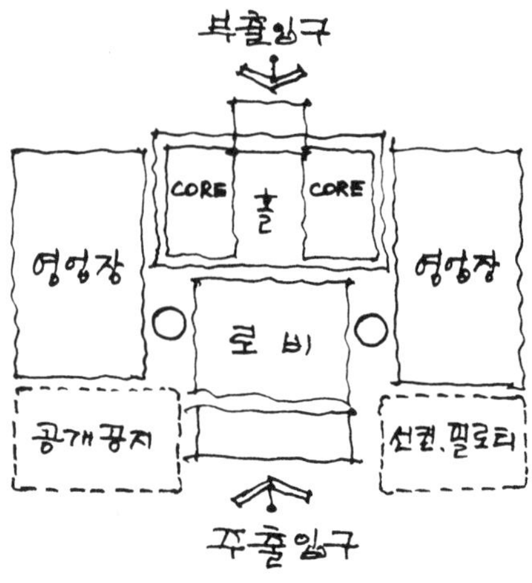

예상 적용 모듈
- 6m×7.5m
- 8m×8m
- 7.5m×9m

주요 사항
- 보 · 차 진출입 적용 능력
- 코어구성 능력
 (예 : ELEV, 비상계단(특별))
- 모듈 적용 능력
- 지하주차장계획 능력

체크 포인트
- 사무소 기능의 개념(형) 파악
- 바닥면적에 따른 적정 코어 설정
- 주접근도로 성격 파악
 / 건축선, 공개공지 여부 등
- 보 · 차 동선분리 : 특히 지하주차장이 있을 때 모듈 설정 중요
- 법규 적용 검토

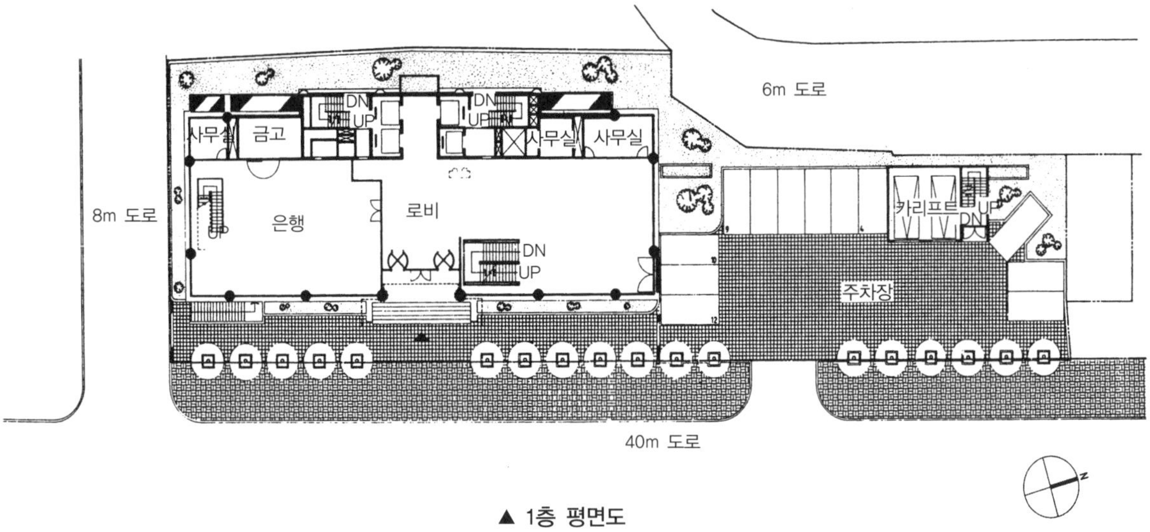

▲ 1층 평면도

4. 사무소계획의 일반사항

4.1 부지조건

- 교통이 편리한 도심상업지역이다.
- 넓은 도로에 접하고 2면 이상 도로에 접하면 유리하다.
- 전면도로에 길게 접한 대지가 유리하다.
- 대지모양은 직사각형 또는 이에 비슷하면 유리하다.

복도
- 편복도(1.2m 이상) : 1.5m~1.8m
- 중복도(1.5m 이상) : 1.8m~2.5m

4.2 수용인원 및 면적계획

(1) 임대 면적비

- 연건축면적의 70~75%
- 기준층의 경우 75~85%

(2) 수용인원 계획

- 임대 면적비 : 5.5~6㎡/1인
- 연면적비 : 9~10㎡/1인

남 · 녀비율
- 일반사무 75~70 : 25~30
- 은행사무 70~65 : 30~35
- 점포 65~60 : 35~40

연면적 산정식

$A = n \times k \div H$

A : 연면적
n : 인원수
K : 1인당 소요 바닥면적 8~11㎡
H : 연면적과 임대면적 비율 0.7~0.75

- 법규상 17인승 이상은 그대로 산정

4.3 사무소의 코어구성

(1) 계단

- 3층 이상 1개 층의 바닥면적 300㎡ 이상일 때 계단은 2개소 설치를 원칙으로 한다.
- 1개 계단실의 크기는 3m×6m를 기준으로 한다.

(2) 엘리베이터

- 엘리베이터 대수는 사무실의 경우 6층 이상의 거실면적 합이 3,000㎡까지 1대이고, 2,000㎡ 이내마다 1대의 비율로 가산된다.
- 엘리베이터 1대의 크기는 17인승을 기준으로 2.5m×2.5m가 적정하다.

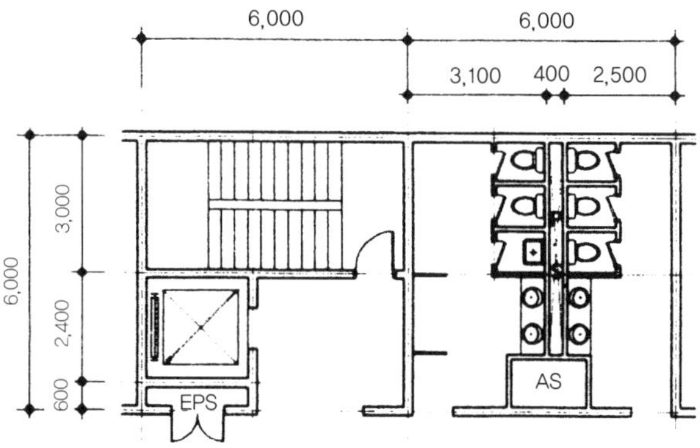

(3) 화장실

- 화장실 바닥면적은 200~300㎡당 남·여 1개소 설치를 원칙으로 한다.
- 화장실은 남·여 분리설치를 원칙으로 한다.
- 대변기 칸막이의 크기는 1.2m×1.2m 또는 1.2m×1.5m 정도로 한다.

(4) 코어구성의 예

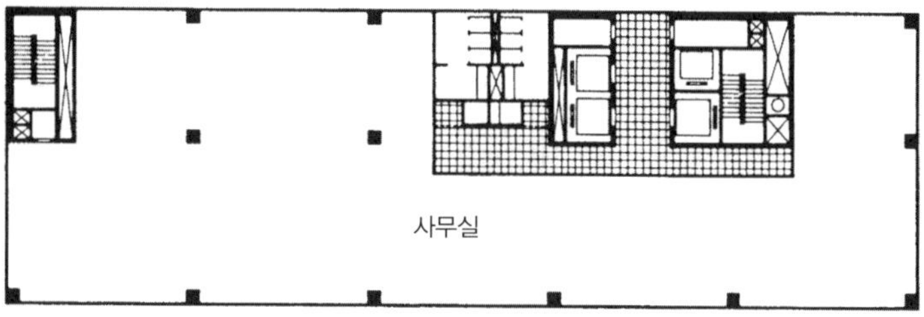

편심코어형

양단코어형

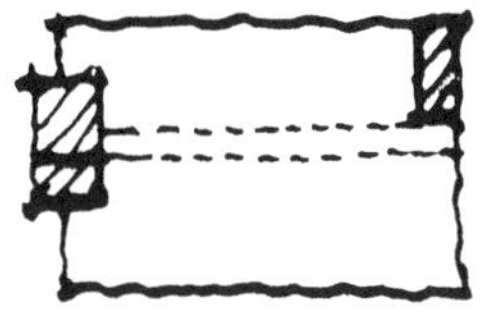

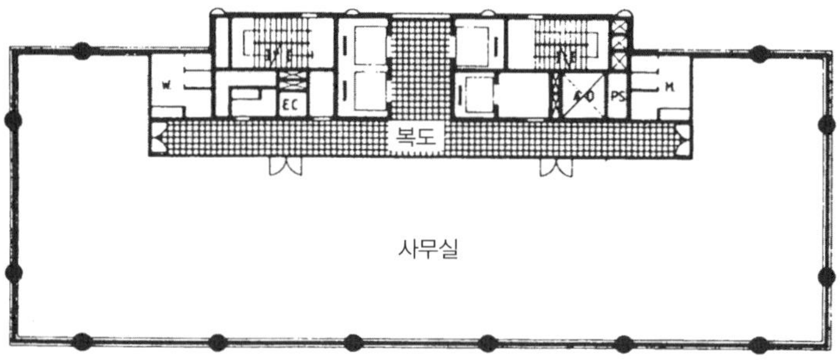

모서리형

독립코어형

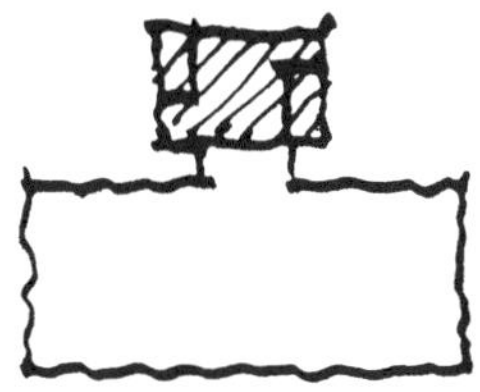

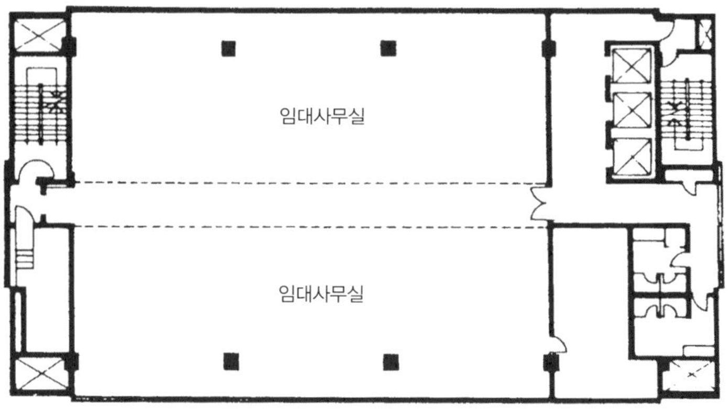

중앙코어형

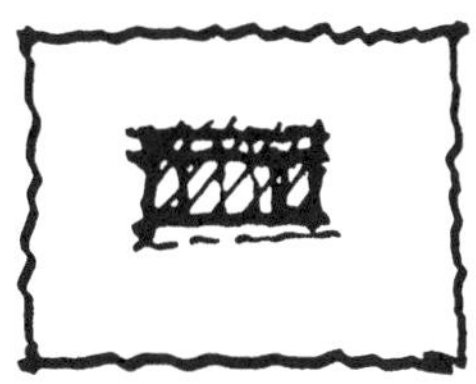

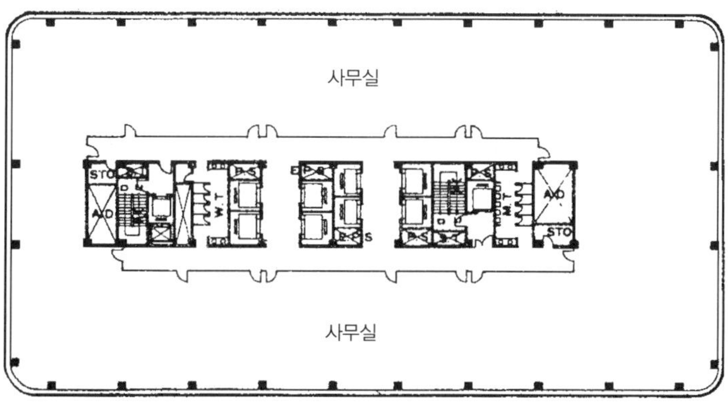

중정형

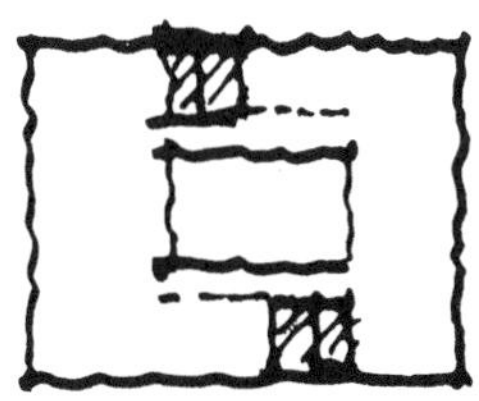

5. 사무소계획의 핵심정리

5.1 기본사항

- 사무소건축의 입지는 교통이 편리한 도시의 중심부로서 경제성을 고려한 토지이용과 임대면적비가 중요하다.
- 옥내 · 외 주차계획이 요구된다.
- 모듈 및 코어계획이 중요하다.
- 법규 사항으로 도로사선, 공개공지, 건축선 등을 검토해야 한다.

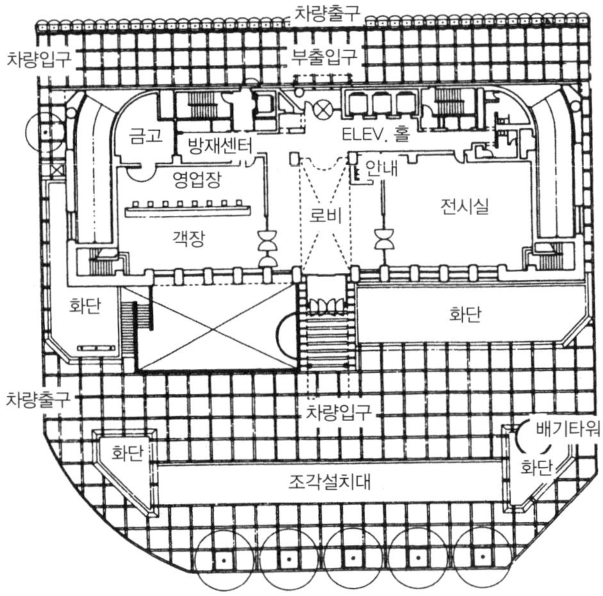

▲ 1층 평면도

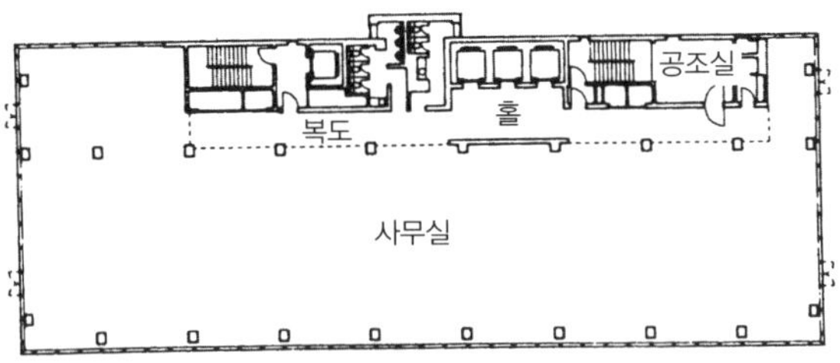

▲ 기준층 평면도

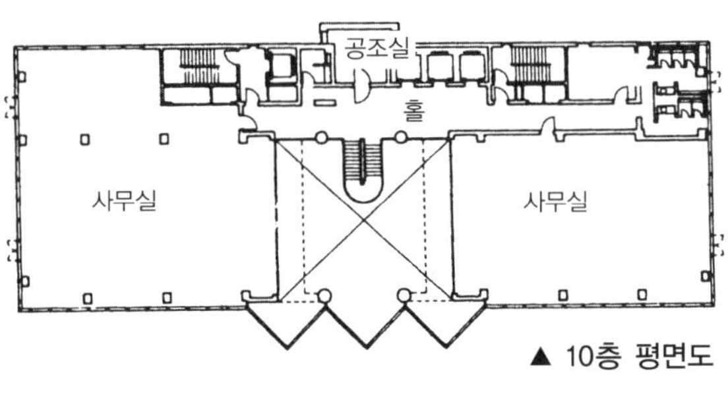

▲ 10층 평면도

5.2 계획시 고려사항

(1) 배치계획

- 배치계획은 기본적으로 주도로를 전면으로 보고 부도로에서 주차 진 · 출입을 계획한다.
- 주차 진 · 출입계획은 가급적 자주식(램프)으로 계획하고, 50대 이상 수용시 진 · 출입을 분리하거나(대지 내에서) 차로폭을 6~6.5m 이상으로 한다.
- 기계식 주차가 허용될 때 카리프트, 타워파킹 등 기계식 주차방식을 할 수 있다.

(2) 평면계획

- 평면형은 정방형 또는 장방형으로 가급적 단순하게 처리하고 외부 창과 내부 홀 또는 복도와의 거리는 층고의 2~3배 정도가 좋다.
- 규모나 형에 따라 코어방식을 결정하고, 층수 및 연면적에 준하여 ELEV계획을 한다.
  특히, 지하 3층이나 지상 11층 41m 이상시 특별피난계단과 비상용 ELEV가 검토되어야 한다.
- 1층 계획은 가급적 개방감 있게 하고, 로비나 홀을 여유 있게 한다.
- 임대면적과 코어부와의 관계인 랜트비의 균형이 중요하다.

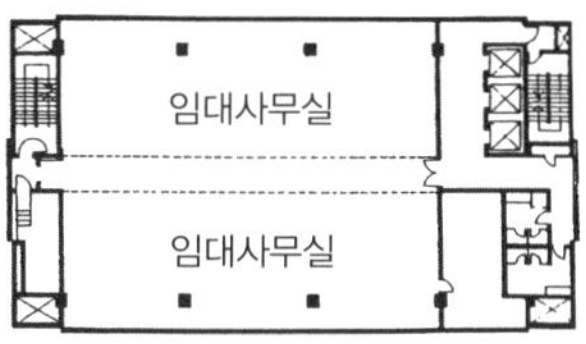

기준층 평면도

(3) 입면 및 단면계획

- 입면계획은 가급적 단순한 형태로 계획하는 것이 좋다.
- 저층부는 가급적 개방감 있게 하고 전체적으로 안정감 있게 하는 것이 좋다.
- 설비관계에 따른 적정한 층고는 1층은 4~5m, 기준층은 3.5~4m 정도로 한다.
- 기준층의 천장고는 2.4~2.7m 정도가 일반적이다.

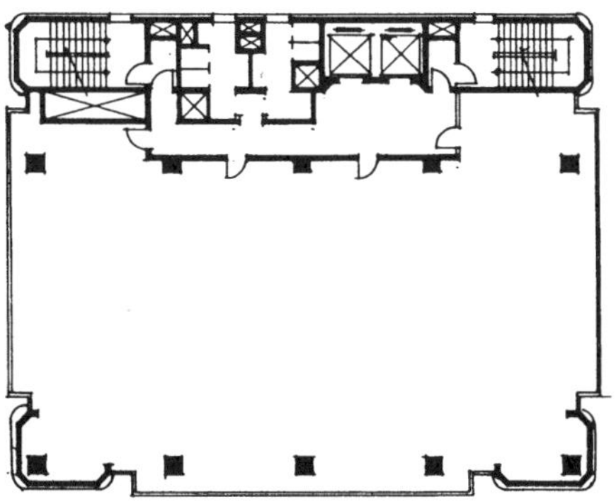
▲ 기준층 평면도

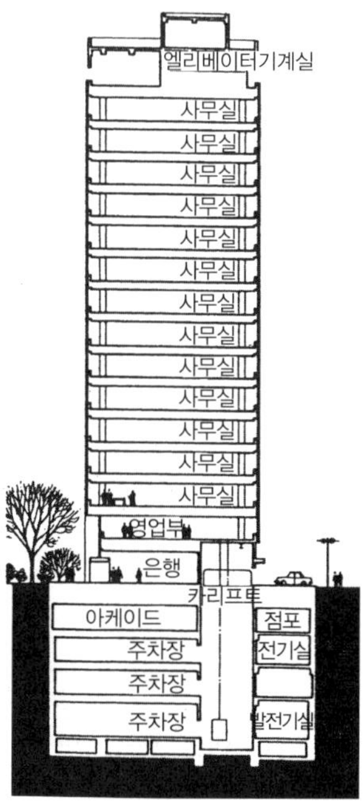

6. 사례

□ 근린생활시설(조 산부인과 의원)

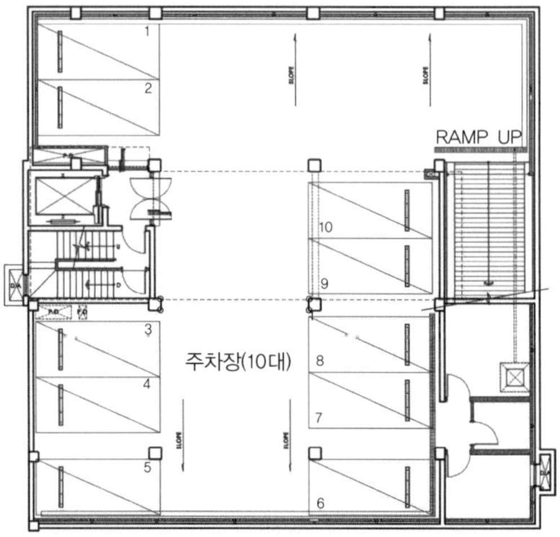

▲ 지하 1층 평면도

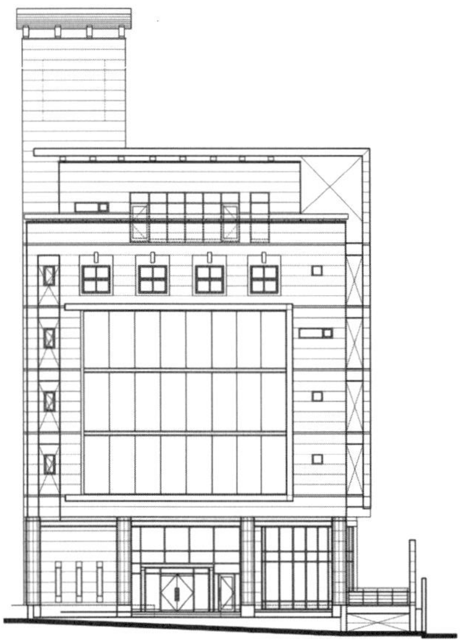

▲ 정면도

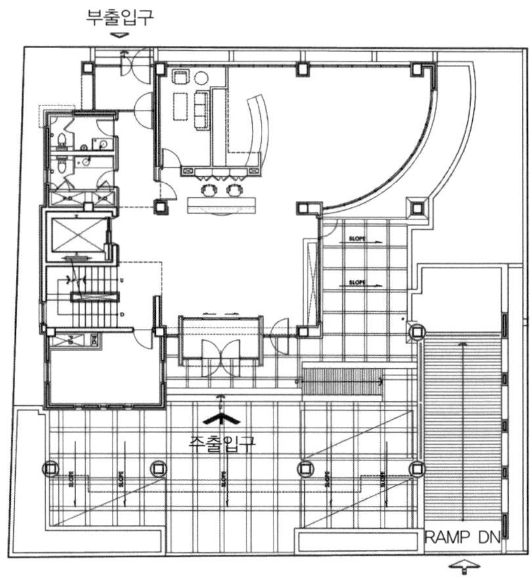

▲ 지상 1층 평면도

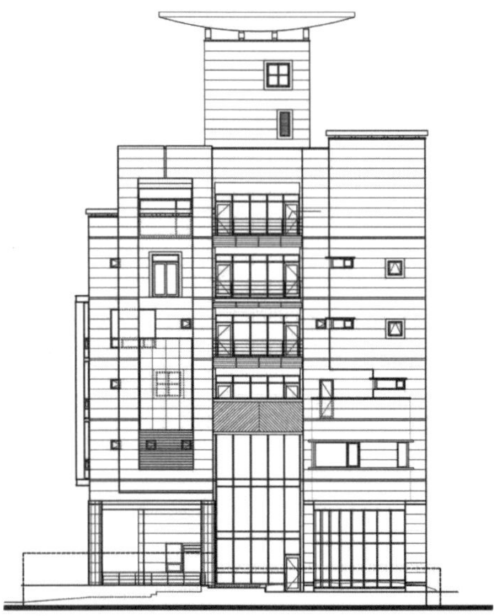

▲ 우측면도

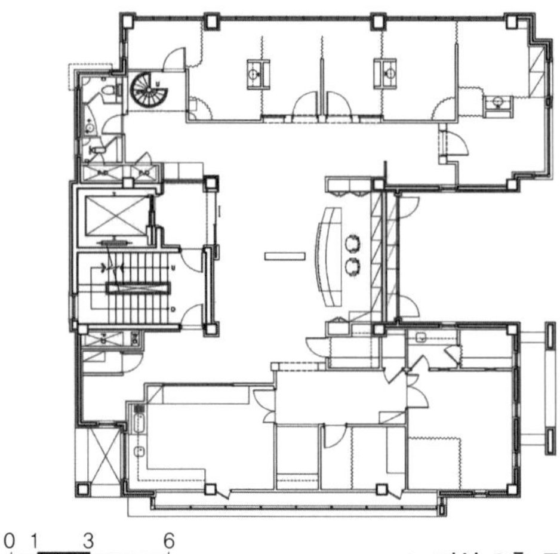

▲ 지상 2층 평면도

□ 근린생활시설(건축사사무소)

▲ 전경

▲ 지상 5층 평면도

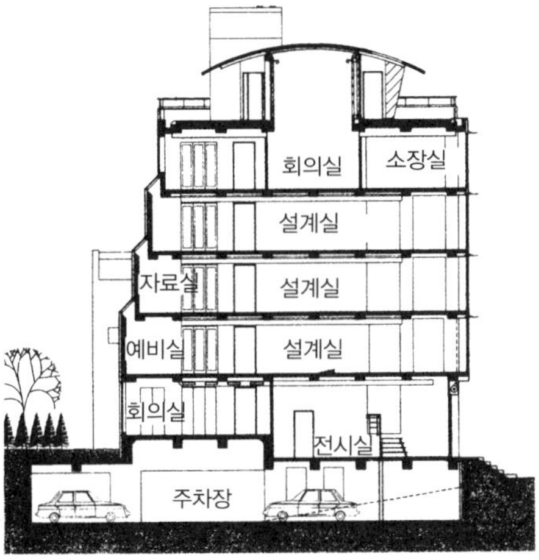

▲ 단면도

▲ 지상 3층 평면도

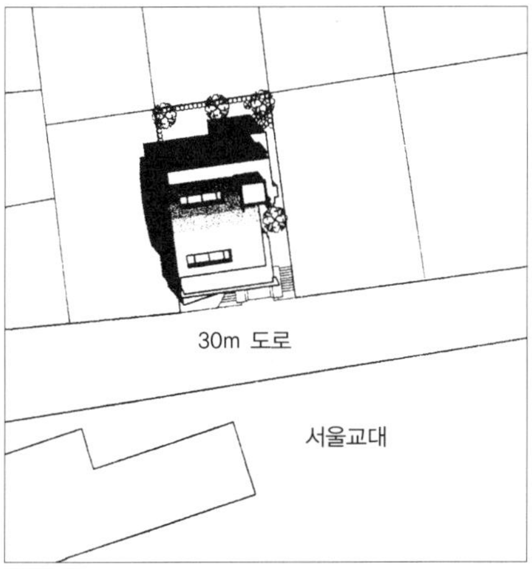

N
0 5 10 20

▲ 배치도

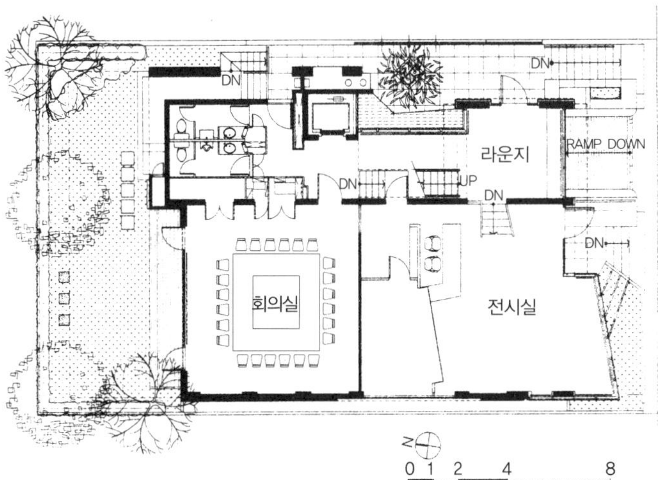

▲ 지상 1층 평면도

□ 근린생활시설(일반사무소)

보현빌딩

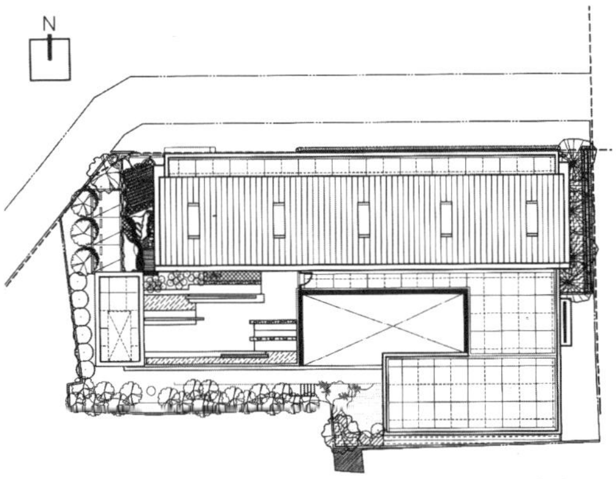

▲ 배치도

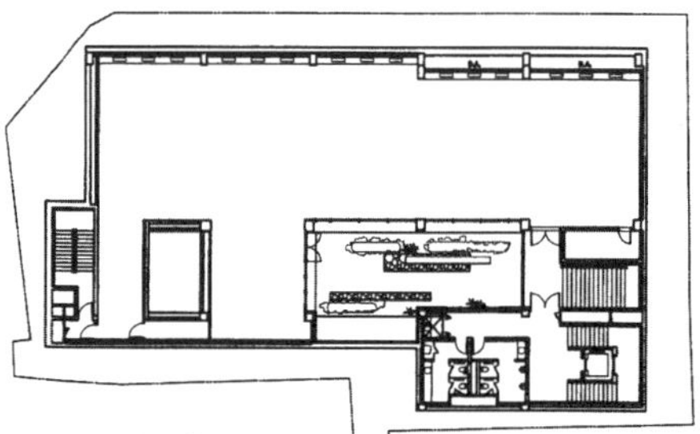

▲ 지하 1층 평면도

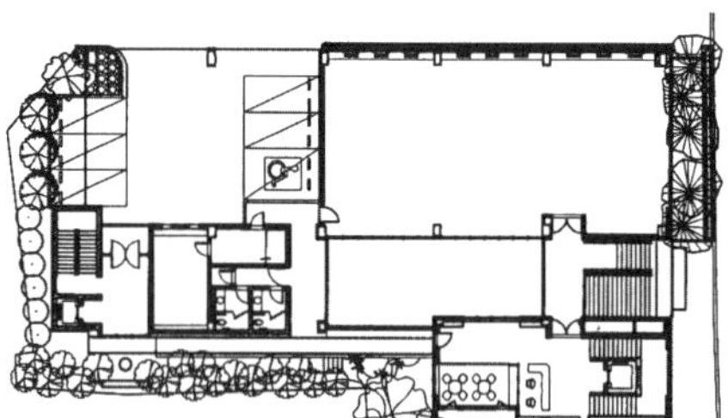

▲ 1층 평면도

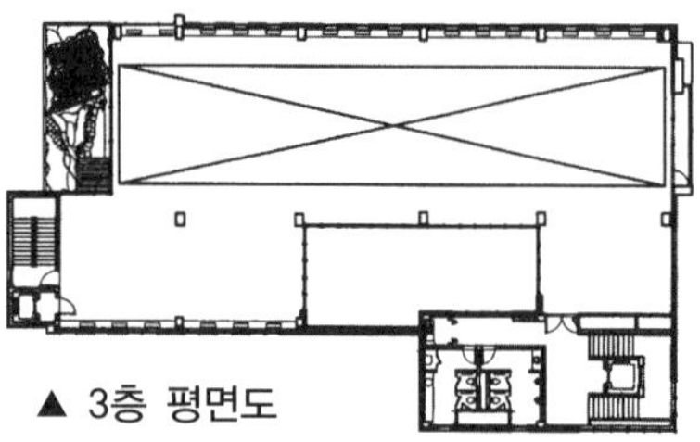

▲ 3층 평면도

행남사

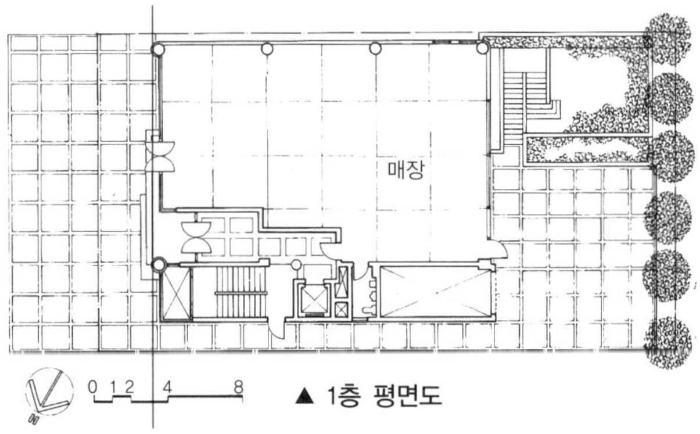

▲ 1층 평면도

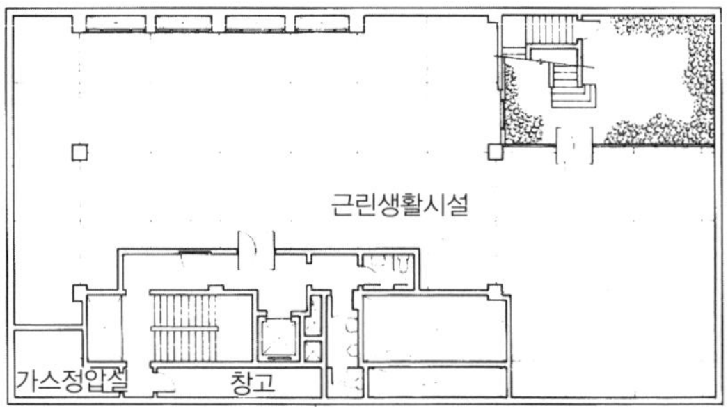

▲ 지하 1층 평면도

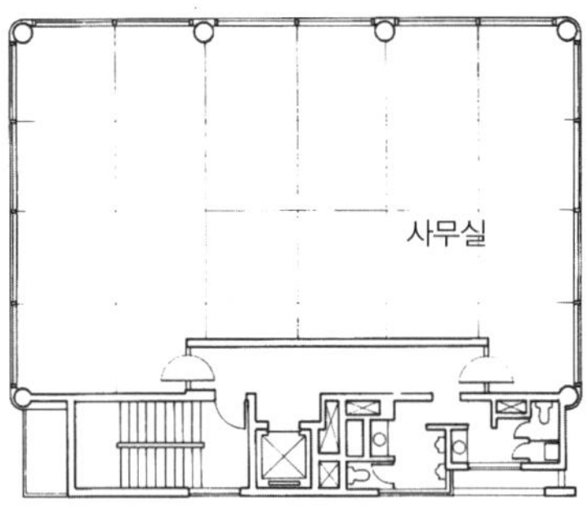

▲ 3~5층 평면도

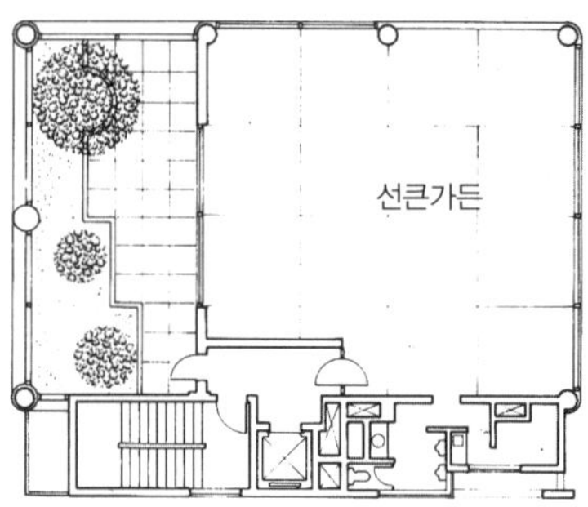

▲ 6층 평면도

□ 근린생활시설 + 업무시설(전주 메디프렌드)

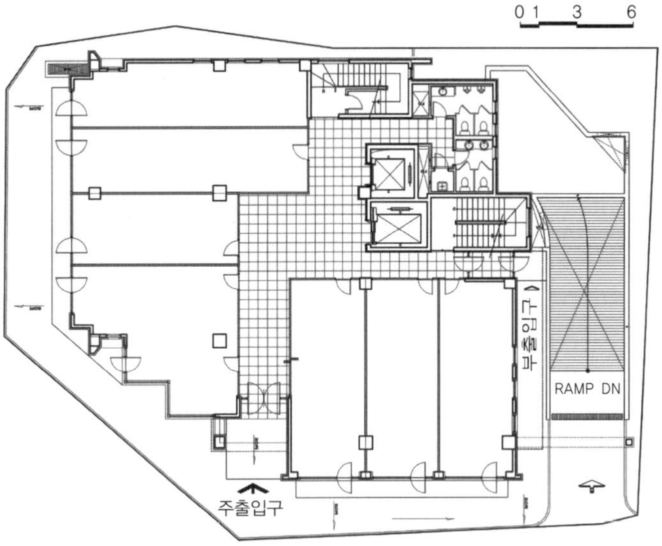

▲ 지상 1층 평면도

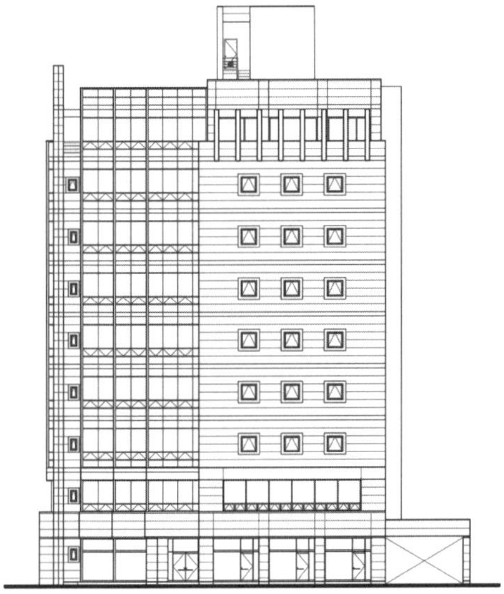

▲ 정면도

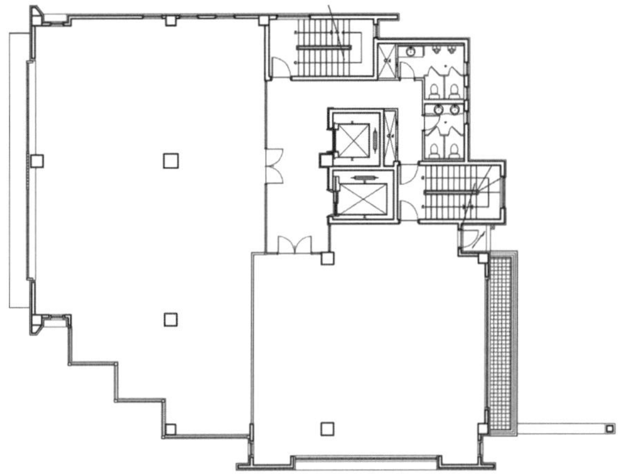

▲ 지상 2층 평면도

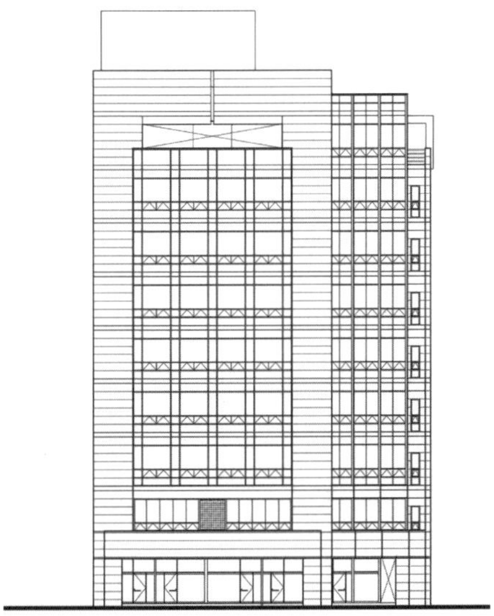

▲ 좌측면도

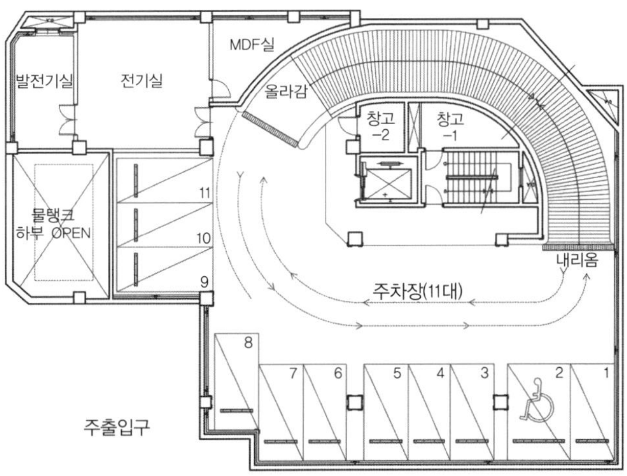

▲ 지하 1층 평면도

□ 여성회관계획의 예

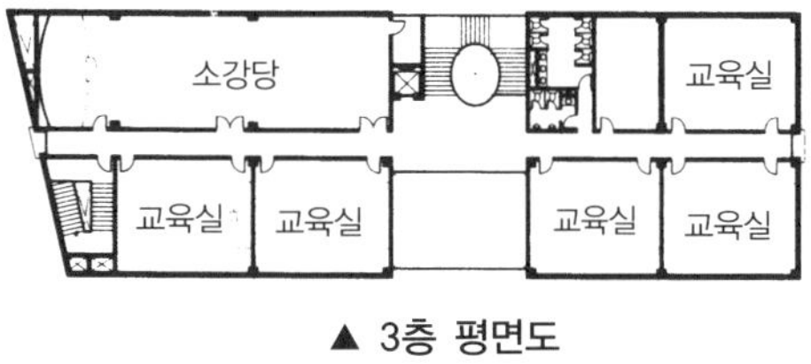

▲ 3층 평면도

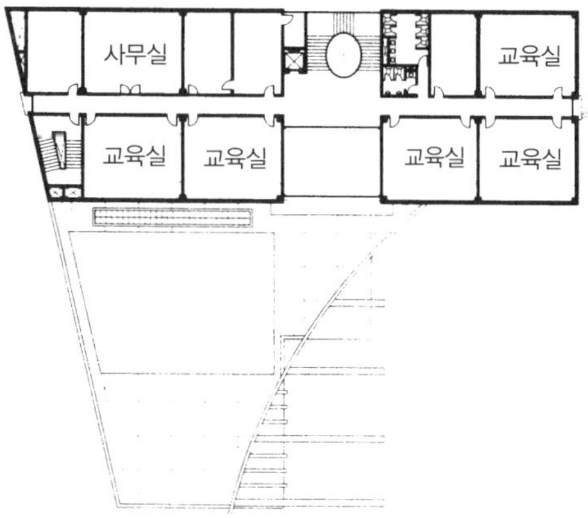

▲ 2층 평면도

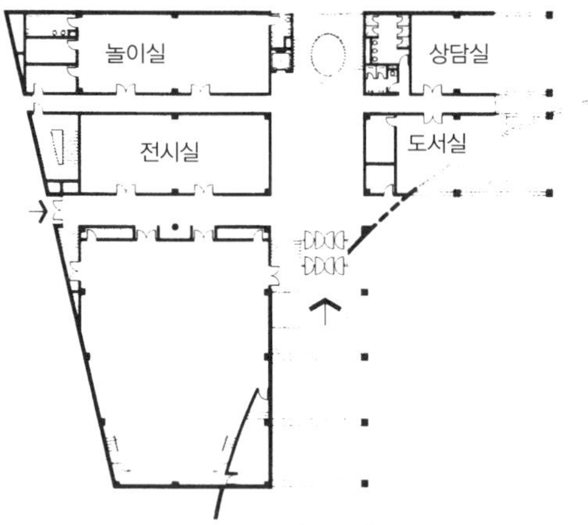

▲ 1층 평면도

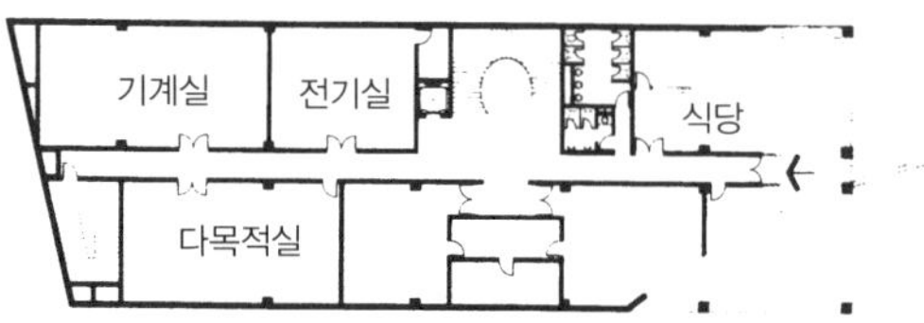

▲ 지하 1층 평면도

▲ 우측면도

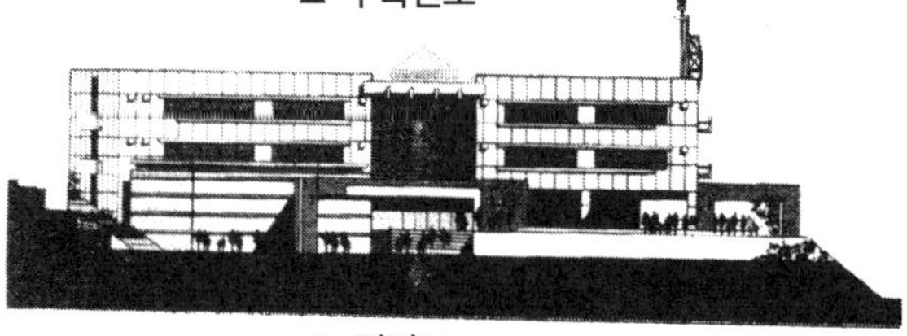

▲ 정면도

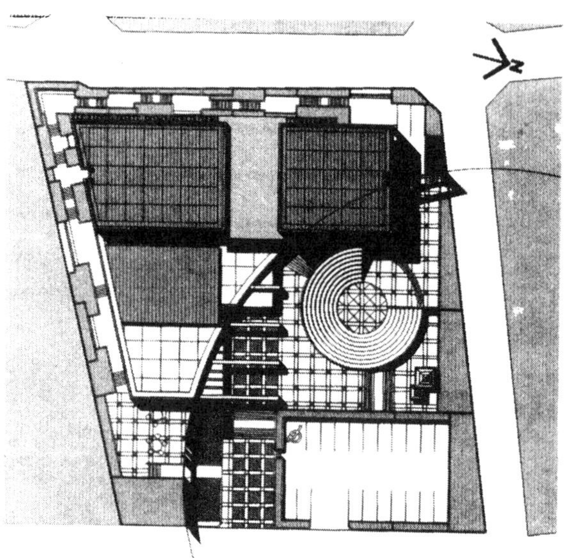

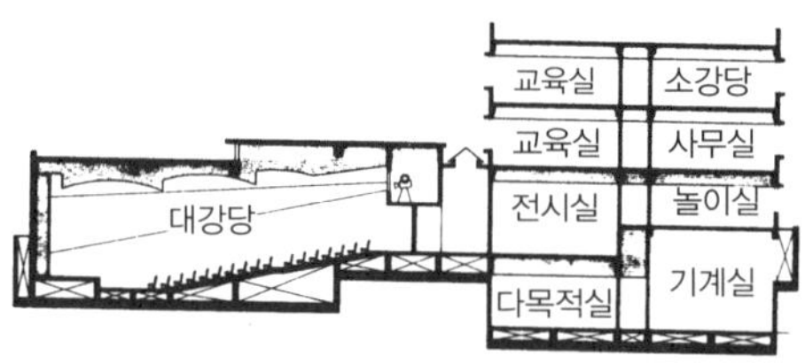

▲ 종단면도

□ 복합시설(판매 + 업무 + 오피스텔)

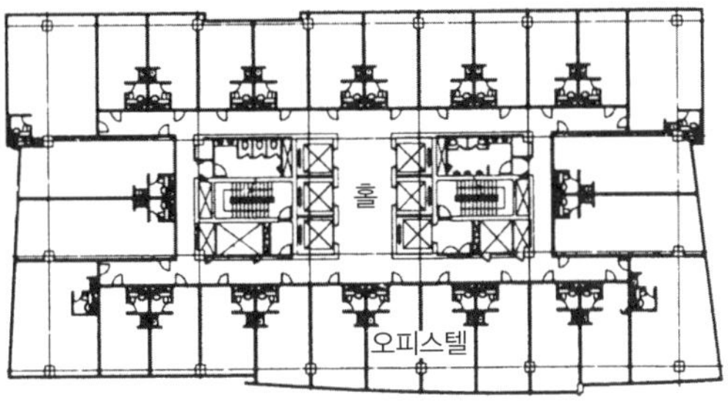

▲ 10층 평면도

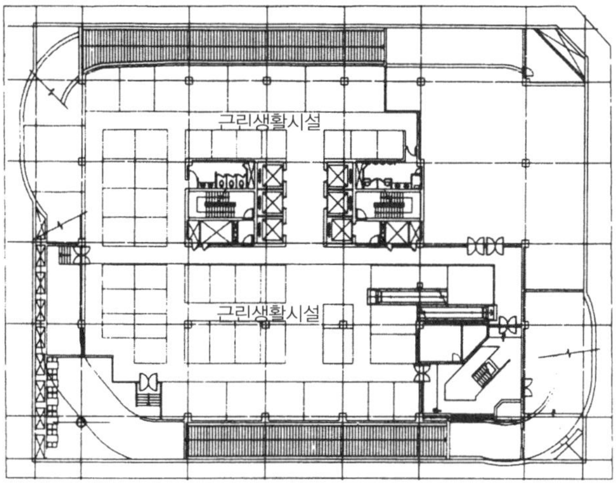

▲ 지하 1층 평면도

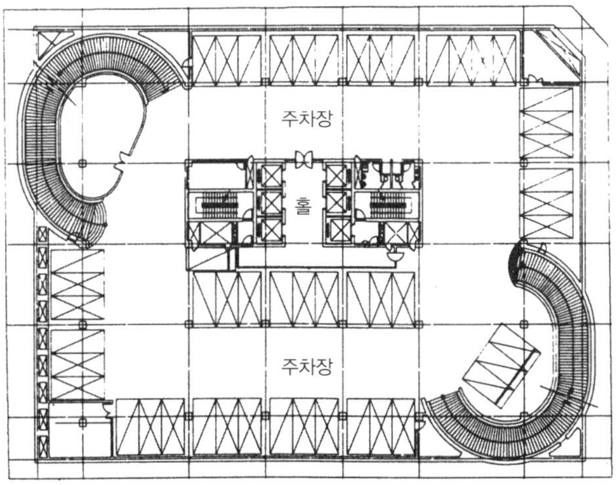

▲ 지하 3층 평면도

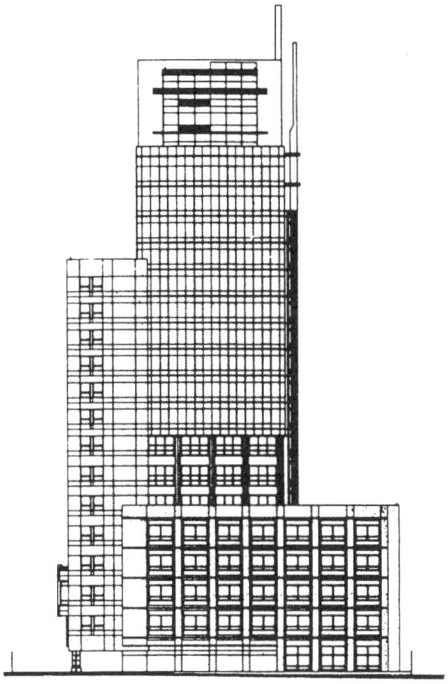

▲ 좌측면도

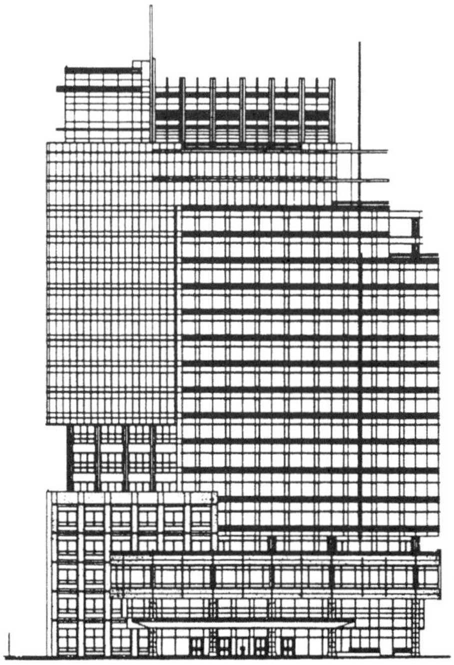

▲ 정면도

06 은행

Chapter

1. 개요

은행은 신용을 기초로 하여 돈을 맡거나 대부하여 자본의 수요공급을 매개하는 역할의 업무기능으로 의장적으로나 구조적으로 고객에게 좋은 인상을 주는 계획이 필요하다.

2. 은행의 종류

- 중앙은행
- 일반은행 – 특수은행
- 시중은행 – 본점, 지점, 출장소
- 기타 – 새마을 금고, 협동조합 등

3. 기능구성도

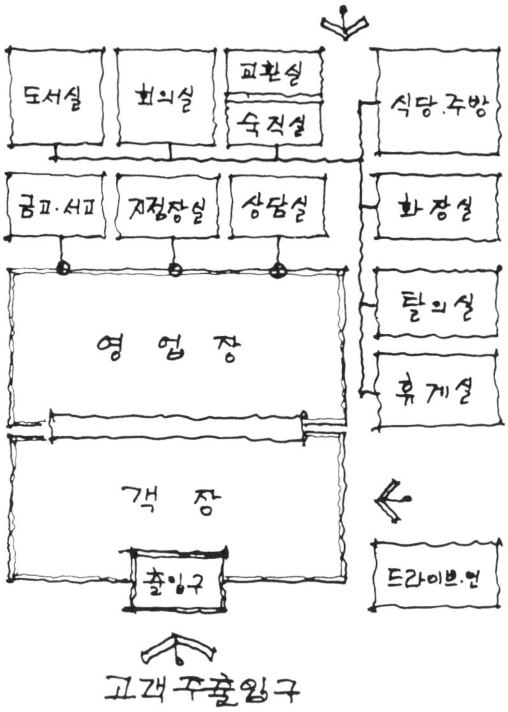

예상 적용 모듈

- 6~7.5m
- 6~9m
- 7.5~9m

주요 요구사항

- 보행 및 차량동선구성 능력
- 객장 및 영업점계획 능력
- 내 · 외부 디자인 표현 능력

체크 포인트

- 객장과 영업장의 구성비율
- 영업장의 카운터 배치 및 출입구 계획
- 객장과 영업장의 가구 배치

지점

500~2,000㎡

출장속

300~500㎡ 정도

4. 은행계획의 일반사항

4.1 부지조건

- 부근에 인구밀도 및 지역개발 등 장래의 발전성이 있는 지역
- 교통이 편리하고 사람 눈에 잘 띄는 곳 : 길모퉁이, 대로변
- 비즈니스 센터나 번화가에 접한 곳

4.2 은행건축계획의 기본방향

- 고객에게 친근감과 신뢰감을 줄 것.
- 여유있는 대기공간 확보 및 환경, 시각적으로 쾌적할 것.
- 도난, 화재에 안전하고 장래 증축성을 고려할 것.
- 눈에 잘 띄는 위치에 은행 고유의 색채, 심벌 등으로 통일된 이미지를 부각시킬 것.

4.3 기본 평면형

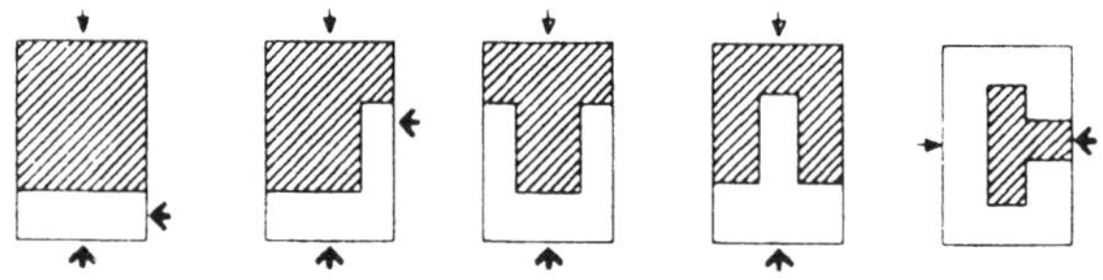

4.4 은행규모 산정

(1) 시설규모 결정 요인

- 행원수
- 내방고객수
- 고객서비스시설 규모
- 장래 예비공간

(2) 일반적 지점의 규모

행원수×16~26㎡ 또는 은행실 면적×1.5~3배

(3) 은행실(고객용 로비+영업실) 면적

- 영업실 : 행원수×4~5㎡
- 고객용 로비 : 1일 평균 내방고객수×0.13~0.2㎡
- 고객용 로비 : 영업실 = 1 : 0.8~1.5

주요시설의 면적산정

시설	면적산정기준	설 명
영업실	행원수 ×4~5㎡	• 기계화가 진전되고 있는 경우는 행원 1인당 5㎡ 정도가 필요
객용 로비	1일 평균 내방고객수	• 소규모 점포에서는 내점고객 1인당 0.2㎡ 정도가 필요 • 일반적으로 0.1~0.13㎡ 정도
기계화 코너	기계대수 ×2~6㎡	• 전기의 치수는 기계실 면적을 포함하지 않는 것임. • 번화가 · 터미널, 집 등은 규모가 크다.
금고, 서고	금고 : 15~50㎡ 서고 : 20~55㎡	• 금고 · 서고 모두 30㎡ 전후가 표준이다. • 소규모 점포에서는 이동금고 대신 사용하는 경우도 있다.
대금고	보호예금상자수 ×0.02~0.03㎡	• 개인거래가 많은 지점에서는 1상자당 0.02㎡, 회사거래가 많은 지점에서는 0.03㎡ 정도 필요 • 금고 내에 간이대여금고를 설치하는 경우도 있다.
회의실	수요인원 ×1.4~1.7㎡	• 접는 의자를 사용함으로써 일반적인 수용 능력은 60~100명 정도

4.5 세부계획

- 영업실은 카운터에 면해 객장과 접하며, 손님과 밀접한 관계이므로 영업실 전반을 한눈에 볼 수 있게 하는 것이 좋다.
- 금고는 영업실과 가까운 위치에 구조는 바닥, 벽, 천장 등 모두를 철근콘크리트로 하는 것이 원칙이다.
- 지점장실이나 상담실은 주위가 잘 보이는 안쪽에 고객상담이 쉬운 위치로 한다.
- 주출입구는 안여닫이나 전실이 있는 경우 바깥문은 외여닫이 혹은 자재문으로 한다.

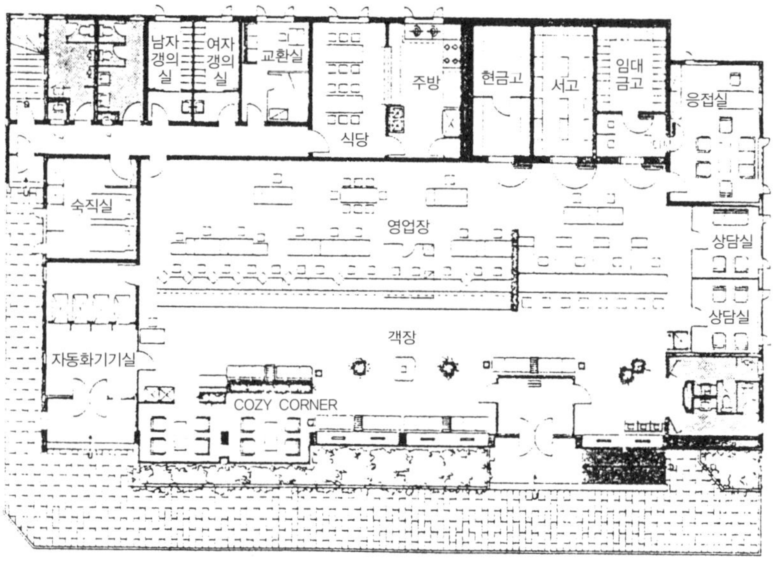

- 영업 카운터 :
  높이 – 100~110cm
  폭 – 60~80cm
  1창구 – 150~170cm

5. 은행계획의 핵심정리

5.1 기본사항

드라이브 인 뱅크(drive in bank)
1940년경 미국에서 손님에 대한 서비스로서 은행에 설치하기 시작했으나 우리나라에서는 아직 일반화되어 있지 않다.

- 은행의 지점은 업무·상업의 중심지에 위치하여 임대 혹은 자사건물 형태로 영업을 하지만 소규모 지점이나 출장소 형태의 영업장은 주거밀도가 높은 근린생활시설군에 속하므로 지점(전용) 건물인지 복합기능 속의 임대형인지를 판단하여야 한다.
- 은행의 기본형은 직사각형에 가까운 형이 바람직하고 방위상 동남의 각지가 좋다.
- 은행의 단변 최소폭은 9~12m 정도 이상이 좋으며, 객장과 영업장의 비는 4 : 6 또는 5 : 5 정도가 바람직하다. 특히 영업장 카운터는 길이방향으로 약 10m~15m 정도 이상이 바람직하다.

5.2 계획시 고려사항

(1) 배치계획

- 배치형태의 기본은 남동향의 각지가 원칙이지만 도로나 대지형상에 따라 달라질 수도 있다.
- 주도로에서 최소 2~3m 이상의 진입공간을 확보하여 고객출입구를 계획한다.
- 소규모 출장소의 경우는 별도의 주출입구 없이 1층 로비나 홀에서 출입구를 계획할 수도 있다.

(2) 평면계획

금고 15~50㎡ 정도
상담실 10~30㎡ 정도

- 객장과 영업장의 구성 관계가 가장 중요하다.
- 객장과 영업장의 폭은 최소 4m 이상으로 6m 이상이 무난하다.
- 출입구는 2중문으로 하고 내부문은 도난방지상 안여닫이가 좋다.
- 금고 크기는 3m×4m 정도 이상으로 하고, 서고와 겸용할 때 3m×6m 정도 이상으로 하는 것이 좋다.

(3) 입면 및 단면계획

- 은행의 입면은 자사 건물이거나 임대형식에 따라 차이가 있지만 안정감 있고 친근감이 있도록 하는 것이 좋다.
- 층고는 4.5~6m 정도, 천장고는 3~4.5m 정도가 좋다.

6. 사례

□ 은행평면의 예

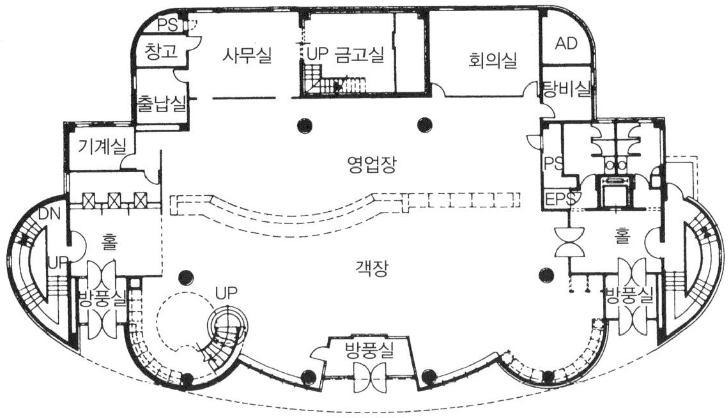

▲ 지상 1층 평면도

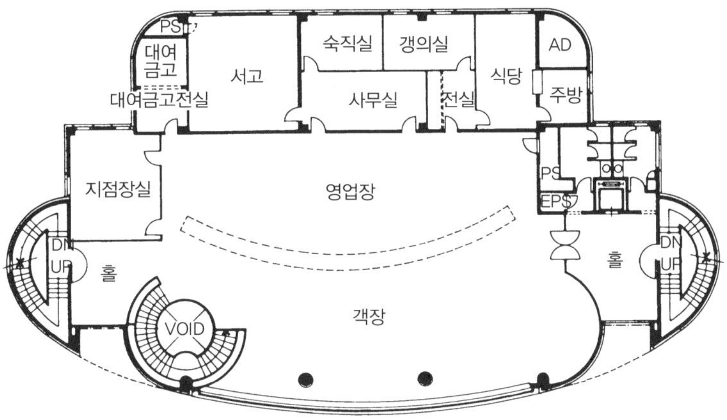

▲ 지상 2층 평면도

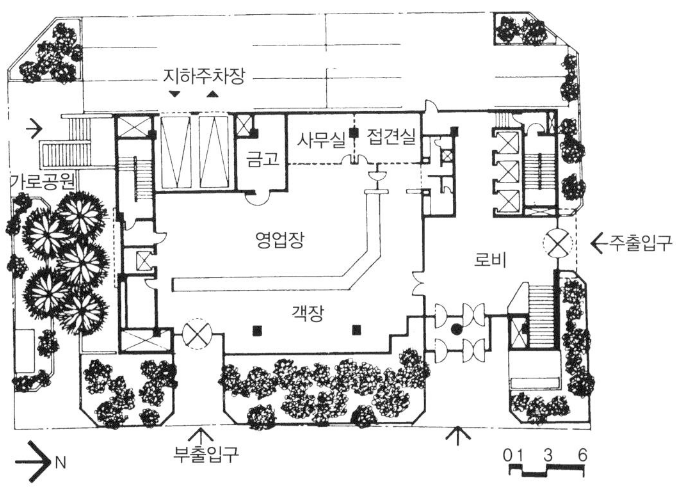

▲ 지상 1층 평면도

07 Chapter

백화점

1. 개요

백화점은 소매점을 대자본으로 기업화하고 합리적으로 조직화한 것이라고 할 수 있다.

2. 백화점의 분류

(1) 입자별 분류

- 도심형
- 터미널형
- 교외형

3. 기능구성도

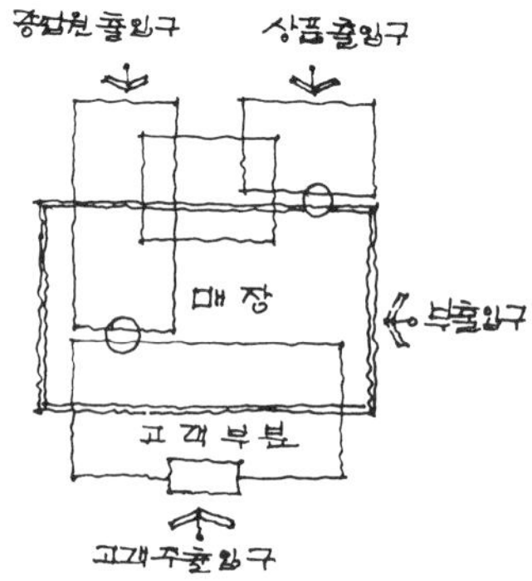

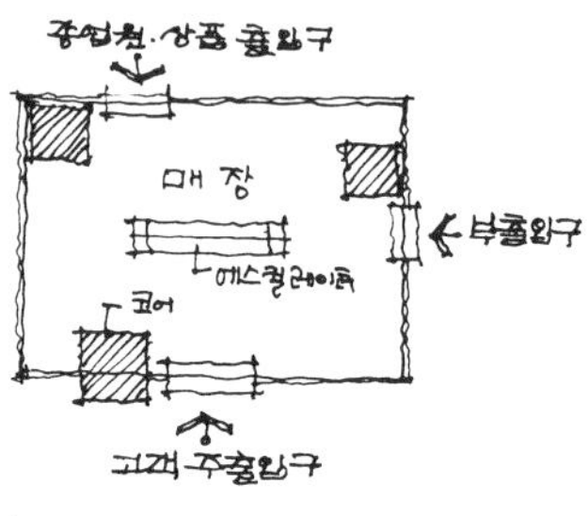

□ **예상 적용 모듈**
- 6×9m
- 6×12m
- 7.5×9m
- 9×9m
- 9×12m
- 9×18m

□ **주요 요구사항**
- 구매자 및 차량동선의 분리
- 모듈 적용 능력
- 주차계획 능력
- 코어구성 능력
- 매장계획 능력
- 내 · 외부 디자인 여부

□ **체크 포인트**
- 접근성에 따른 동선계획 고려
- 모듈에 따른 코어계획 및 지하주차계획
- 매장구성 방식(통로구성)
- mass에 따른 입면 및 단면구성

- 1개층 코어수는 최소 2개, 보통 3~4개소 설치 요망
- 5층 이상일 때 옥상피난시설을 고려할 것.

4. 백화점계획의 일반사항

4.1 부지조건

- 교통이 편리하고 사람의 통행이 많은 번화한 곳
- 장변이 주요도로에 면하고, 다른 1변 또는 2변이 적정 폭원이 있는 도로에 면한 부지
- 크기는 최소 3,000㎡ 이상이 되어야 하고, 형상은 정방형에 가까운 장방형의 부지

4.2 백화점의 기능 구성

(1) 고객권

- 고객용 출입구, 통로, 계단, 휴게실, 식당 등의 서비스시설 부분을 가리킨다.
- 대부분 판매권 등 매장에 결합하며 종업원권과 접하게 된다.

(2) 종업원권

- 종업원의 입구, 통로, 계단, 사무실, 식당 등 기타 부분을 말한다.
- 고객권과는 별개의 계통으로 독립되고 매장 내에 접하고 있어 매장 외에 상품권과 접하게 된다.

(3) 상품권

- 상품의 반입, 보관, 배달을 행하는 부분을 말한다.
- 판매권과 접하며 고객권과는 절대 분리시킨다.

(4) 판매권

- 백화점의 가장 중요한 부분이 매장이며, 상품을 전시하여 영업하는 장소이다.
- 고객의 구매 의욕을 환기시키고 종업원에 대한 능률 좋은 환경을 배려한다.
- 백화점이 경영을 좌우하는 매상고는 판매부분으로 매장의 면적에 비례하고, 고객의 순환에 영향을 받는다.

4.3 세부계획

(1) 출입구

- 도로에 면하여 30m마다 1개소(1개소당 4짝문 이상), 주위의 교통

상황을 고려
- 주요 통로에 대하여 출입구를 설치하는 것이 원칙
- 출입구 전면은 도로에서 5m 이상 – 출입구 폭의 2배 이상 공지 확보

매장 면적비
– 전체 면적의 50% 정도
– 순매장 면적률 : 40~60% 정도

진열창의 배치방법
- 직교배치방식
- 사행배치방식
- 방사배치방식
- 자유유선배치방식

(2) 매장
- 매장의 형식은 특별매장과 일반매장이 있다.
- 좋은 평면계획은 매장 전체를 보는데 장애가 되는 凹凸을 피해야 한다.
- 매장 내의 통로는 주통로와 부통로가 있다.

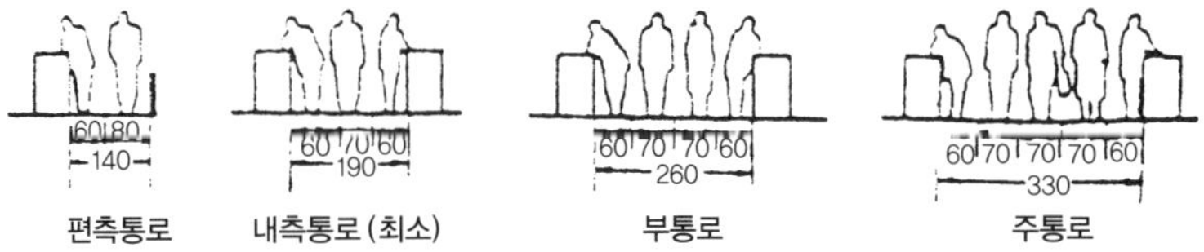

판매장의 통로 유형 및 치수

(3) 계단
- 다수의 사람이 모이는 장소이므로 피난계단 및 특별피난계단을 고려해야 한다. (법규 참조)
- 5층 이상을 매장으로 사용하는 경우는 2개소 이상의 피난 및 특별피난계단을 둔다.
- 고객용 2개소 이상 관리 및 상품수송 1개소 이상이 필요하다.

(4) 엘리베이터
- 연면적 1,500~2,000m²대, 1대 수용인원 15~20인
- 배치는 중소백화점 연면적(10,000m²) 이하에 있어서는 출입구 정면 반대쪽 또는 측면
- 대형 백화점의 경우 중앙부에 설치하는 것이 좋다.

(5) 에스컬레이터
- 매장면적 3,000m²에 대하여 상 · 하 1조 설치한다.
- 설치 위치는 매장의 중앙부가 좋다.
- 출입구에서 곧 알아볼 수 있는 위치가 바람직하다.
- 배치방식은 직렬식, 교차식 등이 있다.

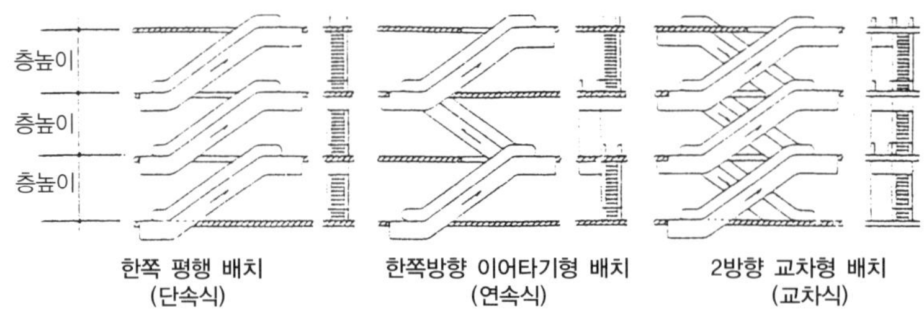

에스컬레이터의 설치방식

5. 백화점계획의 핵심정리

5.1 백화점계획의 기본사항

- 백화점건축의 입지는 교통이 편리한 도시의 상업중심지로 고객의 접근성이 중요하다.(보행, 차량)
- 매장계획 및 지하주차장에 따른 모듈계획이 검토되어야 한다.
- 고객동선에 따른 코어계획이 중요하다.

- 주통로 3m 이상
- 부통로 2.5m 이상
- 분배로 2m 이상
- 매장면적 비율 : 연면적의 50~60%

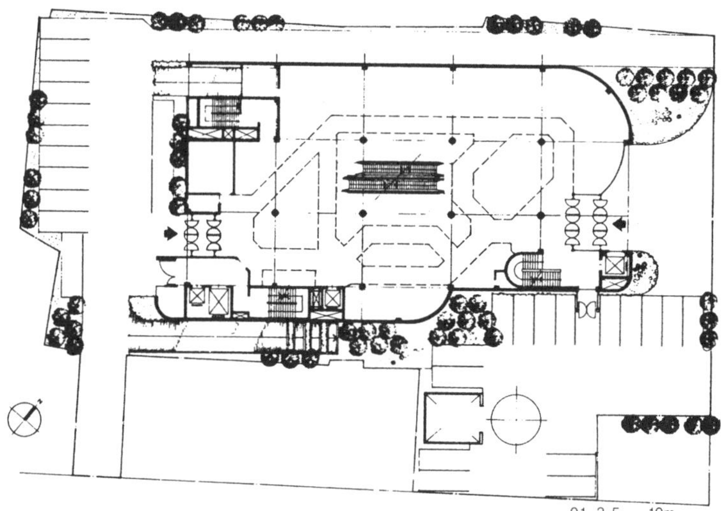

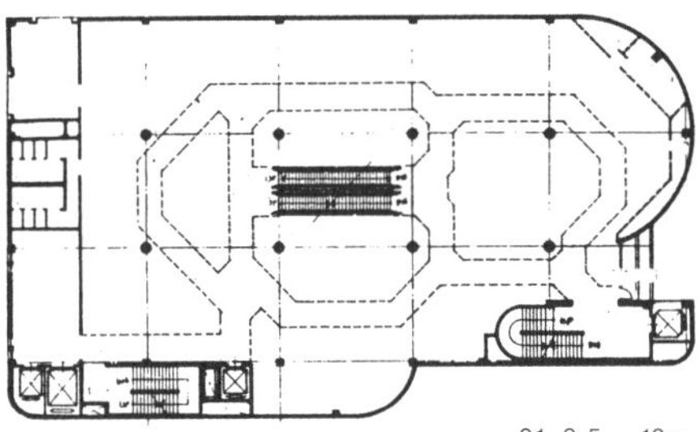

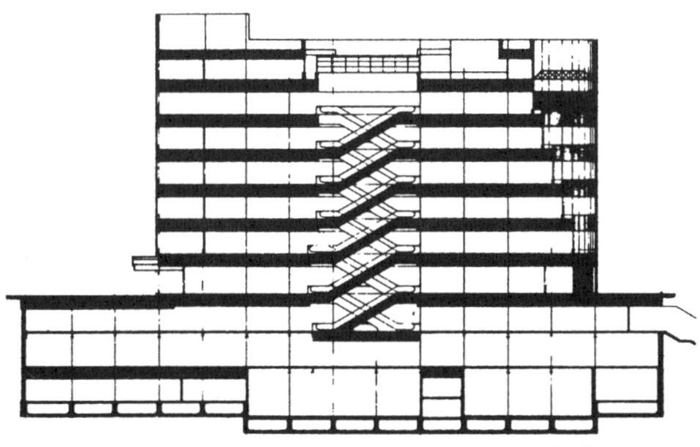

신세계 영등포점

5.2 계획시 고려사항

(1) 배치계획

- 고객 동선, 관리 및 상품 동선, 그리고 차량동선 등을 분리하고 지상 혹은 지하에 상품하역시설을 고려해야 한다.
- 백화점 고객을 위한 진입공간을 여유 있게 확보하고, 외부 조경 · 휴게시설을 설치한다.

(2) 평면계획

- 백화점계획에서 가장 중요한 것은 매장계획과 수직동선인 코어(에스컬레이터 포함)계획이다.
- 매장은 융통성이 있고, 연속된 판매공간으로 구성되어야 하며, 동일층에서는 수평적 레벨차가 없도록 한다.
- 매장의 주통로와 부통로 사이의 매장폭은 최소 3.0m 보통 6m 이상으로 하는 것이 좋다.
- 백화점은 많은 사람이 모이는 곳이므로 피난계획상 코어는 양단 코어형으로 고객용 2개소 이상, 종업원 및 상품용으로 1개 이상을 계획하는 것이 좋으며, 에스컬레이터는 매장 중심부에 있는 것이 좋다.

(3) 입면 및 단면계획

- 백화점의 외형은 전체적으로 안정감 있고 단순한 형으로 우아하게 하고 저층부는 개방감을 부여한다.
- 주출입구를 활용하여 정면성을 부여하거나 코어를 강조한 수직 이미지를 부여한다.
- 매장 내 개방성을 고려하여 내부 오픈계획이 요구된다.
- 층고는 1층 5~6m, 기준층 4.5~5m 정도로 하고, 천장고는 1층 4m~6m, 기준층 4m 정도로 한다.

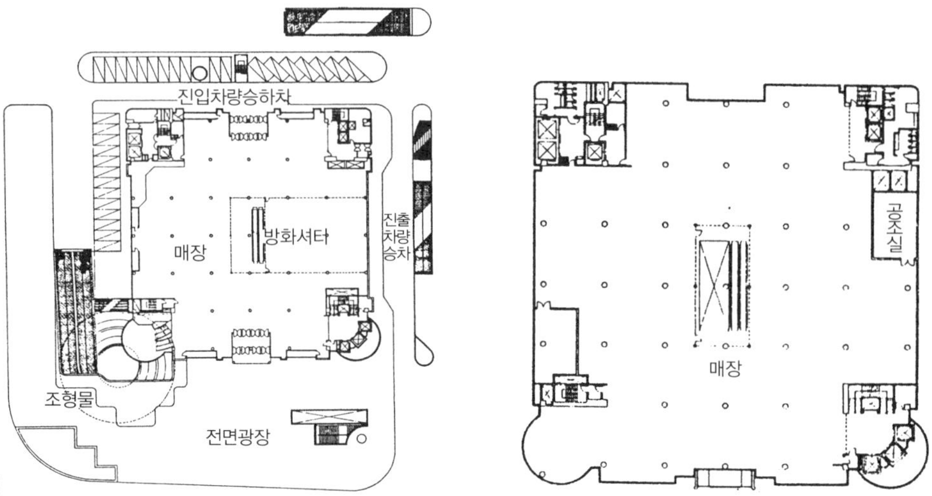

삼성동 현대백화점

6. 사례

□ 백화점계획의 예

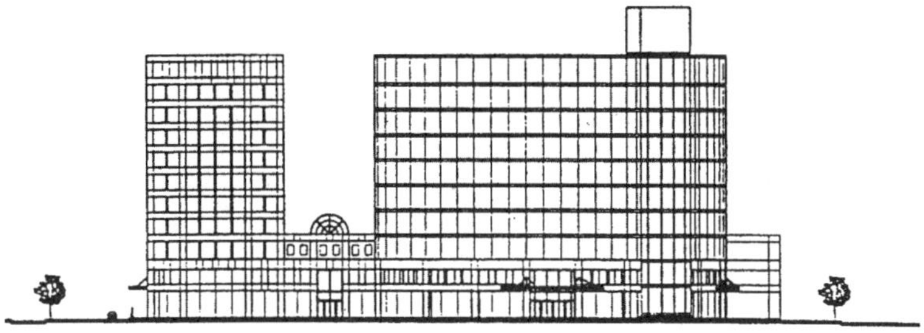

▲ 정면도

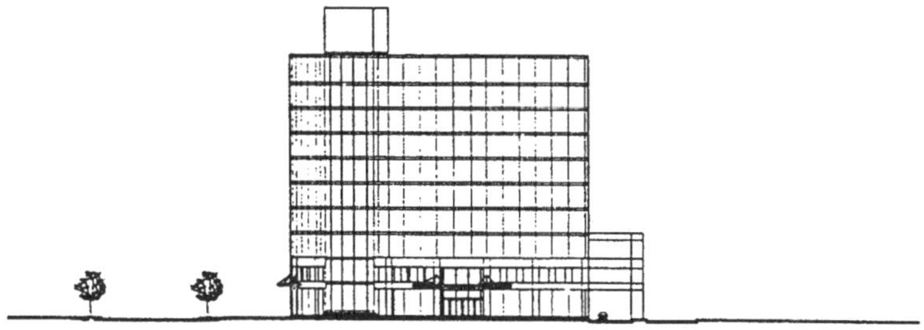

▲ 우측면도

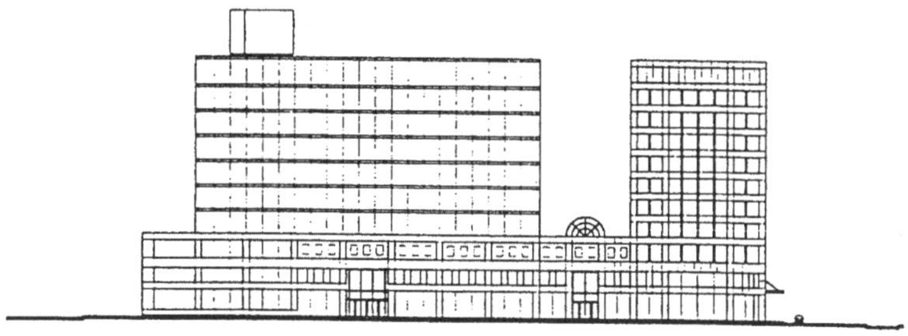

▲ 배면도

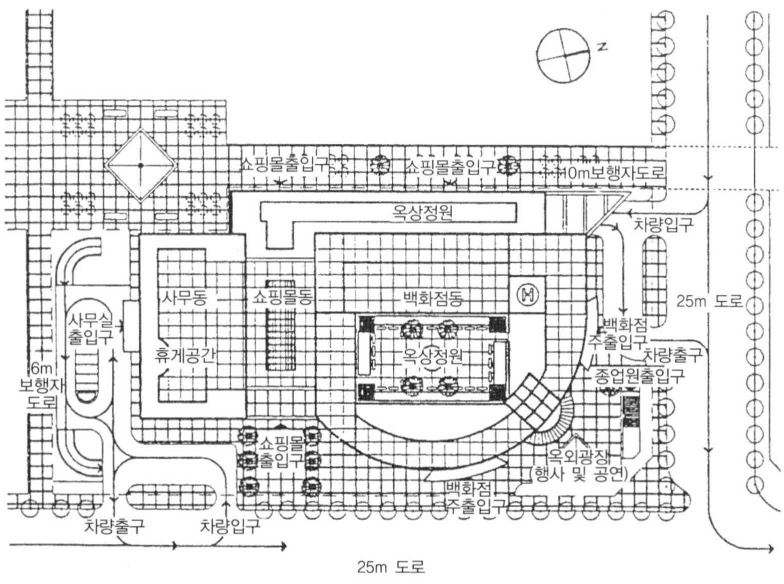

▲ 배치도

□ 백화점계획의 예(미도파백화점)

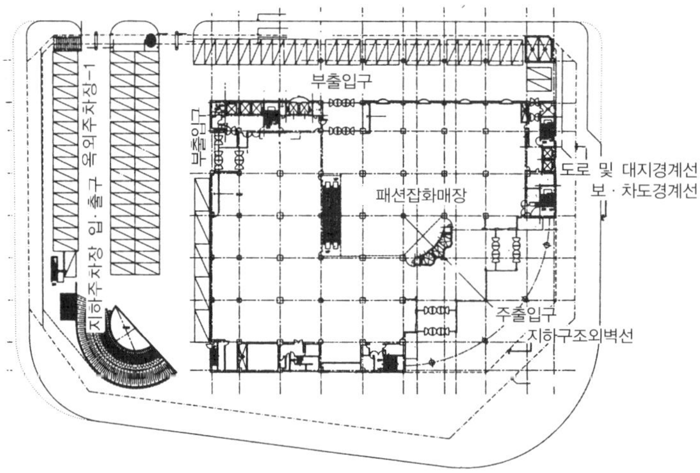

▲ 1층 평면도

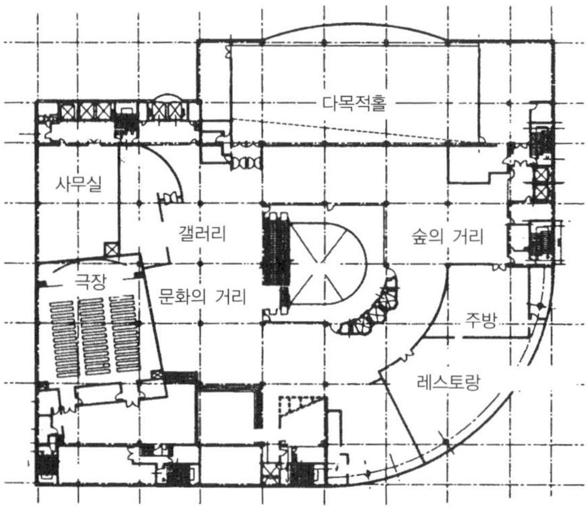

▲ 8층 평면도

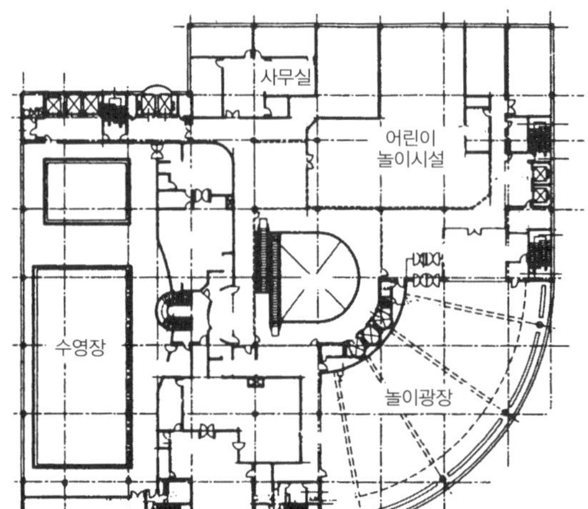

▲ 10층 평면도

□ 백화점계획의 예

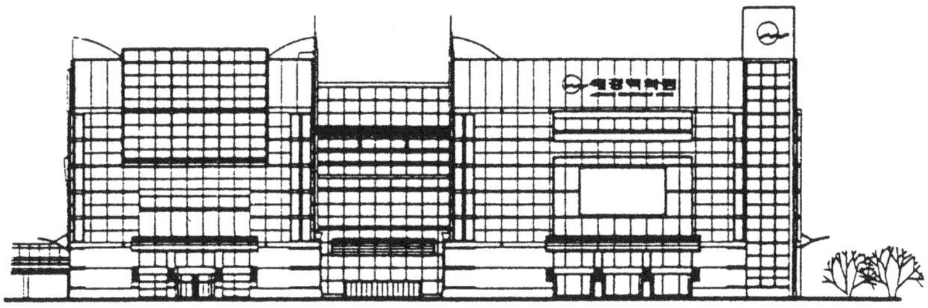

▲ 정면도

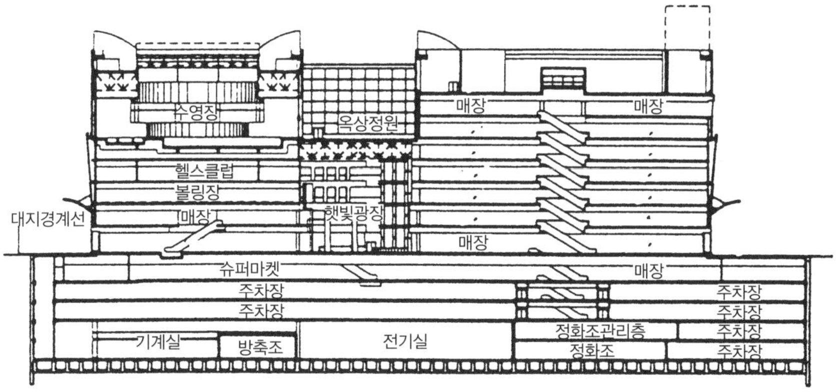

▲ 횡평면도

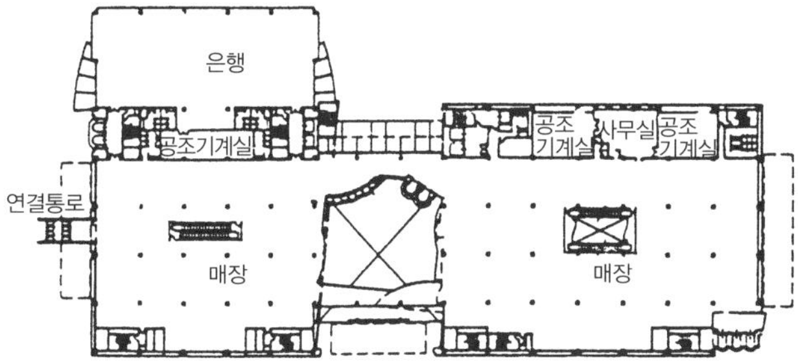

▲ 2층 평면도

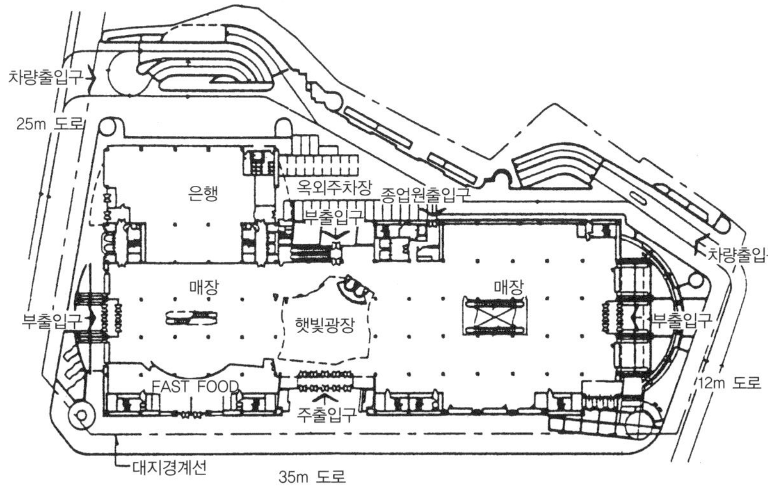

▲ 1층 평면도

08 유치원

Chapter

1. 개요

유치원과 보육원은 모두 유아의 보육을 목적으로 하고 있다. 양자는 원래 일원화되어야 하는 것이 원칙이지만 유치원은 학교교육법에 의한 학교의 일종이며, 보육원은 아동복지를 위한 복지시설이다. 모두 취학 전 교육의 장으로서 중요한 역할을 담당하고 있다. 유치원은 초등학교와 같이 지식이나 기능의 습득을 목표로 하지 않으며, 일상생활에 필요한 기본적 생활습관을 집단생활을 통하여 체험하는 곳이다.

2. 기능구성도

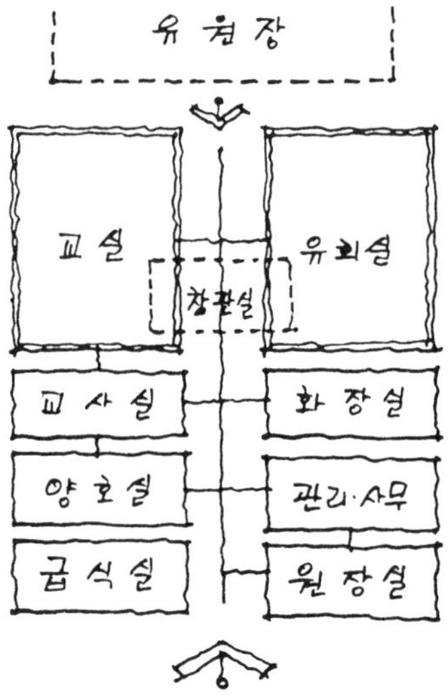

□ **예상 적용 모듈**
- 6×6m
- 6×9m
- 7.5×7.5m
- 7.5×9m

□ **주요 요구사항**
- 외부공간구성 능력
- 조닝구성 능력
- 세부계획 이해 능력(교실, 유희실)
- 내·외부 디자인 표현 능력

□ **체크 포인트**
- 유아의 특성 이해
- 옥외 놀이공간과 유희실의 상관관계 이해
- 교실과 유희실의 기능 검토
- 유아시설을 고려한 내·외부 표현력

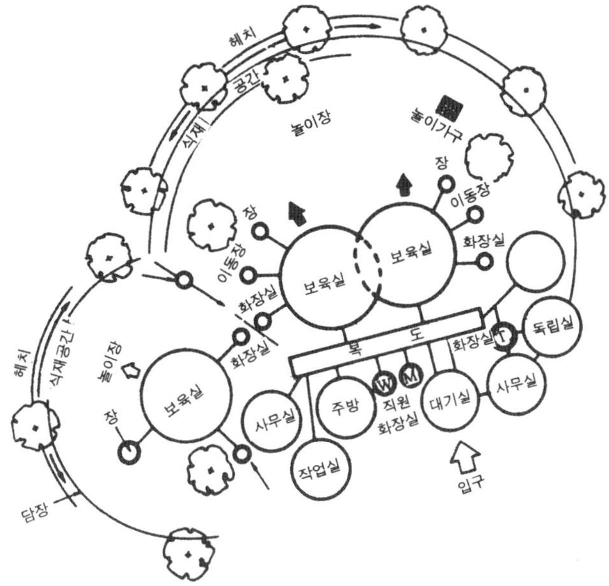

주기능
1. 관리
사무
시험
독립
2. 보육실
노래
먹기
자기
3. 놀이 영역
실외놀이
4. 서비스

유치원의 공간조직 (자료 : time-saver standard)

3. 유치원계획의 일반사항

3.1 부지조건

- 통원거리 고려 : 300~500m 이내가 적당하다.
- 일조, 통풍, 주변 교통량 고려, 특히 교통량이 많은 도로를 횡단하지 않는 것이 좋다.
- 주변환경이 유아의 생활에 나쁜 영향이 없는 부지가 좋다.

3.2 규모계획

- 학급수는 3~4학급이 적당하다.
- 1학급당 아동수 : 15~20명 정도(최대 20~30명)
- 아동 1인당 교육공간 면적 : 3~5㎡ 정도(관리 부분 제외)
- 순수교실면적 : 1.5~2㎡
- 옥외공간면적 : (3~5㎡/인)×2배
- 화장실 : 변기수→10명당 1개 세면대→5명당 1개
- 운동장 면적 : 2학급 이하 – 330㎡+30×(학급수–1)
  3학급 이상 – 4,000㎡+80×(학급수–3)

□ 유치원 블록 플랜

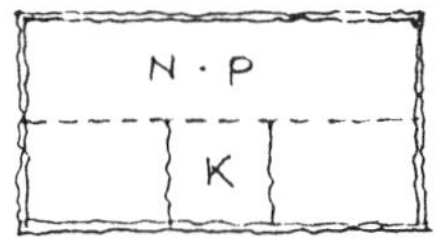

- 밀실형
  - 기능적으로 유리
  - 독립성 불량

- I자형
  - 채광 양호
  - 단조로워지기 쉽다.

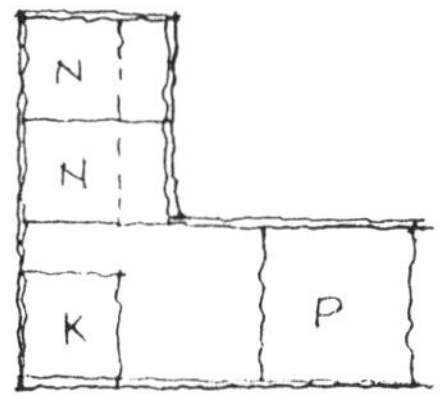

- L자형
  - 사무실에서 교실, 유희실
  - 관리 유리

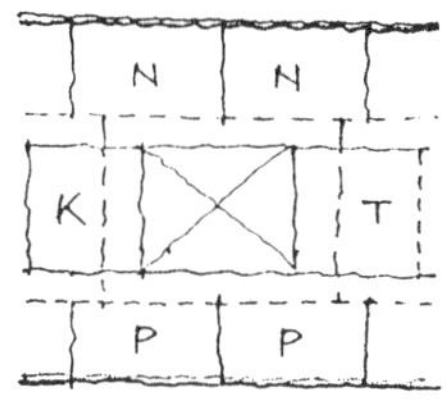

- 중정형
  - 건물에 변화
  - 채광 양호

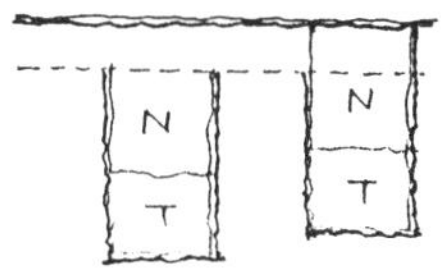

- 독립형
  - 각실의 독립유리
  - 여유있게 계획

- 십자형
  - 기능적이고 활동적
  - 정적인 분위기 결여

N : 보육실 P : 유희실
K : 관리실 T : 테라스

3.3 시설기준

- 유원장의 최소면적은 150m² 이상
- 유원장은 반수가 한 반을 초과시 초과 학급마다 50m² 가산
- 보통교실은 66m² 이상이며 30인 이하인 경우 50m² 이상으로 산정
- 유희실은 50m² 이상 (보육시설 4개실마다 유희실 1개를 계획)
- 화장실은 한 반당 1개소 이상 설치

3.4 세부계획

(1) 보육실

- 30~40명으로 50~60m², 2실을 가동칸막이로 1실로 하는 경우도 있으며, 4실 이상에서는 유희실을 마련한다.
- 연령별로 정리하여 분산배치하면 유아들에게 안정감을 주어 자기집에 있는 것 같은 기분을 준다.

(2) 유희실

- 아이들이 장시간 생활하는 공간이므로 세면장, 화장실 등을 인접 설치한다.
- 실내수업에서 옥외교육으로 전개할 수 있도록 테라스 등의 반옥외 공간을 마련한다.
- 천장의 높이는 3.0~3.3m 정도이다.
- 각실의 침대높이는 60cm가 적정하다.

유아와 노인과의 공통점
① 보호(관심, 대화, 사랑) 대상
② 자기중심적
③ 정신적 단순
④ 정신적, 신체적 불안
⑤ 상대적 소외 대상

(3) 사무실

- 교사간의 담화나 휴식의 공간이다.
- 응접공간을 계획한다.
- 실외운동장이나 유치원 전체의 동태를 파악하기 쉬운 곳에 위치시킨다.
- 면적 : 20m² 정도(교사 3인 기준, 원장실 제외)이다.

(4) 의무실

- 사무실과 근접 배치한다.
- 현관에 가깝고 유희실로 가는 도중에 있는 것이 좋다.
- 밝고 조용한 남향이 바람직하다.
- 면적 : 10~15m²이다.

(5) 급식실

- 조리실, 배식실, 사무실, 창고, 휴게실로 구분한다.
- 소규모일 때 : 유희실 한쪽 코너에 조리실을 설치하여 간식 정도를 제공하는 것이 일반적이다.

(6) 창고

- 보관 물품의 분류, 영구보존물, 계절보존물, 일일보존물 등 각기 목적에 따라 분류, 수납할 수 있도록 계획한다.

(7) 유원장

- 유원장의 공간구성은 놀이의 성격을 고려할 때 3가지 영역으로 나눌 수 있다. 이들은 활동성격상 공간적으로 분리되면서 다른 원아들에 의해 최소한의 간섭을 받고 최대한의 시간동안 그들의 흥미를 자극하고 추구할 수 있도록 해야 하며, 어느 정도의 폐쇄감을 형성함으로써 놀이활동을 통한 학습효과를 향상시킬 수 있어야 한다.

1) 정적인 놀이공간

- 교실학습의 연장으로서 소꿉놀이, 모래놀이, 건설놀이, 점토놀이, 소재를 살린 구성놀이를 하거나 식물재배장, 동물사육장에서 자연에 대한 경험을 쌓고, 나무밑 벤치에 앉아 휴식과 잡담을 나눌 수 있는 공간이다.

2) 중간적 놀이공간

- 고정놀이기구를 이용하여 놀이활동을 하는 공간으로서, 공간요소로 시소, 그네, 정글짐, 목마, 미끄럼틀 등 고정놀이기구와 바닥놀이를 할 수 있는 여유공간이 있다.

3) 동적인 놀이공간

- 흙이나 잔디로 된 넓은 공지로서 게임, 모험놀이, 공놀이, 훌라후프, 뛰어내리기, 기어가기, 달리기 등 활동이 격한 놀이와 썰매, 자전거 등의 이동유구를 자유로이 움직이며 노는 공간이다.

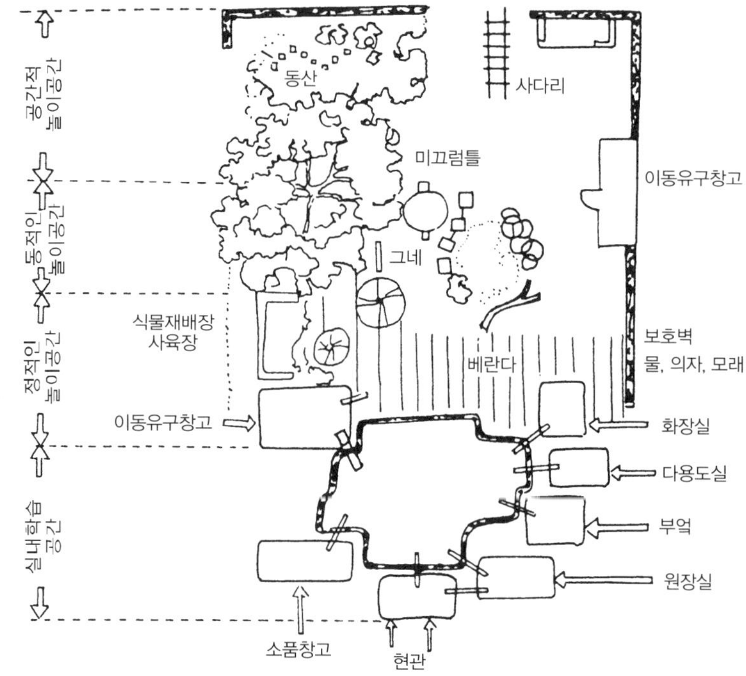

유치원의 외부공간 구성요소

3.5 보육원 시설기준

(1) 보육원 시설기준

시설구분	기 준	비 고
놀이실	반당 1실 식당, 유아 전용면적 최소 66m^2 이상 원아 1인당 1.65m^2 이상 30인 이내인 경우 50m^2 이상	환기, 채광, 조명, 방습 설비를 해야 한다.
놀이터	99m^2 이상 1인당 3.3m^2 이상 1개반 초과마다 50m^2 가산	놀이실과 겸용 가능
화장실	소변기 : 반당-남녀 각 1개(유아용) 대변기 : 반당 1개 이상(유아용)	
급수시설	수도(펌프 또는 우물인 경우에는 수질 검사에 합격해야 한다.)	
세면대	반당 2개 이상	
취사실	원아에 대한 중식을 동시에 조리할 수 있는 면적과 시설	종일반 운영시설에 한한다.
놀이시설 설비	흑판, 괘도걸이, 사물함, 피아노	
놀이터 설비	놀이시설은 3종 이상, 모래밭	

(2) 영아반 시설기준

시설구분	기 준	비 고
거실	반당 1실 실당 영아 전용면적 30㎡ 이상 영아 1인당 1.65㎡ 이상	환기, 채광, 조명, 방습, 설비와 영아에게 적합한 시설을 한다.
놀이터	반당 37㎡ 이상 1인당 2.5㎡ 이상	위와 같음
화장실	소변기 : 반당 – 남녀 각 1개 (유아용) 대변기 : 반당 1개 (유아용)	환기, 채광, 조명, 방습 및 방충망을 설비한다.
세면대	반당 1개 이상	

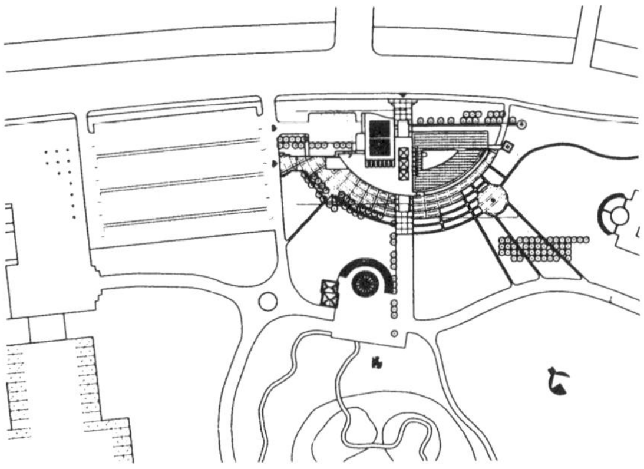

▲ 배치도

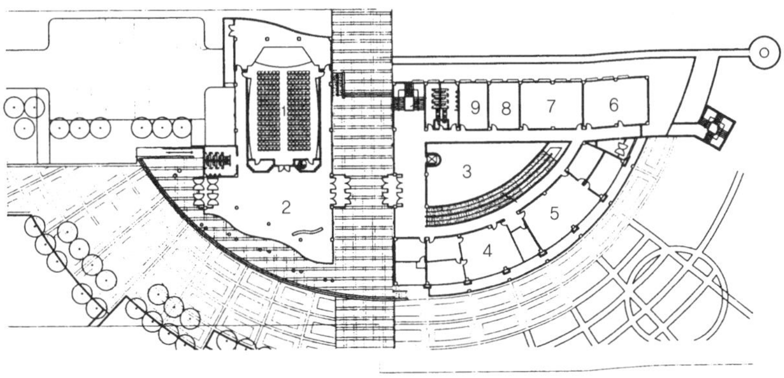

▲ 지상 1층 평면도

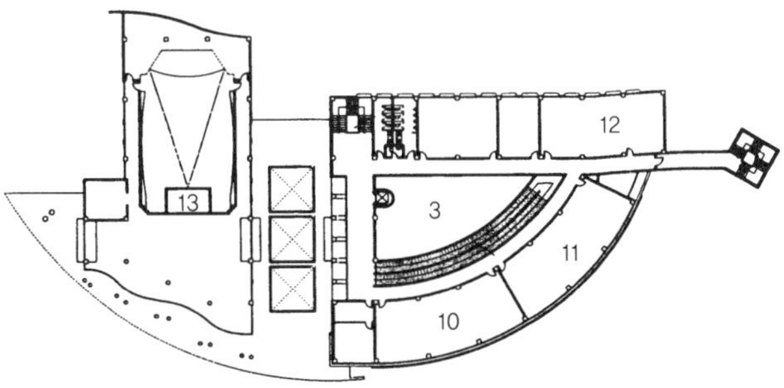

▲ 지상 2층 평면도

1. 대강당
2. 상설전시홀
3. 중정
4. 진료실
5. 물리치료실
6. 노인회 사무실
7. 사무실
8. 상담실
9. 임시보호실
10. 창고
11. 휴게실
12. 회의실
13. 영사실

4. 유치원계획의 핵심정리

4.1 유치원계획의 기본방향

- 유치원은 어린이들의 행동을 수용하는 장소로 내 · 외부 공간구성의 연속성과 기능의 다양성이 필요하다.
- 남향 위주의 1층 계획이 원칙이지만 대지의 형상이나 요구조건에 따라 동향이나 2층 계획도 무방하다.
- 블록 플랜상 편복도형의 핑거타입(finger type)보다 테라스나 중정을 활용한 클러스터 및 중정을 활용한 클러스터 타입(cluster type)이 적합하다.

4.2 계획시 고려사항

(1) 배치계획

- 어프로치(approach)는 보통 운동장에 면한 각 보육실의 테라스에 직접 통하도록 하지만 가급적 사무실에서 잘 보이는 위치에 1개소에 집약시켜 계획하는 것이 좋다.
- 유원장은 유치원에 있어서 중요한 옥외놀이공간이므로 30~50m 길이 정도의 운동장과 놀이터, 인공동산 등을 조성하는 것이 좋고, 소음을 고려한 버퍼 존(buffer zone)을 고려한다.
- 건물 주위는 충분히 식재하여 녹색 분위기를 조성하고 놀이영역이 아닌 사소한 공간도 적절하게 배려함으로써 쓸모없는 공간이 되지 않도록 한다.

(2) 평면계획

- 유치원 보육실(교실)의 위치가 가장 중요하므로 보육실을 남향으로 배치하고 연계하여 유희실을 계획한다.
- 보육실(교실)은 30~40명을 기준으로 50~60㎡ 정도로 각실을 가동칸막이로 계획하는 것이 좋으며, 2교실 또는 4교실마다 유희실을 계획한다.
- 유희실은 유아가 전원 집합할 수 있는 공간으로 융통성(가변성) 있는 계획이 요구되며, 추운 겨울에는 옥내운동장 역할을 할 수 있도록 천장(3.5m 이상)도 가급적 높게 하는 것이 좋다.
- 사무, 관리 제실은 출입구 근처에 두도록 하고 사방이 잘 보이는 위치에 계획하는 것이 좋다.

(3) 입면 및 단면계획

- 전체적으로는 주변과의 조화를 유도하고 친근감 있는 입면계획을 한다.
- 저층부는 개방성을 부여하고 필로티, 테라스, 발코니 등 완충공간을 형성하는 것이 바람직하다.
- 층고는 1층 4~4.5m, 2층 3.5~4m 정도가 무난하며, 기능에 따라 바닥레벨차가 생길 경우 경사로로 계획하는 것이 좋다.

□ 유치원계획의 예(녹산 유치원)

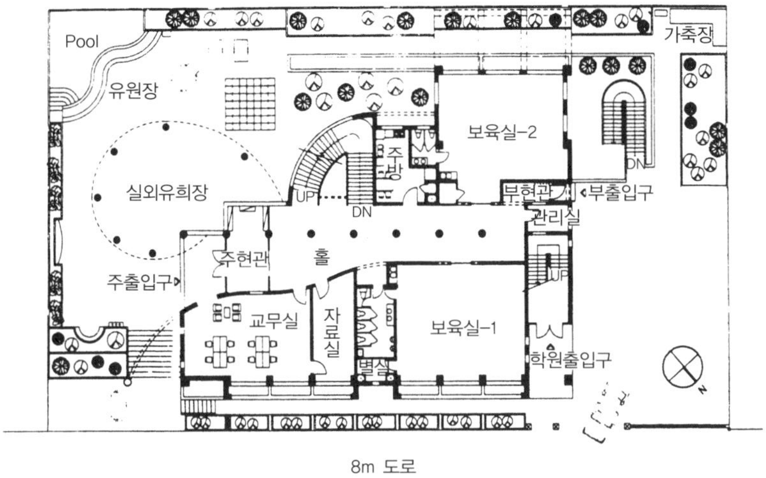

▲ 지상 1층 평면도

▲ 정면도

▲ 배면도

5. 사례

□ 보육원계획의 예

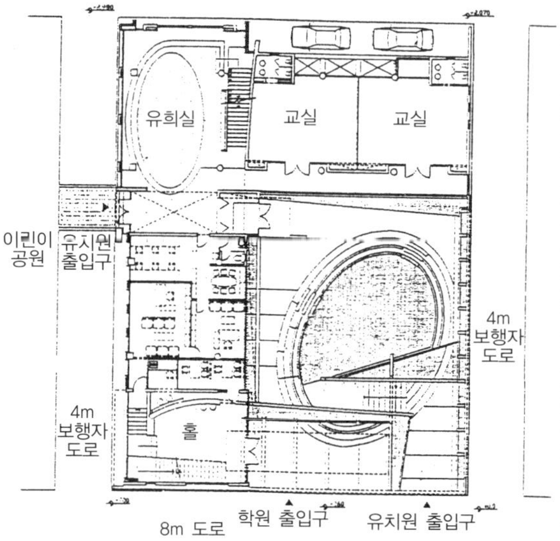

▲ 지상 1층 평면도

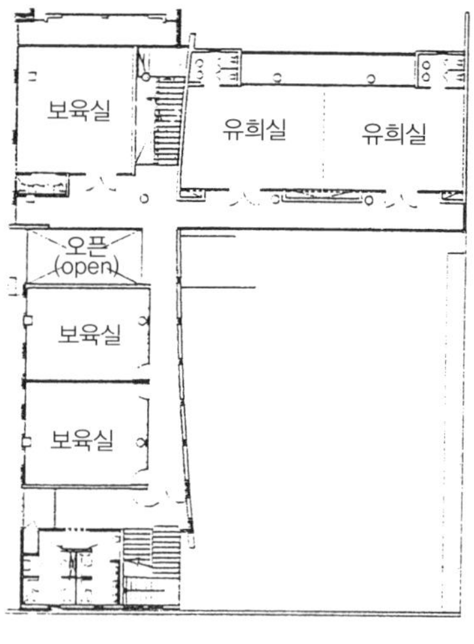

▲ 지상 2층 평면도

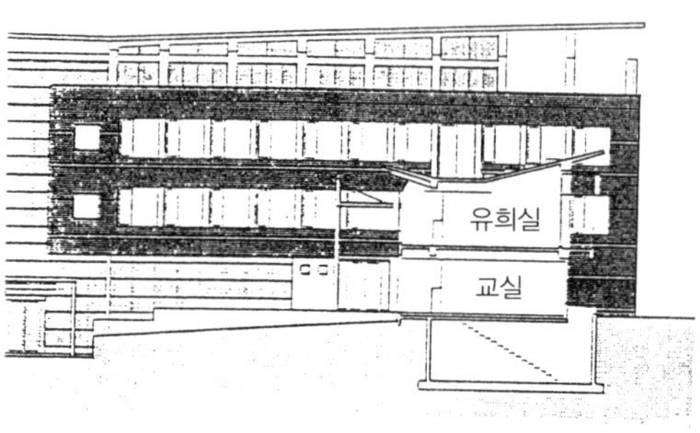

▲ 단면도

□ 유치원계획의 예(성민 유치원)

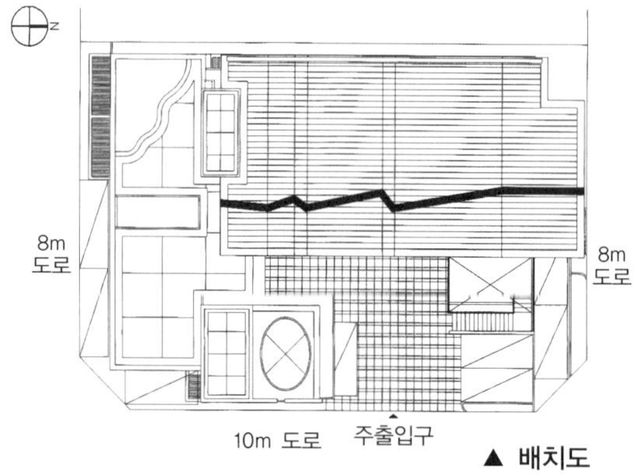

▲ 배치도

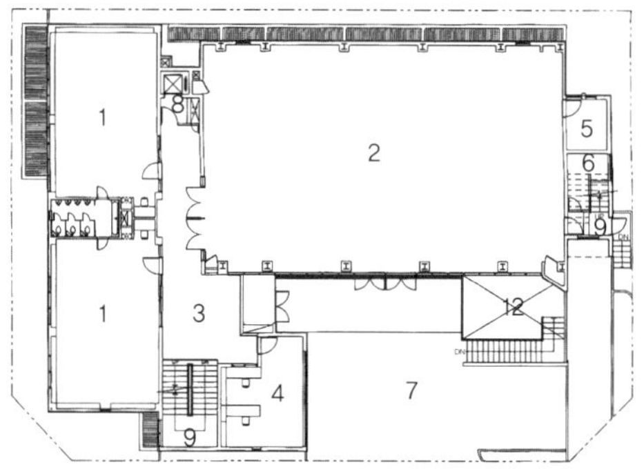

▲ 지상 1층 평면도

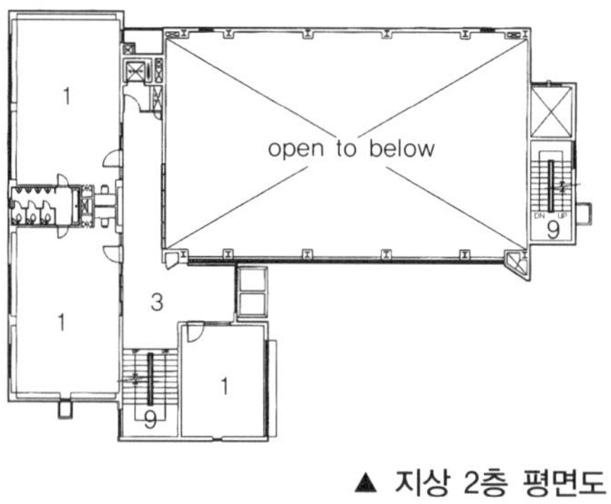

▲ 지상 2층 평면도

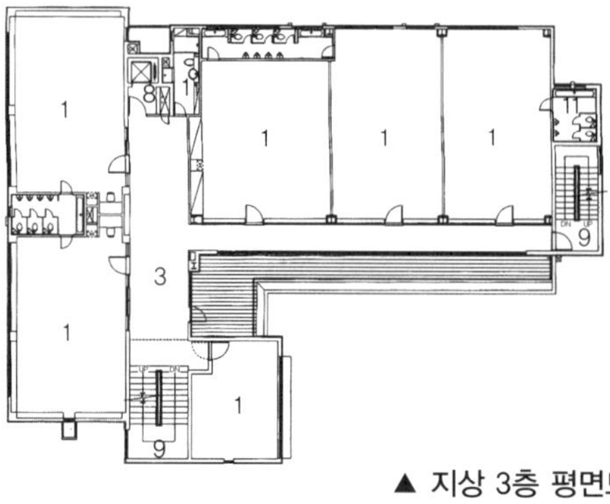

▲ 지상 3층 평면도

□ 유치원계획의 예(성바오로 유치원)

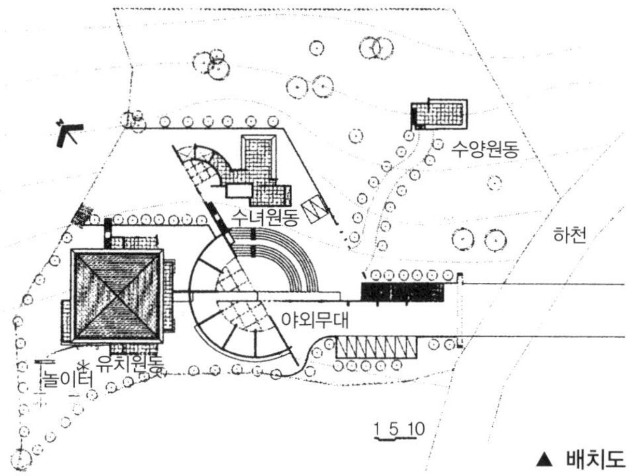

▲ 배치도

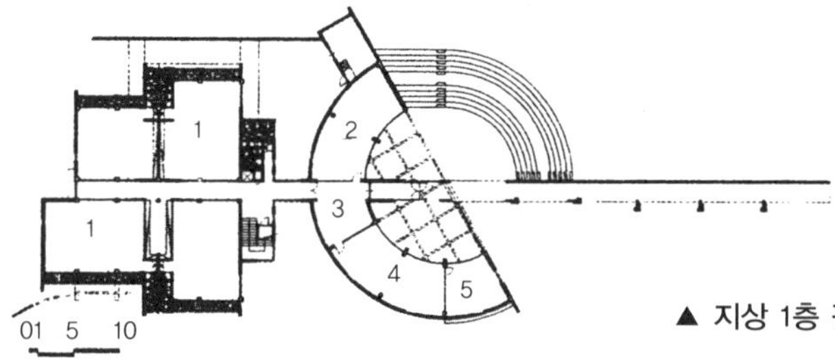

▲ 지상 1층 평면도

1. 교실
2. 응접/원장실
3. 홀
4. 교무실
5. 창고
6. 주방
7. 식당
8. 다목적실
9. 침실
10. 거실
11. 유희실
12. 기도실
13. 옥상정원

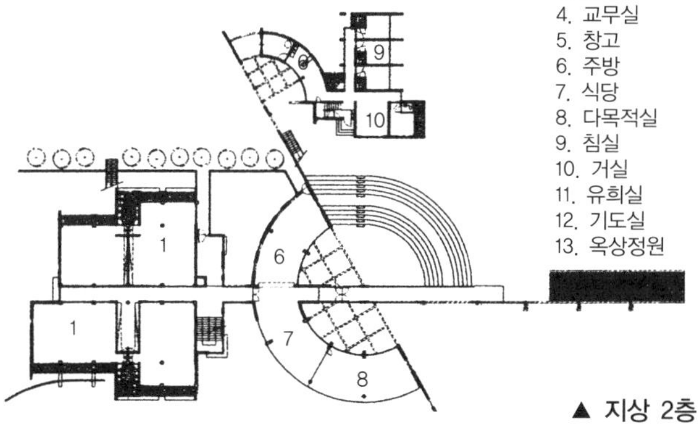

▲ 지상 2층 평면도

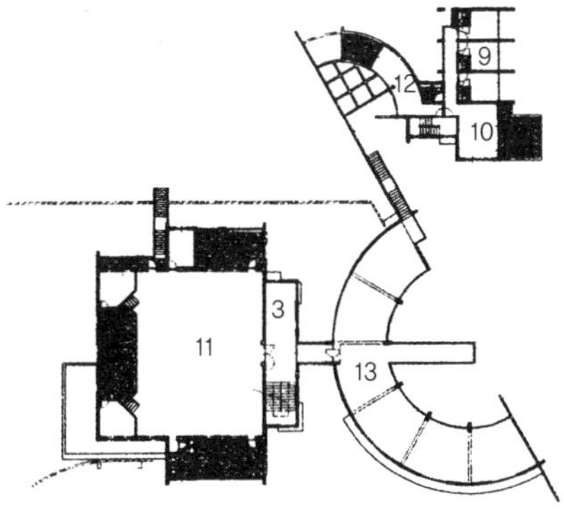

▲ 지상 3층 평면도

□ 유치원계획의 예(월성 원자력 유치원)

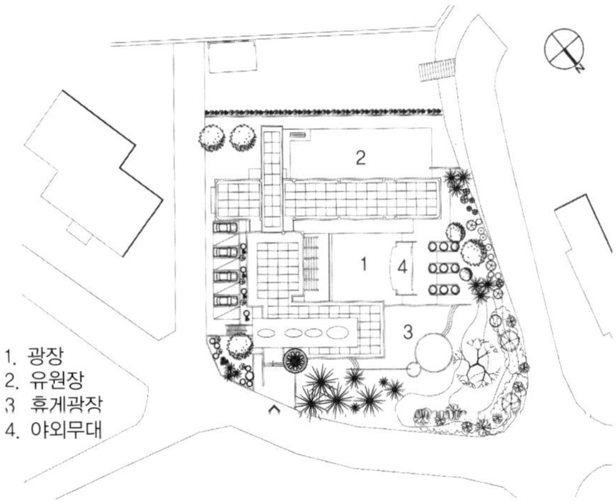

▲ 배치도

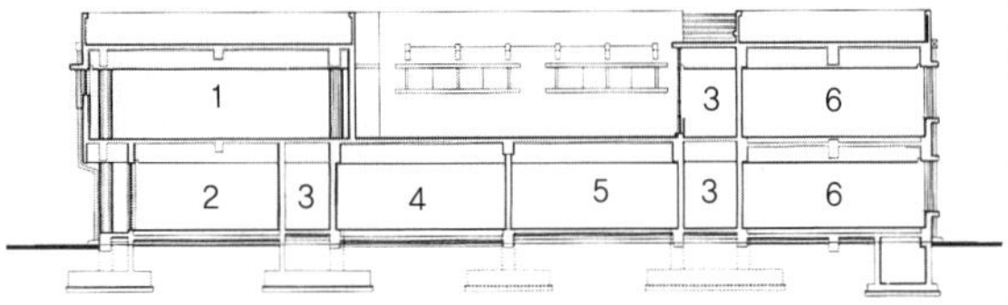

▲ 단면도

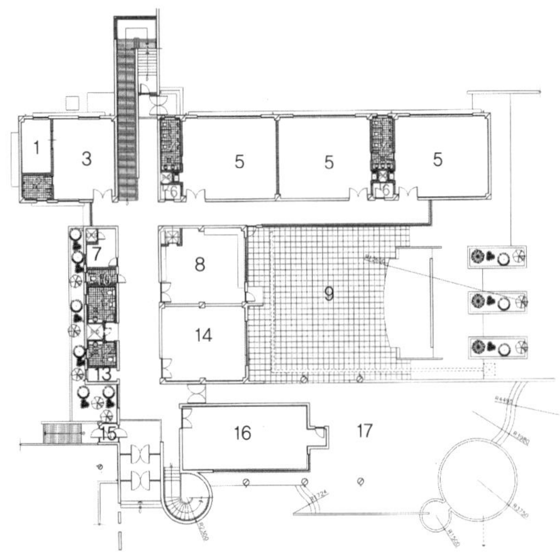

▲ 지상 1층 평면도

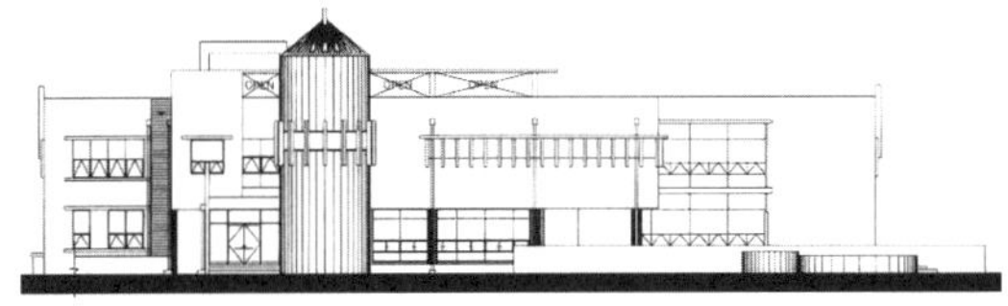

▲ 정면도

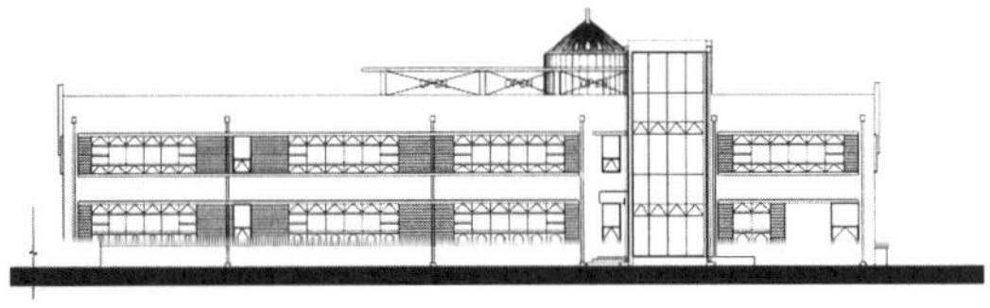

▲ 배면도

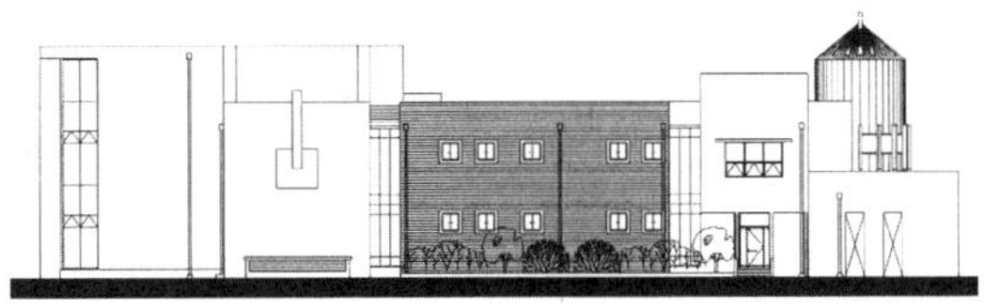

▲ 좌측면도

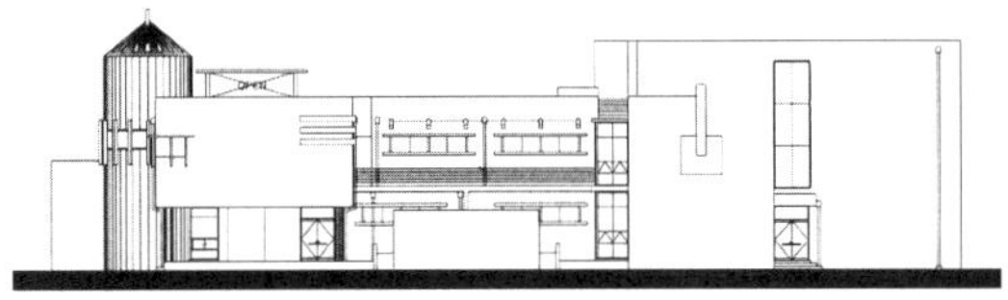

▲ 우측면도

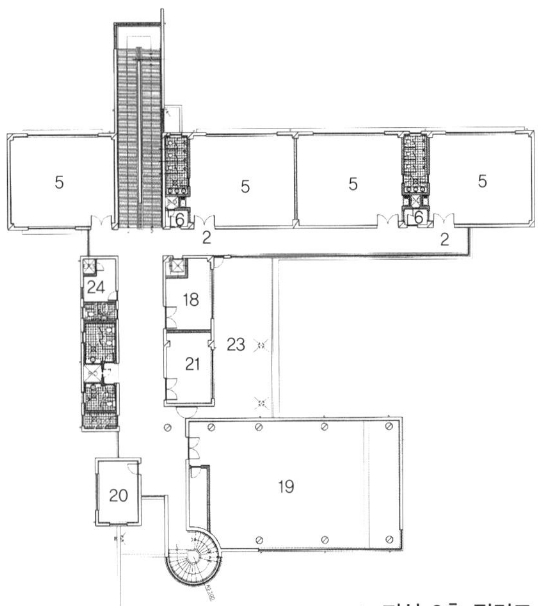

▲ 지상 2층 평면도

□ 유치원계획의 예

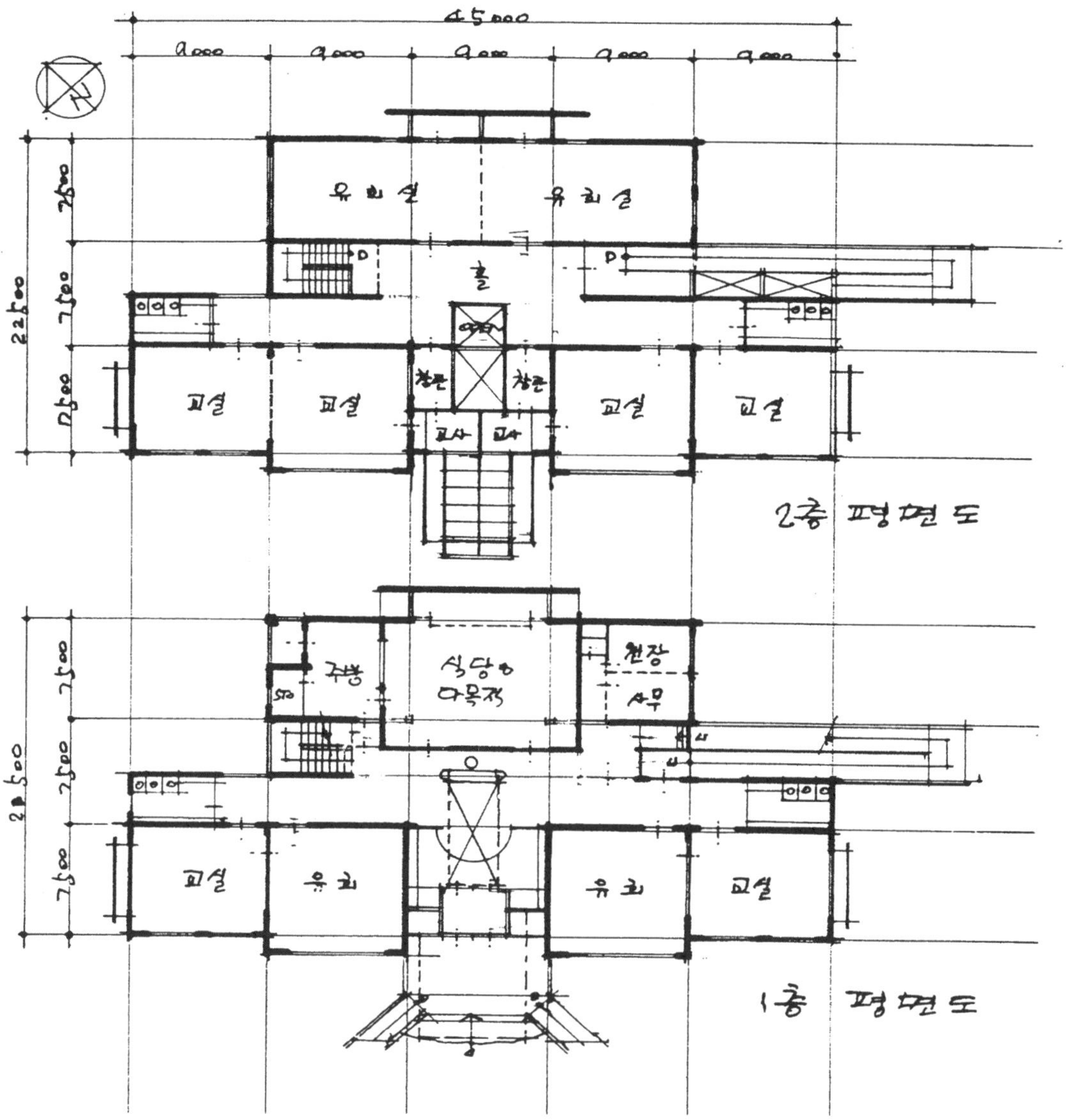

09 Chapter 노인복지시설

1. 개요

65세 이상으로 신체적, 정신적, 환경적인 이유 및 경제적 이유에 의하여 자택에서 양호를 받기 곤란한 노인을 수용하는 시설로 무료 또는 저렴한 요금으로 노인에 대하여 각종 상담에 응하는 동시에 건강 증진, 교양의 향상 및 레크리에이션을 위한 종합적인 편의를 제공하는 것을 목적으로 하는 시설이다.

2. 노인복지시설의 종류

(1) 양로시설

노인을 입소시켜 무료로 결식, 기타 일상생활에 필요한 편의를 제공하는 것을 목적으로 하는 시설

(2) 노인 요양시설

노인을 입소시켜 무료로 결식 · 치료, 기타 일상생활에 필요한 편의를 제공함을 목적으로 하는 시설

(3) 실비 양로시설

노인을 입소시켜 저렴한 요금으로 결식, 기타 일상생활 필요한 편의를 제공함을 목적으로 하는 시설

□ **예상 적용 모듈**
- 6m×6m
- 6m×7.5m
- 6m×9m
- 7.5m×7.5m
- 7.5m×9m

□ **주요 요구사항**
- 외부공간형성 능력
- 조닝구성 능력
- 코어구성 능력
- 드로잉 숙련 여부
- 내 · 외부 표현 능력

□ **체크 포인트**
- 노인의 특성 이해
- 노인복지시설의 성격 파악
- 침실과 부대시설의 조닝
- 노인의 신체조건을 고려한 계획 (장애인시설 설치에 관한 기준 참조)

(4) 실비 노인 요양시설

노인을 입소시켜 저렴한 요금으로 결식 · 치료 및 일상생활에 필요한 편의를 제공함을 목적으로 하는 시설

(5) 노인복지회관

무료 또는 저렴한 요금으로 노인에 대하여 각종 상담에 응하고, 강의 증진 · 교육 · 오락, 기타 노인의 복지증진에 필요한 편의를 제공함을 목적으로 하는 시설

(6) 실비 노인복지주택

노인을 입소시켜 저렴한 요금으로 주거 등의 편의 제공이 목적

3. 기능구성도

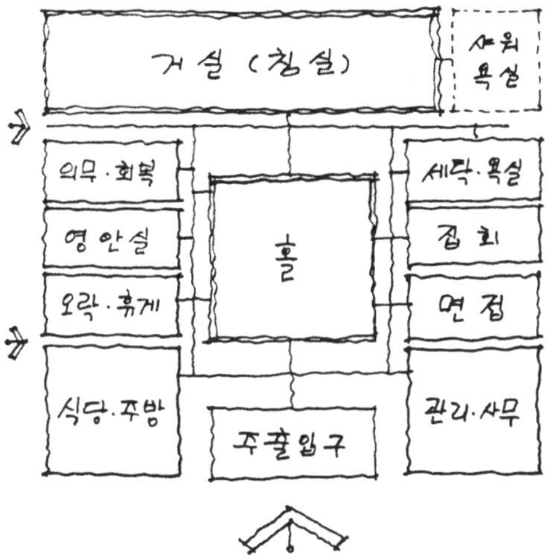

4. 노인복지시설의 일반사항

4.1 부지조건

- 지역사회 일원으로서의 자각과 행동을 할 수 있는 장소
- 주민편익시설(상점, 병원, 오락시설 등)의 이용이 편리한 곳
- 안정성 있는 쾌적하며 자연경관이 좋은 곳
- 공원 등의 오픈 스페이스가 인접해 있는 곳

4.2 기능 구분별 공간구성

기능부분		소요실
전용부	주호	• 거실
공용시설	생활서비스시설	• 식당, 매점 • 욕실 • 이 · 미용실 • 게스트 룸 • 사감실
	커뮤니케이션시설	• 집회실 • 오락실, 도서실, 취미실
	건강관리 및 시중관련시설	• 의무실, 정양실 • 리허빌리테이션실, 데이케어실 • 시중 스테이션
관리 · 서비스 시설	사무 · 관리시설	• 사무실, 원장실, 회의실 • 직원휴게실, 갱의실, 숙직실
	서비스시설	• 주방관계제실, 영안실, 세탁실 • 쓰레기 집적실, 소각로
	시설관리시설	• 방재센터, 중앙감시실 • 기계실

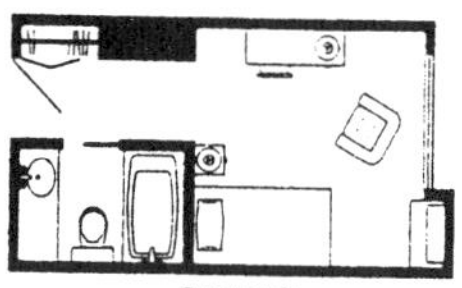

STUDIO

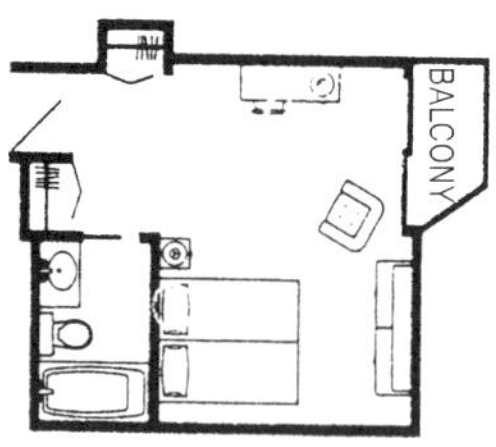

DELUXE STUDIO

복도

① 편복도 : 1.8M 이상
(휠체어 2대 통과 가능)
② 중복도 : 2.7M 이상
③ 이중난간 설치

4.3 세부계획

(1) 침실(거실)

- 조용하며 통풍이 잘되고 충분한 일조를 고려한다.
- 거실에는 세면장, 화장실을 부속시키는 것이 바람직하다.
- 거실은 시설의 종류나 형식에 따라 다르지만 보통 1인실 · 2인실 · 4인실로 하고 최대 6인실까지 한다.
- 침실의 면적은 독신자용 16.5㎡/인, 부부용 24.8㎡/인이 적당하다.

(2) 식당

- 건강이 정상적인 노인용과 도움이 필요한 노인용으로 나누면 좋다.
- 1석당 면적은 1.5~2.5㎡이 적당하다.
- 좌석수 : 교대이용을 고려하지 않고 전원의 좌석을 확보하는 것이 요구된다.
- 행사나 강연회 등의 용도로 겸용 가능한 것이 좋다.
- 주방은 식당 전체 면적의 30% 정도가 적당하다.

(3) 공동욕실

- 규모 : 노인수의 10~15% 정도가 적당하다.
- 면적 : 1인당 2.0~3.5㎡ (탈의실 포함, 욕실면적의 3/4 정도)이다.
- 남 · 녀비율은 1 : 2 정도로 하여 남탕과 여탕의 면적으로 배분한다.

데이 케어실
시중 필요 노인, 치매노인 등을 낮 시간 동안만 모아서 시중이나 행사, 훈련 등을 하기 위한 실

(4) 의무실

- 노인들의 건강대장 작성 → 건강관리
- 투약관리, 건강상담, 간이치료
- 면적 15~20㎡ 정도

(5) 사감실

- 사감 : 노인들의 신변을 보살피는 직원이다.
- 사감의 대기 공간이 필요하다.
- 건강한 노인들을 대상으로 할 경우 등으로 나누어져 있지 않으면 전체동에 1개소로 하여 30㎡ 정도가 적당하다.
- 도움이 필요한 노인들을 대상으로 할 경우 주호동의 각 층별로 하여 시중노인 4인당 1명의 사감이 시중서비스를 행한다.

(6) 사무실

- 일상업무량이 많지 않으므로 넓은 공간이 요구되지 않는다.
- 노인들의 관찰거점이 되는 현관 근처의 카운터에 인접하여 계획한다.

(7) 기능 회복실

- 물리요법, 마사지 및 각종 운동으로 일상생활에 필요한 기능을 회복시키는 공간이다.
- 지역사회 시설로서 지역노인 등이 필요에 따라 사용할 수 있도록 접근을 고려한다.

4.4 시설의 규모

(1) 양로시설, 노인요양시설, 실비 양로시설, 실비 노인양로시설

- 입소정원 50인 이상 (다른 노인복지시설에 병설할 때에는 30인 이상)

(2) 노인복지회관

- 연면적은 500㎡ 이상으로 한다.
- 설치목적 : 노인의 각종 상담에 응하고 건강증진, 교양상담 및 레크리에이션을 위해 편의를 제공하여 노인에게 건강하고 밝은 생활을 영위할 수 있도록 한다.
- 사업내용 : 생활상담, 건강상담, 생업 및 취업지도, 기능회복 훈련 실시, 레크리에이션 실시, 노인클럽에 대한 원조 등

4.5 시설의 기준(노인복지법 제12조)

	양로시설	노인요양시설	노인복지회관
1. 설비 시설	가. 거실 나. 사무실 및 숙직실 다. 식당 및 조리실 라. 세면장 및 목욕실 마. 세탁장 및 건조장 바. 오락실 사. 화장실 아. 의무실 자. 창고 및 부속시설 차. 간호사실 카. 생활보조원실	가. ~카. : 좌동	가. 사무실 및 숙직실 나. 식당 및 조리실 다. 상담실 또는 면회실 라. 지회실 또는 강당 마. 오락실 바. 화장실 사. 물리치료실
2. 설비 기준	가. 거실 (1) 종류 : 합숙용 · 동거용 (2) 합숙용 거실 : 남 · 여 실 구분 (3) 1인당 3.3㎡ 이상 (4) 합숙용 1실당 : 6인 이하 (5) 합숙용 거실 : 개인사물함 설치 나. 식당과 조리실 다. 오락실 라. 화장실 (1) 대변기 : 수용인원 15인까지 1개, 매 15인 초과마다 1개씩 (2) 수세식 화장실 마. 의무실 바. 경사로 설치 : 2층 이상의 경우	가. 거실 (1)~(7) : 좌동 (8) 노인질환에 따른 특별거실 : 정원의 5% 이내 (9) 치매노인의 경우 : 배회용 공간과 거실설치 나.~바. : 좌동 사. 경사로 : 2층 이상에 설치. 단, 승강기 설치시 예외 아. 물리치료실 (기능회복실)	가. 오락실 나. 식당 및 조리실 라. 화장실

5. 노인복지시설계획의 핵심정리

5.1 계획의 기본사항

- 노인홈은 노인의 생활장소이므로 거주성을 좋게 하여 가정적인 분위기를 갖도록 격리되거나 폐쇄된 느낌이 들지 않도록 한다.
- 노인의 특성을 고려하여 필요시설에 쉽게 접근할 수 있도록 하고 소외감으로부터 벗어날 수 있도록 과거의 환경에 대한 연속성과 친밀감을 부여하여야 한다.
- 지역사회를 위한 시설로서 지역노인의 필요에 적응할 수 있도록 계획한다.(취미교실, 공동작업장 등)
- 옥내생활이 옥외로 확대되도록 유기적으로 결부된 옥외공간계획이 필요하다.

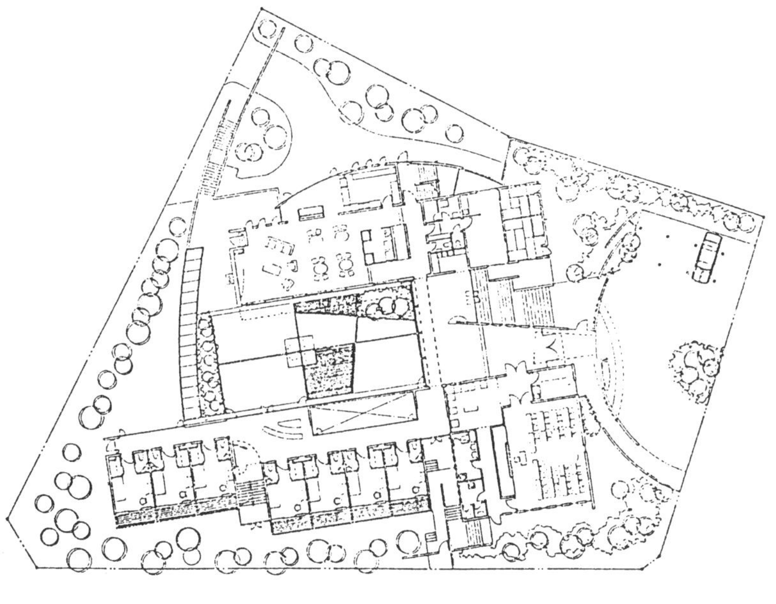

노인시설 배치 예

5.2 계획시 고려사항

(1) 배치계획

- 향과 조망을 고려하여 생활부분(침실, 식당, 집화 등)을 우선적으로 검토한다.
- 지역사회와의 교류로 소외감을 극복할 수 있도록 의료, 집회, 오락실 등을 주출입구 또는 부출입구 부근에 1개소로 집약시켜 계획한다.
- 공작실, 텃밭 등을 조성하고 산책로, 옥외 휴게공간 등을 계획한다.

(2) 평면계획

- 거실(침실)은 남향으로 배치하여 충분한 일조를 확보하고 수납에 대하여 배려한다. (편복도형 계획)
- 남향이 곤란한 경우 동서향도 가능하지만 북향은 가급적 계획하지 않도록 한다.
- 수용인원이 보통 50~100명 정도이며, 실의 형태로는 개인실, 2인실, 4인실, 6인실 등으로 구성된다.
- 실의 크기는 1인실 10~15㎡, 2인실 15~25㎡, 4인실 25~50㎡ 정도이다.
- 주호동은 남·녀별로 수평 또는 수직적으로 조닝하여 분리시키는 것이 원칙이다.

(3) 입면 및 단면계획

- 전체적으로는 주변과의 조화를 유도하고 친근감 있는 입면계획을 한다.
- 저층부는 개방성을 부여하고 필로티, 테라스, 발코니 등 완충공간을 형성하는 것이 바람직하다.
- 층고는 1층 4~4.5m, 2층 3.5~4m 정도가 무난하며, 기능에 따라 바닥 레벨차가 생길 경우 경사로로 계획하는 것이 좋다.

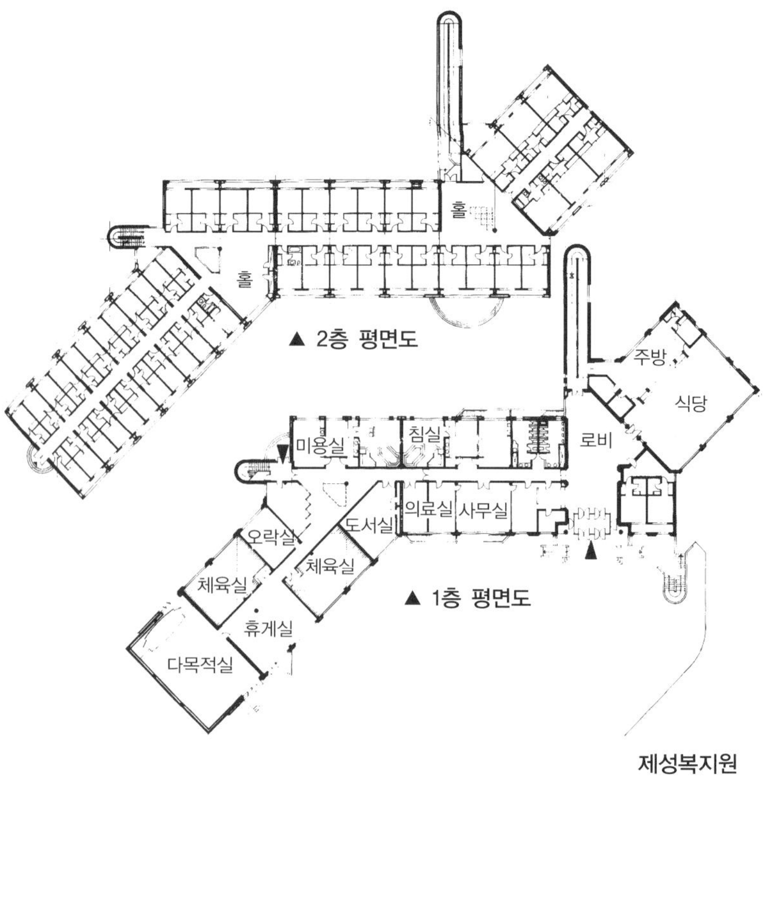

제성복지원

6. 사례

□ 제주도 노인복지회관

1. 강당
2. 기계실
3. 창고
4. 레크리에이션
5. 휴게실
6. 독서실
7. 화장실

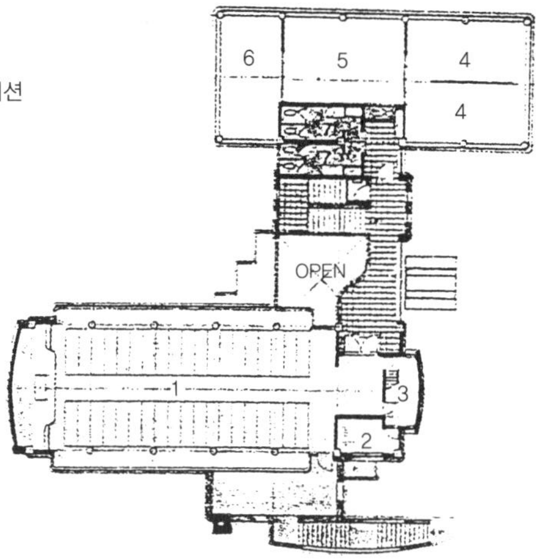

▲ 2층 평면도

1. 휴게실
2. 이발소
3. 건강상담실
4. 치료실
5. 작업실
6. 욕실
7. 오일탱크
8. 주방
9. 부엌
10. 원장실
11. 보일러실
12. 펌프실
13. 화장실
14. 창고
15. 기계실
16. 선큰가든

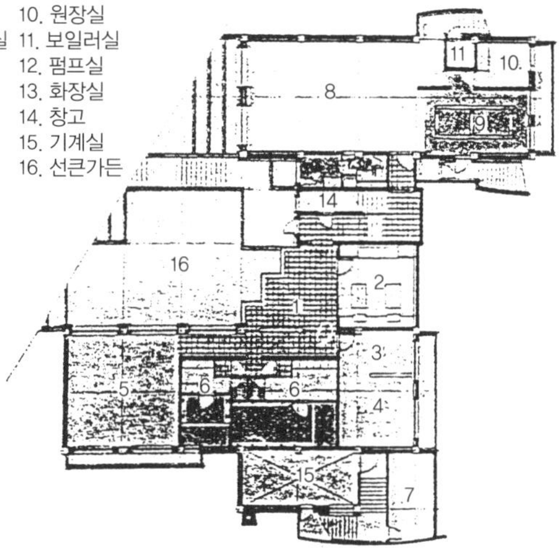

▲ 기준층 평면도

1. 주출입구
2. 로비
3. 전시홀
4. 휴게실
5. 화장실
6. 창고
7. 사무실
8. 회의실
9. 숙직실
20. 선큰가든
11. 주출입구 캐노피

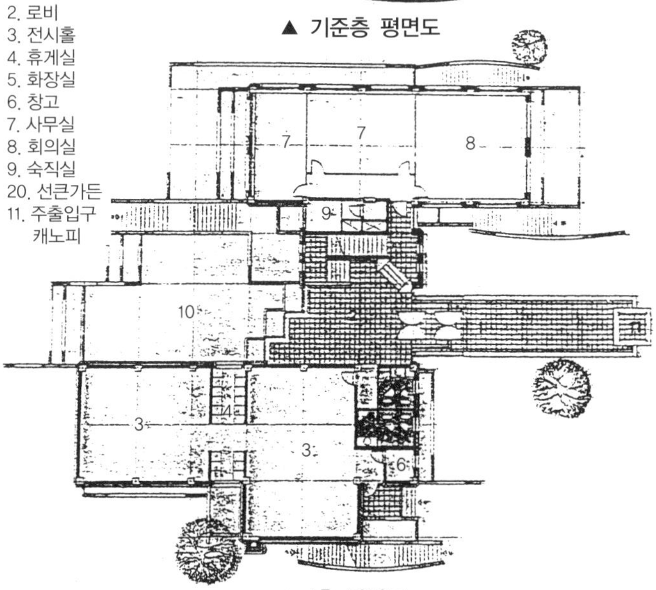

▲ 1층 평면도

복지관

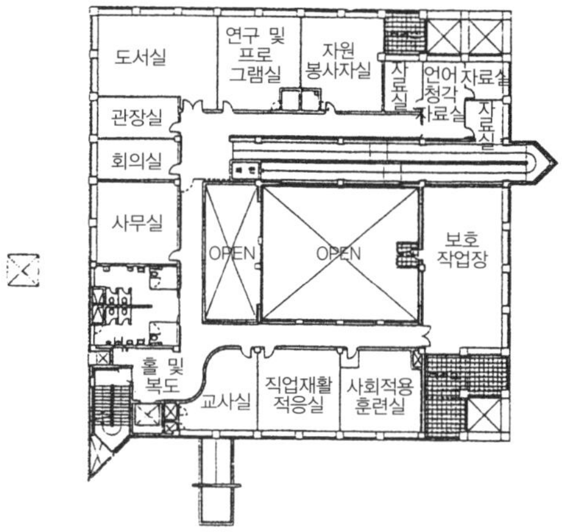

▲ 2층 평면도

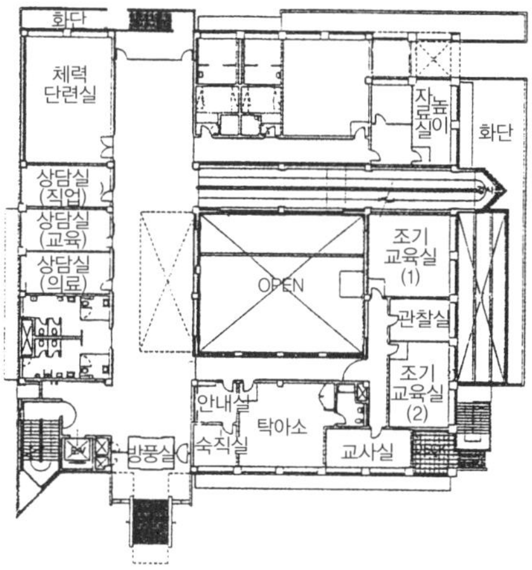

▲ 1층 평면도

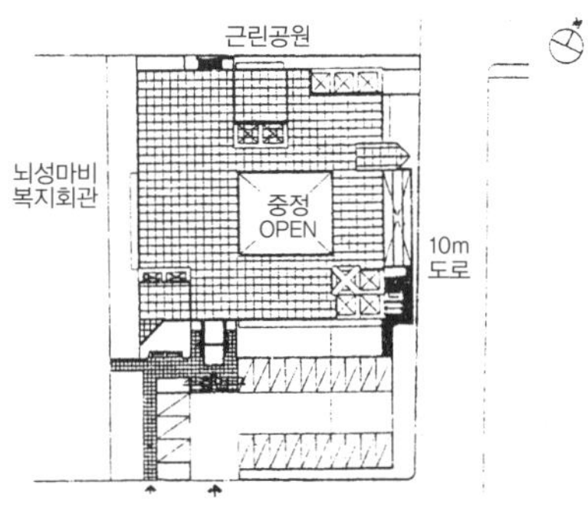

▲ 지하 1층 평면도

□ 노인복지시설계획의 예

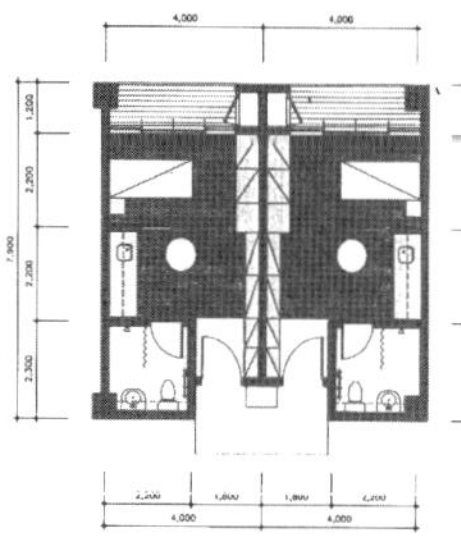

▲ 독립주거 1인실 평면도

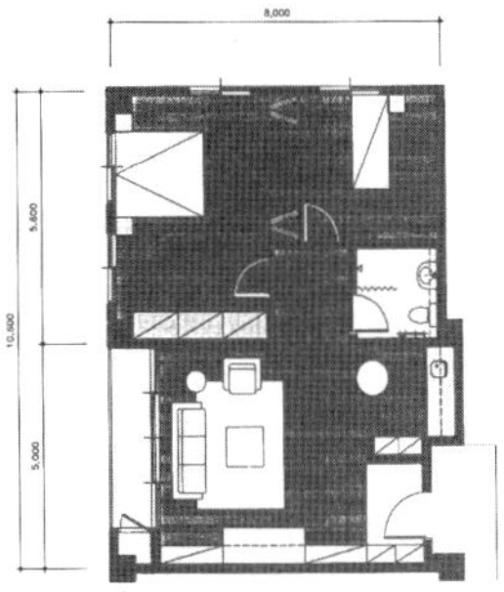

▲ 독립주거 2인실 평면도

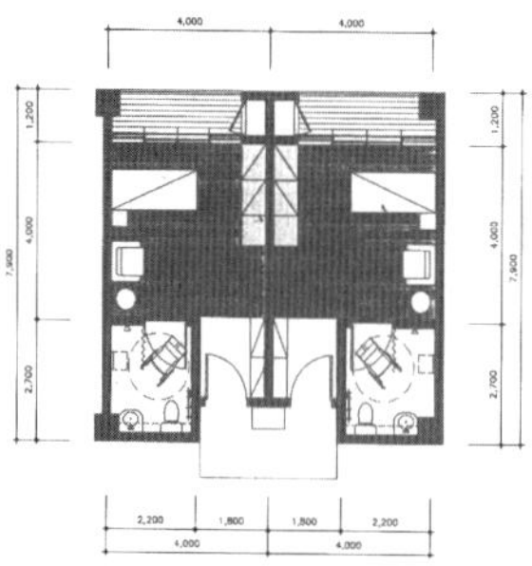

▲ 반의존주거 평면도

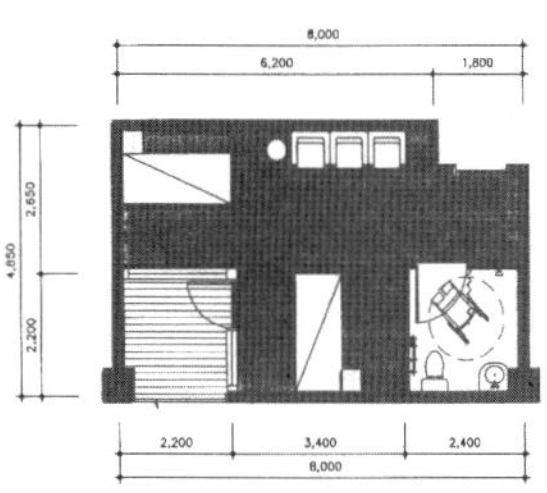

▲ 단기보호시설 2인실 평면도

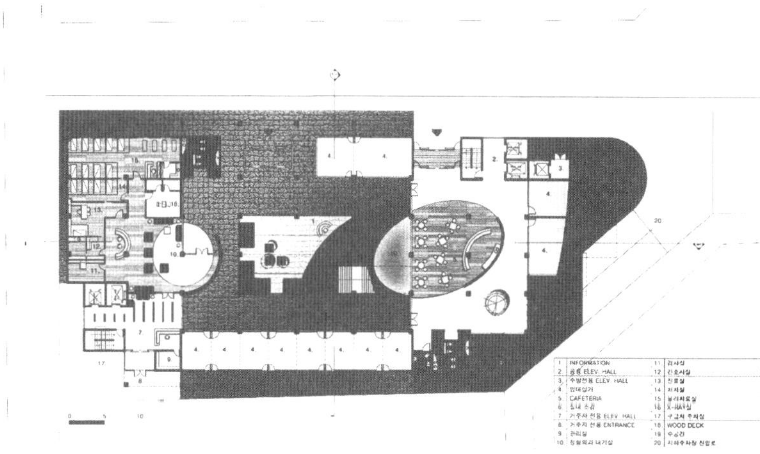

▲ 지상 1층 평면도

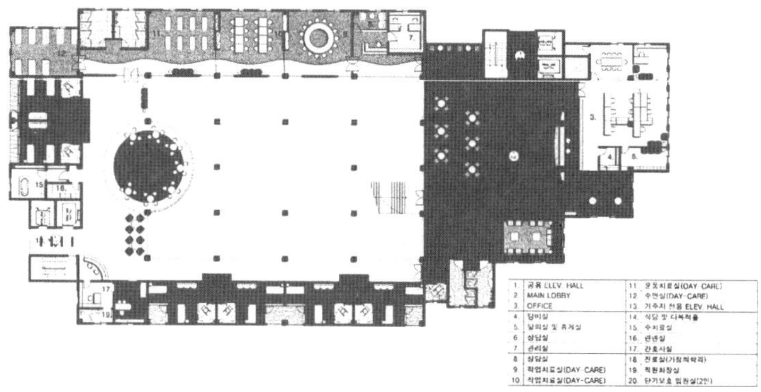

▲ 지상 2층 평면도

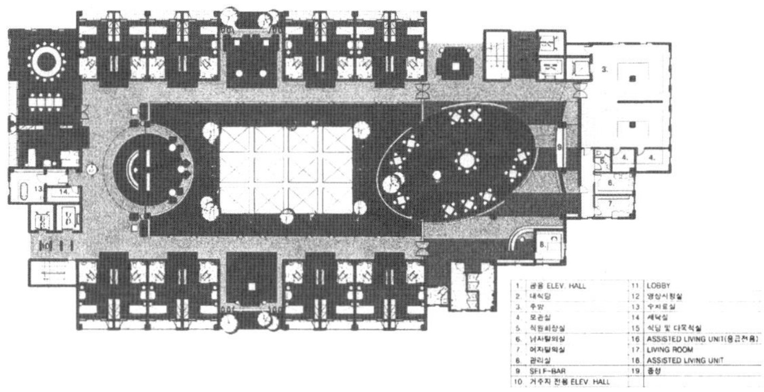

▲ 지상 3층 평면도

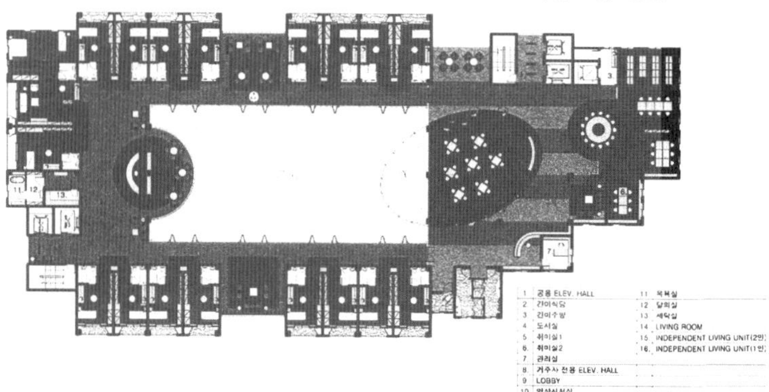

▲ 지상 4층 평면도

□ 노인복지시설 예

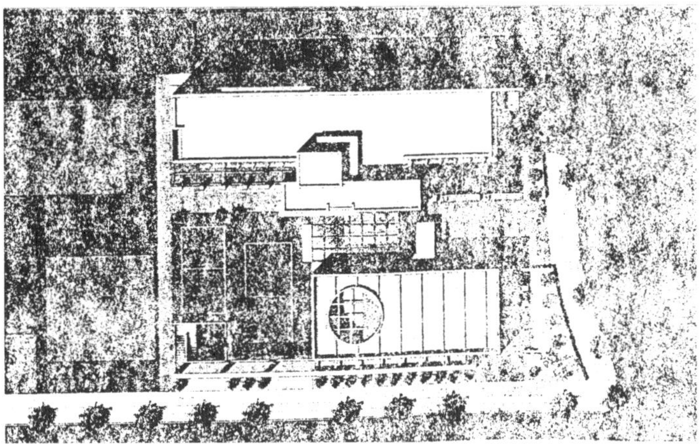

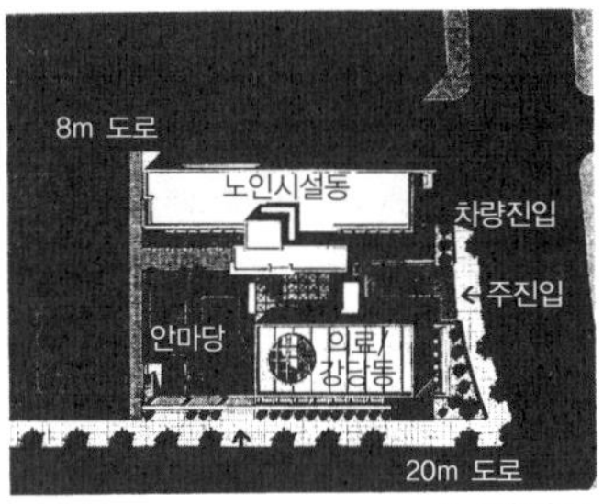

▲ 배치도

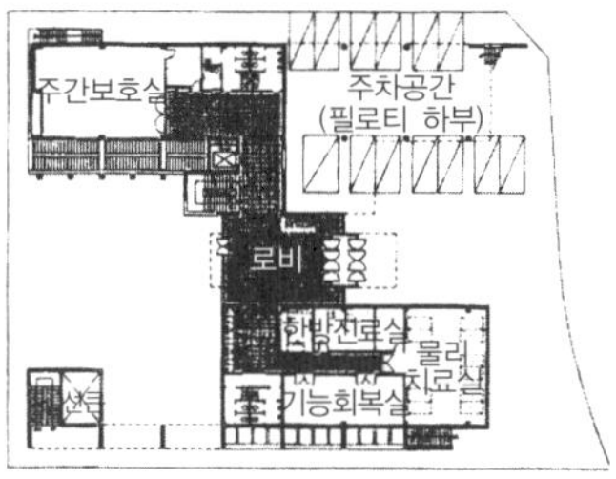

▲ 1층 평면도

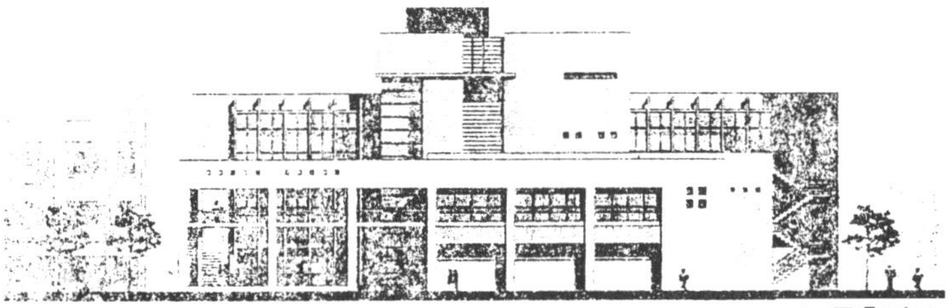
▲ 동측면도

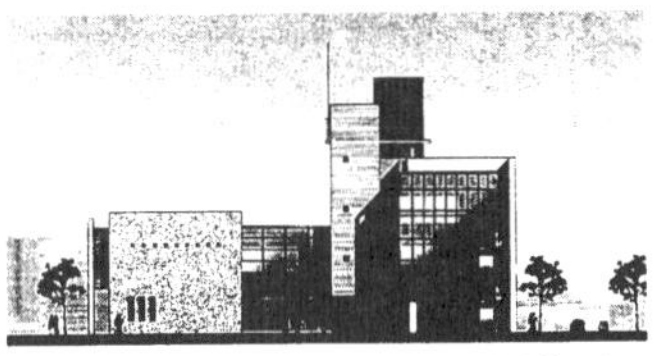
▲ 북측면도

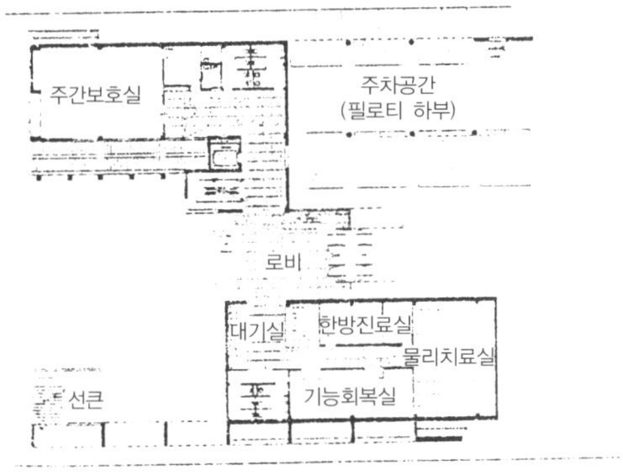

▲ 1층 평면도

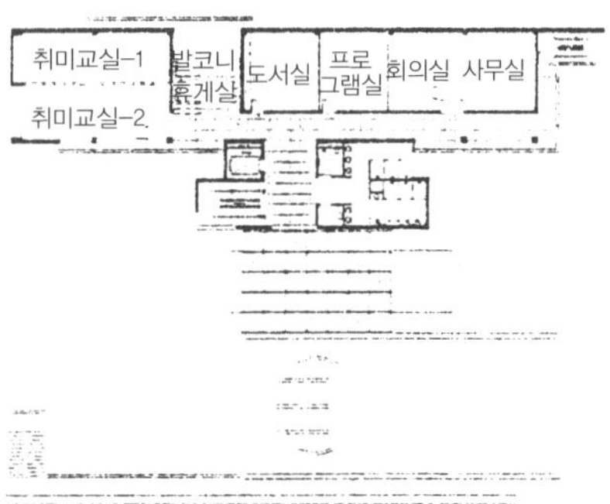

▲ 3층 평면도

▲ 지하층 평면도

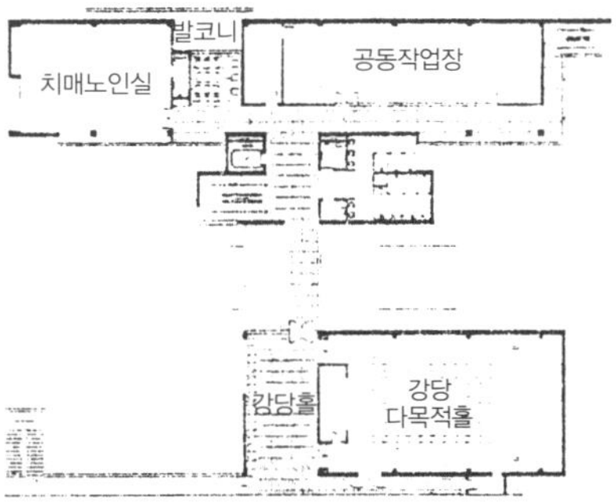

▲ 2층 평면도

10 도서관

Chapter

1. 개요

인류의 역사와 사상, 지식의 전달재를 수집 · 정리 · 보존하여 이용할 수 있도록 하는 교육적 시설로 현대에 와서는 교육 또는 연구시설의 기능보다는 문화활동 중심체로서의 역할이 증대되고 있다.

2. 도서관의 분류

- 공공도서관
- 학교도서관
- 대학도서관
- 국회도서관
- 전문도서관
- 특수도서관

3. 기능구성도

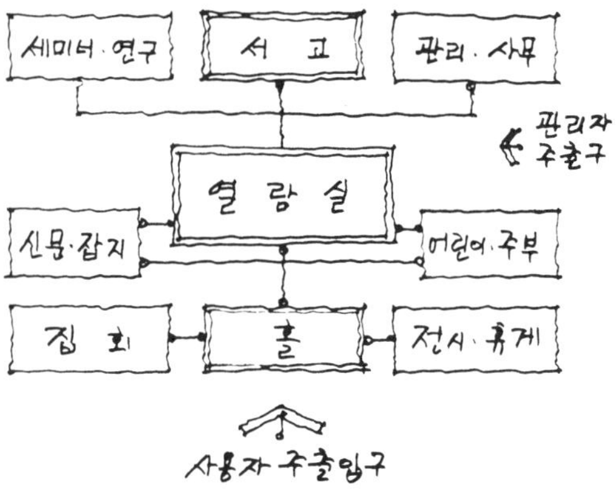

□ 예상 적용 모듈
- 6~7.5m
- 6~9m
- 7.5~9m
- 7.5~12m

□ 주요 요구사항
- 외부공간구성 능력
- 조닝구성 능력
- 코어구성 능력
- 세부기능 이해 능력 (예 : 서고/적층식)
- 조형성

□ 체크 포인트
- 도서관의 규모 : 열람방식, 서가형식, 각 소요실의 연관관계 검토
- 도서관의 구성 : 열람부분, 서고부분, 창고부분, 관리 및 서비스부분
- 소음부(저층), 정숙부의 기능배분
- 서고와 열람실계획이 중요

도서관의 구성 부분별 면적비(%)

① 목록, 대출실 : 10%
② 열람공간 : 35%
③ 수장공간 : 25%
④ 관리부분 : 7%
⑤ 공용공간 : 8%
⑥ 기타 : 15%
※ 도서관의 종류, 규모별로 그 구성비는 차이가 있다.

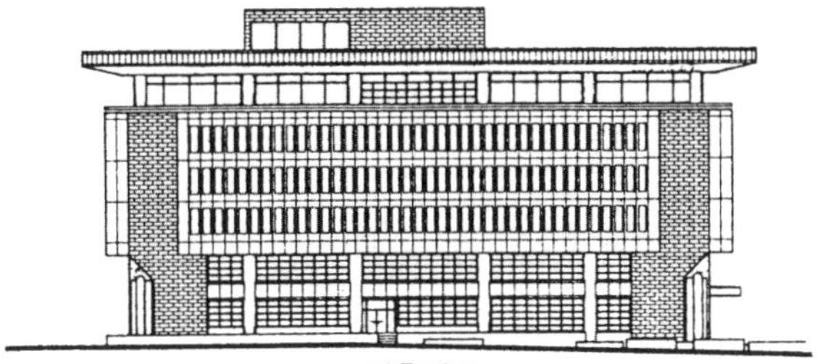

▲ 서측면도

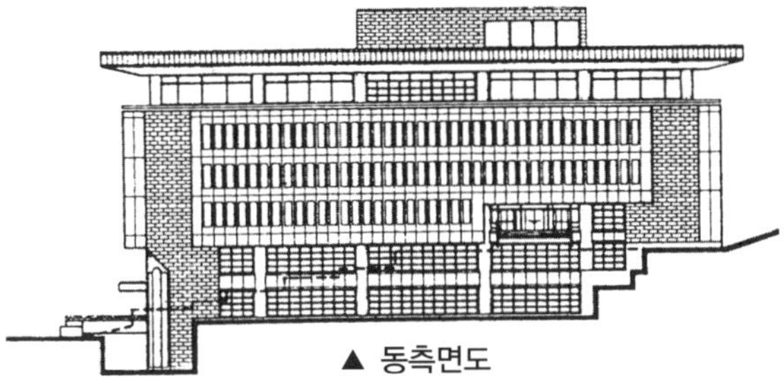

▲ 동측면도

건국대학교 상허기념 도서관

4. 도서관계획의 일반사항

4.1 도서관의 기본적 구성요소

(1) 이용관계

로비, 출납홀, 목록홀, 휴게실, 신문 · 잡지 열람실, 창고, 도서실, 일반열람실, 특수자료실, 귀중자료실, 연구실, 시청각실, 복사실, 집회실

(2) 수장관계

서고, 시청각 자료

(3) 관리관계

사무실, 인쇄제본실, 복사실, 소독실, 창고, 갱의실, 기계실

4.2 출납시스템 방식

(1) 자유개가식(free open access)

- 형식 : 열람자가 직접 서가에서 책을 꺼내 관원의 검열을 받지 않고 열람
- 특징 : – 책의 선택, 열람이 자유롭다.
  – 책을 정확하고 쉽게 찾을 수 있다.

- 서가가 정리되지 않으면 혼잡 유발, 책의 마모, 손실이 많다.

- 적용 : 아동도서관과 소규모 도서관에 적합

(2) 안전개가식(safe-guard open access)

- 형식 : 열람자가 책을 직접 선택하여 관원의 검열을 받은 후에 열람
- 특징 : - 자유개가식과 반개가식의 장점을 취한 형식
  - 1실 규모가 15,000권 이하에 적합하다.
  - 출납시스템이 필요없어 혼잡하지 않다.
- 적용 : 공공 중앙도서관 등 장서 규모가 큰 곳에 적합

(3) 반개가식(semi-open access)

- 형식 : 열람자가 서고에 면하여 책표지는 볼 수 있으나 내용은 관원에게 대출을 요구한 후 볼 수 있는 형식
- 특징 : - 서가는 유리나 철망을 붙여 운영한다.
  - 서가열람이나 감시가 필요치 않다.
- 적용 : 신간 서적 안내 등에 적합

(4) 폐가식(closed access)

- 형식 : 목록에 의해 책을 선택하고 대출기록을 남긴 후 대출받는 형식
- 특징 : - 서고와 열람실이 이격되어 있다.
  - 도서 유지관리상 유리하여 책의 손실이 적다.
  - 대출절차가 복잡하여 관원의 업무량이 많다.
- 적용 : 공공 중앙도서관 등 장서 규모가 큰 곳에 적합

4.3 도서관 각실의 세부계획

(1) 엔트런스, 홀, 로비

- 입구는 통상 1개소가 일반적(관리자 주출구 별도)이며, 도로와 레벨차 없이 설치하는 것이 좋다.
- 로비에는 전시코너나 휴식, 신문, 잡지 등의 가벼운 독서코너 등을 설치하는 것이 좋으며, 개방감 있게 한다.

성인용 열람책상 배치 예

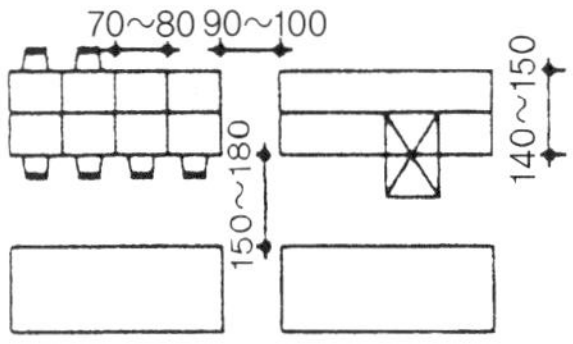

(2) 출납홀, 목록공간

도서의 대출과 반환업무 및 관내 서비스의 중추역할을 하는 곳으로서, 관내 동선계획의 키포인트가 된다.

(3) 열람실

- 열람실은 서고에 근접하고, 서고동선과 지장없게 계획한다.
- 채광이 좋아야 하므로 남측이나 동측, 서측을 택하며 북측은 가급적 피하는 것이 좋다.
- 주변환경이 조용한 곳이 좋으며, 옥내 · 외 휴게공간과 연계성을 갖도록 한다.
- 열람방식에는 자유개가식, 안전개가식, 반개가식, 폐가식이 있다.
- 열람실의 종류로는 자유열람실, 창고열람실, 정기간행물실, 서가열람실, 아동열람실, 시청각자료실, 목록실 등이 있다.
- 아동열람실은 1층부(소음부)에 계획하는 것이 좋으며 별도의 출입구를 계획하는 것이 바람직하다.(권장)

열람석 1인당 바닥면적
1.5~2.8㎡

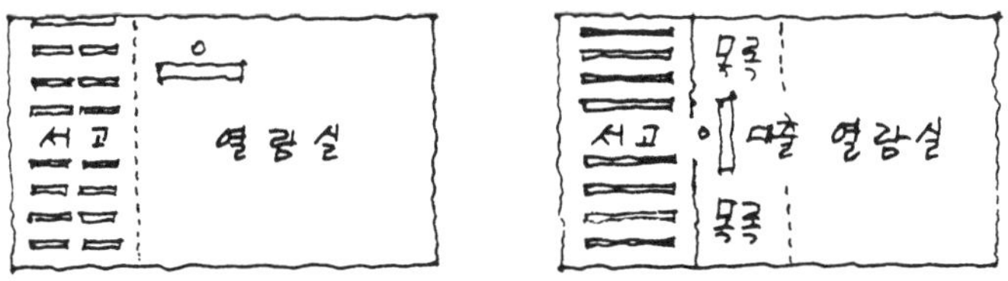

개가식 폐가식

출납시스템

(4) 서고

- 직사광선을 피하기 위해서는 북측이 좋으며, 열람실과의 연관성도 고려한다.
- 서고면적(㎡)당 장서수가 결정되므로 특히 층고계획에 유의하여야 한다.
- 최근에는 자유개가식을 채택하는 경향이 많으며, 서고 내부의 운반방식은 book truck, conveyer, 내부계단, ELEV, lift 등이 있다.
- 서고의 층고는 최소(보밑) 2.3m 이상이고, 서가의 높이는 2.1m 정도이다.
- 서고의 형식은 적층서가식, 단독서가식, 절충서가식이 있다.

서고

① 서가 : 1m당 25권
② 서고면적 : 1㎡당 200권
③ 서고용적(㎥)당 : 평균 66권
④ 통로의 폭 : 0.75~1.4m 정도

- 적층서가식

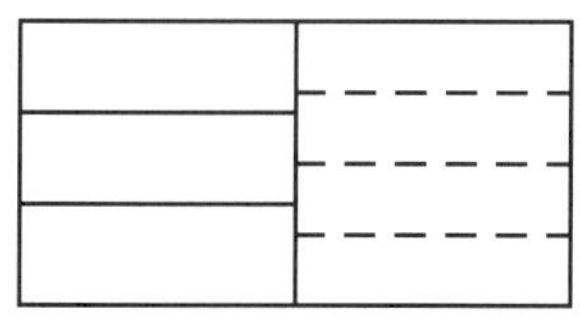

- 단독서가식

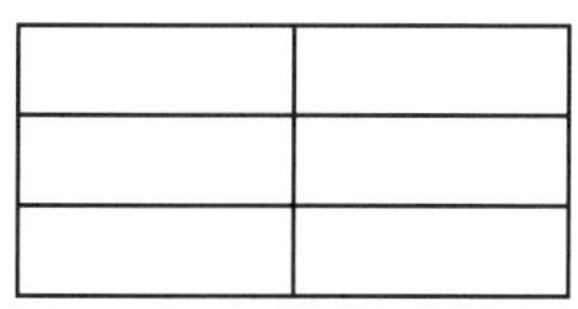

- 절충서가식

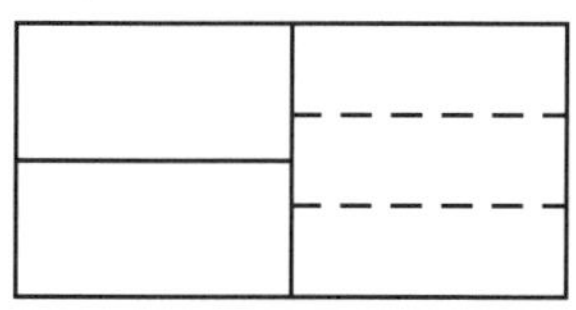

캐럴(carrel)
캐럴이란 연구자가 어떤 자료를 전용하여 1일 내지 수일간에 걸쳐 연구하기 위한 개설 또는 개석을 뜻하며 프라이버시 유지가 중요하고 서고 내에 설치하는 캐럴은 창가나 벽쪽에 위치하여 타인으로부터 방해를 받지 않도록 하여야 한다.

(5) 관리실

- 관장실, 사무실 등은 일반열람자와 분리하여 별개의 출입구를 설치한다.
- 1층에 두는 것이 좋으나 제반 기능과 관련하여 2층도 무방하다.

(6) 휴게실, 식당

- 식당은 가능하면 1층에 두어 옥외공간과 연계되도록 하고, 차량에 의한 서비스 동선을 고려한다.
- 휴게공간은 1층 또는 각층에 계획하여 사용자에게 편리하도록 한다.

(7) 정리작업실

도서 및 자료의 접수, 검사, 정리, 간단한 보수 등을 하는 장소로 서비스 차량의 접근이 가능한 곳에 두는 것이 좋다.

북모빌
도서관 전용차에 의한 이동대출을 하는 것.

(8) 북모빌(book moble) 작업실

- 작업실에는 북모빌이 들어갈 수 있게 계획한다.
- 비바람이 거센 때에는 하역작업이 용이하게 이루어지도록 계획하여야 한다.

5. 도서관계획의 핵심정리

5.1 도서관계획의 기본사항

- 공공도서관은 일반적으로 공원과 연계된 장소에 입지하고 있으므로 주변과의 연관관계를 고려하여야 한다.
- 도서관의 주기능은 열람실과 서고이므로 열람실과 서고계획이 가장 중요하다.
- 각 기능과 이용자 계층에 따른 조닝구성과 출입구 위치, 동선의 연계 및 분리가 검토되어야 한다.
- 시설의 구성요소를 검토하여 기능 변경에 효율적으로 대처할 수 있는 모듈 시스템을 설정하고 장래 확장에 대비한 증축공간을 확보할 필요가 있다.

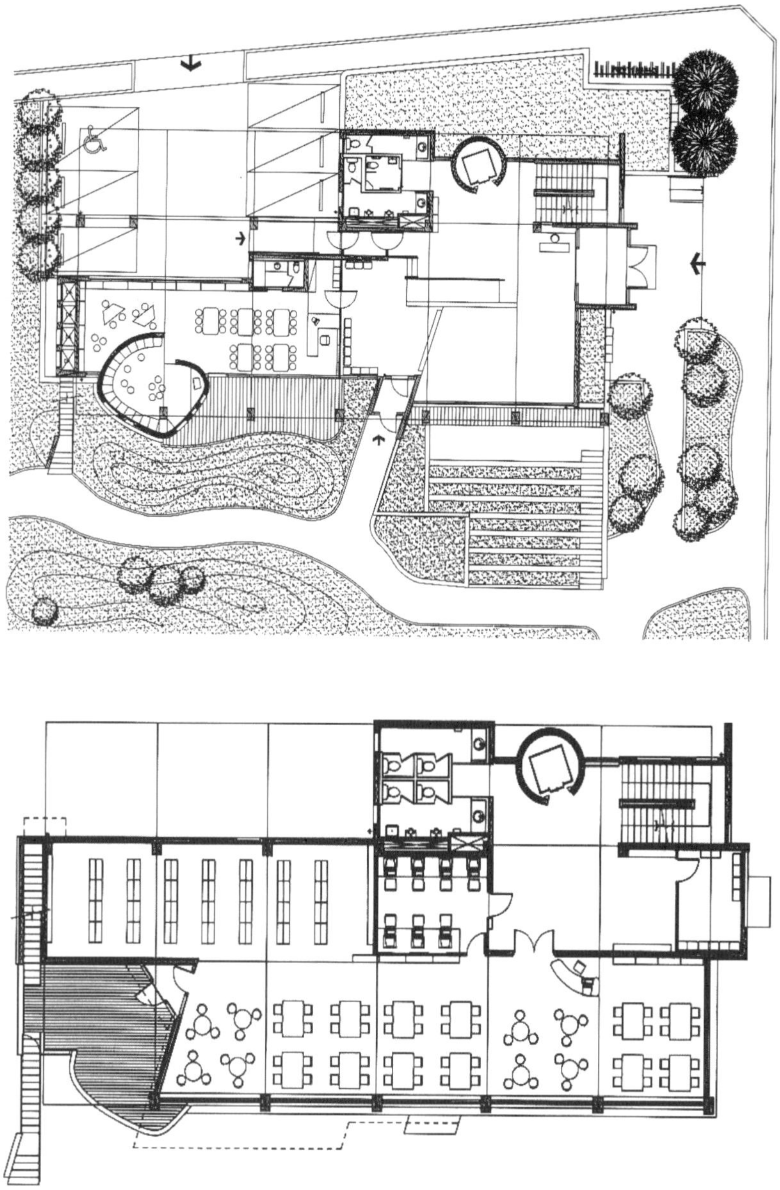

노원 어린이 도서관

5.2 계획시 고려사항

(1) 배치계획

- 도서관은 공공시설이므로 접근성이 중요하다.
  대지와 접하는 도로조건에 따라 배치계획을 검토하고 대지에 레벨 차이가 있는 경우 신체장애인을 위한 경사로를 계획하여야 한다.
- 도서관 이용자의 대부분이 보도나 자전거를 이용하므로 보행진입 관계가 중요하다. 따라서 보행자를 위한 진입광장이나 휴게공간 등의 계획이 고려되어야 한다.

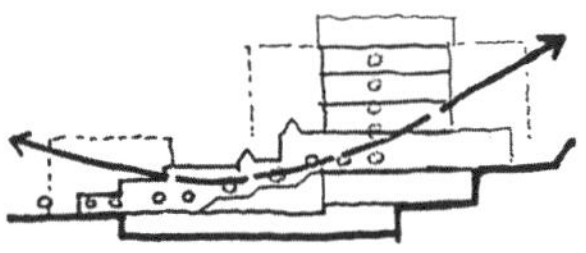
단국대 율곡기념도서관 – 공간의 유동성

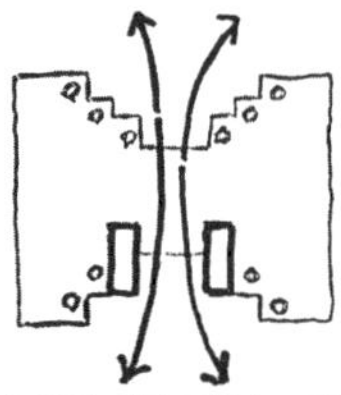
단국대 율곡기념도서관 – 공간의 관류

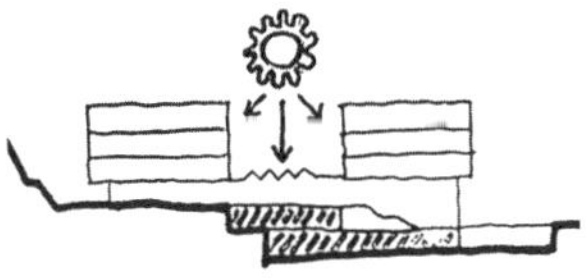
단국퇴계기념도서관

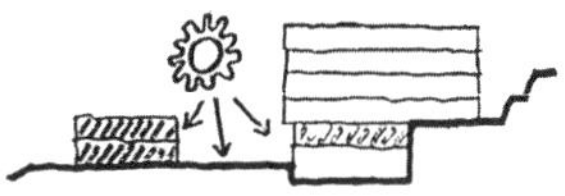
단국대율곡기념도서관

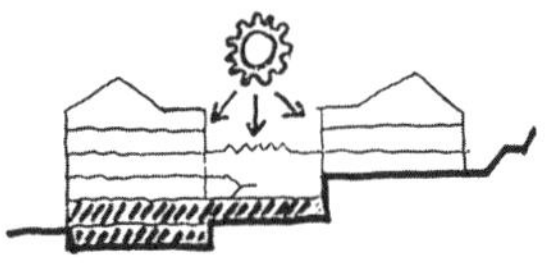
이화여대중앙도서관

- 남향 배치를 원칙으로 자연채광, 환기, 조망을 고려한 回자형이 무난하다.
- 수평증축과 수직증축을 고려한다.

(2) 평면계획

- 도서관계획에서 가장 중요한 것은 연면적의 50~70%를 차지하는 열람실과 서고계획이다.
- 저층부는 소음부이므로 로비, 전시실, 어린이 열람실, 식당, 강당 등을 두고 상층부는 정숙부로 서고, 열람실, 세미나실 등으로 구성하는 것이 좋다.
- 서고의 위치(북측, 북서측, 북동측)를 결정해야 이용객과 직원동선의 분리가 쉽다.
- 특히 서고의 면적이 커서 평면계획이 불리해지는 경우 적층서가식이나 절충서가방식으로 유도하고 단면도에 꼭 표기하도록 한다.
- 서고를 결정한 후 열람실계획을 하는 것이 유리하다. 열람실은 채광이 좋고 소음이 적은 위치가 좋다.

(3) 입면계획

- 공공복지 성격이 있으므로 친근감 있는 표정이 중요하다.
- 전체적으로 개방감 있는 느낌이 들도록 하고, 안정감 있게 계획한다. (수평적 요소 강조)
- 내 · 외부의 개방감 있는 계획이 중요하므로 필로티, open, sky light 등 매개공간을 활용하도록 한다.

(4) 단면계획

- 층고는 1층은 4.5~6m, 2, 3층은 4.5~5m 정도가 좋으나 각층마다 5m 기준이 적정하다.(서고의 2층 서가계획 가능)
- 천장고는 1층 로비, 홀 등은 3.5~6m, 열람실은 3m, 기타 부속실은 2.5~3m 정도가 좋다.

6. 사례

□ 도서관 예(목동 도서관)

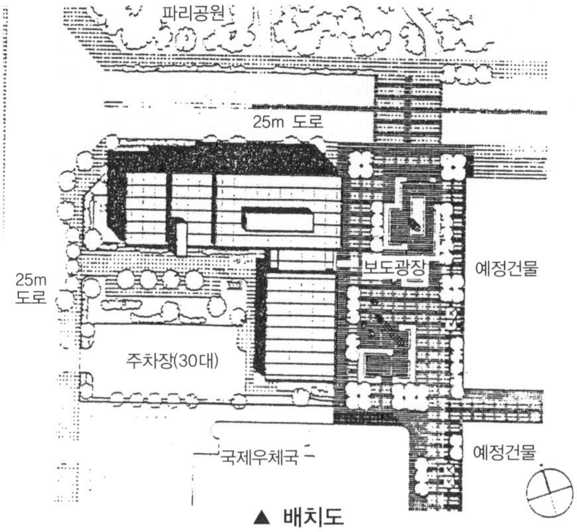

▲ 배치도

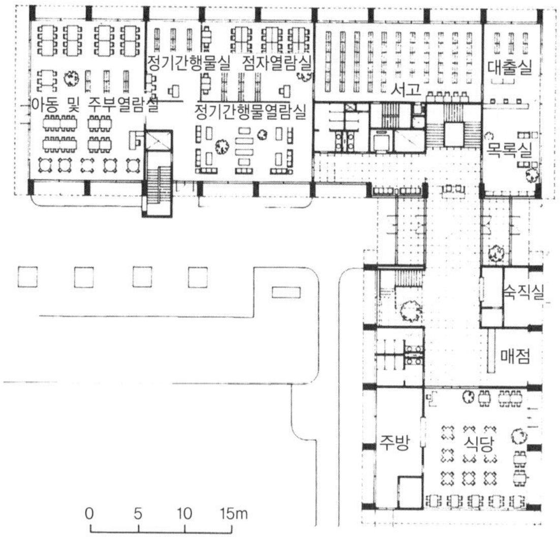

▲ 지상 1층 평면도

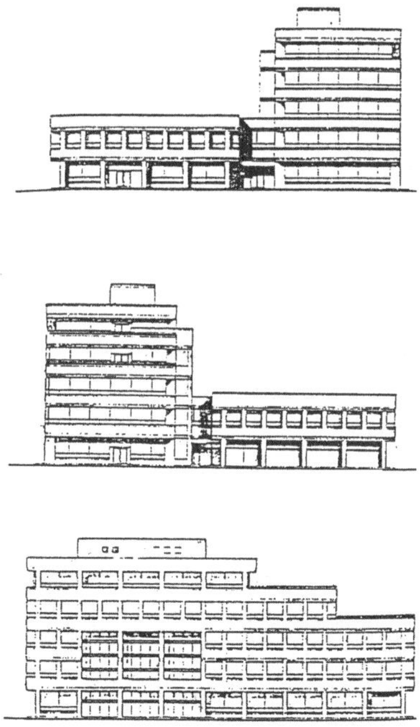
▲ 입면도

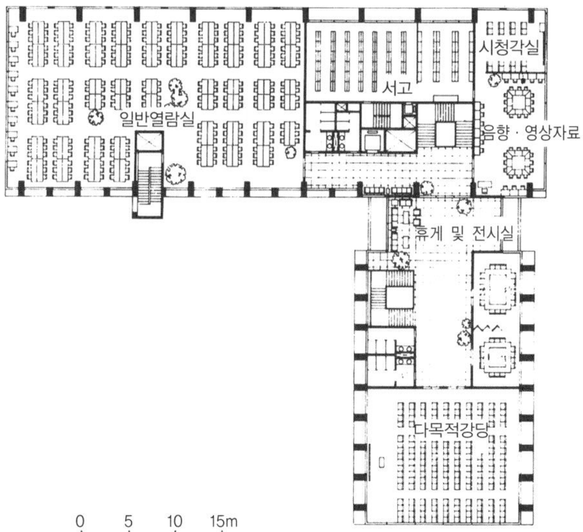

▲ 지상 2층 평면도

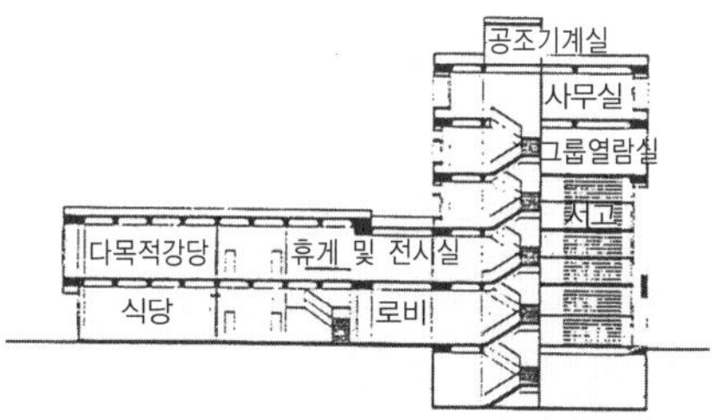

▲ 종단면도

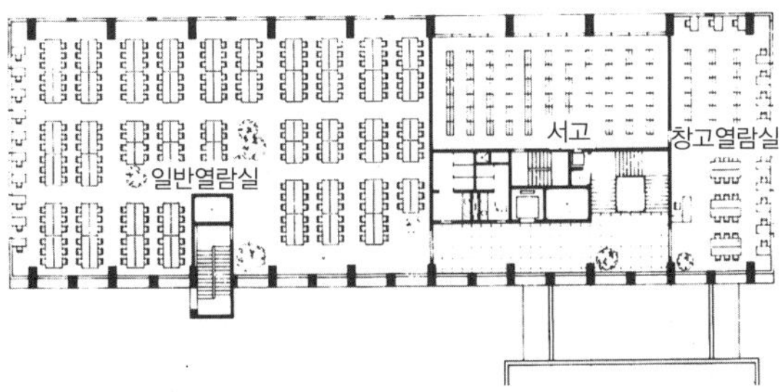

▲ 지상 3층 평면도

□ 도서관 예

안양시립 도서관

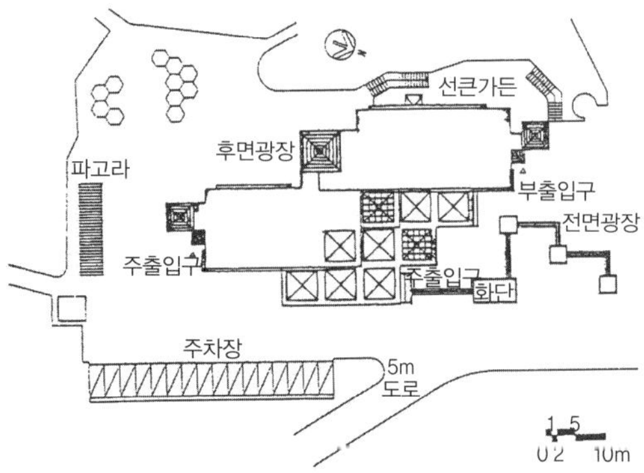

▲ 배치도

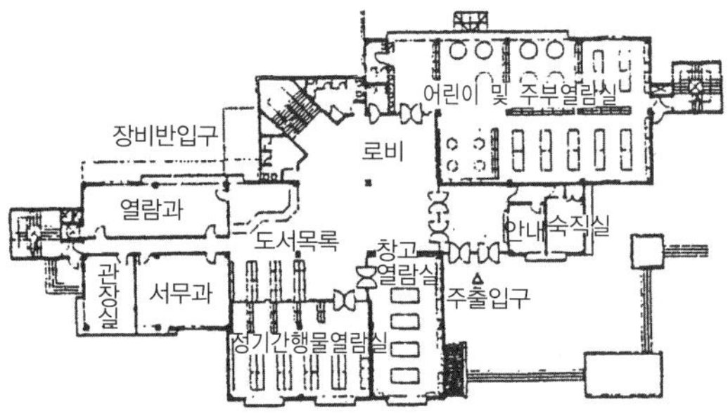

▲ 지상 1층 평면도

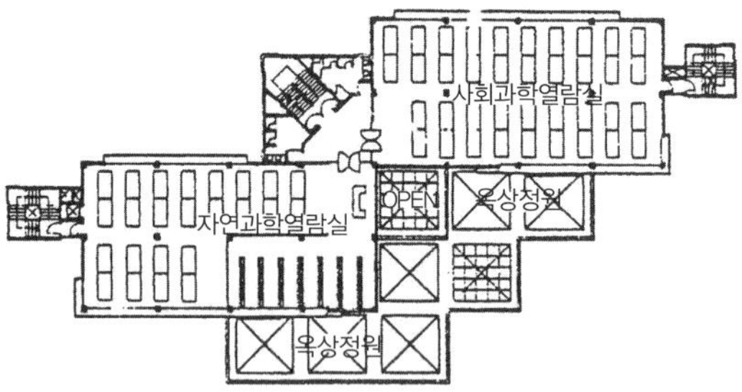

▲ 지상 2층 평면도

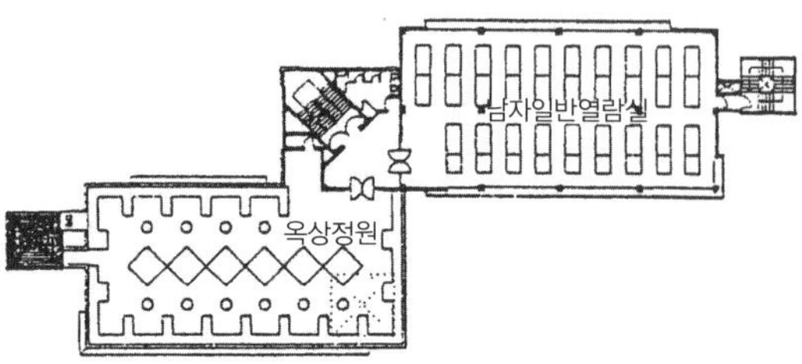

▲ 지상 4층 평면도

한밭 도서관

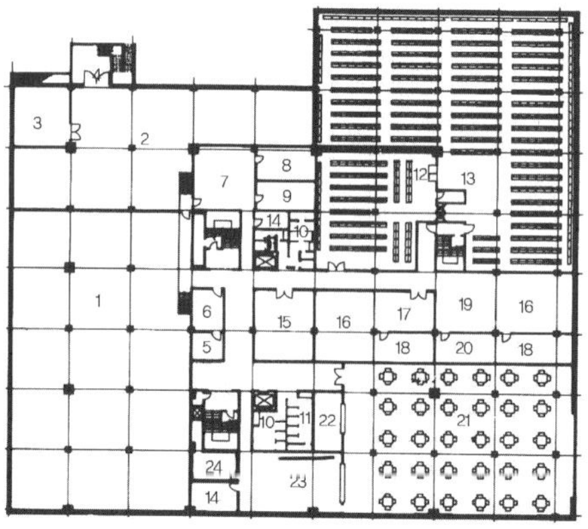

1. 기계실
2. 전기실
3. 발전기실
4. 기계 반입구
5. 무기고
6. 예비군실
7. 영선 및 중앙감시실
8. 하론실
9. 영선창고
10. 남자 화장실
11. 여자 화장실
12. 귀중본 서고
13. 서고
14. 창고
15. 복사, 인쇄 제본실
16. 제작실
17. Computer실
18. 보관실
19. 마이크로 필름실
20. 암실
21. 식당
22. 매점
23. 주방
24. 냉동창고
25. 열람실

▲ 지하 2층 평면도

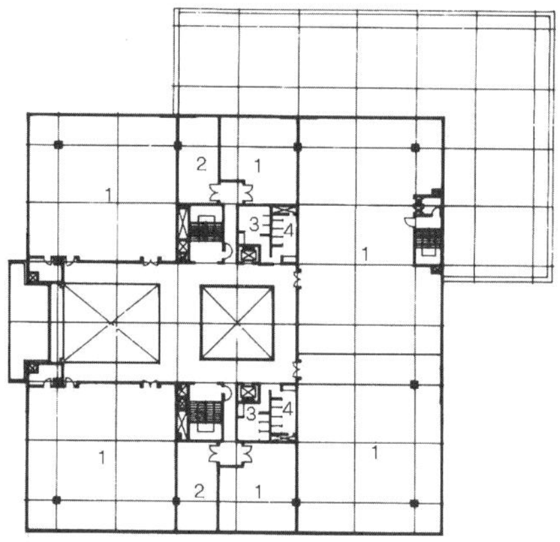

1. 자유 열람실
2. 공조 기계실
3. 남자 화장실
4. 여자 화장실

▲ 지상 2층 평면도

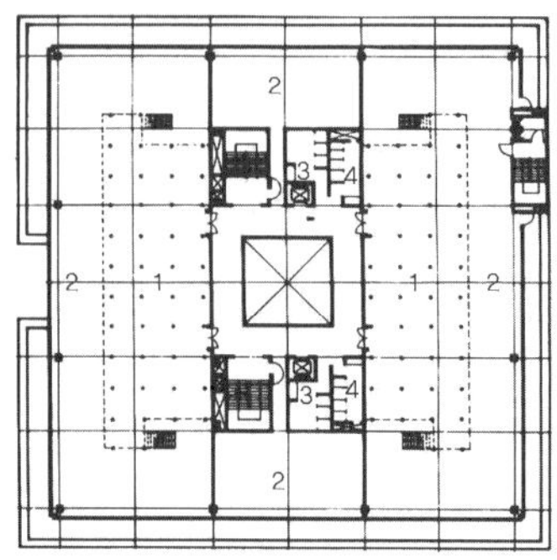

1. 자유 열람실
2. 자유 열람실
3. 남자 화장실
4. 여자 화장실

▲ 지상 4층 평면도

□ 도서관 예(의정부과학 도서관)

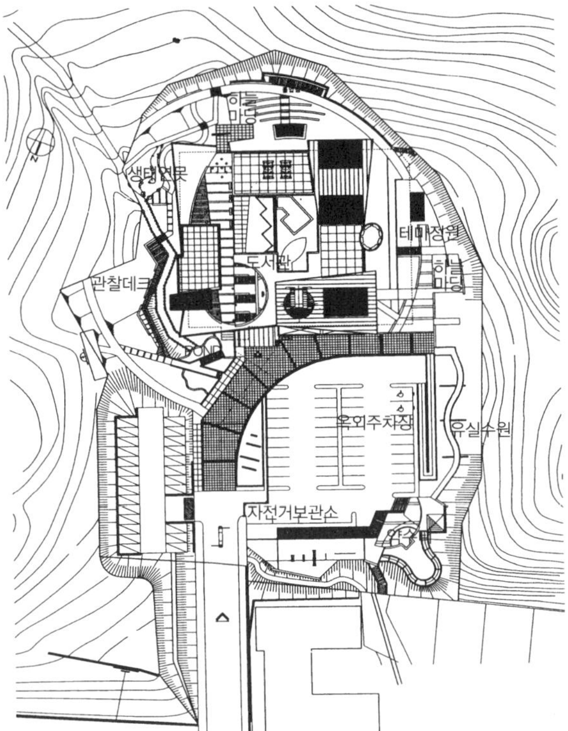

▲ 배치도

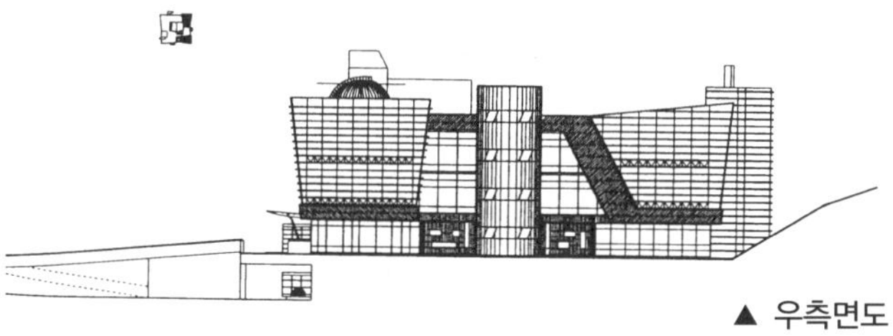

▲ 우측면도

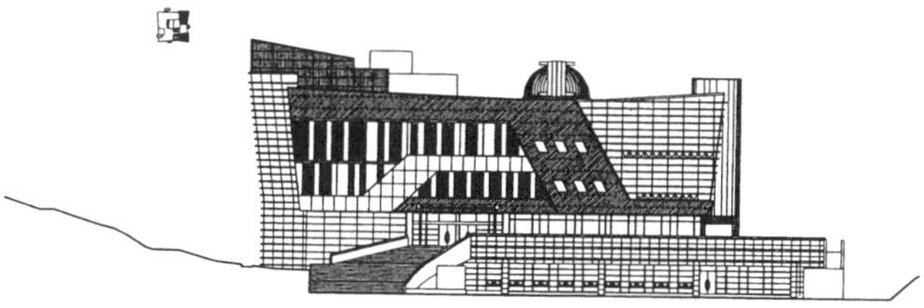

▲ 정면도

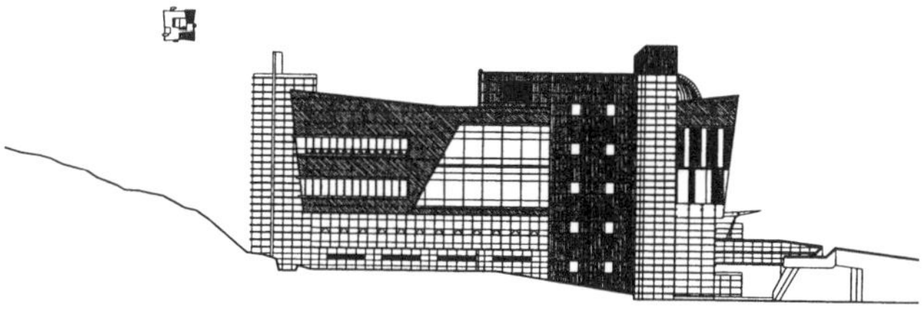

▲ 좌측면도

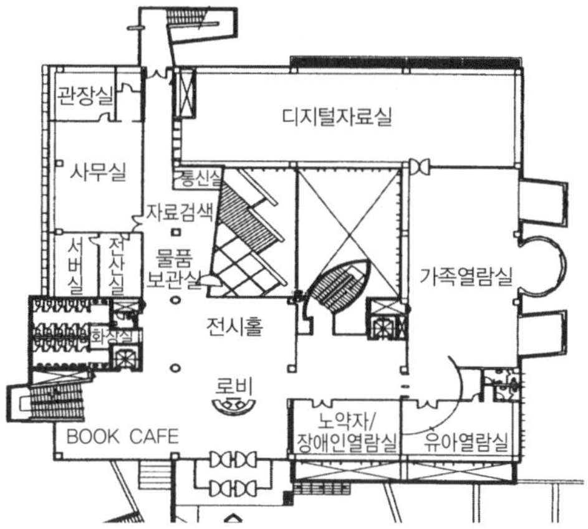

▲ 지상 1층 평면도

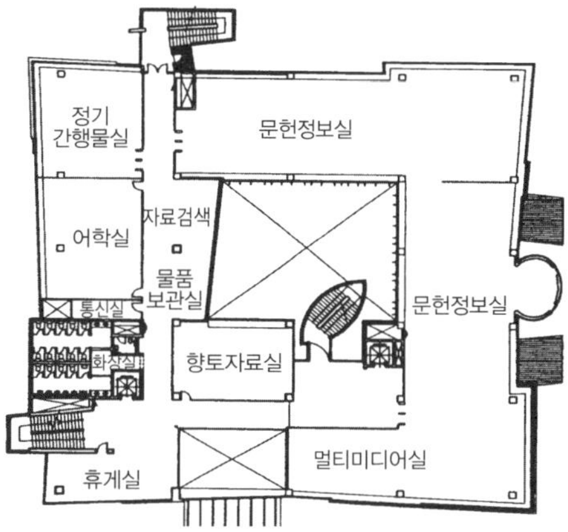

▲ 지상 2층 평면도

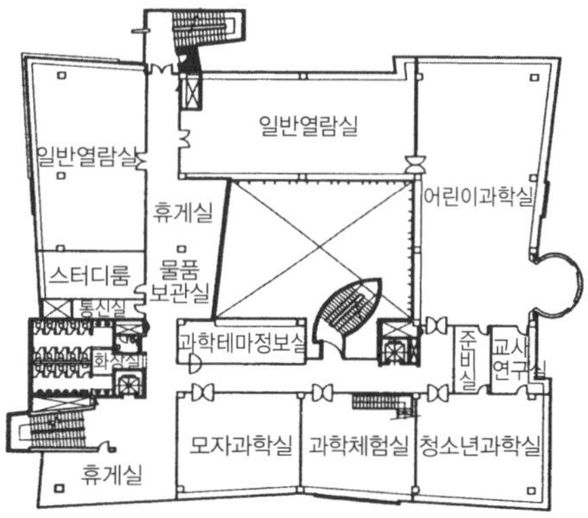

▲ 지상 3층 평면도

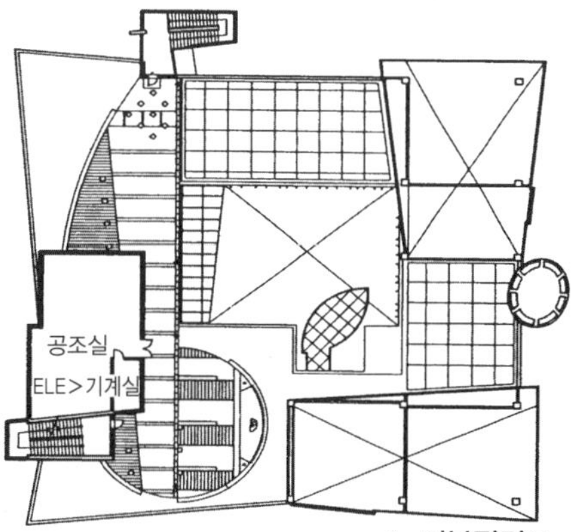

▲ 지붕평면도

11 학교

Chapter

1. 개요

학교건축은 학교마다 내걸고 있는 교육목표를 충족시킬 수 있는 기능을 지니고 있어야 한다. 초등학교의 교육과정은 교과, 도덕, 특별활동이 있고, 중학교의 교육과정은 필수교과와 선택교과, 도덕, 특별활동이 있다. 맹농아 및 양호학교의 교육과정은 초등학교부, 중학교부의 교육과정 외에 제4영역으로서 양호훈련이 추가된다.

2. 학교의 분류

- 초등학교
- 중 · 고등학교
- 대학교
- 특수학교

3. 기능구성도

3.1 수평적 기능 구성

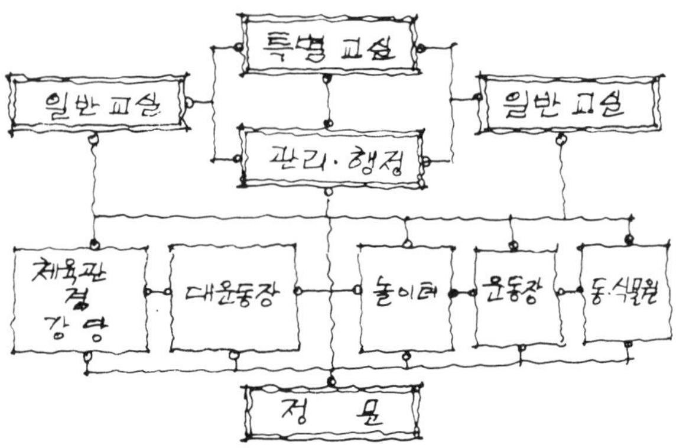

□ **예상 적용 모듈**
- 2.5m×3m
- 6m×9m
- 7.5m×9m
- 7.5m×12m

□ **주요 요구사항**
- 외부공간구성 능력
- 조닝구성 능력
- 코어구성 능력
- 모듈구성 능력

□ **체크 포인트**
- 학교운영방식(초등학교 종합교실형의 유무)
- 교사동계획 : 학년별 층단위로 계획하는 것을 원칙으로 한다.
- 적정 스팬의 결정 : 7.5m×9m
- 옥외시설계획 : 대운동장, 옥외학습시설, 휴게공간, 각종 놀이기구
- 부지의 레벨과 교사동의 방위 검토(향 우선)

3.2 수직적 기능 구성

4. 학교계획의 일반사항

4.1 부지조건

- 일조, 통풍, 전망, 경관 등을 고려하여 양호한 환경
- 배수, 식재가 용이한 곳
- 교지는 부정형보다 장방형이 바람직함.(3 : 4)
- 주변공간, 도서관 등 주변시설과의 유기적 연계성 고려

□ block 유형

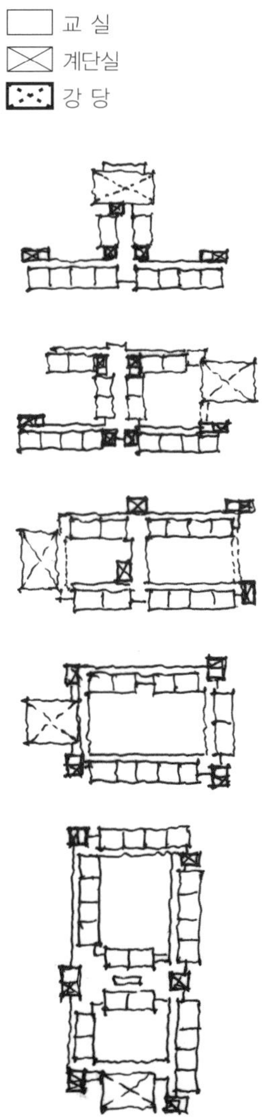

4.2 규모

교지 및 교사

(1) 교사면적과 대지면적

학교별	유치원	초등학교	중 · 고등학교
교지면적	연면적×1.5~2.0배	연면적×2~3.5배	연면적×2.5~4배

(2) 교지규모의 기준

학교별	유치원	초등학교	중 · 고등학교
교지면적	8.5㎡/인	12㎡/인	35㎡/인

(3) 교사규모와 교지면적

학교별	유치원	초등학교	중 · 고등학교
교지면적	4.3㎡/인	3.6㎡/인	8.0㎡/인
면적비	1.5~2배	2~3.5배	2.5~4배
교지규모	4.3㎡/인	12㎡/인	35㎡/인

(4) 교실 및 강당규모

학교별	유치원	초등학교	중 · 고등학교
일반교실	1.8㎡/인	1.5㎡/인	1.5㎡/인
특별교실	2.5㎡/인	2.4㎡/인	문과 : 1.8㎡/인 이과 : 2.4㎡/인
강당	–	0.4㎡/인	중학교 : 0.5㎡/인 고등학교 : 0.6㎡/인

(5) 교육부 시설기준형

<table>
<tr><td>Ⅰ</td><td colspan="2">교사대지기준</td><td>기준면적은 건물의 지상 최하층 면적의 2.5배 이상이어야 한다.</td></tr>
<tr><td>Ⅱ</td><td colspan="2">체육장</td><td>면적은 7,800㎡
(단, 24학급 초과시에는 1학급마다 180㎡를 더한다.)
동일구 내에 2 이상의 학교가 위치할 때에는 체육장을 겸용할 수 있다.</td></tr>
<tr><td rowspan="6">Ⅲ</td><td rowspan="6">실내면적기준</td><td>보통교실</td><td>한 학급당 63㎡ 이상의 면적으로 한다.
교실수는 학급수와 같다.</td></tr>
<tr><td>특별교실</td><td>1. 과학교과에 필요한 교실은 48학급까지 1개실
(단, 24학급 이하는 보통교실과 겸용)
2. 음악, 미술교과는 학교 사정에 따라 둘 수 있다.
3. 기술교과실은 학교마다 1개실을 둔다.(단, 36학급 이하인 경우 과학실이나 보통교실과 겸용 가능)</td></tr>
<tr><td>시청각교실</td><td>1. 24학급 이하는 보통교실과 겸용
2. 25~48학급까지는 94㎡
3. 49학급 이상은 168㎡</td></tr>
<tr><td>도서실</td><td>보통교실과 겸용 가능, 도서수는 학급당 100권 이상</td></tr>
<tr><td>보건위생실</td><td>양호실, 화장실, 휴게실, 탈의실, 샤워실을 말함.
1. 소변기 : 필요한 수만큼 설치
대변기 : 1.5개/학급당
2. 양호실 : 1실/학교당, 단, 관리용 실과 겸용 가능
3. 휴게실 : 각 1개실/학교당, 단, 반드시 안 두어도 된다.</td></tr>
</table>

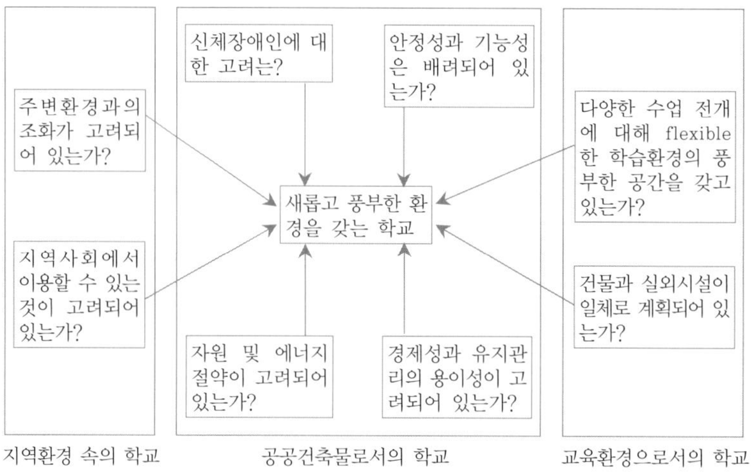

학교건축계획의 일반목표

4.3 학교 운영방식

- 단위교실 평면의 형태를 결정하는 중요한 요소이다.

종 류	방 법	장 점	단 점	비 교
U형 (종합교실형)	교실수는 학급수와 일치하여 각 학급은 자기 교실 안에서 모든 교과를 학습한다.	학생의 이동이 전혀 없고 각 학급마다 가정적인 분위기를 만들 수 있다.	시설의 정도가 낮은 경우에는 가장 빈약한 예가 되며 특히, 초등학교 고학년의 경우에는 무리가 있다.	초등학교의 저학년에 가장 적합하여 외국에서는 1개 교실에 1~2개의 화장실을 가지고 있다.
U-V형 (일반교실 특별교실형)	일반교실은 각 학급에 하나씩 배당하고, 그 밖의 특별교실을 갖는다.	전용의 학급 교실이 주어지기 때문에 홈룸활동 및 학생의 소지품을 두는데 안정적이다.	특별교실을 확충하면 일반교실의 이용률은 낮아진다. 따라서 시설수준을 높일수록 비경제적이 된다.	우리나라 학교의 70%를 차지하고 있으며 가장 일반적인 형이다.
V형 (교과교실형)	모든 교실이 특정교과를 위해 만들어지고 일반교실은 없다.	각 학과에 순수율이 높은 교실이 주어지며 따라서 시설 수준(이용률)은 높아진다.	학생의 이동이 심하다. 순수율을 100%로 하는 한 이용률이 반드시 높다고 할 수 없다.	이동에 대비하여 소지품을 보관할 장소와 이동에 대한 동선에 유의해야 한다.
E형 (U-V형과 V형의 중간)	일반교실수는 학급수보다 적고 특별교실의 순수율은 반드시 100%가 되지 않는다.	이용률을 상당히 높일 수 있으므로 경제적이다.	학생의 이동이 비교적 많다. 학생이 생활하는 장소가 안정되지 않고 많은 경우에는 혼란을 가져온다.	
P형 (플라톤형)	각 학급을 2분단으로 나누고 한쪽이 일반교실을 사용할 때 다른 한쪽은 특별교실을 사용한다.	E형 정도로 이용률을 높이면서 동시에 학생의 이동을 정리할 수 있다. 교과담임제와 학급담임제를 병용할 수 있다.	교사수와 적당한 시설이 없으면 실시하기 어렵다. 시간을 배당하는데 상당한 노력이 든다.	미국의 초등학교에서 과밀을 해소하기 위해 운영한다.
D형 (달톤형)	학급과 학생을 없애고 학생들 각자의 능력에 따라 교과를 선택하고 일정한 교과가 끝나면 졸업을 한다.	교육방법에 기본적인 목적이 있으므로 시설면에서 장·단점을 말할 수 없다. 하나의 교과에 출석하는 학생수가 일정치 않으므로 크고 작은 여러 가지의 교실을 설치해야 한다.	교육방법에 기본적인 목적이 있으므로 시설면에서 장·단점을 말할 수는 없다. 하나의 교과에 출석하는 학생수가 일정치 않으므로 크고 작은 여러 가지의 교실을 설치해야 한다.	우리나라의 사설학원, 야간 외국어학원, 직업학교, 입시학원
개방학교 (open school)	학급단위의 수업을 부정하고 개인의 능력·자질에 따라 무학년제로 하여 다양한 학습활동을 하도록 한다. 종래의 교실에 비해 넓고 변화 가능한 공간으로 구성한다.	각자의 흥미·능력·자질 등에 따라 grouping 하여 참여할 수 있기 때문에 잘 적용되면 가장 좋은 방법이라 할 수 있다.	변화가 심한 다양한 교과과정에 충분히 대응할 수 있는 교원의 자질과 풍부한 교재, 그리고 교육기자재의 활용이 전제가 된다.	초등학교 저학년이나 유치원 등에 적용시켜 보거나 혹은 전체 학급 중 일부분을 이러한 방식으로 적용해 볼만하다.

4.4 교사 배치유형 및 특징

(1) 폐쇄형

- 협소한 대지의 효율적 이용 가능
- 화재 및 비상시 불리
- 일조, 통풍 등 환경조건 불리
- 운동장 소음이 교실에 영향을 미침
- 교사 주변에 활용되지 않은 부분이 많은 것이 결점

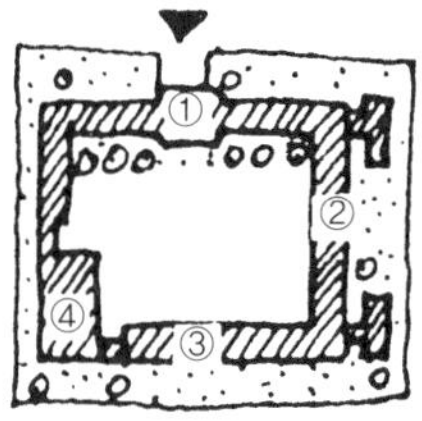

(2) 분산 병렬형

- 일종의 finger plan
- 운동장이 한편에 있어 소음 및 기타 환경조건에 유리
- 건물 사이는 놀이터와 정원으로 이용 가능
- 편복도시 복도면적이 크고 단조로워 유기적 구성에 어려움
- 대지에 여유가 있어야 함

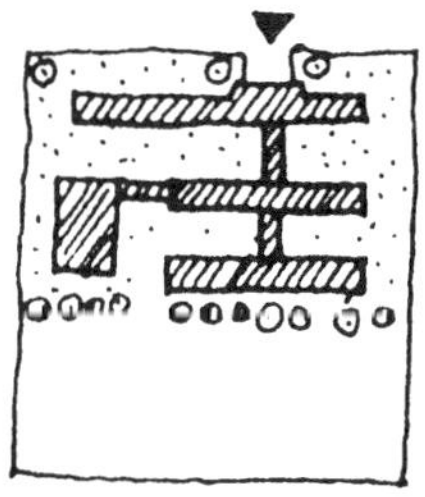

(3) 집합형

- 교육구조에 따라 유기적 구성이 가능
- 물리적 환경이 좋음
- 동선이 짧아 학생 이동에 유리
- 시설물의 지역사회 이용 등의 다목적 계획 가능

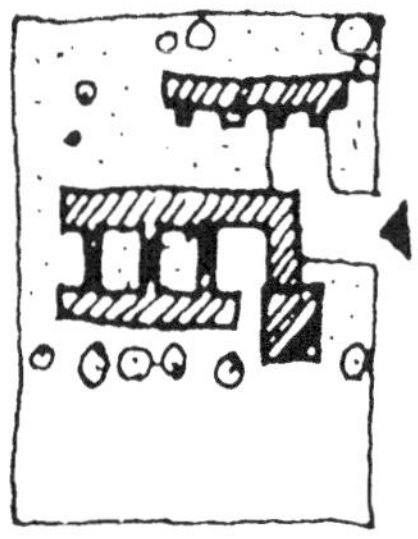

(4) 클러스터형

- team-teaching system에 유리
- 중앙에 학생 중심시설, 외곽에 특별교실을 두어 동선흐름의 원활

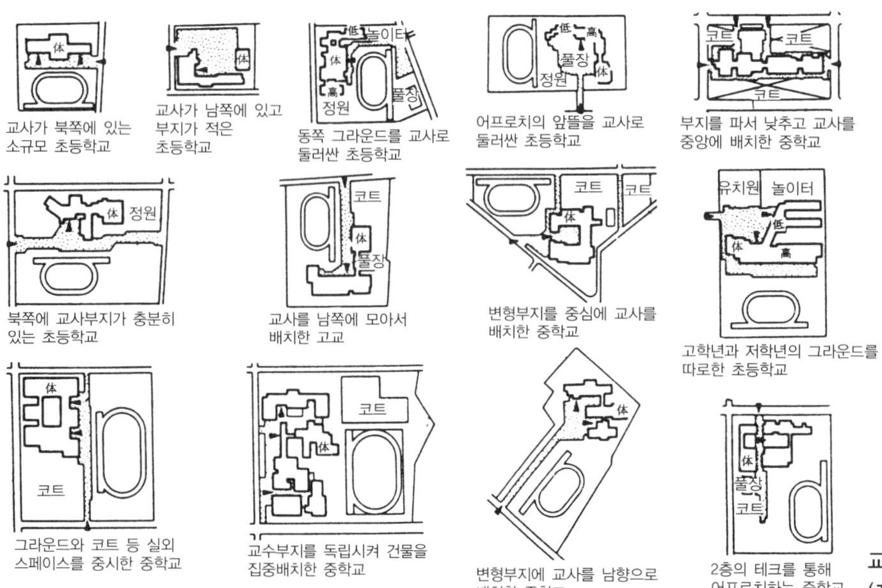

범위는 대략 위쪽이 북으로 되어 있다.

교사와 운동장의 배치패턴 (자료, 설계자료집성)

4.5 학교계획의 기준

(1) 중심코어계획

- 계단실은 교사동의 중심이나 양단에 위치시킨다.
- 화장실은 계단실 근처에 위치시키고 남 · 여를 구분한다.
- 1, 2학년용의 수직동선 공간은 램프로 처리하는 것이 좋다.
- 중심코어에서의 적정거리는 18m, 27m를 기준으로 하고, 특별교실동의 거리는 24m로 한다.

(2) 동선계획

- 각 공간은 외부의 통로공간으로 서로 연계되도록 계획한다.
- 중정이나 건물과 건물로 이루어진 공간은 필로티로 계획한다.
- 주출입구와 부출입구는 동일 동선상에 연결되도록 한다.
- 부출입구는 근린주구 내의 일반인 사용이 가능하게 계획한다.
- 관계성이 큰 옥내 · 외공간은 유기적으로 서로 연계되도록 계획한다.

(3) 평면적 연계성

- 저학년은 주출입구 가까운 곳에 둔다.
- 옥외 놀이공간의 위치는 특성에 따라 각 학년별 교사동에 가깝게 둔다.
- 고학년과 특별교실동은 가깝게 계획한다.
- 특별교실 중 음악과 미술실은 저학년의 일반교실과 가깝게 둔다.
- 강당 및 체육관은 일반교실과 유기적으로 연계되도록 계획한다.

한쪽복도형

오픈플랜

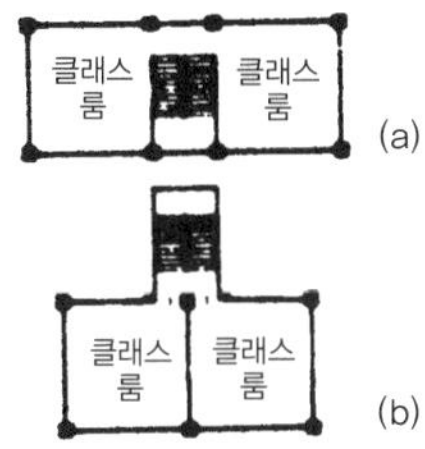

배터리형

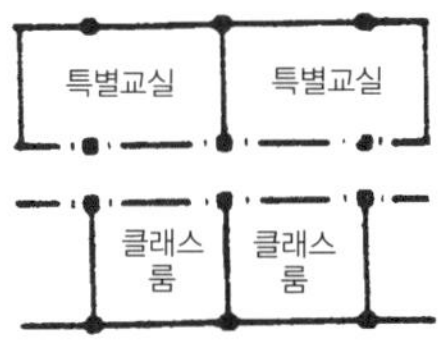

중복도형

4.6 세부계획

(1) 일반교실

- 일반교실은 남향 또는 동남향으로 배치하는 것을 원칙으로 한다.
- 동학년의 교실은 같은 층에 동일한 조건으로 배치한다.
- 일반교실은 3~6학년이 사용한다.
- 모듈은 7.5m×9m이다.

(2) 종합교실

- 종합교실형은 1, 2학년이 사용하고 고학년과 분리시킨다.
- 7.5m×12m 또는 7.5m×13.5m로 실내에 work space와 교사실, 화장실을 계획한다.

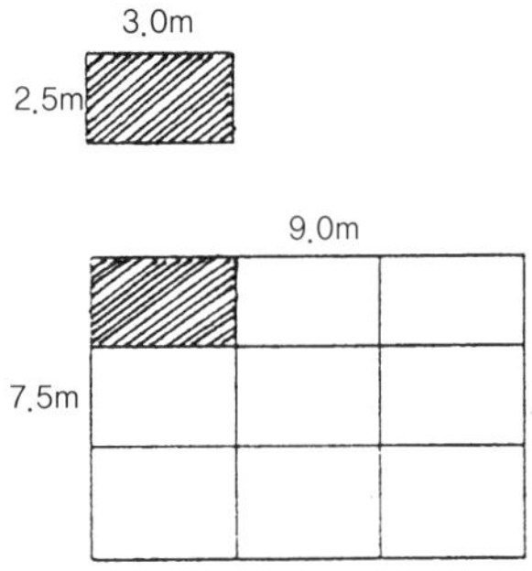

(3) 특별교실

• 다목적실

7.5m×15m와 7.5m×18m로 12실 24실의 학교에서는 특별교실로 이용한다.

• 자연 특별교실

– 고학년의 교실과 가깝게 둔다.

– 7.5m×12m로 실내에 2.5m×3m의 준비실로 둔다.

• 음악 특별교실

– 정적 공간과 분리시켜 계획하고 1, 2학년과도 가깝게 둔다.
음악실 내는 소음방지를 위한 aoutic tex, wood rib를 설치힌디.

• 미술 특별교실

– 1, 2학년 교사동과 가깝게 위치하게 하고, 빛의 조도가 일정하게 형성될 수 있도록 계획한다.

– 7.5m×12m의 실내에 7.5m×3m의 준비실을 둔다.

• 기술 특별교실

– 자연실과 가깝게 두고 실외에서 쉽게 접근할 수 있도록 한다.

– 7.5m×12m의 실내에 3m×7.5m의 준비실을 둔다.

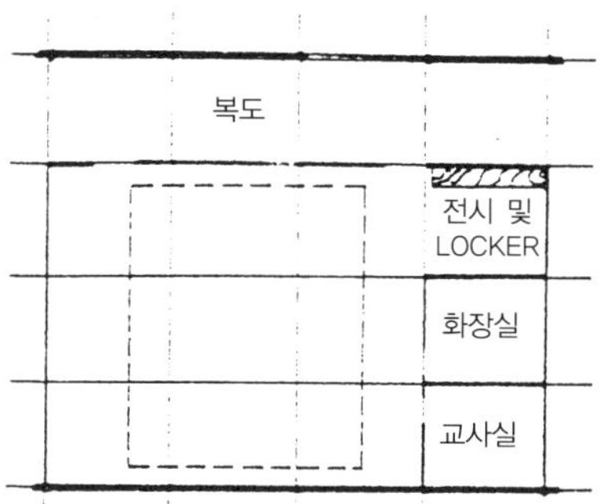

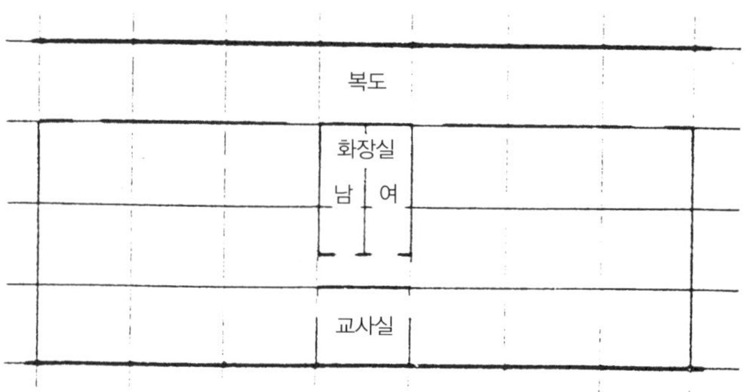

(4) 행정시설

• 교장실

– 7.5m×6m로 2층에 계획하는 것이 좋다.

- 교감 및 교무주임실
  - 7.5m×6m로 교사휴게실과 연계시켜 둔다.
  - 회의실과 가까운 위치로 2층에 둔다.
- 서무실
  - 7.5m×6m로 1층의 현관과 연결되도록 계획하는 것이 좋다.

(5) 지원시설

- 휴게실
  - 남 · 여로 구분하여 계획하고, 회의실과 가깝게 둔다.
  - 여교사의 휴게실에는 침대를 확보할 수 있게 한다.
- 회의실
  - 휴게실 및 교사연구실과 겸용으로 사용할 수 있게 한다.

<table>
<tr><th colspan="2">실 별</th><th colspan="3">기 호</th></tr>
<tr><td colspan="2">양호실</td><td colspan="3">학교당 1실 이상</td></tr>
<tr><td rowspan="4">화장실</td><td>교직원</td><td>대 · 소변기</td><td colspan="2">대변기 : 교직원 3인당 1개 이상
소변기 : 필요에 알맞는 수</td></tr>
<tr><td rowspan="3">학생</td><td>소변기</td><td colspan="2">필요에 알맞는 수</td></tr>
<tr><td rowspan="2">대변기</td><td>초등학교</td><td>학생 30인당 1개 이상</td></tr>
<tr><td>초등학교
외의 학교</td><td>남학생 : 50인당 1개 이상
여학생 : 25인당 1개 이상</td></tr>
<tr><td colspan="3">휴게실, 탈의실, 샤워실</td><td colspan="2">학교당 각 1실 이상</td></tr>
</table>

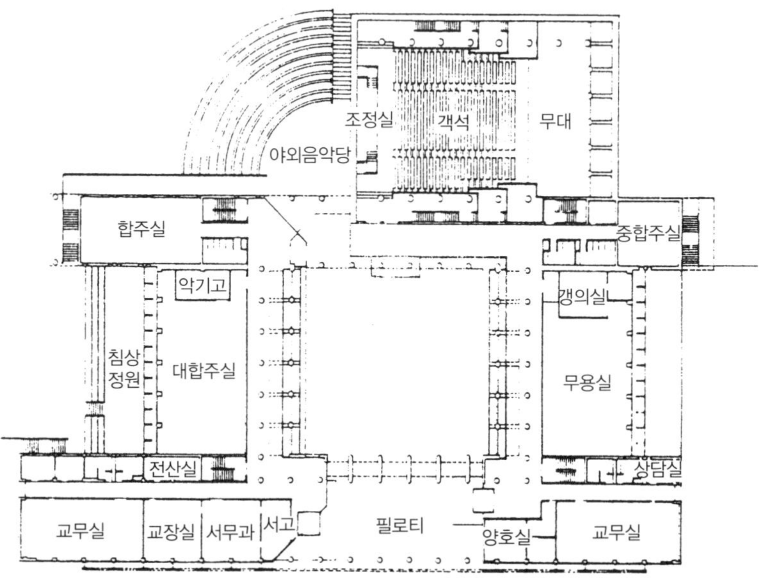

▲ 1층 평면도

학교계획의 예(국립 국악 중 · 고등학교)

(6) 체육시설

• 체육관

– 지역주민의 접근이 편리한 위치가 좋다.

– 최소 400~500㎡ 정도가 필요하며, 농구장 정도의 규모를 확보하여야 한다.(20m×30m)

– 천장높이는 6m 이상, 바닥은 목재 마루판을 2중으로 깐다.

– 샤워실과 기구창고를 설치한다.

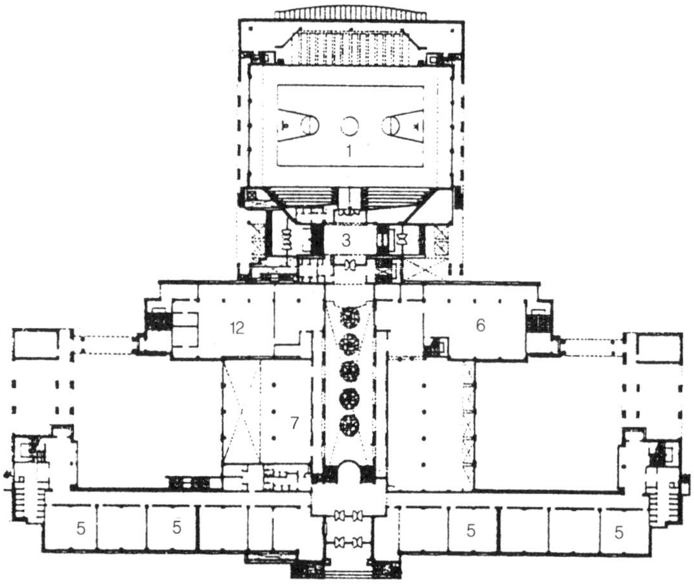

▲ 1층 평면도

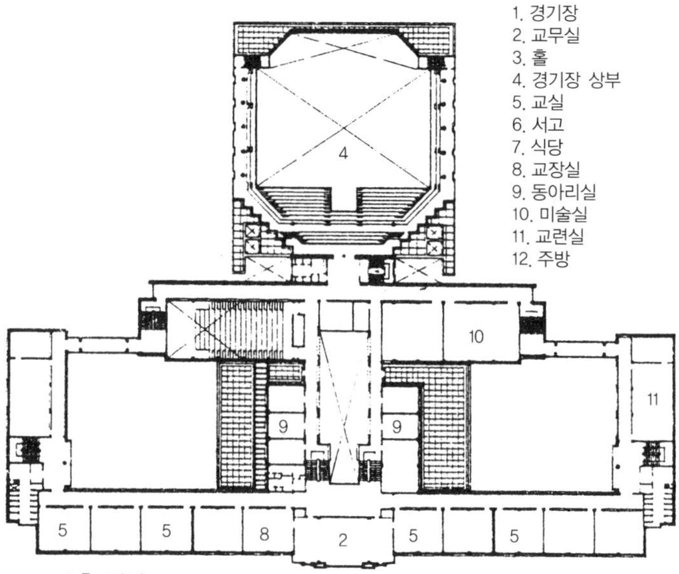

1. 경기장
2. 교무실
3. 홀
4. 경기장 상부
5. 교실
6. 서고
7. 식당
8. 교장실
9. 동아리실
10. 미술실
11. 교련실
12. 주방

▲ 2층 평면도

□ 옥내 · 외 체육시설

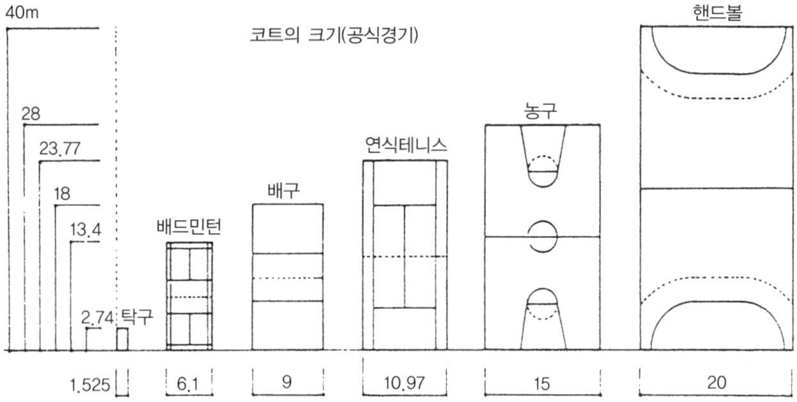

안전에리어

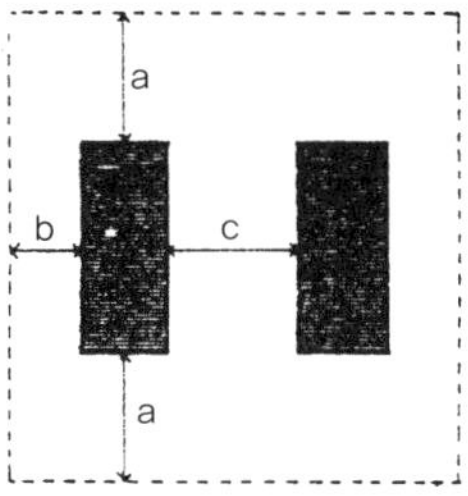

	a	b	c
탁구	≧5.0~6.0	≧2.5~3.0	≧5.0~6.0
배드민턴	≧2.0	≧3.0	≧3.0
배구	≧3.0~8.0	≧3.0~5.0	≧4.0~10.0
연식테니스	6.4~8.0	≧3.6~6.0	6.0
농구	≧3.0	≧3.0	≧4.5~5.0
핸드볼	≧3.0~5.0	≧2.0	≧4.0m

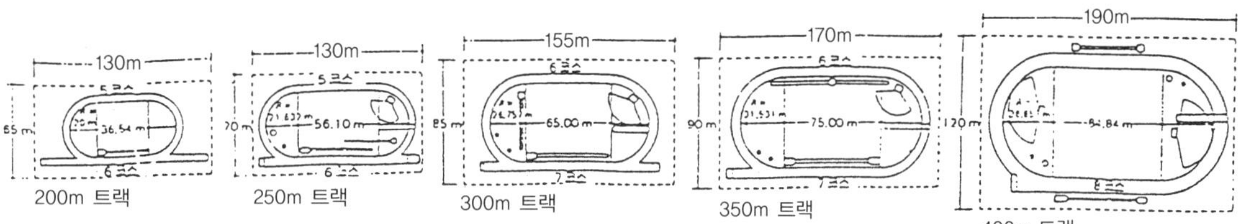

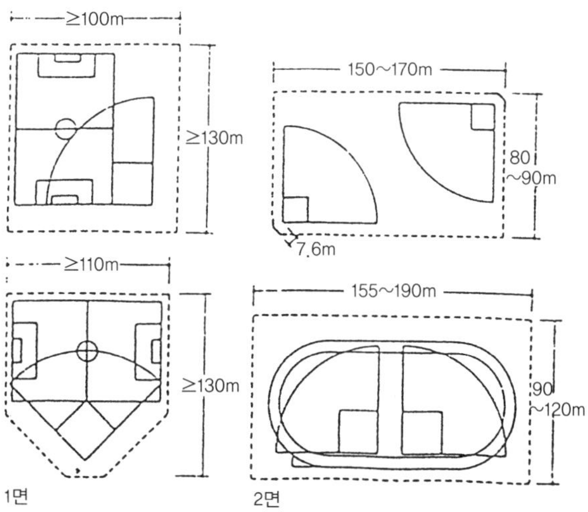

소프트볼장의 면을 마련하는 방식

5. 학교계획의 핵심정리

5.1 학교계획의 기본사항

- 학교의 운영방식에 따라 교실의 종류와 실수가 결정되므로 학교운영의 기본이 되는 학급편성이 가장 중요하다.
- 기본적인 학급수는 12학급, 18학급, 24학급으로 구분될 수 있다.
- 대지의 형상은 기본적으로 가로, 세로 100m 내외의 정방형 또는 장방형이다.
- 교사의 기본적 연면적은 3,000~5,000㎡ 정도이다.
- 대운동장은 최소 40m×60m를 기준으로 전체 부지의 25~50% 정도로 가정한다.
- 교실의 향은 남향, 남동향, 동향으로 하고 40인 기준, 7.5m×9m 크기로 한다.
- 옥외공간과 옥내공간의 연계성을 고려하고 외부공간의 위계에 따른 조경계획을 한다.

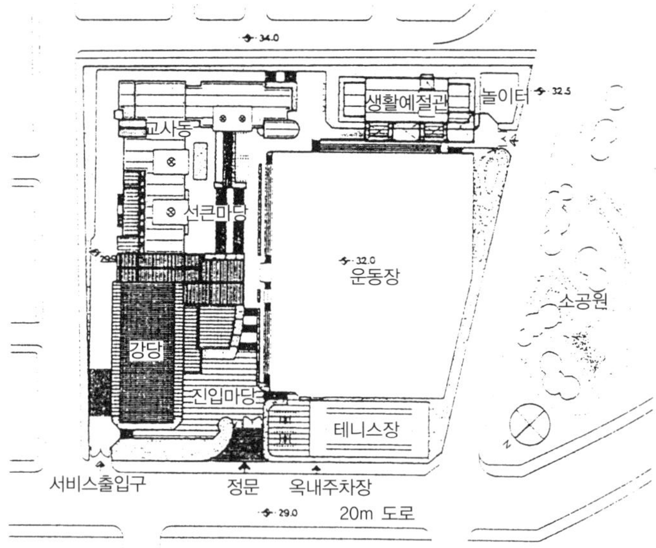

▲ 배치도

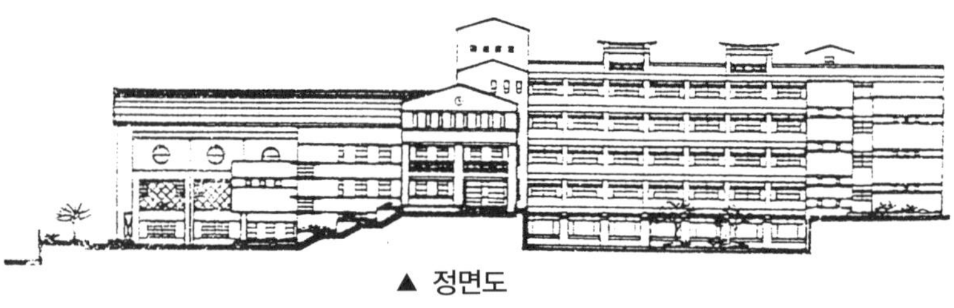

▲ 정면도

5.2 계획시 고려사항

(1) 배치계획

- 주진입은 운동장과 교사동 사이로 접근하는 것이 좋다.
- 각 공간 사이에는 전이공간과 시각적 대상을 설치하는 것이 좋다.
- 남 · 북동 간격은 최소한 남쪽동 높이의 2배 이상이 되는 것이 좋다.
- 운동장의 장축은 남북방향이 좋다. (부지조건에 따라 동 · 서축도 가능)
- 200m 트랙 기준의 공간은 20m×90m 정도로 직선코스의 길이는 120~130m 정도로 가정한다.

(2) 평면계획

- 일반교실은 남향 또는 남동향으로 하고, 가급적 편복도로 하는 것이 좋다.
- 저학년동은 교문과 근접하고, 1층에 배치한다.
- 특별교실은 고학년에 근접시킨다.
- 부출입구와 강당 겸 체육관을 근접시키는 것이 좋다.
- 계단실은 교사동의 중심이나 양단에 위치시킨다.
- 계단 및 화장실의 거리는 20~27m 정도로 한다.
- 1, 2학년은 종합교실형으로 하며, 크기는 7.5m×12m가 좋다.
- 종합교실의 실내에는 work shop, 교사실, 화장실을 계획한다.

(3) 입면 및 단면계획

- 전체적인 의장성은 통일과 조화의 원칙을 갖는다.
- 경사지붕과 평지붕을 주변 특성에 맞게 계획한다.
- 자연채광과 환기를 고려한 단면계획이 요구된다.
- 중정이나 내부 open 등으로 자연채광을 적극 도입한다.
- 층고는 4m를 기준으로 하고, 천장고는 2.7~3m 정도로 한다.
- 구조는 R.C구조를 원칙으로 2층 이하 교사는 조적조도 가능하다.

6. 사례

□ 학교계획의 예

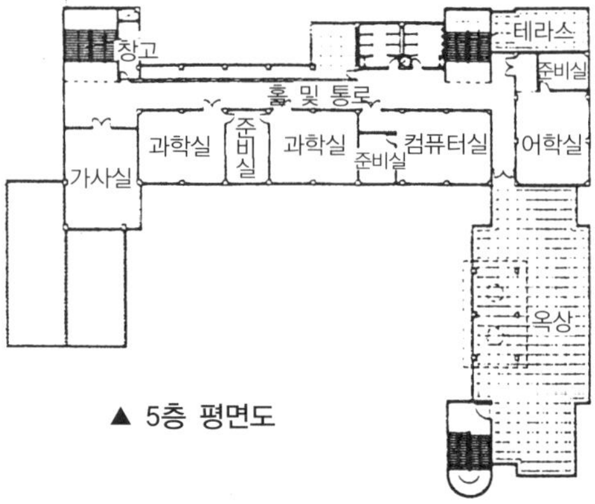

▲ 5층 평면도

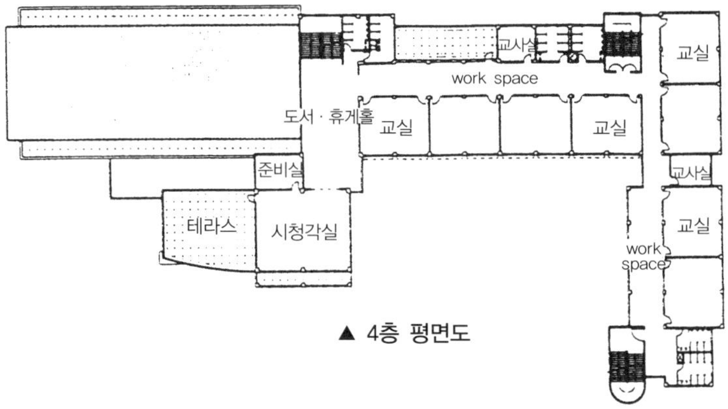

▲ 4층 평면도

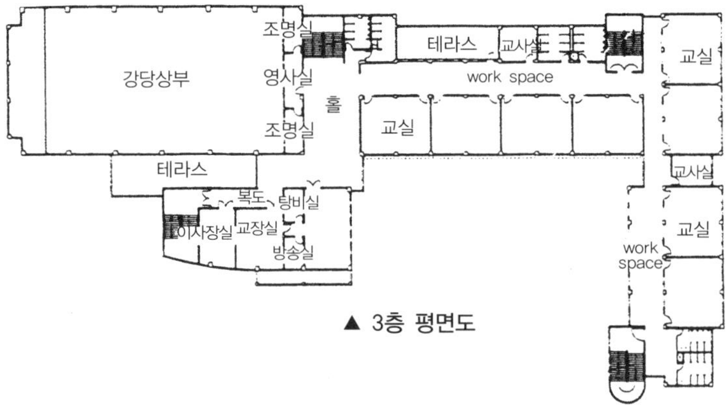

▲ 3층 평면도

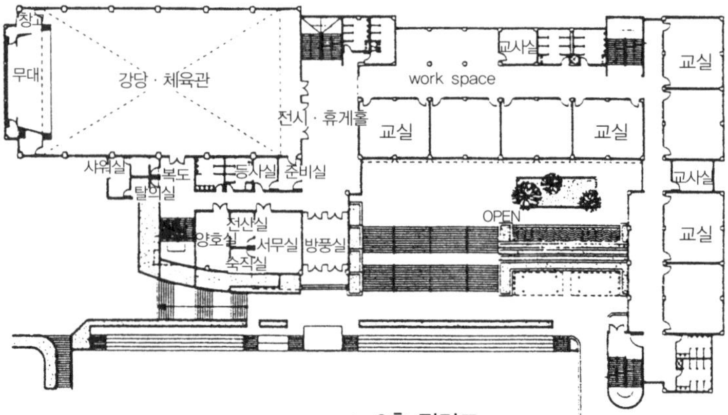

▲ 2층 평면도

□ 학교계획의 예(부흥초등학교)

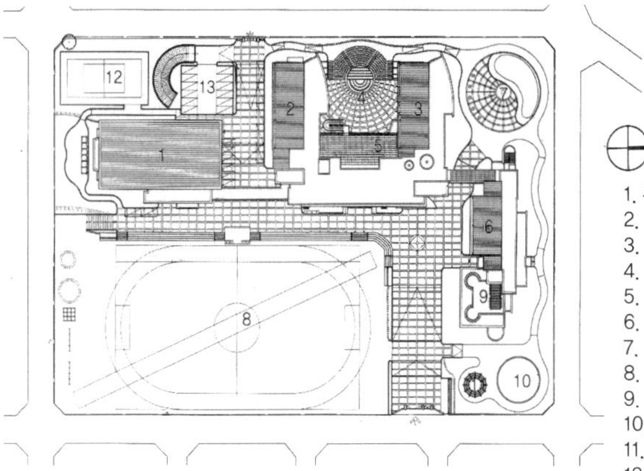

▲ 배치도

1. 주차장
2. 선큰 플라자
3. 다목적 시청각실
4. 문화교실/예절실
5. 주방
6. 식당
7. 기계실
8. 전기실
9. 강당
10. 교실
11. 다목적 공간
12. 교사연구실
13. 필로티
14. 소그룹 학습코너
15. 강당 상부
16. 정보센터
17. 방송실
18. 교무실
19. 교장실
20. 행정실
21. 교원 편의실
22. 과학실

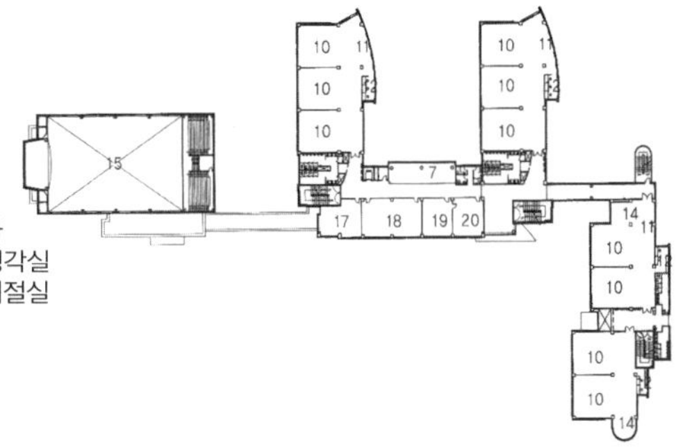

▲ 지상 2층 평면도

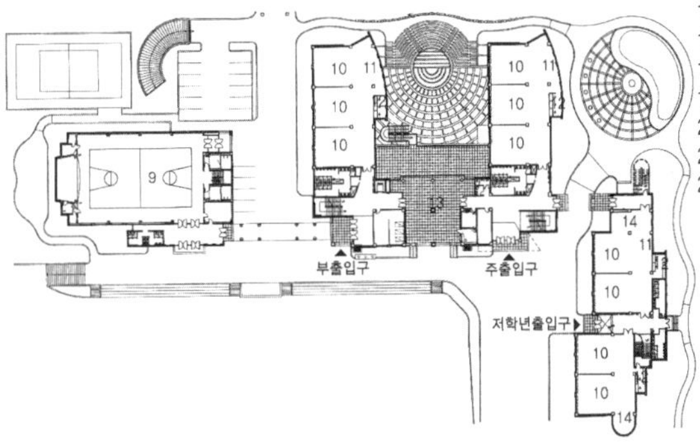

▲ 지상 1층 평면도

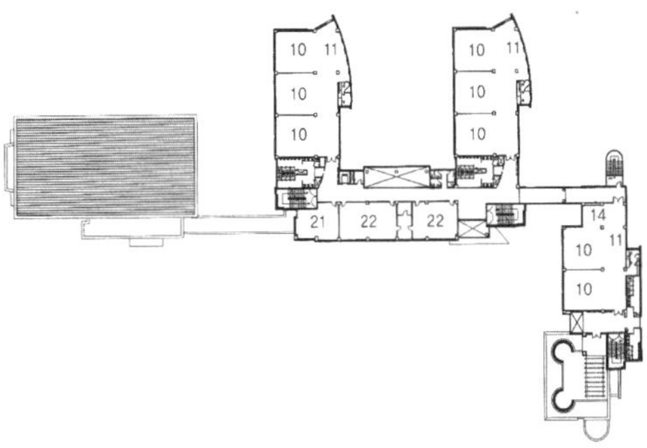

▲ 지상 3층 평면도

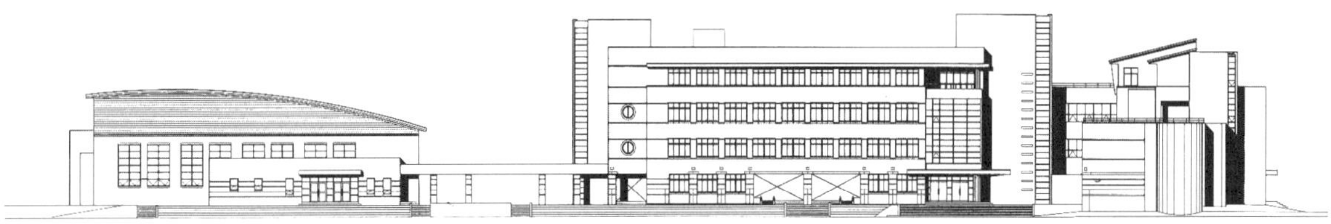

▲ 동측면도

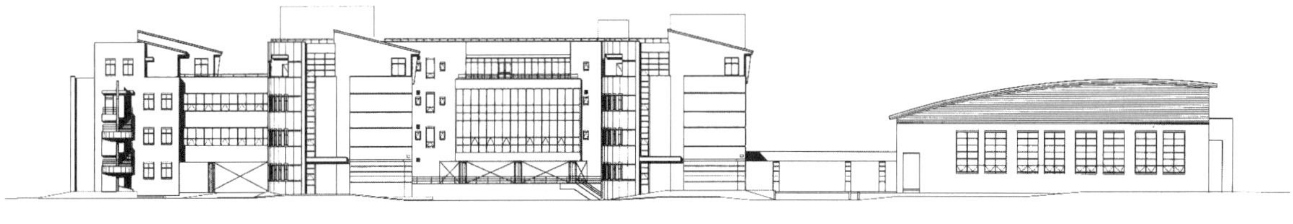

▲ 서측면도

□ 학교계획의 예

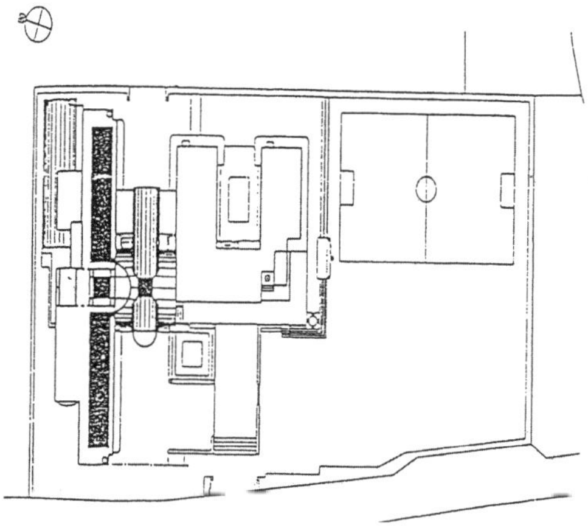

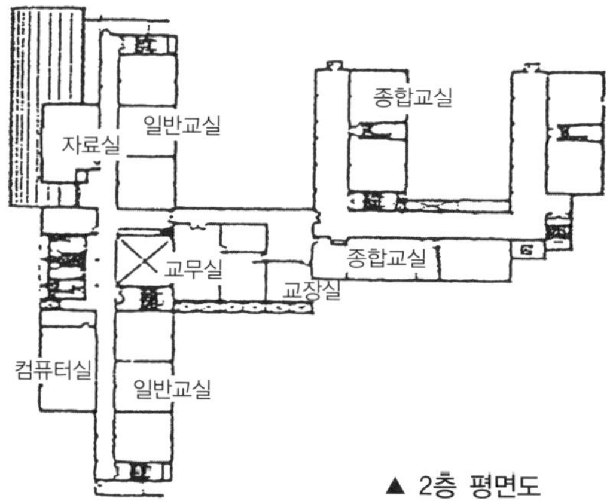

▲ 2층 평면도

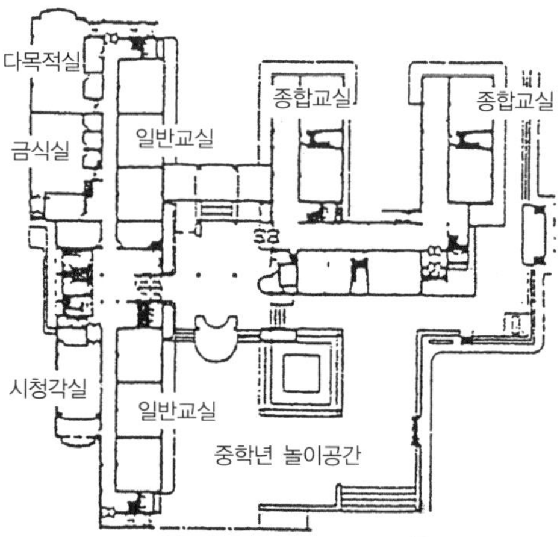

▲ 1층 평면도

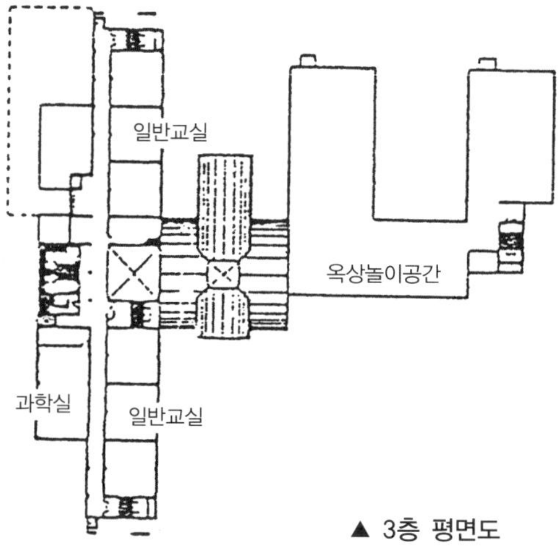

▲ 3층 평면도

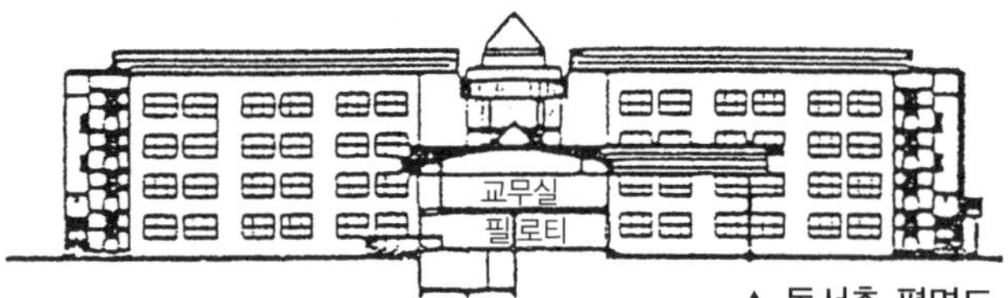

▲ 동서측 평면도

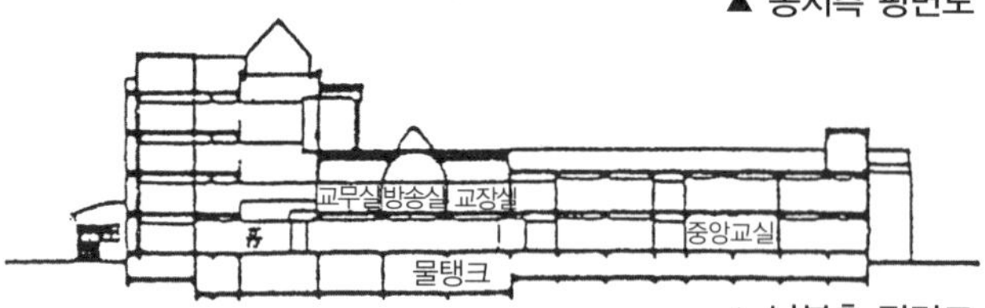

▲ 남북측 평면도

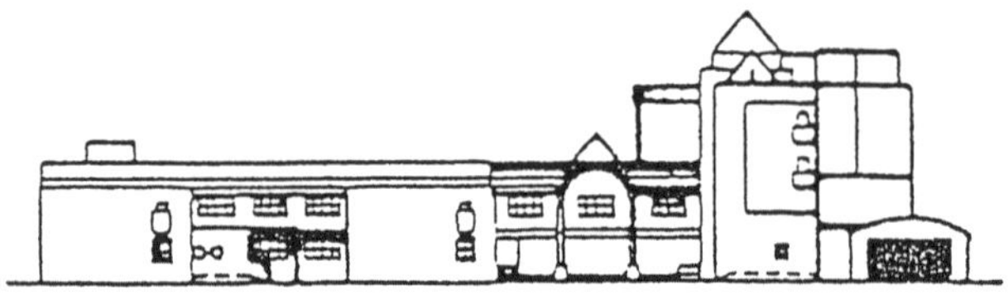
▲ 동측 평면도

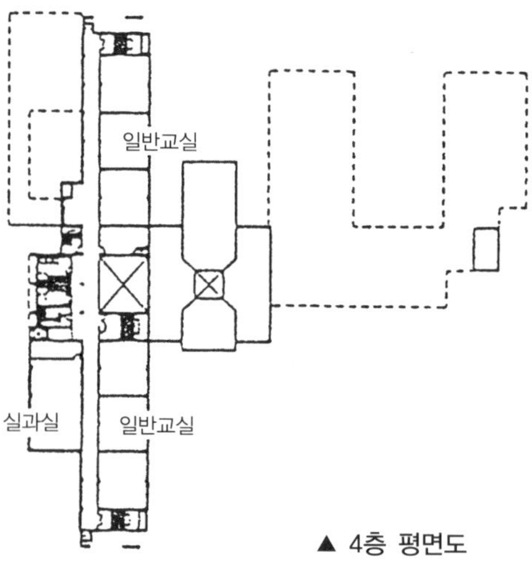

▲ 4층 평면도

□ 학교계획의 예(서울대학교 환경연구관)

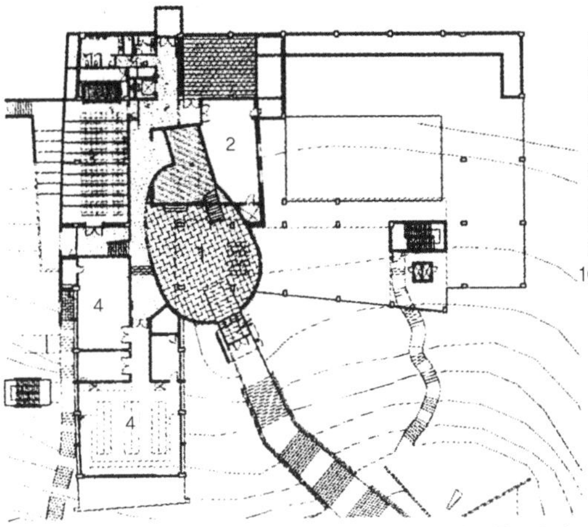

▲ 지상 1층 평면도

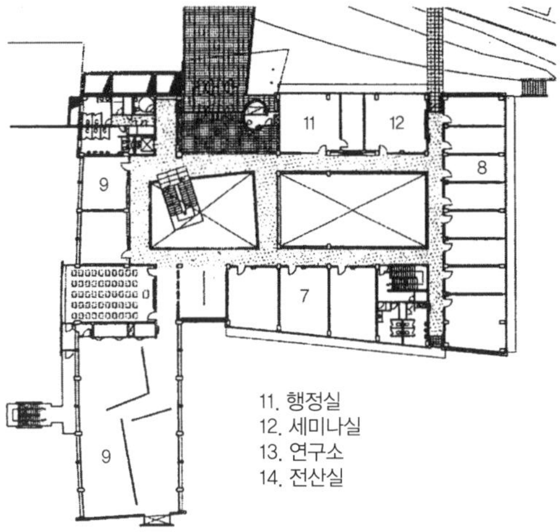

▲ 지상 3층 평면도

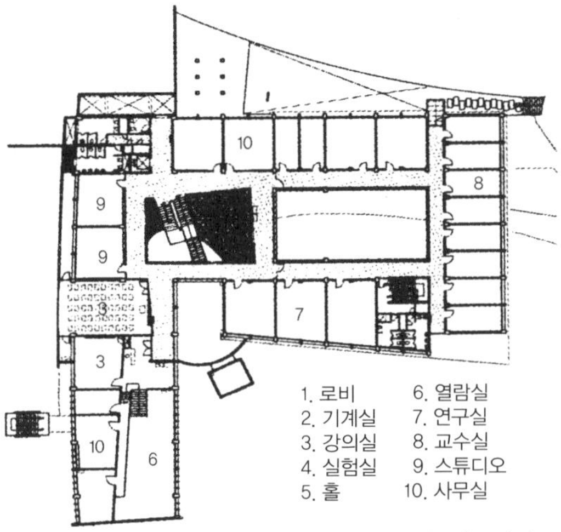

▲ 지상 2층 평면도

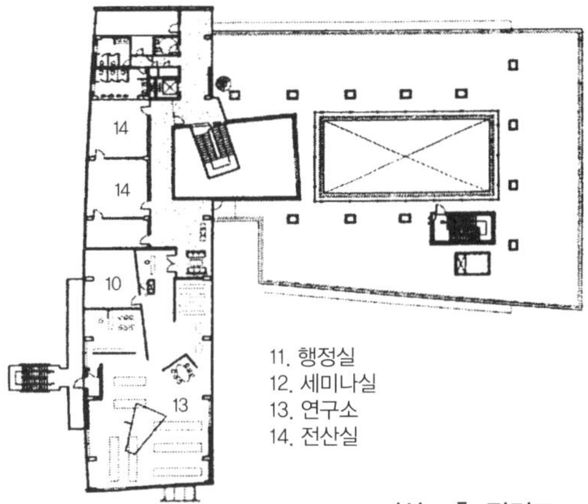

▲ 지상 5층 평면도

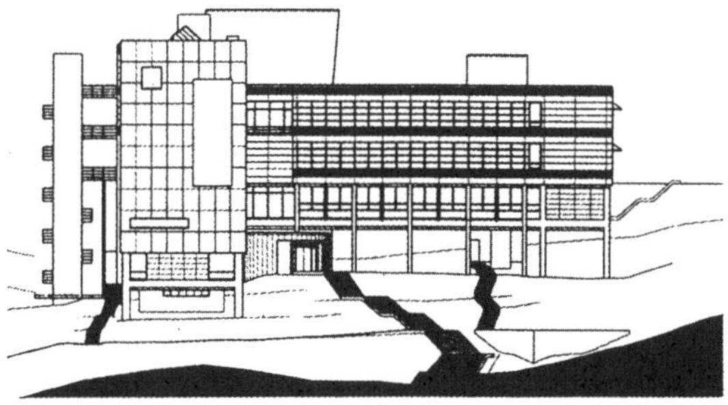

▲ 서측 입면도

▲ 동측 입면도

□ 학교계획의 예(서울산업대 종합실험 연구센터)

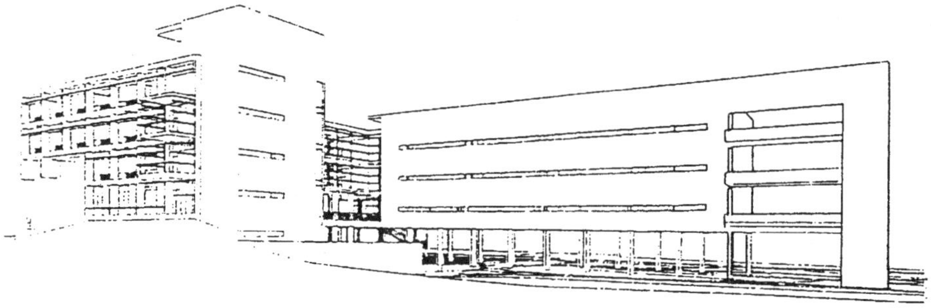

▲ 투시도

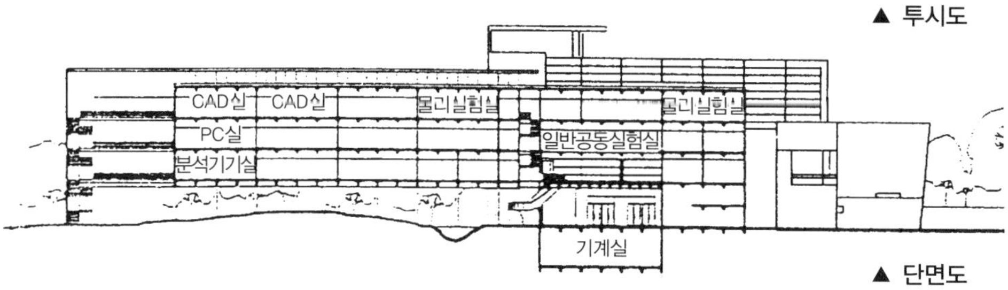

▲ 단면도

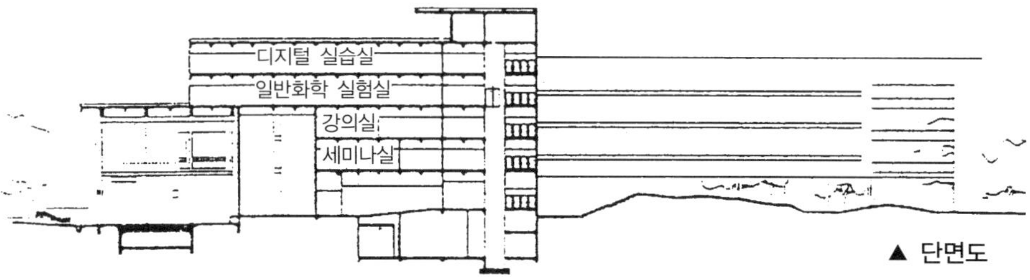

▲ 단면도

▲ 우측면도

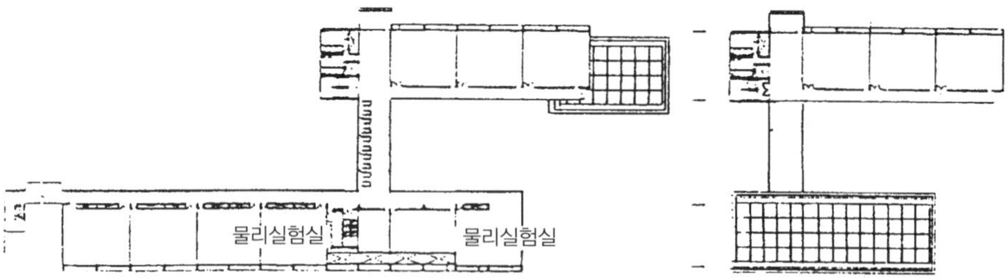

▲ 5층 평면도

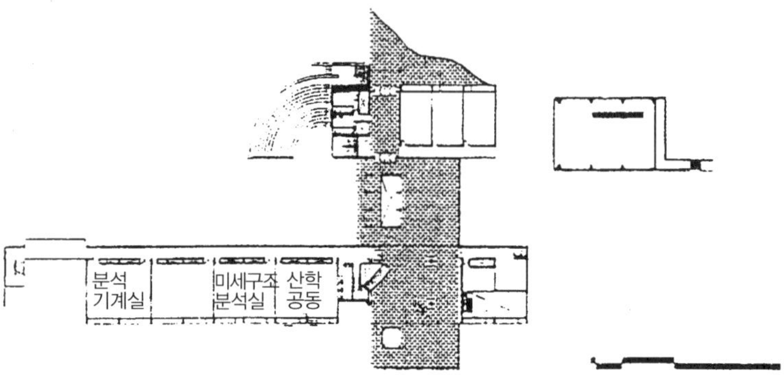

▲ 2층 평면도

12 연수원

Chapter

1. 개요

연수원이란 어떤 단체가 목적을 가지고 일정기간 동안 그 구성원들에게 필요한 전문지식을 습득케 하기 위하여 교육, 훈련을 하는 시설을 말한다. 따라서 그 기능을 살펴보면 교육을 진행하는 강의실이나 실습실로 구성되는 교육시설로서의 기능과 숙박시설로서의 기능, 그리고 식사, 휴식, 레크리에이션 등 생활기능이 고려되어야 한다. 즉 연수원은 교육기능, 숙박기능, 생활기능을 주요소로 하는 복합기능의 건축물이라 할 수 있다.

□ **예상 적용 규모**
- 6m×6m
- 6m×7.5m
- 6m×9m
- 7.5m×7.5m
- 7.5m×9m

□ **주요 요구사항**
- 외부공간구성 능력
- 조닝구성 능력
  예) 수평, 수직
- 코어구성 능력
- 주변과의 조화성

□ **체크 포인트**
- 연수원 종류 및 입지에 따른 분류 · 검토
- 교육, 숙박, 생활기능의 조닝구성
- 숙박존과 교육존을 고려한 모듈 설정
- 주기능이 교육기능이므로 강의실, 다목적홀 등의 계획이 중요

□ **연수원의 종류**
- 공무원 교육원
- 기업연수원
- 기타 연수시설

2. 연수원의 분류

2.1 입지에 따른 분류

- 도시형 : 단기체제, 주변환경 배려
- 근교형 : 중기체제, 종합연수원
- 리조트형 : 장기체제, 교육+휴양

3. 기능구성도

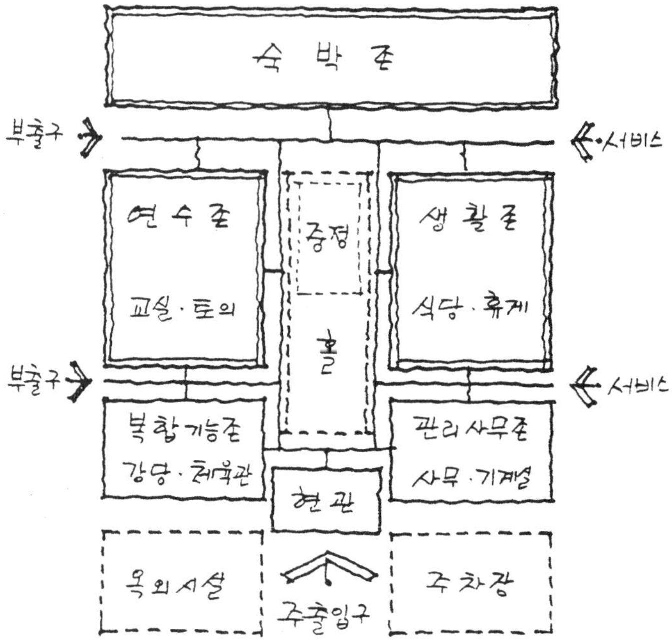

□ 수평적 기능구성

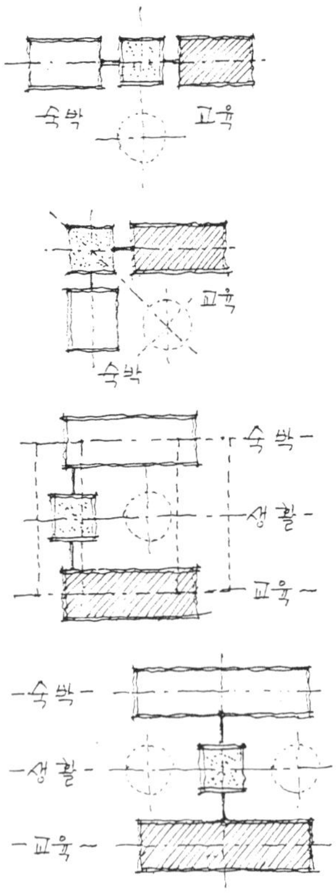

4. 연수원계획의 일반사항

4.1 연수원계획의 기본방향

(1) 입지유형의 특성을 살린 배치계획

- 도시형, 근교형, 리조트형 등 각 입지 성향에 따른 특성과 목적을 파악하고 입지조건을 살린 배치계획을 한다.

(2) 연수존과 숙박존을 분리배치

- 숙박실과 연수실을 설계모듈 및 여러 시설의 시방이 대부분의 경우에 다르므로 연수존과 숙박존은 수평적 또는 수직적 분리를 한다.

(3) 각 시설로의 접근 및 동선의 다양화

- 연수동, 숙박동 등 시설물에는 입구를 1개로 한정하지 말고, 각 시설로 접근하기 편리한 위치에 동선의 혼동없이 다양한 접근이 가능하도록 한다.

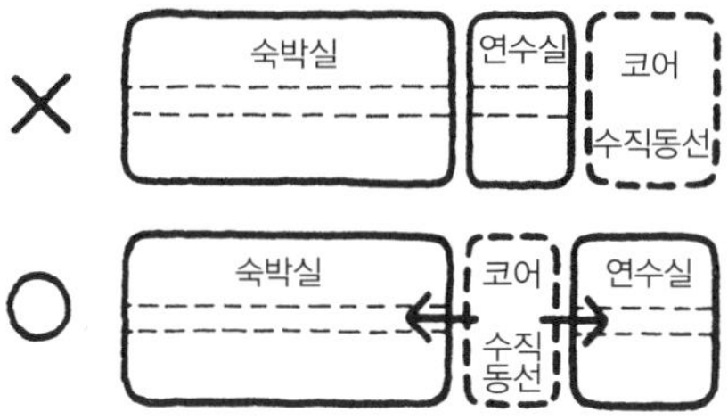

숙박실과 연수실이 1개의 복도를 공유하는 배치는 방재계획상 및 소음계획상에도 좋지 않다.

숙박실과 연수실 각각에 독자의 동선을 주고, 거기에 풍부한 중간영역을 더하면 방재 · 소음 문제 해결을 도모할 수 있다.

숙박존과 연수존의 분리

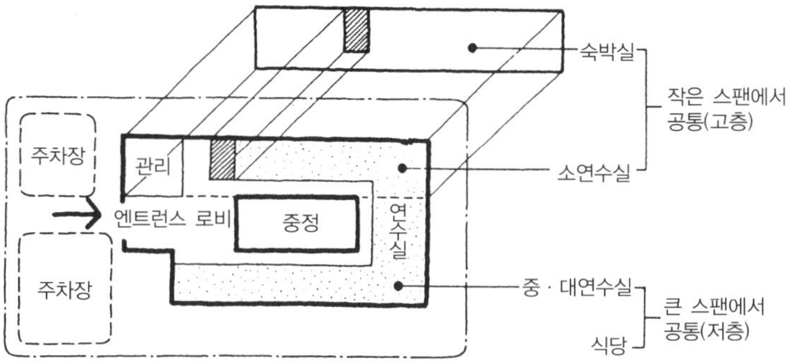

숙박존과 연수실의 스팬을 배려한 배치

□ 수직적 기능구성

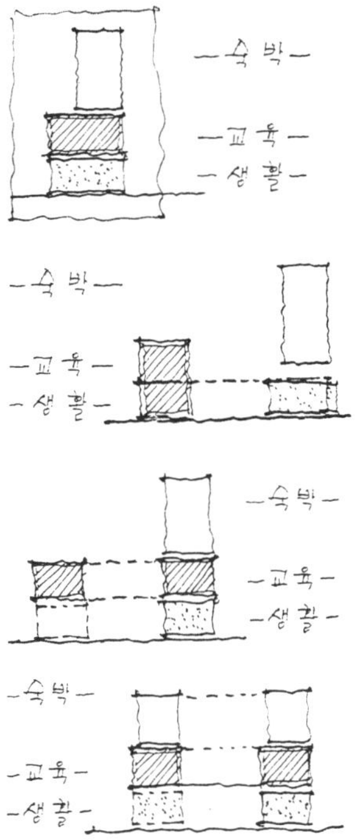

4.2 연수원 기능 구성

(1) 연수존

- 연수원의 주기능인 강의실은 학교교실을 참고로 하여 계획한다.
- 강의실의 모듈은 7.5m×9m 또는 9m×9m가 적당하다.
- 연수존의 제실로는 강의실, 실습실, 세미나실, 시청각교육실, 대강의실, 토의실, 교수실 등이 있다.

(2) 숙박존

- 숙박존의 침실은 기숙사의 침실이나 호텔의 객실을 참고로 하여 계획한다.
- 침실의 모듈은 최소 6m×6m, 보통 7.5m×9m (2실 기준)가 적당하다.
- 화장실이나 샤워실 등은 공동으로 사용하기도 하지만 일반적으로 침실 내에 계획하는 것이 좋다.
- 침실은 1인용, 2인용, 4인용 등이 일반적이다.

(3) 관리 및 서비스 존

- 관리 및 서비스 존은 일반적으로 1층 또는 지하층에 배치하는 것이 원칙이고 숙박존과 연수존이 수평적으로 구성되었을 때 중간부에

위치하는 것이 바람직하다.

- 관리 및 서비스 존의 제실로는 사무실, 식당, 다목적홀, 기계실, 세탁실, 라운지, 옥내 체육시설 등이 있다.

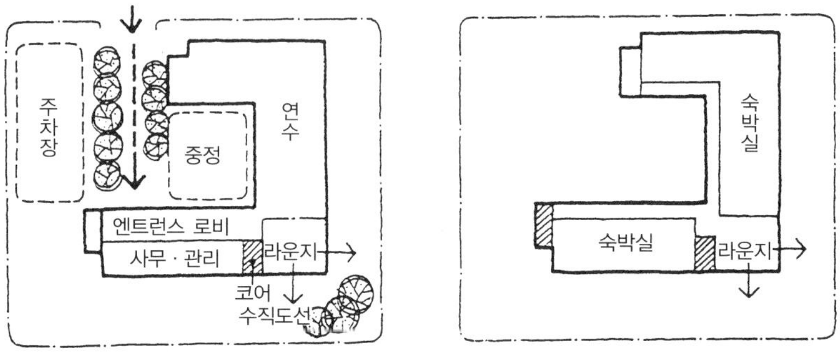

▲ 1층 배치도 ▲ 2~5층 평면도

숙박실 도시형과는 다른 좁은 부지를 최대한으로 살려 어프로치에 초록의 연출을 하는 등 기분의 고조를 위한 계획을 한다.

도시형의 배치

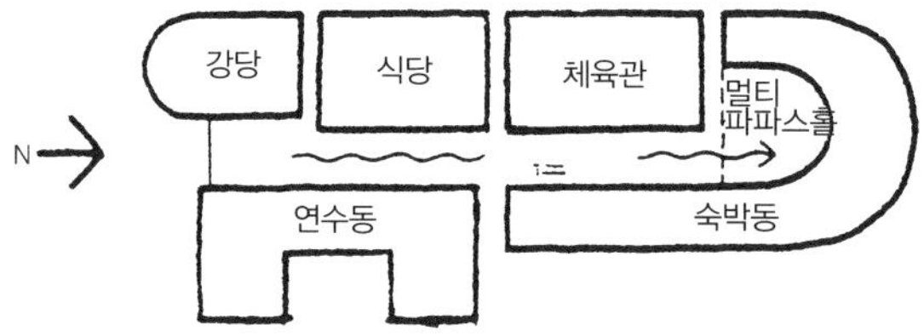

각 존을 동별로 나누고 외부공간과 회유공간에 의해 각동을 연결한다.

교외형의 배치 예

5. 연수원계획의 핵심정리

5.1 연수원계획의 기본사항

- 연수원 교육, 숙박, 생활기능이 주된 복합기능으로 각 기능간의 동선계획이 중요하다.
- 입지 성향에 따라 각 특성에 차이가 있으나 입지유형의 특성을 고려하고 기본적으로 연수존과 숙박존을 수평, 수직적으로 분리배치한다.
- 도시형, 근교형, 리조트형 등 각각의 목적을 확실히 파악하고 입지조건을 살린 배치계획을 한다.

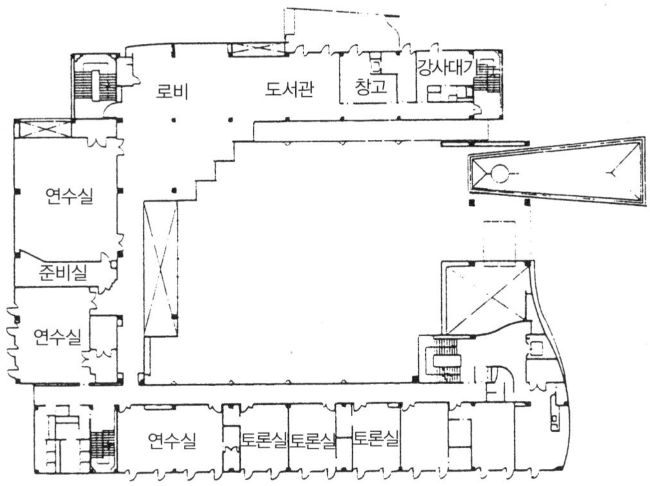

5.2 계획시 고려사항

(1) 배치계획

- 입지유형에 따라 차이가 있으나 기본적으로 보 · 차동선을 분리하고 진입공간을 확보한다.
- 복합기능을 갖고 있는 시설물이므로 주출입구와 각 시설로 접근하기 편리한 위치에 2~3개소 이상의 부출입구를 설치하여 다양한 접근이 될 수 있도록 한다.
- 부지가 좁은 도시형이나 근교형은 고밀도의 건축구성이 요구되므로 각 기능간 수직적 분할을 유도한다.
- 부지가 넓은 근교형이나 리조트형은 수평, 수직적 분할을 유도하고 자연지형을 고려한 계획이 요구된다.

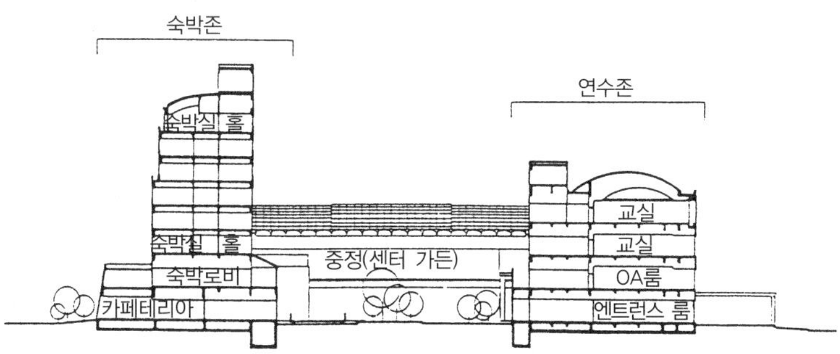

(2) 평면계획

- 각 기능에 따라 span에 차이가 있으므로 교육존(7.5m×9m), 숙박존(6~7.5m×6~7.5m)을 고려한 모듈계획이 필요하다.(6~7.5m×7.5~9m)

- 소규모 도시형 연수시설의 경우는 저층부에 교육존을 배치하고, 상층부에 숙박존을 구성한다.
- 대규모 리조트형 연수시설의 경우 교육존과 숙박존을 수평적으로 분리하는 것이 좋다.
- 숙박존에서 교육존으로 직접 통하는 동선은 가급적 피하고 관리존을 통과하도록 동선계획을 하여야 한다.
- 교육실(연수실)은 가급적 남향, 남동향, 동향, 서향순으로 하고, 숙박실은 남향이나 동향이 좋지만 중복도인 경우 조건에 따라 북향도 가능하다.
- 식당, 스포츠시설 등은 숙박존 가까이에 계획하는 것이 좋다.
- 복도는 유형에 따라 차이가 있으나 가급적 편복도(약 2m)로 하는 것이 좋다.
- 중복도로 하는 경우 내부 open 등을 계획하여 자연채광과 환기를 유입하는 것이 좋다.

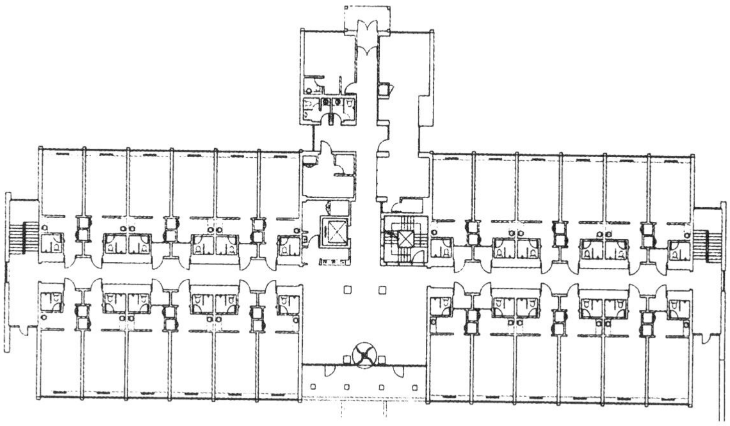

(3) 입면 및 단면계획

- 건물의 입면은 수평적, 수직적 조닝구성에 따라 구성되지만 전체적으로 학교타입과 호텔타입이 결합된 형이라 볼 수 있다.
- 저층부(교육존)는 가급적 개방감 있게 하고, 상층부(숙박존)는 창문의 배열이나 발코니 활용으로 전체적으로는 통일감 있게 하는 것이 좋다.
- 층고는 교육존이 3.5~4.5m이고, 숙박존 및 관리존은 3.5~4m 정도이지만 일반적으로 1층을 4.5~5.5m 정도로 하고 2층 이상 층은 4m 정도로 하는 것이 좋다.
- 강당이나 체육관 등 천장높이가 필요한 시설은 별동으로 처리하거나 1층부 혹은 최상층부로 유도하는 것이 좋다.

6. 사례

□ 연수원계획의 예(국제특허연수원)

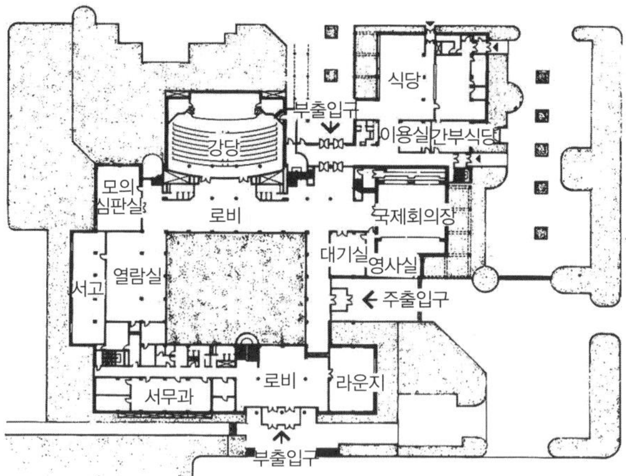

▲ 지상 1층 평면도

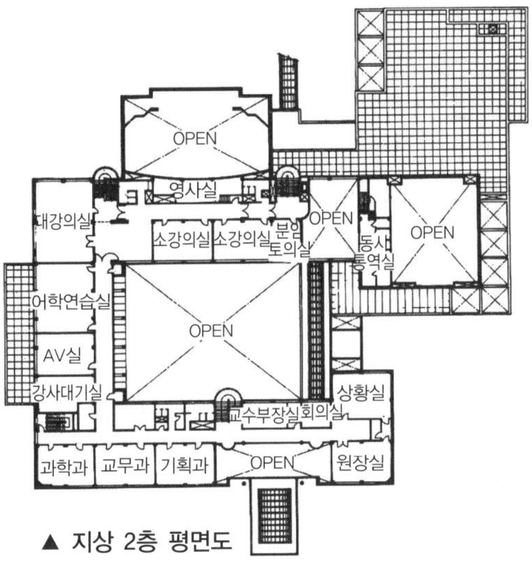

▲ 지상 2층 평면도

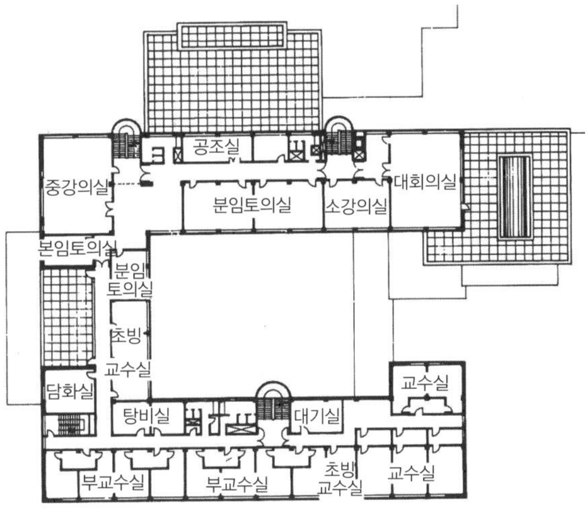

▲ 지상 3층 평면도

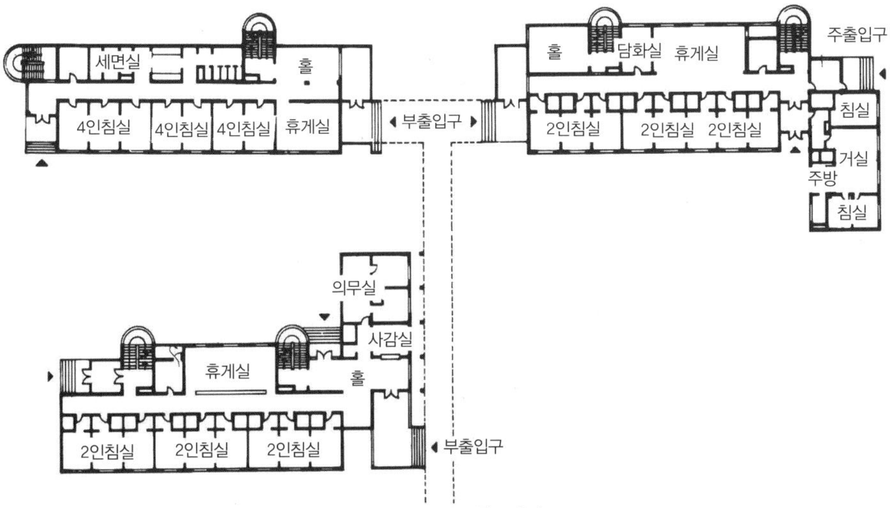

▲ 숙소동 지상 1층 평면도

□ 연수원계획의 예

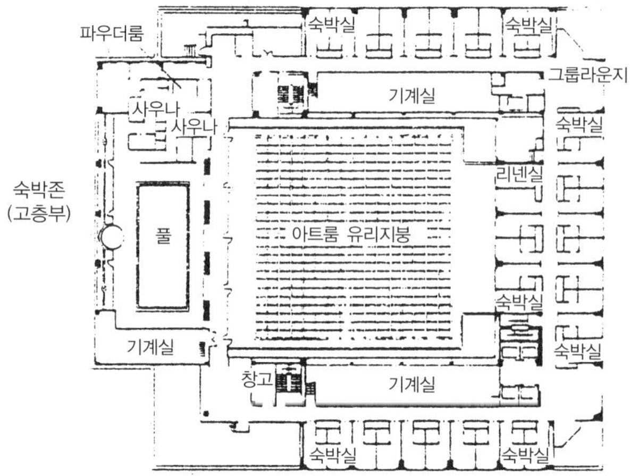
파우더룸
숙박실
숙박실
그룹라운지
기계실
사우나
사우나
숙박실
리넨실
숙박존
(고층부)
풀
아트룸 유리지붕
숙박실
기계실
숙박실
창고
기계실
숙박실
숙박실

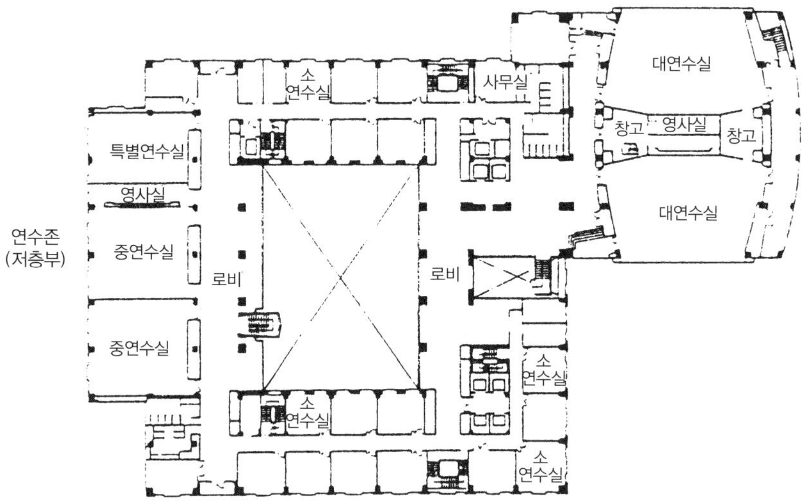
대연수실
소
연수실
사무실
특별연수실
창고
영사실
창고
영사실
대연수실
연수존
(저층부)
중연수실
로비
로비
중연수실
소
연수실
소
연수실
소
연수실

□ 연수원계획의 예(럭키연수원)

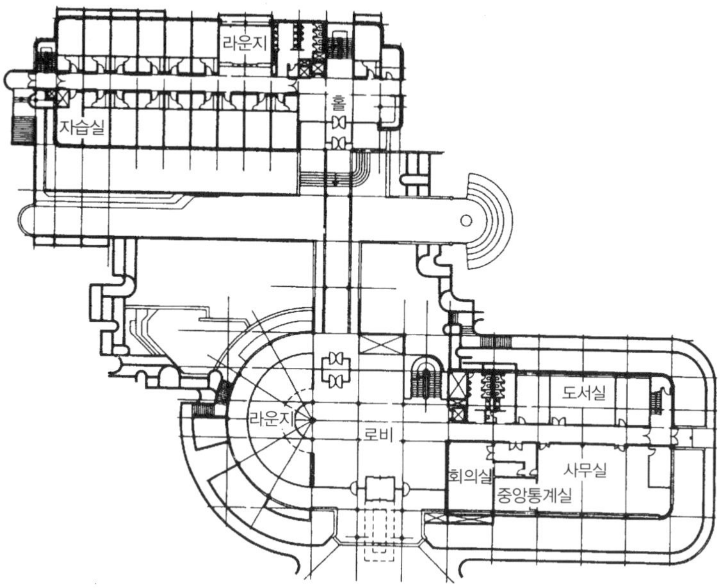

▲ 지상 1층 평면도

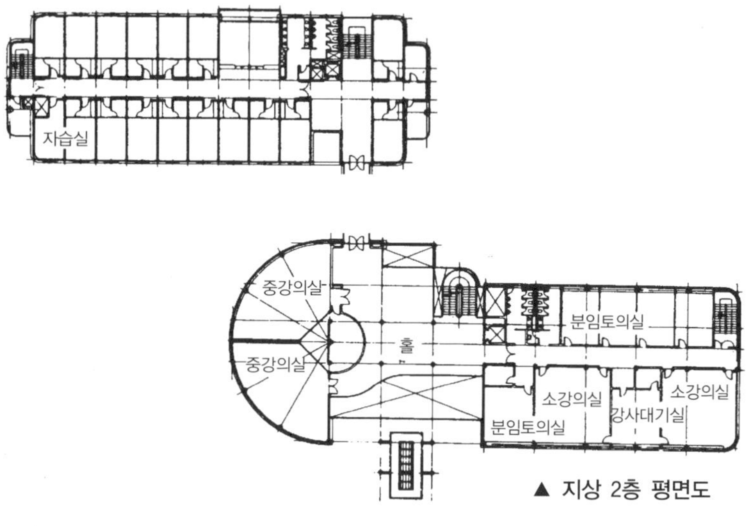

▲ 지상 2층 평면도

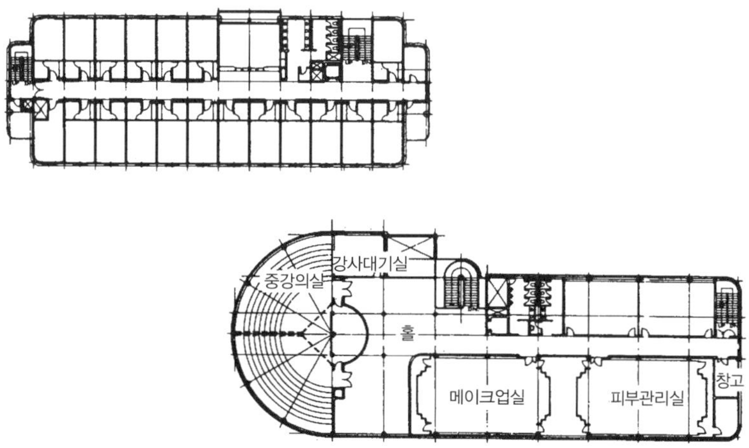

▲ 지상 3층 평면도

□ 연수원계획의 예(삼성생명 전주연수원)

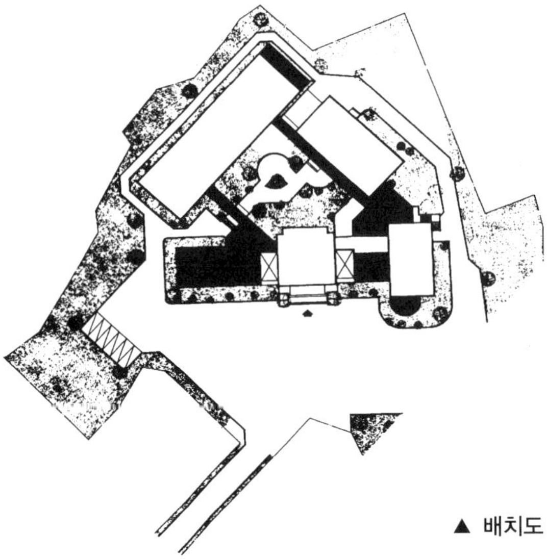

▲ 배치도

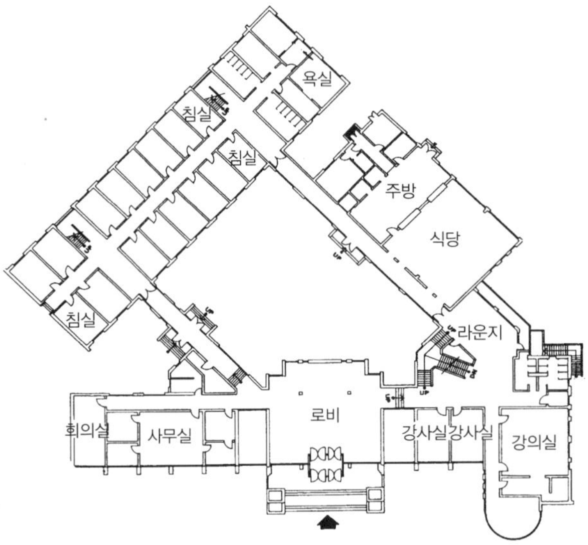

▲ 지상 1층 평면도

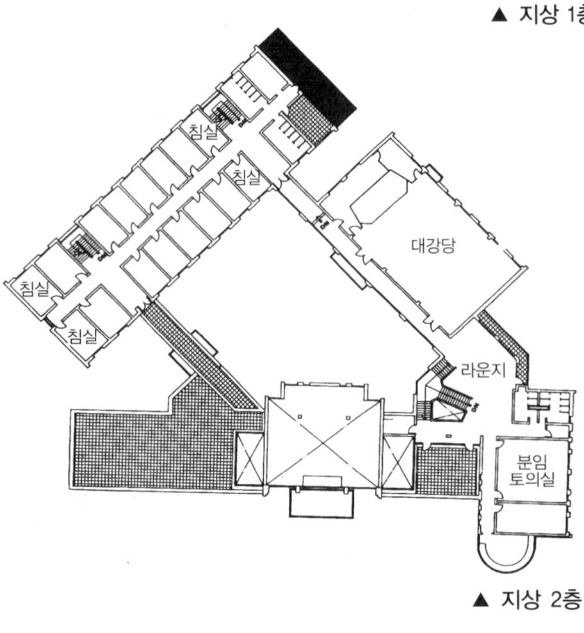

▲ 지상 2층 평면도

□ 수련원계획의 예

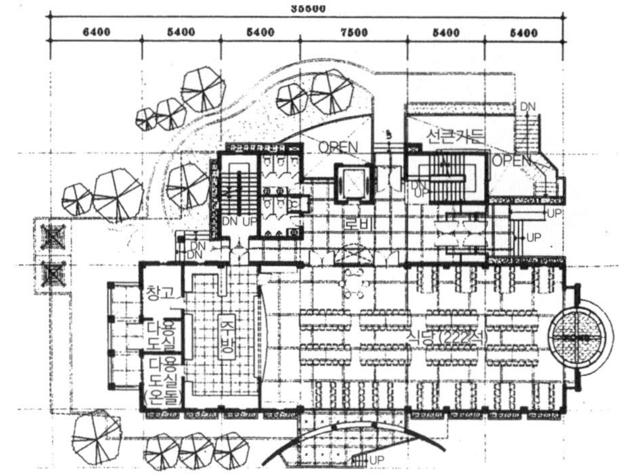

▲ 지상 1층 평면도

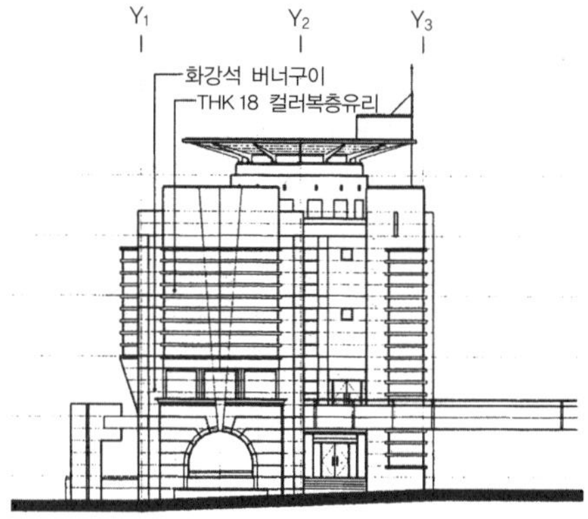

▲ 입면도

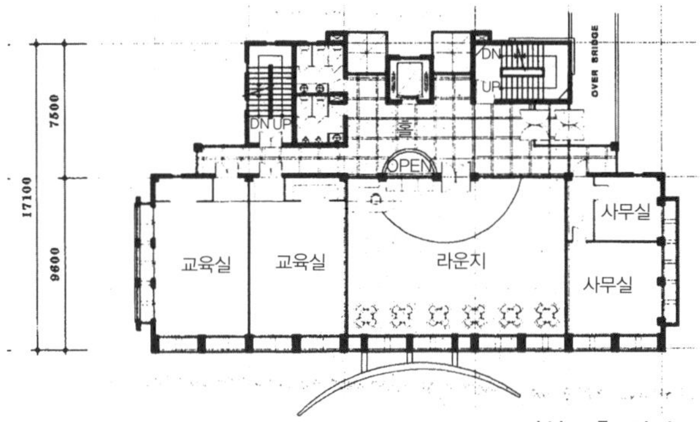

▲ 지상 2층 평면도

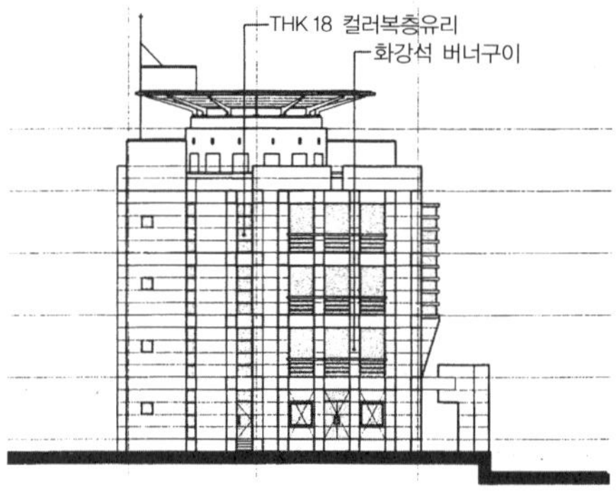

▲ 입면도

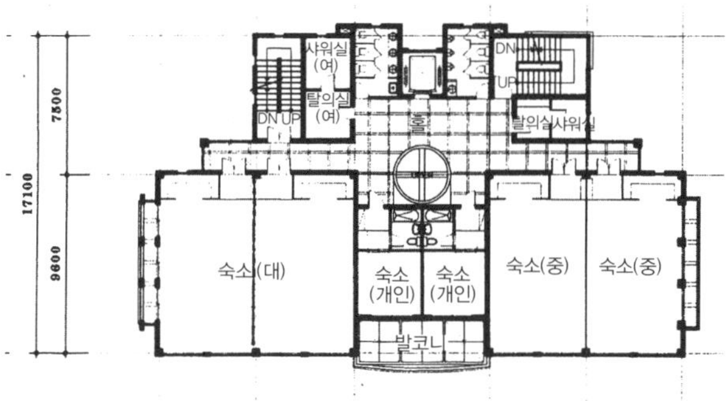

▲ 지상 3층 평면도

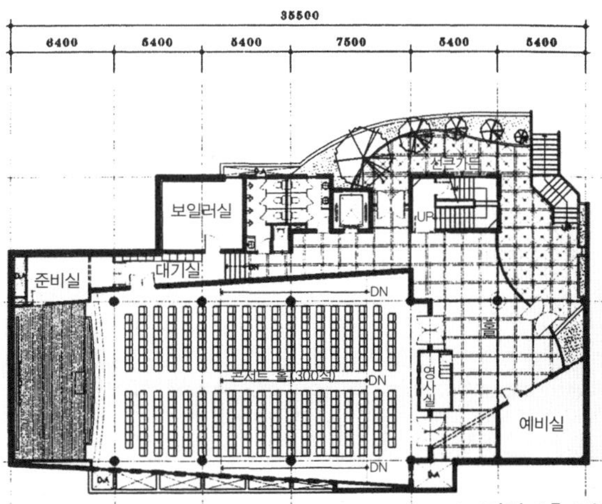

▲ 지하 1층 평면도

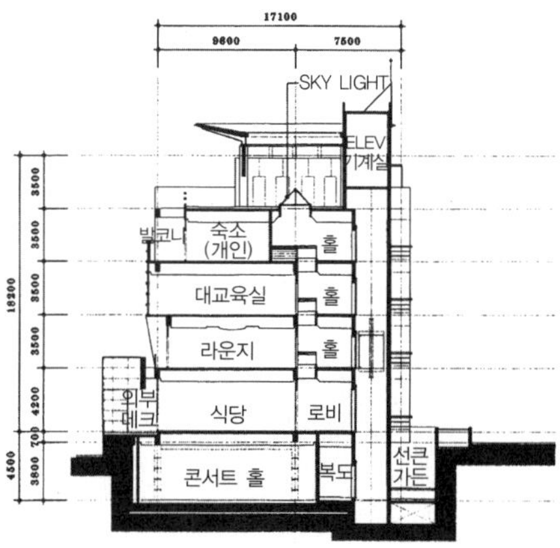

▲ 단면도

□ 청소년수련원계획의 예

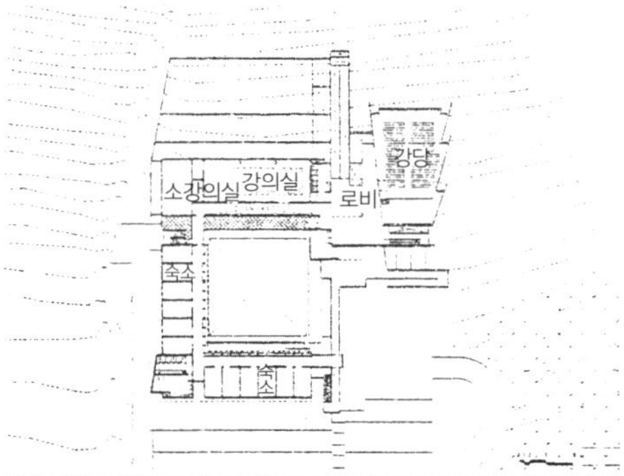

▲ 1층 평면도

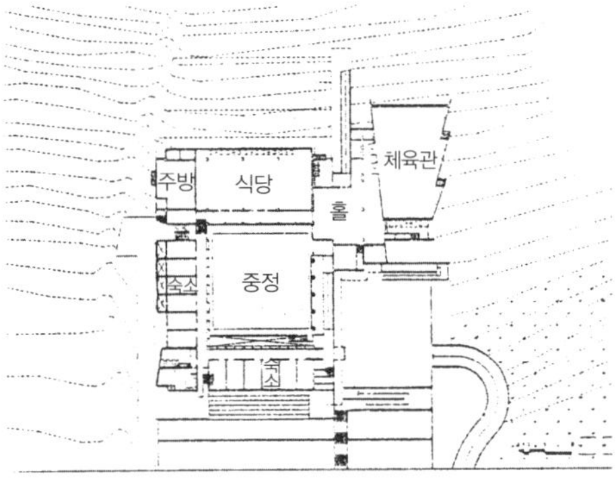

▲ 지하층 평면도

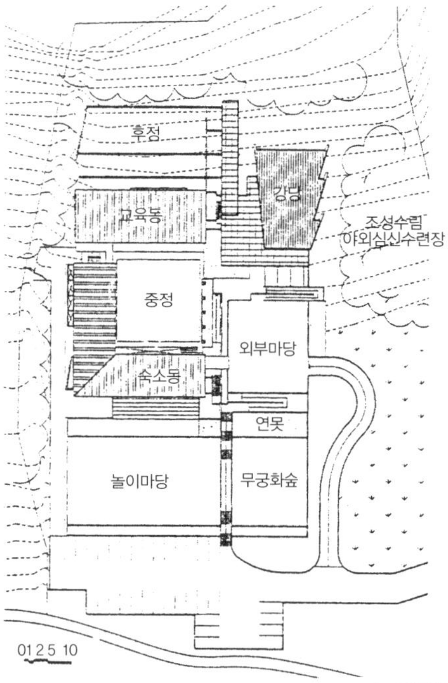

▲ 배치도

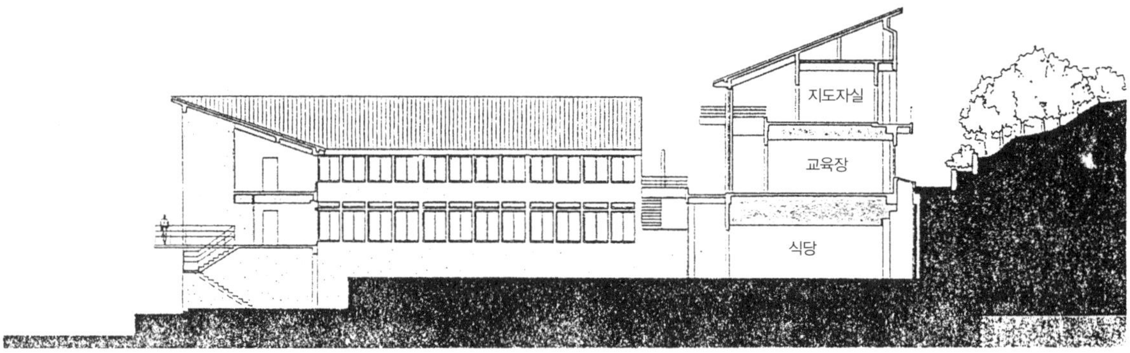

□ 연구소 평면의 예

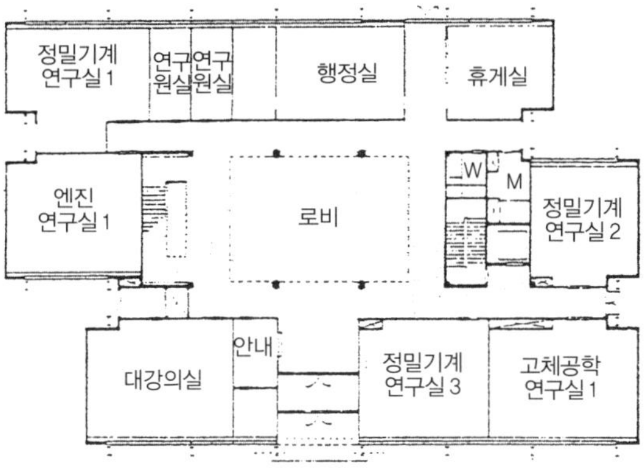

▲ 1층 평면도

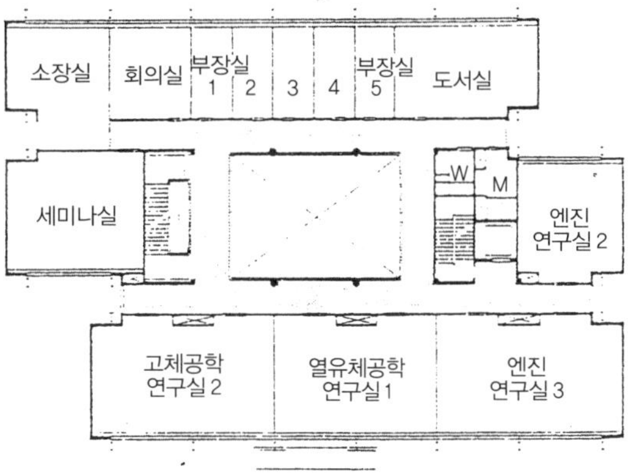

▲ 2층 평면도

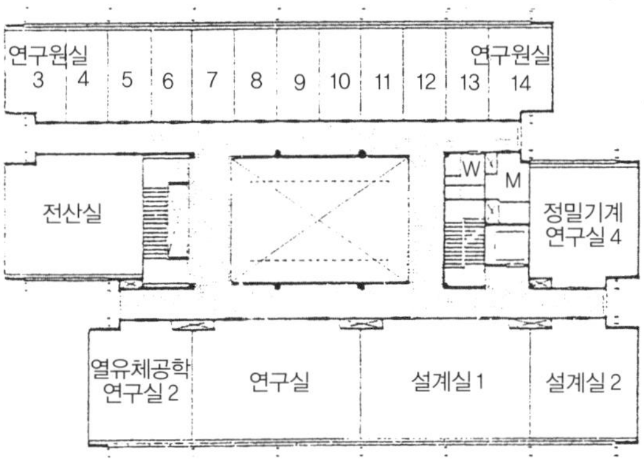

▲ 3층 평면도

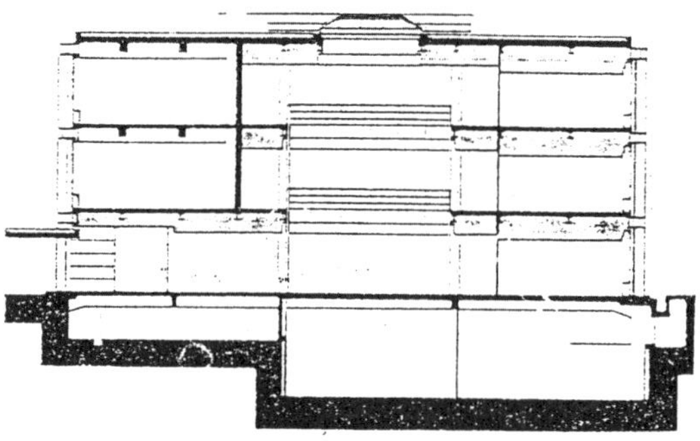

▲ 종단면도

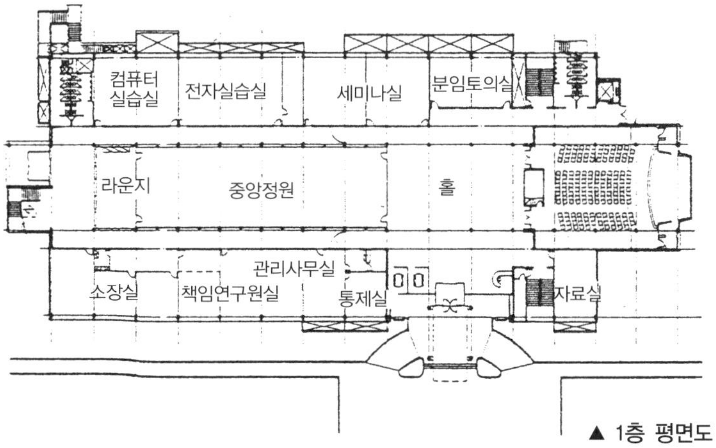

▲ 1층 평면도

13 박물관

Chapter

□ 예상 적용 모듈
- 6m×9m
- 6m×12m
- 7.5m×9m
- 9m×12m

□ 주요 요구사항
- 외부공간형성 능력
- 내 · 외부 표현 능력
- 평면 및 단면구성 능력
- mass구성 능력
- 코어구성 능력

□ 체크 포인트
- 전시공간 개념 이해
- 기능간 조닝구성
- 채광방식
- 수장고계획
- 동선

1. 개요

박물관이란 자연과학, 인문과학에 대한 조사연구를 하며, 그 자료를 수집, 정리, 보관하고 그 일부를 전시하여 교육적인 배려와 함께 일반이 이용하게 하고 또 관내 · 외에서 교육활동을 하여 교양, 조사연구, 레크리에이션 등에 이바지하는 것을 목적으로 하는 기관(미술관은 전시, 동선, 수장, 연구 등의 건축적 해결과제는 박물관과 동일 – 박물관 기능의 일부로서 이해 가능)이다.

2. 박물관의 종류

(1) 기능별 분류

- 종합 박물관
- 인문계 박물관 : 역사박물관 (역사, 민속, 고고학)
  미술박물관
- 자연계 박물관 : 자연사 박물관 (지질, 동물, 식물, 수족관)
  이공계 박물관 (이공학, 산업, 농업, 천문)

(2) 주체별 분류

- 공공 박물관 : 국 · 공립 박물관
- 사립 박물관

3. 기능구성도

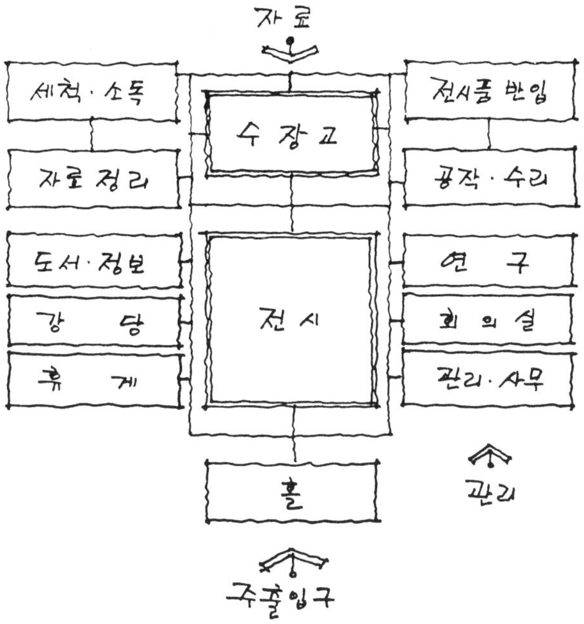

4. 박물관계획의 일반사항

4.1 부지조건

① 대중이 쉽게 갈 수 있는 위치

② 매연, 먼지, 소음, 방재로부터 피해가 없는 장소

③ 일상생활과 밀접한 장소로 도심지구와 주거지역의 중간적 지역

4.2 박물관계획의 요구사항

- 건물의 각부를 쉽게 출입할 수 있을 것.
- 전시실의 크기와 수량 및 관객수를 적합하게 할 것.
- 주의 · 집중에서 오는 피로에 대한 휴게시설이 되어 있을 것.
- 일반전시와 특별전시(연구용)를 구분할 것.
- 조명, 온도, 습도는 관객 및 전시물에 알맞게 조정되어 있을 것.
- 관람자의 편의, 쾌적함을 만족시킬 것.
- 전시물 보호를 위한 기계적 시설은 물론 건물의 물리적 관리에 대하여 편리하도록 할 것.

4.3 박물관의 기능

(1) 수집, 정리, 보존

- 자료의 종류 : 실물, 표본, 묘사, 모형, 문헌, 사진, 필름, 테이프 등

(2) 전시, 교육, 레크리에이션

- 전시, 강연회, 연구모임 개최
- 자료이용에 대한 지도, 설명 및 연구, 도서실 설치
- 학술, 교육 · 문화적 제시설과의 협력 및 원조

(3) 조사, 연구

- 문화재, 고고, 민속자료 등의 조사
- 자료에 관한 전문적, 기술적 연구

4.4 기능별 시설내용

구분	소요실	비 고
연구부문	학예연구실, 공작실, 보존과학실, 사진스튜디오, 암실, 약품실, 연구용 기자재보관실, 연구도서실, 응접실, 회의실, 사무실	
수장부문	수장고, 미정리보관고, 소독실, 자료정리실, 세척실, 수리실(공작실과 겸용 가능), 포장해체실, 전시비품 수납고, 상자보관고, 화물용 ELEV(3m×3m×3m 내 치수)	• loading deck • 세척실 배수에 대한 고려 • 소독실 밀폐, 별도 환기 고려
전시부문	상설전시실, 기획전시실, 전시공작 준비실	• 전시내용에 따라 가변적 (영상전시실 등 고려)
교육부문 보급부문	안내, 홀, 강당(시청각실, 영사실), 학습실, 연수실, 정보자료실(도서실), 상담실, 서점, 매점, 라커룸	

주) 부분별 면적비 – 전시 : 수장(학예, 교육 포함) : 관리 = 4 : 3 : 3 또는 3 : 4 : 3

4.5 제실의 기준

(1) 학예공간

- 개인실보다는 오픈된 큰 공간을 구획
- 수장고나 전시실과 근접, 입구홀에서 가까운 곳
- 이용자와의 교류 배려
- 환기, 채광 고려
- 천장고 3m 이상

(2) 보관공간

- 반영구적 보존과 관리
- 광(光)이나 공기의 접촉이 없게
- 무창으로 외공차단, 최소한의 개구부
- 내화, 내진, 방충, 방진, 방음
- 온도, 습도, 일광, 통풍의 조정

(3) 관리공간

- 관리 · 부장(실장) · 학예원 · 사서 · 보존관리
- 관장실 : 사무실이나 연구실 · 응접실 개념
- 회의실 : 대 · 소 크기의 2~3개
- 구급 의무실 : 20m²
- 작은 방의 표준면적 : 30~40m²
- 창고(60~70m²), 갱의실, 수의실 · 숙직실, 방송실

(4) 전시공간

- 1층 기획전시, 특별전시
- 무창의 압박감에서 개방창을 얻기 위한 절충
- 현대미술관은 대부분 자연광 도입
- 가동 전시벽 준비
- 출입구 : 3m×3m
- 천장고 : 3.6~5m 정도, 단벽폭 : 10~20m 정도

(5) 교육보급공간

- 학습하는 즐거움을 맛보는 장소로서의 배려
- 지역사회의 정보센터 역할
- 강당 : 200~300인 정도 수용, 영사에 시청각 겸용
- 도서실, 휴게실, 뮤지엄 샵, 외래 연구자 시설
- 독립운영하는 경우 전용출입구 마련(예 : 국립현대미술관)

□ 전시공간의 결합

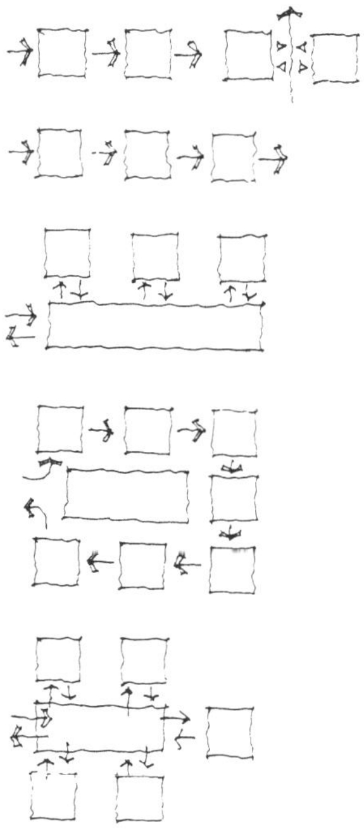

4.6 순회형식과 동선, 공간, 전시와의 관계

(1) 순회형식과 동선

순회형식은 관객이 입구에서 전시실을 돌아 출구로 이르는 동선계획이며 건물 전체의 평면계획 및 전시실 상호의 결합을 규정하기 때문에 건물의 기능과 성격에 큰 영향을 미친다. 이때 전시공간의 규모, 관객의 동선, 채광, 조명 설정으로 여러 가지 평면계획을 만들 수 있다.

- 전시공간의 규모

  전시품의 종류 및 수나 크기와 관계하여 보는 방식이 결정되며, 가장 적합한 공간을 얻는다.

- 관객의 동선

  원칙적으로 한 코스로 되어 되돌아오거나 교차가 없는 것이 요구되며, 규모가 큰 전시공간에서는 임의로 선택동선, 생략동선을 그

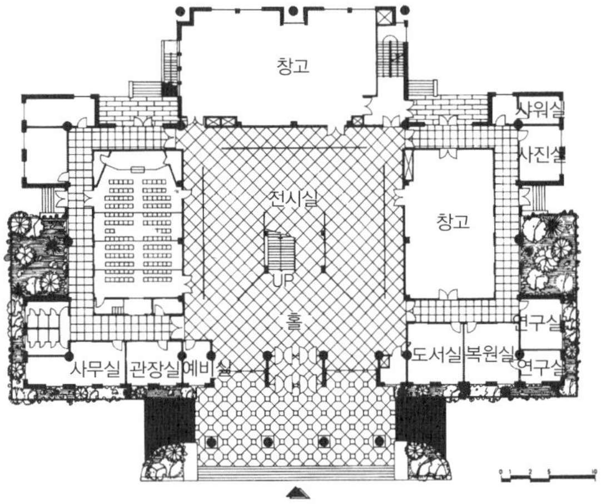

▲ 지상 1층 평면도

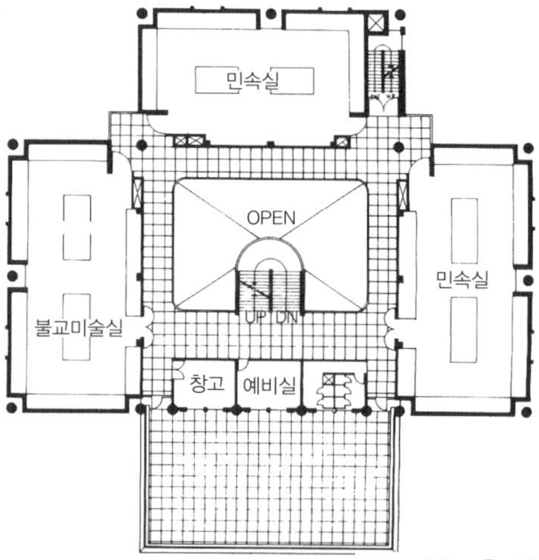

▲ 지상 3층 평면도

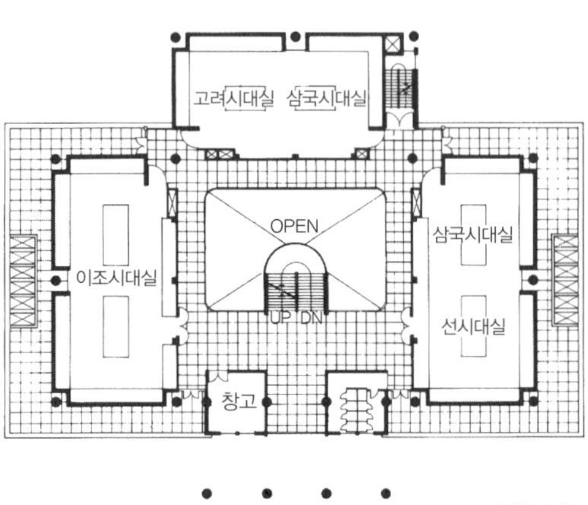

▲ 지상 2층 평면도

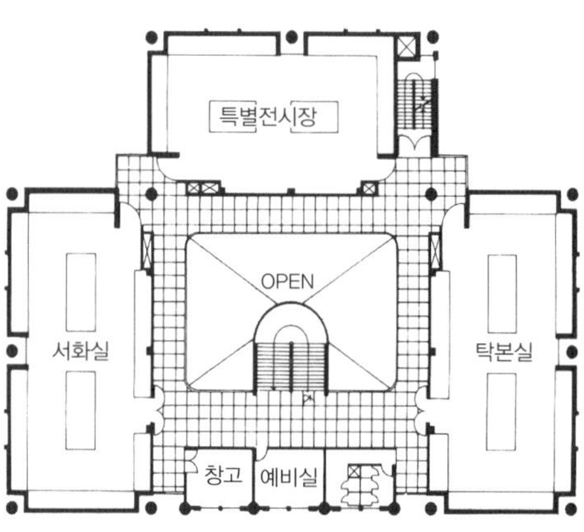

▲ 지상 4층 평면도

리는 동선계획도 채용한다. 또 복수의 기획전시를 하는 경우도 고려한다. 단지 동선의 형식만이 아니라 그 연장거리나 전시면적도 관객의 피로 및 휴식문제와 관계 있으므로 유의한다.

- 채광의 조명

인공조명의 발달로 인하여 이전에는 자연채광을 중시하여 계획된 박물관계획의 수법이 없어지고 계획이 자유롭게 되어 자연광을 무시한 계획도 하고 있으나 최근에 다시 자연광의 중요성을 인식하고 새로운 채광과 조명계획을 짜는 방법을 생각하게 되었다.

- 평면계획

전시공간은 전시물을 전시하는 공간이다. 전시물이나 벽면이 많아짐에 따라 공간도 커지고 그 형식이 여러 가지로 변화함과 동시에 "어떻게 보이느냐" 하는 문제에서 동선계획이 생긴다. 너무 커지면 분할된 복수의 전시실 집합으로 생각하게 된다.

이때 결합공간으로서의 트인 곳, 마루, 복도, 안뜰 등의 부분이 기능적으로 작용하여 도입부, 대전시설, 휴식공간 등으로 쓰이고, 동선처리에 없어서는 안될 공간이 된다. 결합공간에는 그 밖에 다음 전시공간을 느끼게 하고, 기대감이 감상하는 마음의 준비를 하게 하는 기능도 있다.

- 휴게공간

1회의 감상한도는 벽면 400m라고 할 정도로 감상시의 피로는 크다. 원칙적으로 순회동선상의 적당한 위치에 짧은 휴식이나 기분전환하는 장소를 마련하여 쉴 수 있도록 배려함과 동시에 전동선이 단조롭지 않도록 계획한다. 가능하면 안뜰에 면하는 등 초록의 조망이 있는 것도 좋다.

□ 순회형식과 동선

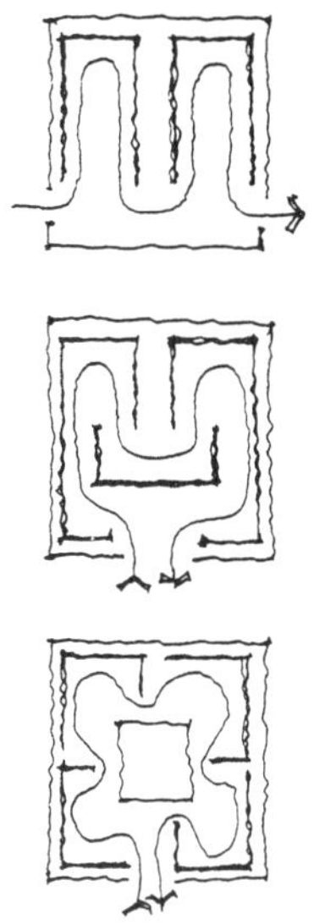

4.7 세부계획

(1) 전시실

1) 기본조건

- 다양한 전시내용에 대한 전시공간 고려
- 가변적 전시를 고려, 임의공간 설정 가능토록 계획
- 전시실의 바닥은 연속적인 평면으로 계획

□ 전시실의 크기

- 단변 : 최소 5m, 최대 26m
- 세장비 : 1.0~3.5
- 층고 : 5~6m
- 천장고 : 4m 전후

□ 전시실의 순회형식

• 연속 순로 형식

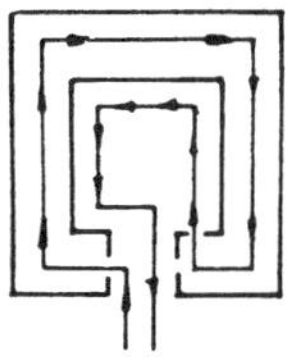

• 갤러리 및 코리더 형식

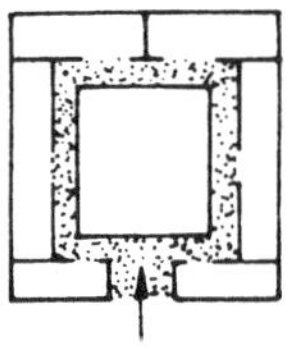

• 중앙홀 형식

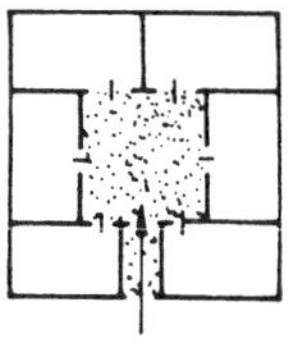

2) 전시실의 순회형식

구 분	특 징	장·단점
연속순로형식	• 긴 직사각형 또는 다각형의 각 전시실의 연속적으로 동선을 형성	• 장점 : - 단순함과 공간절약적 측면에서 이점 - 비교적 소규모 전시실에 이용하면 적은 부지에서도 이용 가능 - 2·3층의 입체적인 방법도 가능. • 단점 : - 많은 실을 순서별로 통과해야 하는 불편 - 1실을 폐쇄했을 때 전체동선이 막힘.
gallery형식 corridor형식	• 연속된 전시실의 한쪽 복도에 의해서 각실을 배치 • 복도가 중정을 포위하여 순로를 구성하는 경우도 많다.	• 장점 - 각실로 직접 들어갈 수 있음. - 필요시 자유로이 독립적으로 폐쇄할 수 있음.
중앙홀형식	• 중앙부에 하나의 큰 홀을 두고 그 주위에 각 전시실을 배치하여 자유로이 출입하는 형식 • 과거에 많이 사용한 형식이며 때론 중앙홀에 높은 천장을 설치하여 고창으로부터 채광한 방식이 많았다.	• 장점 - 부지이용률이 높은 지점에 건립할 수 있음. • 단점 - 홀이 작으면 동선의 혼란 - 장래의 확장에 많은 문제점을 가지고 있음.

(2) 수장고

1) 기본조건

• 최적의 보존상태를 유지할 수 있도록 외기의 온·습도 변화에 영향을 받지 않는 곳에 위치

• 보관품의 종류에 따른 zoning이 필수
(예 : 건조, 보통, 습윤으로 분류 보존)

2) 수장고의 크기

• 층고 : 5~6m

• 천장고 : 최소 3m 이상~4.5m 정도

• 출입구 : 1개소 원칙 (높이-2.3m, 넓이-2.0 이상)

• 벽 : 2중벽으로 단열 고려

(3) 출입구

1) 기본조건

• 관객용과 서비스용 분리

• 상설전시장 특별전시장 입구는 분리하여 설치

5. 박물관계획의 핵심정리

5.1 계획의 기본방향

- 박물관이나 미술관은 전시공간에 대한 개념 설정이 중요하다. 전시형식 방법에 따라 관람기능의 해결과 그에 따른 전시동선이 설정된다.
- 전시동선계획은 건물 전체의 평면계획 및 전시실 상호간의 결합을 규정하므로 건물의 기능과 성격에 큰 영향을 미친다.
- 채광을 고려한 전시계획이 검토되어야 한다.
- 관객의 입장을 고려하여 인공조명과 자연광을 병용한 계획을 하여야 한다.

5.2 계획시 고려사항

(1) 배치계획

- 주진입부에 진입공간을 확보하고 휴게공간, 옥외 전시공간 등을 고려한다.
- 관람동선과 자료반입동선이 명확히 분리되어야 한다.
- 주변환경과 자연채광 및 조망을 고려한 回형 계획이 무난하다.

(2) 평면계획

- 박물관의 주기능은 전시실과 수장고이므로 이에 대한 기능을 숙지하여야 한다.
- 관람동선의 명확함, 편의성, 휴식 등을 고려해야 한다.
- 일반전시와 상설전시를 분리하고, 상설전시는 가급적 1층부에 계획한다.
- 다층의 전시실계획시 장애인을 고려하고, 주계단은 가급적 크고 개방감 있게 계획한다.
- 관람객의 감시 등을 고려한 관리 측면을 고려해야 한다.
  (진 · 출입 check 등)
- 전시물 보호를 위한 보존 및 보안을 고려해야 한다.

(3) 입면 및 단면계획

- 박물관이나 미술관은 예술적 문화공간이므로 조형성 있는 mass계획이 요구된다.
- 전체적으로는 안정감 있게 하고, 캐노피, 필로티, 중정, 톱라이트 등을 형태요소로 활용한다.
- 층고는 5~6m를 기준으로 하고 자연광과 인공조명을 고려한 단면계획을 한다.

6. 사례

□ 전시시설의 예(한국문화예술 진흥원미술관)

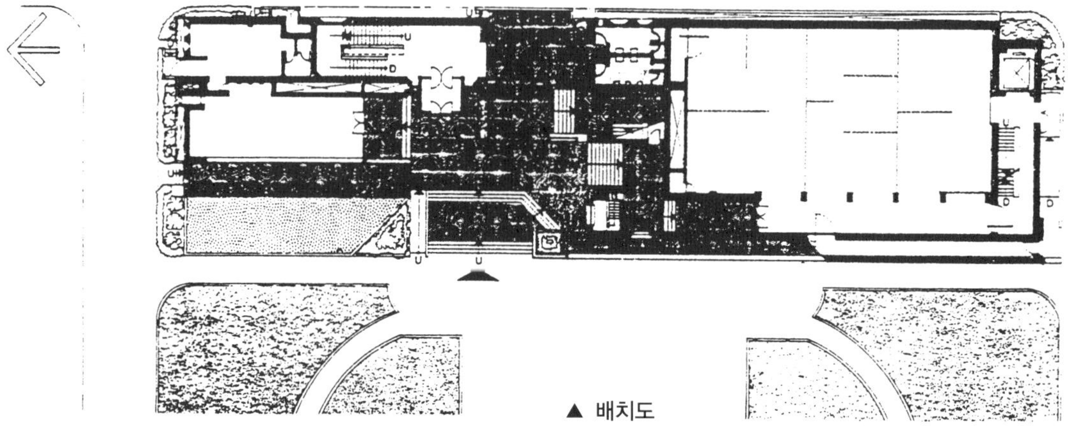

▲ 배치도

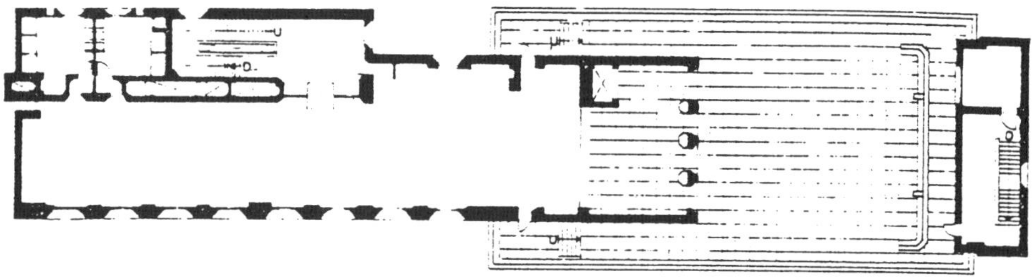

▲ 3층 평면도

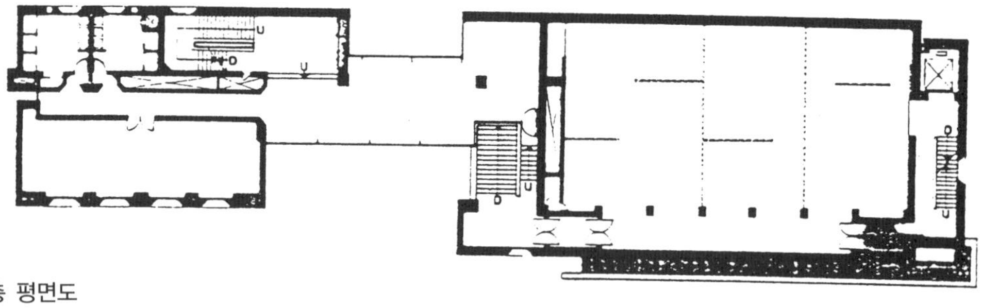

▲ 2층 평면도

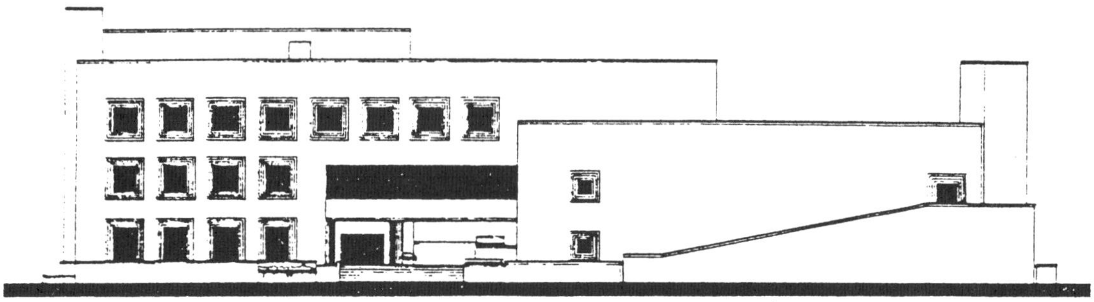

▲ 입면도

□ 전시시설의 예(화폐박물관)

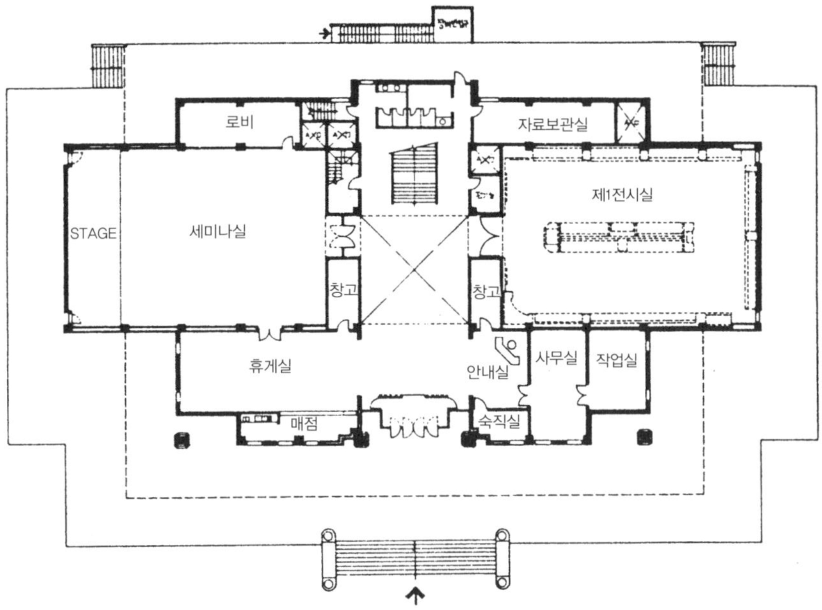

▲ 1층 평면도

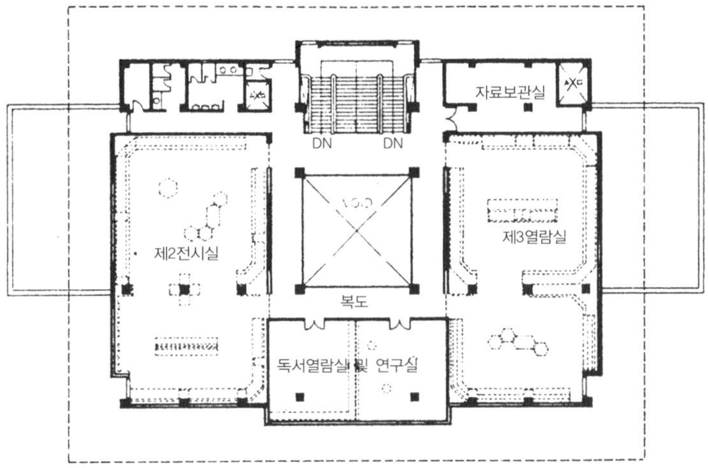

▲ 2층 평면도

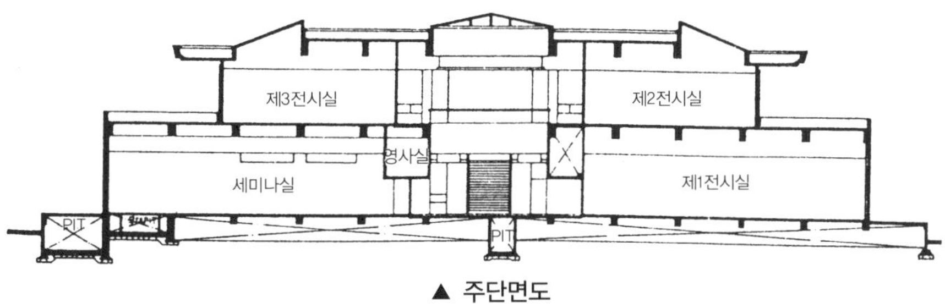

▲ 주단면도

□ 전시시설의 예(전시관)

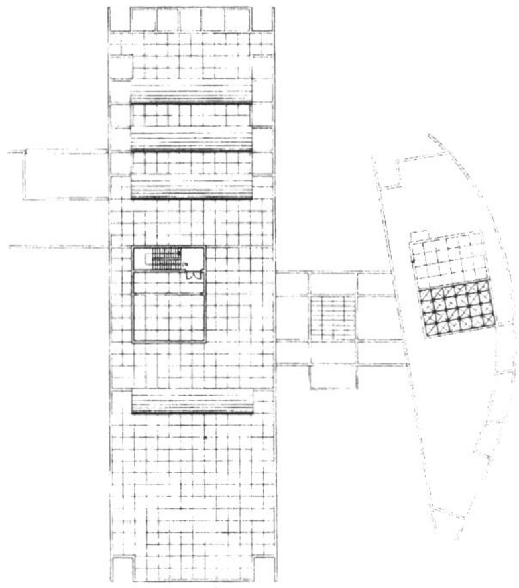

▲ 지붕층 평면도

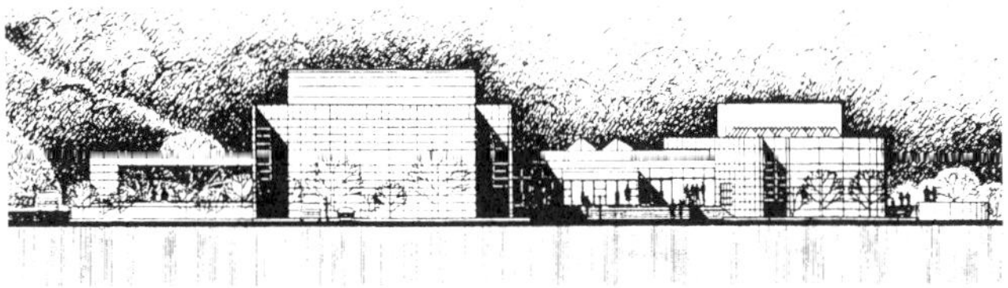

▲ 정면도

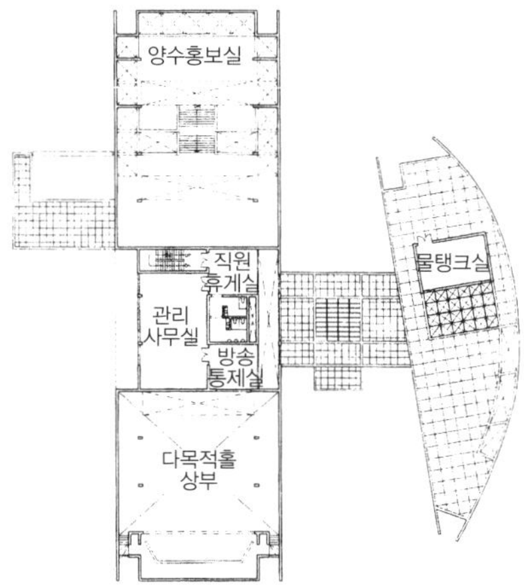

▲ 2층 평면도

▲ 우측면도

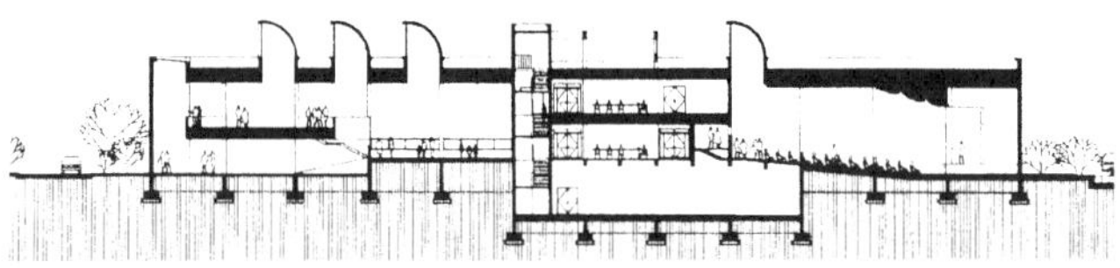

▲ 주단면도

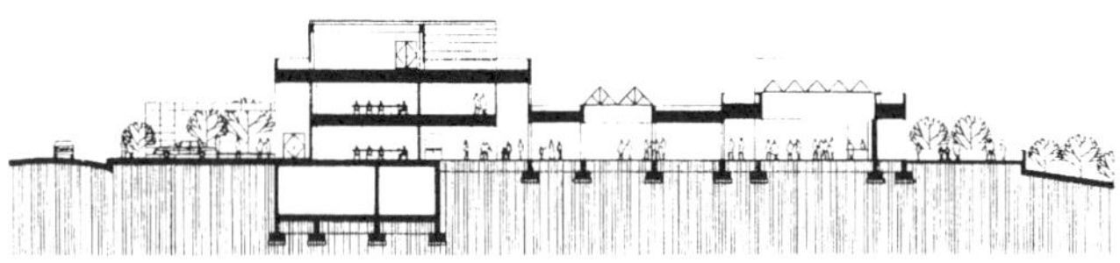

▲ 종단면도

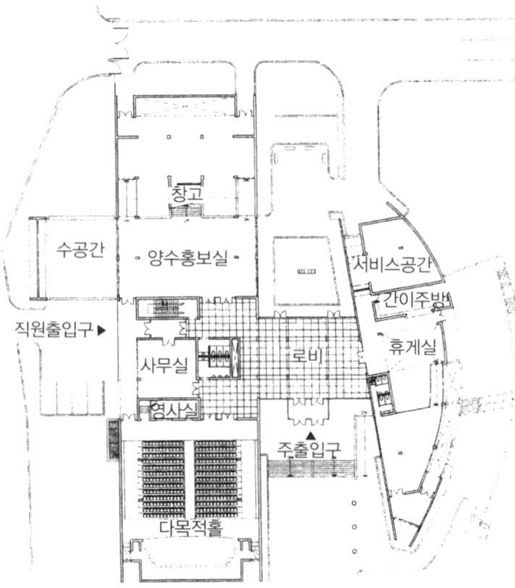

▲ 1층 평면도

□ 전시시설의 예(장보고박물관)

▲ 투시도

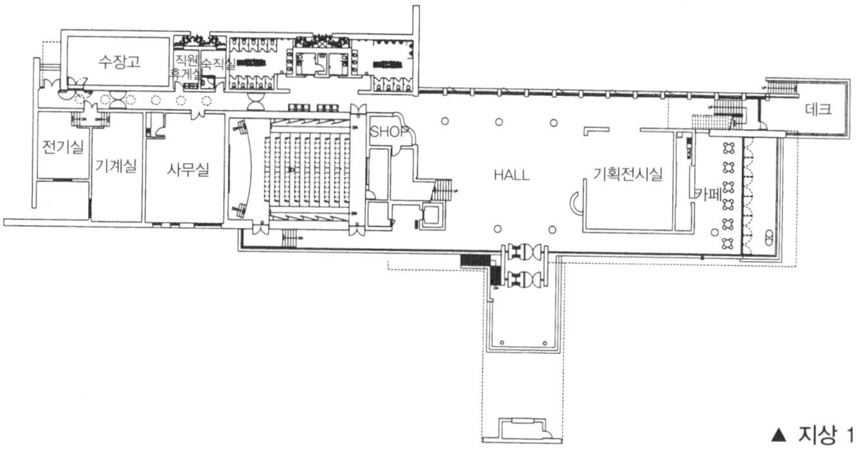

▲ 지상 1층 평면도

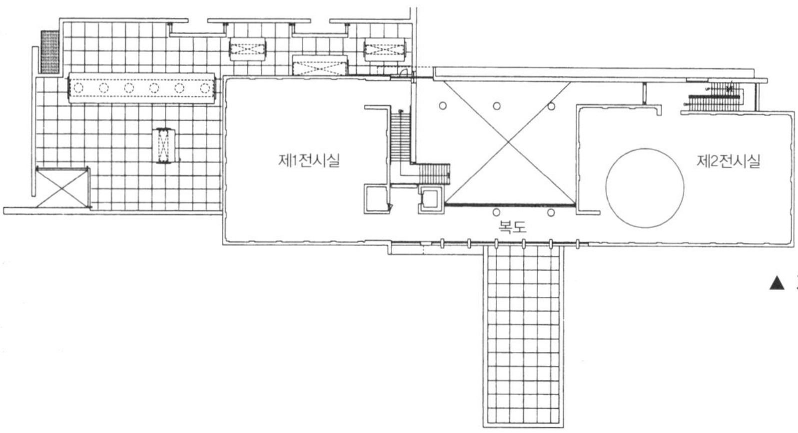

▲ 지상 2층 평면도

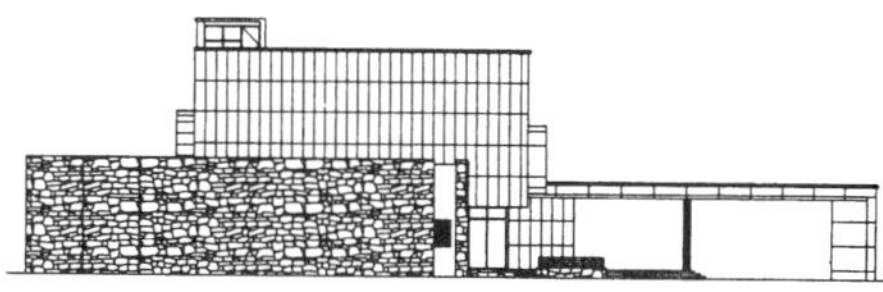

▲ 좌측면도

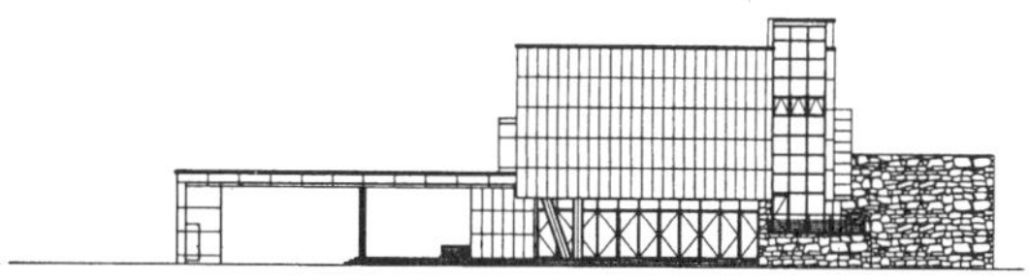

▲ 우측면도

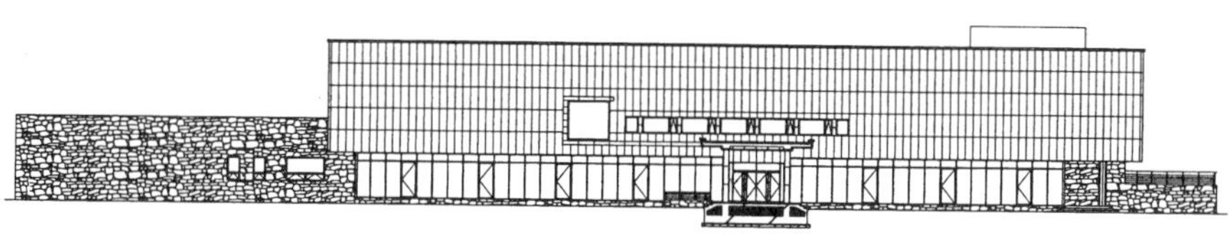

▲ 정면도

14 공연장(문화회관)

Chapter

1. 개요

공연장(문화회관)은 공연(연극, 영화상영)을 주기능으로 하여 전시, 도서, 휴게, 교양강좌 등을 포함한 복합건물이다.

인간이 갖고 있는 여러 가지 예술 가운데 가장 오래된 예술인 연극을 상연하는 장소로서의 극장은 많은 건축형태 중 가장 오래된 역사를 갖고 있다.

시민이 모여 활동하는 시설로서 대규모적인 것은 문화회관, 시민회관, 시민센터 등이라 불리고 규모가 작은 것은 지역센터, 커뮤니티센터, 사회복지회관 등으로 불린다.

2. 공연장의 종류

(1) 상연종목에 의한 분류

- 연극극장 : 고전극, 현대극 공연
- 오페라극장 : 음악과 연극이 융합된 형식
- 영화극장 : 영화상영
- 콘서트홀 : 음악
- 뮤직홀 : 음악과 무용
- 다목적 홀 : 음악, 연극, 영화, 강연, 집회

- 공연기능에 따라 무대구성이 달라짐을 유의
- 500석 규모(1,000~1,500㎡) 공연장의 평면, 입면, 단면 기능 숙지 필요
- 다목적 강당(200㎡ 이하) 기능인 경우 바닥을 가급적 경사로 하지 말 것.

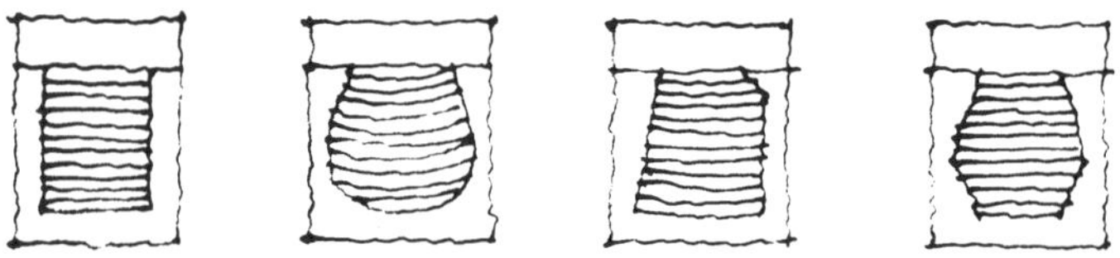

각형	마체형	부채형 · 유절형	육각형
일본 가부끼극장의 평면형식으로 옆으로 긴 무대가 필요	유럽풍의 오페라 극장에서 많이 볼 수 있는 평면형식	현재 일반적으로 많이 사용되는 평면형식 시선, 음향이 합리적	음향면에서 가장 좋은 조건의 장소에 최대 인원을 수용할 수 있는 음악홀에 적합한 평면형식

관람석의 평면형

(2) 무대형식에 의한 분류

- 프로시니엄 스테이지(proscenium stage)

  이탈리아 르네상스 후기에 등장한 것으로 프로시니엄 벽에 의하여 연기공간과 관람공간이 양분되어 관객은 벽면에 만든 개구부를 통하여 무대를 보는 형식이다.

- 오픈 스테이지(open stage)

  연기공간과 관람공간을 동일공간 내에 설치함으로써 무대와 관람객이 일체감을 가질 수 있고, 친밀감을 높일 수 있는 특징이 있다.

- 애리나 스테이지(aerina stage)

  관객이 연기자를 360° 둘러싸고 관람하는 형식으로 객석과 무대가 하나의 공간에 있으므로 일체감을 높일 수 있으며 많은 관객을 수용할 수 있다.

- 어댑터블 스테이지(adaptable stage)

  이 형식의 극장은 무대와 관람석의 관계를 몇 개의 종류에 따라 변화시킬 수 있는 형식이다.

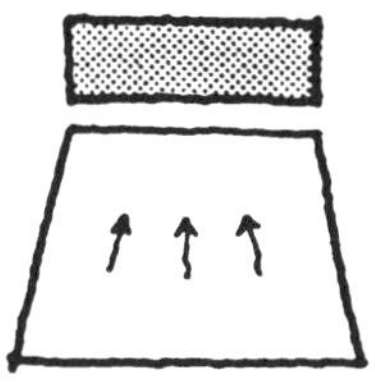

프로시니엄 스테이지

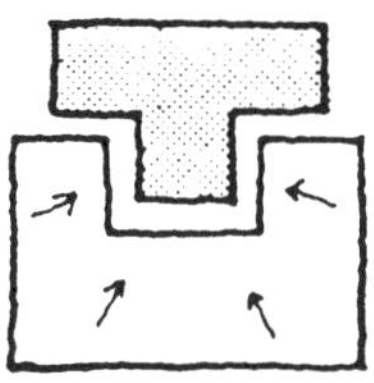

오픈 스테이지

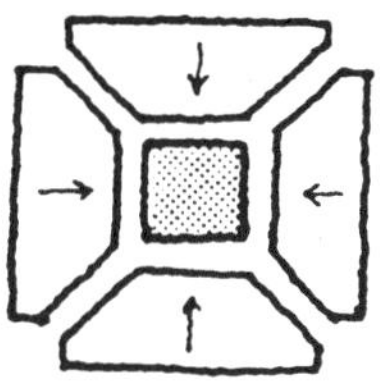

애리나 스테이지

※ 이들 극장은 각기 다른 성격을 갖고 있으며, 이에 따라 planning의 방법도 달라지므로 극장을 계획할 때에는 극장의 성격을 정확히 파악하는 것이 중요하다.

□ 예상 적용 모듈
- 6m×12m
- 6m×15m
- 6m×18m
- 6m×24m

□ 주요 요구사항
- 외부공간형성 능력
- 평면 및 단면구성 능력
- mass구성 능력
- 세부기능 숙지 능력
- 드로잉 숙련 여부

□ 체크 포인트
- 공연기능에 따른 무대 구성 유의
- 공연장(500석 규모 정도)과 부대 기능의 조닝구성
- 주변 여건과의 관계 검토
- 중정이나 아트리움 등의 공간적 측면 검토

3. 기능구성도

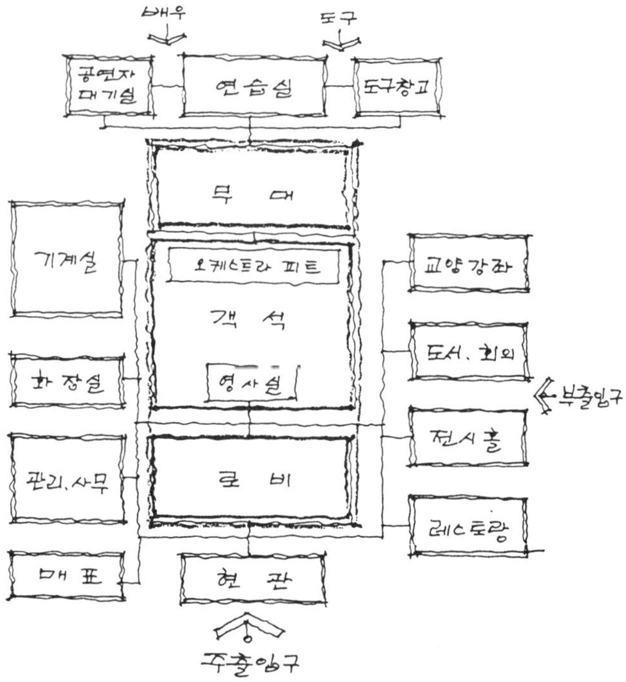

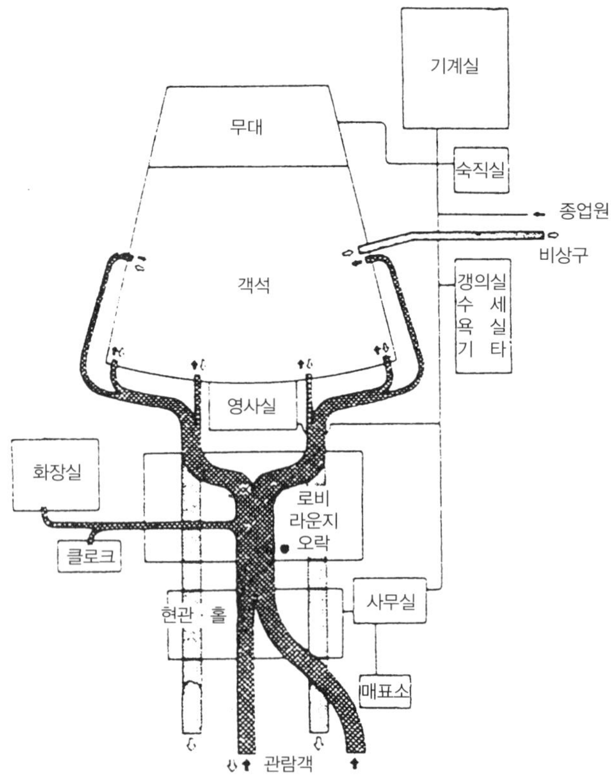

극장의 동선

4. 공연장계획의 일반사항

4.1 부지조건

- 번화하고 교통이 편리한 장소
- 도시계획적 측면에서 문화적 활동의 중심지
- 주차나 피난의 경우를 위해 넓은 도로에 가능한 한 많이 접하고, 2면 이상의 넓은 도로에 접하거나 개방된 공지가 있는 장소

4.2 규모계획

- 객석

	영화관	극장(다목적홀)	오페라, 음악당
1인당 연면적	1.5~2㎡/인	2~3㎡/인	3.5~5㎡/인
1인당 바닥면적	0.4~0.5㎡/인	0.5~0.6㎡/인	0.6~0.8㎡/인
1인당 체적	3~5㎥/인	5~7㎥/인	7~9㎥/인

주) 객석이 차지하는 비율은 전체 연면적의 50% 정도이며 객석의 바닥면적은 평균적으로 1인당 0.5~0.6이다.

- 로비(1객석당)

– 일반극장 : 0.16㎡ – 오페라 : 0.18㎡

– 영화관 : 0.09㎡ – 대학극장 : 0.12㎡

※ 로비 및 라운지는 층바닥면적의 20% 이상으로 하는 것이 좋다.

4.3 공연장 기능 구성

공연장의 주기능은 집회(공연)기능이고, 학습기능, 건강 · 체육기능, 관리 · 서비스기능으로 나누어지며 공연장에서 일어나는 일반적인 행위와 공연장의 성격에 따라 요구되는 실들이 다양하다.

(1) 집회기능

- 규모가 가장 큰 집회(공연)기능은 1, 2층에 나누어서 배치하는 것이 좋으며 관리상 별도의 출입구를 계획하는 것이 바람직하다.
- 500석 규모를 가정할 때 1층에 350~400석, 2층에 100~150석 정도 계획하는 것이 좋으며 중정이나 아트리움 등을 계획하여 별동의 느낌이 들도록 하는 것이 좋다.

• 공연을 필요로 하지 않는 기타 집회기능으로 다목적 강당, 대회의실, 연회홀, 시청각실, 전시실 등이 있다.

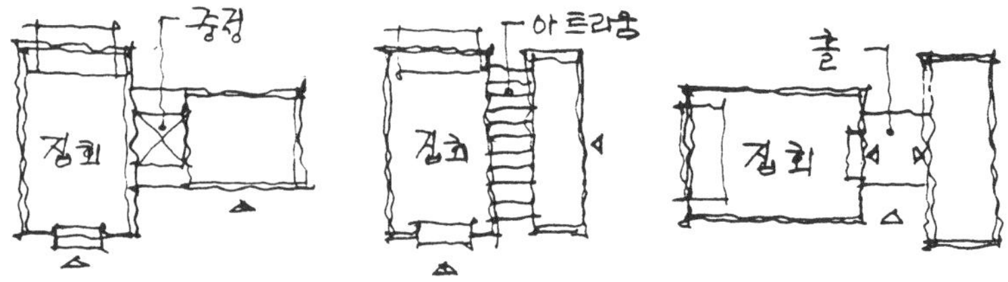

(2) 학습기능

• 학습기능은 2~3층에 배치하는 것이 좋으며 남향이나 동향이 바람직하다.
• 면적의 계획상 중복도형이 계획될 때 교육기능은 남향 위주로 하고 기술계 기능은 서향이나 북향으로 계획한다.
• 학습기능의 용도로는 교실, 강의실, 도서실, 자료실, 기술계 실습실 등이 있다.

(3) 건강 · 체육기능

• 건강 · 체육기능은 실특성상 지하층이나 최상층이 좋다.
• 수영장이나 실내체육실은 적정 층고를 고려해야 하고, 별도의 출입구를 계획하는 것이 유리하다.
• 선큰이나 톱라이트 등을 계획하여 자연채광을 도입하는 기법이 필요하다.

(4) 관리 · 서비스기능

• 관리 · 서비스기능은 1층 배치를 원칙으로 실구성에 따라 2~3층에 배치한다.
• 관리 및 시민과의 교류를 고려하여 계획한다.
• 물품동선을 고려하여 부출입구 또는 서비스 출입구에 인접하여 계획하는 것이 좋다.

4.4 세부계획

(1) 객석

• 연극 객석은 횡으로 긴 배치가 좋고 영화관은 종으로 긴 것이 좋다.

- 극장 객석에서는 평면, 단면계획이 중요시되며, 여기에는 음향계획, 가시선계획이 가장 중요하다.
- 객석은 1열 최대 12석(5~6m)을 기준으로 규모에 따라 2열, 3열, 4열로 폭을 구성하고 길이는 15m~최대 35m로 한다. 규모에 따라 다르나 20m 이상이 될 때 중간통로를 계획하는 것이 좋다.
- 무대와 객석의 이격거리는 2~3m가 적정하며, 내부통로는 중앙부 1.2~1.5m 정도, 양사이드는 1.0~1.2m 정도가 좋다.
- 500석 이상이 될 때 장애인용 객석을 배려해야 하며, 양측면으로 2m 이상의 통로를 설치하고, 2짝 이상 밖여닫이문을 계획한다.
- 1층 맨 뒷열의 관객의 눈과 프로시니엄의 정점을 이은 선에 2층 발코니 하단이 겹치지 않도록 한다.
- 바닥의 경사도는 5~25° 의 범위에서 설정한다.
- 가장 높은 좌석 최후열 관객의 눈위치는 프로시니엄 아치의 정점보다 아래에 있어야 이상적이다.
- 스크린의 중심과 투사광의 중심이 이루는 영사각은 0~15° 이내에서 설정한다.

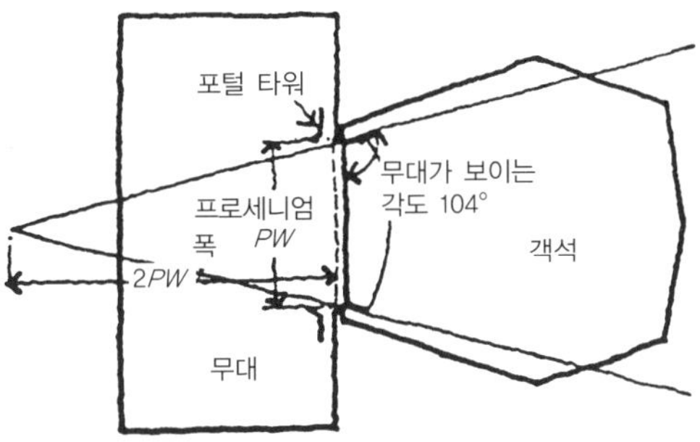

가시선의 평면계획

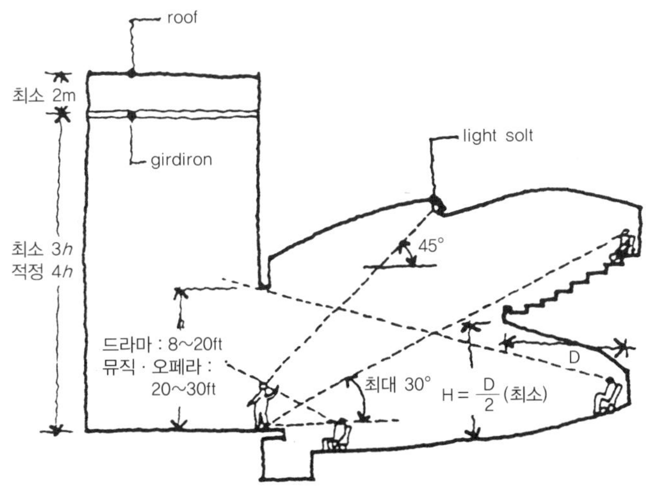

단면상의 가시선 체크

500석 규모 객석
- 폭 12~18m
- 길이 18~24m 정도

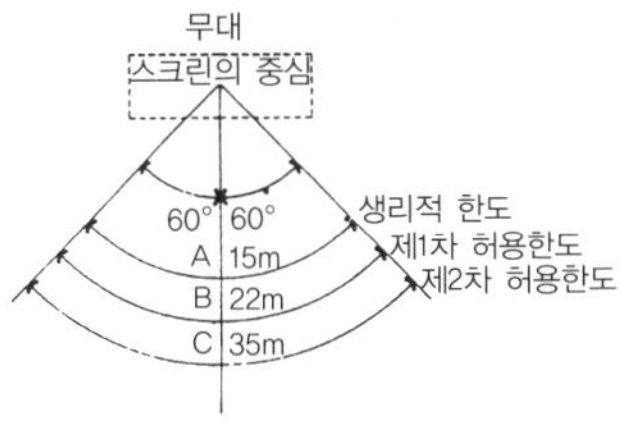

A	생리적 한계	15m	세밀한 표정, 몸동작 관람 가능
B	1차 한계	22m	소규모 오페라, 발레, 현대극, 가무극, 실내악 등
C	2차 한계	35m	대규모 오페라, 발레, 뮤지컬, 가무극

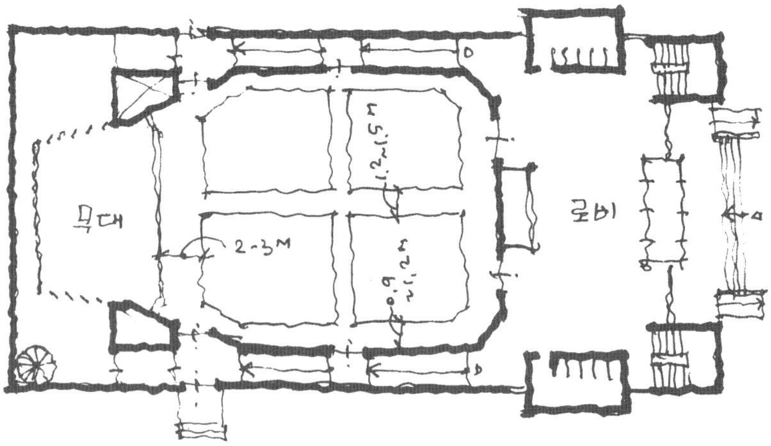

극장 평면 예

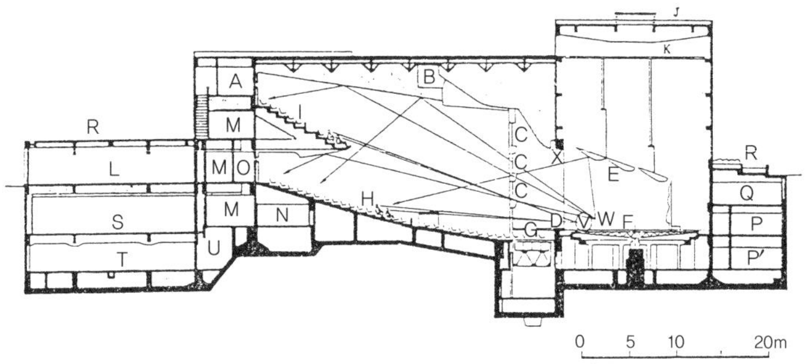

A : 영사실	G : 오케스트라 피트	N : 변소	S : 전시실
F : 회전무대(D=12.8m)	M : 복도	R : 루프 가든	X : 프로시니엄
L : foyer	Q : 화장실	W : 음원	E : 반사판
P : 분장실(큰방)	V : 시초점	D : 푸트라이트	K : 그리드아이언
U : 참호	C : 투광실	J : 배연구	P : 분장식(개실)
B : 천장투광실	H : 객석	O : 무대감독실	T : 주차장

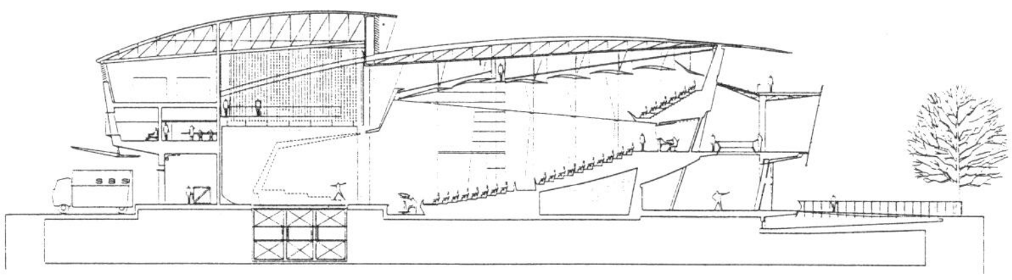

스튜디오 홀 부분 상세도

극장 단면 예

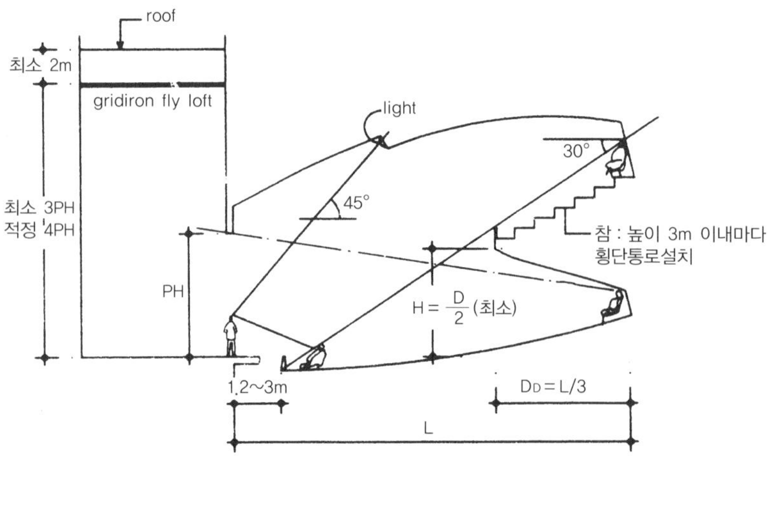

(2) 무대

- 무대는 기본적으로 프로시니엄 아치로 하고 아치의 개구부는 일반적으로 직사각형으로 그 비례는 황금비로 구성하는 것이 좋다. (H : 5~8m, W : 9~12m)
- 무대의 폭은 프로시니엄 아치폭의 2배 이상으로 하고, 무대 깊이는 아치폭의 이상으로 하는 것이 좋다.(최소 5~6m)
- 무대 관련실로는 출연대기실, 연습실, 배경제작실, 조명실, 음향조정실 등이 있다.
- 영화관에서는 무대 자체가 필요하지 않으므로 극히 작은 면적도 무방하다.
- 프로시니엄아치(proscenium arch)
  관람석과 무대 사이에 격벽이 설치되고 이격벽의 개구부를 통해 극을 관람하게 된다. 이 개구부의 틀을 프로시니엄 아치라 한다.
- 오케스트라 피트(orchestra pit)
  - 오페라, 연극 등의 경우 음악을 연주하는 곳으로 객석의 최전방 무대의 선단에 둔다.
  - 넓이가 적은 경우는 10~40명, 많은 수의 것은 100명 내외로 점유면적은 1인당 1m² 정도이다.
- 무대 상부(fly loft)의 기구
  - grid iron : 무대 천장 밑에 있는 철골격자 발판으로 무대배경, 조명기구, 연기자, 음향 반사판 등을 매달 수 있게 장치된 것.
  - loft block : grid iron에 설치된 활자
  - pipe battern : 배경을 매달기 위한 지름 5cm 정도의 긴 철봉. 25~30cm 간격으로 프로시니엄에 평행하게 매단다.
  - fly gallery : 무대 후면 벽 주위 6~9m 높이에 설치된 통로이다. 폭은 1.2~2.0m 정도이고, 대규모 극장에서는 2, 3개를 설치한다.
  - 잔교(light bridge) : 프로시니엄 바로 뒤에 접하여 설치된 발판이다. 조명조작이나 비, 눈 등을 인위적으로 내리게 하는데 필요하다.

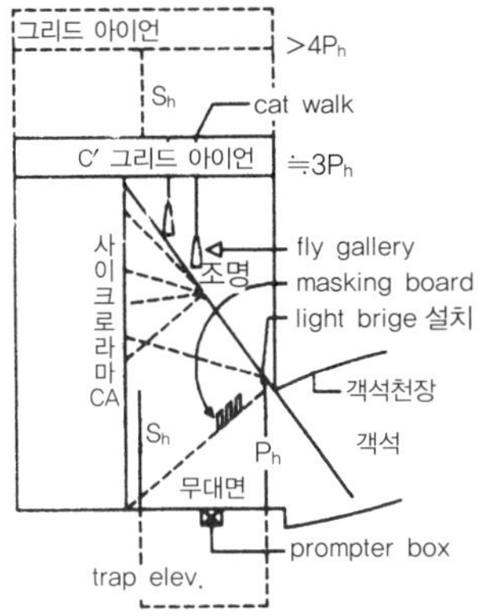

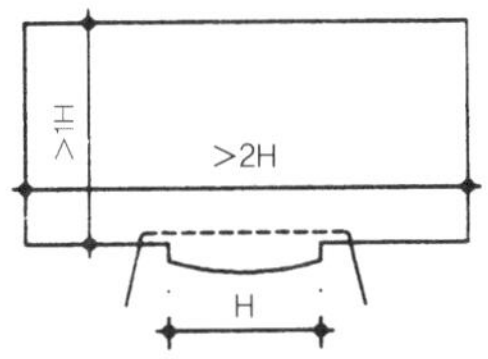

H : 프로세늄 아치의 폭
연주회–18m
오페라–14m
연극–1m

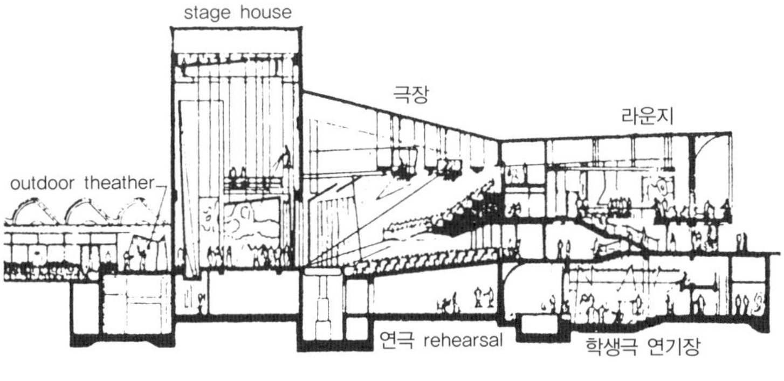

- cyclorama : 무대 가장 뒤쪽에 설치되는 무대배경이다.
- prompter box : 무대 중앙에 설치된다.

(3) 현관 및 로비

- 현관문은 4짝 이상으로 하고, 방풍실을 계획하는 것이 좋다.
- 로비는 개방감 있게 하고, 관객 퇴장시의 문을 고려한다.
- 로비 입구 부분에 매표소가 필요하며(1.5~2㎡), 로비와 라운지 사이의 문은 불필요하다.

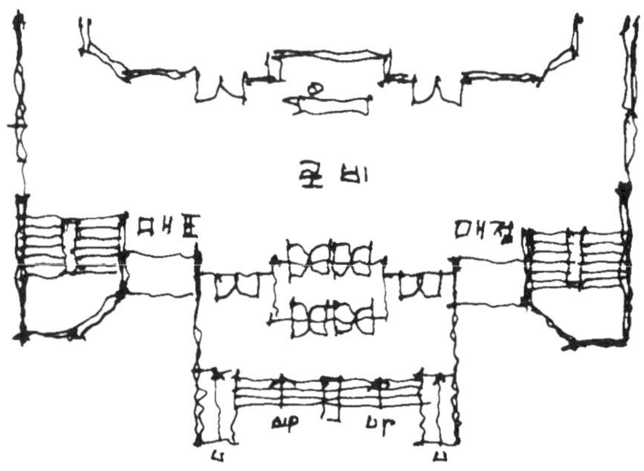

(4) 영사실

- 영사실은 영사각을 최소한으로 할 수 있는 높이로 객석 후면에 위치한다.
- 영사실의 크기는 폭 3m 이상, 길이 4~5m 정도로 천장은 2.1m 이상 개구부 폭은 2m 이상으로 한다.

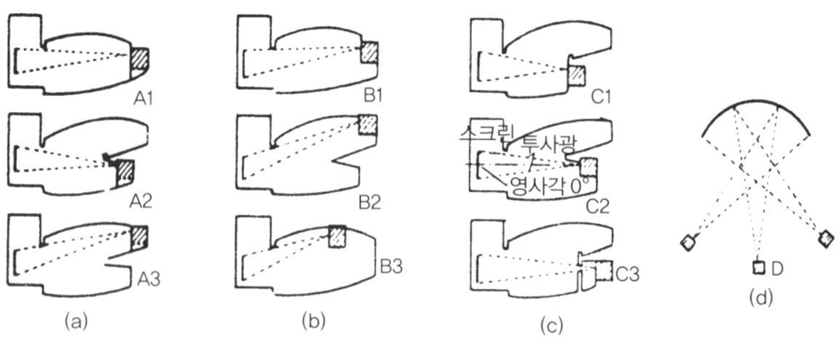

(a) 객석의 뒤쪽, 즉 1층 뒷부분(A1, A2) 또는 2층 이상의 발코니 뒷부분(A3)에 두는 형식으로, 가장 일반적인 예이다.
(b) 객석의 뒤쪽 부분 천장(B1, B2) 또는 중앙에 가까운 천장(B3)에 두는 형식으로, B2, B3는 화면의 변형이 크므로 영화 전문관에는 적합하지 않다.
(c) 객석의 중앙부, 발코니의 앞부분(C1) 또는 발코니 밑에 두는 형식(C2)인데, 와이드 스크린의 경우는 영사각을 0°로 한 C의 형식이 많이 쓰인다. 단, 이 경우는 발코니의 경사가 급해지기 쉽다.
(d) 시네마 상영관의 경우로, 영사실을 3개소에 두고 3방향에서 영사하는 방식(D)이다.

영사실 위치의 비교

5. 공연장계획의 핵심정리

5.1 공연장계획의 기본사항

- 공연을 주기능으로 부속기능이 포함된 공연기능인지, 전시, 교양강좌 등이 포함된 복합기능인지에 따른 기능별 주출입구와 부출입구 위치를 검토해야 한다.
- 공연형식에 따른 무대구조와 객석의 평면 및 단면계획이 고려되어야 한다.
- 내부공간의 형상과 층고 설정에 따라 가시거리 및 가시선에 대한 계획이 검토되어야 한다.
- 많은 관람객이 한 공간 안에서 문화, 예술 등의 감상 행위가 이루어진 곳으로 유사시 안전하게 대피할 수 있는 피난계획이 고려되어야 한다.

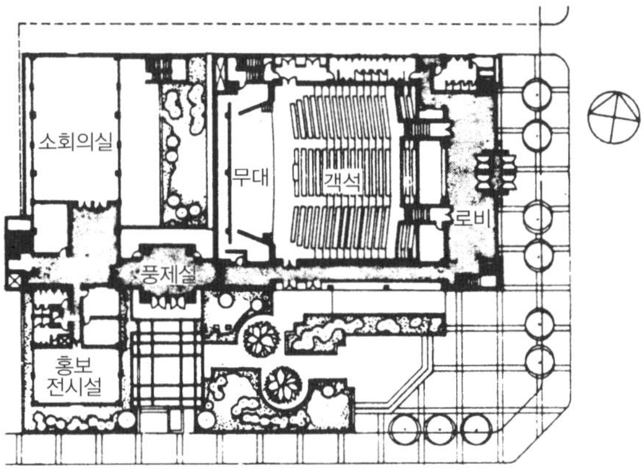

▲ 배치 및 1층 평면도

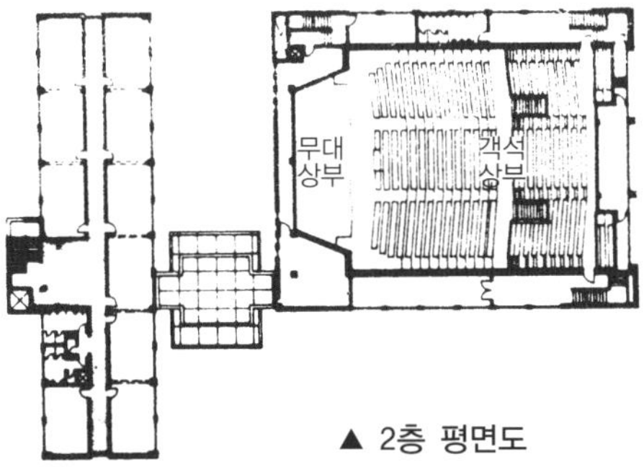

▲ 2층 평면도

▲ 단면도

노원구민회관

5.2 계획시 고려사항

(1) 배치계획

- 관람객의 진입공간을 여유있게 확보하고 휴게공간을 계획한다.
- 무대부에 서비스 차량동선을 고려하고 부출구를 계획한다.
- 복합기능이 요구될 때 중정이나 아트리움 등을 고려한다.

(2) 평면계획

- 기능이 다른 공간이 하나의 존(zone)으로 구성될 때 전이공간을 만들어 각 기능의 공간을 연계시켜 계획한다.
- 공연장의 면적비 구성은 무대 1, 객석 2~3, 로비 · 코어 1 정도로 구성하는 것이 좋다.
- 500석 이상 규모시 양측면에 2m 이상의 통로를 확보하고 객석의 일부(20~30%)를 2층에 계획하는 것이 좋다.
- 특수한 공연(예 : 오페라, 뮤지컬)이 아닌 이상 프로시니엄 높이는 무대 높이의 1.5~2배 정도로 한다.
- 2층 객석은 1층 객석부의 1/3 정도 내에서 계획한다.
- 계단실, 화장실, 로비 공간은 가급적 여유있게 하고, 지체부자유자를 고려한다.

(3) 입면 및 단면계획

- 전체적으로는 안정감 있게 하고 1층 진입부는 개방감을 부여한다.
- 층고는 1, 2층 5~6m 정도로 하고 1층 객석의 천장고는 가급적 높게 한다.
- 음향을 고려한 내부형을 구성토록 한다.

단면형의 예

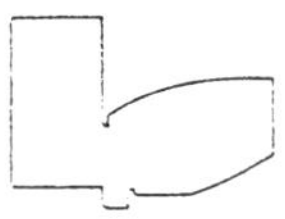

원만한 경사의 1층 단상식의 단면

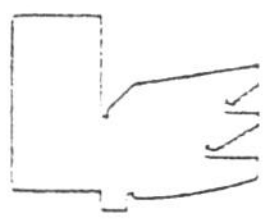

완만한 경사의 1층과 2층의 복상식 단면

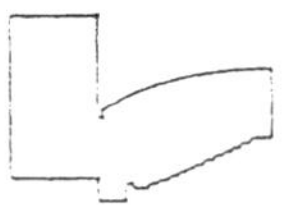

계단 바닥으로 구성된 1층의 단상식 단면

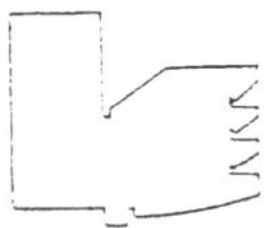

완만한 경사의 1층과 수층의 발코니를 갖는 복상식 단면

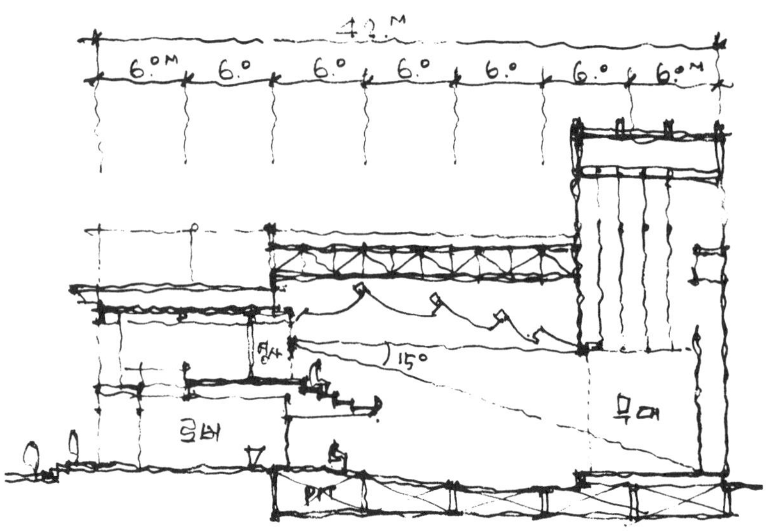

공연장 단면계획 예

6. 사례

□ 공연장계획의 예

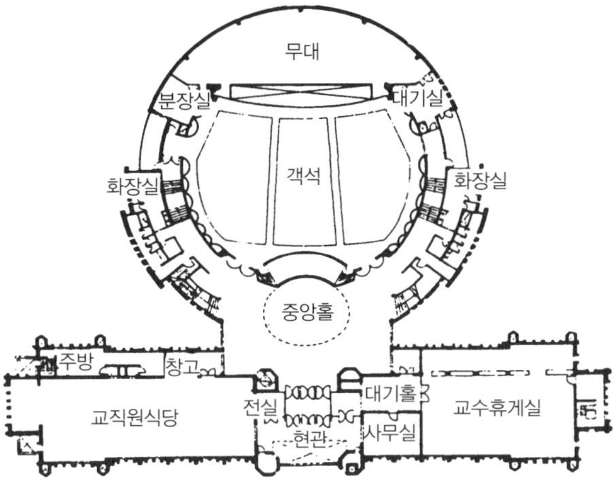

▲ 지상 1층 평면도

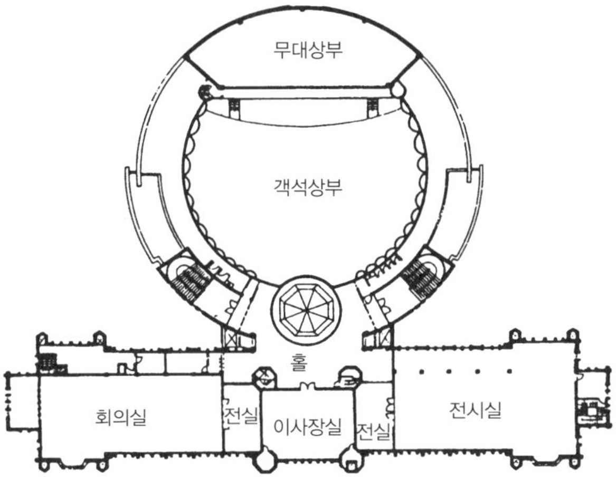

▲ 지상 2층 평면도

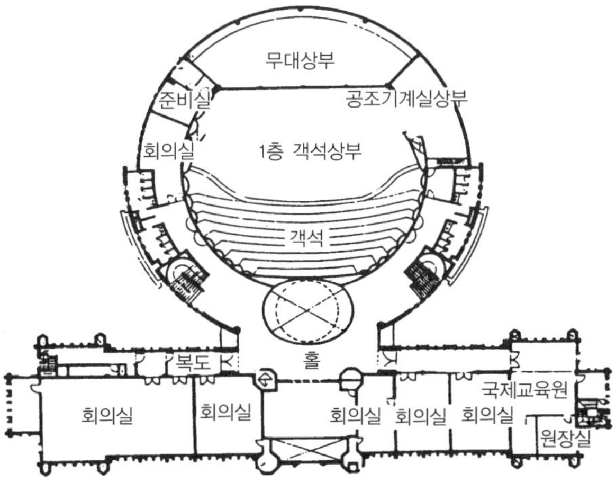

▲ 지상 3층 평면도

□ 구로구민회관

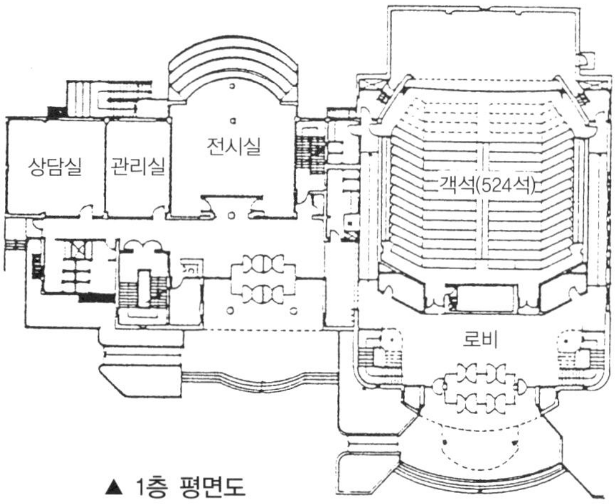

▲ 1층 평면도

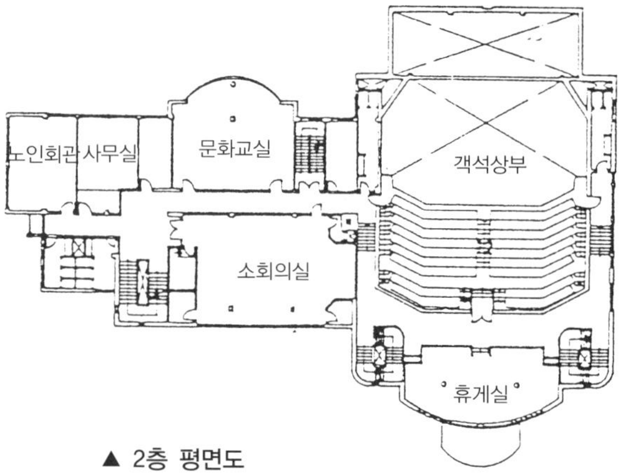

▲ 2층 평면도

□ 광명시민회관

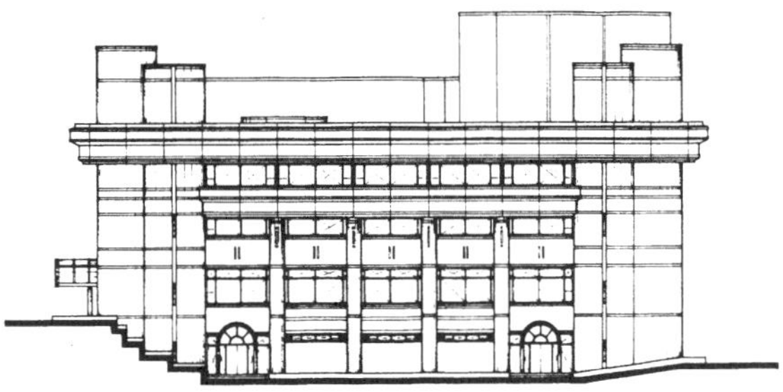

▲ 남측면도

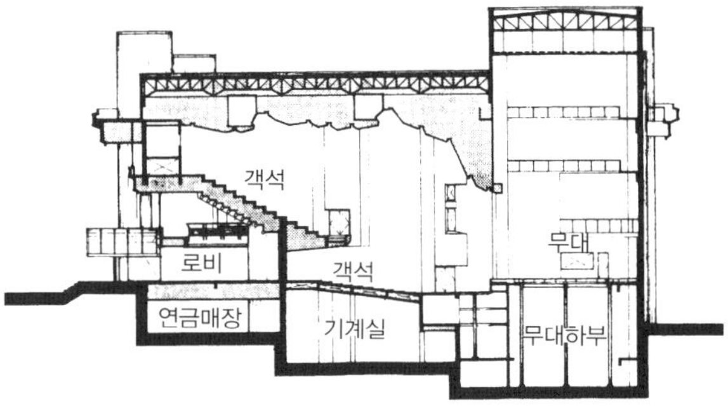

▲ 주단면도

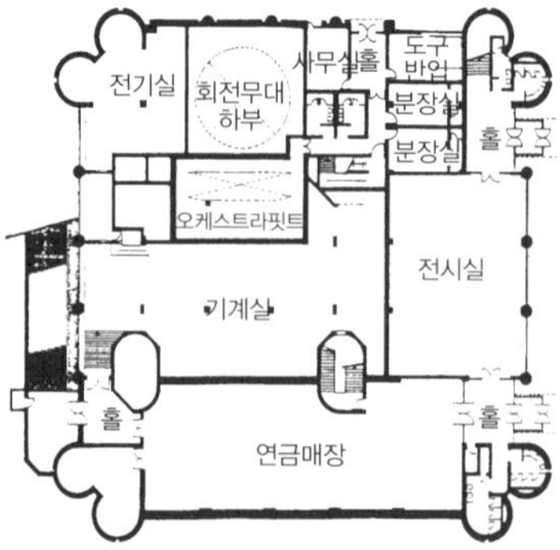

▲ 지상 1층 평면도

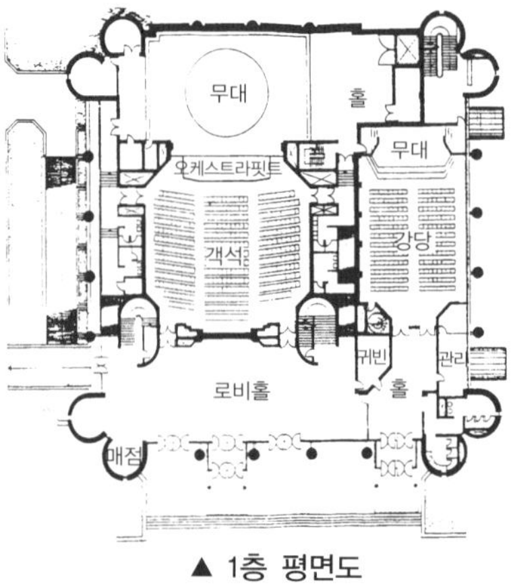

▲ 1층 평면도

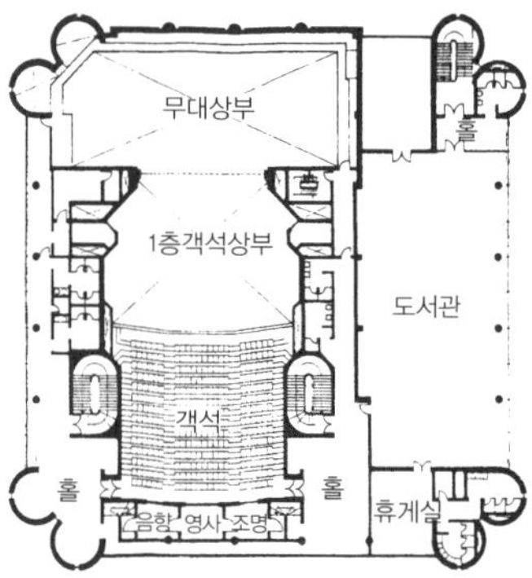

▲ 3층 평면도

□ 서초구민회관

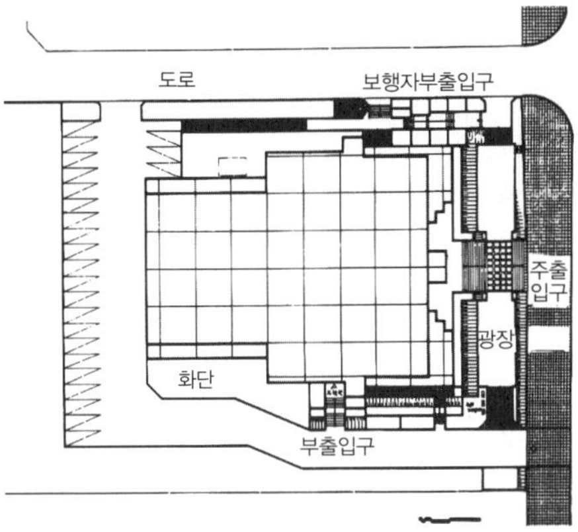

▲ 배치도

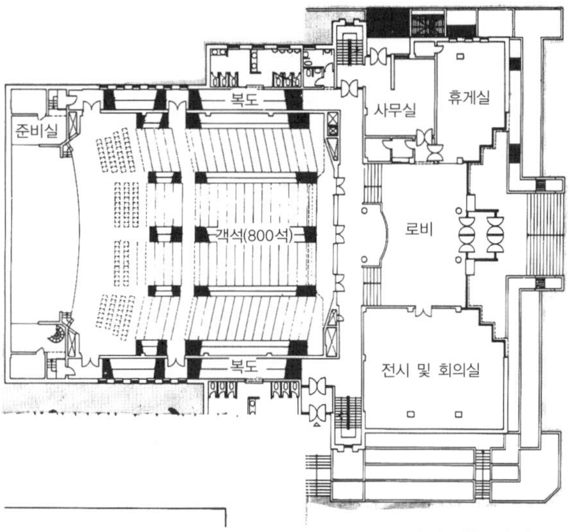

▲ 지상 1층 평면도

□ 동대문구민회관

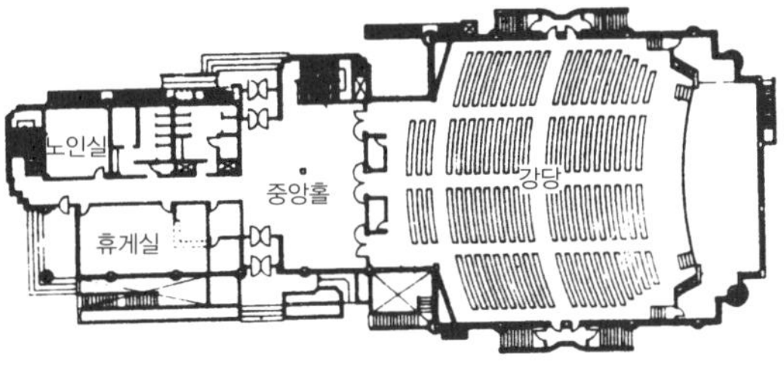

▲ 1층 평면도

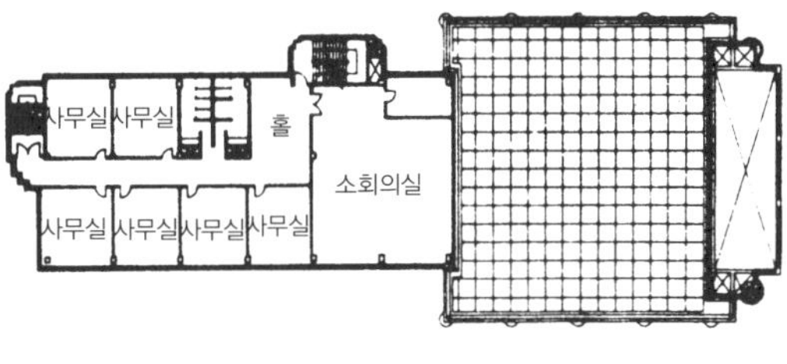

▲ 3층 평면도

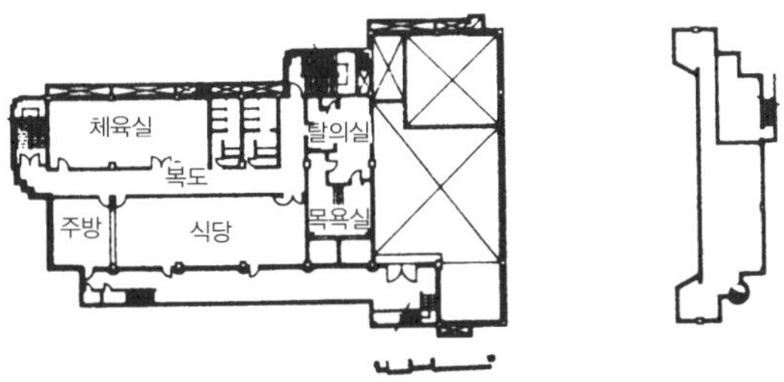

▲ 지하층 평면도

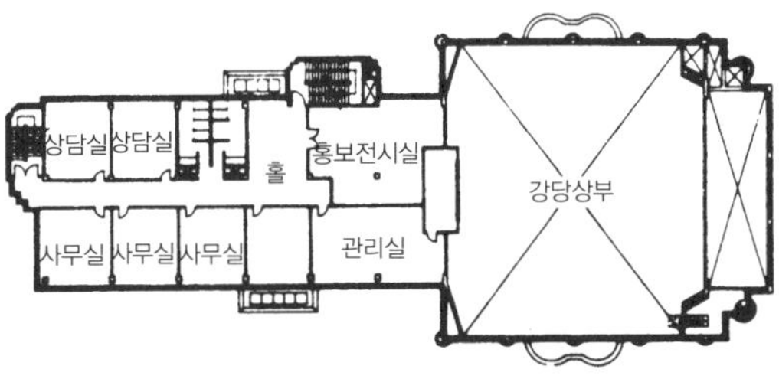

▲ 2층 평면도

□ 공연장의 예(예천문화회관)

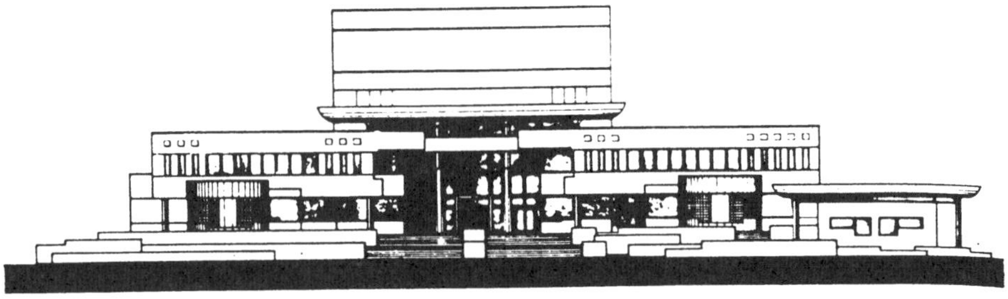

▲ 정면도

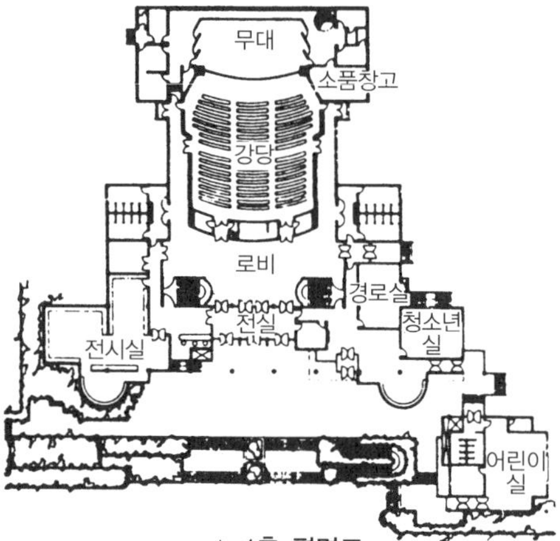

▲ 1층 평면도

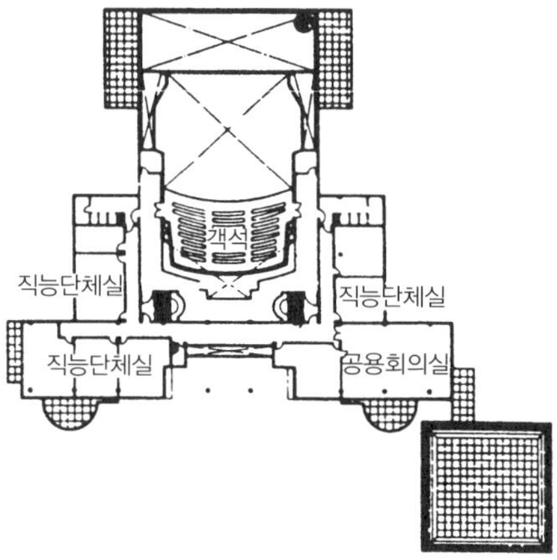

▲ 2층 평면도

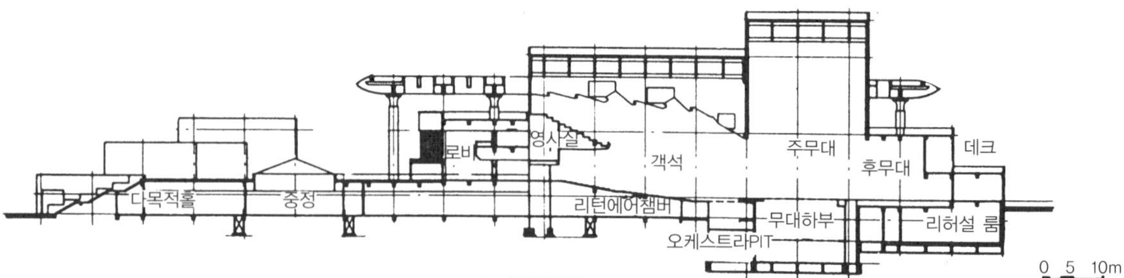

▲ 주단면도

□ 대구학생집회시설

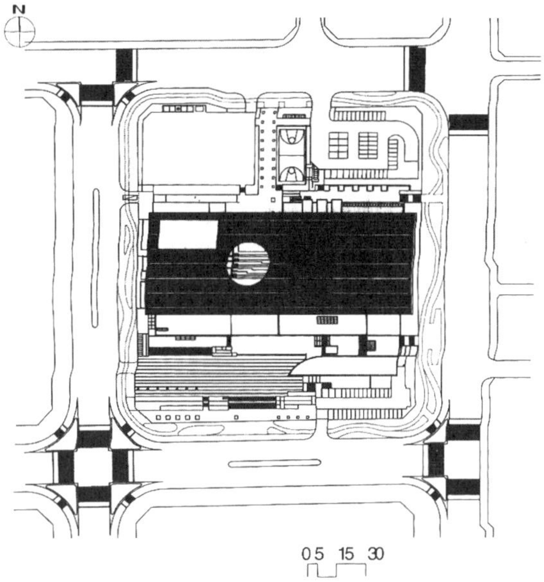

배치도

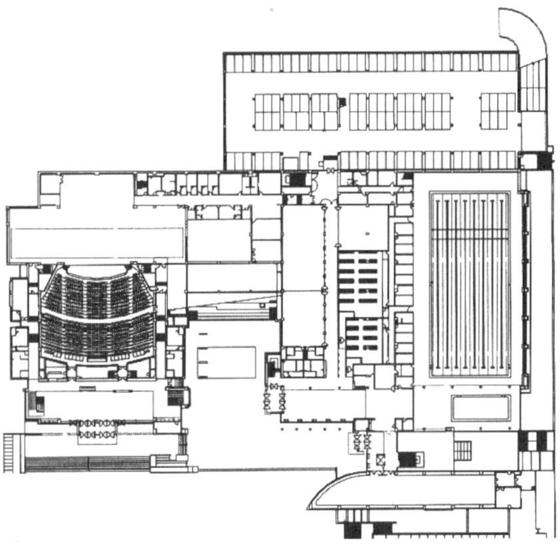

지상 1층 평면도

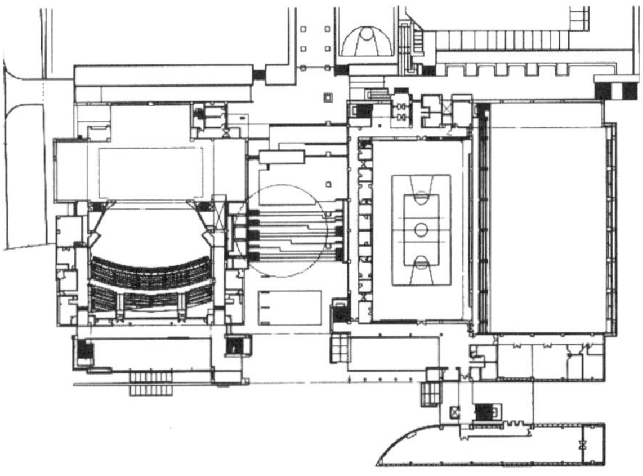

지상 2층 평면도

15 Chapter 호텔

1. 개요

호텔이란 영업을 목적으로 하는 숙박시설로 피로를 풀고 휴식을 취한다는 의미를 지니고 있으며, 중세기 종교적 순례자들의 숙박시설이 19세기에 들어와 상업, 교통기관, 공업의 현저한 발전으로 오늘의 호텔로 발달하게 되었다.

오늘날 호텔은 숙박의 개념보다는 휴식과 사회적 교류의 장소로서 의미가 점차 커지고 있다.

2. 호텔의 종류

2.1 시티 호텔

- 커머셔널 호텔
- 레지덴셜 호텔
- 아파트먼트 호텔
- 터미널 호텔

2.2 리조트 호텔

- 해변호텔
- 산장호텔
- 온천호텔
- 클럽하우스

□ **예상 적용 모듈**
- 7.5m×7.5m
- 7.5m×9m

□ **주요 요구사항**
- 외부공간형성 능력
- 평면 및 단면구성 능력
- mass구성 능력
- 세부기능 숙지 능력

□ **체크 포인트**
- 입지에 따른 호텔 특성 파악
- 객실수와 부대시설에 따른 조닝 구성
- 각 기능에 따른 내 · 외부동선 분리
- 숙박부와 공용부의 기능과 면적을 고려한 모듈계획

3. 기능구성도

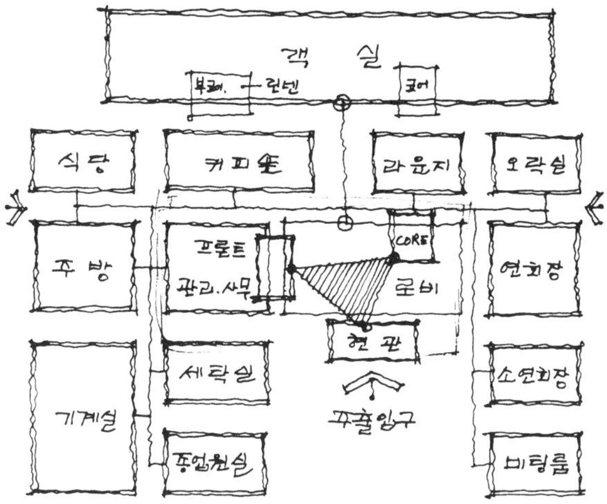

- 호텔 객실 크기 : 3.75m×7.5m 정도
- 주출입구, 프런트, 주코어부를 삼각형으로 계획하는 것이 좋다.

4. 호텔계획의 일반사항

4.1 부지조건

(1) 시티 호텔

- 이용 교통기관이 편리할 것.
- 자동차 교통에 대한 접근성이 좋고 주차장시설이 충분할 것.
- 근처에 있는 기존 시설의 상황 등을 고려할 것.

(2) 리조트 호텔

- 수해, 풍설해의 위험이 없고 환경이 좋을 것.
- 조망 및 주변 경관이 좋을 것.
- 관광지 성격을 충분히 이용할 수 있는 위치일 것.

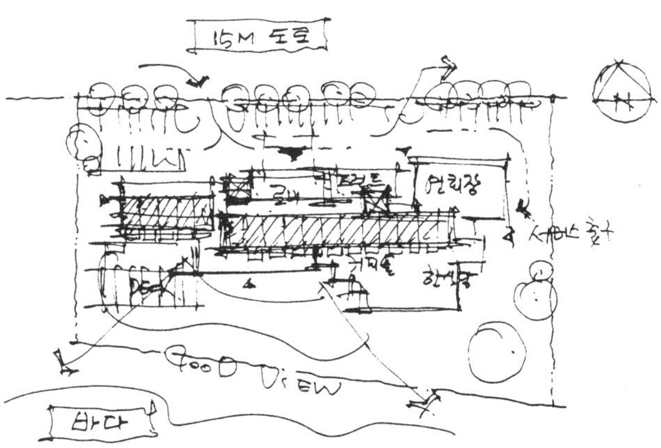

□ 평면적 기능구성

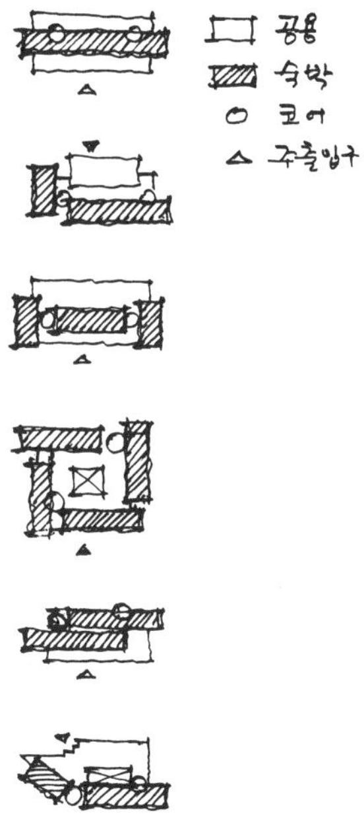

□ 단면적 기능구성

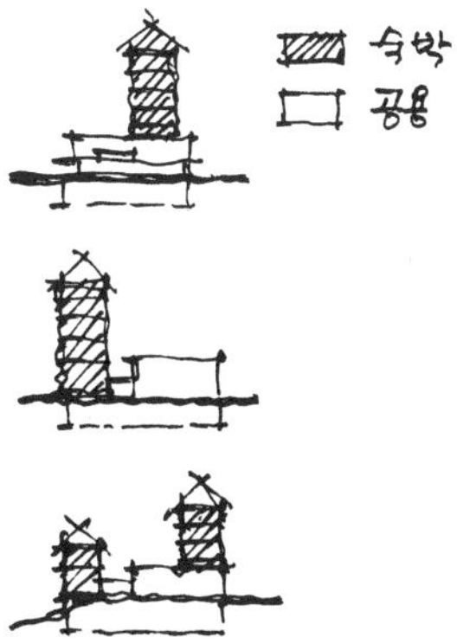

4.2 호텔의 기능 구성

호텔건축의 주기능은 숙박, 공공 또는 사교, 관리 부문으로 나누어지며, 이들은 공간적으로도 분명한 조닝체계에 의하여 계획되어야 한다.

(1) 숙박 부문

- 호텔에 있어서 일반적인 숙박시설은 2층 이상에 배치하는 것이 보통이지만 최근에는 1층(저층)의 공공 또는 사교시설과 자유로운 관계 위치에 두어 각각의 그 기능을 충분히 살리도록 계획하고 있다.
- 특히 기준층의 객실수, 객실 크기, 객실형에 따라 호텔의 형이 거의 결정되므로 호텔의 성격, 부지의 형상, 스페이스 프로그램 등을 고려하여 호텔의 특성을 살려야 한다.
- 객실은 일반적으로 2인 1실로 하고 1실의 크기는 3.75×7.5m (25~30㎡) 정도이다.

(2) 공공 · 사교 부문

- 오늘날 호텔은 공공 · 사교 부문에서 서비스의 질과 양을 높여가는 추세에 있으며, 호텔 전체의 매개공간 역할을 한다.
- 공공 부분은 크게 수익성 부분과 비수익성 부분으로 나누어지며, 수익성 부분은 요식부, 레크리에이션부, 연회장부로 구분된다.
- 일반적으로 수익성 부분은 1, 2층과 지하층에 두는 예가 많으며, 숙박 부분과는 계단과 엘리베이터 혹은 홀 등의 축에 따라서 연결된다.

(3) 관리 부문

- 관리 부문은 접객의 신경계로 경영, 서비스의 중추기능이다. 각 부와 신속한 연락이 되어야 하며, 최근에는 보안 · 감시기능이 점차 중요시되고 있다.
- 소요실로는 프런트 오피스, 지배인실, 사무실, 종업원 관계제실 등이 있다.

□ 전망과 블록배치의 예

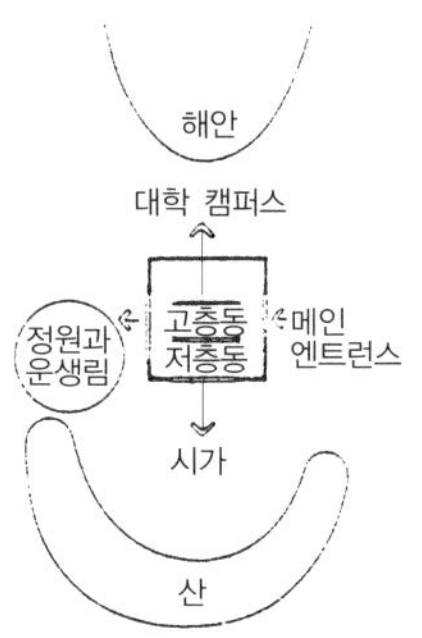

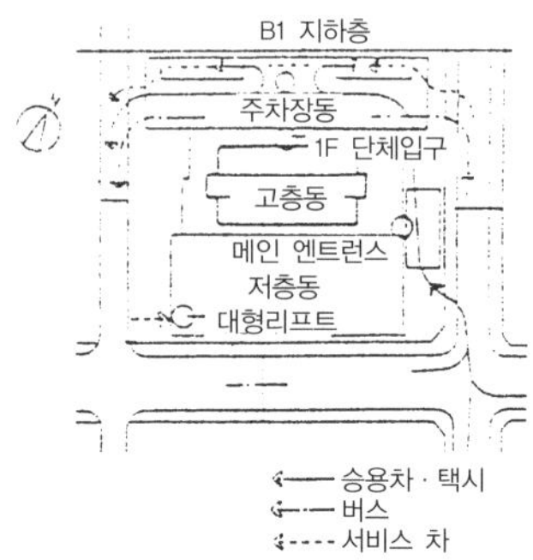

자동차의 순환과 블록배치의 예

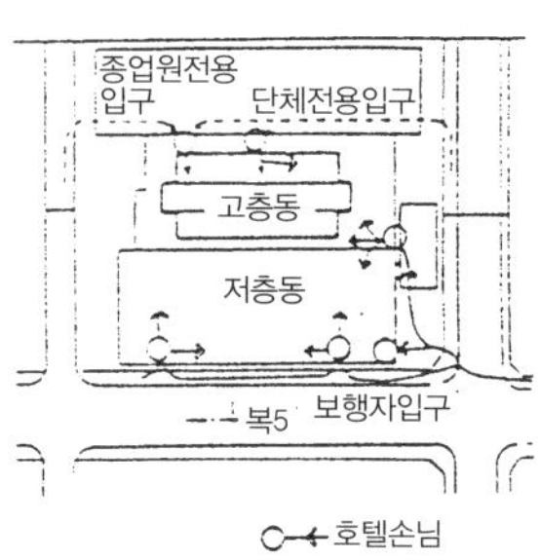

보행자의 접근과 블록배치의 예

(4) 호텔 각 기능에 따른 소요실

부분별	주요 각실의 명칭
숙박 부분	객실 및 이에 부수되는 공동화장실, 욕실, 메이드실, 보이실, 린넨실, 트렁크실, 복도, 계단 등
공공 부분	현관, 홀, 로비, 라운지, 식당, 오락실, 연회실, 매점, 나이트 클럽, 바, 커피숍, 그릴, 담화실, 독서실, 진열장, 흡연실, 프런트 카운터, 이·미용실, 엘리베이터, 계단, 정원 등
관리 부분	프런트 오피스, 클로크 룸, 지배인실, 컴퓨터실, 사무실, 공작실, 전화교환실, 종업원관계 제실 및 이에 부수되는 화장실, 복도, 계단, 창고 등
요리관계 부분	배선실, 주방, 식기실, 냉장고, 식료품 창고 및 이에 부수되는 화장실, 복도, 계단 등
설비관계 부분	보일러실, 각종 기계실, 세면실 및 이에 부수되는 창고, 복도, 계단 등
대여실	상점, 창고, 임대사무실, 클럽

4.3 면적계획

(1) 객실수와 연면적

		1,000	2,000	3,000	5,000	8,000	10,000	20,000	30,000	50,000
객실수	리조트 호텔	10	21	33	50	100	110	200	460	870
	비즈니스 호텔	20	40	65	110	220	280	750	–	–

(2) 호텔의 연면적에 대한 각부 면적 비율(%)

<table>
<tr><td></td><td colspan="2"></td><td colspan="2">1,000</td><td colspan="2">2,000</td><td colspan="2">3,000</td><td colspan="2">5,000</td><td colspan="2">8,000</td><td colspan="2">10,000</td><td colspan="2">20,000</td><td colspan="2">30,000</td><td colspan="2">50,000</td></tr>
<tr><td rowspan="2">숙박
공간</td><td colspan="2">리조트 호텔</td><td colspan="2">43</td><td colspan="2">46</td><td colspan="2">50</td><td colspan="2">54</td><td colspan="2">56</td><td colspan="2">56</td><td colspan="2">56</td><td colspan="2">–</td><td colspan="2">–</td></tr>
<tr><td colspan="2">비즈니스 호텔</td><td colspan="2">51</td><td colspan="2">51</td><td colspan="2">53</td><td colspan="2">56</td><td colspan="2">60</td><td colspan="2">62</td><td colspan="2">63</td><td colspan="2">–</td><td colspan="2">–</td></tr>
<tr><td rowspan="2">공공
공간
(%)</td><td colspan="2">리조트 호텔</td><td colspan="2">37</td><td colspan="2">34</td><td colspan="2">31</td><td colspan="2">28</td><td colspan="2">26</td><td colspan="2">25</td><td colspan="2">24</td><td colspan="2">–</td><td colspan="2">–</td></tr>
<tr><td colspan="2">비즈니스 호텔</td><td colspan="2">29</td><td colspan="2">29</td><td colspan="2">28</td><td colspan="2">26</td><td colspan="2">22</td><td colspan="2">19</td><td colspan="2">17</td><td colspan="2">–</td><td colspan="2">–</td></tr>
<tr><td rowspan="3">관리
공간
(%)</td><td rowspan="3">리조트 호텔,
비즈니스
호텔 공통</td><td>사무공간</td><td rowspan="3">20</td><td>9</td><td rowspan="3">20</td><td>9</td><td rowspan="3">19</td><td>8</td><td rowspan="3">18</td><td>8</td><td rowspan="3">18</td><td>9</td><td rowspan="3">18</td><td>7.5</td><td rowspan="3">20</td><td>8.5</td><td rowspan="3">23</td><td>10</td><td rowspan="3">26</td><td>10</td></tr>
<tr><td>요리공간</td><td>6</td><td>6</td><td>6</td><td>5</td><td>5</td><td>5.3</td><td>5.8</td><td>7</td><td>6</td></tr>
<tr><td>기계공간</td><td>5</td><td>5</td><td>5</td><td>5</td><td>5</td><td>5.2</td><td>5.7</td><td>11</td><td>10</td></tr>
</table>

동해 리조트호텔

□ 호텔의 면적 비율
- 연면적 : 50~130㎡/실
  - 커머셜 : 28~50㎡/실
  - 리조트 : 60~91㎡/실
  - 아파트먼트 : 70~100㎡/실
- 기준층의 70% 이상이 유효면적
- 연면적의 40~70% 객실면적
- 기준층 객실수 : 12~60실

□ 호텔객실 단위평면

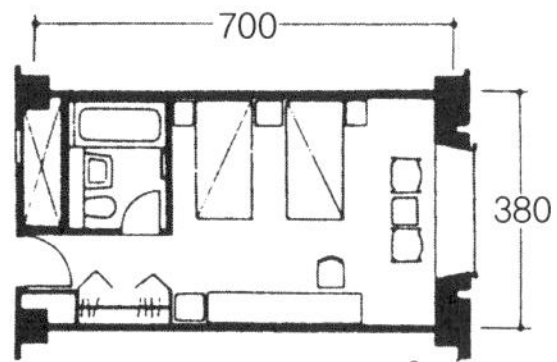

호텔 퍼시픽 (28.9m²)

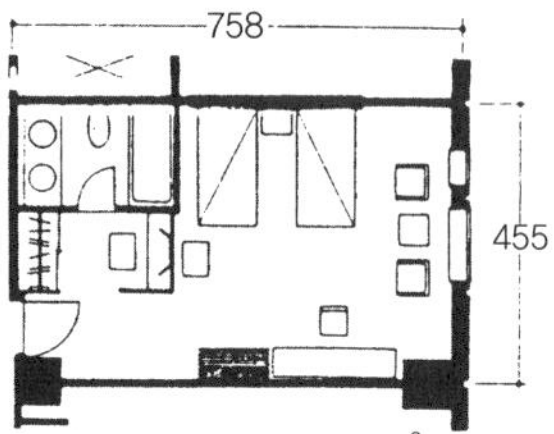

호텔 플라자 (34.5m²)

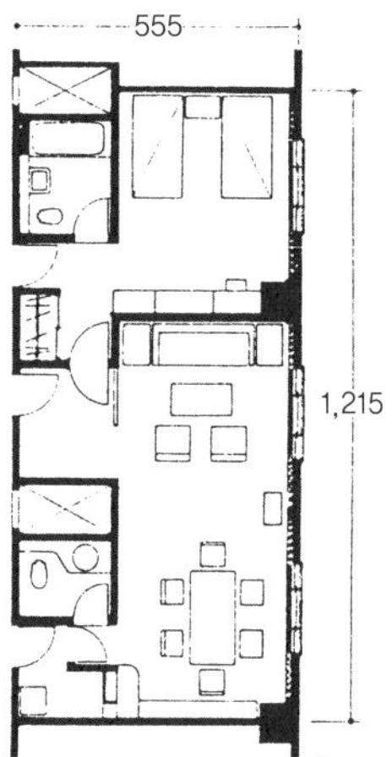

赤坂東急 호텔 (68.1m²)

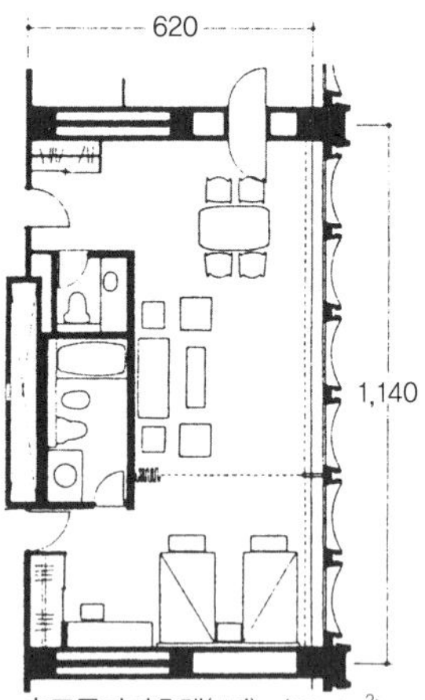

京王플라자호텔(1기) (69.4m²)

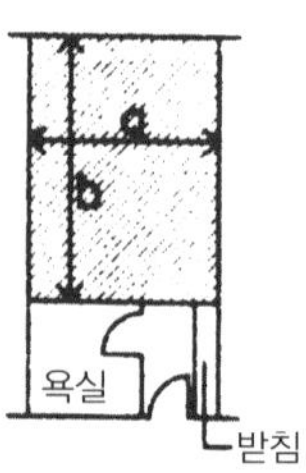

b(실깊이) / a(실폭) = 0.8~1.6

4.4 세부계획

(1) 객실

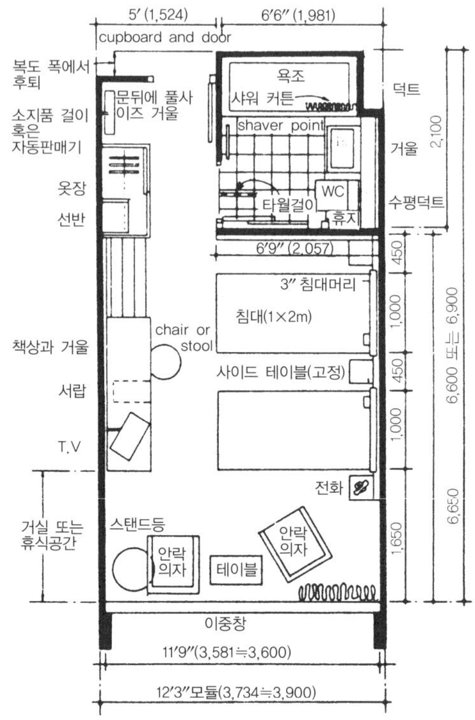

(a) 전형적인 트윈 베드룸(twin bed room)

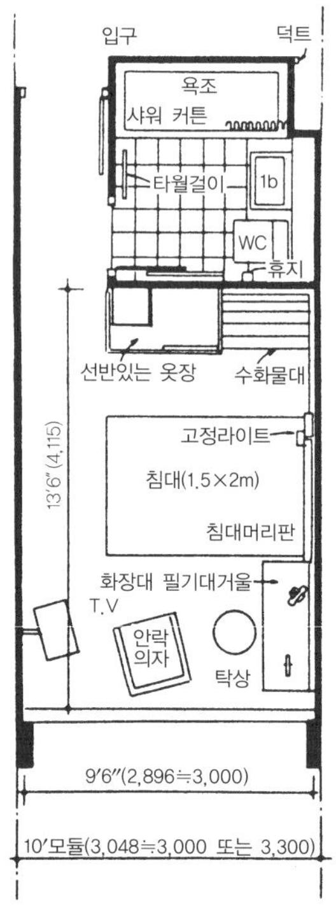

(b) 싱글 베드룸(single bed room)
(더블 베드가 필요할 때 설치 가능)

- 객실의 폭은 일반적으로 3~4.2m (기준 : 3.75m) 정도, 깊이는 6~7.5m 정도가 좋다.
- 시티형은 전면(실)폭을 좁게 하고, 리조트형은 가급적 전면(실)폭을 크게 하는 것이 좋다.
- 출입구와 욕실, 반침 위치에 따라 침대의 가구배치를 한다.

(2) 현관, 로비

- 현관은 4도어 혹은 2도어+회전문으로 한다.
- 로비는 호텔이미지를 결정하는 중요 장소로 여유있고 개방감 있게 계획한다.
- 로비+라운지 면적 : 0.9~1.0㎡/실

(3) 프런트 오피스(front office)

- 주출입구와 로비, 코어 위치를 고려하여 계획한다.
- 프런트의 기능은 안내, 객실 체크, 회계로 구분되며 프런트의 길이는 약 3~6m 정도로 하고 길이(폭)는 0.9~1.2 정도로 한다.

(4) 주방

- 주방은 연회장, 레스토랑, 식당, 바 등의 음료관계뿐만 아니라 룸 서비스를 포함한 호텔 서비스 계획의 중추기능으로서 위치는 1, 2층 또는 지하 1층에 계획한다.
- 규모나 조건에 따라 메인주방과 각 기능의 보조주방으로 구분하고 서비스 동선으로 연결한다.

식당의 1석당 바닥면적
- 주식당 : 1.1~1.5㎡
- 연회장 : 0.8~0.9㎡
- 카페테리아 : 1.4~1.7㎡

(5) 연회장

- 숙박 부분과 분리하고 규모와 기능에 따라 별도의 홀과 출입구를 계획할 필요가 있다.
- 다목적홀의 기능으로 가변성 벽으로 구획 · 가능토록 하고, 팬트리 기능의 서비스공간을 제한한다.

연회장 면적
- 대연회장 : 1.3㎡/인
- 중 · 소연회장 : 1.5~2.5㎡/인
- 회의실 : 1.8㎡/인

maid
16~18객실/1maid

(6) 보이 · 서비스실 (boy · service room)

- 숙박시설이 있는 각층의 엘리베이터, 계단을 중심으로 감시하기 편리한 곳에 위치한다.
- 서비스실에는 150bed마다 1개의 리프트를 설치하고, 트렁크실에는 화물엘리베이터를 설치한다.

5. 호텔계획의 핵심정리

5.1 호텔계획의 기본방향

- 입지적 성격에 따라 계획의 방향 설정이 분명하도록 한다. 커머셜 호텔은 사교기능과 수익기능이 강조되고 리조트 호텔은 휴식기능이 강조되므로 조망을 고려한 침실계획이 중요하다.
- 호텔의 기능은 크게 숙박 부분, 공공 부분, 관리 부분으로 구성되므로 기능에 따른 조닝구성과 각 동선의 분리가 검토되어야 한다.
- 고객동선과 서비스동선의 분리에 따른 주코어와 부(서비스)코어의 구성이 기준층과 저층부의 계획 방향에 영향을 주므로 주 · 부출입구와의 관계를 고려한 계획이 되어야 한다.

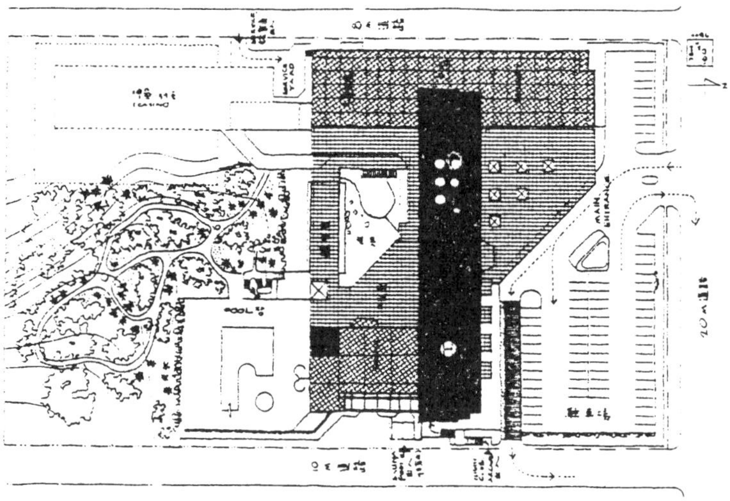

▲ 배치도

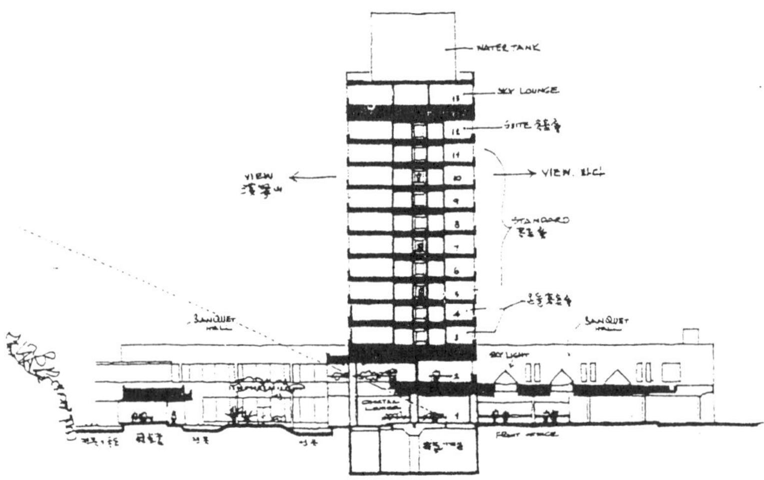

▲ 단면도

제주그랜드 호텔

5.2 계획시 고려사항

(1) 배치계획

- 호텔 이용자의 대부분이 차량을 이용하므로 현관부와 차량진입의 관계가 중요하다. 따라서 조건에 따라 주도로에서의 진입이 허용될 수 있다.
- 객실층의 배치방향은 향보다 조망이 우선시 될 수 있으며, ㅡ자형이나 ㄱ자형이 무난하다.

(2) 평면계획

- 저층부는 공공 · 사교적 기능이고 상층부는 객실기능으로 구분되므로 고객동선과 서비스동선을 분리하고 피난을 고려한다.
- 기준층(객실층) 구성에 따라 기본적인 mass가 결정되므로 평면상 주출입구와 주코어, 부코어 구성이 계획의 핵심이다.
- 시티 호텔은 중복도형으로 구성되지만 리조트 호텔은 가급적 조망에 따른 편복도형이 좋다.
- 주출입구의 프런트 데스크, 코어의 형성은 사각형을 이루는 모양이 좋고, 로비는 넓고 개방감 있게 계획한다.
- 연회장이 있는 경우 별도의 진입구가 형성될 수 있으며, 주방과 식당과의 동선관계를 고려해야 한다.

(3) 입면 및 단면계획

- 저층부와 객실부를 분리 · 구성하고, 가급적 단순한 외형이 되도록 한다.
- 리조트형은 주변환경을 고려한 입면구성이 필요하다.
- 저층부의 층고를 높게 하고 완충공간(필로티, 오픈, 선큰 등)을 확보하여 개방감 있는 계획이 되도록 한다.
- 저층부의 층고는 4.5~6.0m 정도로 하고, 기준층은 3.5~4m 정도로 한다.

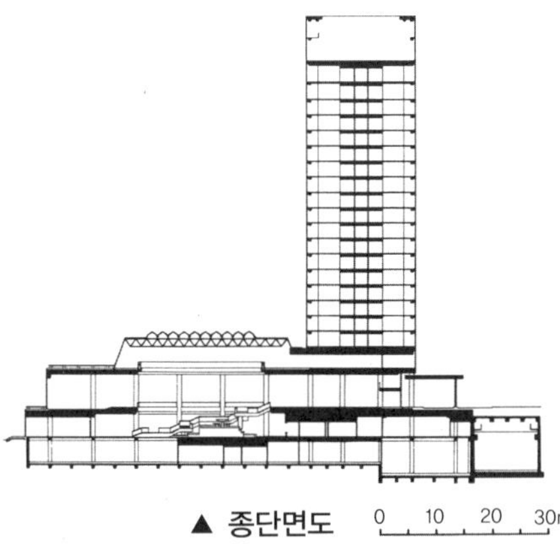

▲ 종단면도

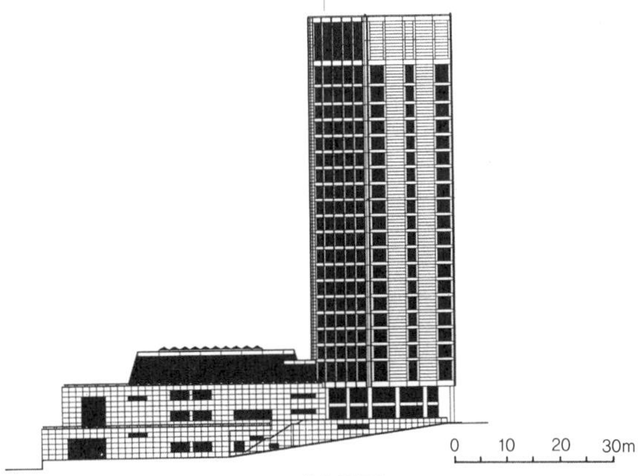

▲ 좌측입면도

서울 힐튼호텔

6. 사례

□ 서울 팔레스 호텔

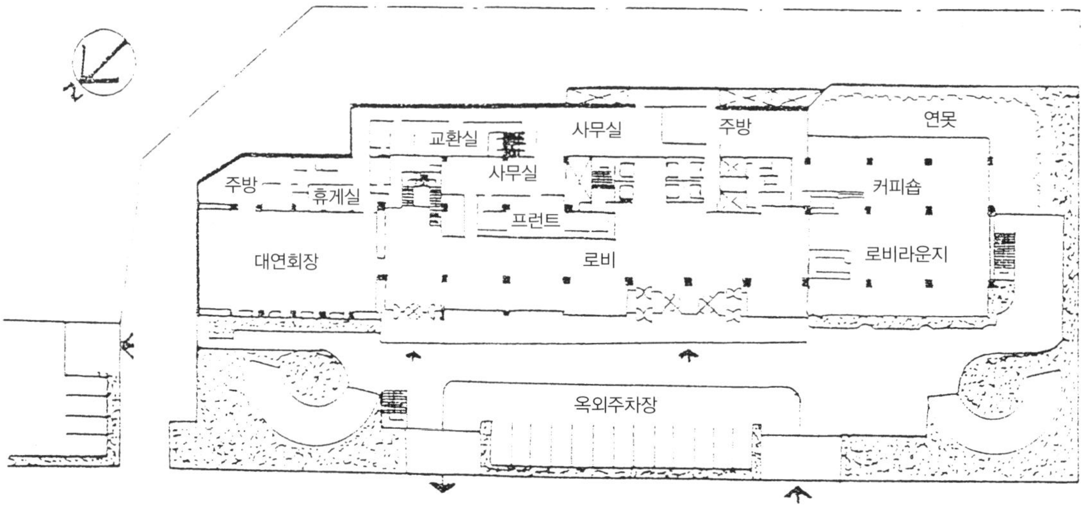

▲ 배치도 및 1층 평면도

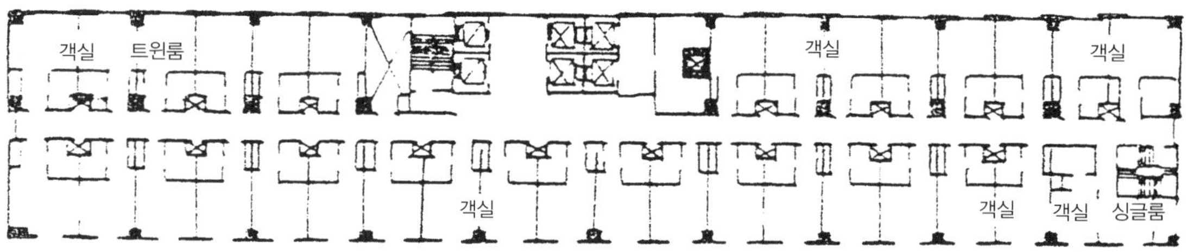

▲ 기준층 평면도

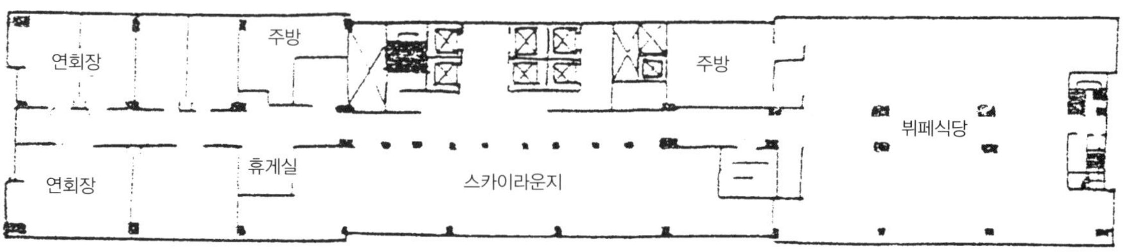

▲ 13층 평면도

□ 유성 아드리아 호텔

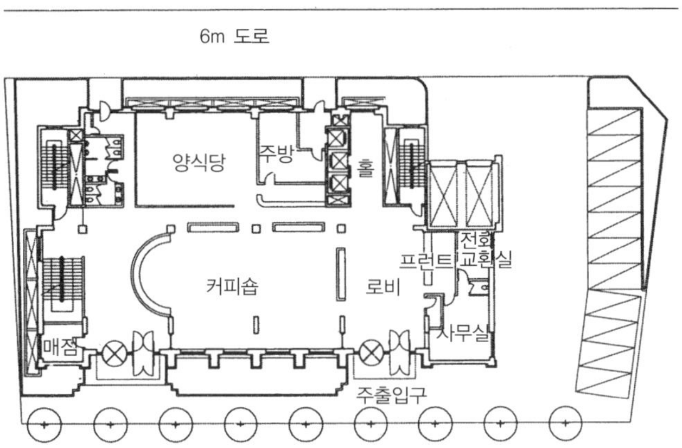

▲ 지상 1층 평면도

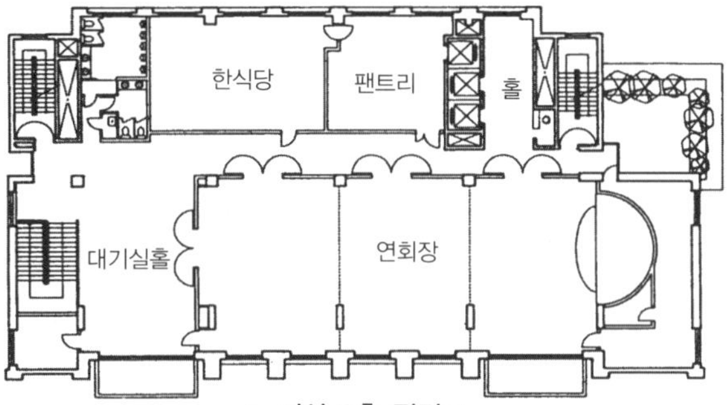

▲ 지상 2층 평면도

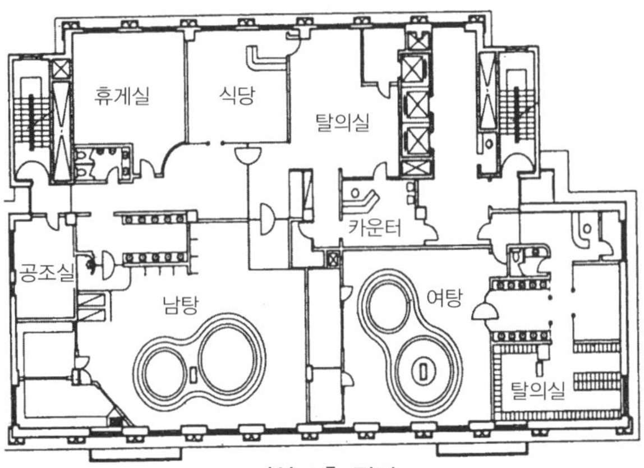

▲ 지상 3층 평면도

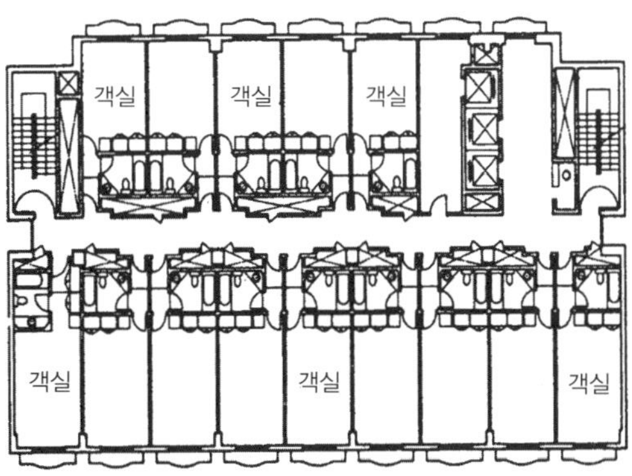

▲ 기준층 평면도

□ 에메랄드 호텔

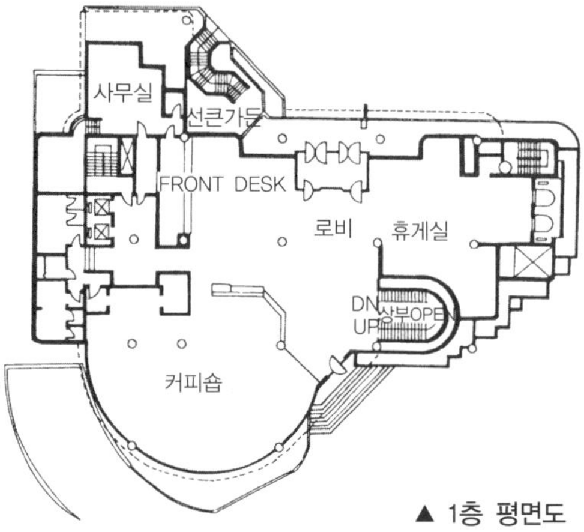

▲ 1층 평면도

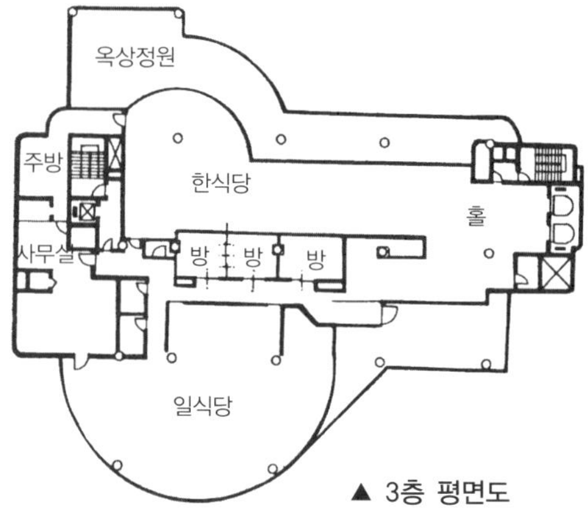

▲ 3층 평면도

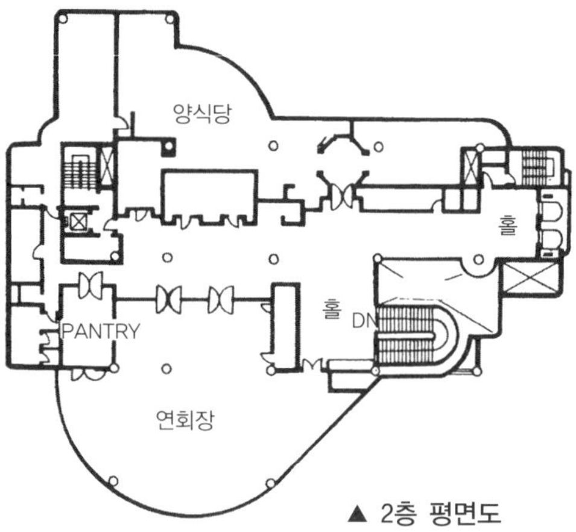

▲ 2층 평면도

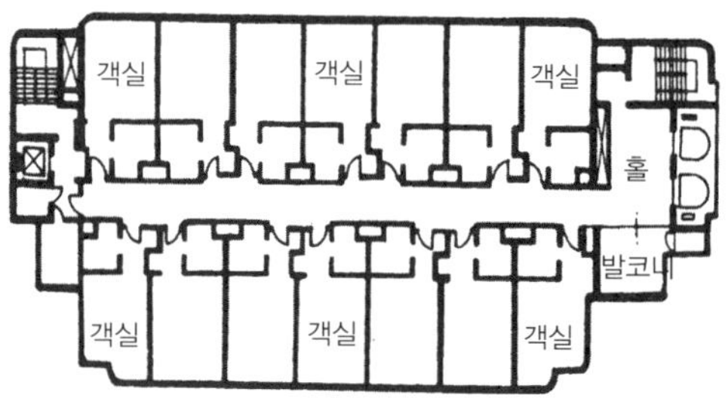

▲ 5~11층 평면도

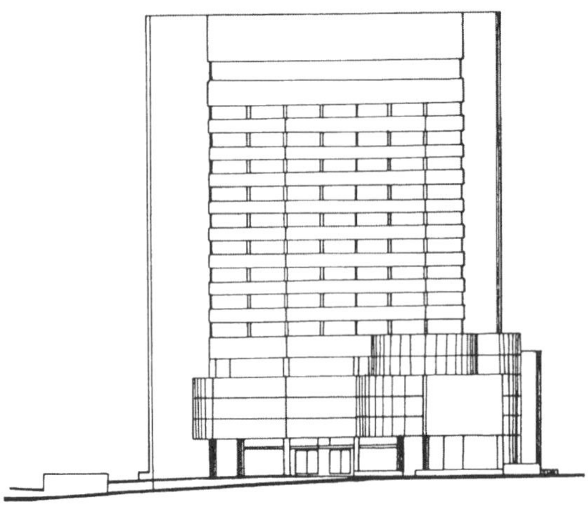

▲ 정면도

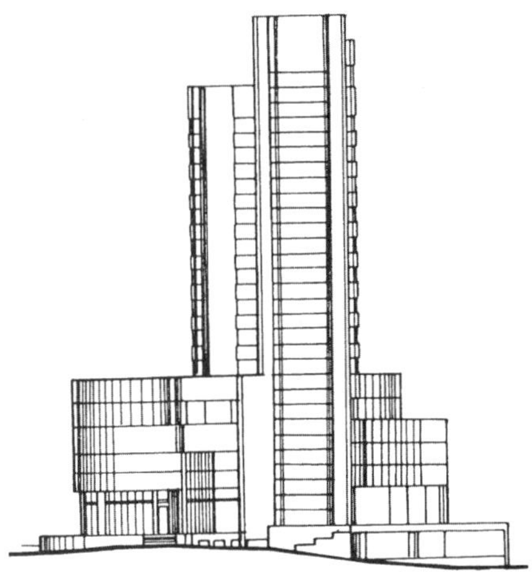

▲ 좌측면도

□ 서울 르네상스 호텔

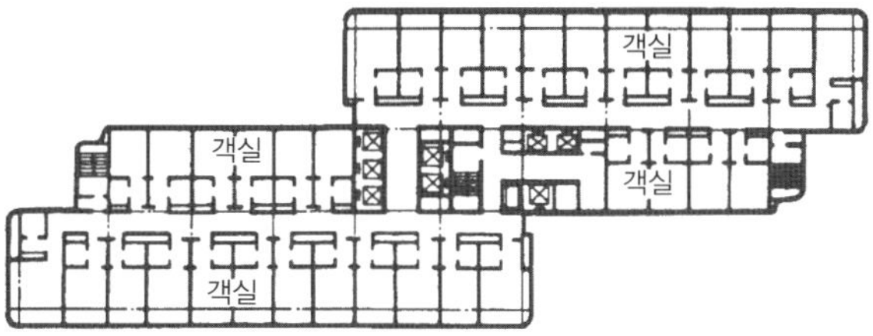

▲ 기준층 평면도

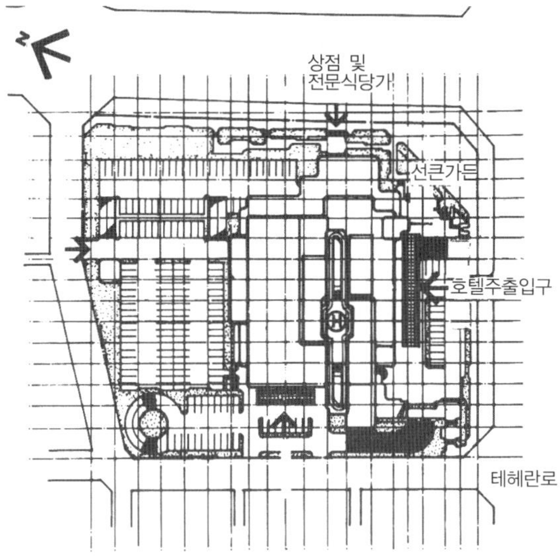

▲ 배치도

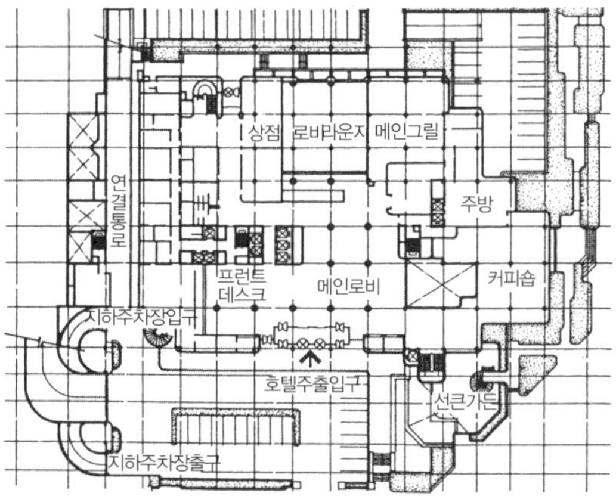

▲ 2층 평면도

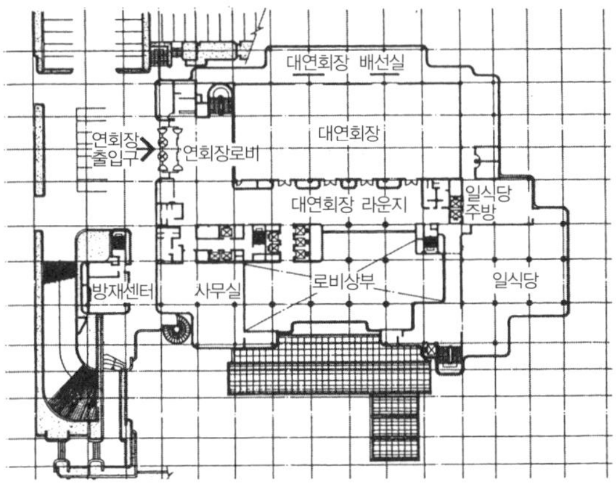

▲ 3층 평면도

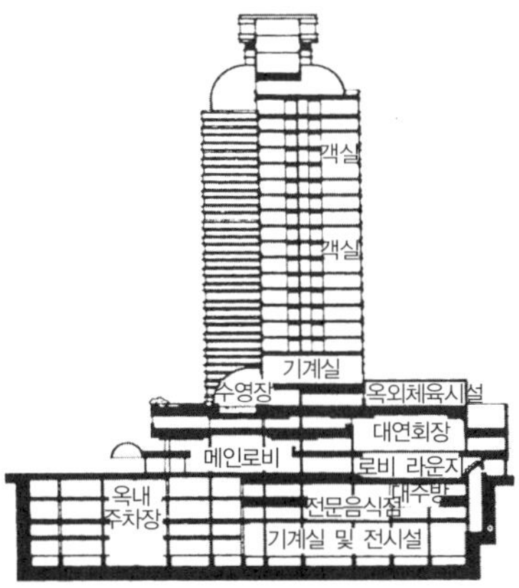

▲ 단면도

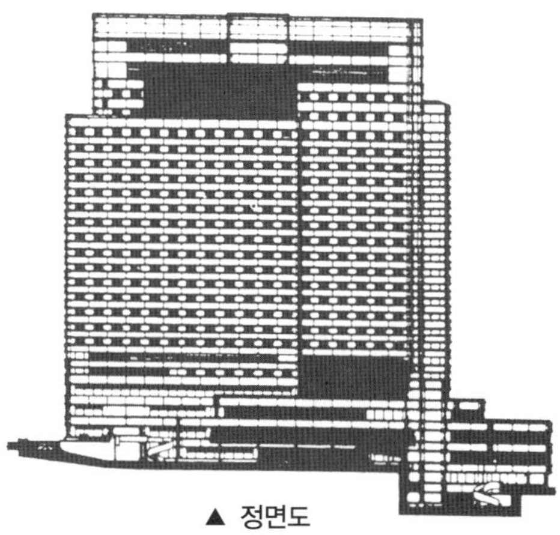

▲ 정면도

16 병원

Chapter

1. 개요

근대 병원의 성격은 환자가 진료, 간호를 받기 위한 의료시설일 뿐만 아니라 환자 이외의 일반사람들의 건강관리 및 위생관리를 하게 되며, 또한 의료업무에 종사하는 각 전문그룹(의사, 의학생, 개업의 등)의 교육훈련 및 임상의학의 교육시설로서 근대의학의 장래를 위한 탐구의 장으로, 그리고 복지사회에 대한 봉사의 장으로 되어야 한다.

2. 병원의 분류

• 대학병원 • 종합병원 • 일반병원 • 특수병원

3. 기능구성도

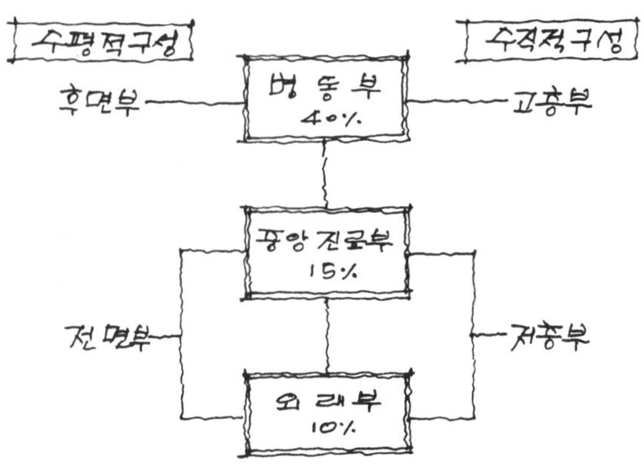

□ 예상 적용 모듈
• 6m×7.5m • 6m×9m
• 7.5m×7.5m • 7.5m×9m

□ 주요 요구사항
• 보 · 차 동선계획 능력
• 조닝구성 능력(수평, 수직)
• 코어구성 능력
• 저층부 구성 능력
(예 : 응급실, 외래진료부)
• 세부기능 및 디테일 이해 능력
(예 : 수술실, 병실유닛)

□ 체크 포인트
• 병원의 규모 : 병상 단위로 산정
• 기본적인 스팬(span)의 결정 : 병동부의 계획에 의해 결정
• 병원의 구성 : 병동부, 외래부, 중앙진료부
• 병동부 계획 : 층당 간호단위의 수
간호단위에 의한 병상수
병상수(1, 2, 3, 4, 6병상)에 따른 병실계획
• 외래부 계획 : 외래진료과목에 따른 진찰실의 규모
외래부의 진료과목의 건축계획적 고려(산부인과, 소아과 등)
• 중앙진료부 : 수술실의 규모

의료시설의 종류
① 의원 : 입원환자 29명까지 수용할 수 있는 의료시설을 가진 의료기관
② 병원 : 입원환자 30명까지 수용할 수 있는 의료시설을 가진 의료기관
③ 종합병원 : 입원환자 100명 이상 수용할 수 있는 의료시설을 가진 의료기관으로서 내과, 일반외과, 소아과, 산부인과, 진단방사선과, 마취과, 임상병리과 또는 해부병리과, 치과 및 정신과(대통령령이 정하는 규모 이상의 병상을 가진 경우에 한한다.)를 설치하고 각과마다 필요한 전문의를 갖춘 의료기관
④ 보건소 : 의료시설 설치의 지도행정, 결핵, 임산부, 유아의 지도, 집단진료 등을 한다.

4. 병원계획의 일반사항

4.1 병원의 기본적인 구성요소

(1) 병동부

- 일반병동 : 내과계, 외과계 등
- 특수병동 : 정신, 결핵 등
- 기타 : I.C.U, C.C.U

I.C.U (Intensive Care Unit)
중환자용으로 24시간 집중치료하는 간호단위. 고도의 의료설비.

C.C.U (Coronary Care Unit)
심장병 환자를 집중치료하는 간호단위

(2) 외래진입부

- 접수, 회계 등의 창구사무관계
- 각과 진료실 : 내과, 외과, 안과 등
- 구급진료부

(3) 중앙진료부

- 방사선부
- 검사부
- 수술부
- 중앙재료부
- 약국
- rehabilitation(갱생의학) : 작업요법, 언어치료 등
- 기타 : 인공투석, 고압산소치료 등

(4) 관리부

- 의료사무관계
- 운영사무관계
- 기타 : 의료사회산업, 영안 등

(5) 서비스부

- 주방
- 세탁부
- 기계실
- 후생시설 : 식당, 강의, 휴게 등

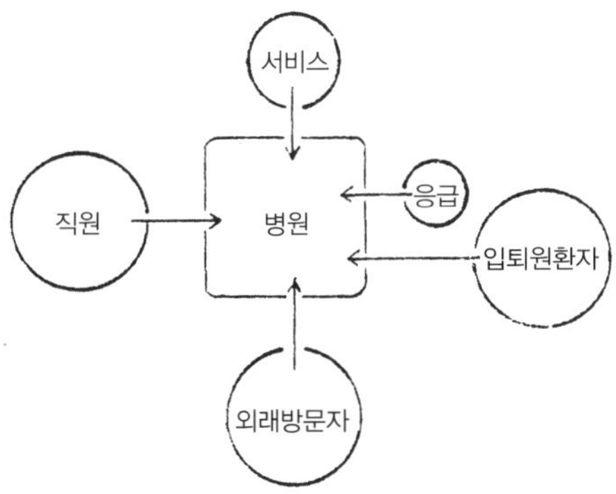

병원과 출입구와의 관계

4.2 블록 플랜의 유형

병원의 1병상당 연면적
- 일반종합병원 : 45~55㎡
- 대학병원 : 60~75㎡
- 정신병동 : 30~35㎡

병동의 면적 배분
- 병동부 : 30~40%
- 외래부 : 10~14%
- 중앙진료부 : 15~17%
- 관리부 : 8~10%
- 서비스부 : 20~25%

100~300bed 필요면적
- 기숙사 포함 : 43~63㎡/병상
- 기숙사 제외 : 40~50㎡/병상
- 병동면적 : 20~27㎡/병상
- 병실면적 : 10~13㎡/병상
- 간호원 기숙사 : 12㎡/병상

(1) 분관형

- 기능이 다른 각 부분을 분동으로 독립시키고, 이것을 한 단위로 하여 전체 건물을 배치하고 서로를 복도로 연결시킨 형식이다.
- 각 건물은 3층 이하의 저층으로 이루어진다.
- 각 실은 남향으로 배치할 수 있어 통풍, 일조에 유리하다.
- 내부환자는 주로 경사로를 이용하여 보행하고, 들 것으로 운반한다.
- 설비가 분산되고 보행거리가 길어진다.
- 넓은 대지가 필요하므로 도심에는 적용하기 어렵다.

(2) 집중형

- 병동부, 관리부, 외래부, 중앙진료부를 한 동으로 구성한 형식이다.
- 병동 부분을 고층으로 하고 엘리베이터로 환자를 옮긴다.
- 관리비가 싸고 설비비가 절약된다.
- 동선이 짧고 기계적으로 처리되어 유리하다.
- 대규모의 종합병원에서 채택한다.

(3) 병동집약형

- 병동부를 분리하여 고층화시킨다.
- 집중형과 유사한 특징이다.

(4) 다익형

최근 의료 수요의 변화, 치료기술 및 설비의 진보와 변화에 따라 병원 각부의 증·개축이 필요하게 됨으로써 출현하였다.

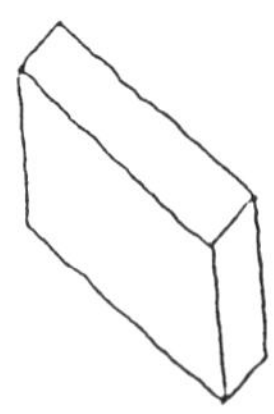
slab block

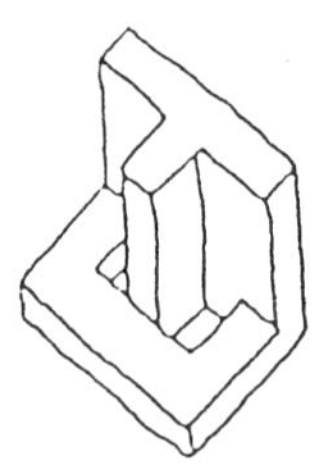
high and law block

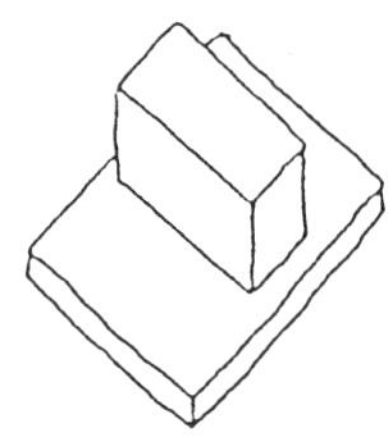
lower and podium

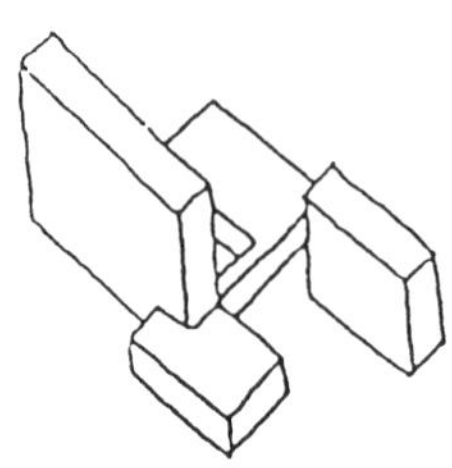
independent block

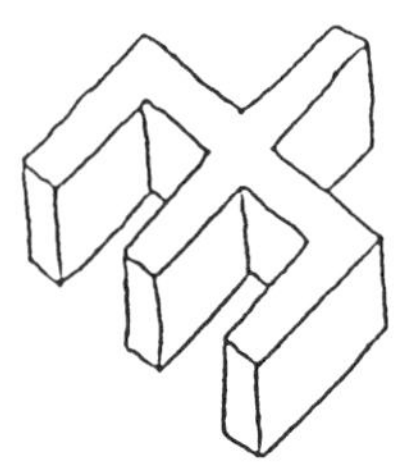
finger plan

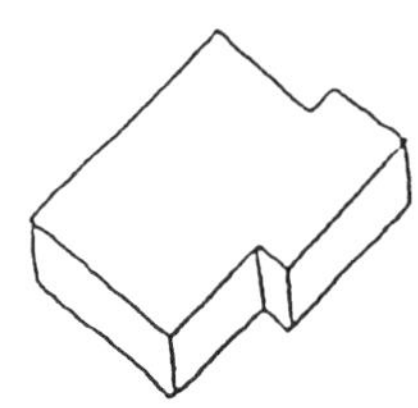
low compact block

4.3 병원 각부의 계획

(1) 병동부

1) 계획방향

- 가능한 한 compact하게 고층화하여 간호와 설비의 능률화를 도모한다.
- 병동부는 병원면적의 약 40% 정도를 차지하도록 한다.
- 간호시 환자 관찰이 쉽고 환자의 프라이버시 확보를 배려한다.
- 외래, 중앙진료부와 근접하여 환자의 동선을 줄인다.
- 문병인들의 방문이 쉽도록 계획한다.

2) 간호단위

- 일반병동과 정신병, 전염병, 결핵병동은 격리시킨다.
- 성인과 소아를 구별한다.
- 내과, 외과, 소아과, 산부인과로 대별한다.
- 일반 공동병실과 고급병실로 구분한다.
- 새로운 간호단위 개념은 P.P.C.방식 도입을 고려한다.

3) 간호단위의 구성

- 1개소의 간호사 대기소(nurses station)가 완전 간호할 수 있는 병상수 40bed(25bed가 이상적) 전후를 1개의 간호단위로 구성한다.
- 간호사의 보행거리는 24m 이내가 되도록 한다.
- nurse station의 위치는 간호작업에 가장 편리한 위치(예 : elev, hall, 계단실 근처)에 둔다.
- nurse station에는 호출벨, 인터폰, 약품장, 소독 전열기, 기록 보관함, 에어슈(의무 기록실과 차트 운송) 등을 설치한다.

(2) 중앙진료부

1) 계획방향

- 중앙진료부는 외래부와 병동부 중간에 설치한다.
- 각 구성 부분은 독립적으로 운영되지만 병동부, 외래부와 유기적인 관계를 유지한다.
- 수술부, 물리치료부, 분만부는 통과교통이 일어나지 않도록 한다.

2) 중앙진료부의 구성

- 병원 전체에서 차지하는 면적은 15~20% 정도이다.
- 구성실로는 약국, 수술실, 분만실, 방사선실, 물리치료실, 검사실 등이 있다.

(3) 외래진료부

1) 계획방향

- 환자의 이용이 편리하도록 1층 또는 2층 이하에 두며, 외래진료부의 입구와 야간병원의 입구를 분리한다. 또한 직원 전용 출입구를 두어 환자동선과 관리동선을 완전 분리시킨다.
- 중앙진료부와 인접하게 하여 이용이 편리하도록 한다.
- 각과별 접수, 대합, 진찰, 진료처치 등의 스페이스를 필요로 하지만 검사, 수술, x-ray 등은 중앙진료화할 필요가 있다.
- 중앙주사실, 회계, 약국 등은 정면 출입구 근처에 설치한다.
- 동선을 체계화하고 대기공간을 통로공간과 분리하여 대기실을 독립적으로 배치하면서 프라이버시를 확보하도록 한다.

2) 주요구성과

- 내과 : 소진료실을 다수 설치
- 소아과 : 동반자 대기실 확보
- 외과 : 큰 실로 계획, 진찰실과 처치실로 구분
- 정형외과 : 가능하면 최하층에 설치
- 산부인과 : 간단한 피임수술 등을 위한 회복실 설치
- 피부 · 비뇨기과 : 피부과와 비뇨기과를 나누어 설치
- 이비인후과 : 남쪽 광선을 차단하고 북쪽 채광
- 치과 : 진료실, 기공실, 휴게실 설치, 진료실은 북쪽이 좋음
- 안과 : 진료, 처치, 검사, 암실을 확보
  검안을 위해 5m 정도 확보

P.P.C(Progressive Patient Care)
병의 종류에 관계없이 환자를 단계적으로 질병을 치료하는 방법으로 증세의 정도에 따라 간호 단위를 구성하는 것.

의료법상 병실의 크기
1인당 6.3㎡

2병상 이상
4.3㎡/인 이상

(4) 관리부

1) 계획방향

- 이용자가 접근하기 쉬운 위치에 능률적으로 배치한다.
- 직원 출입구와의 관계를 고려한다.
- 일반사무실은 공급 및 처리관계의 서비스제실과 관련이 깊다.

2) 관계자실

- 현관, 로비, 입 · 퇴원 수속실, 사회사업실, 직원용제실, 교육시설 등

(5) 서비스부

1) 계획방향

- 외부로부터 식료, 의료품 등의 공급 접근과 다른 동선과의 관계를 고려한다.

- 주요 구성부는 공급처리부와 후생부로 구분되므로 1층 또는 지하층에 계획한다.

2) 관계제실

- 급식, 린넨, 세척실, 창고, 기계실, 직원휴게, 식당 등

4.4 병원 각실 세부계획

(1) 병실

1) 기본사항

- 간호단위마다 1, 2, 4, 6인실 등으로 배분
- 내과, 외과, 소아과, 산부인과 등을 구분

2) 규모

- 병실의 일반적 모듈 : 6.0~7.5m
- 병실의 크기
  - 1병상실 : (2.7~3.6)m×(4.8~6.2)m
  - 2병상실 : (3.0~3.6)m×(6.0~6.6)m
  - 4병상실 : (5.4~6.0)m×(5.4~6.0)m
  - 6병상실 : (6.2~7.2)m×(6.2~7.2)m
- 병실의 창면적 : 바닥면적의 1/3~1/4
- 창대의 높이 : 90cm 이하 – 환자가 병상에서 외부를 전망할 수 있는 높이
- 출입구 : 외여닫이 폭 1.15m 이상
- 천장고 : 2.5m 내외

3) 기타 제실

- 오물처리실, 세면실, 세탁물실, 처치실 등

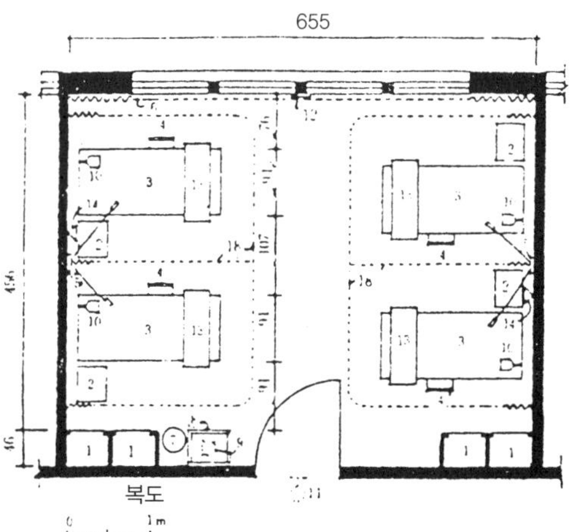

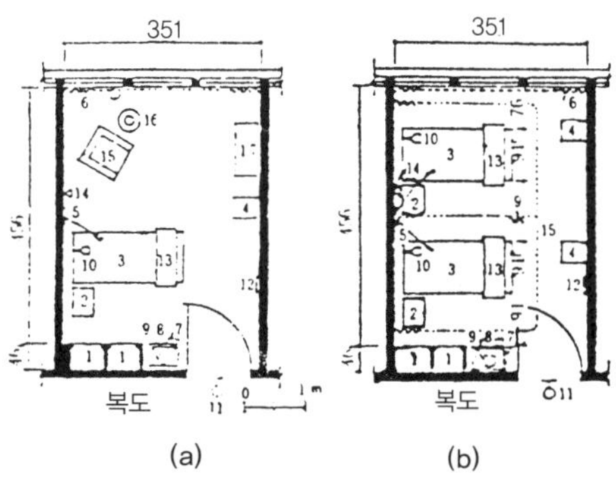

1. 로커
2. 장
3. 조절 침대
4. 의자
5. 간호원 호출기
6. 창문커튼
7. 쓰레기통
8. 팔꿈치 또는 무릎 조작식 세면
9. 벽조명

표준병실의 예

(2) 수술실

1) 기본사항

- 외래와 병동 사이에 위치하여 양측 모두 이용하기 편하게 한다.
- 중앙소독 공급부와 수직 · 수평적으로 근접된 부분에 둔다.
- 병동 및 응급부에서 환자수송이 용이한 위치에 둔다.
- 수술실의 각실은 모두 각과 공동사용을 원칙으로 하고, 가능한 같은 층에 설치한다.

2) 규모

- 수술실의 크기 : 보통 4.5×6m, 대수술실 6m×8m
- 천장고 : 3m가 표준

3) 기타 제실

부속소독실, 세수실, 세탁실, 기기실 등

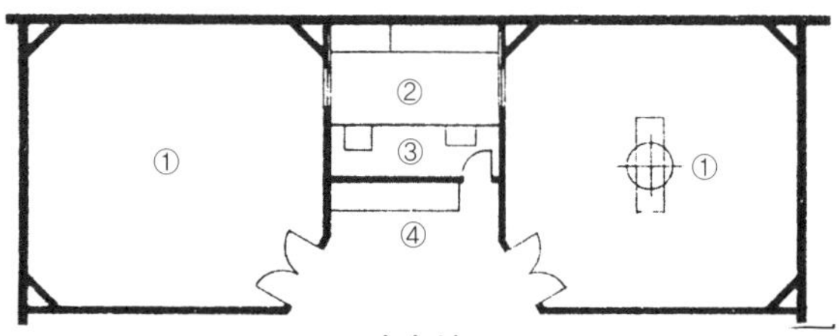

① 수술실
② 준비실
③ 소독실
④ 손세척실

수술실

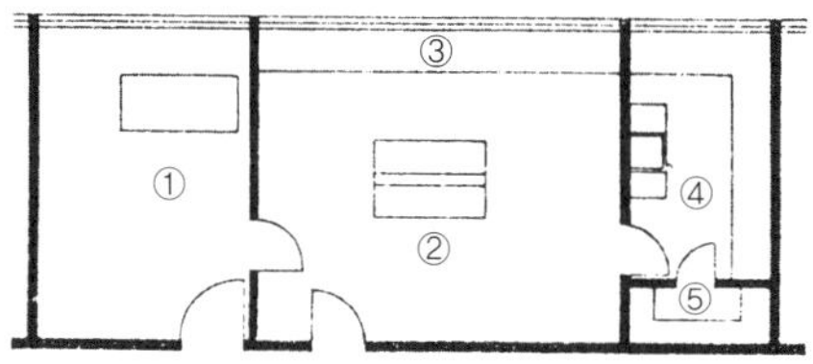

① EKG, BMR & SPECIMEN
② 실험실
③ 작업대
④ 세척 및 소독실
⑤ 창고

검사실

(3) 방사선실

1) 기본사항

- 방사선실은 외래 80%, 병동 20% 정도의 비율로 사용하므로 외래부에 근접하여 설치한다.
- 응급실과 가능하면 인접시키는 것이 좋다.

2) 규모

- 100병상당 2실 정도(병원 규모에 따라 달라짐)
- 천장고 : 2.7~3m 정도

3) 기타 제실

- 촬영투시실, 암실, 필름수장실, 공작실 등

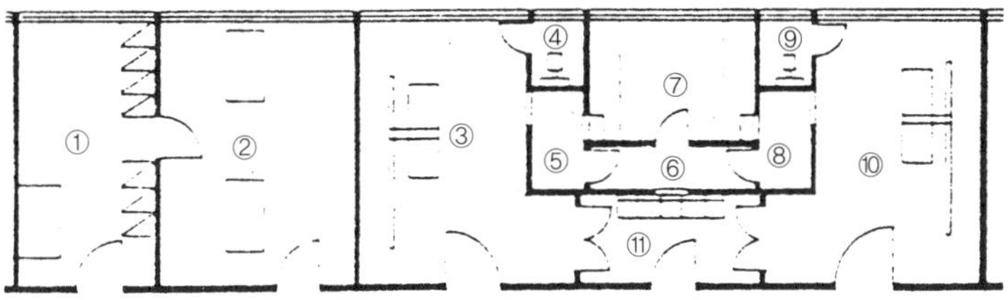

① 필름저장실 ② 판독실 ③ 촬영실 ④ 변소 ⑤ 전실 ⑥ 복도 ⑦ 암실 ⑧ 전실 ⑨ 변소 ⑩ 촬영실

중규모의 방사선실

(4) 응급실

1) 기본사항

- 응급차의 접근이 용이한 1층에 위치하는 것이 좋으며 전용입구를 둔다.
- 외부 사람도 알기 쉽게 해야 하고 어느 정도의 넓이를 가진 다목적 홀을 계획하는 것이 좋다.

2) 규모

- 운영방법에 따라 차이가 있으나 보통 6m×12m 정도가 적당하다.
- 천장고 3m 내외로 한다.

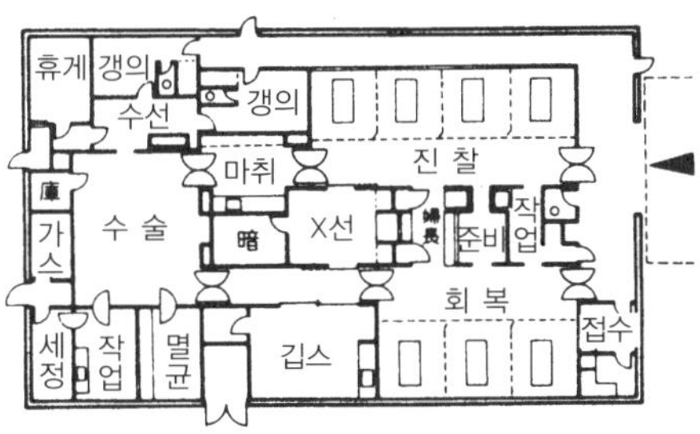

세인트 피터병원의 응급센터(영국)

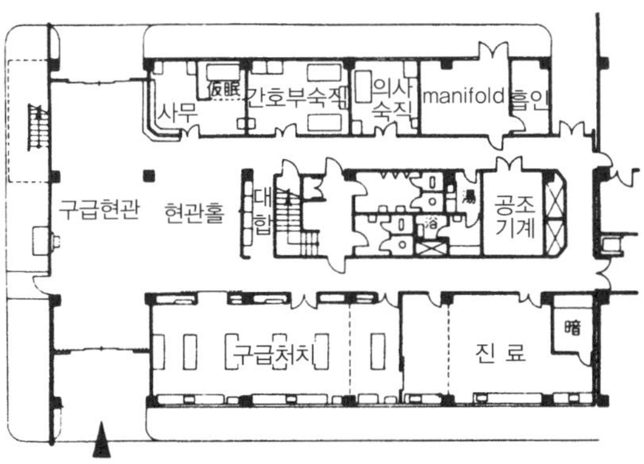

응급센터의 배치

3) 기타 제실

- 수술실, X선실, 검사실, 회복실, 대기실 등

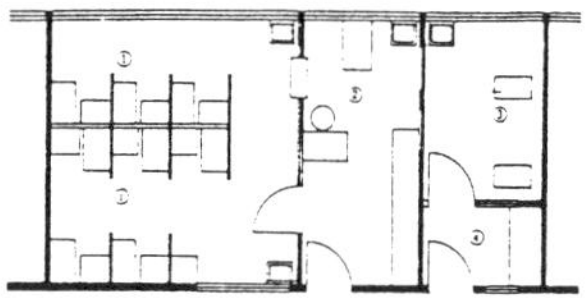

소규모 신생아실

□ **각과별 평면도**

① 신생아실
② 진찰 및 진료실
③ 준비실 및 간호사실
④ 전실

(5) 분만실

1) 기본사항

- 분만실은 산과병동에 두는 신생아실과 인접해서 있는 것이 좋다.
- 분만을 위해 긴급 입원하는 예가 많으므로 입원 입구로부터의 루트를 고려한다.
- 진통실은 방음처리와 화장실이 있어야 하며, 진통실은 여러 개를 둘 필요가 있다.
- 신생아실은 복도에서 직접 통하는 출입구를 내지 않는다.

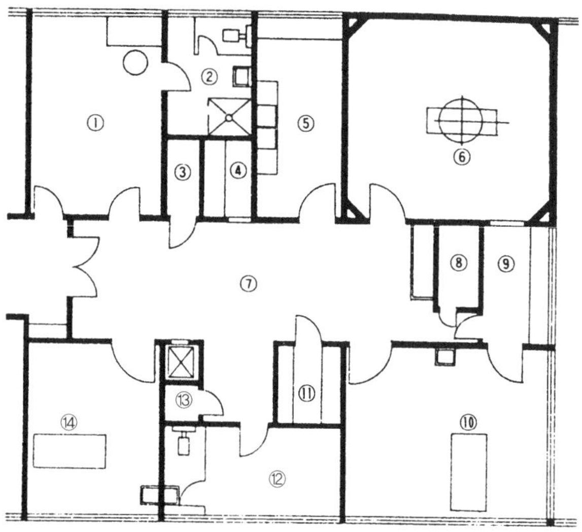

① 의사갱의실	⑤ 세척실	⑨ 소독실	⑬ 창고
② 변소	⑥ 분만실	⑩ 진통실	⑭ 진통실
③ 기구실	⑦ 복도	⑪ 기구실변소	
④ 스트레이처 보관실	⑧ 세척실	⑫ 간호사 갱의실	

소규모 분만실

(6) 약국

1) 기본사항

- 약국은 외래환자와 입원환자에 투약 및 병동, 외래진료부 등에 치료용 약품 공급으로 구분된다.
- 약국의 위치는 외래진료부터 출입구 근처에 배치하는 것이 일반적이며 1층에 두는 것이 좋다.
- 약국 대기실은 장시간 많은 환자가 기다리고 있으므로 쾌적한 분위기로 하여야 한다.

(7) 간호사실

1) 기본사항

- 간호사실은 중앙부, 병실군의 중심에 위치한다.

- 병실에서 출입을 감시하기 편리한 위치로 보통 엘리베이터 및 주계단 근처에 위치하는 것이 좋다.
- 오픈 카운터형과 클로즈드(closed)형이 있다.

5. 병원계획의 핵심정리

5.1 병원계획의 기본방향

- 병원의 구성은 크게 병동부, 중앙진료부, 외래부, 관리부, 서비스부로 이루어지므로 각 부의 기능과 특성을 파악하고, 이의 연계성을 이해하여야 한다.
- 병원은 병동부가 차지하는 비율이 가장 크므로 병동의 입원환자 위주의 계획이 되어야 한다.
- 복잡하고 다양한 동선이 유발되는 병원시설은 옥외동선 및 옥내동선에 대한 합리적인 처리가 요구되며, 이를 해결하기 위한 동선별 특성을 검토해야 한다.
- 병원의 특수성을 감안하고 장래의 확장과 변경도 고려한다.

5.2 계획시 고려사항

(1) 배치계획

- 배치계획시 대지로의 진입이 중요하다. 차량출입구는 일반적으로 부도로(이면도로)이지만 병원의 특수성에 따라 전면도로에서의 출입도(일반용, 응급용) 가능하다.
- 주접근로와 주현관, 주차장의 3각 관계가 대지 내에서 순환되도록 계획하는 것이 바람직하다.
- 병동의 향은 남동향, 남서향 등 향이나 조망이 좋은 위치가 바람직하다.
- 응급실의 출입구는 일반외래와 분리시키는 것이 좋다.
  (단, 정면 현관의 정반대쪽에 설치하는 것은 피한다.)
- 병원의 출입구는 3~4개소 정도로 설치하는 것이 좋다.
  (제1입구 : 외래부 출입구, 제2입구 : 병동부, 제3입구 : 응급 및 영안실, 제4입구 : 관리, 서비스)
- 병원기능의 증 · 개축 문제에 대한 대응으로 배치계획에 의한 장기계획이 필요하다.

진찰실의 크기

① 일반적으로 (2.7~3.0m)×(4.0~4.8m) 정도
② 실의 깊이는 이비인후과, 치과 등은 4.5m, 기타는 약 5.5m로 한다.
③ 기준층인 병동부의 스팬에 의해 결정

- 일반적으로 (6m~6.6m)의 1/2×(6m~6.6m) 정도
- 병원의 기본 스팬 : 6m×6m 또는 6.6×6.6m
- 1병상과 2병상은 1/2스팬으로 계획
- 4병상과 6병상은 1스팬으로 계획

(2) 평면계획

- 가능한 한 compact하게 하여 간호와 설비의 능률화를 도모한다.
- 저층부는 관리부, 외래진료부, 중앙진료부를 두고 상층부는 병동부로 구성한다.
- 주코어부에 간호사 대기소(nurses station)를 계획하고(25~40bed : 1개의 간호단위), 간호사의 보행거리는 24m 이내가 되도록 하는 것이 좋다.
- 주코어부는 환자수송용 엘리베이터(2.5m×3m 정도) 1대 이상과 방문객용 1대 이상으로 계획하는 것이 바람직하다.
- 외래진료부나 중앙진료부가 2~3층에 있을 경우 환자나 방문객의 편리를 위해 주계단의 폭을 4~5m 정도로 여유있게 계획하는 것이 좋다.
- 환자와 의료진, 방문객, 관리자 동선이 검토되어야 하고, 복도는 중복도 기준으로 2.4m 이상 3m 정도가 바람직하다.

(3) 입면 및 단면계획

- 병원의 형상은 폐쇄와 개방의 중간형으로 볼 수 있으며, 입면구성은 격자형 패턴의 구성이 유리하다. 최근에는 커튼월방식의 친근감 있는 형으로 변화하는 추세이다.
- 병원의 저층부 층고는 4.5~5.5m 정도로 구성하고 병실의 층고는 3.5~4m 정도로 한다.

□ 아주대학병원

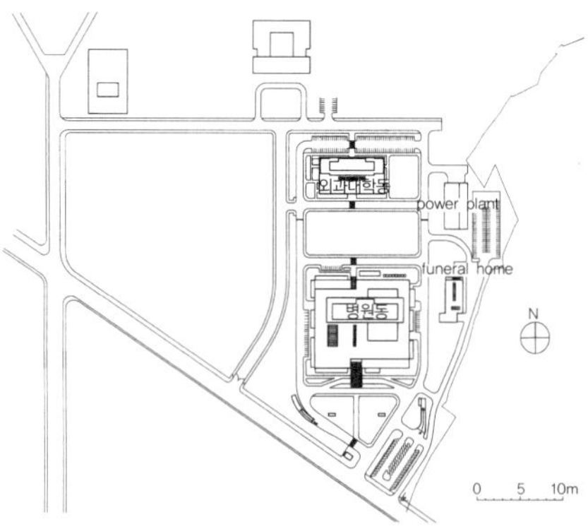

▲ 배치도

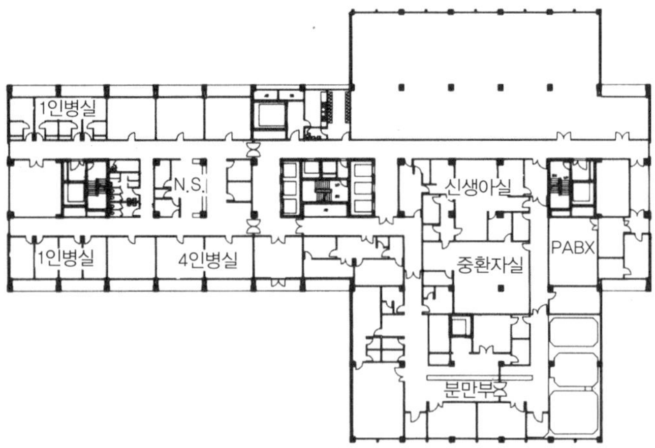

▲ 4층 평면도

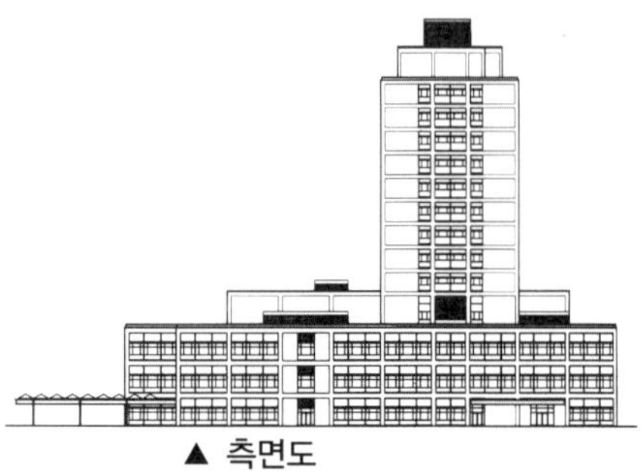

▲ 측면도

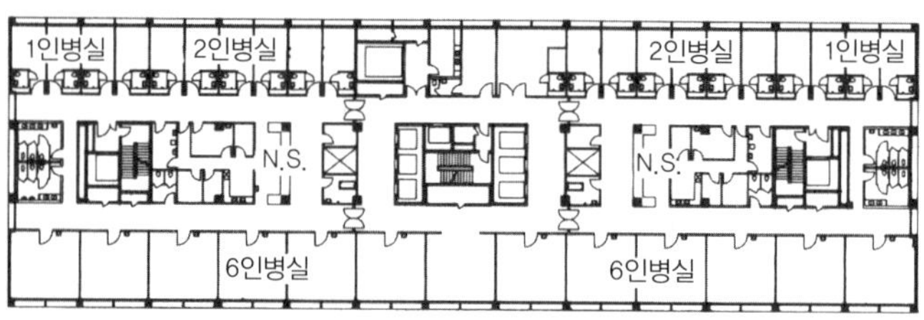

▲ 기준층 평면도

6. 사례

□ 보건소(고성군 보건소)

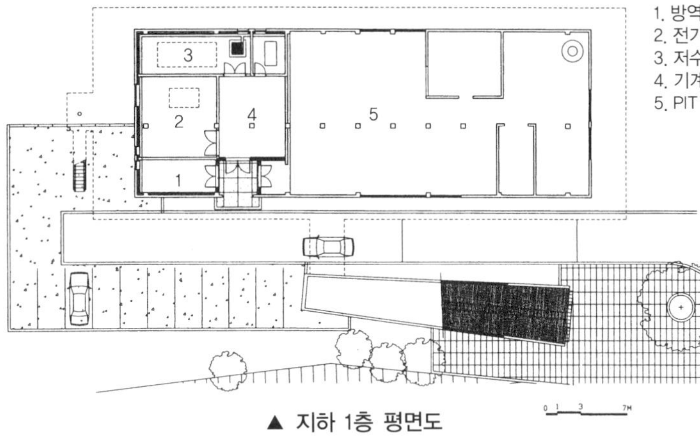

1. 방역창고
2. 전기실
3. 저수조실
4. 기계실
5. PIT

▲ 지하 1층 평면도

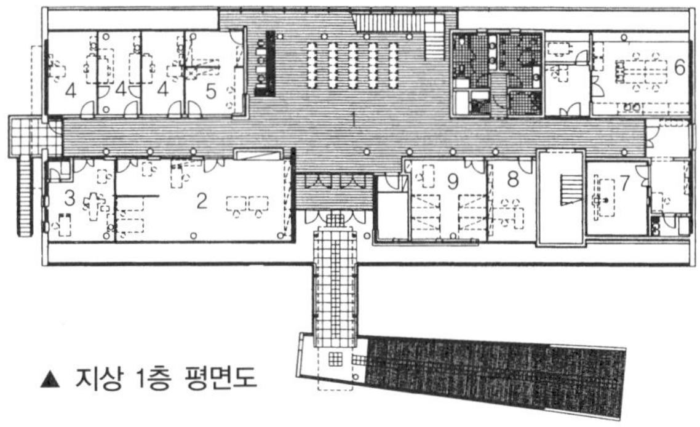

1. 대기실
2. 한방진료실
3. 치과진료실
4. 진료실
5. 약국
6. 임상검사실
7. X-선실
8. 결핵실
9. 예방접종실

▲ 지상 1층 평면도

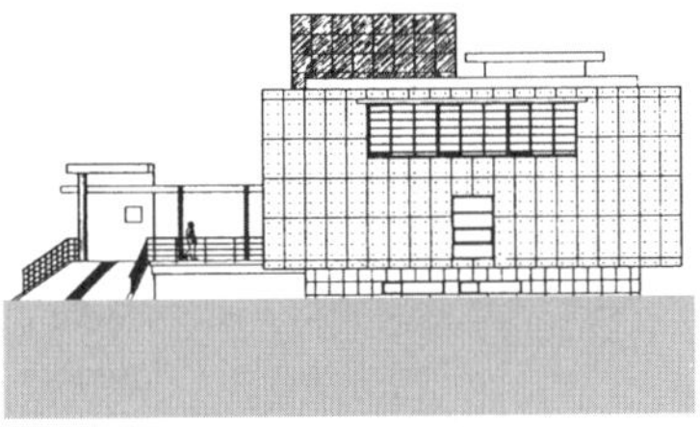

▲ 서측 입면도

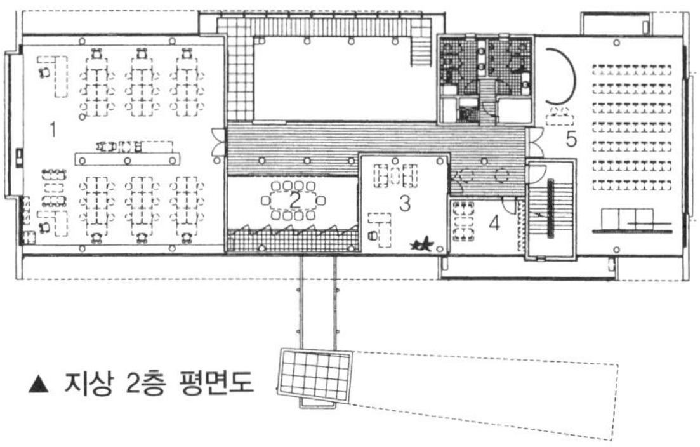

1. 통합사무실
2. 회의실
3. 소장실
4. 휴게실
5. 다목적실

▲ 지상 2층 평면도

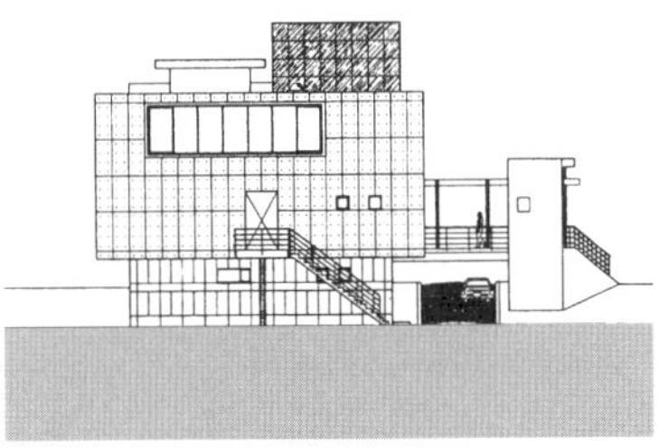

▲ 동측 입면도

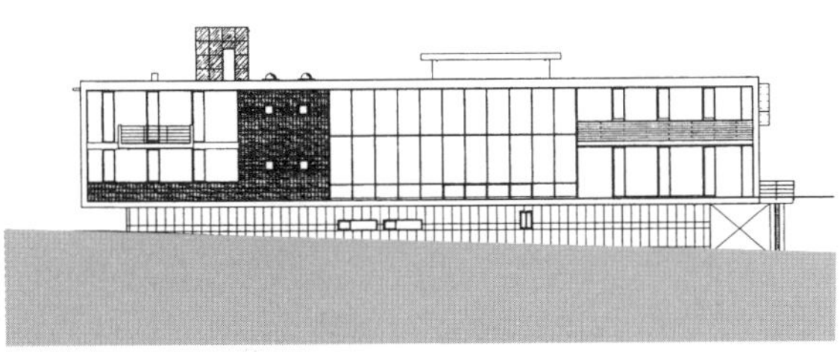

▲ 남측 입면도

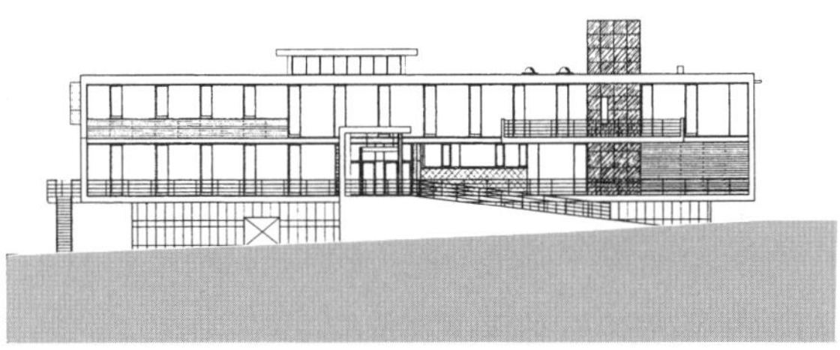

▲ 북측 입면도

□ 의원(강남 예치과)

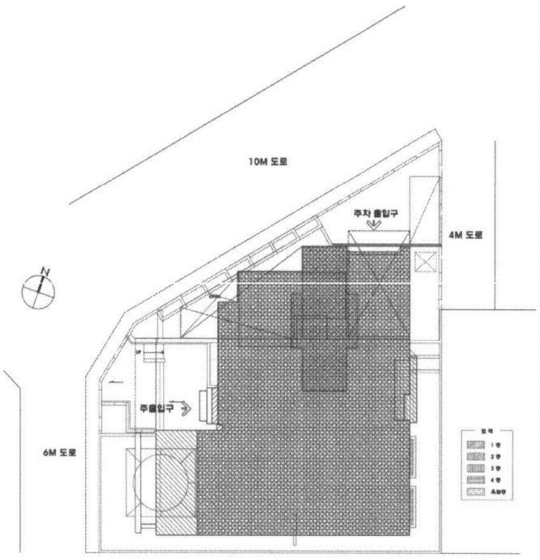

▲ 배치도

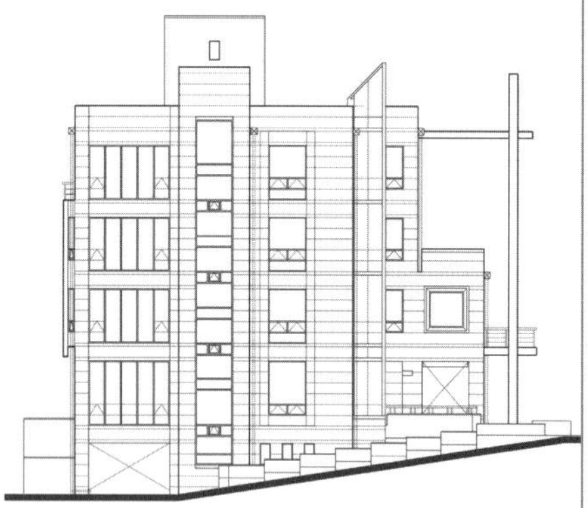

▲ 북측면도

▲ 서측면도

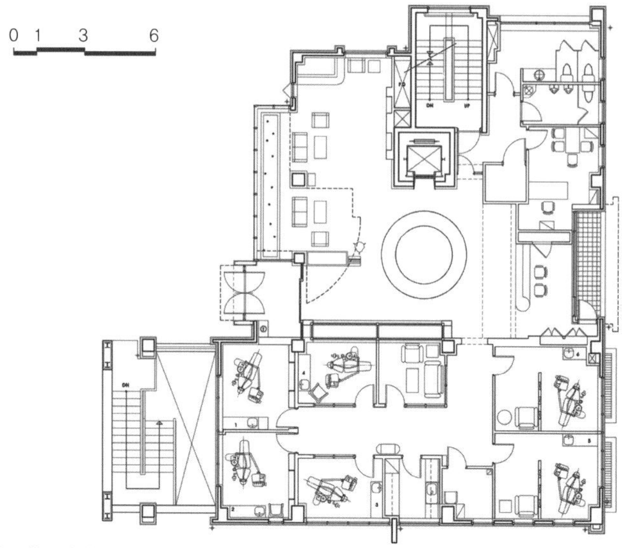

지상 1층 평면도 ▲

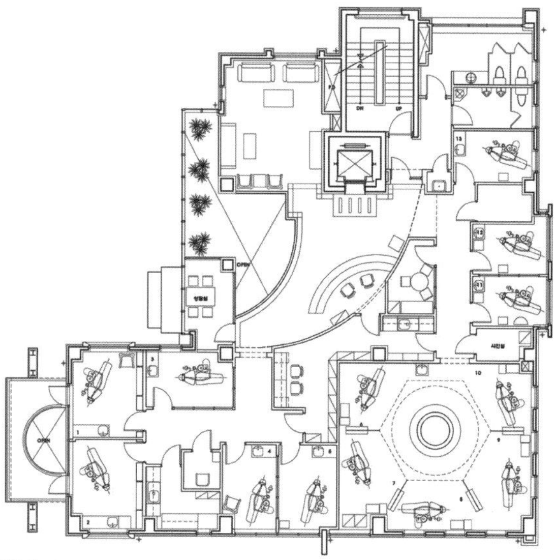

지상 2층 평면도 ▲

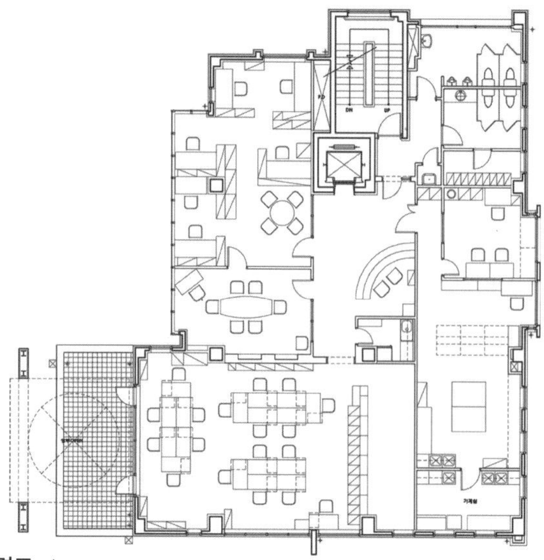

지상 3층 평면도 ▲

□ 병원계획의 예(전문병원)

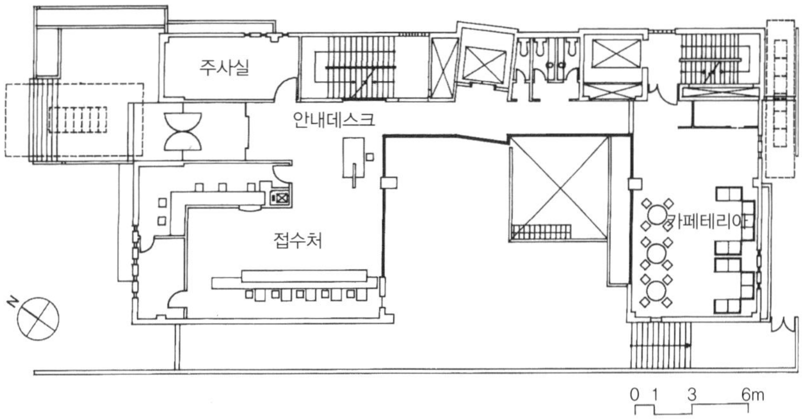

▲ 지상 1층 평면도

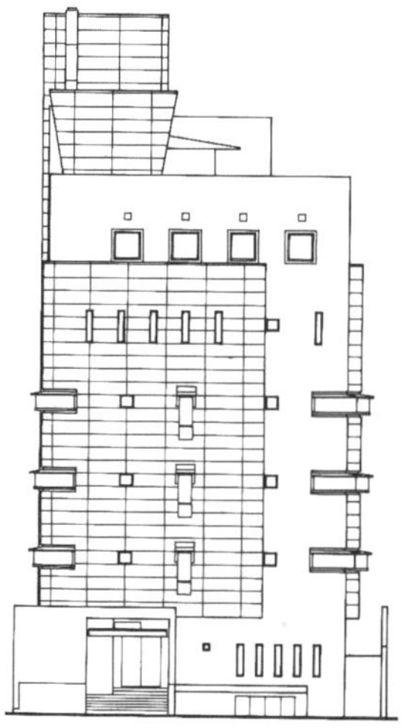

▲ 서측 입면도

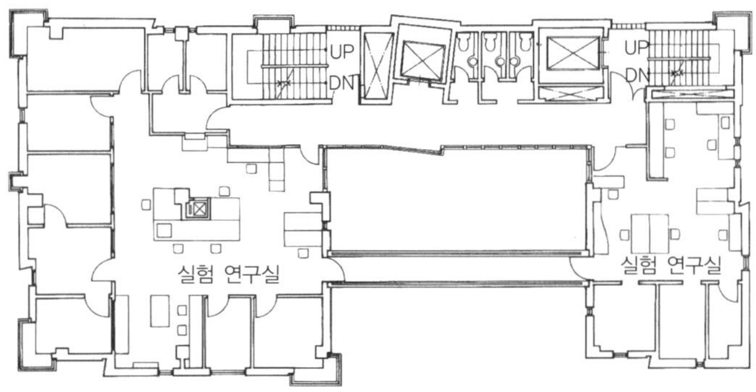

▲ 지상 3층 평면도

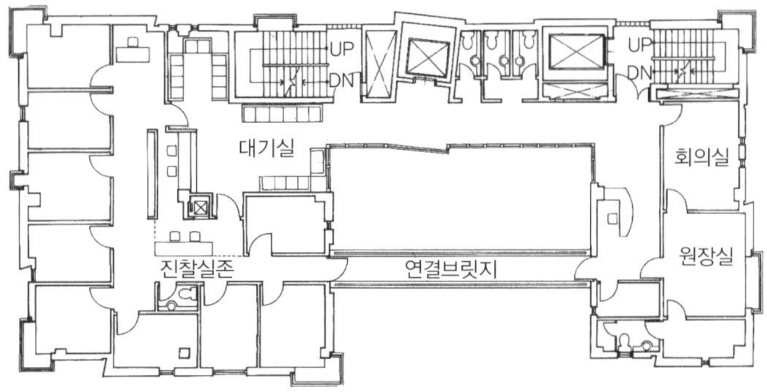

▲ 지상 4층 평면도

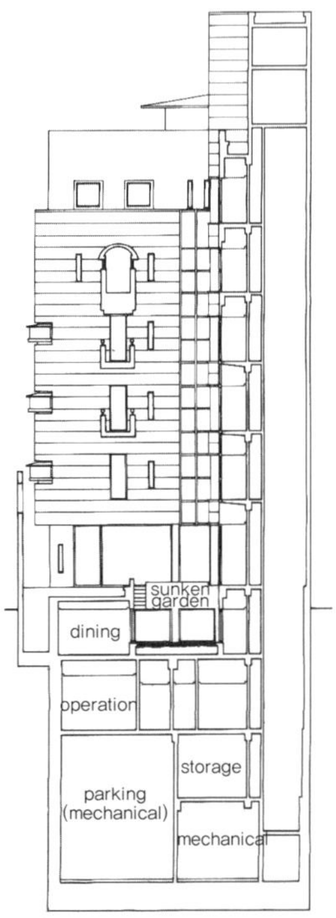

▲ 종단면도

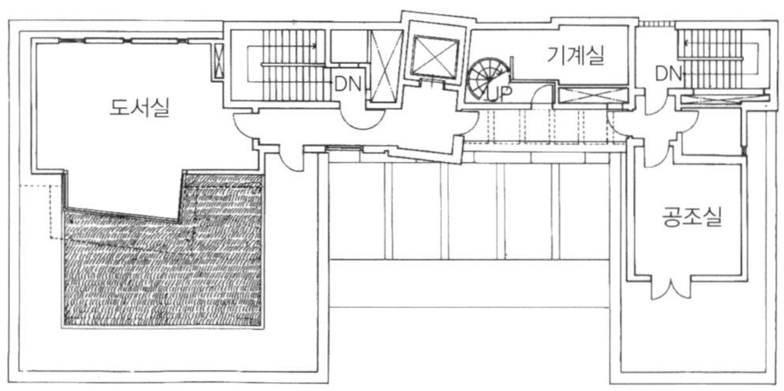

▲ 지상 7층 평면도

□ 병원계획의 예 (하나병원)

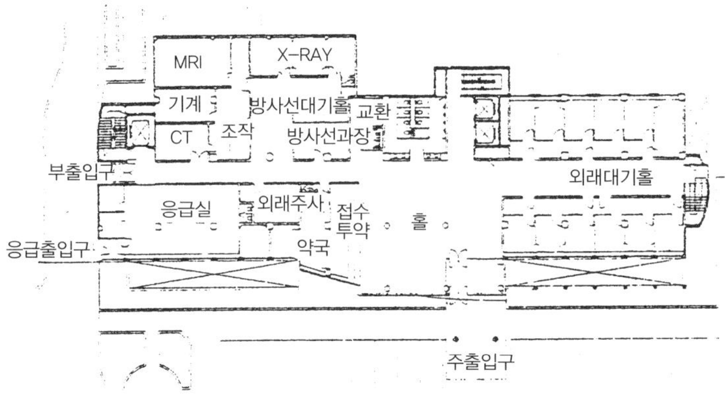

▲ 1층 평면도

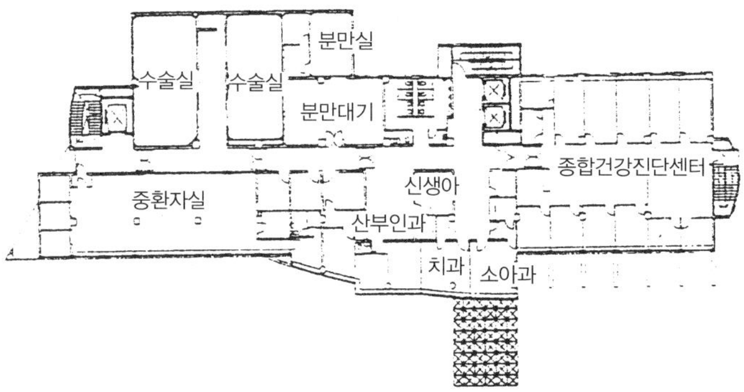

▲ 2층 평면도

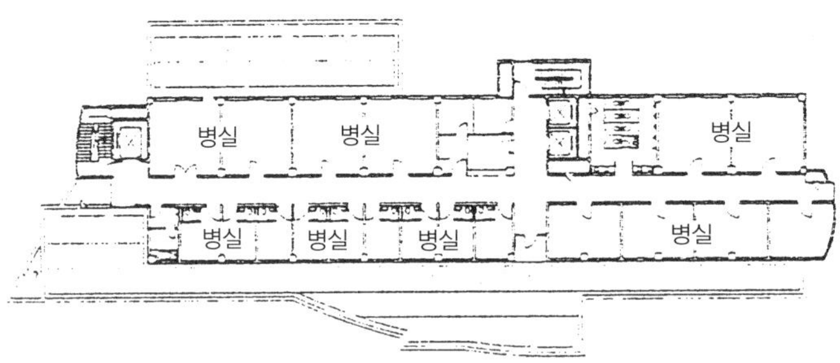

▲ 3층 평면도

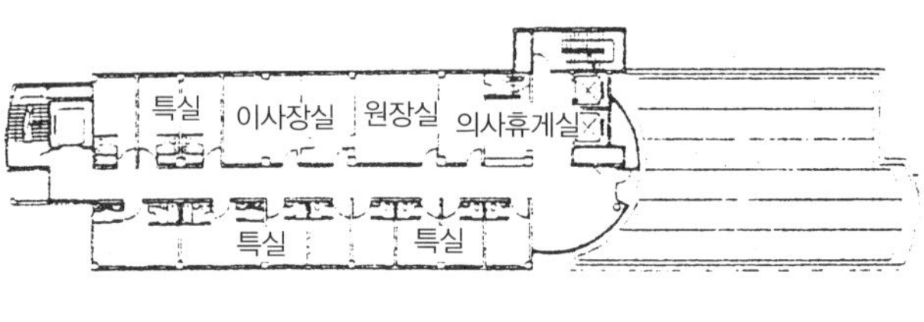

▲ 6층 평면도

□ 병원계획의 예(병원)

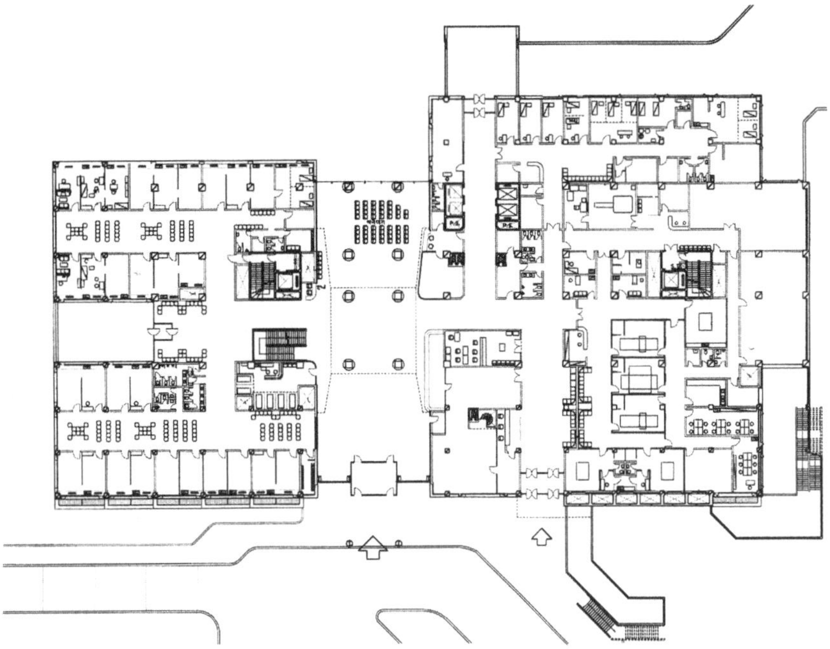

▲ 지상 1층 평면도

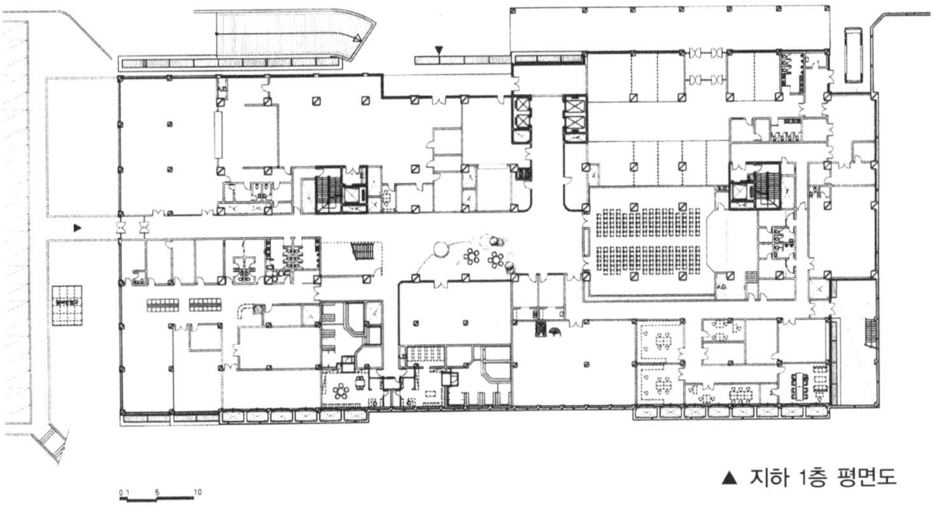

▲ 지하 1층 평면도

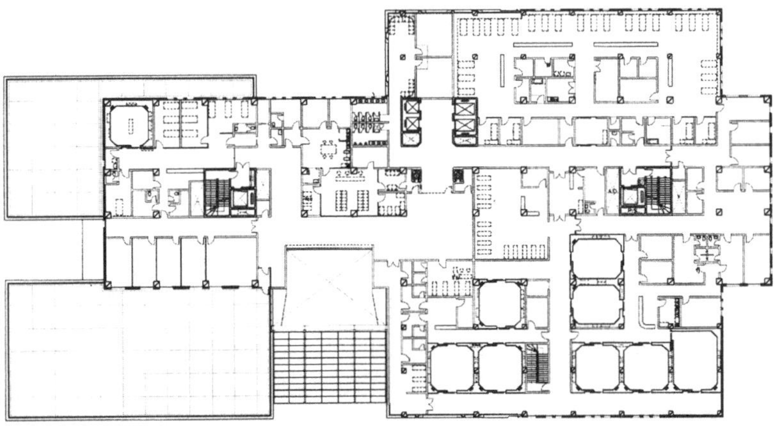

▲ 지상 3층 평면도

□ 병원계획의 예(한양대학교 구리병원)

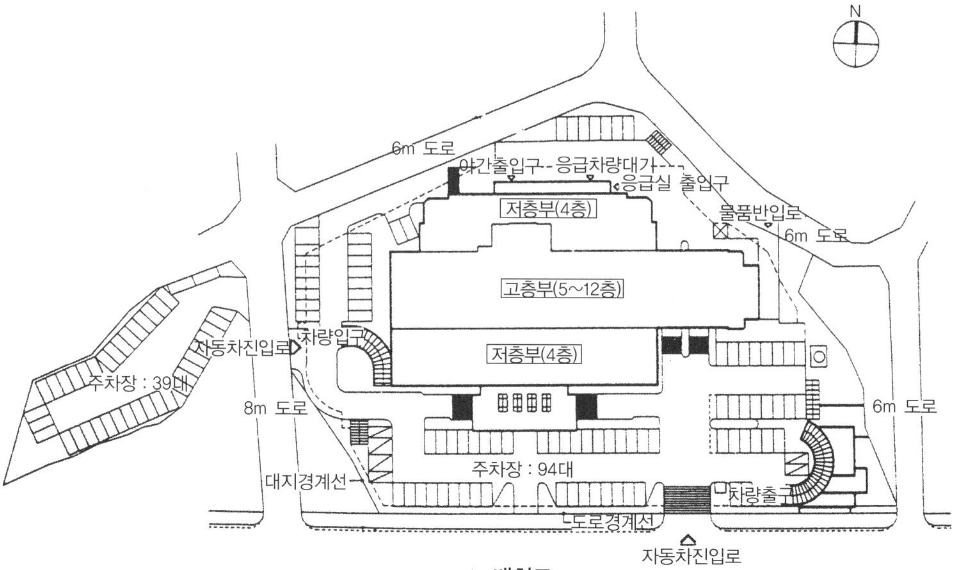

▲ 배치도

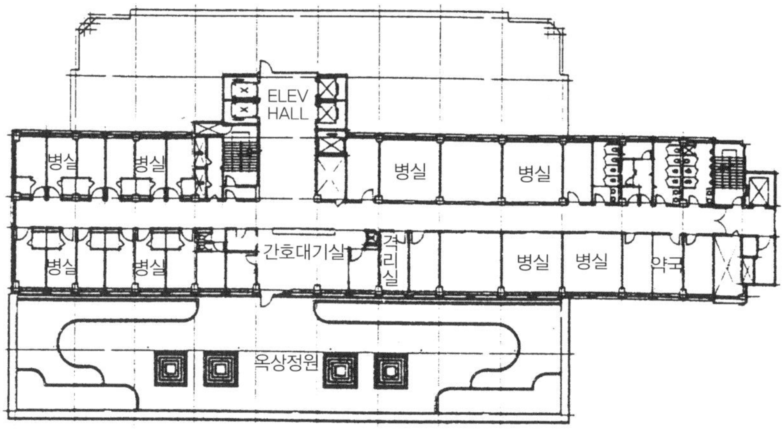

▲ 5층 평면도

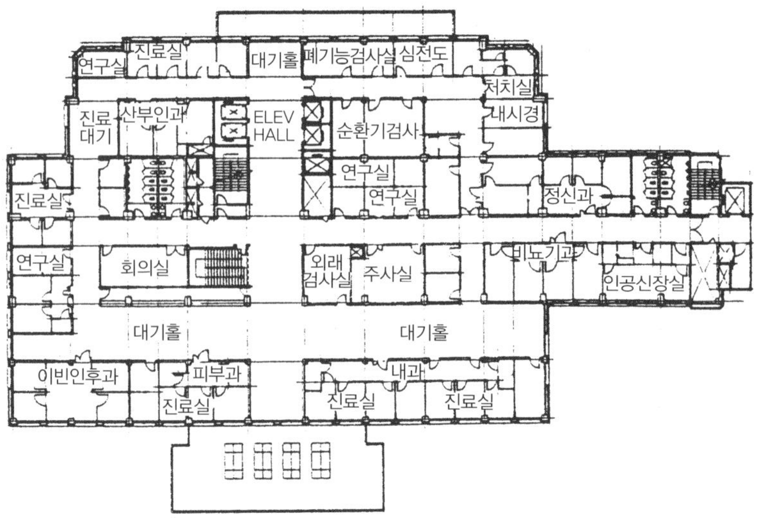

▲ 2층 평면도

Part IV

투시도

01 Chapter 투시도

1. 투시도

- 계획가의 계획의도, 건물의 성격, 이미지, 분위기 등 건축물을 표현하는 방법으로는 투시도, 조감도, 스케치, 엑소노메트릭, 모형 등의 방법이 있으나 제한된 시간 내에 건물의 표정이나 이미지를 표현하는 방법으로는 투시도, 조감도, 스케치 등이 일반적으로 활용된다.
- 투시도는 전체적으로 안정감 있고 배경을 그리기 쉬우며, 조감도는 전체를 파악할 수 있는 장점은 있으나 배경을 그리기가 어려우며, 스케치는 깔끔한 멋은 없으나 빠른 시간 내에 표정이나 분위기를 나타낼 수 있는 장점이 있다.
- 투시도법에는 1점, 2점, 3점 투시도법이 있으나 일반적으로 1점 또는 2점 투시도법을 기준으로 간략투시도법을 이용한다.
- 효과적인 투시도를 작도하기 위해서는 많은 연습을 통해 계획한 건축물의 전체적인 감을 익혀야 한다. 특히 매스(mass)와 선의 위계 표현이 중요하며 아울러 눈의 평행감각과 비례감각을 배양해야 한다.

투시도의 주요 포인트

- 배치 및 평면계획시 전체적인 틀 및 표정 구상
- 개략 작도법의 기본패턴 숙지
- 전체적인 비례감각 및 매스(mass)와 선의 위계 표현
- 건축물의 주요 표정 표현과 조경과의 조화

1.1 투시도의 구도

물체와 물체의 결합이나 공간의 배치상태 등으로 화면에 의도하는 질서감을 주고 전체를 형상하는 것이다. 좋은 투시도를 그리는 데는 구도를 잡는 법이 잘 되어야 한다. 작도에 들어가기 전에 러프 스케치를 하여 대충적인 구도를 결정하고 환경의 관련성과 형태의 특징을 충분히 파악하여야 한다.

(1) 조화

건물형태에 맞는 화면을 잡는다. (가로, 세로의 위치)

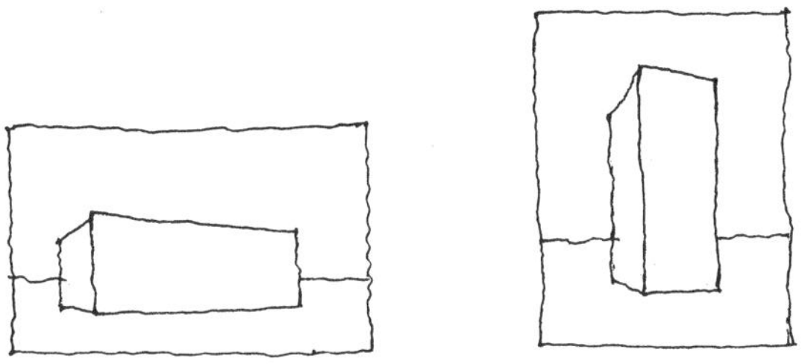

(2) 크기와 위치

① 일반적으로 지면을 낮게 하늘을 약간 넓게 잡는다.

② EL의 위치는 화면의 1/3 정도에 두고 중심에 두지 않는다.

③ 화면 속의 건물이 너무 크거나 작아도 좋지 않다.

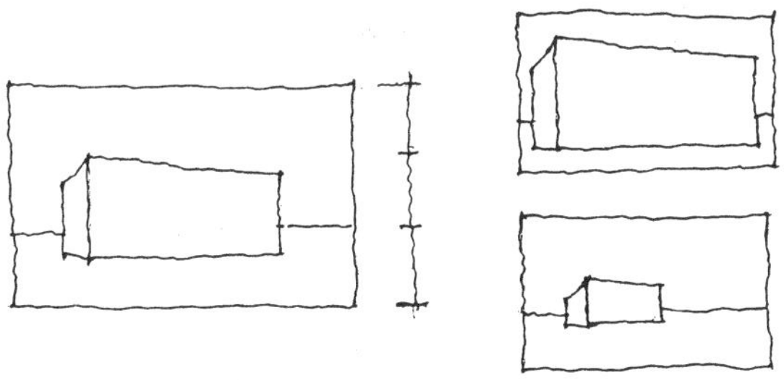

(3) 건물의 앵글

① 건물의 전면과 측면의 비율은 8:2 정도로 해둔다.

② 건물의 좌우 여백부분은 정면측을 다소 많이 잡는다.

③ 필요 이상으로 EL을 올려 얼굴을 가리지 않도록 한다.

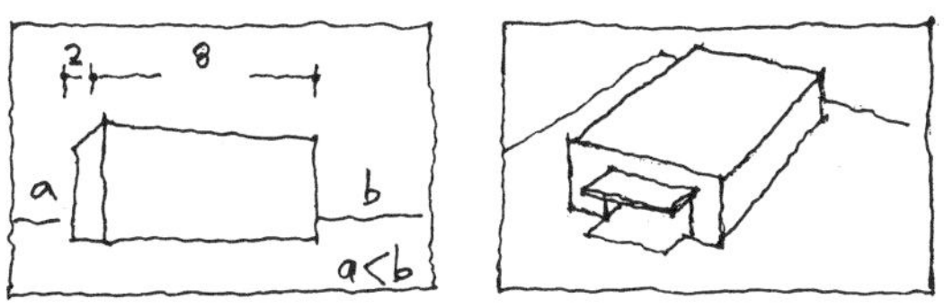

(4) 강조

접경, 음영 및 색조의 변화를 효과적으로 활용하여 의도하는 바를 강조한다.

(5) 균형

중심적인 부분에 대해 다른 부분이 잘 조화되지 않는 경우는 경계 처리를 하여 밸런스를 취한다.

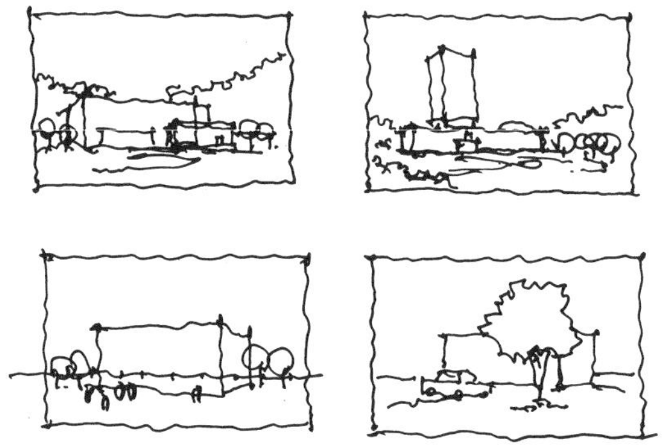

(6) 음영

물체의 존재감은 명암, 음영에 의하여 구현되는데 입체형이 같더라도 방법에 따라 입체감이 다소 달라지게 된다.

그리는 테마에 의해 빛의 각도, 위치를 산정하고 명암, 음영관계를 결정하여야 한다. 음영방법이 틀리면 정확한 입체를 전달하는 일이 불가능해지므로 충분히 파악해야 한다.

① 빛과 음영, 명암

빛이 비치는 면에서는 그 각도에 따라 밝은 부분(light)과 다소 밝은 부분(half light)으로 대별되고 광선의 반대측에는 그늘(shade) 및 그림자(shadow)가 생긴다.

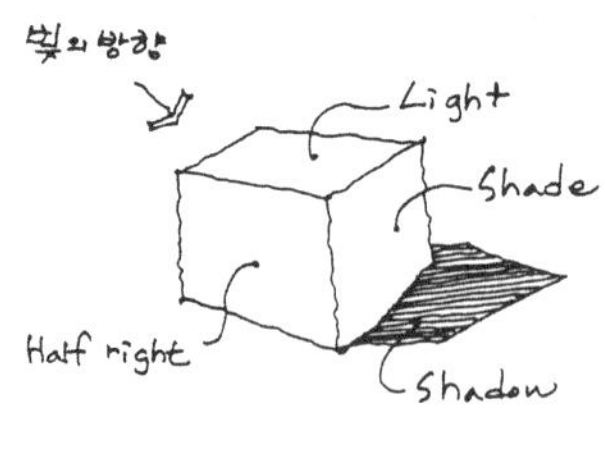

② 반사와 음영

지표면과 다른 곳에서 오는 반사광에 의해 처마 밑 등의 그늘진 부분은 그림자 부분보다 밝게 보인다.

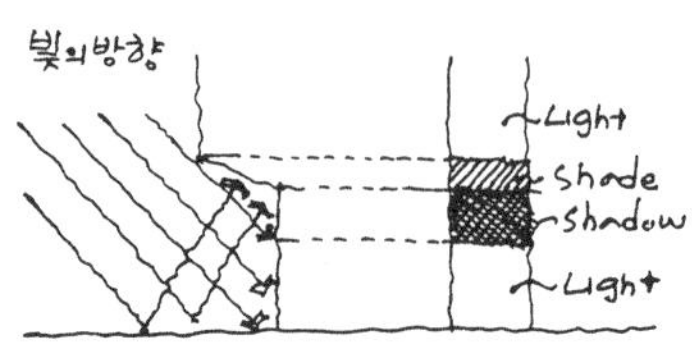

• 점경을 넣는 법
인물, 차 등을 넣을 경우 무조작으로 넣는 것이 아니고 근경, 중경, 원경을 나눠 공간의 넓음과 깊이를 낸다. 또 화면을 생생하게 만들 수 있는 변화와 흐름을 만드는 위치에 넣는다. 그리고 전체로서 시선을 건물의 초점으로 유도하도록 그려간다.

• 인물의 배치
가장 앞쪽의 인물은 건물 정면의 중심에 두지 않고 정면 지간을 10으로 한 경우 앞쪽에서 2~3 정도의 사이에 두고 배치한다. 동일선상이나 등간격 또는 평행으로 두지 않는다.

• 차, 수목의 배치
차, 수목 어느 경우도 건물의 중심에 두지 않는다. 건물의 특징이 가려질 것 같은 곳에도 당연히 피해야 한다.

③ **빛의 방향**

그림자가 비교적 적어지는 방향에서의 광선을 생각하여 음영을 그리는 것이 일반적이다. 때에 따라 배후에서 광선을 비추어 표현할 수도 있다.(이때에는 그림자의 면적이 커지고 앞에서 투영되면 작아진다.)

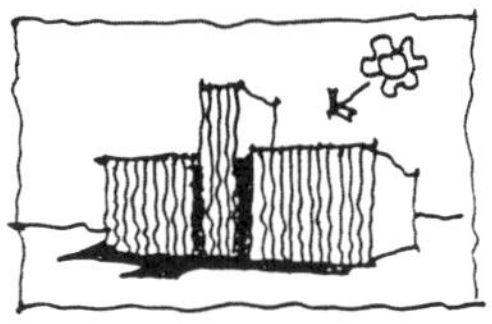

1.2 투시도의 기본작도법

(1) 기본작도법

- 시점높이와 도형과의 관계

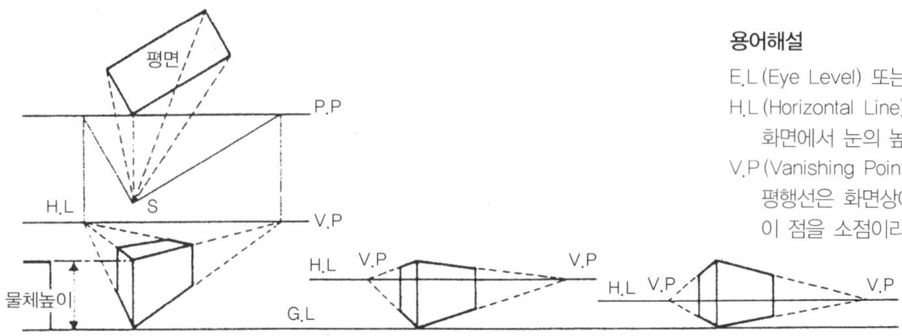

용어해설

E.L (Eye Level) 또는
H.L (Horizontal Line) 지평선
화면에서 눈의 높이를 나타내는 기준선
V.P (Vanishing Point) 소점, 소실점
평행선은 화면상에서 한 점에 접속한다.
이 점을 소점이라 한다.

- 투시도의 부호설명

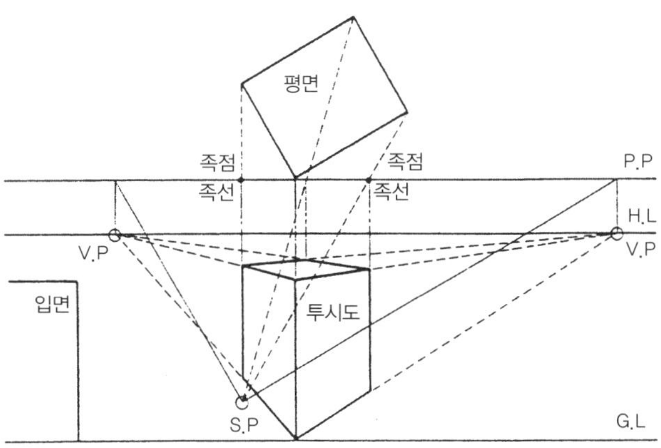

G.P (Ground Plane) 기준면
대상물이 주어지고 보는 사람이 서 있는 면
G.L (Ground Line) 기준선
보는 사람의 눈의 위치
E.P (Eye Point) 시점
보는 사람의 눈의 위치
V.R (Visual Ray) 시선
대상물의 각점과 시점을 이어주는 선
S.P (Standing Point) 입점
보는 사람이 서 있는 기준면상의 위치
F.L (Foot Line) 족선
대상물이 주어져 있는 기준면상의 각점을 이어주는 선
P.P (Picture Plane) 화면
그것을 보는 사람 사이에 주어진 수직면

(2) 원 · 구체

원 · 구체의 투시도인 경우에는 정사각형, 정육각면체로 바꾸어 생각하면 되며, 원의 투시도는 1소점의 경우에 정원이 되고 그 이외에는 모두 타원이 된다.

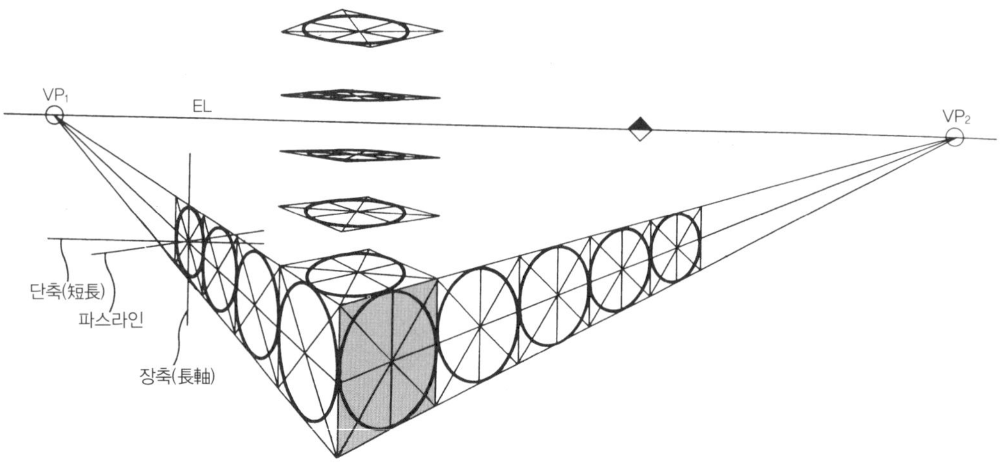

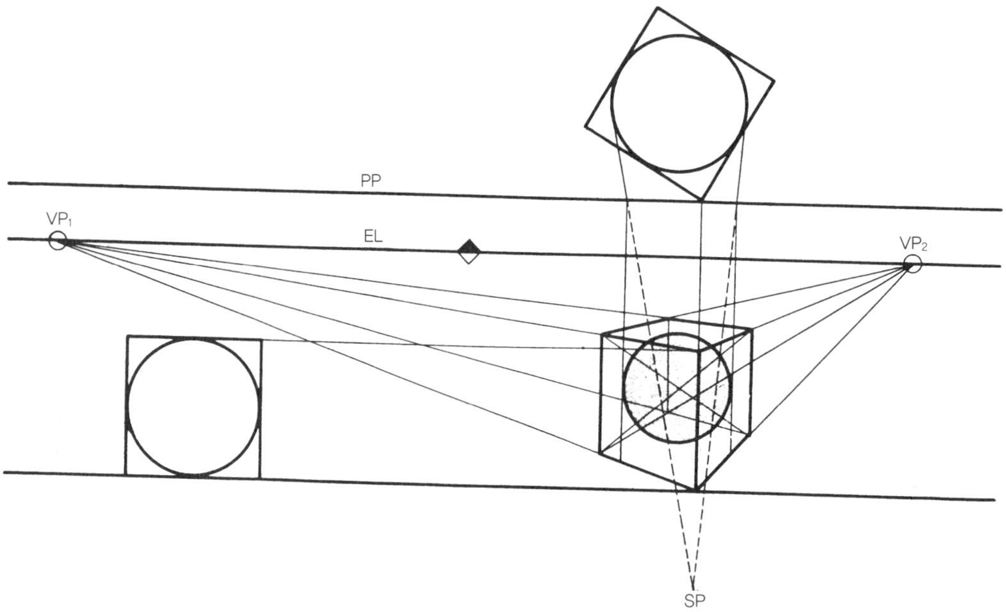

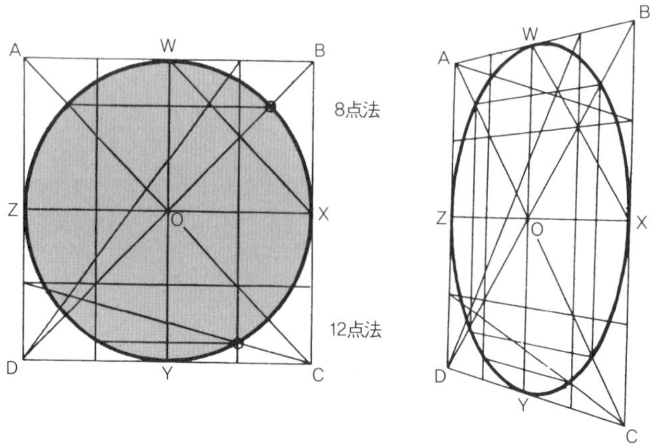

(3) 분할

그리는 대상물을 정육면체 등에 맞추면 보기에는 복잡한 것처럼 보이는 대상물에서도 단형이 연속이나 일정형의 결합 또는 하나의 형을 분할하고 있는 것이 많다. 이와 같은 경우 분할, 증식 방법을 응용하면 작도가 신속하게 진행된다. 또 스케일이 큰 조감 투시도 등에도 적용할 수 있다.

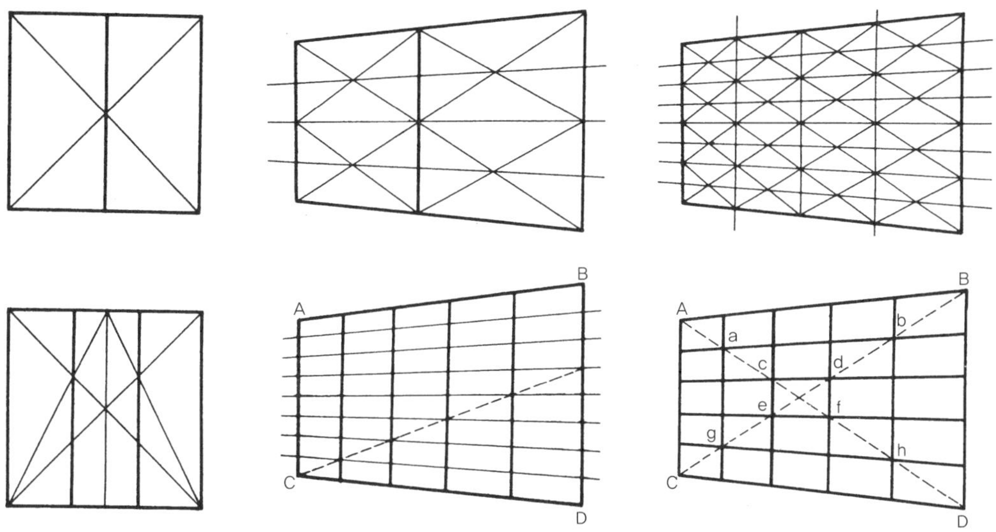

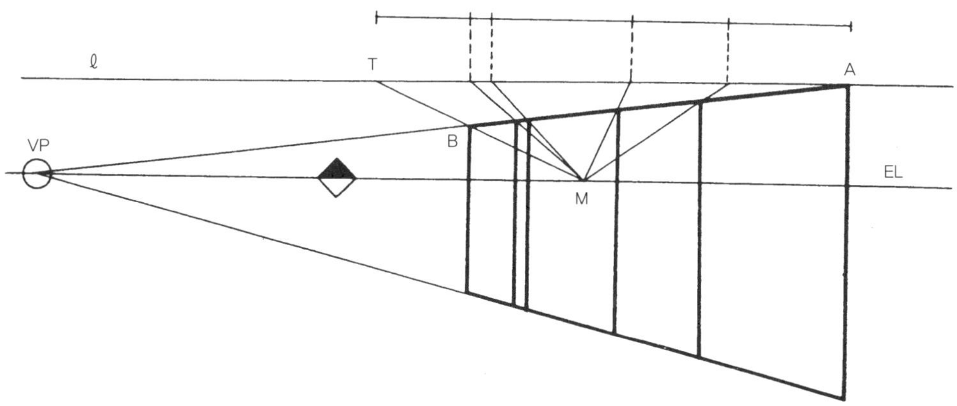

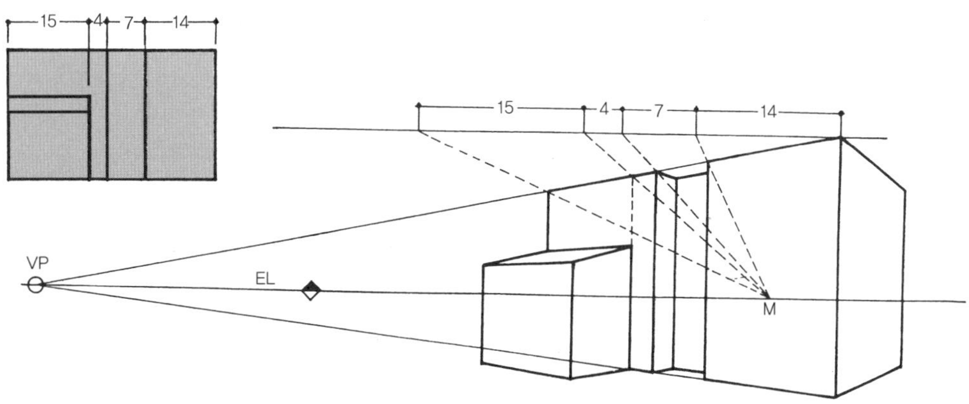

(4) 사경

경사는 독립되어 존재하는 경우보다 건물 부분(지붕, 차양, 경사로 등)에 많이 포함되고 있다. 투시도로 경사면을 작도할 경우 최초에 입방체를 만들고 여기서 하나씩 비스듬하게 잘라주는 방법을 취하면 된다. 정육면체의 분할, 증식 응용, 어떤 경사를 갖는 선에서도 EL상의 소점을 지나 수직으로 그어진 선상의 점(소점)에 접속(평행선은 1점에 접속한다.)하는 것을 이용하여 그리면 된다.

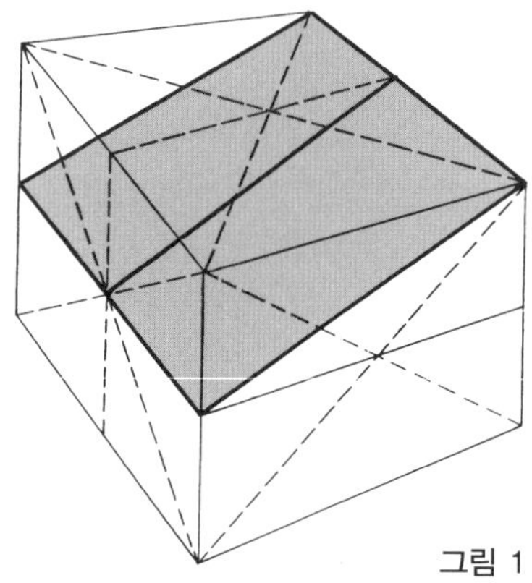

그림 1

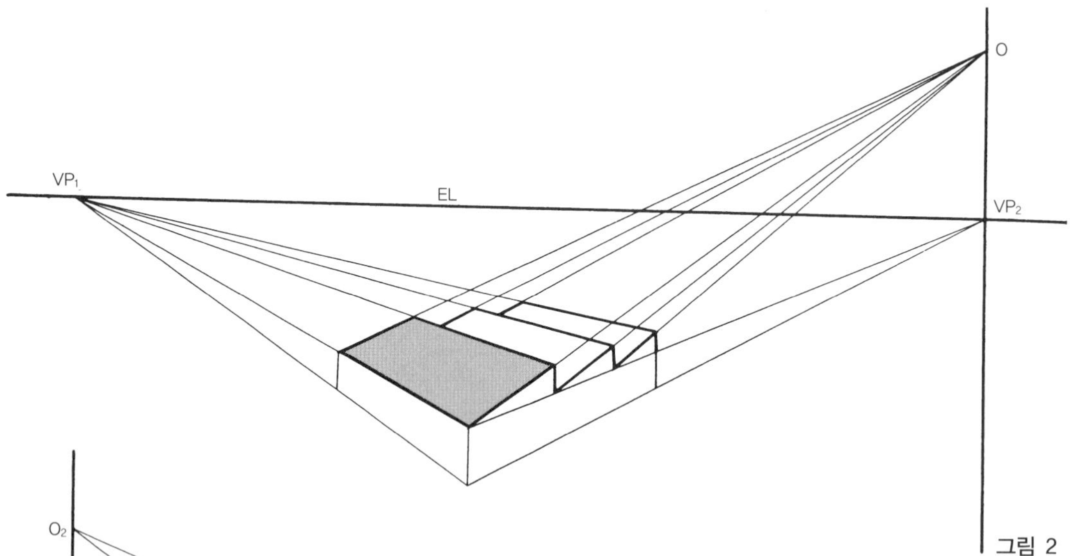

그림 2

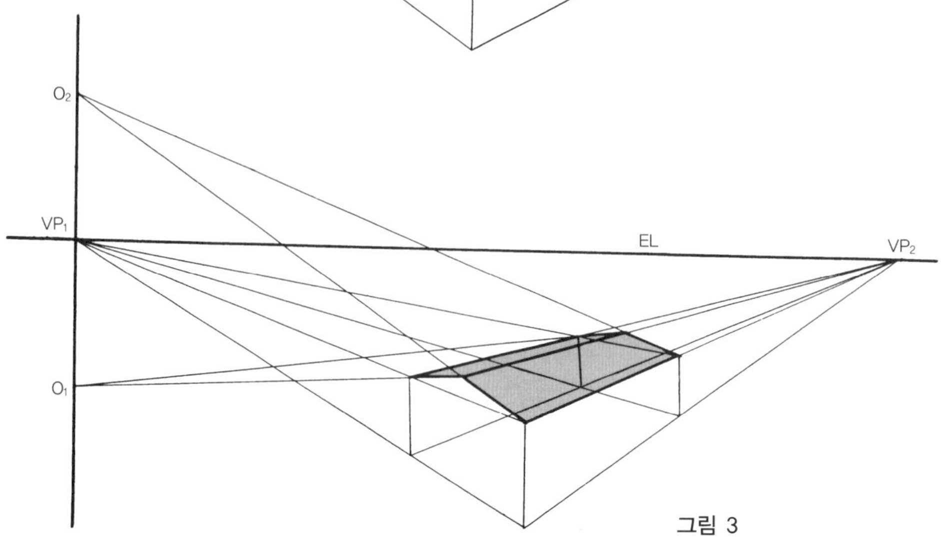

그림 3

(5) 1소점 기본도법

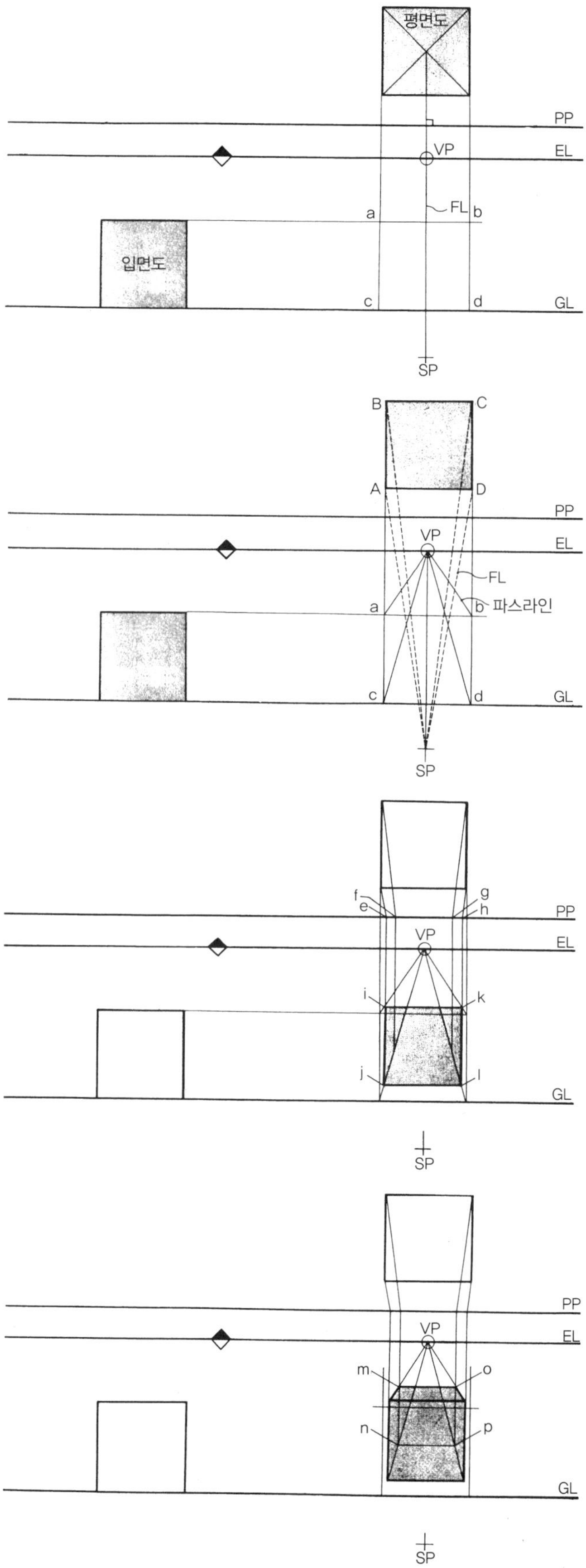

면화와 대상물의 전면이 평행한 경우는 소점 하나만으로 된다. 즉 전술한 SP가 소점이 된다. 이것은 평행투시도라고도 불리고, 측면을 보일 필요가 없는 외관 투시도 또는 실내투시도에 많이 사용된다.

(6) 2소점 기본도법

대상물의 정면 및 측면의 양면을 동시에 보이려는 것이다. 이 경우, 정면 및 측면의 수평라인은 시점에서 각기면 평행으로 그은 선과 눈높이(E.L)의 1점에 접속된다고 생각하면 된다. 즉 평면적으로 다시 놓으면, 시점에서 각면으로 평행으로 그은 선이 화면과 교차되는 점에 각각 접속된다. 따라서 소점은 2개가 존재하게 된다.

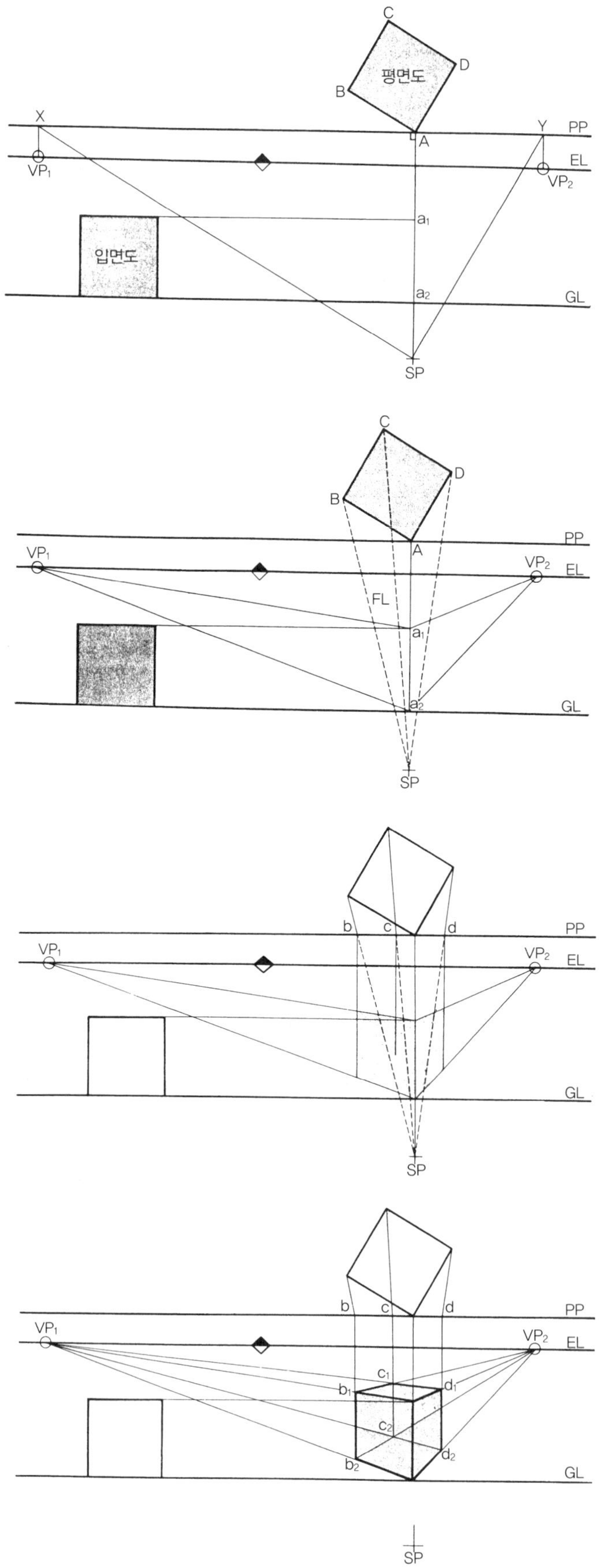

(7) 2소점 도법

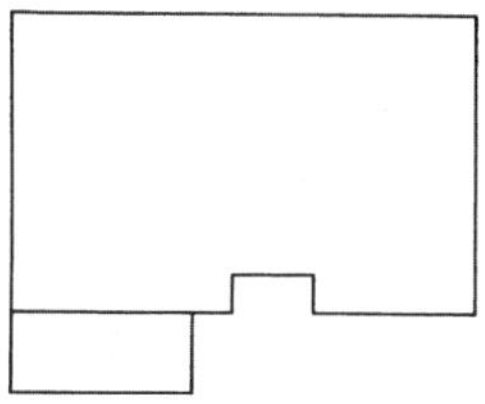

1층 평면도

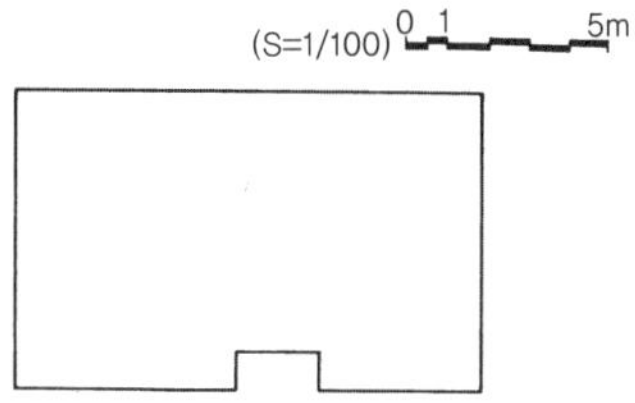

2층 평면도

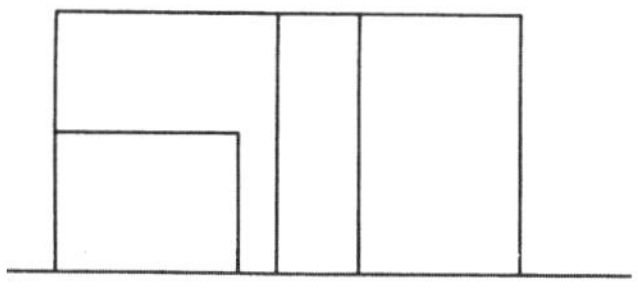

입면도(정면)

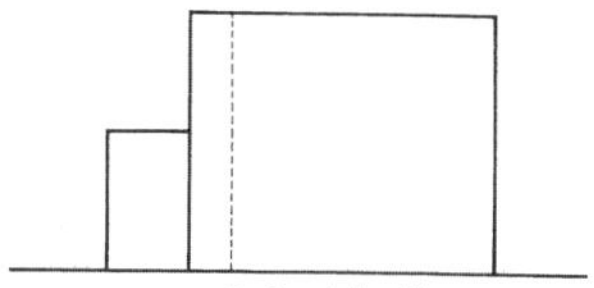

입면도(측면)

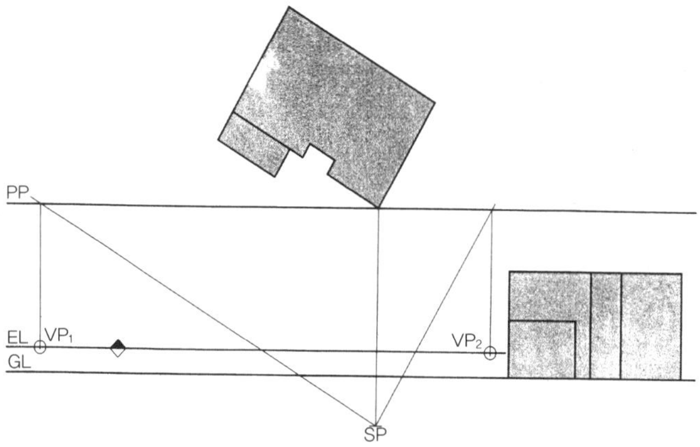

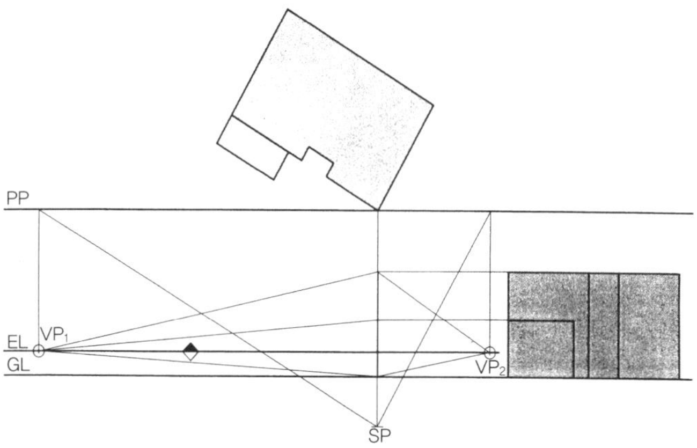

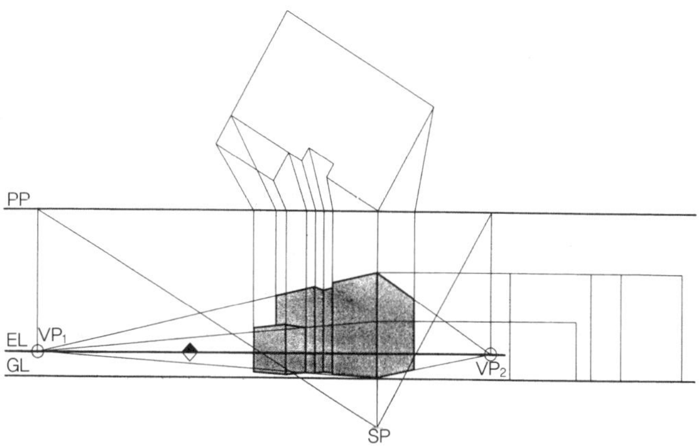

(8) 간략 2소점 K선도법

- EL 및 높이측선을 긋는다.
- 상단의 투시라인과 VP_2를 임의로 결정한다.
- A(건축물의 높이)를 L상에 잡고, VP_2와 이어 상단의 투시라인과 교점에서 정사각형 투시도를 그린다.

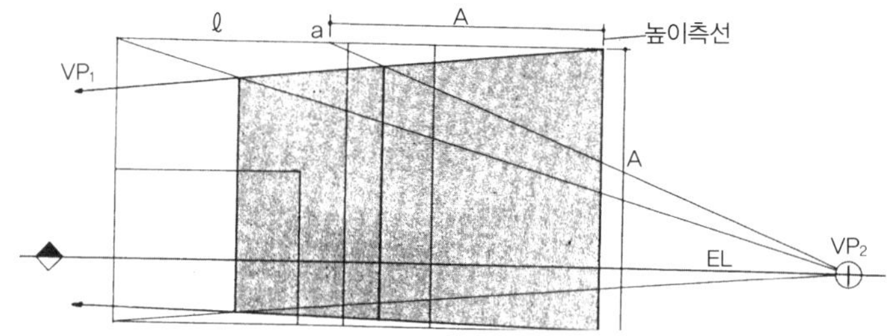

- 정사각형 투시도에서 시각조정하여 e를 구한다.
- e를 지나는 수직선과 a에서 VP_2까지의 투시라인과의 교점을 지나는 수직선 VCL을 구한다.
- K선과 b에서 VP_2까지의 투시라인과의 교점을 지나는 수직선 VCL을 구한다.
- VCL이 구해지는 물체의 지간폭이 된다.

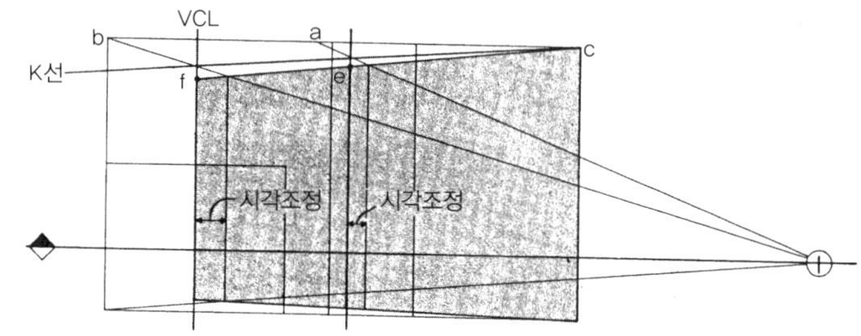

- 지간의 분할점은 VP_2를 사용하여 K선상으로 이행하고, 수직선을 사용하여 구한다.

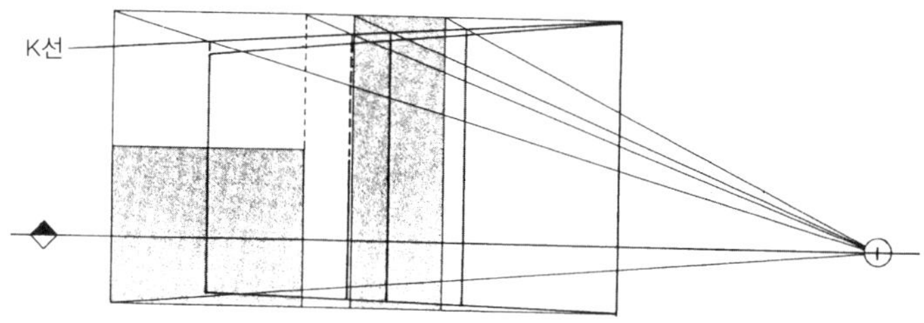

- 높이의 분할점은, Ⅰ에서 수평선을 긋고 Ⅰ′를 하고 VP_2를 사용하여 Ⅰ″를 구한다. 다음으로 Ⅰ′와 Ⅱ″를 이어서 구한다.

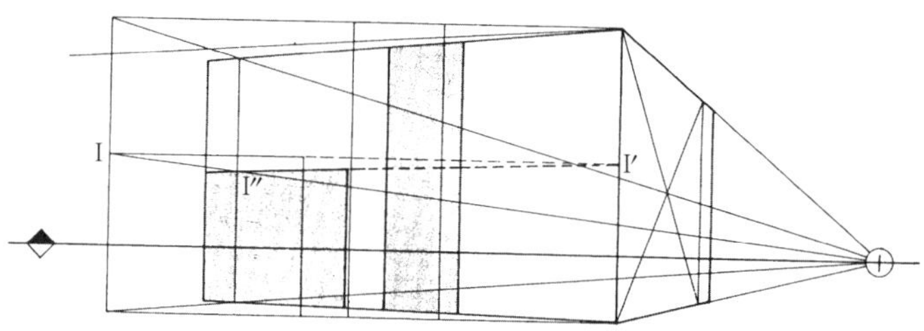

- 측면과 정사각형 투시도를 데생하여, 안길이를 구하고, 분할 · 증식에 의해 세부의 안길이를 맞춰 그린다.

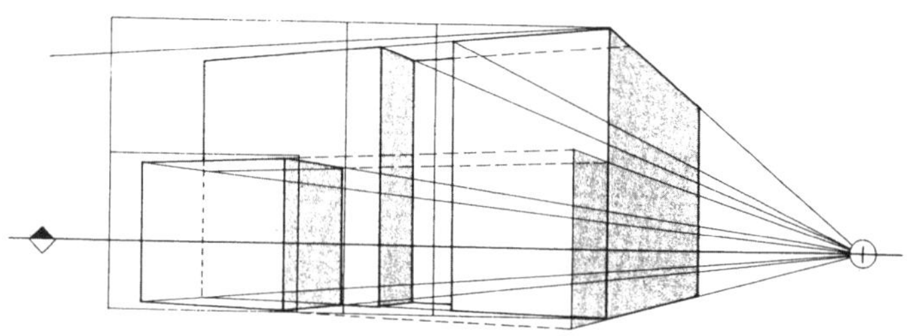

낮은 건물의 경우는 안길이를 정하기 어렵다. 이와 같은 경우에는, 건물의 위쪽 또는 밑쪽에서 정4각형을 그려 체크하면 된다.
단, 건물에서 극단적으로 거리를 두면 변형이 일어나므로 주의한다.

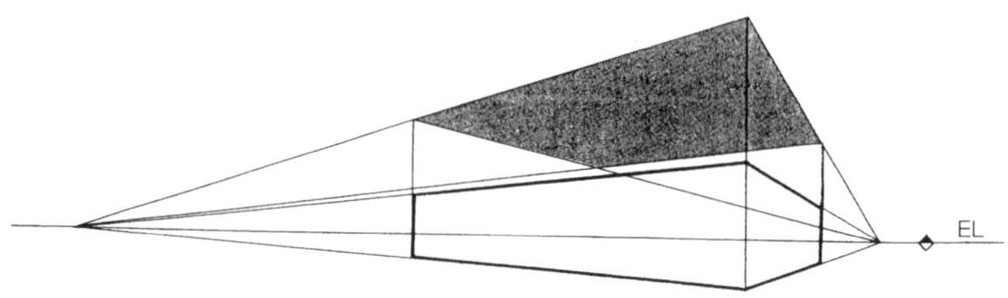

(9) 간략도법

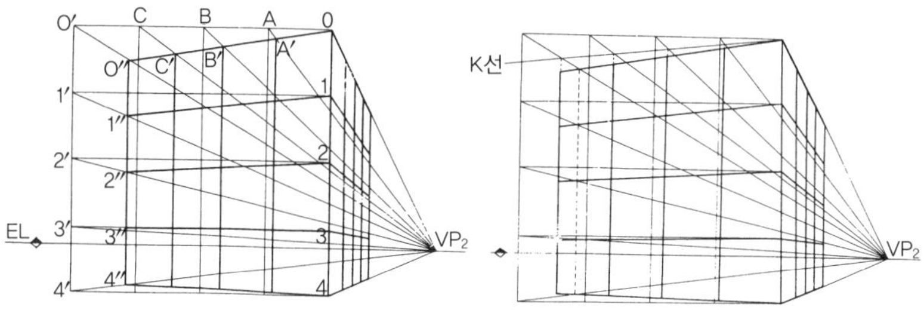

기본도법+데생에 의하여 짜여진 작도를 간략도법이라 한다. 기본도법을 그대로 사용하면 소점의 위치가 밀려나거나 아주 긴 자를 필요로 하며 작업이 실용적이지 못하기 때문에 그것들을 데생에 의하여 보완하는 방법을 취하는 것이다. 작도 방법이 간략화되므로 짧은 시간으로도 충분한 효과를 얻을 수 있다.

- 외관의 간략도법

① 정면 입면도 위에 트레이싱페이퍼를 놓고 시점의 높이에 E.L을 긋고 높이 측선을 긋는다.

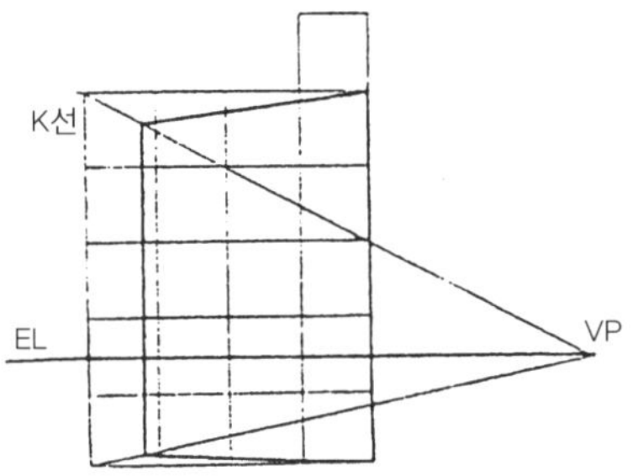

② 상단의 파스라인을 정하고 V.P와 입면의 단점을 연결하여 전면의 파스라인을 구한다.

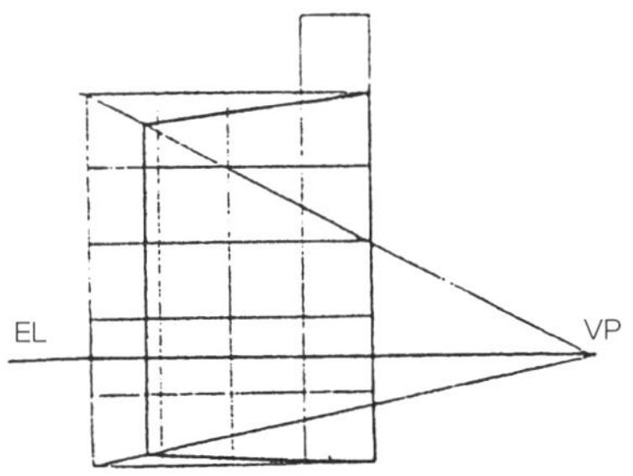

③ 입면상의 그리드를 V.P에 연결하여 파스라인에 접목시켜 정면의 파스라인을 정리한다.

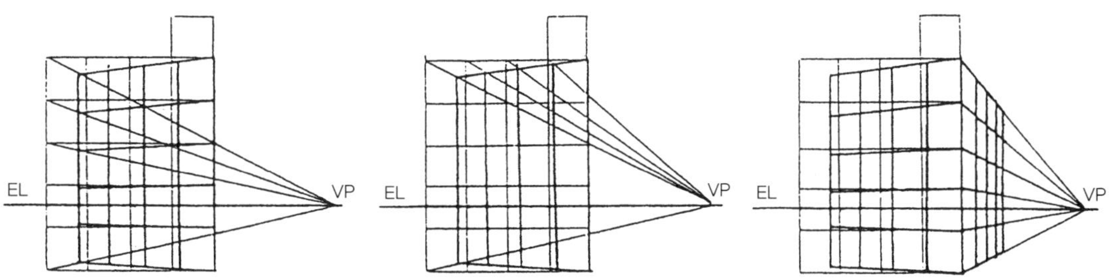

(10) 그리드법

넓은 대지 전체를 조감으로 볼 경우, 전기한 도법으로는 아무리해도 변형이 생기는 경우가 있다. 이와 같은 경우에는 그리드법을 사용하여 자연스러운 느낌을 낸다.

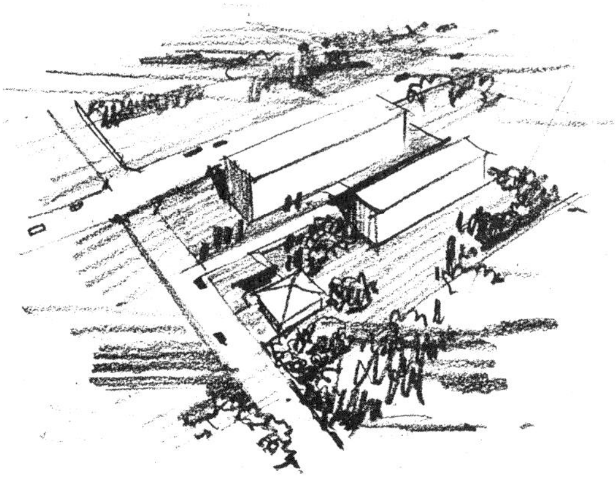

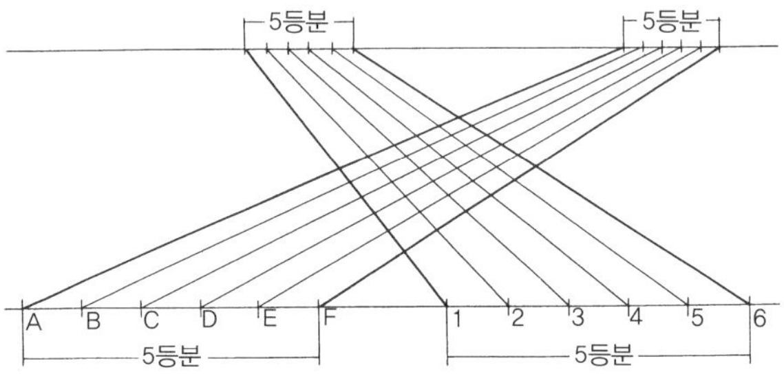

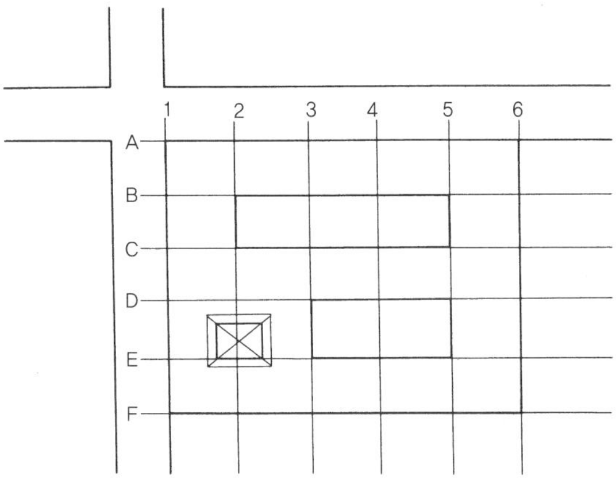

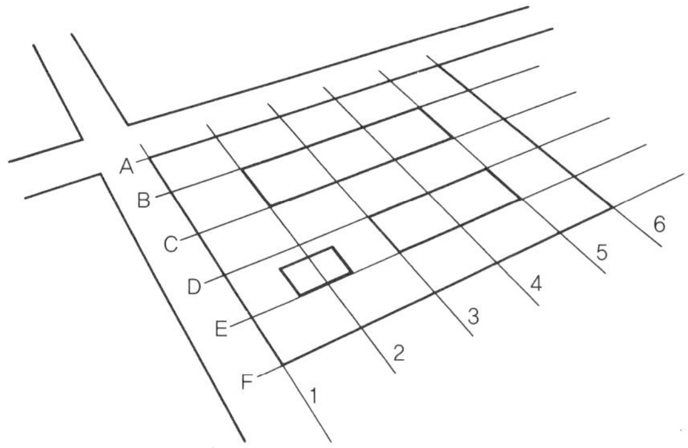

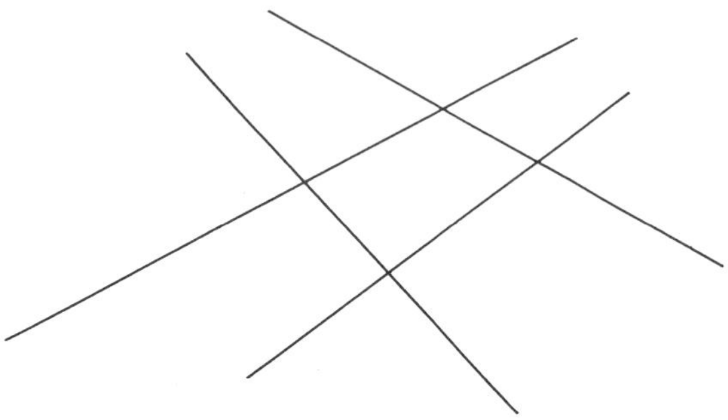

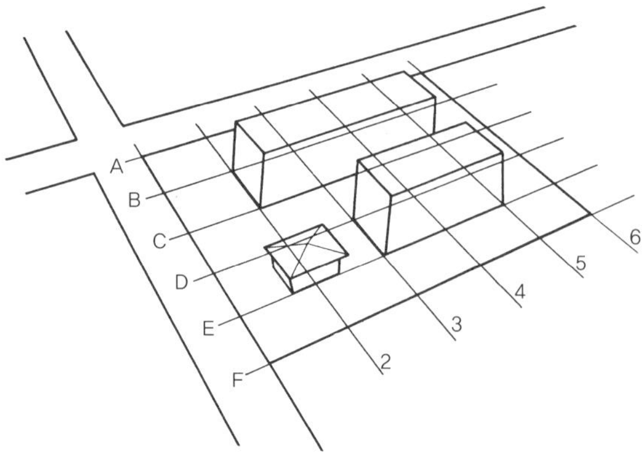

(11) 실내투시작도 예

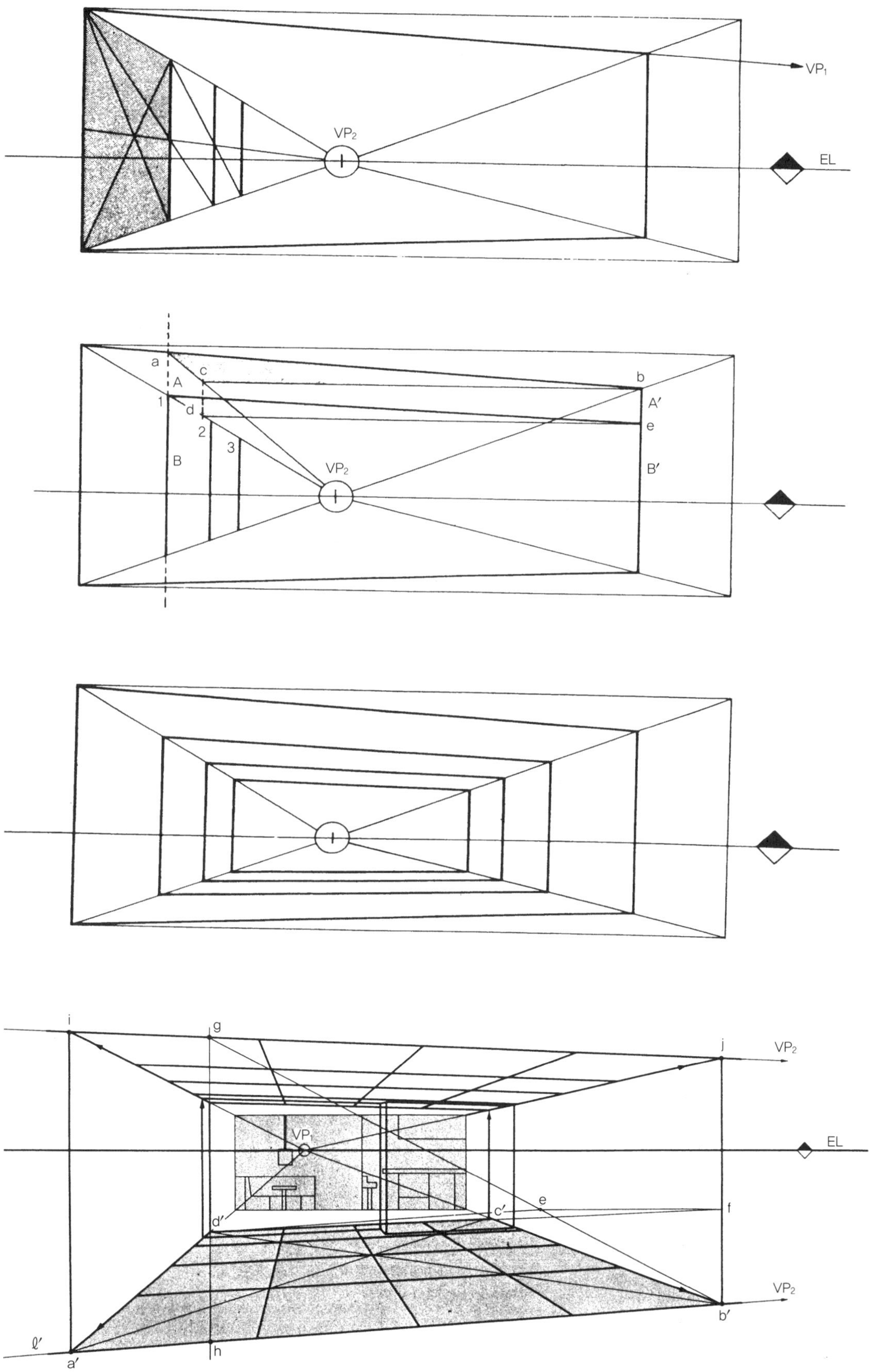

1.3 간략투시도 작도법

1) G.L선과 기준선을 가정한다.

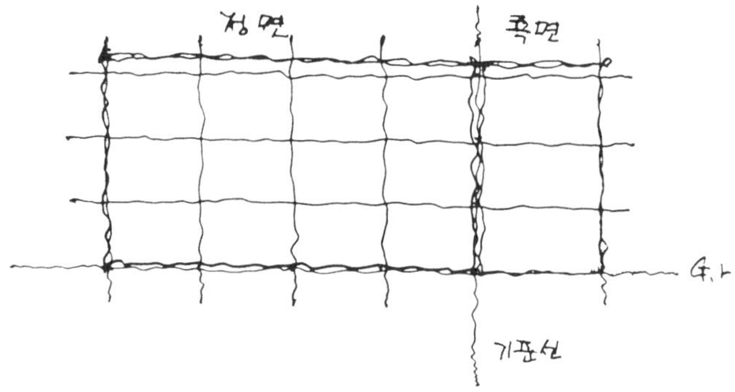

2) 표현하고자 하는 정면도와 입면도를 G.L선과 기준선을 기준으로 붙인다.

3) 가상축선과 층고선을 기준으로 가상그리드를 설정한다.

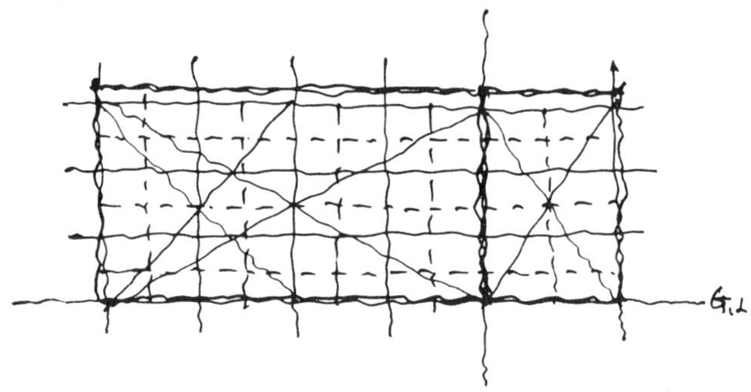

4) 측면의 1/2~1/3 범위 내에서 가정 측면을 그린다.
(A, B, S점을 가정)

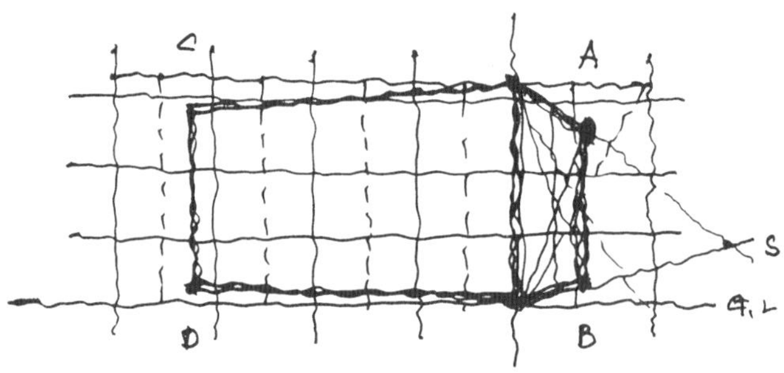

5) 정면 3/4 이상의 범위 내에서 정면 크기를 가정한다.
(A점 상부에 C점, B점 하부에 D점 가정)

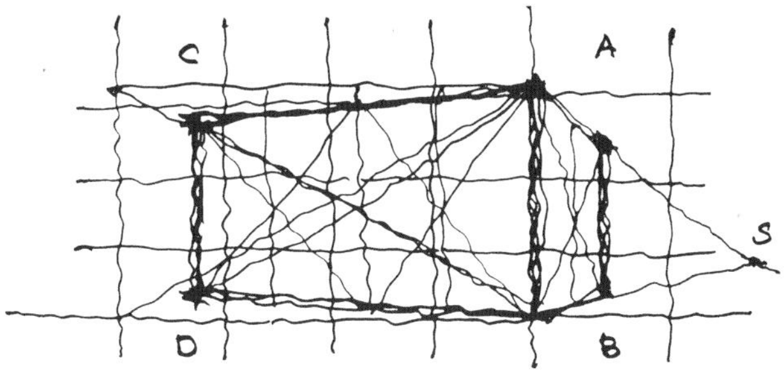

6) 전체적인 형태를 가정한다.

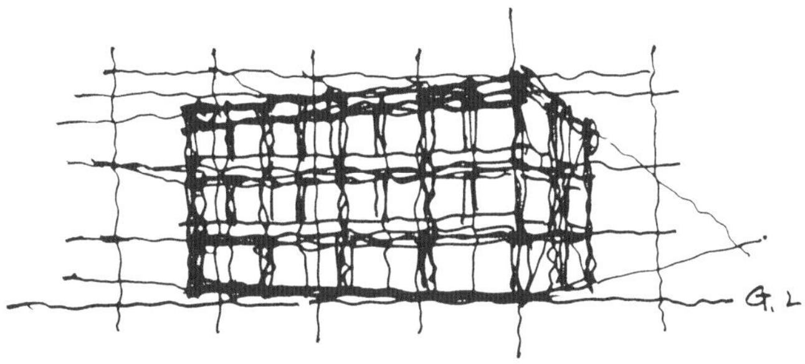

7) 의도하는 표정을 표현한다.

02 스케치

Chapter

1. 스케치

• 에스키스 (Esquissu)
현재 구상중인 것을 시험적으로 그려 보는 경우로 다양한 이미지를 좇아 생각하는 것을 그리는 일종의 약화

위대한 건축가의 에스키스는 그 자체가 대단히 고도의 한 질을 가지므로 그후 완성된 작품에서 중요한 의미를 갖는 경우까지 있다.

건축계획의 구상단계에서 규모, 주변과의 관계, 비율 등을 토대로 전체의 형태를 확인하기 위해 시험적으로 그려보는 개략투시도로 에스키스(Esquissu)라고도 한다.

스케치의 완성도 높은 표현을 위해서는 투시도법에 따른 비례감, 원근감, 음영감, 스케일감이 나타나야 하며, 필요에 따라서는 활동감이 내포되어야 스케치가 어색하지 않고 자연스럽게 보인다.

1.1 프리핸드 스케치(free hand sketch)

① 표현하고자 하는 정면과 측면을 가정 간략도법에 의한 기본축선 설정

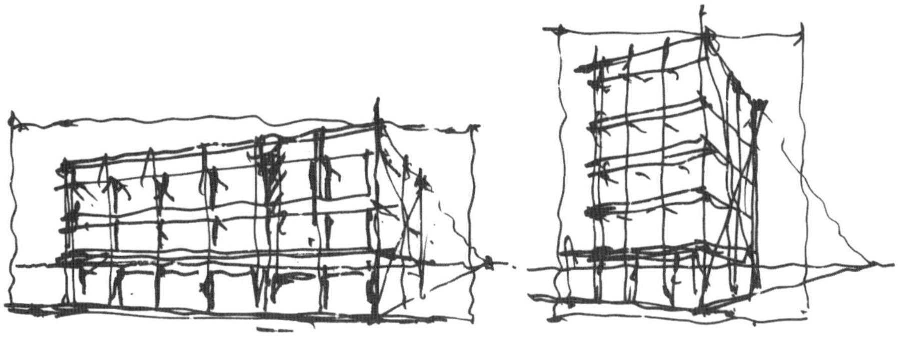

② 저층부와 상층부의 구도조정

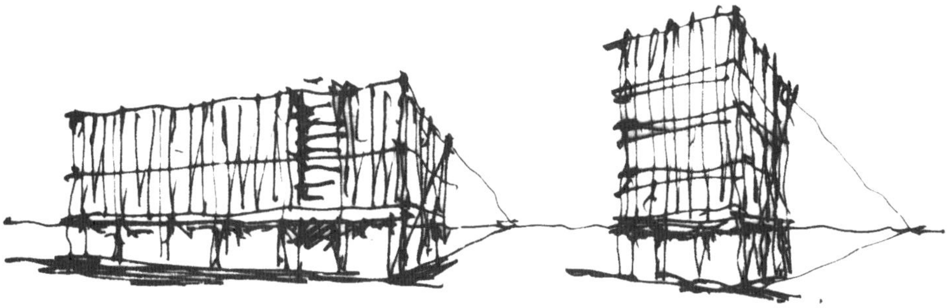

③ 저층부와 상층부의 표정 구상

④ 음영, 차, 사람, 조경 등으로 최종표현

1.2 스케치의 예

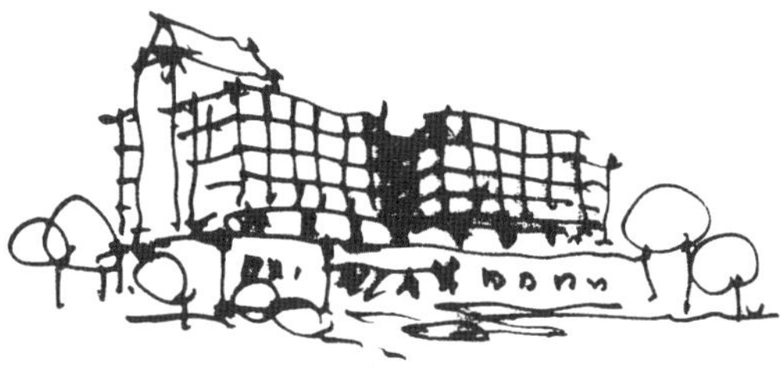

1.3 사람과 차의 표현 예

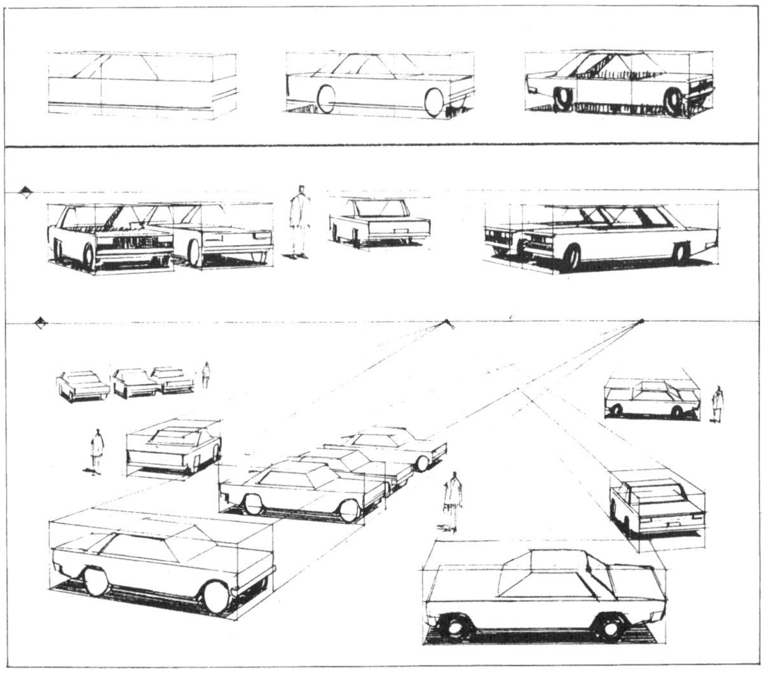

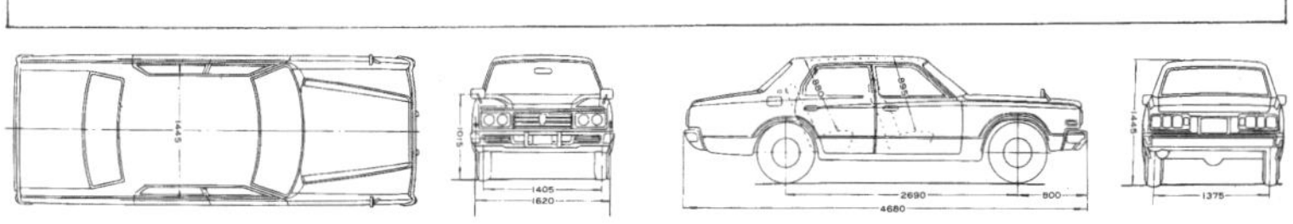

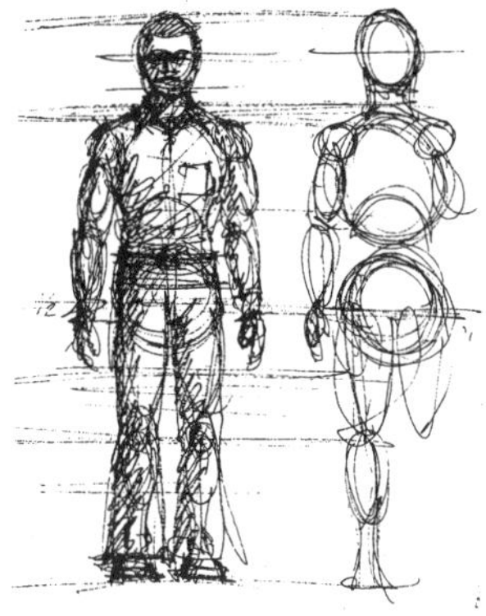

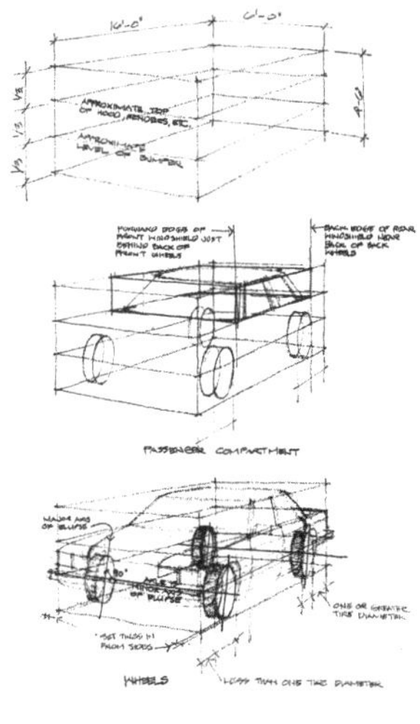

딕 스네리

03 Chapter

투시도·스케치

1. 투시도의 예

□ 투시도 예

□ 투시도 예

□ 투시도 예

SKETCH OF PERSPECTIVE

SKETCH OF PERSPECTIVE

SKETCH OF PERSPECTIVE

SKETCH OF PERSPECTIVE

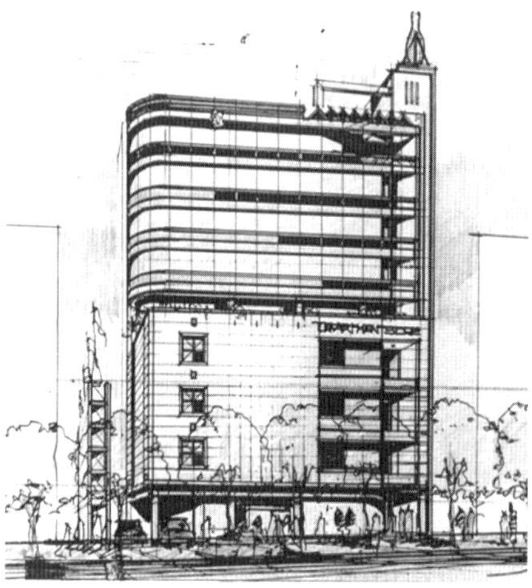

□ 투시도, 조감도 예

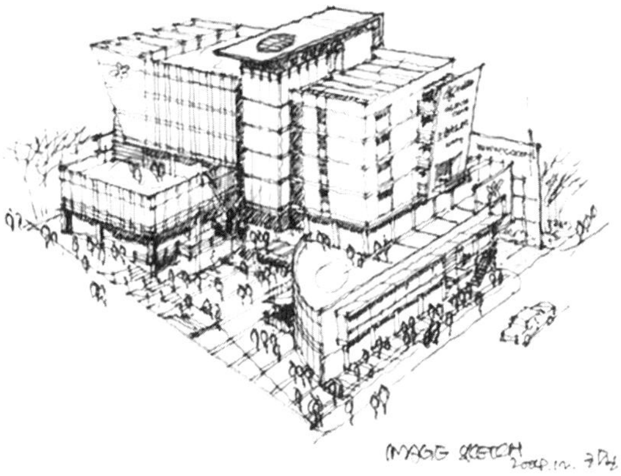

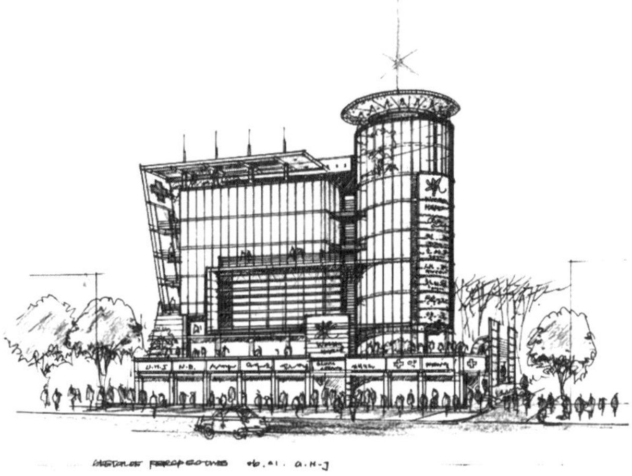

2. 스케치

□ 스케치 예

□ 스케치 예

저자소개

엄학진

- '82 명지대학교 건축공학과
- '84 홍익대학교 환경대학원 환경설계학과
- '81~'82 대우건축연구소
- '82~'88 주) 환경그룹
  환경건축+스페이스 5
- '88~'92 Team.H.Five+거목건축사사무소
- '93~'96 주) 환경그룹
  환경포럼건축사사무소
- '96 건축사자격시험 수석
- '97~2002 삼척대학교, 명지대학교 건축대학
  겸임교수 역임
- 2008 글로벌건축 최고위과정 수료
- '97~현재, 주) 환경포럼건축사사무소 대표건축사

주요 참여 및 수행 PROJECT

1981~1996

- 부산시민회관 현상 참여
- 부천시립도서관현상 / 당선작
- 아시안 선수촌 현상 참여
- 독립기념관 현상 참여
- 국립경기장 현상 / 우수작
- 나이지리아 아부자 신도시 국제현상 참여
- 대전 신도심, 대덕연구단지 도시설계
- 말레이시아 이슬람캠퍼스 마스터플랜
- 주한스웨덴 대사관저
- 중국해남성 리조트용궁성 마스터플랜
- 강릉문화원 현상 / 당선작+다래건축
- 삼척교육청현상 / 당선작+다래건축
- 농어촌 주택2제입상 / 농어촌진흥공사

1997~

- 대전전민동성당
- 삼척동굴 박물관현상 / 당선작+다담건축
- 공주주택 침계헌
- TD&C HOUSE / 목조건축대전 우수작
- 영원무역 베트남 남딘지구 마스터플랜
- 한국지역난방공사 외관지명설계
- 조여성산부인과
- 진주미래여성병원
- 예치과 강남신관, 제주예치과
- 울산추모공원 마스터플랜 및 건축설계
- 남양주 실버타운 마스터플랜
- 용대리 전원주택단지 마스터플랜
- 고기리 주택 3제

건축계획의 접근방법

2010년 9월 15일 1판 1쇄 인쇄
2010년 9월 20일 1판 1쇄 발행

저　　자　엄 학 진
발 행 인　강 해 작
발 행 처　기 문 당
주　　소　서울시 성동구 공명길 39 (왕십리동 966-22)
전　　화　02) 2295-6171(代)~5
팩　　스　02) 2296-8188
출판등록　1976. 10. 7(1-44)
홈페이지　http://기문당
　　　　　http://www.kimoondang.com
I S B N　978-89-6225-278-1　93540
정　　가　25,000원